中望3D从入门到精通

李　强　主编
刘毅斌　刘永庚　江德绪　谭　福　副主编
广州中望龙腾软件股份有限公司　审校

電子工業出版社
Publishing House of Electronics Industry
北京·BEIJING

内 容 简 介

本书针对中望 3D 2020 三维设计模块，内容涵盖了一般工程设计的常用功能。本书内容按照软件功能模块来划分，以具体的设计对象为载体，介绍软件设计功能、设计路径和操作步骤，共 10 章，包括中望 3D 2020 基础、线框、草图、实体建模、曲面造型、装配设计、工程图、钣金设计、点云和综合案例设计。各章内容配有大量图例，通俗易懂。前 9 章每章后面均配有思考与练习，方便读者在学习过程中练习。本书最后一章为综合案例设计，详细讲述了每个典型产品的设计过程，读者可以根据书中讲解的步骤，轻松完成复杂产品的造型设计，全面提升三维设计能力。另外，扫书中二维码可获取相应练习素材或操作视频。

本书适用于应用型高校、职业院校、技工院校机械类相关专业学生，也可作为工程技术人员进行机械设计的工具书，还可作为培训机构和高校专业教师开展 CAD 教学和培训的参考用书。

图书在版编目（CIP）数据

中望 3D 从入门到精通 / 李强主编. —北京：电子工业出版社，2020.8
ISBN 978-7-121-39369-3

Ⅰ. ①中… Ⅱ. ①李… Ⅲ. ①计算机辅助设计－应用软件 Ⅳ. ①TP391.72

中国版本图书馆 CIP 数据核字（2020）第 147473 号

责任编辑：许存权（QQ：76584717）
印　　刷：三河市鑫金马印装有限公司
装　　订：三河市鑫金马印装有限公司
出版发行：电子工业出版社
　　　　　北京市海淀区万寿路 173 信箱　邮编：100036
开　　本：787×1 092　1/16　印张：26.75　字数：684.8 千字
版　　次：2020 年 8 月第 1 版
印　　次：2025 年 1 月第 14 次印刷
定　　价：59.80 元

凡所购买电子工业出版社图书有缺损问题，请向购买书店调换。若书店售缺，请与本社发行部联系，联系及邮购电话：（010）88254888，88258888。

质量投诉请发邮件至 zlts@phei.com.cn，盗版侵权举报请发邮件至 dbqq@phei.com.cn。

本书咨询联系方式：（010）88254484，xucq@phei.com.cn。

前　言

中望 3D 是一款功能强大、性价比高的 CAD/CAM/CAE 一体化软件，包含造型设计、模具设计、装配、工程图、数控编程、逆向工程、钣金设计、力学分析等功能模块，具有兼容性强、易学易用等特点，能帮助工程师轻松完成从概念到产品的设计。

广州中望龙腾软件股份有限公司（以下简称“中望软件”）是国内领先的二三维 CAD 解决方案供应商，也是中国本土同时拥有二三维 CAD、专业 CAE 自主核心技术和几何内核能力的国际化软件企业。公司总部位于广州，设有北京、上海、武汉、重庆分公司，美国全资子公司、越南二级子公司，青岛、南京办事处，同时设有中国广州、武汉、上海、北京，美国佛罗里达五大研发中心，是国家规划布局的重点软件企业。

中望软件坚持自主研发与创新，形成了以二三维核心 CAD 技术为主体，并不断拓展延伸的多角度 CAX 整体解决方案。20 多年来已为众多特大型集团公司提供了可信赖的软件产品和服务，积累了丰富的服务经验，国电集团、国投集团、中船集团、中交集团、宝钢集团、中国移动、中车株洲所、京东方、富士康、招商局重工等大型知名企业都在使用中望 CAD/中望 3D 产品。截至目前，中望软件在全球范围内拥有超过 260 家合作伙伴，自主研发的中望系列软件产品畅销 90 多个国家和地区，正版授权用户数超过 90 万。

本书针对中望 3D 2020 三维设计模块，内容涵盖了一般工程设计的常用功能。本书内容按照软件功能模块来划分，共 10 章，包括中望 3D 2020 基础、线框、草图、实体建模、曲面造型、装配设计、工程图、钣金设计、点云和综合案例设计。

本书由中望软件组织编写，是全国一线教学名师及知名企业工程师通力合作的成果。本书由李强主编并统稿，其中刘毅斌编写第 1、2 章，刘永庚编写第 4、5 章，江德绪编写第 6、7、8 章，李强编写第 3 章和第 9 章，谭福编写第 10 章。

中望软件工程师周刚、黎耀伟、张亚龙、吴军、杨海江、姚远、陈家志、刘本辉、苏志章、邓桂丰、康明磊、李海波、姜皓议、王涛涛、郑博、杨瑞、黎江龙参与了本书的审校，并提出了宝贵的意见和建议，在此一并表示衷心感谢。

本书附赠配套电子资源素材，其中包含所有案例的源文件、综合案例设计的建模视频，可供读者练习使用，本书的配套素材和视频可在华信教育资源网（www.hxedu.com.cn）注册后免费下载。如果读者需要了解更多关于中望 3D 的信息及案例，可以登录网站 www.zwcad.com 获取，扫书中二维码可获取相应练习素材或操作视频。

本书已经过反复编辑校对，但书中错漏之处在所难免，敬请广大读者批评指正。

注：书中关于坐标点、坐标轴、平面等的字母表示，为了与软件截图一致，统一用正体字母表示。

广州中望龙腾软件股份有限公司

目 录

第 1 章　中望 3D 2020 基础

中望 3D 是中国具有完全自主知识产权的高端三维工程软件，可以实现从产品设计、模具设计、装配、钣金、工程图、2-5 轴加工等功能模块于一体，覆盖产品开发全流程。本章主要介绍中望 3D 2020 的界面环境和基本操作。通过本章的学习，读者将对中望 3D 2020 的工作环境、操作方法及操作习惯有一个比较全面的了解，为后续的深入学习打下基础。

1.1　基本界面

1.1.1　初始界面

当第一次打开中望 3D 2020 时，系统软件初始界面如图 1-1 所示。在该界面环境下，除可以进行文件的新建和打开外，还为用户提供了“快速入门”的学习功能。

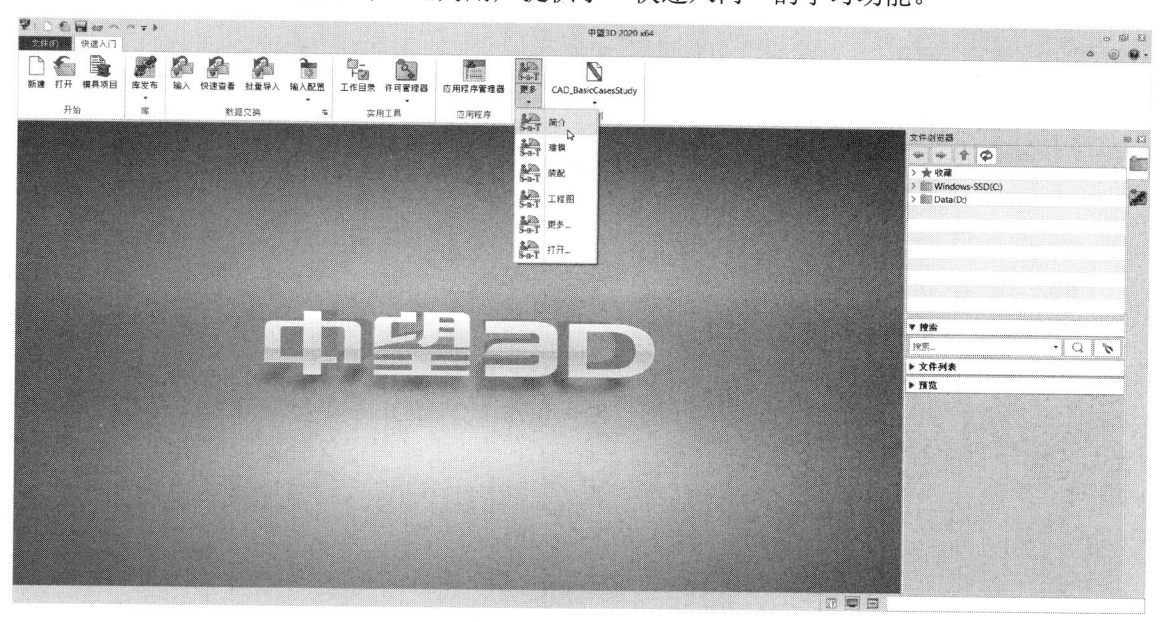

图 1-1　初始界面

软件默认的皮肤为 ZW_FlatSilver，可以在标题栏位置通过鼠标右键对软件皮肤进行更改，所有皮肤包含 ZW2012_Black、ZW_Blue、ZW_Silver、ZW_Black、ZW_FlatSilver。如图 1-2 所示为将皮肤设置为 ZW2012_Black 的效果。

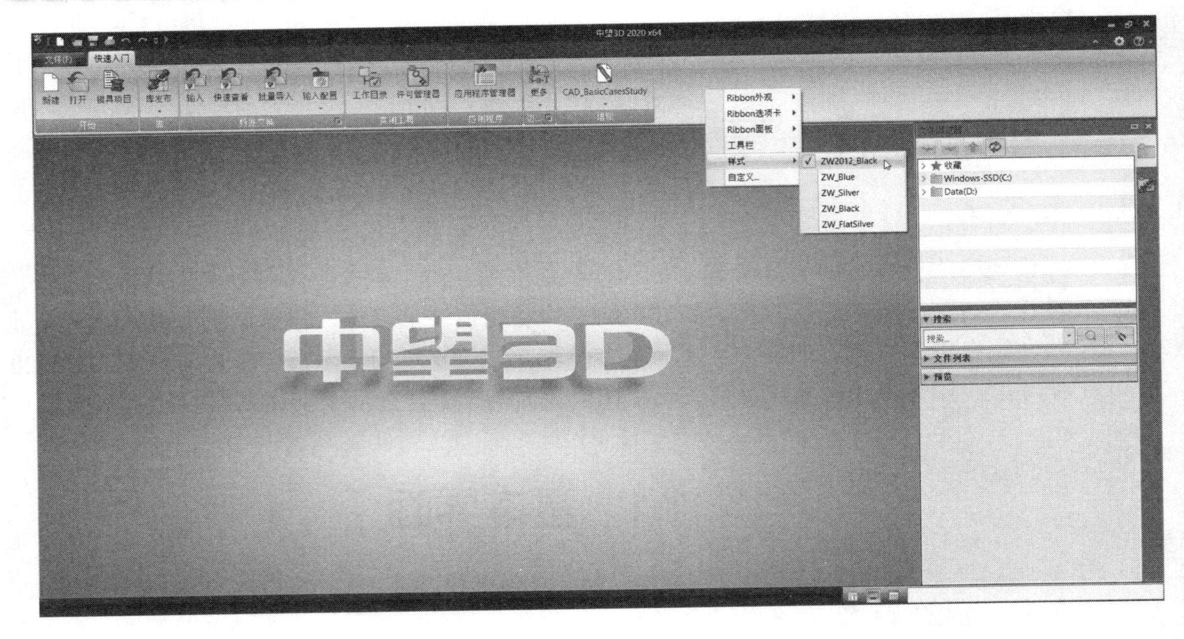

图 1-2　ZW2012_Black 的皮肤效果图

1．开始

【新建】 单击“开始”栏的“新建”选项可以创建一个新部件，中望 3D 支持的新建类型包含：零件/装配、工程图、2D 草图、加工方案等。中望 3D 保存的文件后缀名为“.Z3PRT”。

【打开】 单击“开始”栏的“打开”选项可以从电脑中打开一个现有的零件，中望 3D 默认打开的文件类型为“Z3/VX File”，可以打开后缀名为 Z3 和 VX 的图纸。

2．库发布

【库发布】 单击“库”栏的“库发布”选项可以打开一个由中望 3D 事先保存的零件库文件，文件格式为“.z3l”或“.vxl”。这种类型文件由中望 3D 的“库发布”功能创建，主要用于创建批量同类零件的零件库。

【零件族】 单击“库”栏的“零件族”选项，系统弹出如图 1-3 所示的打开对话框，选择一个子文件中存在零件配置的文件打开后，会弹出一个显示零件配置表的表单，如图 1-4 所示。

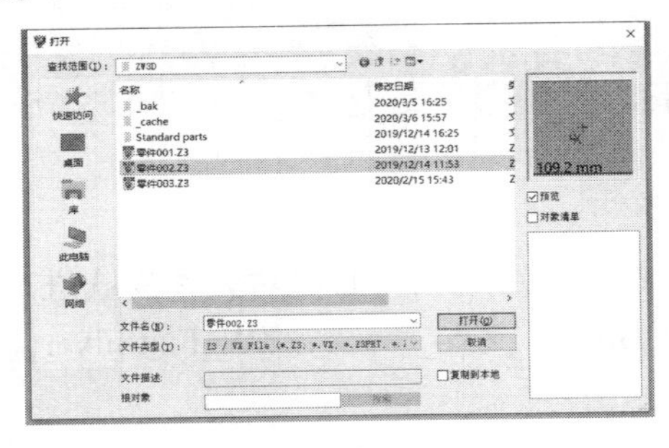

图 1-3　零件族打开对话框

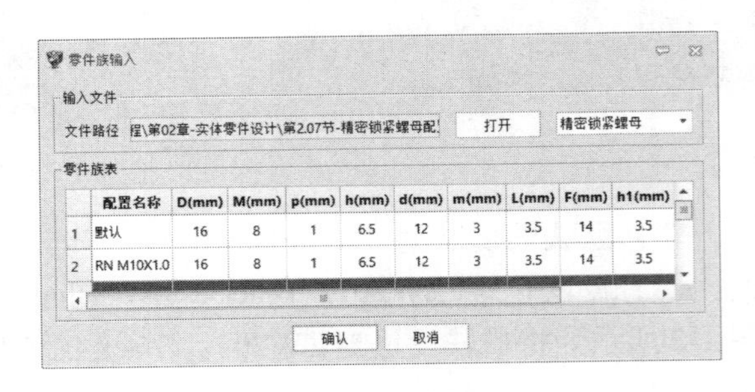

图 1-4　零件族输入对话框

3. 数据交换

【输入】 单击“文件”栏的“输入”选项，系统弹出如图 1-5 所示对话框，中望 3D 内置了文件转换器，为数据交换提供了非常方便的工具。第一，可以直接打开通过第三方格式转换的三维文件，如 IGES、STEP、Parasolid、STL、DWG/DXF 等；第二，可以直接打开一些常见三维软件保存的文件，如 CATIA、NX、ProE、SolidWorks、SolidEdge、Inventor 等；第三，可以直接输入图片文件，中望 3D 可以根据图片自动在草图或工程图中生成轮廓线，支持的图片格式有 bmp、gif、jpg、tif 等。这为许多企业将传统的手绘图纸转化成电子图纸提供了非常便捷的工具，用户只需将图纸扫描成照片，再将照片输入中望 3D 中即可自动生成电子图纸，由图片自动转化成图纸的效果图如图 1-6 所示。

图 1-5　输入文件对话框

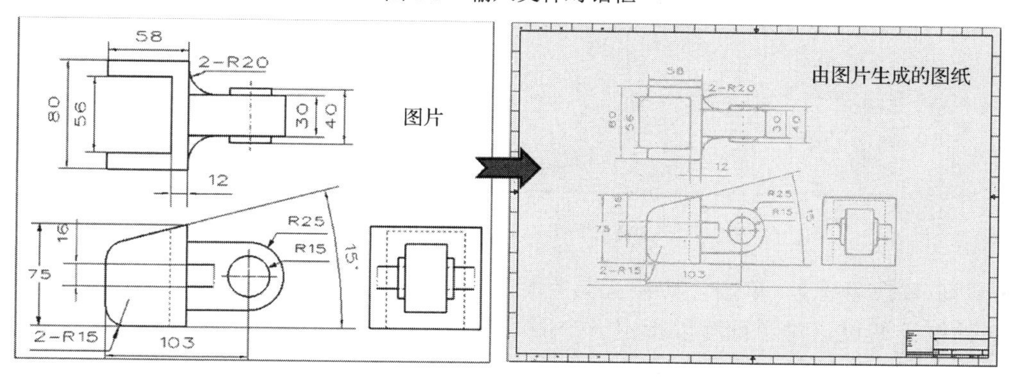

图 1-6　由图片生成图纸

【输入配置】 该功能提供从另一个中望 3D 用户目录输入配置设置。它可以是中望 3D 的较早版本，也可以只是局域网上运行中望 3D 的另一个例子。通过对话框可以看到列出的中望 3Dconfig 和中望 3Dpaths。这些是此前的中望 3D 配置对话框设置，以及中望 3D 文件搜索路径设置，可能还有许多其他的配置文件，主要取决于此前的中望 3D 的应用程序。

4．实用工具

【许可管理器】 单击“实用工具”栏的“许可管理器”选项，系统弹出如图 1-7 所示对话框，该对话框中列出了中望 3D 当前的授权信息，可以通过“激活”按钮输入序列号来给软件授权，也可以通过“添加”按钮，添加一个服务器的网络授权。

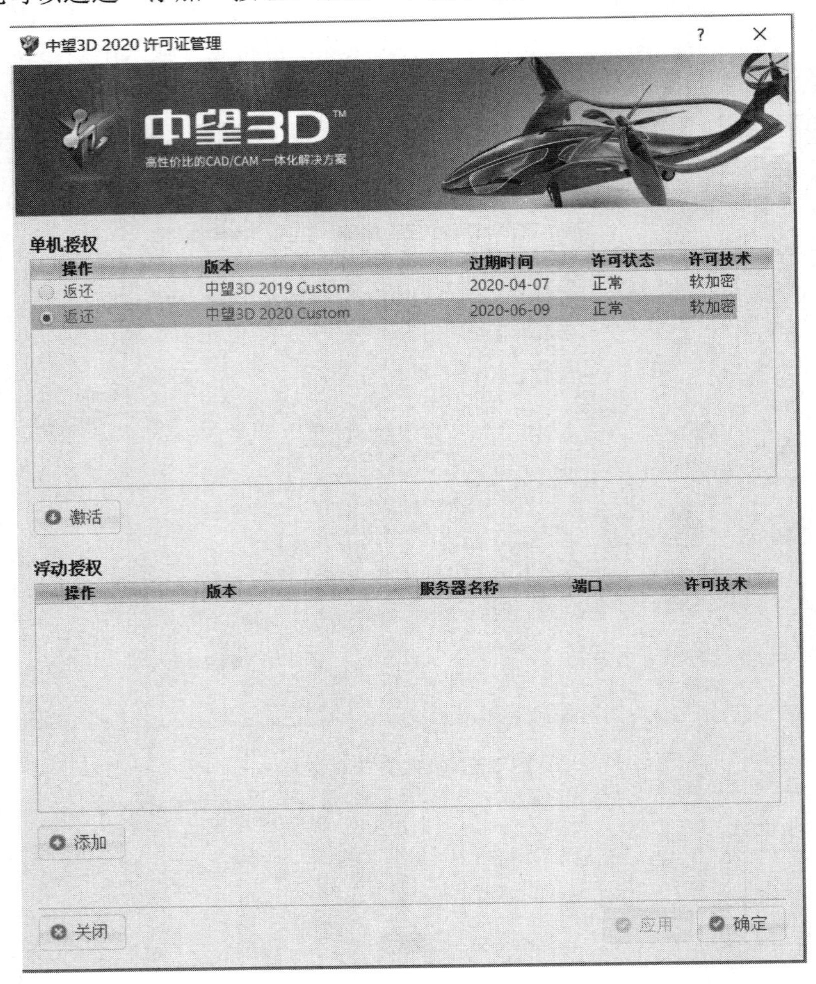

图 1-7　许可证管理对话框

【查询/替换名称】 单击“实用工具”栏的“查询/替换名称”选项，系统弹出如图 1-8 所示对话框。通过该对话框可以指定一个旧（或新）的文件名称和旧（或新）的对象名称。如果一个字段为空，将忽略该字段。当单击“确定”或“应用”按钮时，所有指定文件或对象的名称的引用将改为新的名称。

一个装配的所有组件与一个工程图包中的所有工程图都将一起被引用。通过文件、名称引用对象的实体包含组件、三维工程图视图、外部参考几何图形、装配对齐约束和任何对零件外几何图形选择的历史操作。

当在根对象级重命名一个对象时，中望 3D 自动在父文件中更新所有对该对象的引用，但它不引用任何位于其他文件中的链接对象。必须进入那些外部对象，并使用替换零件命令，或在任何需要更新重命名零件的引用地方，通过此命令完成。

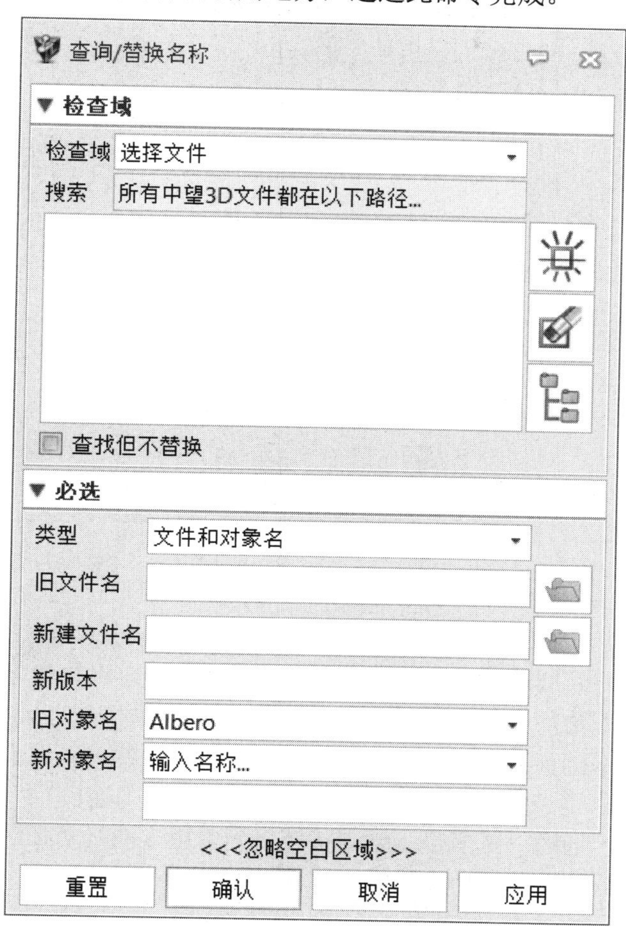

图 1-8　查询/替换名称对话框

【文本文件编辑器】　该功能用于创建和编辑 ASCII 文本文件，如中望 3D 宏文件或来自文件和“从文件输入点”命令的点云面一起使用的点文件。编辑好的文本可以保存为文本文件，也可以加载现有文本文件，并执行 Windows 标准编辑功能，如剪切、拷贝、粘贴等。

【开始另一 ZW3D】　通过该功能可打开另一个中望 3D 窗口。

5．应用程序

【应用程序管理器】　单击“应用程序”栏的“应用程序管理器”选项，系统弹出如图 1-9 所示的“应用插件管理器”对话框，该对话框列出了现有的应用程序，可以开启或关闭应用程序。

单击“插件应用程序”选项卡，出现如图 1-10 所示的插件管理对话框，该选项卡列出了当前可用插件，可以开启或关闭插件程序，也可以自己加载插件程序。

应用插件管理器

应用程序　插件应用程序

应用程序	启动时加载
ZW3D应用程序	☐
ZW3D后置处理	☐
远程应用	☐
其他应用程序	☑
Romer CimCore	
PARTsolutions	
MicroScribe	☑
Ansys - DesignSpace	

描述

确认　取消

图 1-9 “应用插件管理器”对话框

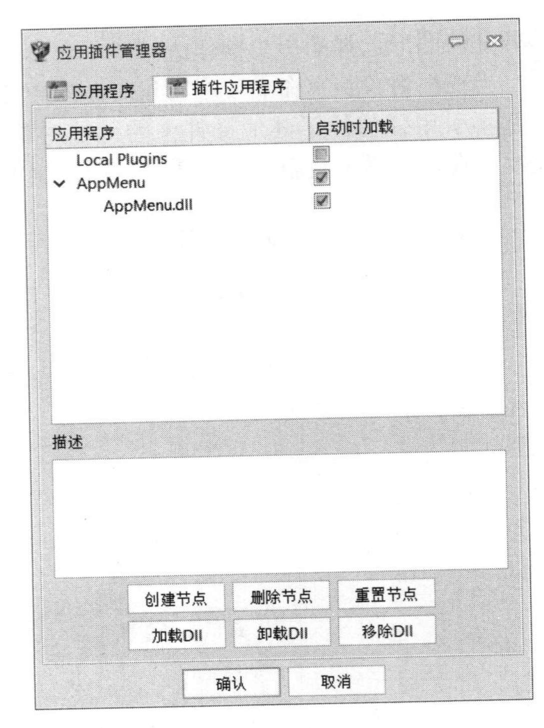

图 1-10 “插件应用程序”选项卡

6. 边学边用

【边学边用】是中望 3D 内嵌的一个独特的教学系统，它将软件与教程合二为一，读者可以在软件中边看教程边操作（见图 1-11）。边学边用的素材可以自定义，这就意味着企业可以以自身的案例为基础制作教学素材，并将素材加载到软件中，用于软件与行业案例的配套培训。系统默认提供四个边学边用素材，分别为“简介”“建模”“装配”和“工程图”。如果电脑连接了网络，通过“更多”可以直接链接到中望官网技术社区，里面有更多教学素材，通过“打开”选项可以手工加载其他素材。

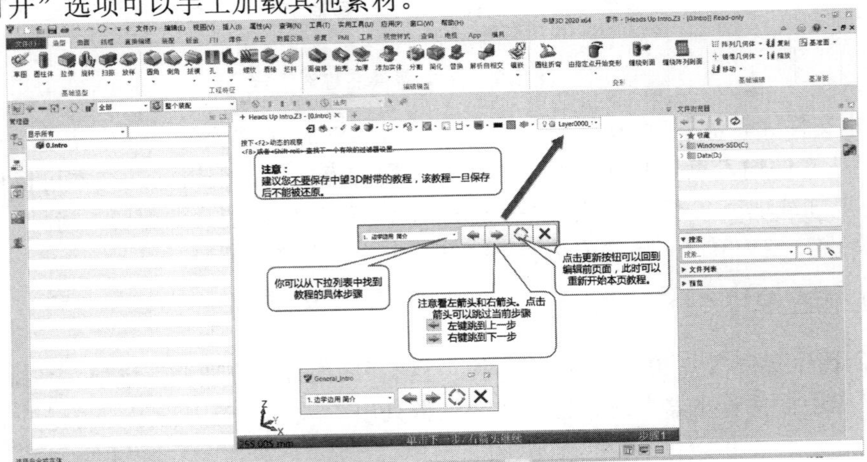

图 1-11 “边学边用”界面

【简介】 单击边学边用的“简介”选项，系统打开边学边用“简介”指导环境。“简介”素材中展示了中望 3D 的基本环境及部分命令的应用展示。可以通过左右箭头按钮进行翻页，通过“退出”按钮退出边学边用指导环境。

【建模】 单击边学边用的“建模”选项，系统进入“建模”边学边用指导环境。“建模”素材中展示了一个简单案例的设计过程。

【装配】 单击边学边用的“装配”选项，系统进入“装配”边学边用指导环境。“装配”素材中展示了一个产品案例的装配过程。

【工程图】 单击边学边用的“工程图”选项，系统进入“工程图”边学边用指导环境。“工程图”素材中展示了一个案例的工程图制作过程。

【更多…】 如果电脑连接了网络，通过边学边用的“更多…”选项可以直接链接到中望官网技术社区，里面有更多教学素材，同时可以在这里进行学习和在线交流。

【打开…】 打开一个已经制作好的边学边用素材。边学边用素材直接用中望 3D 软件制作，文件保存格式为.snt。

7．培训

安装软件后，打开中望 3D 系统默认的电子教程，这些教程会同时位于软件安装目录下的 PDF 文件夹内，如：“C:\Program Files\Zwsoft\ZW3D 2020\languages\zh_CN\pdf\CAM_5X Machining.pdf”。

【CAD 基础教程学习 实训指导】 打开中望 3D 的“CAD_BasicCasesStudy…”学习资料，资料位于软件安装目录下的 PDF 文件夹内。

【ZW3D CAM 轴加工】 打开中望 3D 的“CAM_Milling…”学习资料，资料位于软件安装目录下的 PDF 文件夹内。

【中望 3D 模具设计】 打开中望 3D 的“Mold_Advanced_Tutorial…”学习资料，资料位于软件安装目录下的 PDF 文件夹内。

【更多…】 单击“帮助”菜单下“训练手册”栏的“更多…”选项，系统弹出打开对话框，并直接将打开路径定位到安装目录下的 PDF 文件夹，可以选择一个文件，然后进行学习。

1.1.2　建模环境

启动中望 3D 软件后，进入初始界面，但这时并没有进入建模环境，需要通过新建一个新文件或打开一个现有文件后，才可以激活并进入软件的建模环境，如图 1-12 所示，下面对环境界面的部分区域给出简单介绍。

1．菜单栏

菜单栏配有下拉菜单操作命令，下拉菜单中有子菜单。菜单栏中的大部分功能可以通过工具栏中的功能图标来完成。

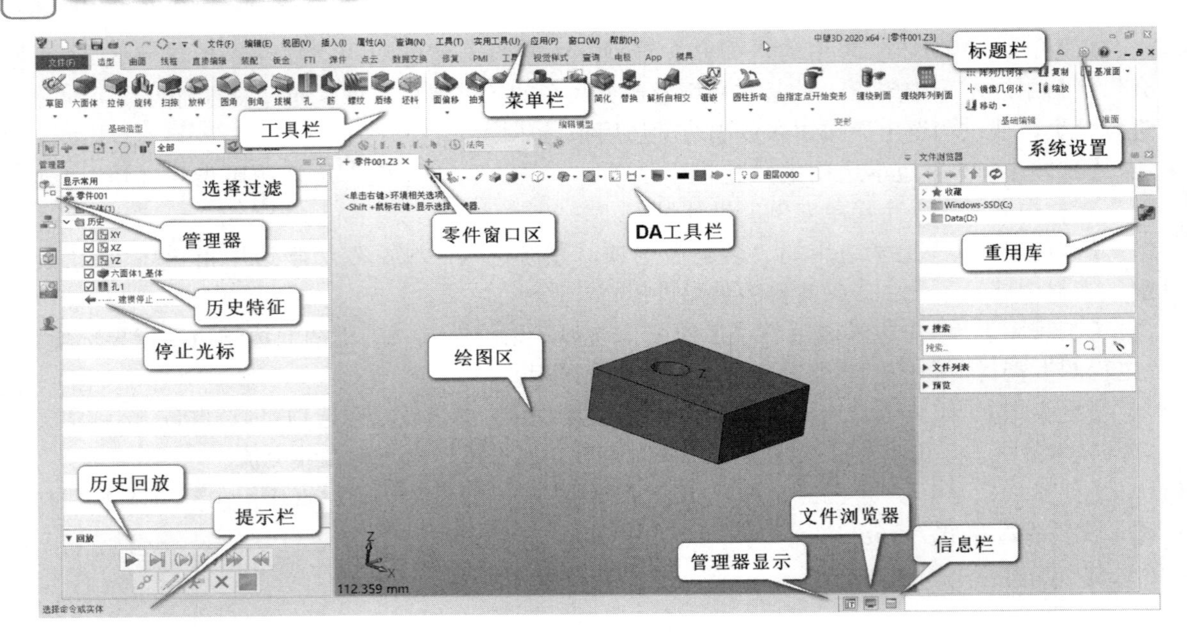

图 1-12　软件建模环境界面

2. 标题栏

标题栏配有常用的操作命令，如新建、打开、保存、撤销、更新等。另外，还显示中望3D 的版本信息、工作文件（激活零件）等。

3. 工具栏

工具栏配有功能图标操作命令。中望 3D 按照模块分类进行管理，如造型模块中大部分命令都基于实体建模，线框模块中大部分命令都基于曲线创建及曲线操作，模具模块中大部分命令都基于模具设计等。工具栏可以自定义，也可以更改图标的显示大小。

4. DA 工具栏

中望 3D 将实际工作中使用频率非常高的命令集成在一起，布局在绘图区上方最方便操作的位置，即 DA 工具栏，方便用户获取相关功能。

5. 管理器

管理器包含历史管理、装配管理、视图管理等。历史管理主要管理零件的设计特征，并提供针对特征变更的各种操作功能；装配管理主要用于管理装配文件的装配结构。中望 3D 的各种操作管理器，在不同环境中的表现不同。例如，在建模环境中包含历史特征管理、装配管理、视图管理、视觉管理、角色管理；在加工环境中包含计划管理、视图管理、视觉管理、角色管理；在工程图中为图纸管理。

6. 提示栏

提示栏的作用是提示用户的下一步操作。如当选择插入草图功能时，系统提示：选择插入平面（基准或面）。

7．管理器显示

显示或隐藏管理器和信息输出框。

8．信息栏

显示当前操作的信息。默认为关闭状态，可以通过左边的“输出”按钮，打开信息显示框。也可以在该框中输入一个可执行命令。

9．文件浏览器

列出根目录下的所有文件列表和文件夹下 ZW3D 支持格式的所有文件。快速搜索、过滤、定位文件、预览或者打开目标文件。

1.2　对象操作

1.2.1　文件操作

中望 3D 的默认文件格式为“.Z3”，支持全中文名称及包含中文名称的文件夹。中望 3D 具有自己独特的文件管理方式，它允许在一个 Z3 文件内部包含多个零部件对象。因此，含有许多组件的装配文件可以将组件进行内部管理，而不需要将组件独立保存在硬盘中，使文件管理更简洁。

1．新建文件

选择下拉菜单命令【文件】→【新建】或单击标题栏中的新建功能图标，系统弹出“新建文件”对话框，如图 1-13 所示，包含零件/装配、工程图、加工方案、工程图包、2D 草图、方程式组、多对象文件。系统默认为新建一个零件/装配，并默认零件名称为“零件 001.Z3”。单击“确认”按钮，系统激活并进入建模环境。

图 1-13　“新建文件”对话框

提醒：系统会自动记录使用过的文件路径，不允许新建的零件在这些路径的目录中与现有零件同名。

当选择“新建文件”对话框中的“多对象文件”时，可以创建多对象文件。此时系统并不会直接进入建模环境，而是进入对象环境界面，如图 1-14 左图所示。在对象环境中可以创建多个不同零件，这些零件之间可以具有装配关系，也可以是各自独立的零件。如果要在本文件内部新建零件，通过绘图区左上方零件名称左边的“+”图标即可进入新建零件页面，建立内部零件后，零件会列在对象管理器中，如图 1-14 右图所示；如果要建立新文件，通过绘图区左上方零件名称右边的“+”图标，即可进入新建零件页面。在对象环境中还可以通过系统提供的功能对零件进行重命名、复制/剪切/粘贴、删除等操作。如果想编辑某个零件，直接双击该零件或者通过右击该零件→【编辑】，即可激活并进入该零件的工作环境。

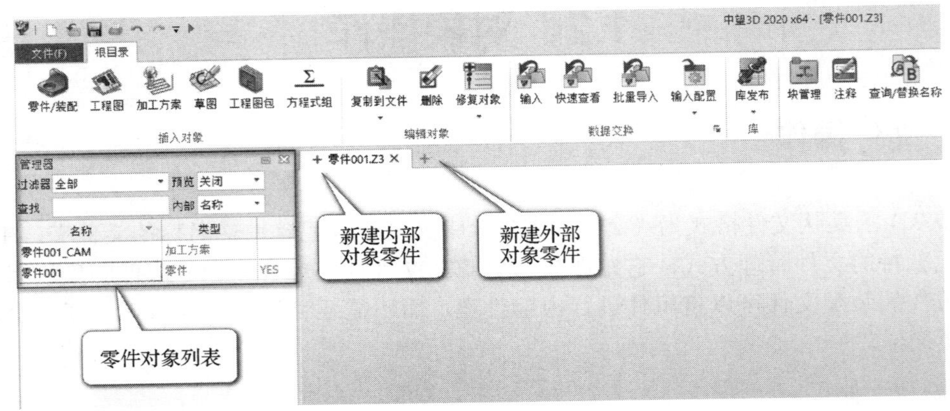

图 1-14　对象环境界面

在对象管理框的上方，系统提供了不同的显示选项，包括过滤器、预览、查找、内部，可以通过选择不同类型的项目，对需要显示的对象进行过滤，如图 1-15 所示，对其中过滤器、预览、查找选项介绍如下。

【过滤器】 设置过滤对象管理器中对象显示的类型，包含“全部”“零件”“装配体”“工程图”“加工方案”等。当将过滤器设为“装配体”时，对象管理器中仅显示装配文件。

【预览】 设置对象的预览形式，包含“关闭”“图像”“属性和装配体”。当设为“关闭”时，单击零件后，不做任何显示；当设为“图像”时，单击零件后，在绘图区会显示该零件的图像。如将预览形式设为“图像”，鼠标单击对象管理器中的“00 Assieme”零件，预览效果如图 1-16 所示。

【查找】 通过输入一个名称来查找对象管理器中的文件。支持关键字符索引，如名称为“00 Assieme”，输入“00”后回车，系统会显示名称中包含“00”的文件。

2．打开文件

选择下拉菜单命令【文件】→【打开】，或单击标题栏中的打开功能图标，系统弹出打开文件的对话框，如图 1-17 所示。当打开的文件内部包含多个零件或组件时，系统并不会直接进入建模环境，而是进入该文件所对应的零件对象环境，如图 1-18 所示，通过该对象环境可以激活零件或装配（练习文件：配套素材\EX\CH1\1-1.Z3）。

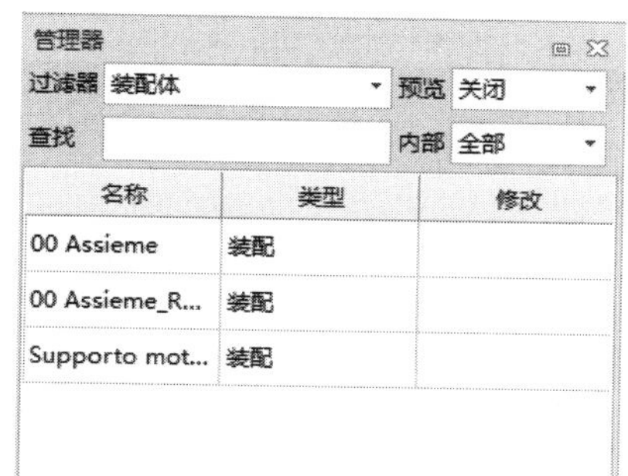

图 1-15　对象管理器图

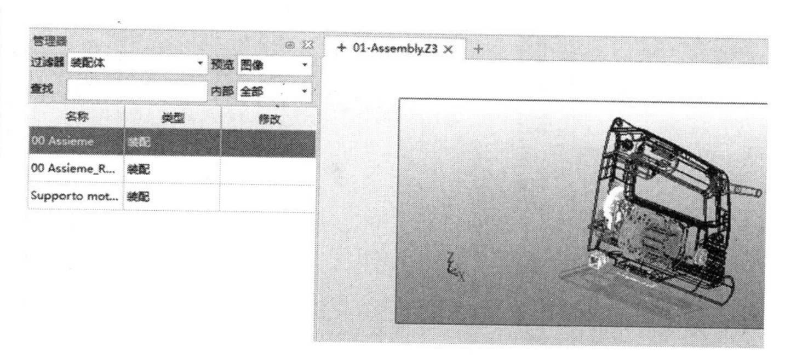

图 1-16　对象管理器

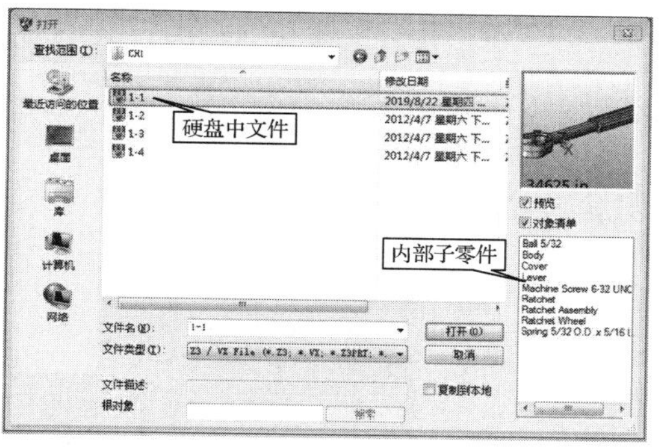

图 1-17　打开文件的对话框

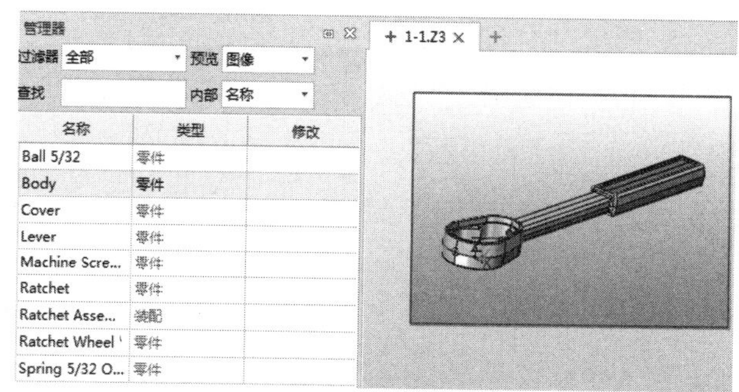

图 1-18　零件对象环境

> **经验参考：** 将预览类型设置为“图像”，可以预览该零件的模型效果，方便零件的查找；当对象管理器中的零件非常多时，可将过滤器设置为想找的零件类型，如查找某个工程图，可以将过滤器设为“工程图”，系统即只显示工程图类型的零件。

成功安装中望 3D 后，也同时自动安装了内嵌的文件转换器，使中望 3D 可以直接打开其他常见三维软件保存的文件，而不需要对零件进行第三方格式转换。支持类型包含 CATIA、Inventor、ProE、SolidWorks、SolidEdge、NX 等常见的三维软件文件格式。另外中望 3D 还可以直接打开常用的第三方格式文件，如 IGES、STEP、Parasolid、DWG/DXF、STL 等。中望 3D 支持的兼容文件格式如图 1-19 所示。

3．文件输入/输出

【输入】 选择下拉菜单命令【文件】→【输入】，或单击工具栏【数据交换】→【输入】图标，系统弹出“选择输入文件”对话框，选择一个输入文件后，系统弹出输入文件的参数设置对话框，如图 1-20 所示。可以设置文件输入后的状态，如将“输入到”设置为“新建文件”，导入的零件将以独立外部文件存在。中望 3D 支持常见的文件转换格式与“打开”中的类型相同，包含 DWG、DXF、IGES、STEP、Parasolid、STL 及图片文件等。另外可以直接用鼠标将文件拖到中望 3D 窗口，也可以打开该文件，系统会自动为文件分配匹配的转换格式。

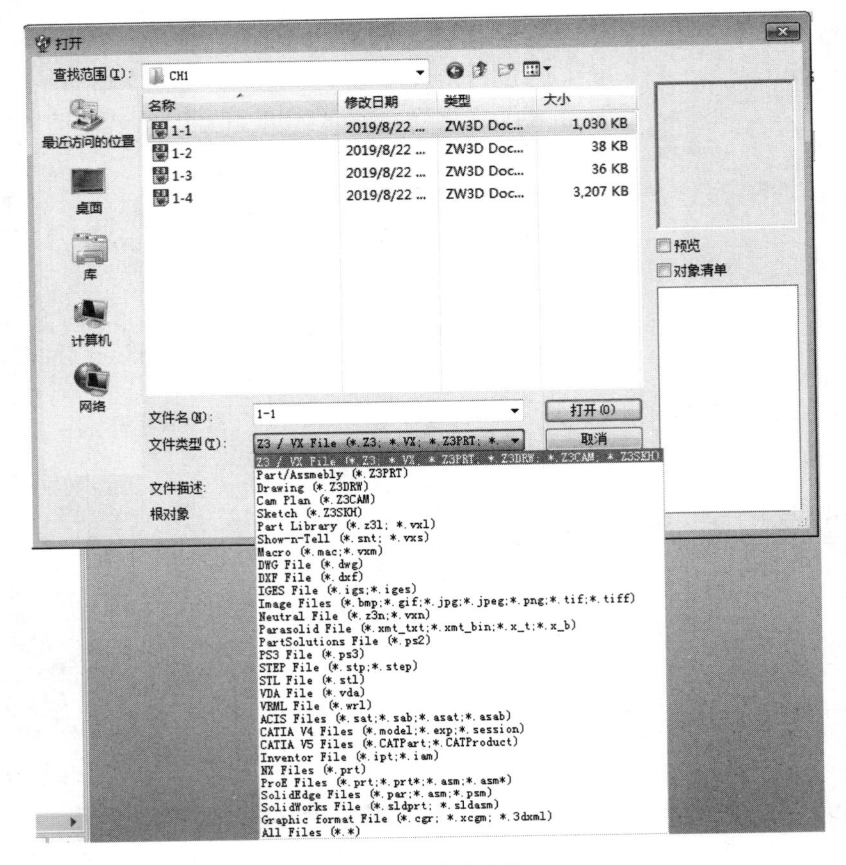

图 1-19　文件兼容格式

【输出】 选择下拉菜单命令【文件】→【输出】，或单击工具栏【数据交换】→【输出】图标，系统弹出“选择输出文件”对话框，选择一个输出文件类型和输入一个文件名称，系统弹出输出文件的参数设置对话框，为输出文件设置参数如图 1-21 所示。中望 3D 支持常见的文件转换格式，如 DWG/DXF、IGES、STEP、Parasolid、STL 及图片文件等。

4．保存文件

【保存】 选择下拉菜单命令【文件】→【保存】或单击标题栏中的保存功能图标，保存零件的当前状态。

【另存为】 选择下拉菜单命令【文件】→【另存为】，将当前文件保存为另一个文件，可以更改零件名称和保存路径。另存后的文件与原文件断开关联，不会受原文件变更的影响。

【保存全部】 选择下拉菜单命令【文件】→【保存全部】，保存当前文件下的所有零件。

【保存/关闭】 选择下拉菜单命令【文件】→【保存/关闭】，保存当前零件后退出工作环境。

5．关闭文件

【关闭】 选择下拉菜单命令【文件】→【关闭】，或单击软件绘图区左上角文件名称后面的叉号，关闭当前零件。

【全部关闭】 选择下拉菜单命令【文件】→【全部关闭】，关闭所有已打开的零件。

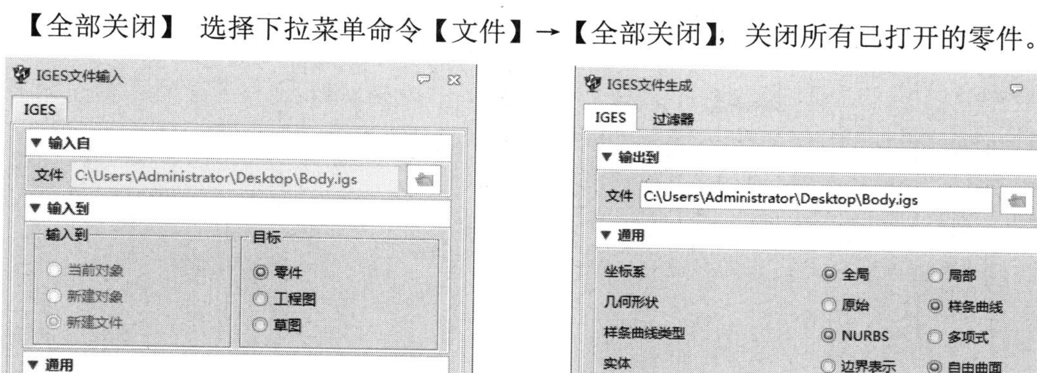

图 1-20　输入文件参数设置对话框

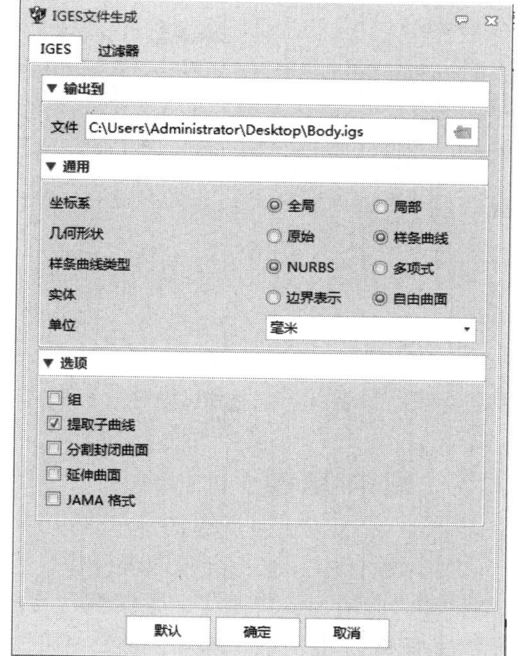

图 1-21　输出文件参数设置对话框

6. 退出零件

单击 DA 工具栏中或右键快捷菜单中的退出功能图标，可以退出当前工作环境，回到上一级工作环境。如在草图环境中，通过退出可以回到建模环境；在建模环境中，通过退出可以回到对象环境；当从建模环境直接进入到工程图环境时，如在工程图环境中退出，系统将回到建模环境。对象环境为退出的最底层环境，退出功能最多只能退到对象环境。

7. 文件窗口切换

在中望 3D 中，支持同时打开多个文件，并且按先后顺序排列在绘图区上方，可以直接通过单击零件来切换工作窗口，以激活相应的零件。

1.2.2　删除特征

在中望 3D 中，通过 DA 工具栏中的删除功能图标，或通过键盘的 Delete 键可以删除选中的特征。中望 3D 支持对实体中的某个面进行删除，从而将实体造型转化成片体造型。在选择过程中，注意通过“选择工具”来过滤选择类型，过滤类型如图 1-22 所示。

在中望 3D 中，被删除的特征仍然被记录在历史管理器中，如图 1-23 所示。如果想恢复已经删除的特征，只需将历史管理器中的“删除 1”特征删除即可。

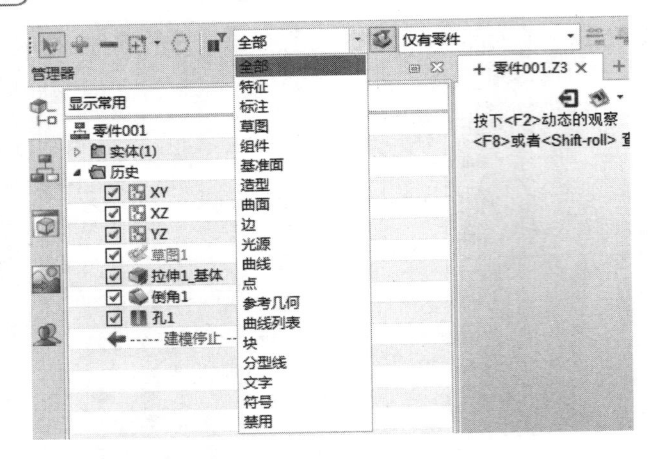

图 1-22　选择过滤器

图 1-23　历史管理器中被删除的特征

1.2.3　撤销/重做

在实际设计中，难免会出现误操作。可以通过单击标题栏中或右键快捷菜单中的撤销功能图标，撤销上一步操作。系统默认支持撤销之前的 75 步，如果需要更多撤销步骤，可以更改系统配置中“最大撤销步骤”中的数值。通过单击重做功能图标，可以回到撤销前的状态。

1.2.4　隐藏/显示

中望 3D 的隐藏/显示功能位于 DA 工具栏，如图 1-24 所示。可以隐藏造型、曲线、草图等，但不可以对一个造型中的某个面或某个特征进行隐藏。

图 1-24　隐藏/显示功能

【隐藏】 隐藏所选择的图素。可以先选择需要隐藏的图素，再单击“隐藏”功能来完成。

【显示】 从当前隐藏的图素中选择图素进行显示。

【显示全部】 将所有被隐藏的图素显示出来。

【转换实体可见性】 将当前显示的图素隐藏，将隐藏的图素显示出来。

【可见性管理器】 控制图形窗口中对象的可见性，可以从列表中选择要隐藏或显示的某一类型对象。

1.2.5　着色/线框显示

中望 3D 的着色/线框显示功能位于 DA 工具栏中，如图 1-25 所示。通过 Ctrl+F 组合键，可以在线框和着色状态中自由切换。

在装配文件中，如果想让某个组件透明或以线框方式显示，可以通过右击该组件，在弹出的快捷菜单中选择透明或线框显示方式，如图 1-26 所示。

图 1-25　着色/线框显示功能

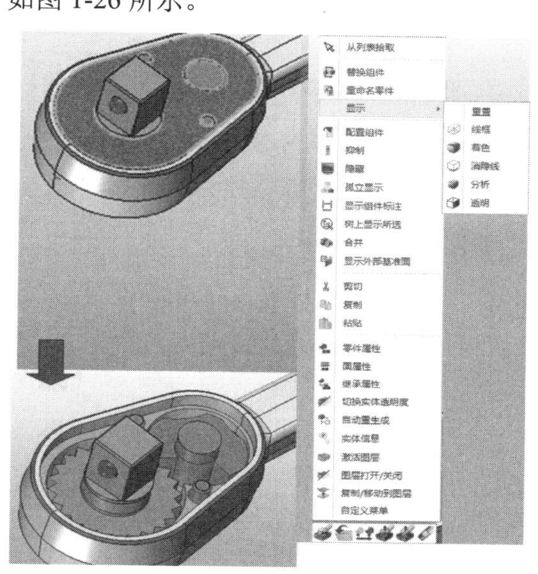

图 1-26　组件透明或线框显示

1.2.6　对象属性

1．点属性

通过下拉菜单【属性】→【点】，系统弹出“点属性”对话框，如图 1-27 所示，可以在对话框中更改点的颜色、样式和大小等。

2．线属性

通过下拉菜单【属性】→【线】，或右击 DA 工具栏中的线条颜色功能图标■，系统弹出“线属性”对话框，如图 1-28 所示，可以在对话框中更改线的颜色、线型和线宽等。

3．面属性

通过下拉菜单【属性】→【面】，或右击 DA 工具栏中的面颜色功能图标□，系统弹出“面属性”对话框，如图 1-29 所示，可以在对话框中更改面或实体的颜色、透明度等。

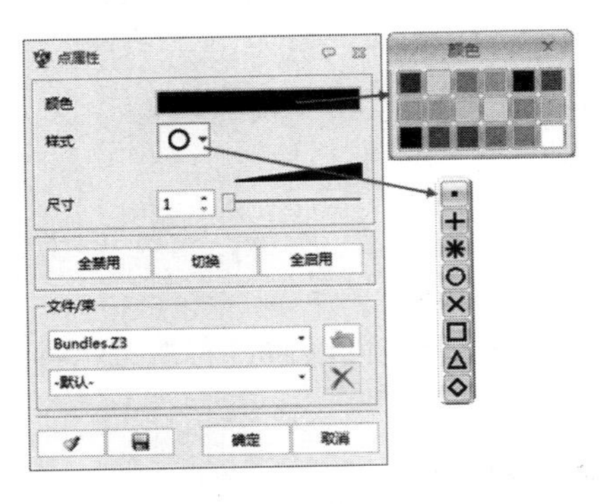

图 1-27 “点属性”对话框

图 1-28 “线属性”对话框

> **提醒：** 如果在更改面颜色时需要参照现有面颜色，可以通过“面属性”对话框左下角的“从实体复制值”功能图标来实现。

4．零件属性

通过下拉菜单【属性】→【零件】，系统弹出“零件属性”对话框，可以在对话框中更改零件的相关属性，如图 1-30 所示。

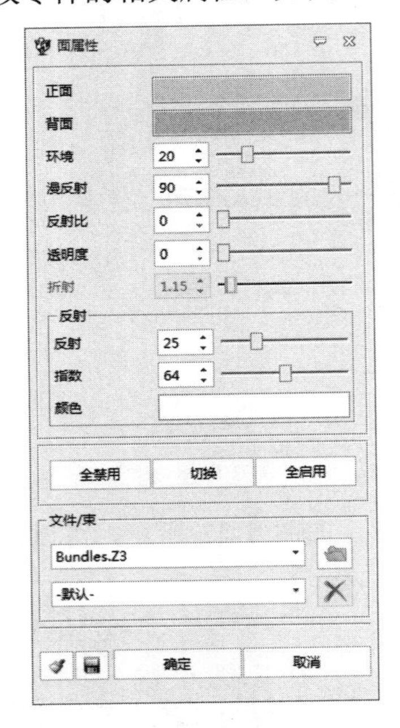

图 1-29 “面属性”对话框

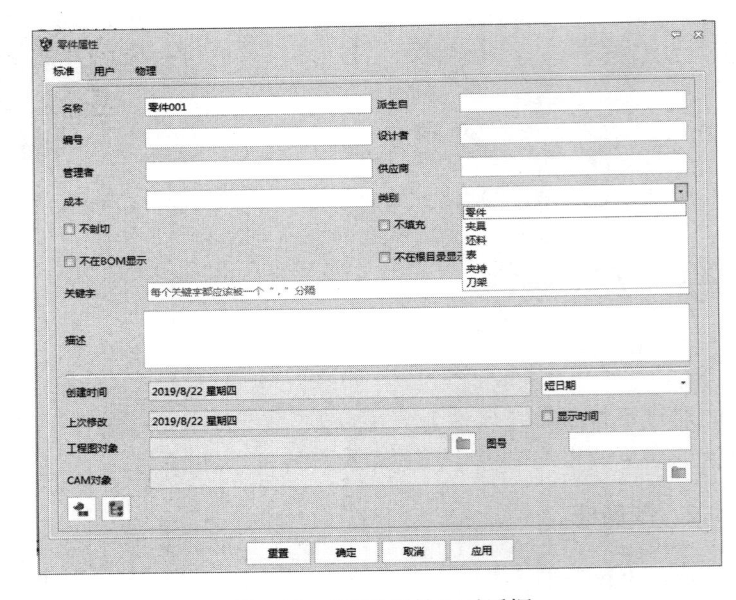

图 1-30 “零件属性”对话框

5．材料属性

通过下拉菜单【属性】→【材料】，系统弹出“材料属性”对话框，如图 1-31 所示，可以在对话框中更改零件的材料属性。选择零件后，在“文件/束”列表中选择一种材料，再单击“应用”按钮即可。

6．钣金属性

通过下拉菜单【属性】→【钣金】，系统弹出“钣金属性”对话框，如图 1-32 所示，可以在对话框中更改钣金的折弯半径、K 因子、展开公差等。

图 1-31　“材料属性”对话框

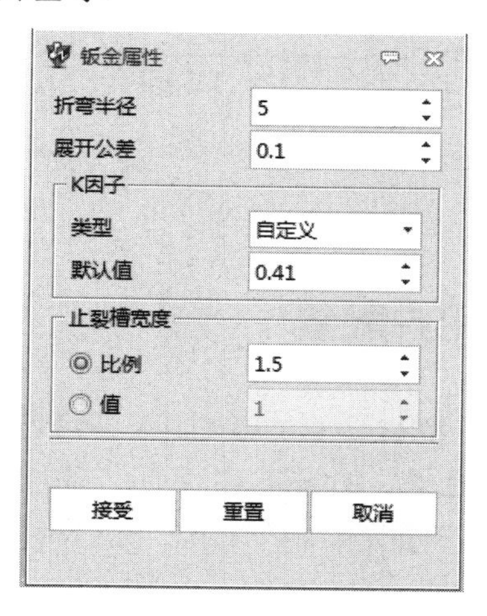

图 1-32　“钣金属性”对话框

1.2.7　鼠标应用

中望 3D 将常用的功能分配在鼠标的三个键中，因此通过单手便可以方便地完成大部分常用的功能操作。另外，中望 3D 将常用的编辑命令集成在鼠标右键，通过鼠标右键可以快速调出更改某一特征的相关命令，而且针对不同的特征右键单击，弹出的快捷命令也不同。如右键单击一个实体面，系统将弹出面偏移、面延伸、面拔模等与面相关的操作命令；右键单击一条实体边，系统将弹出倒圆角、倒角、边拔模等与边相关的操作命令。如果双击绘图区中的某一特征（如实体边），与该特征相关的排在第一位的右键快捷操作命令将被激活（即排在第一位的倒圆角命令将被激活）。

如果想修改最后一步创建的特征，只需在绘图区空白位置单击鼠标右键，即弹出“重新定义最后一步”（排在快捷功能第一位）功能，通过该功能可以快速编辑最后一步特征。

中望 3D 中的鼠标功能参见表 1-1。

表 1-1　鼠标功能

键　名	功 能 说 明
左键	单击——激活命令、选取图素
	双击——选中某一图素双击，调用默认命令并打开该命令对话框
	按住并拖动——框选
中键	单击——替代“确定”功能；重复上一次命令
	滚动——缩放
	按住并拖动——平移

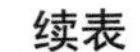

续表

键　　名	功 能 说 明
右键	单击（空白）——弹出系统环境默认快捷菜单
	单击（选中图素）——弹出适合选中图素的快捷操作命令
	按住并拖动——旋转

1.3　自定义操作

1.3.1　用户配置

通过下拉菜单【实用工具】→【配置】，或单击软件右上角的配置图标，系统弹出“配置”对话框，如图 1-33 所示。通过该对话框，可以对系统的默认参数进行设置（例如界面语言等）。可以通过“背景色”选项卡设置，更改绘图区背景颜色，如图 1-34 所示；显示公差可以通过“显示”选项卡来设置；更改工作目录可以通过“文件”选项卡来设置等。

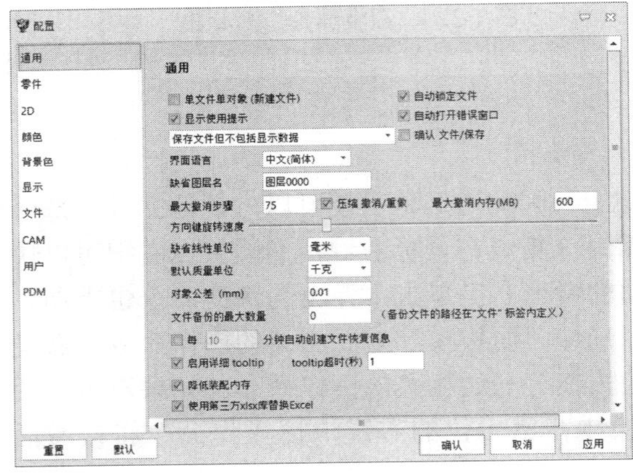

图 1-33　“配置”对话框

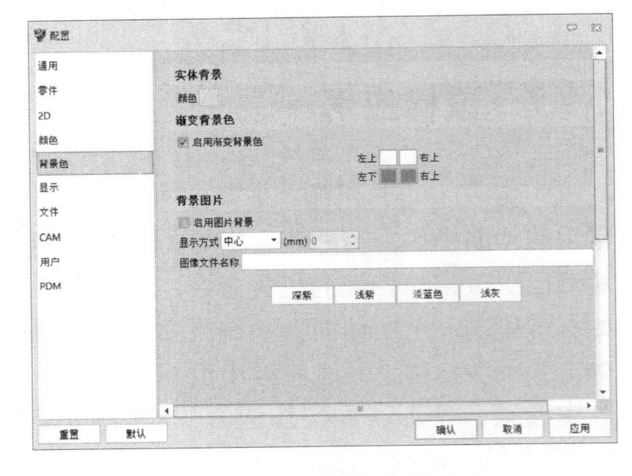

图 1-34　“背景色”选项卡

1.3.2　快捷键定制

中望 3D 支持自定义快捷键，用户可以根据自己的习惯设置常用的快捷键。具体操作步骤如下：

➢ 通过下拉菜单【工具】→【自定义】，系统弹出“自定义”对话框，如图 1-35 所示；
➢ 选择【热键】选项卡，可以发现系统已有一些默认的快捷键，找到需要设置快捷键的命令，直接在其右边赋予快捷键即可，如将“关闭”命令的快捷键设置为“C”，如图 1-36 所示。

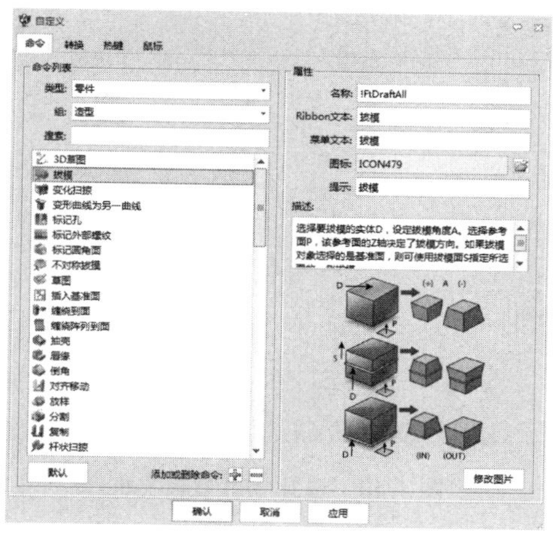

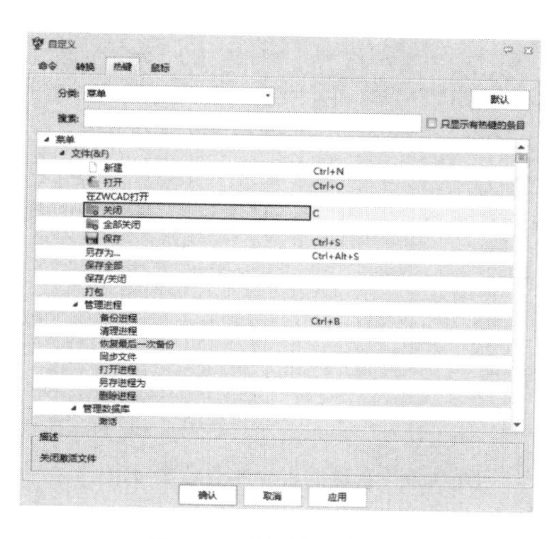

图 1-35 “自定义”对话框

图 1-36 “热键”选项卡

1.3.3 模板定制

中望 3D 提供了自定义模板功能，具体操作步骤如下：

➢ 通过下拉菜单【文件】→【模板】，打开系统模板对象环境，如图 1-37 所示，系统列出了当前默认的模板；

➢ 单击绘图区上方模板文件（Templates_MM.Z3）前面的添加新对象按钮+，系统弹出“新建文件”对话框，如图 1-38 所示；

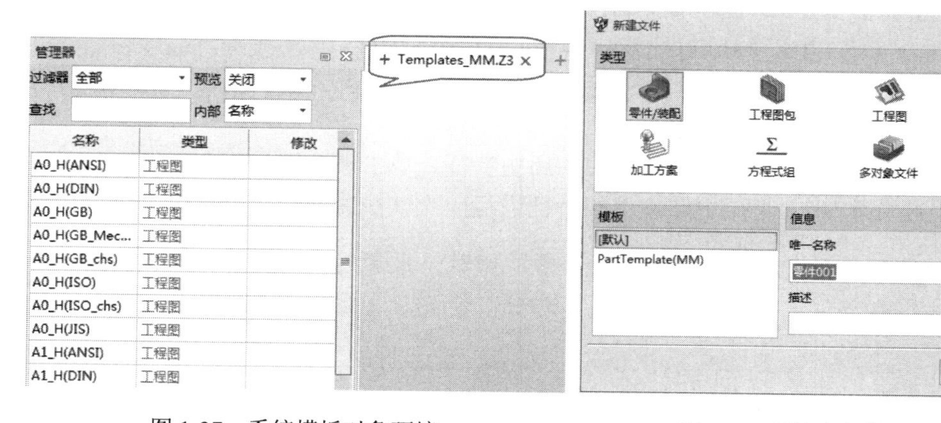

图 1-37 系统模板对象环境

图 1-38 “新建文件”对话框

➢ 选择“零件/装配”按钮，单击“确认”按钮，即创建了 1 个零件模板文件，并将上一步已创建的零件添加到模板对象环境中，如图 1-39 所示；

➢ 双击自建的新零件文件，进入建模环境中设置相关参数，并保存文件，退出；

➢ 在“新建文件”对话框中已可见前面创建的零件模板，选择该零件模板即可使用，如图 1-40 所示。用同样的方法可以自定义工程图模板。

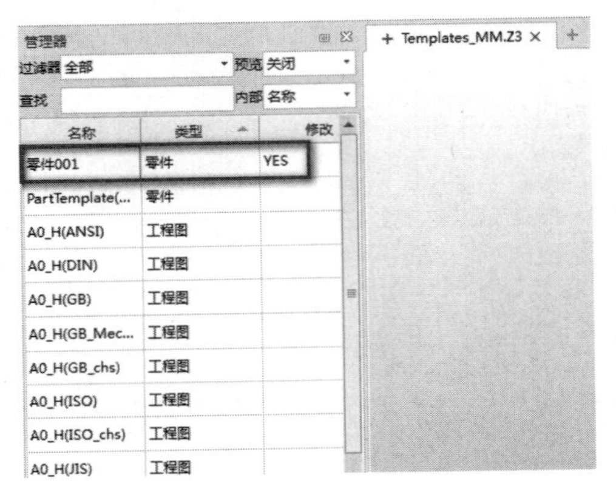

图 1-39　新建的 1 个零件模板文件

图 1-40　选择零件模板文件

1.4　管理器

在中望 3D 中，管理器位于绘图区左侧，可以通过软件界面右下方的管理器按钮或通过下拉菜单【工具】→【ZW3D 管理器】打开或隐藏管理器。

1.4.1　历史管理

历史管理选项是中望 3D 管理器中的第一项功能，如图 1-41 所示。其主要用于设计中的历史特征管理，可以对历史特征进行回放、编辑、删除等操作。

在管理器空白处单击鼠标右键，系统弹出快捷菜单，如图 1-42 所示。可以通过快捷菜单对历史特征和当前零件进行相关操作。

【回放下一个操作】 将回放列表中的历史特征，单击一次回放一个特征。

【回放所有操作】 将历史管理中的特征进行一次性快速回放。

> **提醒：** 如果想从历史特征的中间某一个步骤回放，或者想在历史特征的中间某一个步骤之前插入一个新特征，可以将“特征插入指针”拖到该特征处，新增的特征将插入在该特征之前。

【抑制/释放下一个操作】 如果“回放指针”的下一步历史特征处于抑制状态，通过该按钮可以释放，否则进行抑制。

【回放和自动抑制失败特征】 对“回放指针”后面的历史特征进行快速回放，当遇见失败特征时自动将其抑制。

【下一个已保存的零件状态】 快速回放到下一个特征记录状态的位置。

【上一个已保存的零件状态】 快速回放到上一个特征记录状态的位置。

【解除/强制下一步操作】 尝试强制回放“回放指针”的下一步历史特征，哪怕是失败的历史特征。

【编辑下一步操作】 编辑“回放指针”的下一步历史特征。

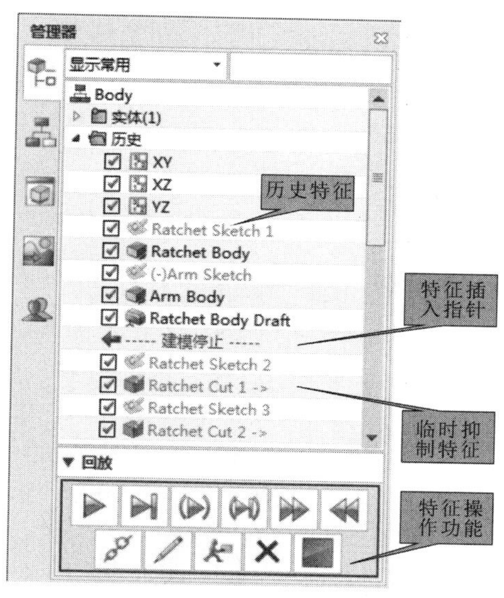

图 1-41　历史管理选项

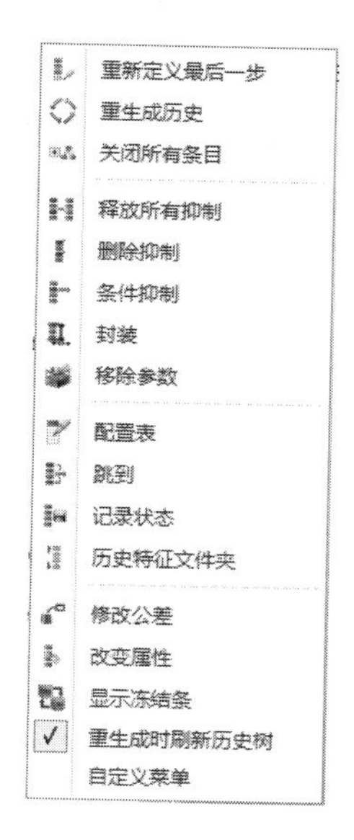

图 1-42　右键快捷菜单

【重定位平面】　如果"回放指针"的下一步历史特征是草图、基准面或组件对齐时，该功能可以更改其定位平面。

【删除下一步操作】　删除"回放指针"的下一步历史特征。

【回放结束】　退出历史特征回放，并将"回放指针"后面的所有特征删除。

警告：使用"结束回放"功能后，"回放指针"后面的所有特征均被永久性地删除，一旦保存将无法恢复，请慎重使用。

以下是在管理器中单击鼠标右键，弹出快捷菜单的部分常用功能含义。

- **播放历史：**单击该功能后，系统弹出"回放"列表对话框，可以对历史特征进行回放操作，具体应用方法与前面介绍的回放功能相同。
- **封装：**将历史特征进行封装，封装后将不会有历史特征存在。

警告：封装会将零件特征全部去除，被封装的零件将不会再有参数存在，且保存文件后无法恢复，请谨慎使用。

- **记录状态：**记录当前历史特征节点，可用于节点回放和工程图中布局不同历史节点。记录首个状态后，在历史管理器中会出现一个"状态 1"特征，后续的记录将依次排序。
- **释放所有抑制：**将历史管理器中所有被抑制的特征释放出来。
- **删除抑制：**将历史管理器中被抑制的特征删除。
- **移除参数：**将选择的造型的历史特征移除。

1.4.2　装配管理

装配管理选项是中望 3D 管理器中的第二项功能，如图 1-43 所示，主要用于装配文件中的组件管理，可以对组件进行编辑、删除、显示/隐藏等操作。

当激活了某个组件时，系统默认不独立显示该零件，而是显示整个装配文件，并将其他组件以透明方式显示。如果需要单独显示激活的组件，可以通过 DA 工具栏中的“显示目标”功能来实现，如图 1-44 所示（练习文件：配套素材\EX\CH1\1-1.Z3）。

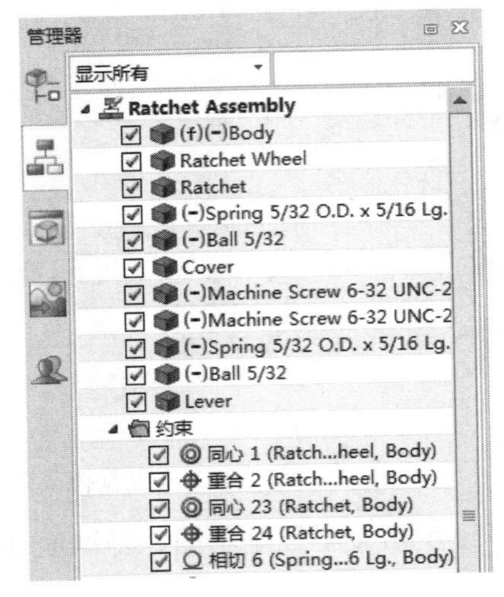

图 1-43　装配管理选项

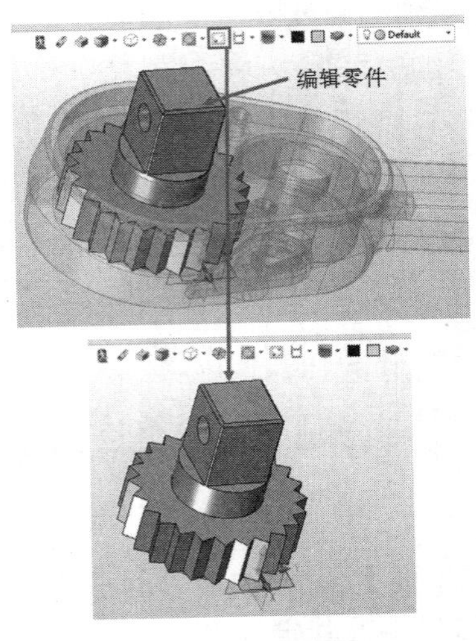

图 1-44　单独显示激活组件

1.4.3　视图管理

视图管理选项是中望 3D 管理器中的第三项功能，如图 1-45 所示。中望 3D 支持自定义视图，并保存，以备后续使用。具体操作步骤如下：

- 右击视图管理器中的“自定义视图”，在弹出的快捷菜单中，选择“新建”，系统弹出新建视图对话框，如图 1-46 所示；
- 输入一个视图名称，单击“确认”按钮 ✔，即完成新视图的创建；
- 双击“视图管理器”中自定义的视图名称，即可激活或定位到该视图。

中望 3D 中的标准视图选项位于 DA 工具栏中，如图 1-47 所示。4 个常用的标准视图定位相应的快捷组合键：“Ctrl+↑”为俯视图组合键、“Ctrl+↓”为前视图组合键、“Ctrl+→”为左视图组合键、“Ctrl+←”为右视图组合键。

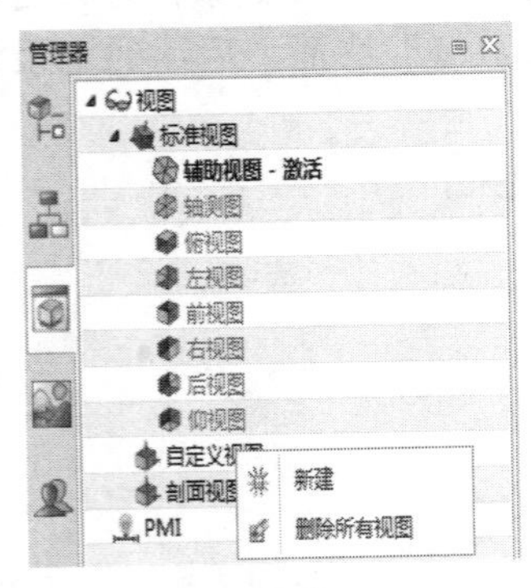

图 1-45　视图管理选项

图 1-46　新建视图对话框

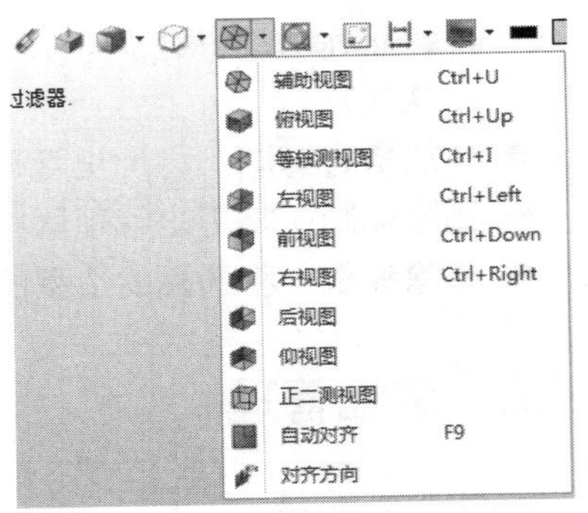

图 1-47　标准视图选项

1.4.4 视觉管理

视觉管理选项是中望 3D 管理器中的第四项功能，如图 1-48 所示，可以通过设置光源、阴影等来改变零件的显示效果。如图 1-49 所示为通过视觉管理操作后的视觉效果图。

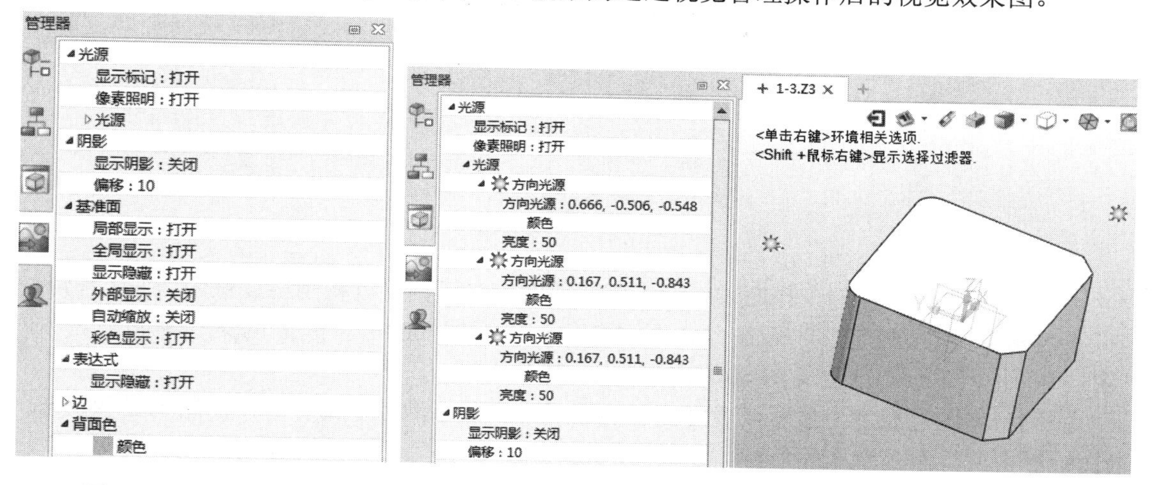

图 1-48 视觉管理选项

图 1-49 视觉效果图

1.4.5 图层管理

图层管理位于 DA 工具栏中。单击 DA 工具栏的图层按钮，系统弹出“图层管理器”对话框，如图 1-50 所示。通过该对话框，可以建立新图层、删除图层、设定图层属性等。

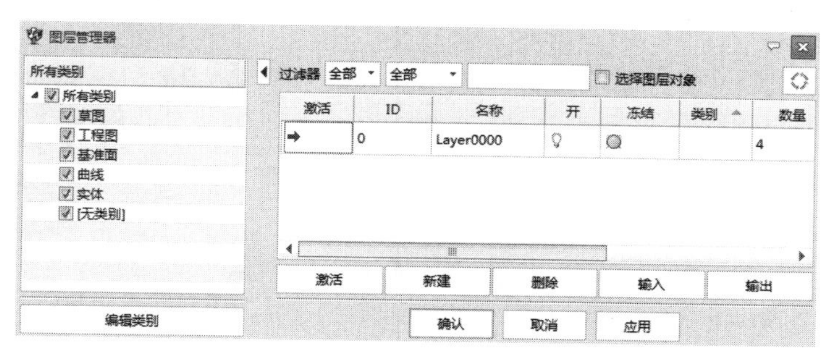

图 1-50 “图层管理器”对话框

1. 新建图层

- ➢ 单击图层管理器中的“新建”按钮，系统会在图层管理器中增加一个新图层，如图 1-51 所示；
- ➢ 更改图层名称；
- ➢ 双击图层左边的激活框，绿色向右箭头所在的图层即为当前激活的图层；
- ➢ 单击“确认”按钮，即完成图层的创建。

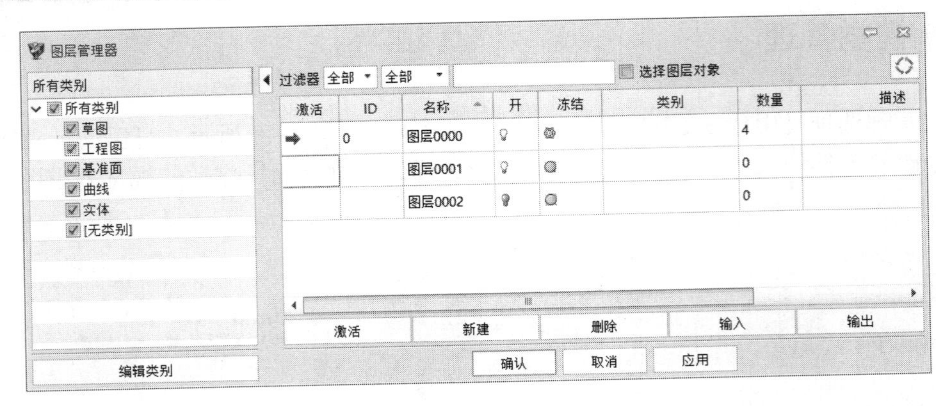

图 1-51　新建图层

【激活】 设定当前的工作图层。双击图层前面的激活框，可将图层设置为当前工作层。

【名称】 图层的名称。系统默认图层名称为“图层 0000”，新建的第一个图层名称为“图层 0001”，下一个建立的图层按序号排列，依此类推。

【开】 将图层设定为显示或者隐藏。当图层框内的灯泡处于高亮时，图层为显示状态；当图层框内的灯泡处于灰蓝色时，图层为隐藏状态。单击“开”图层框可更改显示或隐藏。

【冻结】 当图层处于冻结状态时，该图层内的图素在绘图区仍然显示，但是无法对其进行编辑操作。单击“冻结”图层框可更改冻结状态。

【描述】 给图层增加文字描述。

【数量】 显示图层内的图素数量，默认的基准面也被记录在对象数中。

2．指定图层

- 选择绘图区中需要指定图层的图素；
- 从 DA 工具栏右边列出的图层列表中选择一个图层，如图 1-52 所示。

图 1-52　指定图层

1.5　查询功能

在中望 3D 中，“查询”是一个独立的功能模块，如图 1-53 所示。在该模块中，除可以进行一般的几何测试外，还可以进行面积和实体质量计算、分析面和曲线等。

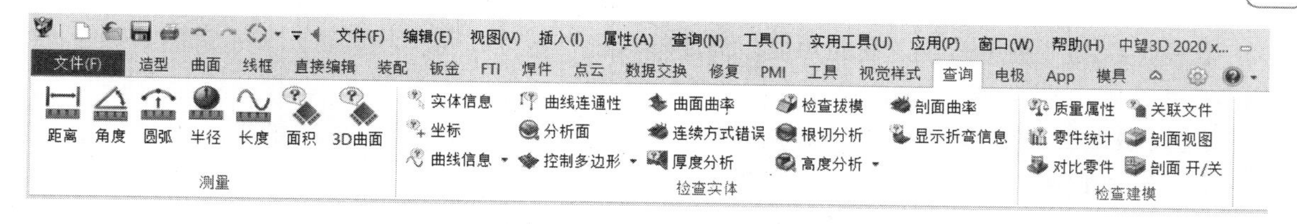

图 1-53　查询功能模块

1.5.1　测量

1．距离

单击工具栏中的【查询】→【距离】功能图标，系统弹出测量距离对话框，如图 1-54 所示，包含 4 种测量距离的方法。

【点到点】 测量两点之间的距离。系统除提供测量两个点之间的距离外，还提供测量在 X、Y、Z 方向的距离，如图 1-55 所示。

【几何体到点】 测量几何体到点之间的距离。

【几何体到几何体】 测量几何体到几何体之间的距离。

【平面到点】 测量平面到点之间的距离。

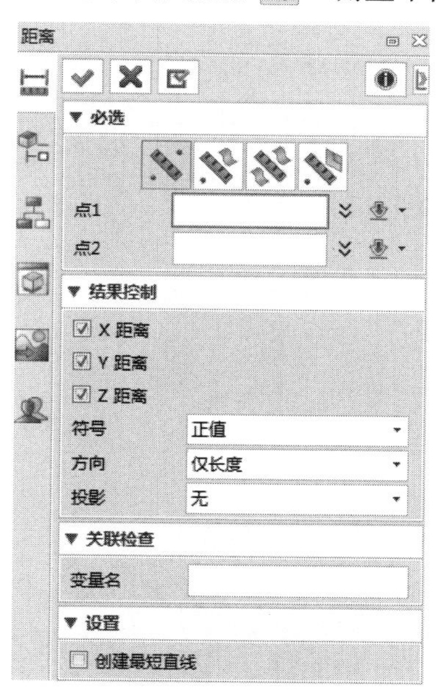

图 1-54　测量距离对话框

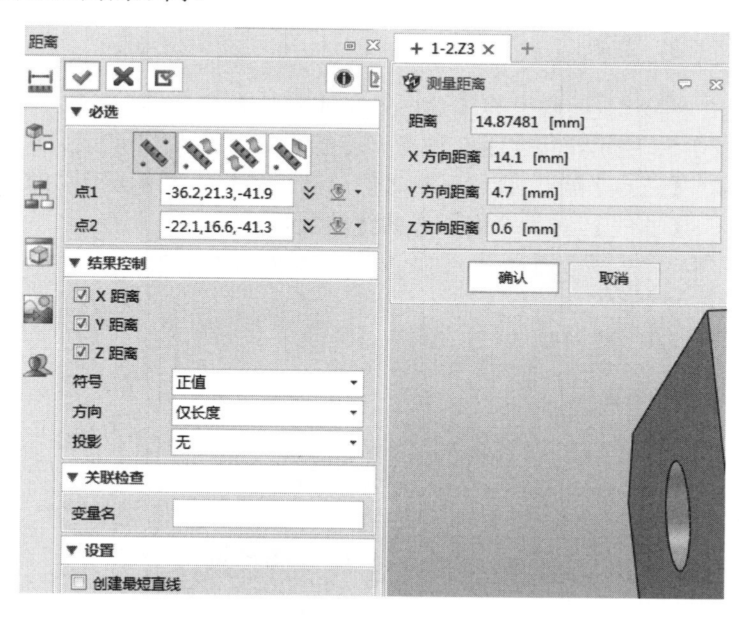

图 1-55　点到点选项

【创建最短直线】　勾选"创建最短直线"复选框，系统测量后在两点之间创建一条最短的直线段。

2．角度

单击工具栏中的【查询】→【角度】功能图标，系统弹出测量角度对话框，如图 1-56 所示，包含 4 种测量角度的方法。

【三点】 测量三点之间的角度，需要输入一个基点和两个测量点，其示意图如图 1-57 所示。

【四点】 通过定义四个点构成两个不同方向之间的角度，然后测量。

【两向量】 测量两个向量之间的角度。

【两基准面】 测量两个基准面之间的角度。

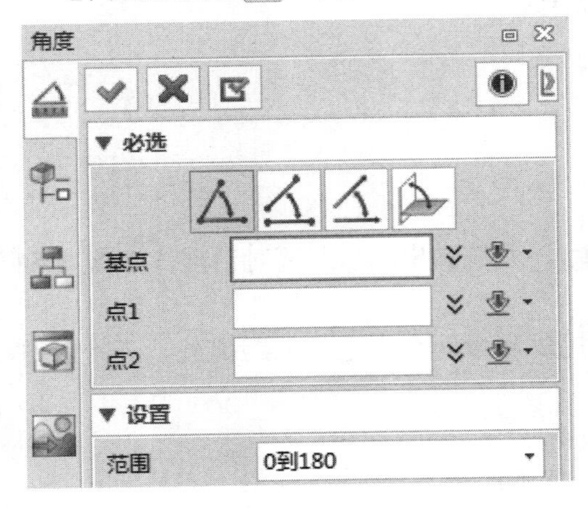

图 1-56　测量角度对话框

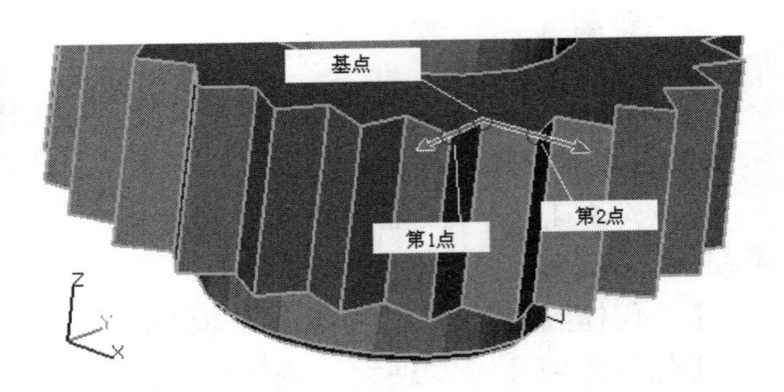

图 1-57 【三点】测量角度示意图

3．圆弧

单击工具栏中的【查询】→【圆弧】功能图标，系统弹出查询圆弧数据对话框，如图 1-58 所示，包含了 2 种查询方法。

【三点】 查询三点之间的圆弧数据，其示意图如图 1-59 所示。

【曲线】 查询所选曲线的圆弧数据。

图 1-58　查询圆弧数据对话框

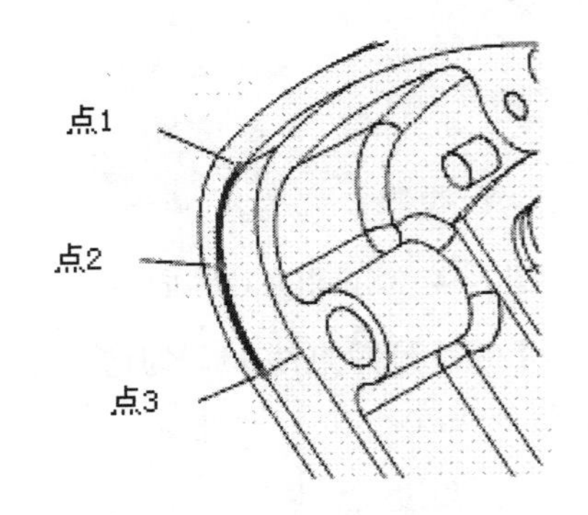

图 1-59 【三点】查询圆弧数据示意图

4．曲线长度

单击工具栏中的【查询】→【长度】功能图标，系统弹出曲线长度对话框，选择需要计算的曲线，支持对单段或多段曲线进行计算，如图 1-60 所示。

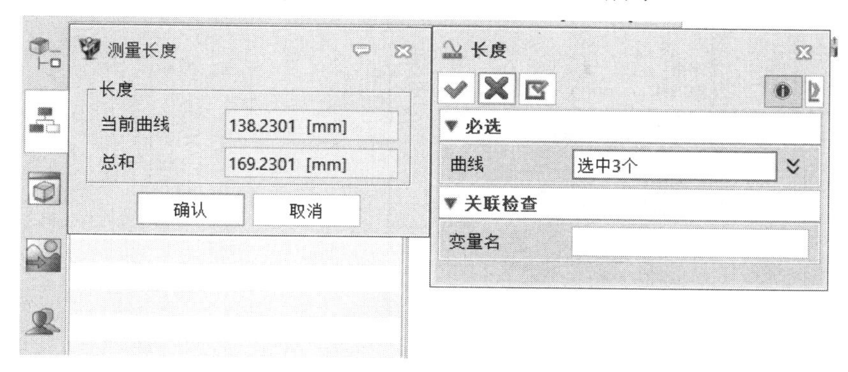

图 1-60　曲线长度对话框

5．面积

单击工具栏中的【查询】→【面积】功能图标，系统弹出查询面积属性对话框，如图 1-61 所示。选择需要计算面积的曲线，系统根据定义的曲线查询面积数据，其示意图如图 1-62 所示（练习文件：配套素材\EX\CH1\1-2.Z3）。

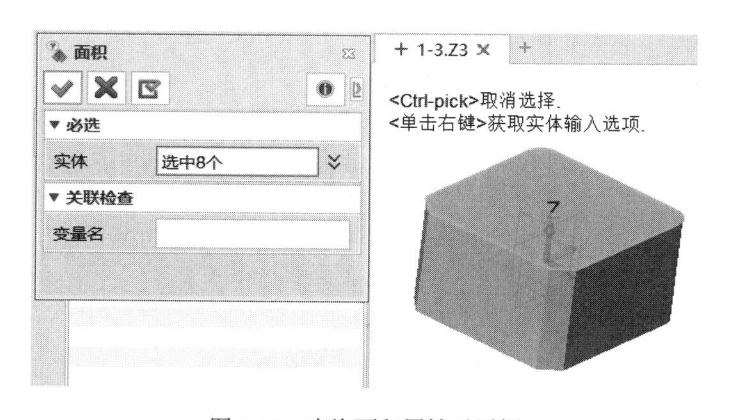

图 1-61　查询面积属性对话框

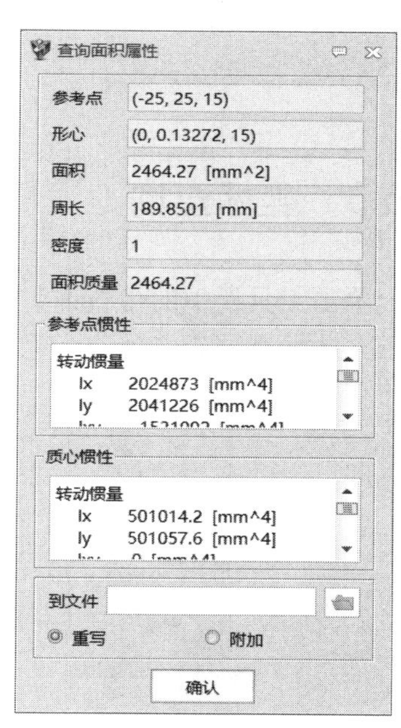

图 1-62 【面积】查询信息示意图

1.5.2　实体信息

单击工具栏中的【查询】→【实体信息】功能图标，或单击鼠标右键选择“造型”选项，选择“查询”功能，选择要查询的实体后，系统弹出显示实体信息对话框，如图 1-63 所示。

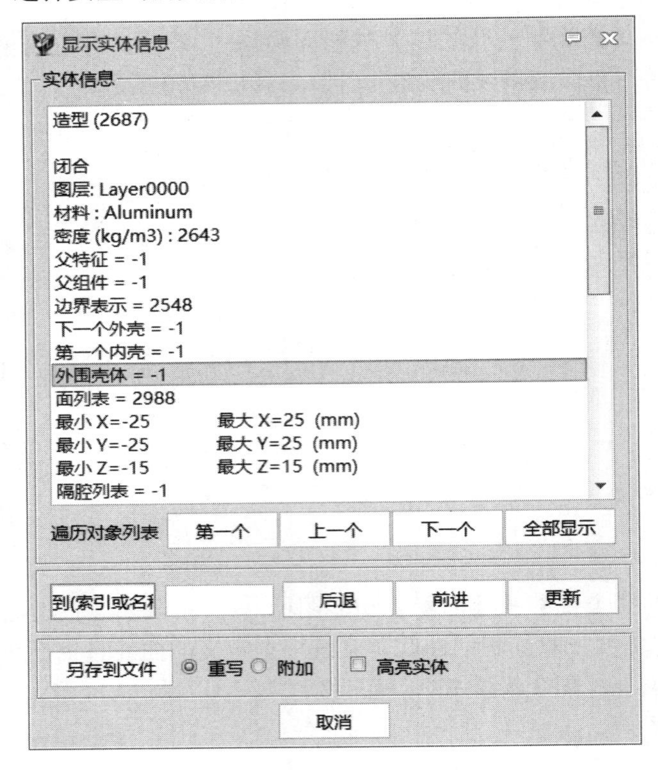

图 1-63　显示实体信息对话框

1.5.3　坐标查询

单击工具栏中的【查询】→【坐标】功能图标，系统弹出显示坐标对话框，如图 1-64 所示。选择需要查询的点，系统将显示该点的坐标值。

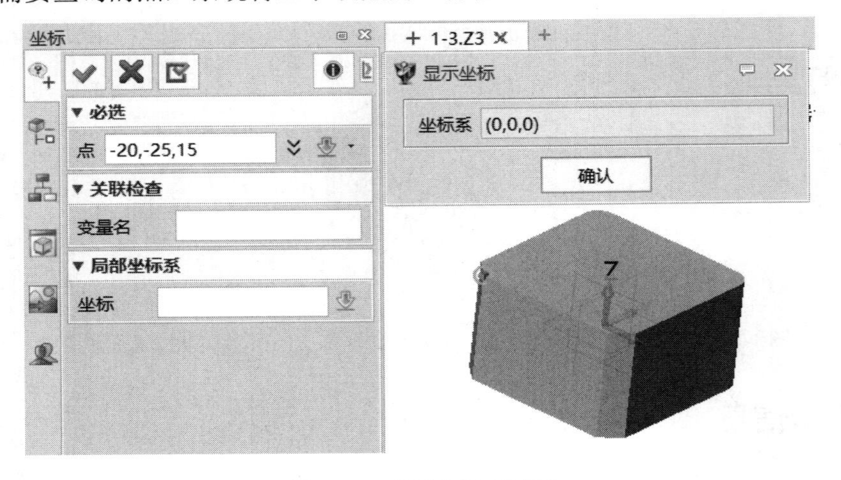

图 1-64　显示坐标对话框

1.5.4　曲线查询

1. 曲线信息

单击工具栏中的【查询】→【曲线信息】功能图标，可以查询到曲线的信息，支持直线、圆弧和样条曲线。

2. 曲线曲率图

单击工具栏中的【查询】→【曲率图】功能图标，系统弹出绘制曲线的曲率图对话框，如图 1-65 所示。可以显示曲线或实体边缘的曲率图，如图 1-66 所示。该图显示为从曲线垂直投射的线段，各个线段的长度表示曲线上该点的曲率。

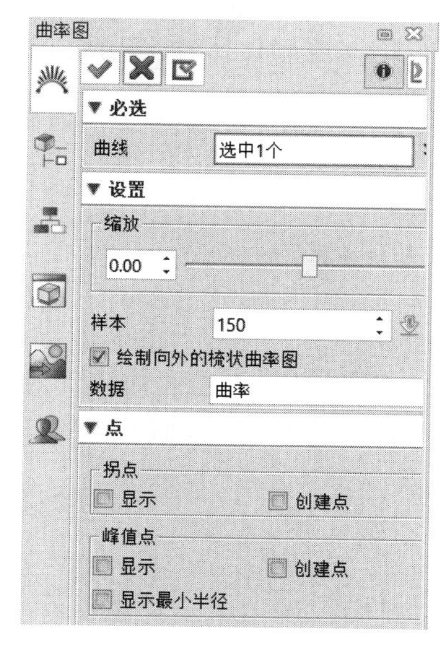

图 1-65　“曲率图”对话框

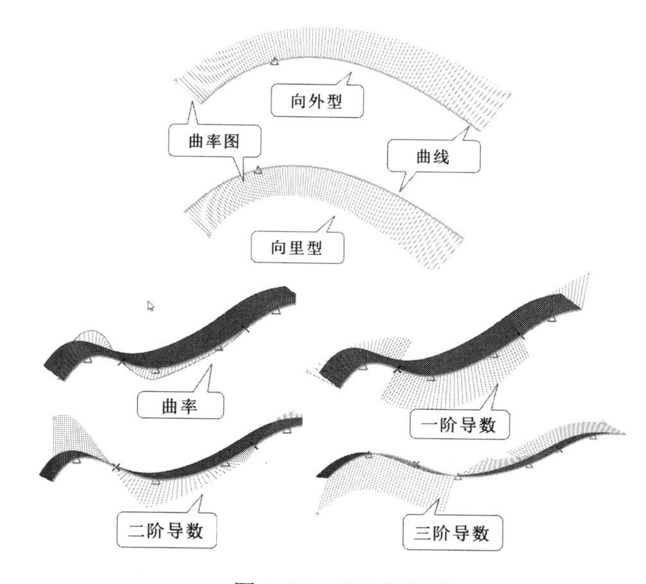

图 1-66　显示曲率图

提醒：【曲率图】功能图标位于【曲线信息】功能图标的下方。单击【曲线信息】功能图标下方的下拉列表图标，可以展开与之相关的功能列表。

3. 曲线列表连通性

单击工具栏中的【查询】→【曲线列表连通性】功能图标，选择曲线列表，可以查询到所选曲线列表的连接是否有断点。

1.5.5　面查询

1. 分析面

单击工具栏中的【查询】→【分析面】功能图标，系统弹出“分析面”对话框，其包含 7 种面分析类型，如图 1-67 所示。单击“拔模检查显示”图标，系统弹出拔模角分析对话框，可以通过改变角度来观察各个面的拔模角度，分析效果如图 1-68 所示（练习文件：配套素材\EX\CH1\1-3.Z3）。

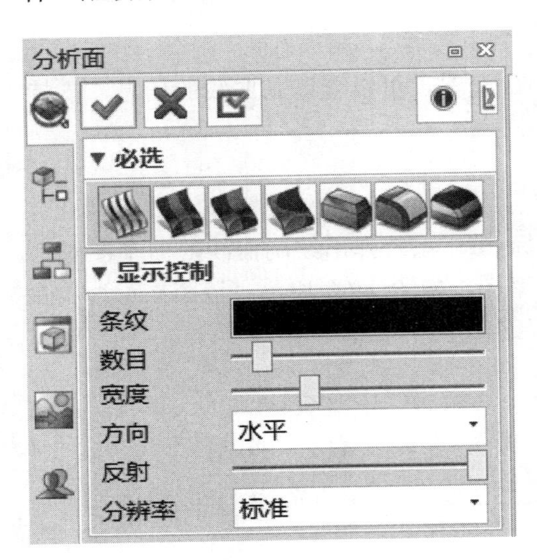

图 1-67 “分析面”对话框

图 1-68 拔模角分析的效果图

2. 曲面曲率

单击工具栏中的【查询】→【曲面曲率】功能图标，系统弹出“曲面曲率”对话框，可以查询鼠标接触点曲率的最小曲率、最大曲率、最小半径、最大半径及圆心坐标。系统会随着鼠标的移动即时更新信息，如图 1-69 所示。

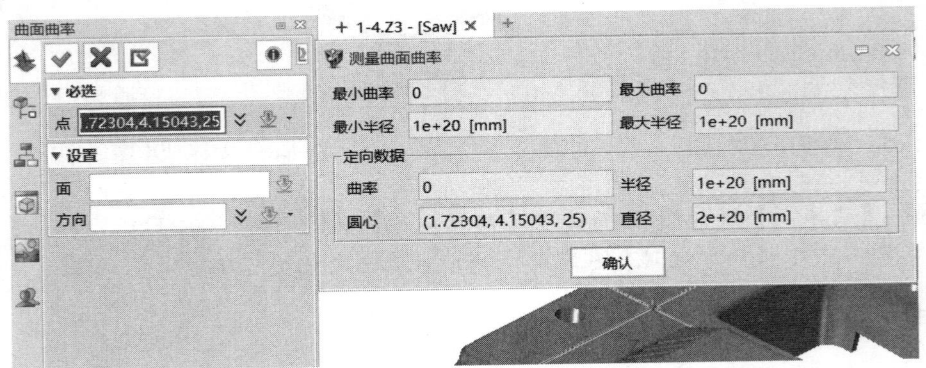

图 1-69 “曲面曲率”对话框

1.5.6 厚度分析

单击工具栏中的【查询】→【厚度分析】功能图标，系统弹出“厚度分析”对话框，输入厚度的最小值和最大值，单击对话框“开始分析”按钮，完成分析的效果如图 1-70 所示。

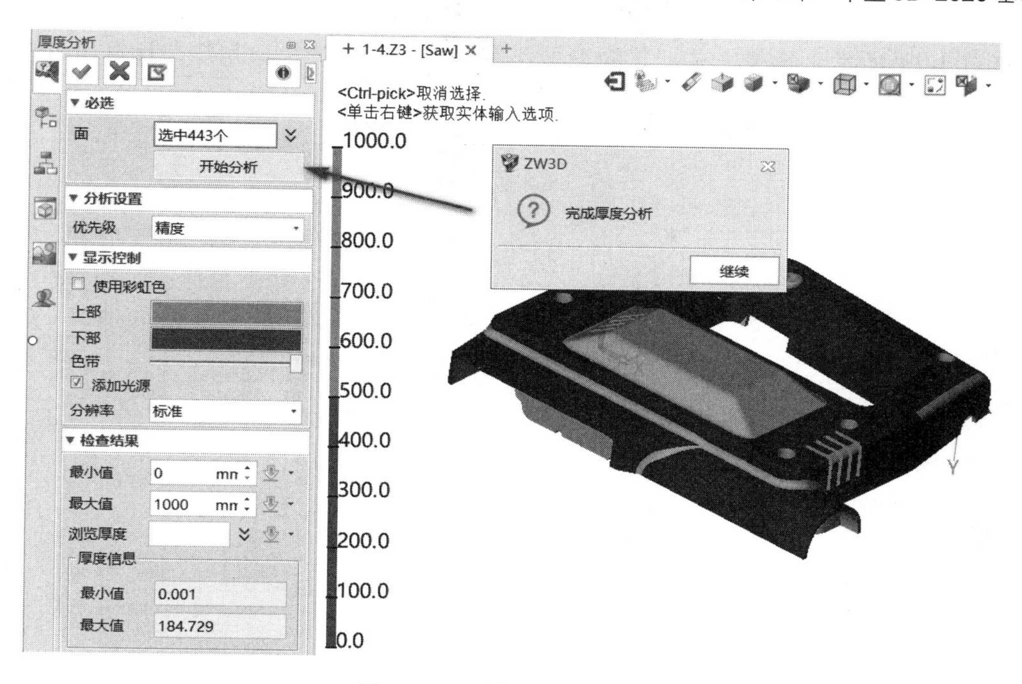

图 1-70　“厚度分析”对话框

1.5.7　检查拔模角度

单击工具栏中的【查询】→【检查拔模】功能图标，系统弹出“检查拔模”对话框，如图 1-71 所示。可以定义一个参考方向，然后通过“浏览角度”选项，选择要查看角度的点，系统直接显示该处的角度，如图 1-72 所示。

图 1-71　“检查拔模”对话框

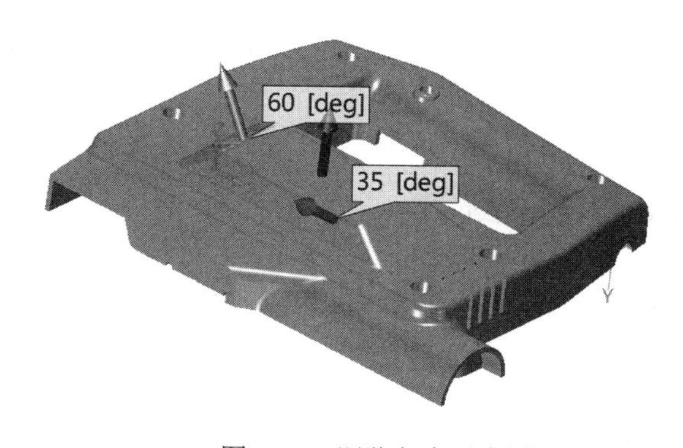

图 1-72　浏览角度示意图

1.5.8　质量属性

单击工具栏中的【查询】→【质量属性】功能图标，系统弹出“质量属性”对话框，如图 1-73 所示。选择需要计算的造型，单击“确认”按钮，系统即计算出造型的质量，其示意图如图 1-74 所示。

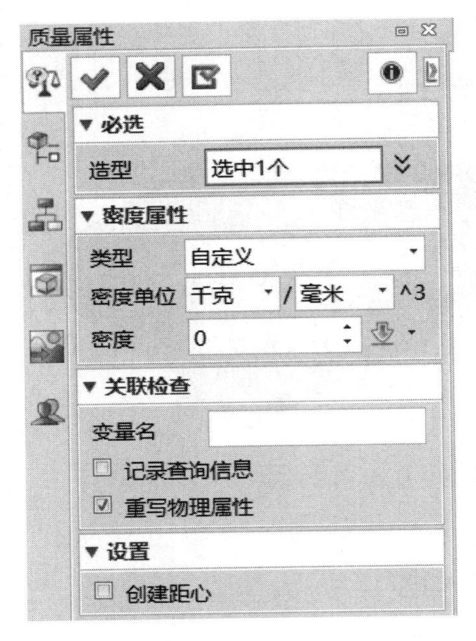

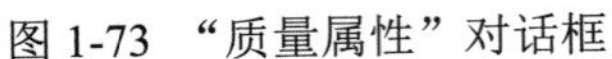
图 1-73 “质量属性”对话框

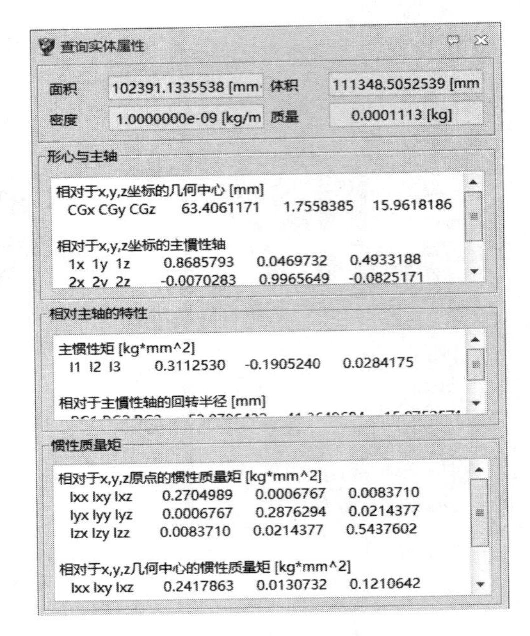

图 1-74 质量信息示意图

【造型】 选择需要计算质量的造型，可以是实体造型，也可以是片体造型。当不做任何选择时，系统自动计算当前界面显示的所有造型。

【密度单位】 设置质量计算的单位，默认为千克/毫米^3。

【密度】 定义零件的密度。如果零件指定了材料属性，系统会按照材料的密度进行计算。

提醒：中望 3D 支持对实体造型、片体造型和装配体进行质量计算。如果需要对装配体进行质量计算，在“质量属性”对话框中的“造型”选项下不做任何操作，系统即默认对绘图区显示的所有组件进行质量计算。

1.5.9 零件统计

单击工具栏中的【查询】→【零件统计】功能图标，系统在信息输出栏显示当前零件的相关信息，如图 1-75 所示，包含文件的大小、统计对象数量等信息。

提醒：输出信息栏默认是关闭状态，可以通过软件界面右下方的“输出”按钮打开信息栏，如图 1-76 所示。

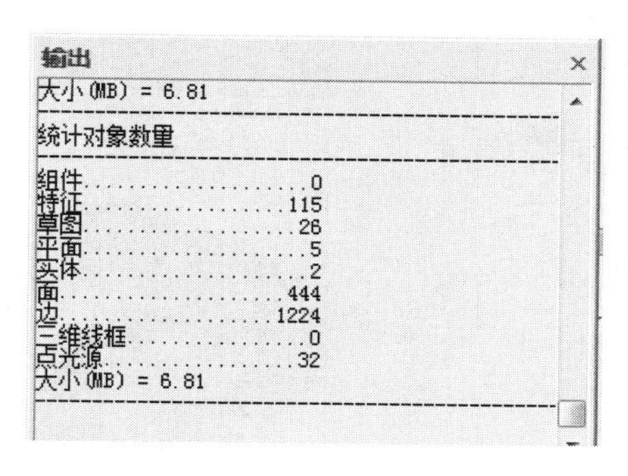

图 1-75　显示当前零件信息

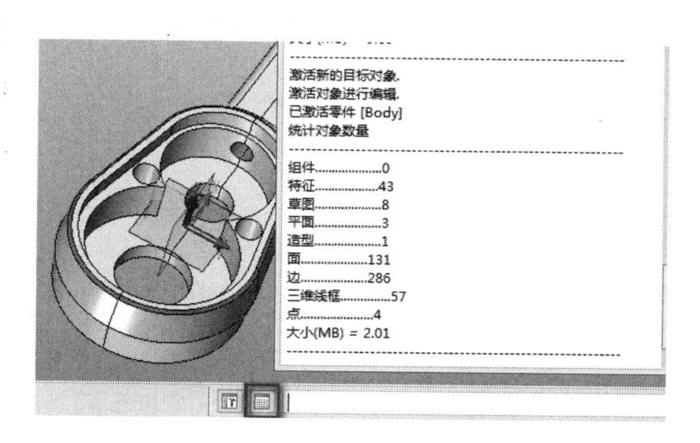

图 1-76　打开“输出”信息栏

1.5.10　剖面视图

单击工具栏中的【查询】→【剖面视图】功能图标，系统弹出“剖面视图”对话框，如图 1-77 所示。包含 5 种剖面显示类型。

【通过平面显示截面】 通过定义一个对齐平面和一个偏移量来显示截面，其示意图如图 1-78 所示。

图 1-77　“剖面视图”对话框

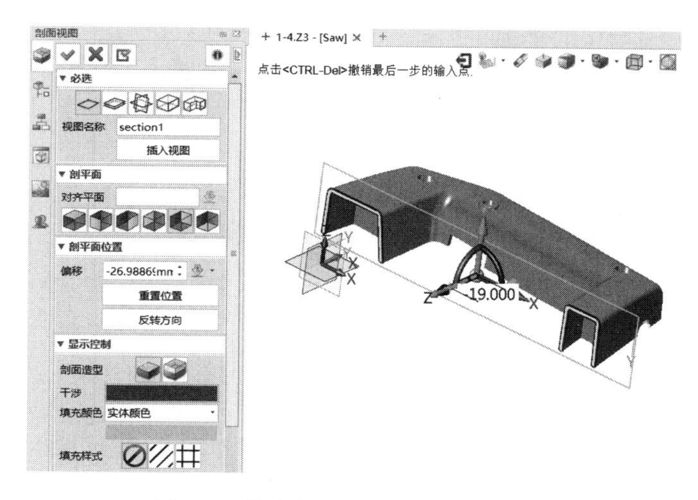

图 1-78　【通过平面显示截面】示意图

【通过切割面显示截面】 通过定义一个对齐平面、一个偏移量和厚度量来显示截面，其示意图如图 1-79 所示。

【通过三个平面显示截面】 通过定义截面图的对齐方式（通过三个平面截面）来显示截面。在默认的情况下，截面图与默认的 XY/XZ/YZ 平面对齐。可以选择任何基准面或平面。截面图将会与选定的平面对齐。其示意图如图 1-80 所示。

【通过线框平面显示截面】 通过定义一个对齐平面和其顶面、前面、右面、左面、后面、底面 6 个面的偏移量来显示截面。

【通过轮廓显示截面】 通过定义轮廓来显示剖面界面。

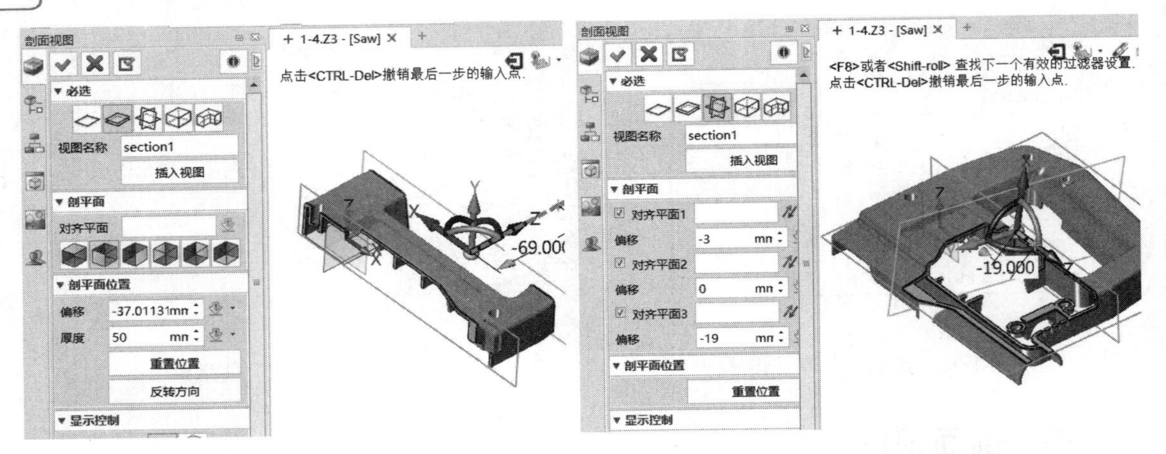

图 1-79 【通过切割面显示截面】示意图　　图 1-80 【通过三个平面显示截面】示意图

1.6 思考与练习

1-1 中望 3D 的文件管理有什么特点？

1-2 在中望 3D 中的边学边用有什么特点？对初学者有哪些帮助？

1-3 在中望 3D 中，鼠标的 3 个键分别有哪些作用？

1-4 在中望 3D 中如何定制快捷键？

1-5 在中望 3D 中如何自定义模板？

1-6 中望 3D 的质量计算有哪些特点？

第2章 线　框

在实际的设计工作中，线框的应用非常广泛。例如，建立用于实体或曲面构造的截面线、用于修剪曲面的边界线、用于限制加工的轮廓线等，都可以直接通过建模环境下的线框功能快速创建出需要的曲线。

在中望 3D 中，建立的曲线是具有参数记录的，在后续的设计过程中可以随时对曲线进行变更，且保证曲线与相关特征参数的关联性。一旦曲线进行变更，与之关联的特征会随曲线的变更而自动更新。

2.1 曲线绘制

在中望 3D 的建模环境中，线框是一个独立的功能模块。在该模块中，提供了曲线的相关功能，如图 2-1 所示。

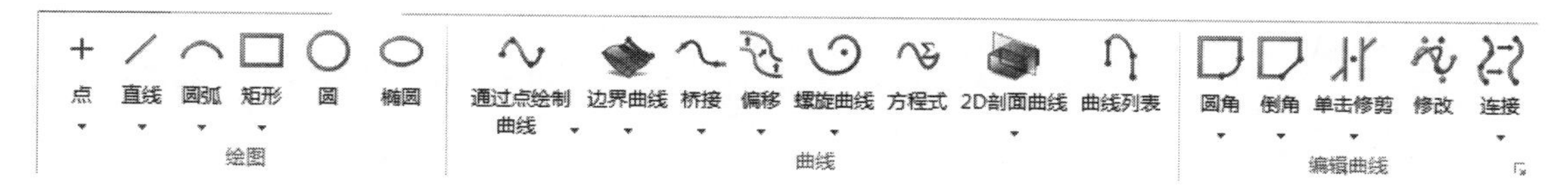

图 2-1 【线框】模块工具

2.1.1 点

中望 3D 提供了 3 种类型点的创建，包括创建基本点、曲线上的点和投影点。

1．创建基本点

单击工具栏中的【线框】→【点】功能图标＋，系统弹出“点”对话框，如图 2-2 所示。在对话框中的“点”选项中输入坐标值，或者在绘图区中拾取点，即可创建点，其示意图如图 2-3 所示。

2．点在曲线上

单击工具栏中的【线框】→【点在曲线上】功能图标，系统弹出“点在曲线上”对话框，它包含了 4 种创建方法。

> **提醒：**【点在曲线上】功能图标，位于【点】功能图标＋下方。单击【点】功能图标＋下方的下拉菜单按钮，可以展开与之相关的功能列表。

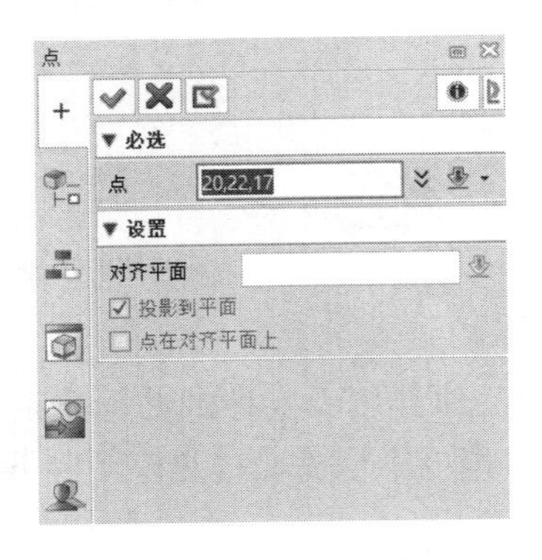

图 2-2 “点”对话框

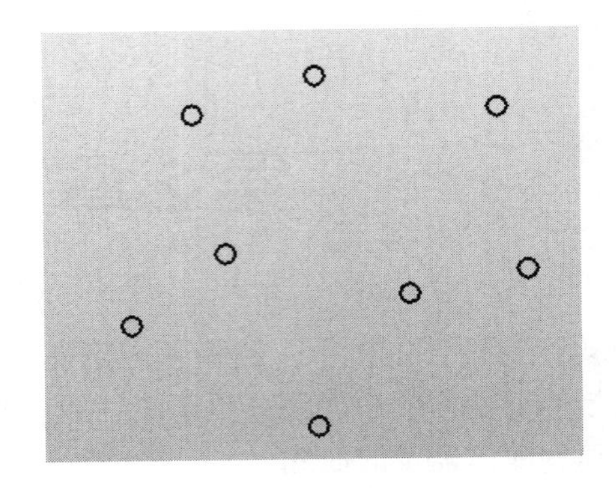

图 2-3 创建点示意图

【均匀分布点】 在曲线上创建 N 个均匀分布的点。需要选择创建点的“曲线”，以及输入点的“数目”，可以通过百分比或者距离的方式设定起点和终点，如图 2-4 所示。

【等距离多个点】 在曲线上创建多个且以一定的距离分布的点。需要选择“曲线”，以及输入两点之间的“距离”，系统会根据选择曲线时的鼠标位置判定起点，从起点开始以设定的距离产生点。当最后一个点到曲线终点距离小于设定的距离值时，不产生点，如图 2-5 所示。

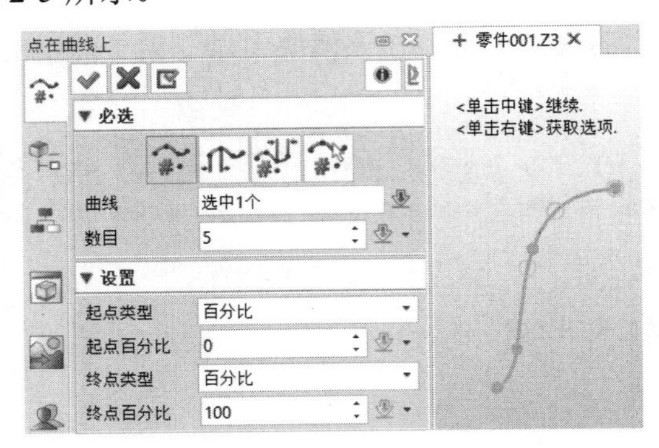

图 2-4 【均匀分布点】选项

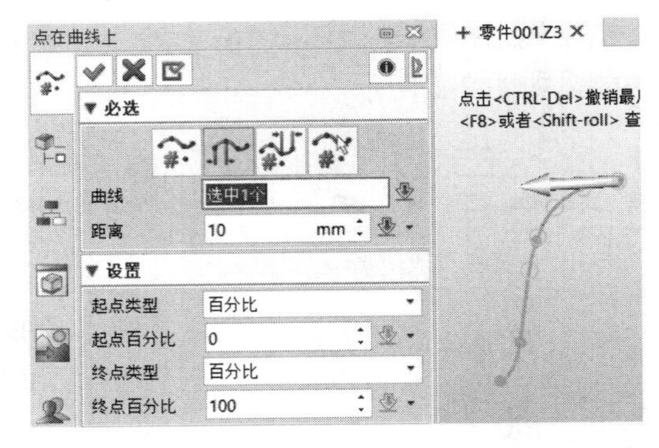

图 2-5 【等距离多个点】选项

【等距离 N 个点】 在曲线上创建 N 个且以一定的距离分布的点。需要选择“曲线”、点的“数目”、以及输入两点之间的“距离”，系统会根据选择曲线时的鼠标位置判定起点，从起点开始以一定的距离产生点。当选择的曲线长度不够设定数目的点排布时，系统会根据曲线趋势做虚拟延伸，在延伸处产生点，如图 2-6 所示。

【按百分比 N 个点】 在曲线上创建 N 个且以一定百分比距离分布的点。需要选择“曲线”，以及各个点位于曲线长度的“百分比”，系统会根据选择曲线时的鼠标位置判定起点，从起点开始以曲线全长一定的百分比距离产生点。依次输入百分比并单击 可以添加多个百分比，单击 可以展开已添加的点列表，如图 2-7 所示。

3．投影点

单击工具栏中的【线框】→【投影】功能图标，系统弹出“投影”对话框，如图 2-8 所示。通过该功能可以将现有的点通过一个方向投影到曲线或面上，需要定义投影的点、投影到的曲线或曲面，以及投影方向。如图 2-9 所示为投影点示意图。

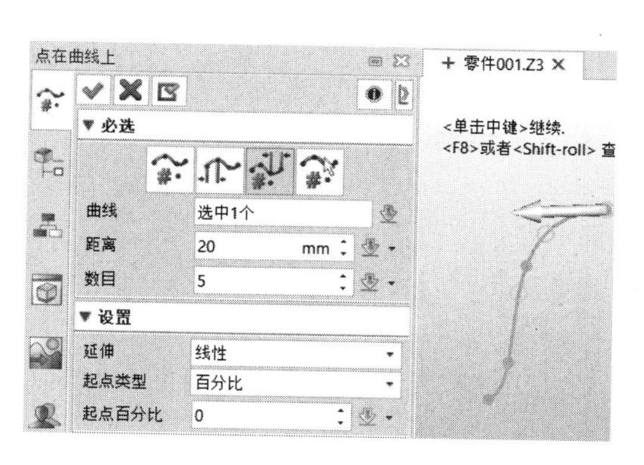

图 2-6 【等距离 *N* 个点】选项

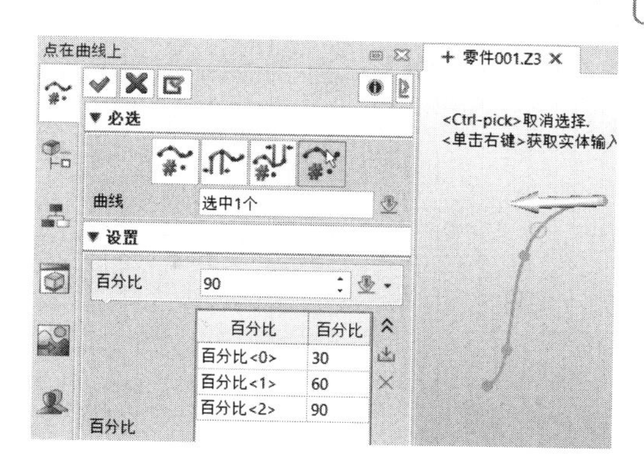

图 2-7 【按百分比 *N* 个点】选项

图 2-8 “投影”对话框

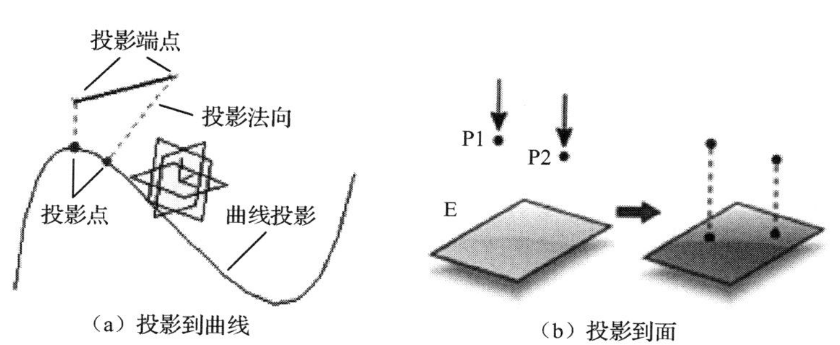

图 2-9 投影点示意图

2.1.2 直线

1. 创建直线

单击工具栏中的【线框】→【直线】功能图标，系统弹出“直线”对话框，如图 2-10 所示，它包含 5 种直线创建方法（练习文件：配套素材\EX\CH2\2-1.Z3）。

【两点画线】 通过定义两个点连成一条直线，可以输入坐标值，也可以在绘图区拾取点，其示意图如图 2-11 所示。

图 2-10 “直线”对话框

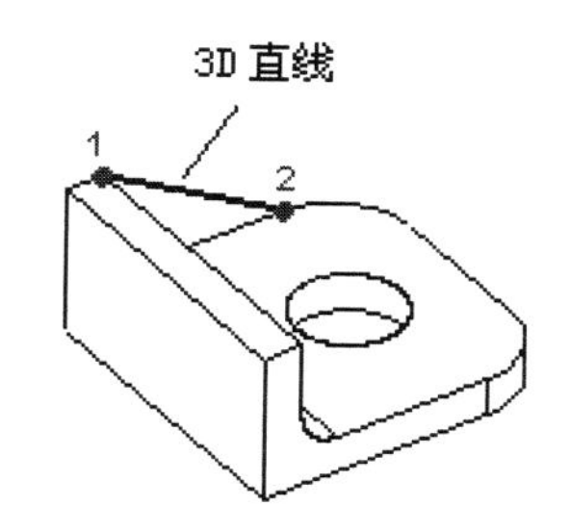

图 2-11 【两点画线】示意图

【沿方向画线】 创建一条与参考线同向的直线。需要定义“参考线”和两个点（即“点 1”和“点 2”），其示意图如图 2-12 所示。

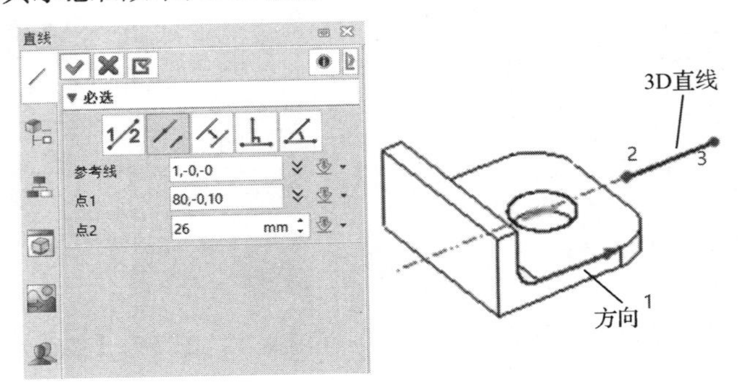

图 2-12 【沿方向画线】示意图

【平行线】 创建一条与参考线平行的直线。需要定义“参考线”、两个点（即“点 1”和“点 2”）和“偏移”量，其示意图如图 2-13 所示。

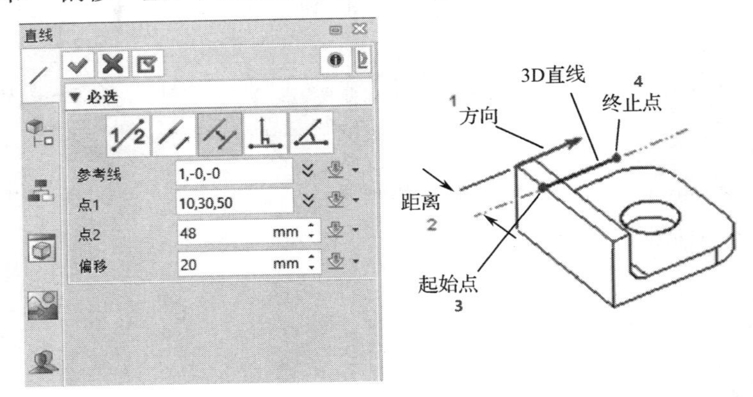

图 2-13 【平行线】示意图

【垂线】 创建一条与参考线垂直的直线。需要定义“参考线”和两个点（即“点 1”和“点 2”），其示意图如图 2-14 所示。

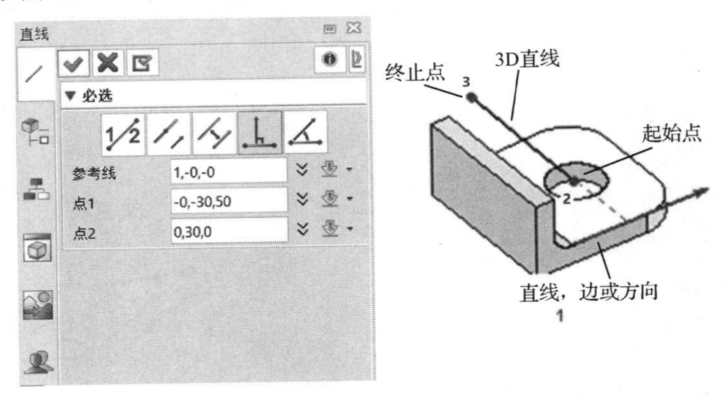

图 2-14 【垂线】示意图

【角度线】 创建一条在两点之间，且与参考直线成一定角度的直线。需要定义“参考线”、两个点（即“点1”和“点2”）和“角度”，其示意图如图2-15所示。

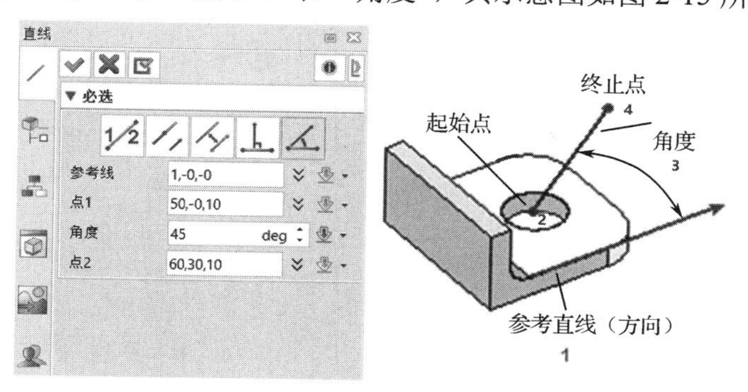

图2-15 【角度线】示意图

2. 创建多段线

单击工具栏中的【线框】→【多段线】功能图标，系统弹出“多段线”对话框，通过定义“点”完成连续的多段线的创建，如图2-16所示。

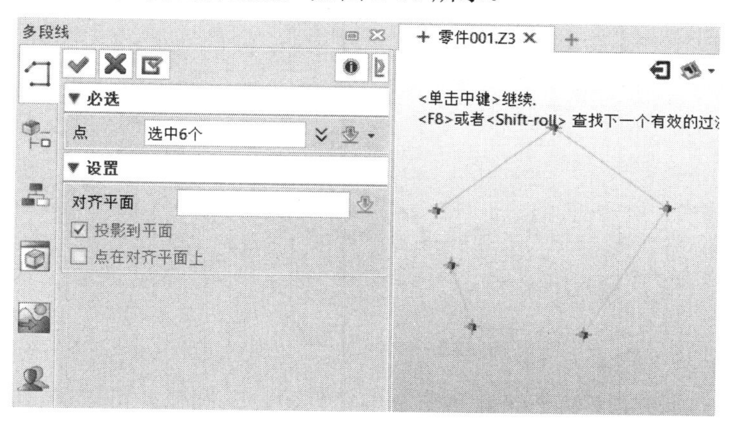

图2-16 生成连续的多段线

2.1.3 圆弧

1. 创建圆弧

单击工具栏中的【线框】→【圆弧】功能图标，系统弹出“圆弧”对话框，如图2-17所示，它包含4种圆弧创建方法。

【三点】 通过定义两个端点和一个通过点创建一条圆弧，可以输入坐标值，也可以在绘图区拾取点，其示意图如图2-18所示。

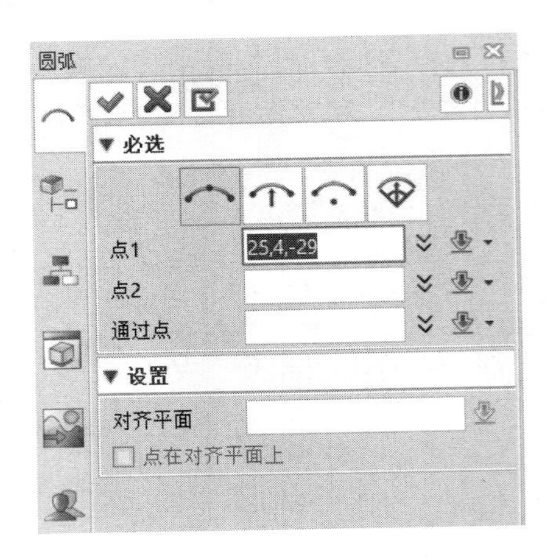

图 2-17 “圆弧”对话框

● **对齐平面：**定义一个平面，使所画的圆弧特征放置在该平面上。如果不定义平面，系统将根据定义的实际点位置创建空间圆弧，其示意图如图 2-19 所示。

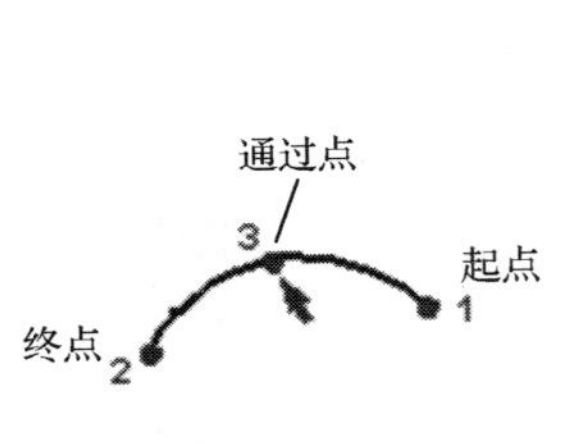

图 2-18 “三点”画圆弧

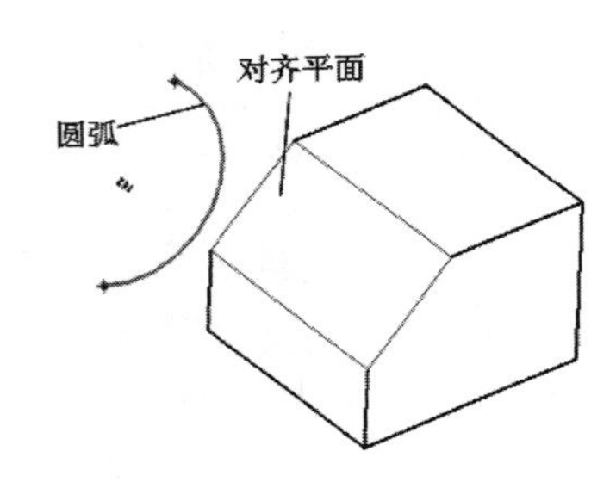

图 2-19 对齐平面示意图

【半径】 通过定义两个端点和一个半径创建一条圆弧。可以通过“位置”选项得到不同画圆弧的解决方法，其示意图如图 2-20 所示。

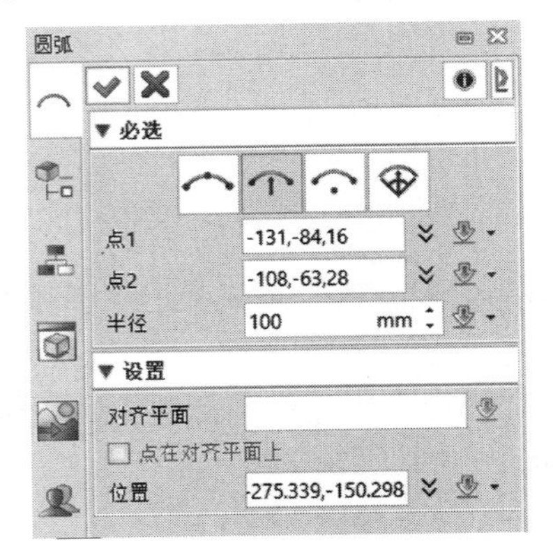

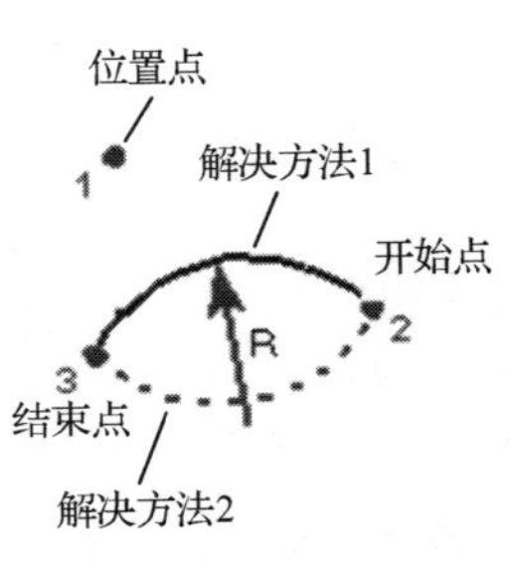

图 2-20 【半径】画圆弧

【圆心】 通过定义两个端点和一个圆心创建一条圆弧，其示意图如图 2-21 所示。

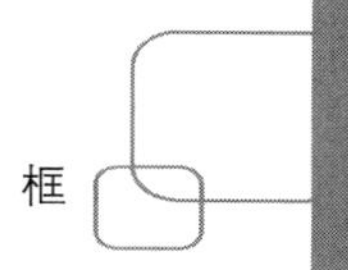

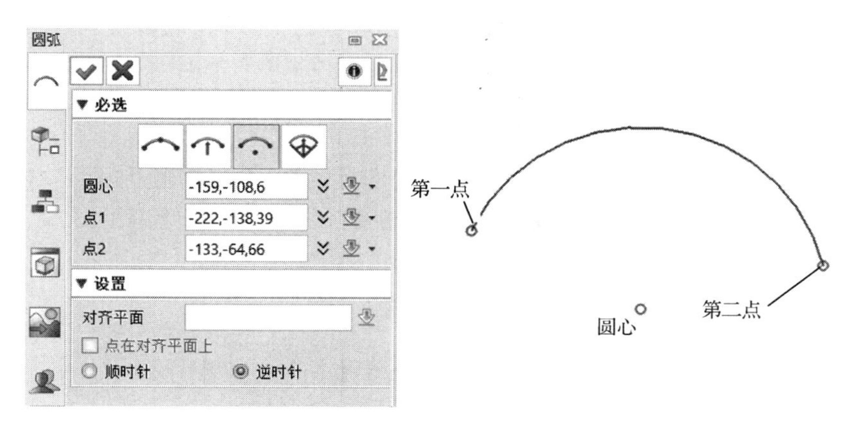

图 2-21 【圆心】画圆弧

【角度】 通过定义圆心、(圆弧)半径、起始角度和弧角创建一条圆弧，其示意图如图 2-22 所示。

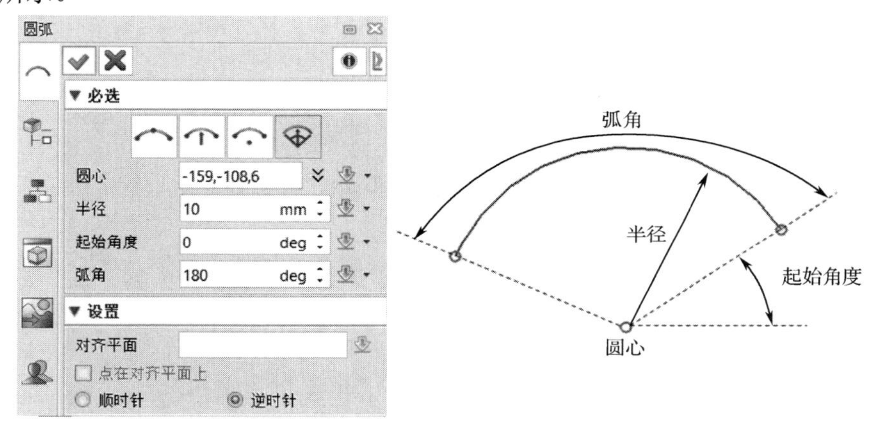

图 2-22 【角度】画圆弧

2．创建同心弧

单击工具栏中的【线框】→【同心弧】功能图标，系统弹出“同心弧”对话框，如图 2-23 所示，需要定义一个(参考)圆弧和要创建的圆弧半径。

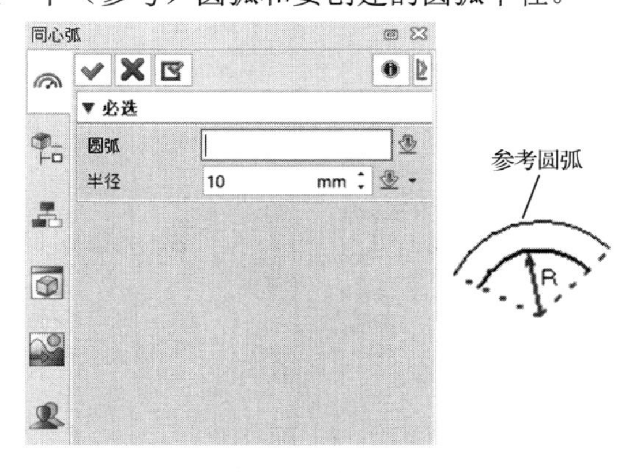

图 2-23 “同心弧”对话框

2.1.4 矩形

单击工具栏中的【线框】→【矩形】功能图标，系统弹出“矩形”对话框，如图 2-24 所示，它包含 3 种矩形创建方法（绘制矩形需要首先定义一个绘图平面）。

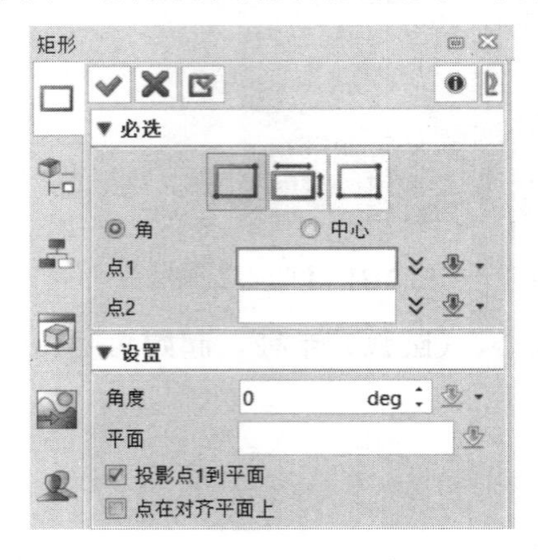

图 2-24 “矩形”对话框

【平面和两个点】 通过定义一个放置平面和两个点绘制矩形。

- **平面：** 定义矩形要放置的平面。
- **角：** 通过两个角点绘制矩形，如图 2-25（a）所示。
- **中心：** 通过一个中心点和一个角点绘制矩形，“点 1”为中心点，“点 2”为角点，如图 2-25（b）所示。
- **角度：** 定义矩形的旋转角度，如图 2-25（c）所示。
- **投影点 1 到平面：** 勾选“投影点 1 到平面”的复选框，将绘制的矩形投影到定义的平面上，否则绘制在点 1 的实际位置，如图 2-25（d）和图 2-25（e）所示。

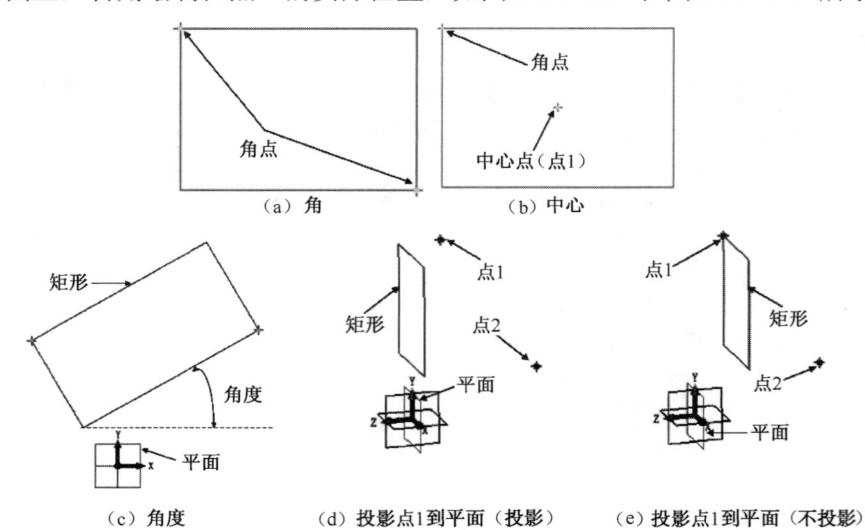

图 2-25 绘制矩形示意图

【平面及宽和高】 通过定义一个放置平面、宽度和高度绘制矩形。

【3 个点】 通过定义三个角点绘制矩形，可选择绘制矩形或者平行四边形。

- **矩形：**勾选“矩形”的复选框，绘制矩形，如图 2-26（a）所示。
- **平行四边形：**勾选“平行四边形”的复选框，绘制平行四边形，如图 2-26（b）所示。

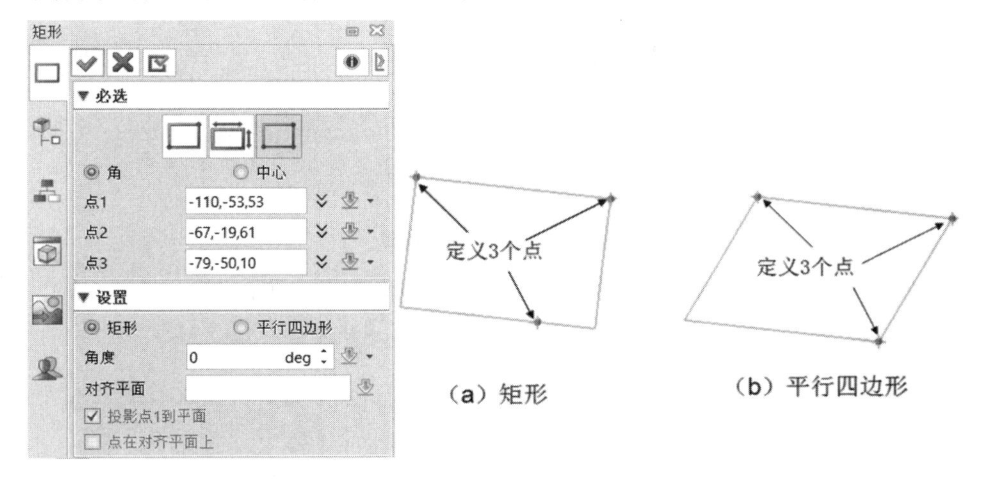

图 2-26 【3 个点】绘制矩形

2.1.5 圆

单击工具栏中的【线框】→【圆】功能图标，系统弹出“圆”对话框，如图 2-27 所示，它含 5 种圆的创建方法。

【边界】 通过定义圆心点和一个边界点绘制圆。也可以定义多个边界点来绘制多个圆。如果不定义“对齐平面”选项，系统默认对齐 XY 平面，其示意图如图 2-28 所示。

图 2-27 “圆”对话框

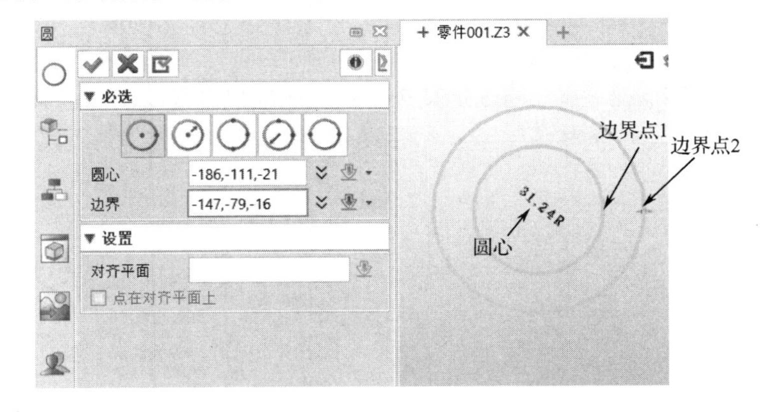

图 2-28 【边界】画圆

【半径】 通过定义圆心点和一个半径或直径绘制圆，也可以通过定义多个圆心点来绘制多个圆，其示意图如图 2-29 所示。

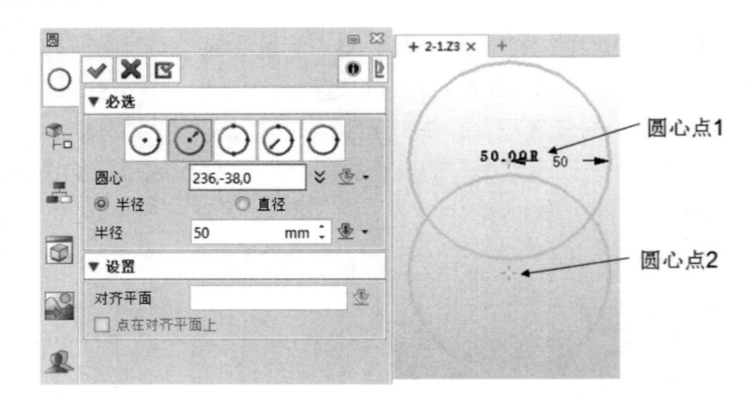

图 2-29 【半径】画圆

【3 点】 通过定义 3 个点来绘制圆，其示意图如图 2-30 所示。

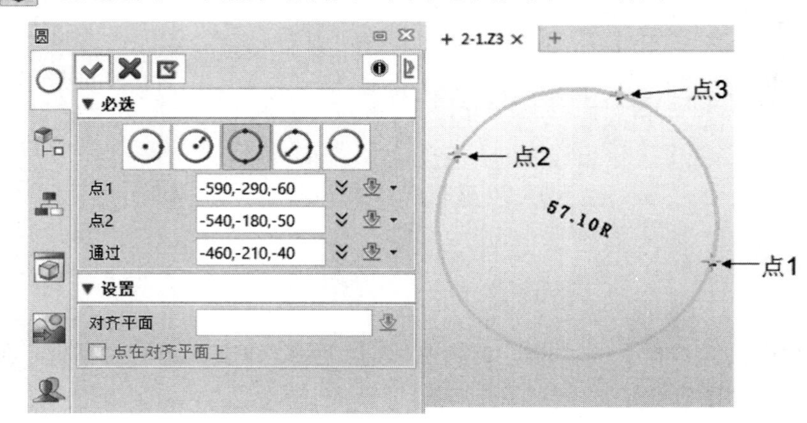

图 2-30 【3 点】画圆

【2 点半径】 通过定义两个点和半径绘制圆，还可以通过“位置”选择不同的圆方案，其示意图如图 2-31 所示。

【2 点】 通过定义 2 个点构成虚拟直径绘制圆，其示意图如图 2-32 所示。

图 2-31 【2 点半径】画圆

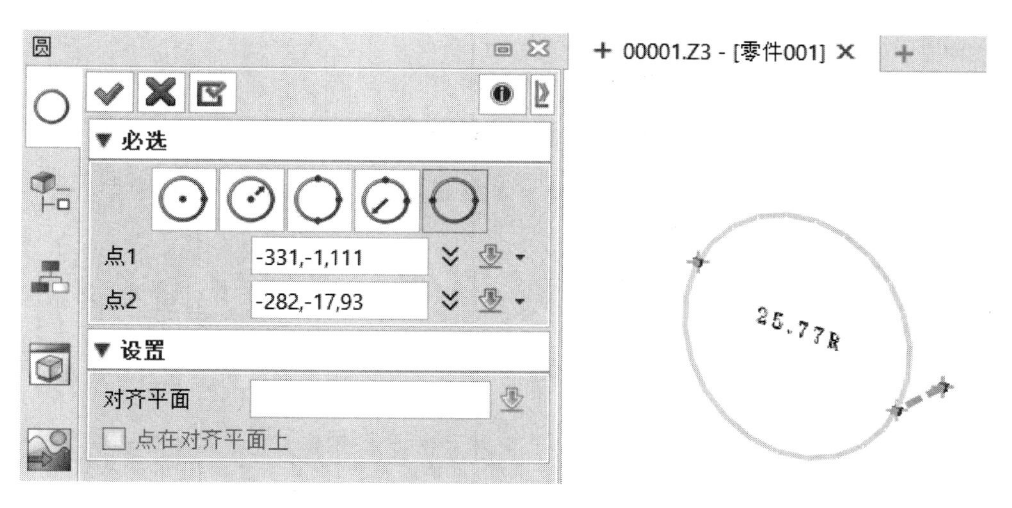

图 2-32 【2 点】画圆

2.1.6 椭圆

单击工具栏中的【线框】→【椭圆】功能图标，系统弹出“椭圆”对话框，如图 2-33 所示，它包含 3 种椭圆创建方法。椭圆的创建过程与前面的矩形创建过程类似，具体可以参照矩形的创建方法。

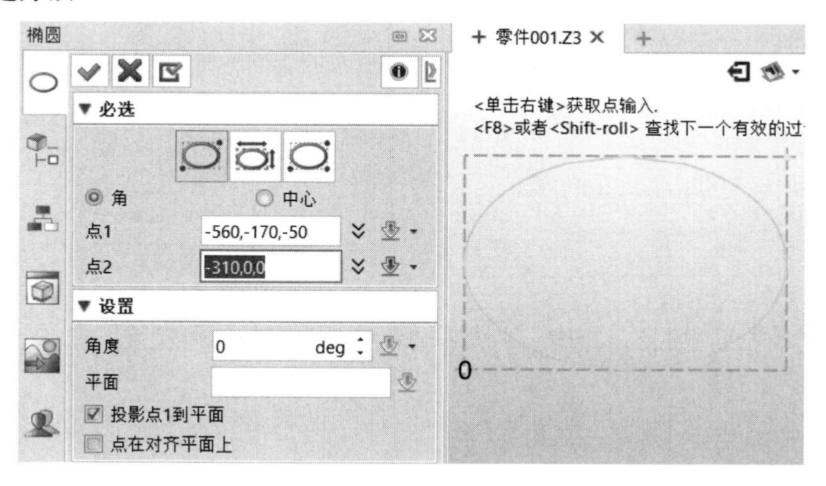

图 2-33 “椭圆”对话框

2.1.7 螺旋曲线

单击工具栏中的【线框】→【螺旋曲线】功能图标，系统弹出“螺旋曲线”对话框，如图 2-34 所示。使用该功能可以在平面中创建一条螺旋曲线，系统默认为逆时针旋转，如果需要顺时针旋转，可以勾选“顺时针旋转”复选框来创建顺时针螺旋曲线，如图 2-35 所示。

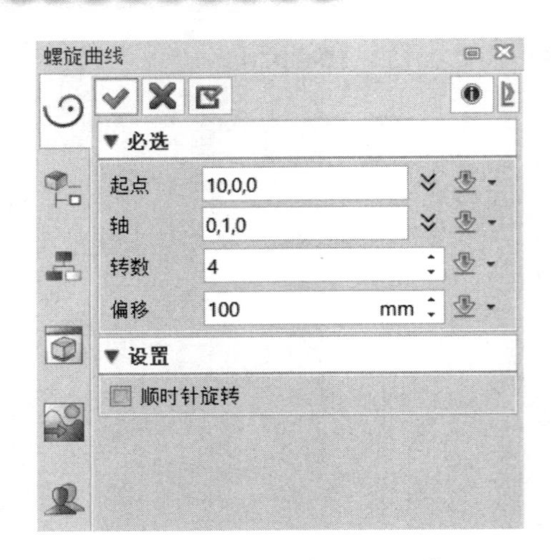

图 2-34 “螺旋曲线”对话框

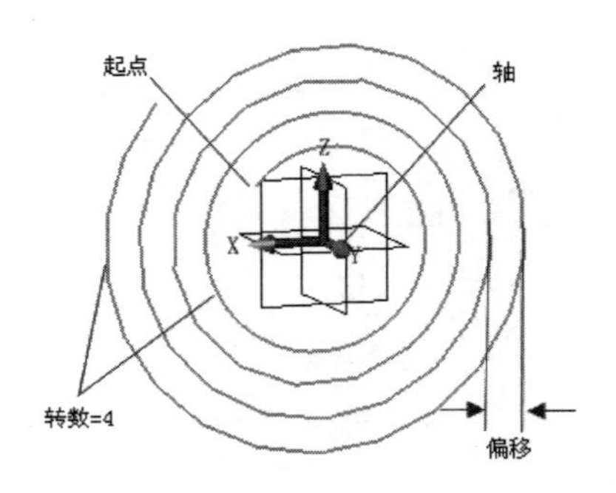

图 2-35 顺时针螺旋曲线

2.1.8 螺旋线

单击工具栏中的【线框】→【螺旋线】功能图标，系统弹出“螺旋线”对话框，如图 2-36 所示。使用该功能可以创建一条绕轴盘旋的曲线，系统默认为逆时针旋转，如果需要顺时针旋转，可以勾选“顺时针旋转”复选框来创建顺时针螺旋线，如图 2-37 所示。

图 2-36 “螺旋线”对话框

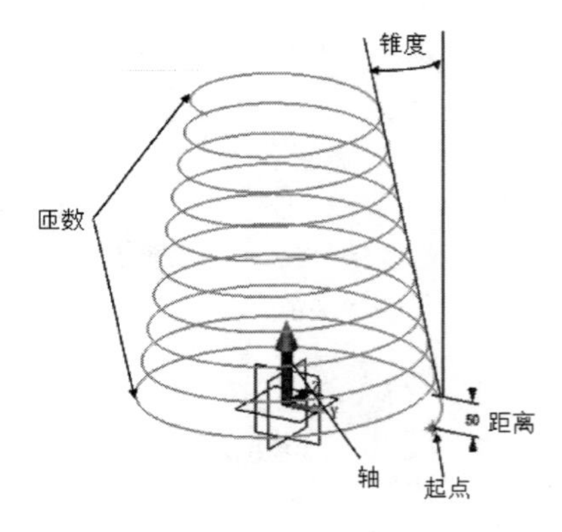

图 2-37 顺时针螺旋线

2.1.9 文字

1. 注释文字

单击工具栏中的【PMI】→【文字】功能图标，系统弹出“文字”对话框，如图 2-38 所示。通过该功能创建文本字体。

● 点：定义文字放置的位置，可以输入坐标值，也可以在绘图区拾取点。

- **文字**：输入文字。通过右边的按钮，可以打开“文字编辑器”对话框，在该对话框中可以输入多行字体，如图 2-39 所示。

图 2-38 “文字”对话框

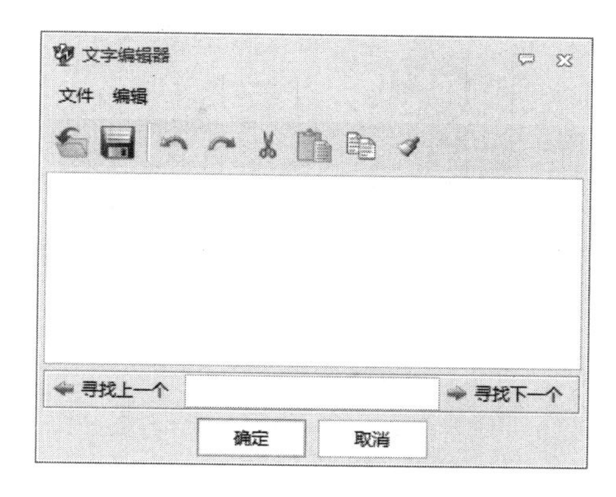

图 2-39 “文字编辑器”对话框

- **字体**：定义文字字体。可以单击字体框打开字体列表，在列表中选择一种需要的字体，如图 2-40 所示。
- **颜色**：定义字体颜色。
- **高度**：定义字体高度。
- **引线**：定义引线长度，如不需要引线，可以将其设置为 0。引线效果如图 2-41 所示。

图 2-40 “字体”选项

无引线

ZWSOFT

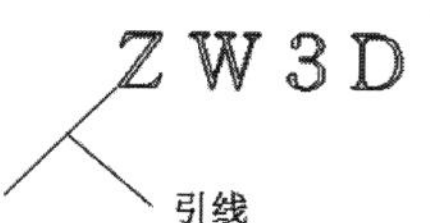

图 2-41 引线效果图

2. 气泡文字

单击工具栏中的【PMI】→【气泡】功能图标，系统弹出“气泡”对话框，如图 2-42 所示。通过该功能可以完成气泡文字的创建，其效果如图 2-43 所示。

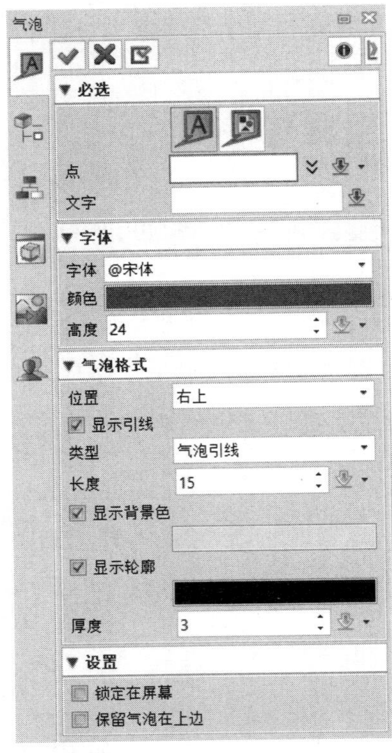

图 2-42 “气泡”对话框

图 2-43 创建气泡文字引线效果图

- **位置：**定义气泡文字相对箭头指向的象限位置，包含左上、右上、左下、右下四个选项。
- **显示引线：**定义是否显示气泡文字引线，包含气泡文字引线和直线引线两种类型。通过“长度”选项可以设置引线长度值。
- **显示背景色：**定义是否显示气泡背景色，可以通过下方的颜色条更改气泡背景色。
- **显示轮廓：**定义是否显示气泡轮廓，可以通过下方的颜色条更改气泡轮廓的颜色，通过“厚度”选项定义气泡轮廓线的线宽。
- **锁定在屏幕：**勾选“锁定在屏幕”的复选框，将气泡文字锁定在当前的屏幕位置。
- **保留气泡在上边：**勾选“保留气泡在上边”的复选框，将保证气泡文字总是在图像的顶部，即使在动态旋转视图时也保持此状态。

2.1.10 曲线列表

单击工具栏中的【线框】→【曲线列表】功能图标，或通过鼠标右键选择【插入曲线列表】，系统弹出“曲线列表”对话框，选择需要创建曲线列表的曲线，单击“确认”按钮即可完成曲线列表的创建。

创建一个曲线列表，相当于将多段曲线集成一个线组（并非合并成一个单段线），以便在造型设计时选取轮廓。

2.1.11 样条曲线

1. 通过点绘制曲线

单击工具栏中的【线框】→【通过点绘制曲线】功能图标，系统弹出“通过点绘制曲线”对话框，定义曲线经过的点即可创建出样条曲线，如图 2-44 所示。

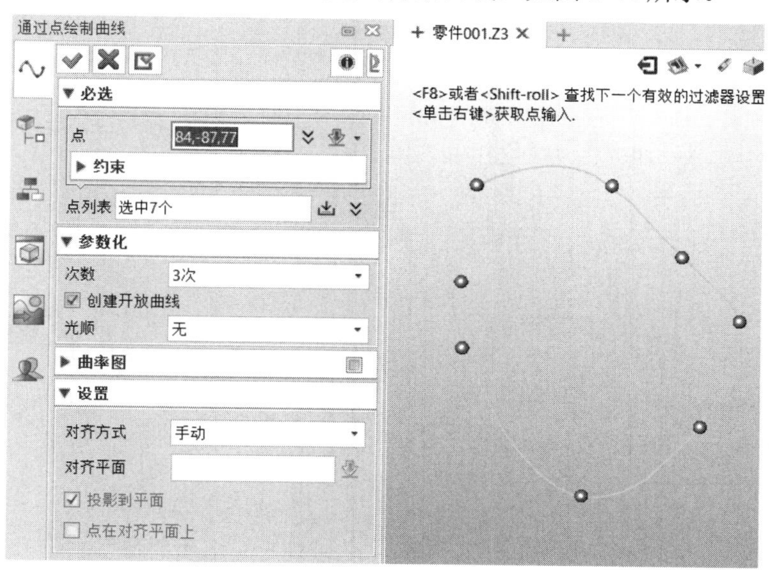

图 2-44 “通过点绘制曲线”对话框

- **点**：定义曲线经过的点。
- **约束**：定义曲线控制点的连续类型和切线方向，以及 G1 量级和 G2 半径值；可以单击按钮展开列表，选择控制点再进行设置。
- **次数**：定义曲线的阶数。阶数越低曲线精度越差，但光滑度较好。可以定义从 2 阶到 6 阶五个级别。定义的点数量必须大于阶数才可成功创建曲线，如将参数设置为 3 阶次，则必须定义 4 个以上的点。
- **创建开放曲线**：勾选“创建开放曲线”复选框，系统创建的是一条开放曲线，否则创建封闭曲线。
- **权重**：定义曲线起点或终点的权重。通过调整权重可以改变起点或终点切向量对曲线的影响程度。
- **光顺**：定义曲线是否采用光顺技术。
  - ❑ **无**：不对曲线做光顺处理。
  - ❑ **能量**：该曲线以最小能量创建。
  - ❑ **变量**：该曲线以较小变化曲率创建，如直线和圆弧。
  - ❑ **抬升**：最小化曲率偏差，创建一条总体起伏较小的曲线。
  - ❑ **弯曲**：采用近似能量法的方法创建曲线。
  - ❑ **拉伸**：使用能量法产生曲线总长度最短的曲线。

- **显示曲率**：勾选"显示曲率"复选框，系统将显示曲线的梳状曲率图，可以通过缩放比例滑动条更改曲率线的长度，通过"样本"选项更改曲率线的数量，如图 2-45 所示。
- **绘制向外的梳状曲率图**：勾选"绘制向外的梳状曲率图"复选框，将曲率图移动至曲线的外侧，否则向内侧。

绘制样条曲线及各点示意图，如图 2-46 所示。

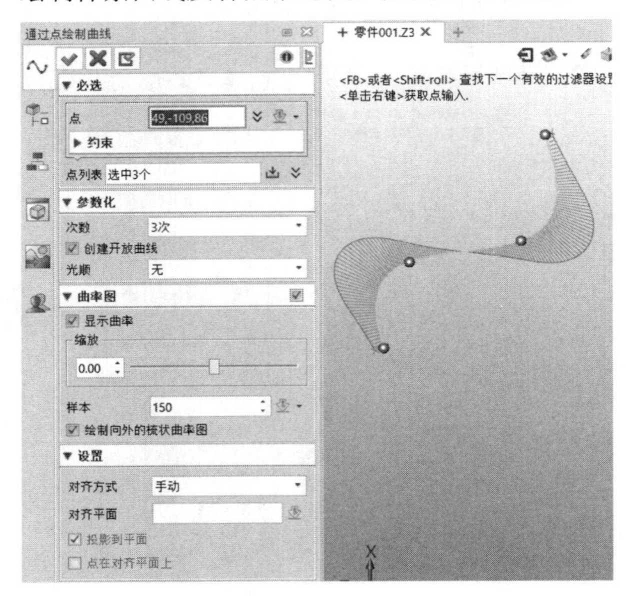

图 2-45　梳状曲率图

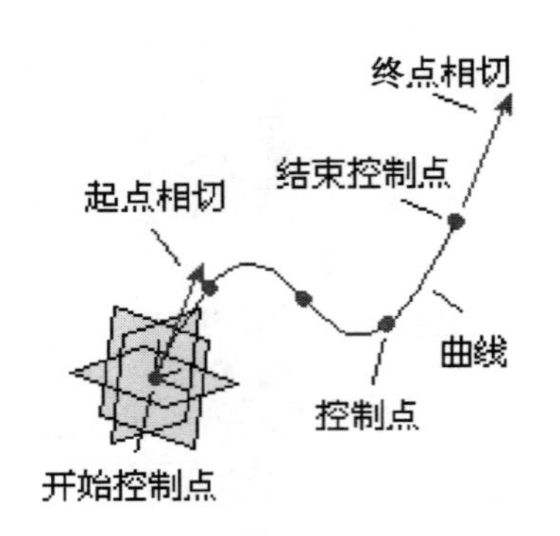

图 2-46　绘制样条曲线及各点示意图

2．通过控制点绘制曲线

单击工具栏中的【线框】→【控制点】功能图标，系统弹出"控制点"对话框，通过定义控制点（并非曲线经过点）可以创建出曲线，如图 2-47 所示。

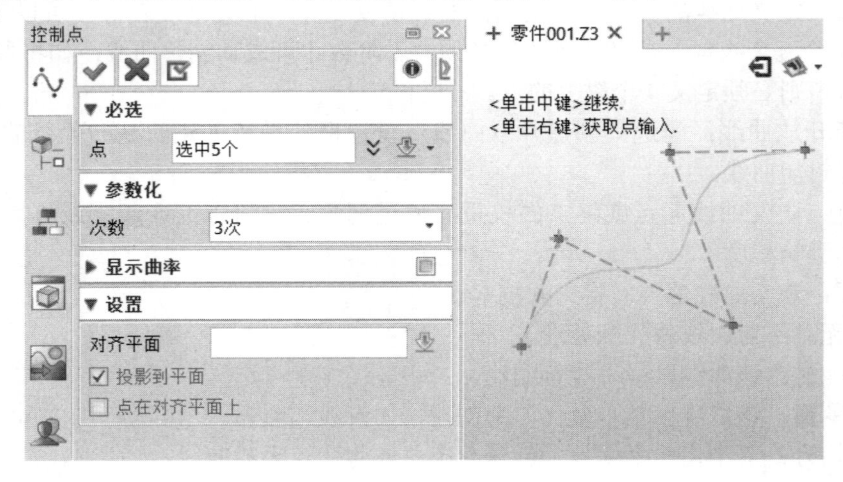

图 2-47　"控制点"对话框

3．通过点云绘制曲线

单击工具栏中的【线框】→【点云曲线】功能图标，系统弹出“点云曲线”对话框，如图 2-48 所示。通过定义现有的点云可以创建出曲线，首先选择需要构建曲线的点，然后定义一个曲线串联各点，如图 2-49 所示。

图 2-48　“点云曲线”对话框

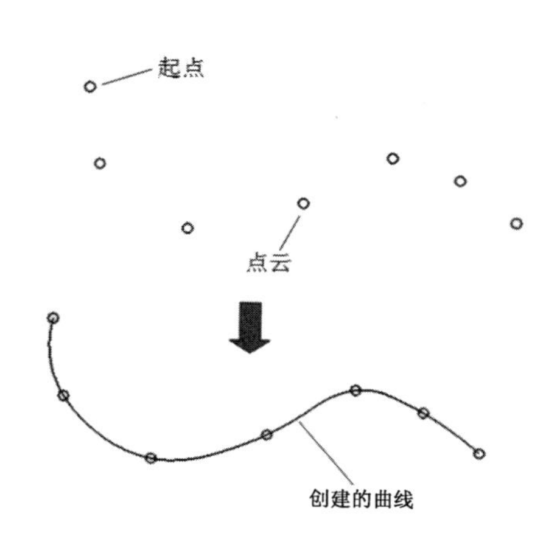

图 2-49　通过点云创建曲线

4．3 点二次曲线

单击工具栏中的【线框】→【3 点二次曲线】功能图标，系统弹出“3 点二次曲线”对话框，如图 2-50 所示。通过定义 3 个控制点创建二次曲线，如图 2-51 所示。

图 2-50　“3 点二次曲线”对话框

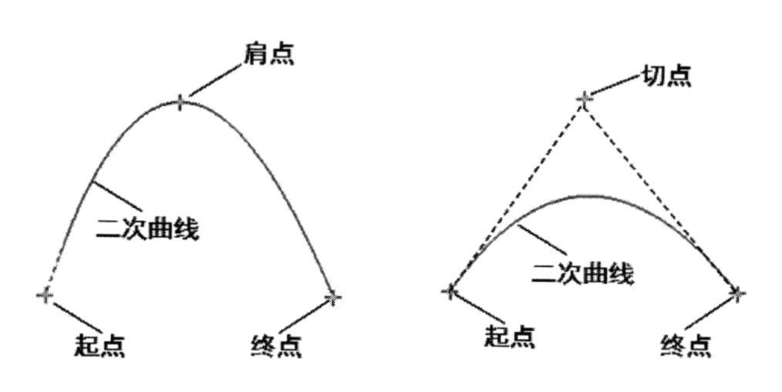

图 2-51　3 点二次曲线

- **切点**：通过定义一个切点来绘制二次曲线。二次曲线在起点和终点与切点之间保持相切。
- **肩点**：通过定义一个肩点来绘制二次曲线，二次曲线将通过该点。
- **二次曲线比率**：通过滑动条调整曲线的比率。默认值为 0.5，将创建一条抛物线。当该值小于 0.5 时，增加椭圆效果；当该值大于 0.5 时，增加双曲线效果。

2.2 曲线编辑

2.2.1 倒圆角

1．圆角

单击工具栏中的【线框】→【圆角】功能图标，系统弹出“圆角”对话框，如图 2-52 所示。通过该功能可以对两条曲线进行倒圆角，如图 2-53 所示。

图 2-52 “圆角”对话框

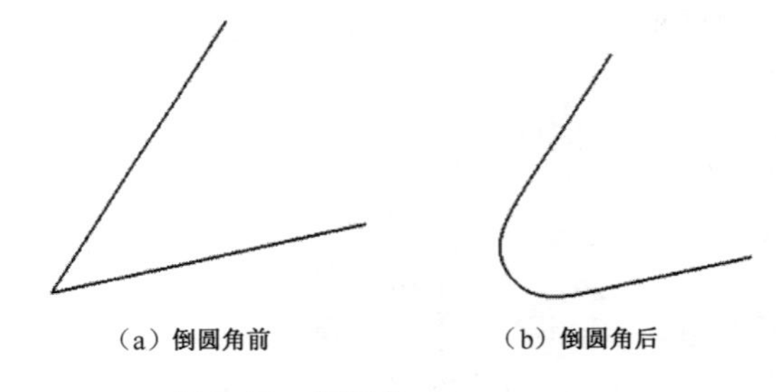

图 2-53 倒圆角

- **G2（曲率连续）圆弧**：勾选“G2（曲率连续）圆弧”复选框，所倒圆角采用相同曲率连续的方式过渡。
- **修剪**：定义倒圆角后是否修剪原曲线，包含 4 种不同类型，如图 2-54 所示。
  - ❑ **两者都修剪**：两条曲线都修剪到圆角位置。
  - ❑ **不修剪**：不做任何曲线修剪。
  - ❑ **修剪第一条**：只修剪选择的第一条边。
  - ❑ **修剪第二条**：只修剪选择的第二条边。
- **延伸**：定义倒圆角后曲线的延伸方式，包含 3 种不同的延伸类型，如图 2-55 所示。
  - ❑ **线性**：沿一条线性路径进行延伸。

- ❑ **圆形：**沿着曲率方向的一条圆弧路径延伸。
- ❑ **反射：**沿曲率反方向的一条反射路径延伸。

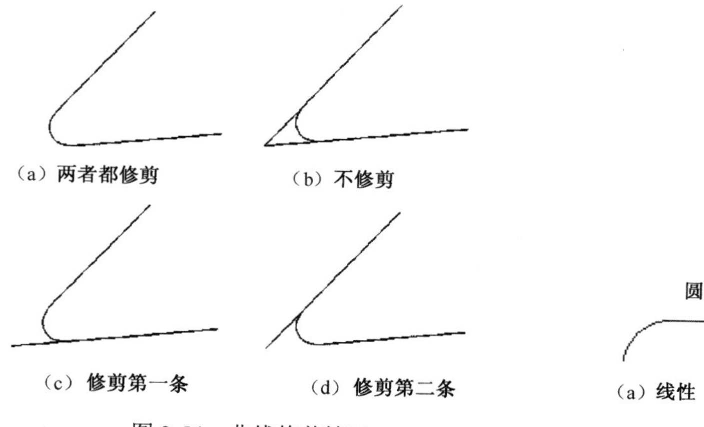

图 2-54　曲线修剪情况

图 2-55　曲线延伸情况

2．链状圆角

单击工具栏中的【线框】→【链状圆角】功能图标，系统弹出“链状圆角”对话框，如图 2-56 所示。通过该功能可以对一条曲线链进行倒圆角，其效果如图 2-57 所示。

- **修剪原曲线：**勾选“修剪原曲线”复选框，对原始曲线进行修剪。否则仅创建倒圆角，不进行任何边界修剪。

图 2-56　“链状圆角”对话框

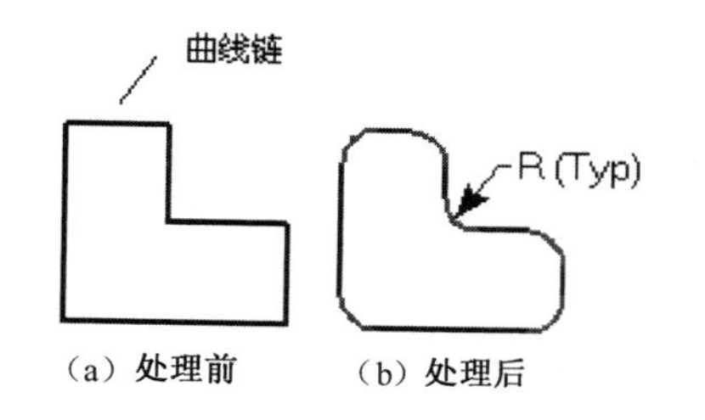

图 2-57　“链状圆角”示意图

2.2.2　倒角

1．倒角

单击工具栏中的【线框】→【倒角】功能图标，系统弹出“倒角”对话框，如图 2-58

所示。通过该功能可以对两条曲线进行倒角，包含 3 种不同的倒角类型，分别是等距倒角、两个倒角距离、倒角距离和角度，各种倒角效果如图 2-59 所示。

图 2-58 “倒角”对话框

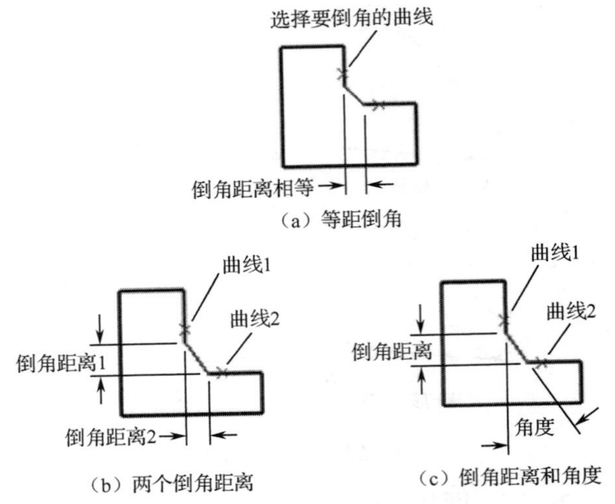

图 2-59 倒角类型效果图

2．链状倒角

单击工具栏中的【线框】→【链状倒角】功能图标，系统弹出“链状倒角”对话框，如图 2-60 所示。通过该功能可以针对一组相连的曲线进行倒角，其效果如图 2-61 所示。

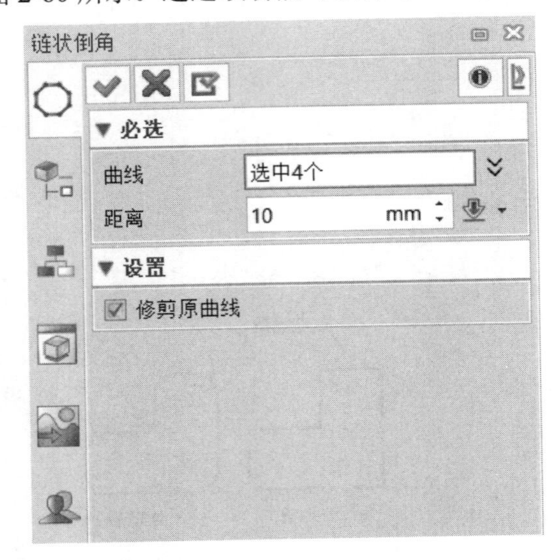

图 2-60 “链状倒角”对话框

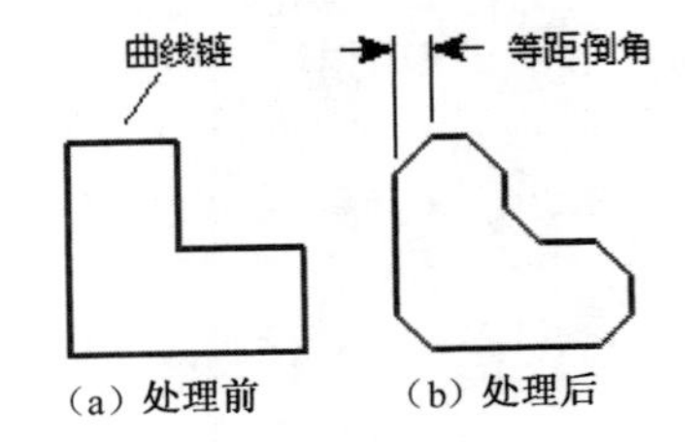

图 2-61 “链状倒角”效果图

2.2.3 修剪曲线

1．单击修剪

单击工具栏中的【线框】→【单击修剪】功能图标，系统弹出“单击修剪”对话框，如图 2-62 所示。通过该功能可以对曲线进行修剪，鼠标单击位置的曲线将被修剪，其效果如图 2-63 所示。

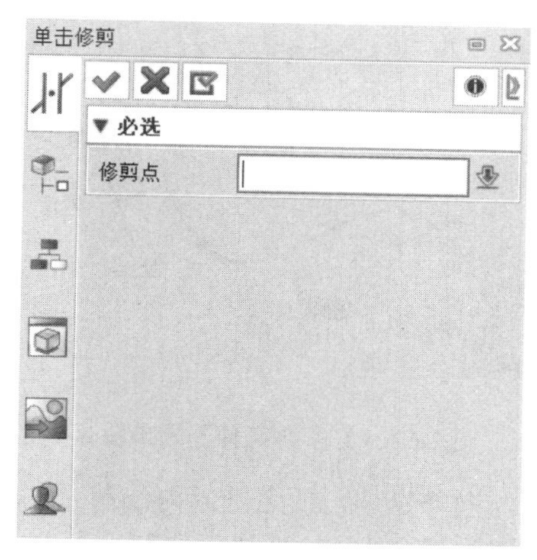

图 2-62 “单击修剪”对话框

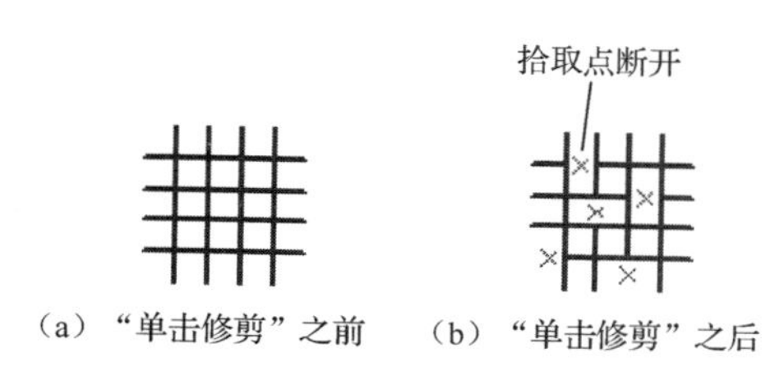

图 2-63 【单击修剪】效果图

2．修剪曲线到面

单击工具栏中的【线框】→【曲面修剪】功能图标，系统弹出“曲面修剪”对话框，如图 2-64 所示。通过该功能可以将曲线修剪到指定的面，修剪效果如图 2-65 所示（练习文件：配套素材\EX\CH2\2-2.Z3）。

图 2-64 “曲面修剪”对话框

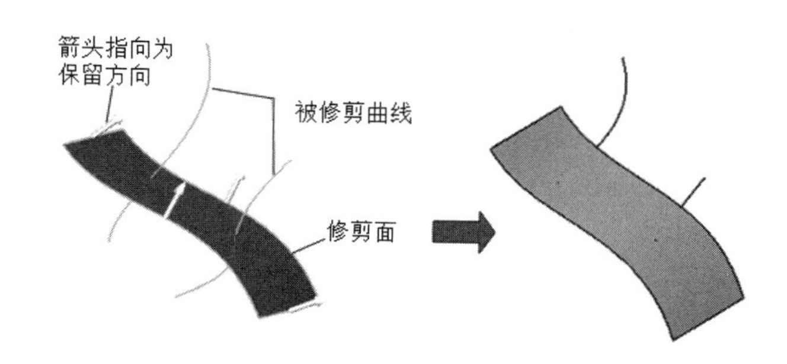

图 2-65 修剪曲线到面效果图

【保留相反侧】 勾选“保留相反侧”的复选框，更改曲线的修剪方向。当前界面显示的箭头指向为保留方向。

3．修剪/延伸

单击工具栏中的【线框】→【修剪/延伸】功能图标，系统弹出“修剪/延伸”对话框，如图 2-66 所示。通过该功能可以对曲线进行修剪或延伸处理，效果如图 2-67 所示。

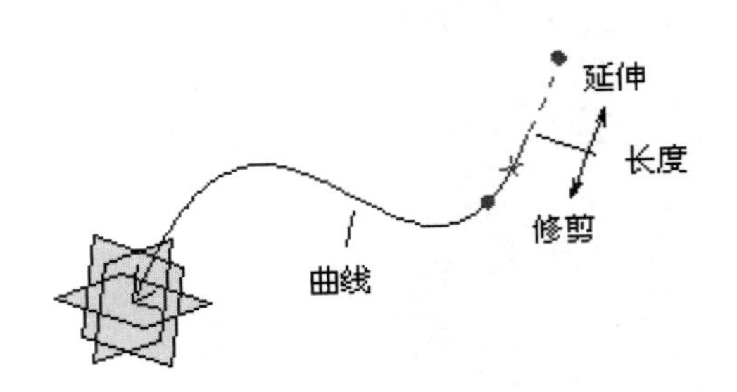

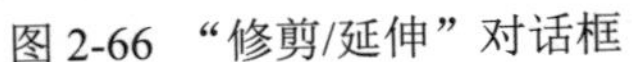
图 2-66 “修剪/延伸”对话框

图 2-67 【修剪/延伸】效果图

- **长度：**定义延伸的曲线长度，该值为正值时，向外延伸，反之则向内修剪。
- **延伸两端：**勾选“延伸两端”复选框，将曲线在两端同时延伸或修剪。反之，只延伸或修剪鼠标选择的一侧。

4．通过点修剪/打断曲线

单击工具栏中的【线框】→【通过点修剪/打断曲线】功能图标，系统弹出“通过点修剪/打断曲线”对话框，如图 2-68 所示。通过该功能可以根据定义点对曲线进行修剪/打断。选择要打断的曲线，系统自动将鼠标切换到“点”选项，定义曲线上分割的点，如果需要修剪曲线，通过“线段”选项选择保留的曲线侧，如图 2-69 所示。

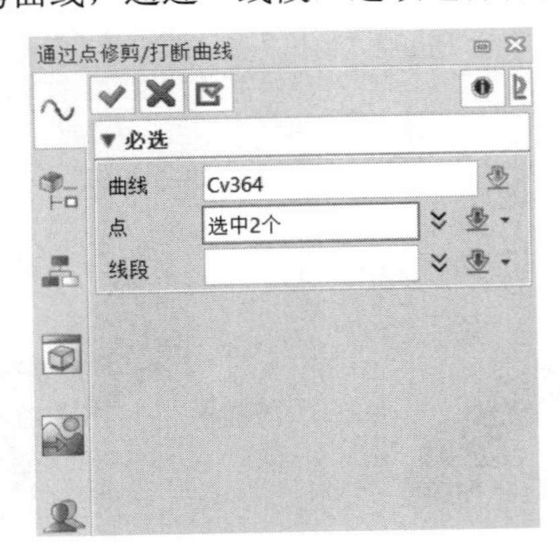

图 2-68 “通过点修剪/打断曲线”对话框

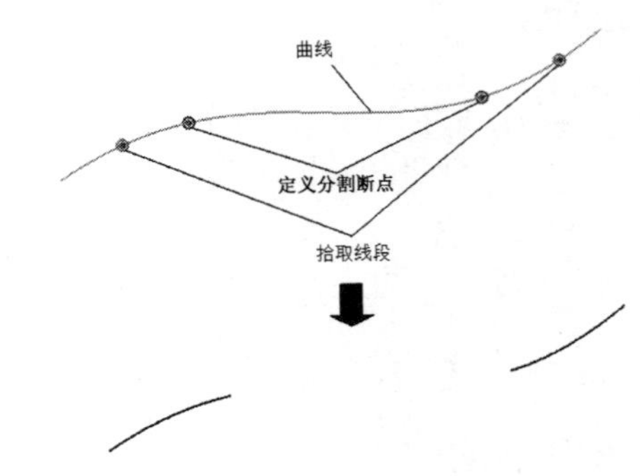

图 2-69 【通过点修剪/打断曲线】效果图

- **点：**定义修剪/打断曲线的位置点，可以定义多个点。
- **线段：**定义需要保留的曲线。未定义的其余曲线将被修剪（删除）。如果不定义线段，系统只对曲线进行分割。

5．修剪/打断曲线

单击工具栏中的【线框】→【修剪/打断曲线】功能图标，系统弹出“修剪/打断曲线”对话框，如图 2-70 所示。通过该功能可以根据定义曲线边界对曲线进行修剪/打断，如

图 2-71 所示。首先选择曲线边界，然后选择被修剪的曲线侧，系统默认将选择的曲线一侧修剪（删除）掉。

图 2-70 “修剪/打断曲线”对话框

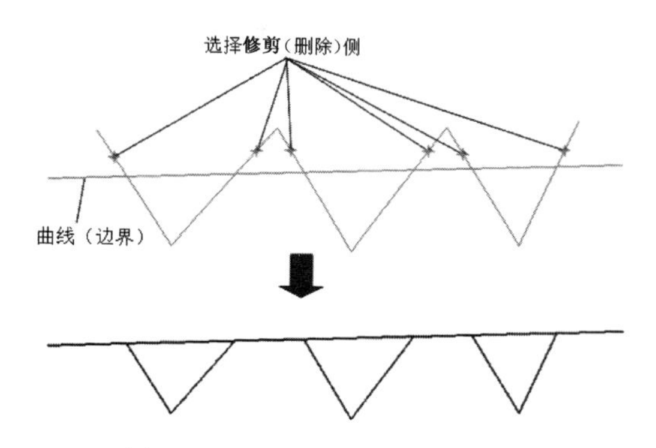

图 2-71 【修剪/打断曲线】效果图

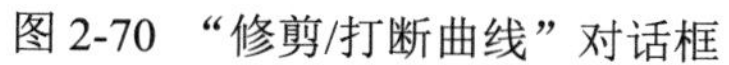

- **曲线**：定义修剪/打断的曲线边界，支持曲线、草图、实体或曲面边缘线。
- **删除**：定义需要修剪/打断的曲线。
- **修剪**：定义修剪类型。
  - **保留**：拾取曲线位置的一侧将被保留。
  - **删除**：拾取曲线位置的一侧将被删除。
  - **打断**：只对曲线进行打断，不做修剪。
- **平面**：定义一个平面，将修剪的曲线投影到该平面进行修剪。对于一些不相交的空间曲线，可以通过平面将曲线投影后再进行修剪。

6. 修剪/延伸成角

单击工具栏中的【线框】→【修剪/延伸成角】功能图标，系统弹出“修剪/延伸成角”对话框，如图 2-72 所示。通过该功能可以将两条曲线进行修剪或延伸。当两条曲线较短时（不到交点），系统会将其延伸至交点处；当两条曲线较长时（超过交点），系统会将其修剪至交点处，如图 2-73 所示。

图 2-72 “修剪/延伸成角”对话框

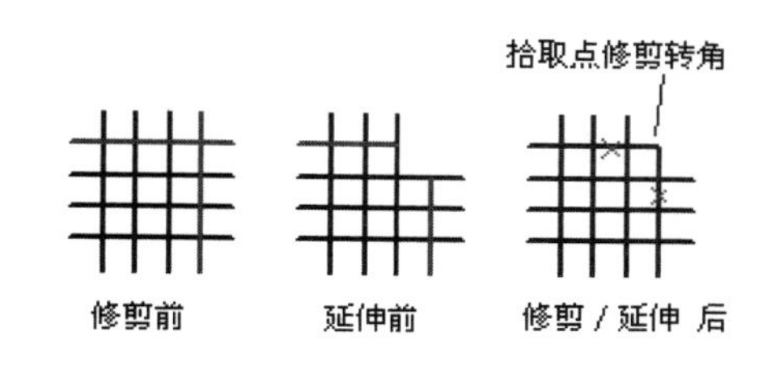

图 2-73 【修剪/延伸成角】效果图

2.2.4 偏移曲线

1．偏移

单击工具栏中的【线框】→【偏移曲线】功能图标，系统弹出“偏移”对话框，如图 2-74 所示，包含两种偏移类型。

【三维偏移】 定义一条参考曲线，根据偏移法向及偏移距离产生一条新的偏移曲线，其示意图如图 2-75 所示。

图 2-74 “偏移”对话框

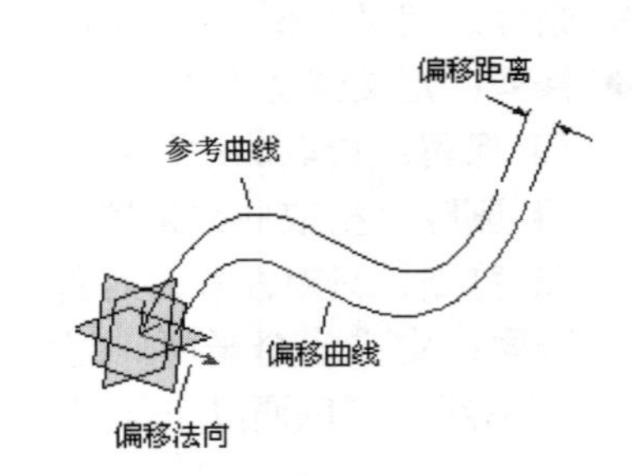

图 2-75 【三维偏移】示意图

【曲面偏移】 定义一条曲线在一个曲面上进行偏移，其示意图如图 2-76 所示（练习文件：配套素材\EX\CH2\2-3.Z3）。

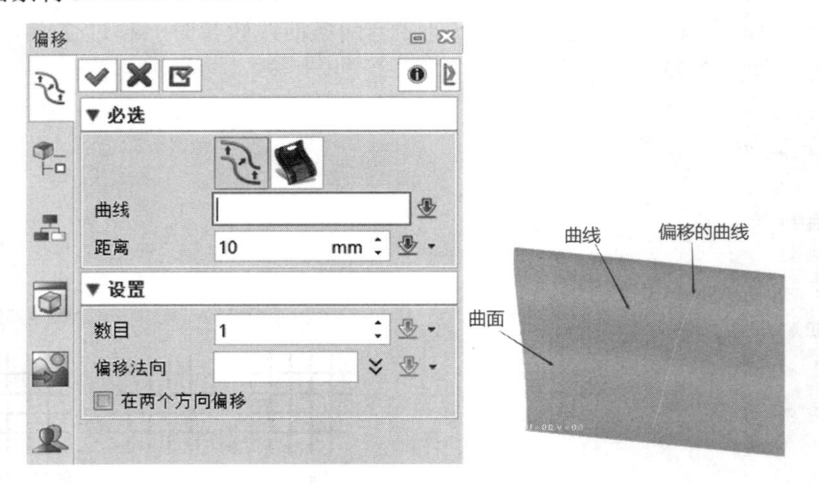

图 2-76 【曲面偏移】示意图

2．3D 中间曲线

单击工具栏中的【线框】→【3D 中间曲线】功能图标，系统弹出“3D 中间曲线”对话框，如图 2-77 所示。通过定义两条曲线产生两条曲线之间的一条曲线，如图 2-78 所示。

- **等距-中分端点：**中间线连接到两条曲线首尾端点的中间位置，如图 2-79（a）所示。
- **等距-等距端点：**中间线连接到两条曲线首尾切向的等距位置，如图 2-79（b）所示。
- **中分：**通过二等分计算产生中间曲线。

图 2-77 “3D 中间曲线”对话框

图 2-78 3D 中间曲线

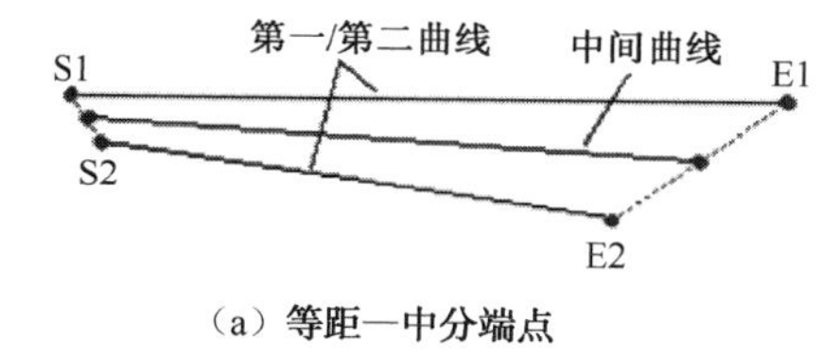

（a）等距—中分端点

（b）等距—等距端点

图 2-79 【3D 中间曲线】示意图

2.2.5 连接曲线

单击工具栏中的【线框】→【连接】功能图标，系统弹出“连接”对话框，如图 2-80 所示。通过该功能可以将多段独立的曲线连成一条曲线链。

- **连续方式：**定义两曲线之间的连接方式，包含无、相切或曲率 3 种方式，如图 2-81 所示。
  - ❑ **无：**两曲线之间直接连接。
  - ❑ **相切：**两曲线之间保持相切连续过渡。
  - ❑ **曲率：**两曲线之间保持曲率连续过渡。
- **方法：**使用数学平滑法进行定义。
  - ❑ **局部：**所得曲线在数学意义上与原始曲线相等。
  - ❑ **全局：**如果每个点上的切线与曲率属于两条曲线的均值，所得曲线将穿越连接点。
  - ❑ **平均：**使用局部与全局法中的均值。

图 2-80 “连接”对话框

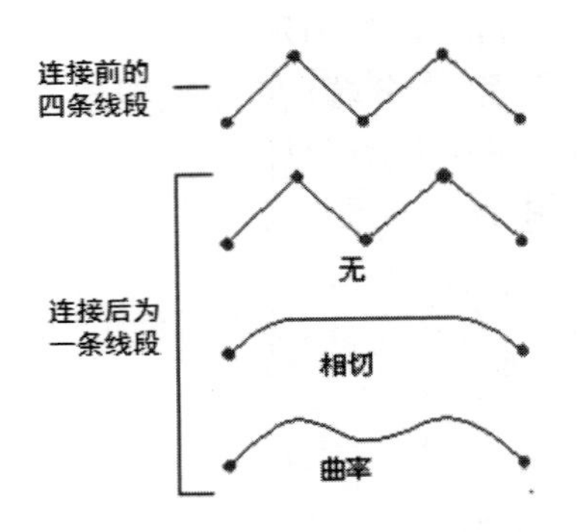

图 2-81 【连续方式】示意图

2.2.6 转换为圆弧/线

单击工具栏中的【线框】→【转换为圆弧/线】功能图标，系统弹出“转换为圆弧/线”对话框，如图 2-82 所示。该功能可以将现有的曲线按照设定的公差转换为圆弧或直线线段，如图 2-83 所示。

图 2-82 “转换为圆弧/线”对话框

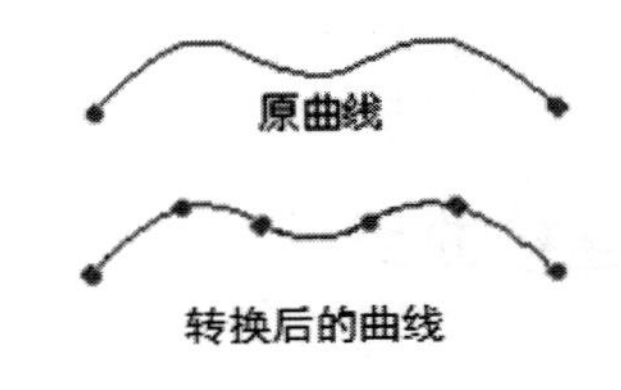

图 2-83 将曲线转换为圆弧

- **公差**：定义转换的公差值。公差越大，曲线越圆滑，但精度越低。

2.2.7 修改曲线

单击工具栏中的【线框】→【修改曲线】功能图标，或者通过鼠标右键选择【修改曲线】，系统弹出“修改”对话框，如图 2-84 所示。通过该功能可以修改曲线上任何点的位置、切点和曲率半径，以及添加或删除曲线控制点等操作，如图 2-85 所示。

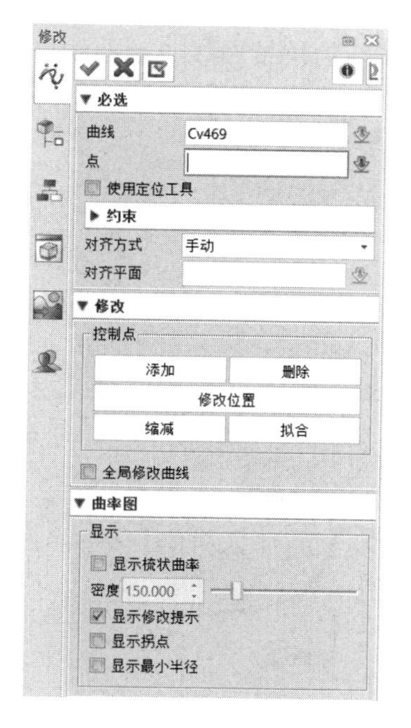

图 2-84 “修改”对话框

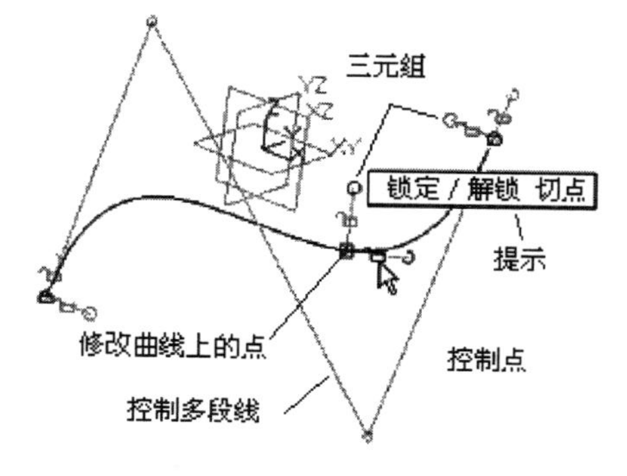

图 2-85　修改曲线

- **曲线**：定义需要修改的曲线。
- **点**：在曲线上选择要修改的点。将光标移到曲线上方，会出现一个三元组。该三元组用于修改所选取点的位置、切点和曲率半径。
- **控制点**：修改曲线的控制点。
  - ❑ **添加**：通过该选项可以在曲线上增加控制点。
  - ❑ **修改位置**：通过该选项可以修改现有控制点的位置。选择控制点后，单击鼠标中键确定，然后拖动鼠标来改变控制点的位置。
  - ❑ **删除**：通过该选项可以删除现有的控制点。
  - ❑ **缩减**：通过该选项可以减少控制点的总数。
  - ❑ **拟合**：通过该选项可以重新拟合曲线。它可以移除当前存在于曲线上的、不需要的反常属性。重新拟合的曲线会改变原曲线的路径。
- **全局修改曲线**：勾选“全局修改曲线”复选框，在整个曲线上都会产生变化。否则，只变化受影响的曲线点位置。

2.3　曲线操作

2.3.1　桥接曲线

1. 桥接曲线

单击工具栏中的【线框】→【桥接】曲线功能图标，系统弹出“桥接”对话框，如

图 2-86 所示。通过该功能可以在两条曲线之间产生一条新的桥接曲线，新曲线可以与原曲线保持相切或曲率连续，如图 2-87 所示。

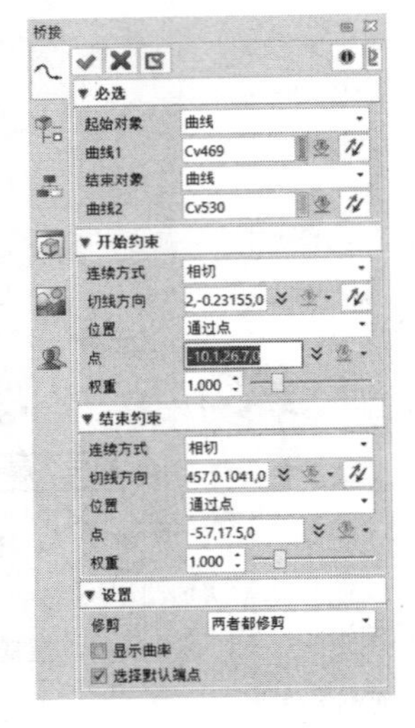

图 2-86 “桥接”对话框

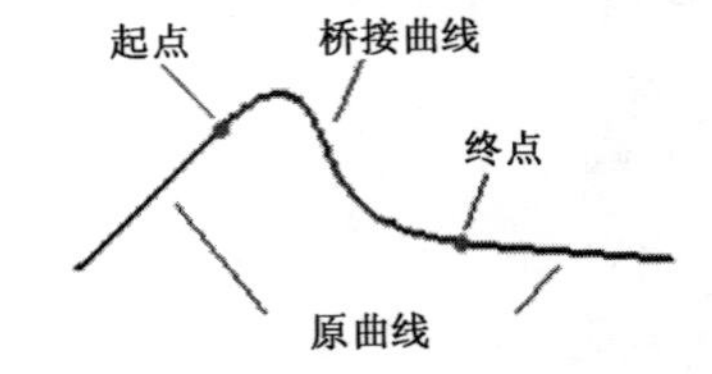

图 2-87　桥接曲线

- **连续方式：**指定拟合和桥接的曲线的连续性方法。可分别指定起始点和结束点的连续性。若选择一个点作为曲线 2，且连续性设置为相切或曲率时，需要指定桥接曲线在该点的切线方向。
  - ❑ **相接：**桥接与所选曲线的端点相接触。
  - ❑ **相切：**桥接与所选曲线的端点相切。
  - ❑ **曲率：**桥接与所选曲线的端点相切并且曲率匹配。
- **位置：**控制桥接的具体位置，如桥接对象是曲线的话，可以调整“位置”的设置并提供 3 种方式。
  - ❑ **弧长：**定义桥接点在所选线的具体弧长长度。
  - ❑ **弧长百分比：**定义桥接点在所选线的具体弧长百分比。
  - ❑ **通过点：**通过在所选线上选择具体点来定义桥接点。
- **桥接方向：**控制桥接的具体位置，如桥接对象是曲面的话，可以调整“桥接方向”的设置并提供 3 种方式。
  - ❑ **等参数 U：**使用桥接面的 U 素线作为桥接方向，并可定义在该 U 素线的哪一个位置进行桥接。
  - ❑ **等参数 V：**用桥接面的 V 素线作为桥接方向，并可定义在该 V 素线的哪一个位置进行桥接。
  - ❑ **截面：**通过指定相对于 U 素线的角度来定义桥接方向。
  - **权重：**使用滑动条调整权重因子，桥接曲线会随着权重的变化而改变。当连续性为相切或曲率时，可双击箭头以切换箭头方向。

2．面上的桥接曲线

单击工具栏中的【线框】→【面上的桥接曲线】功能图标，系统弹出“面上的桥接曲线”对话框，如图 2-88 所示。通过该功能可以在一个面上对两条曲线进行桥接，如图 2-89 所示（练习文件：配套素材\EX\CH2\2-3.Z3）。

图 2-88 “面上的桥接曲线”对话框

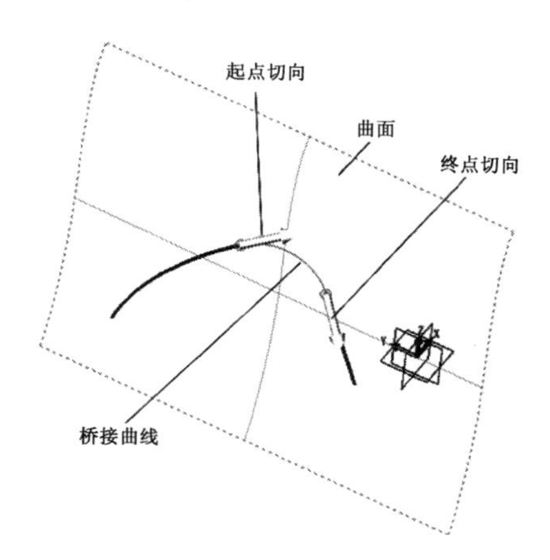

图 2-89 面上的桥接曲线

- **使用最小素线路径**：勾选“使用最小素线路径”复选框，使用最小素线路径桥接曲线。默认情况下，两点之间的理论直线法向投影到平面上。
- **轨迹点**：若起点和终点位于不同面上，可以通过该选项定义相交平面位置的第三个点，桥接曲线将通过该点。

2.3.2 边界曲线

单击工具栏中的【线框】→【边界曲线】功能图标，系统弹出“边界曲线”对话框，如图 2-90 所示。通过该功能可以将现有曲面或实体的边缘作为曲线抽取出来，如图 2-91 所示。（练习文件：配套素材 EX\CH2\2-1.Z3）。

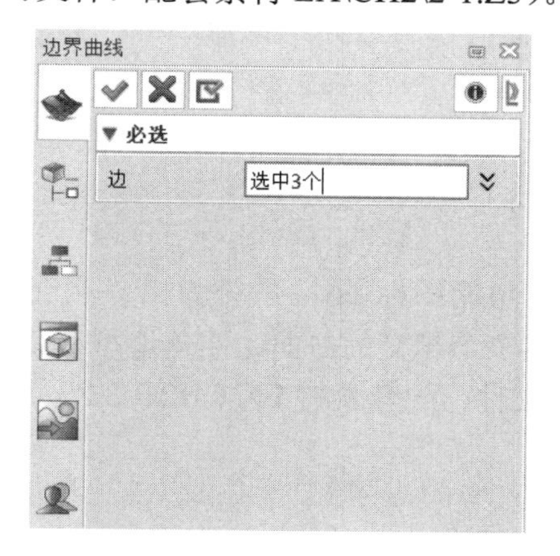

图 2-90 “边界曲线”对话框

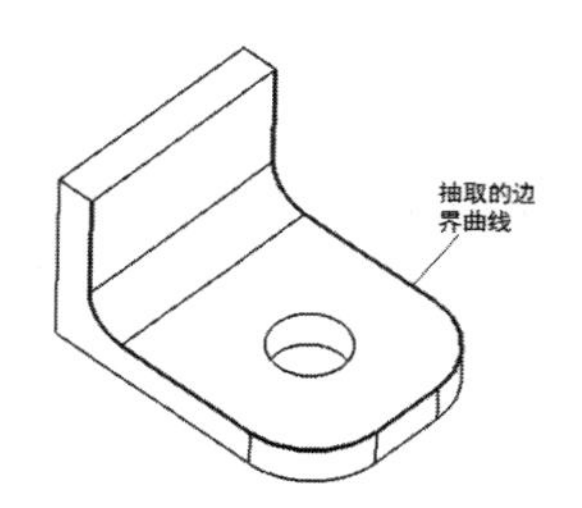

图 2-91 边界曲线

2.3.3 投影曲线

单击工具栏中的【线框】→【投影到面】曲线功能图标，系统弹出“投影到面”对话框，如图 2-92 所示。通过该功能可以将现有曲线、曲面或实体的边缘按指定的方向投影到定义的面上。首先定义投影曲线，然后定义投影面，最后再定义一个投影方向（如果不定义方向，系统将默认以面的法向方向进行投影），即可完成曲线投影，如图 2-93 所示（练习文件：配套素材 EX\CH2\2-3.Z3）。

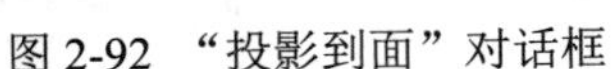
图 2-92 “投影到面”对话框

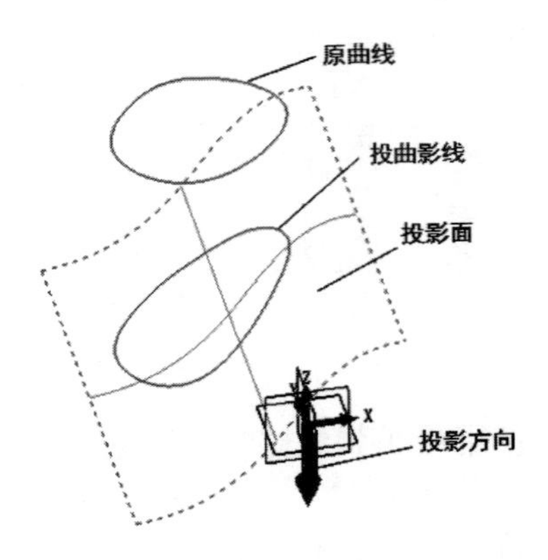

图 2-93 投影曲线

- **曲线：** 定义投影曲线。支持曲线、草图线、实体或面的边缘线。
- **面：** 定义投影面。支持曲面、实体面和基准平面。
- **方向：** 定义投影方向。一般默认为曲面的法向方向，也可以通过鼠标右键选择快捷菜单中的方向定义命令。
- **双向投影：** 勾选“双向投影”复选框，将曲线同时在所定义方向的正向和负向两个方向上进行投影。
- **面边界修剪：** 勾选该复选框，仅投影至面的修剪边界。否则，将产生一条延伸至整个面的未修剪边界的曲线。

2.3.4 相交曲线

单击工具栏中的【线框】→【相交曲线】功能图标，系统弹出“相交曲线”对话框，如图 2-94 所示。通过该功能可以在两个或多个相交的曲面、实体造型或基准面之间产生一条或多条相交曲线，如图 2-95 所示（练习文件：配套素材\EX\CH2\2-3.Z3）。

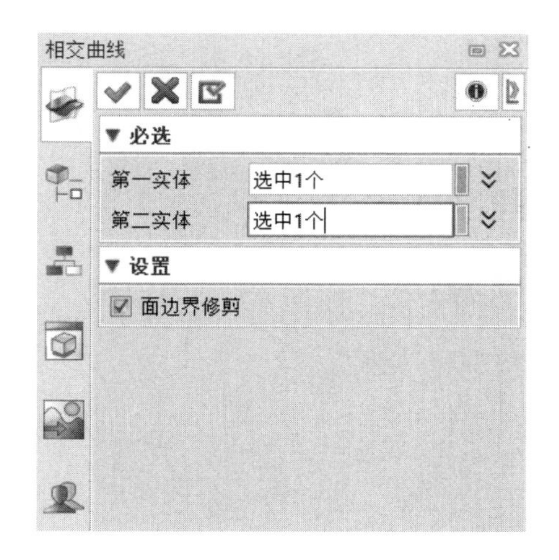

图 2-94 “相交曲线”对话框

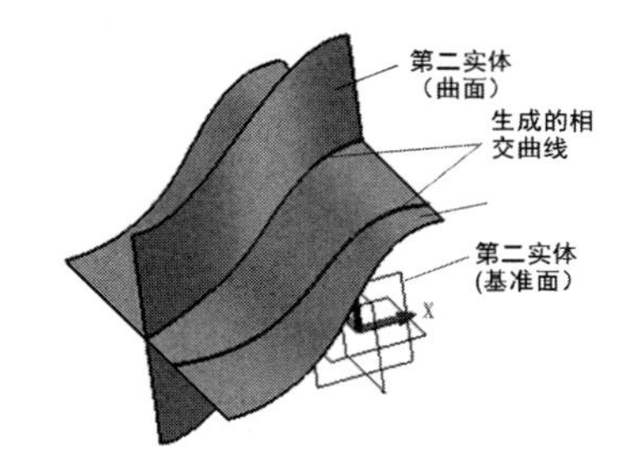

图 2-95 相交曲线

2.3.5 面上过点曲线

单击工具栏中的【线框】→【面上过点曲线】功能图标，系统弹出“面上过点曲线”对话框，如图 2-96 所示。通过该功能可以在面上绘制曲线，如图 2-97 所示。

图 2-96 “面上过点曲线”对话框

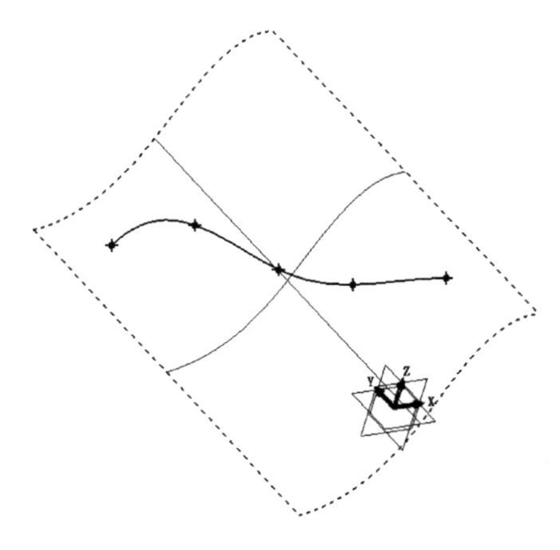

图 2-97 通过面上点的曲线

2.3.6 曲面 U/V 素线

单击工具栏中的【线框】→【曲面 U/V 素线】功能图标，系统弹出“曲面 U/V 素线”对话框，如图 2-98 所示，包含 3 种创建类型。

【在点上】 通过在面上定义一点创建 U/V 素线，如图 2-99（a）所示。

- **U 或 V：** 定义创建 U 线、V 线或两者都创建。
  - ❑ **两者：** 同时创建 U 和 V 方向素线。

❑ **U 素线：**只创建 U 方向素线。

❑ **V 素线：**只创建 V 方向素线。

图 2-98 “曲面 U/V 素线”对话框

【在 U/V 参数】 在面的 U、V 方向上创建一条素线。

【多样】 在面上创建多条 U 方向和 V 方向素线，如图 2-99（b）所示。

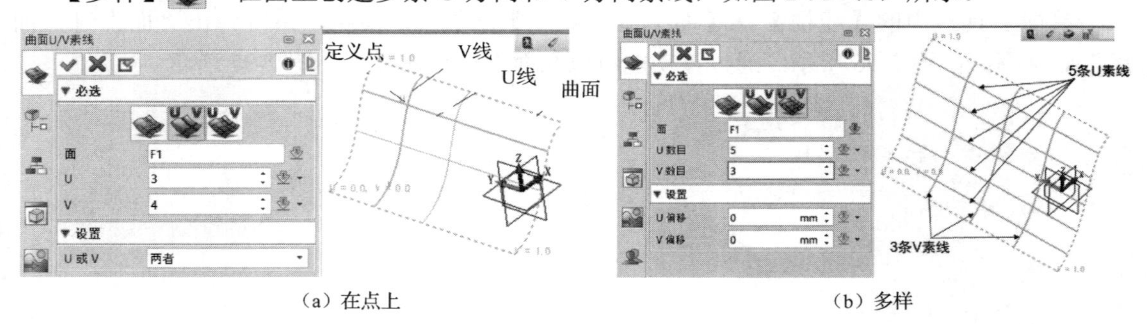

（a）在点上　　（b）多样

图 2-99 【曲面 U/V 素线】示意图

● **U 偏移：**定义一个偏移量使创建的 U 素线较默认位置偏移一定距离。

● **V 偏移：**定义一个偏移量使创建的 V 素线较默认位置偏移一定距离。

2.3.7 缠绕于面

单击工具栏中的【线框】→【缠绕于面】功能图标，系统弹出“缠绕于面”对话框，如图 2-100 所示，包含 4 种创建类型。使用此功能可以将曲线（以草图的形式）缠绕在零件面上。此功能非常适合在零件上放置标志，它可以保持标志的长宽比，而不用考虑零件的轮廓大小。另外，还可以设定一个角度，将轮廓进行旋转。

图 2-100 “缠绕于面”对话框

【基于 U/V 方向缠绕】 该类型采用一个草图，并将其映射至所选零件面的 U/V 方向。对面的形状无特殊要求，如图 2-101（a）所示（练习文件：配套素材\EX\CH2\2-4.Z3）。

操作步骤如下：

- ❑ 单击【线框】→【缠绕于面】功能图标；
- ❑ 选择草图或临时插入一个草图；
- ❑ 选择缠绕的目标面；
- ❑ 选择面上的放置特征原点（此原点对应草图原点）；
- ❑ 根据面的 U/V 方向的不同调整旋转角度；
- ❑ 单击“确定”按钮，完成操作。

【基于长度缠绕】 该类型采用一个草图，并基于长度将其映射至旋转体曲面上。草图中的 X 方向围绕该曲面进行映射，草图中的 Y 方向沿着旋转的曲线进行映射，如图 2-101（b）所示。操作步骤与前一个功能相同。

【基于角度缠绕】 该类型采用一个草图，并基于角度将其映射至旋转体曲面上。草图中的 X 方向围绕该曲面进行映射，草图中的 Y 方向沿着旋转的曲线进行映射，如图 2-101（c）所示。

【基于曲面缠绕】 该类型假设拥有一个已知参数化的曲面，一个曲线集投影在该曲面上，然后使用一个直接的 U/V 到 U/V 的映射，将曲线移植到第二个曲面上，如图 2-101（d）所示。

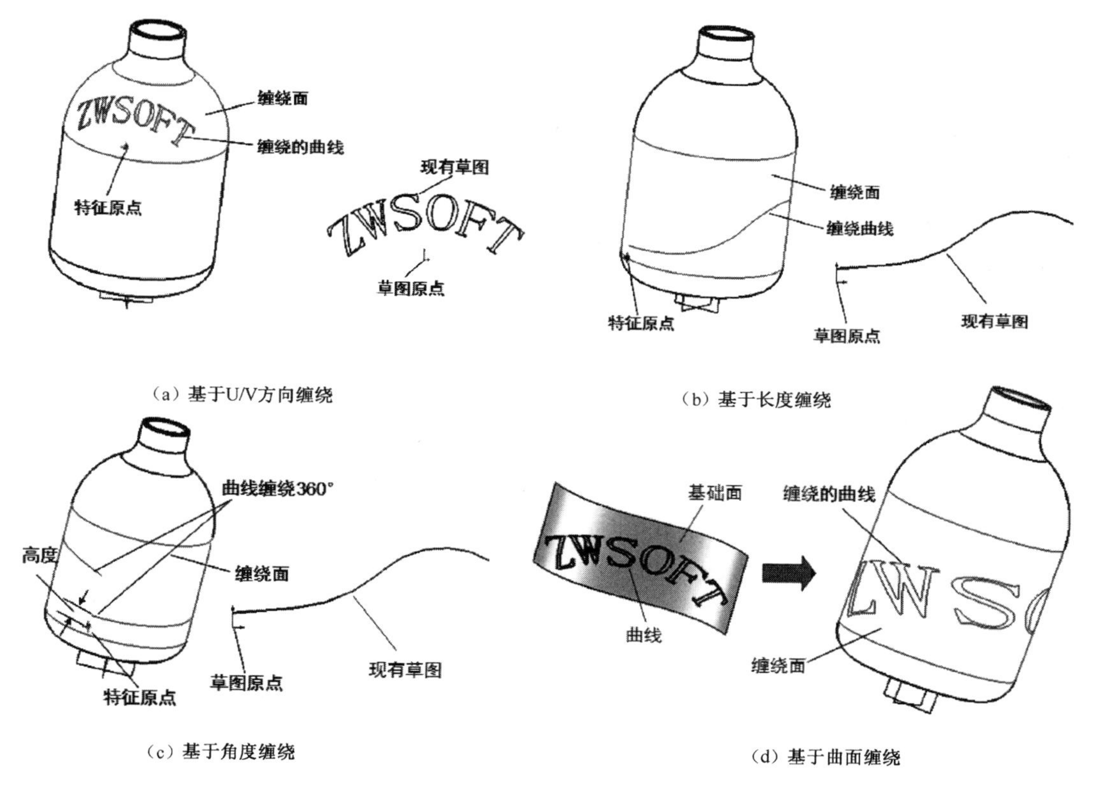

图 2-101 【缠绕于面】示意图

2.3.8 剖面曲线

1. 2D 剖面曲线

单击工具栏中的【线框】→【2D 剖面曲线】功能图标，系统弹出“2D 剖面曲线”对话框，如图 2-102 所示。使用此功能可根据定义的平面动态剖切激活的零件或组件。完成操作后，将在激活的零件和组件中创建 2D 剖面曲线，如图 2-103 所示（练习文件：配套素材\EX\CH2\2-1.Z3）。

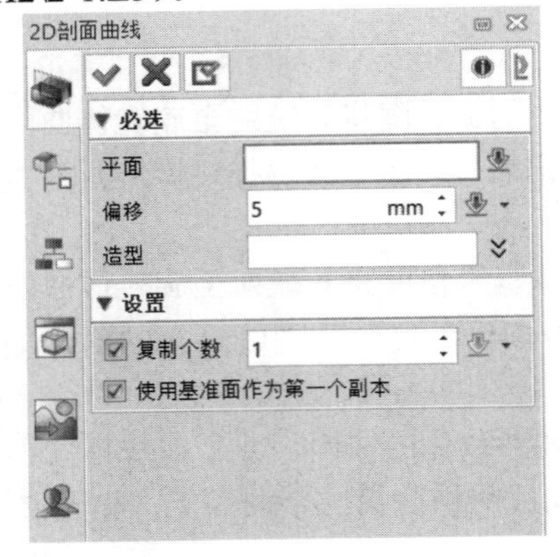

图 2-102 “2D 剖面曲线”对话框

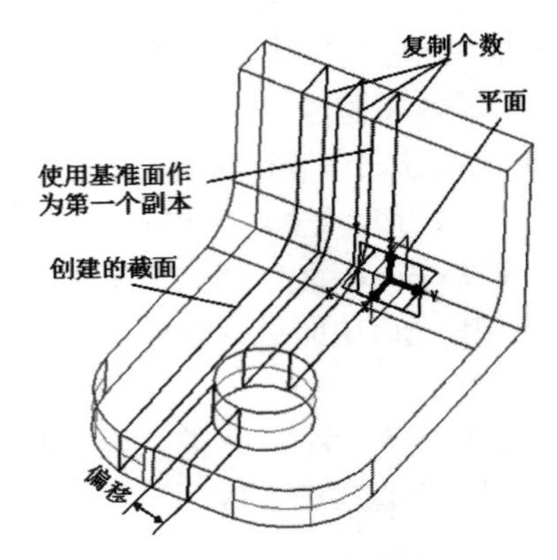

图 2-103 2D 剖面曲线

- **平面：** 定义剖切的平面，可以是基准面、二维平面、激活的断视图平面或草图。
- **偏移：** 定义相对参考面的偏移距离。
- **复制个数：** 按照设定的偏移距离连续创建截面的总数目。
- **使用基准面作为第一个副本：** 勾选“使用基准面作为第一个副本”复选框，第一个剖面将从定义的平面开始，否则从偏移距离处开始。

2. 命名剖面曲线

单击工具栏中的【线框】→【命名剖面曲线】功能图标，系统弹出“命名剖面曲线”对话框，如图 2-104 所示。使用此功能可以创建一个命名剖面线特征。剖面曲线由草图线在垂直于草图平面的方向与零件剖切得到，如图 2-105 所示。

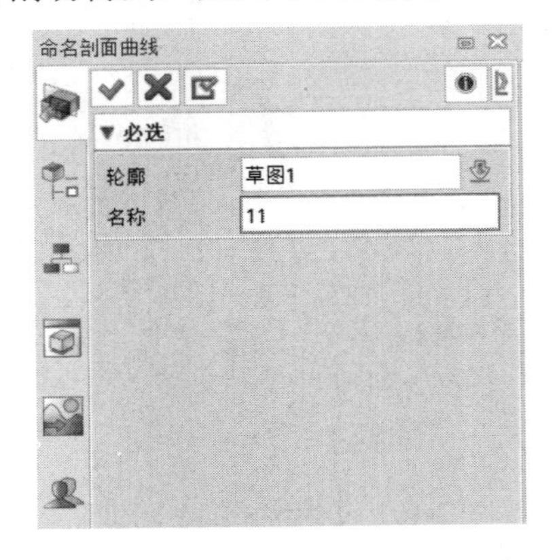

图 2-104 “命名剖面曲线”对话框

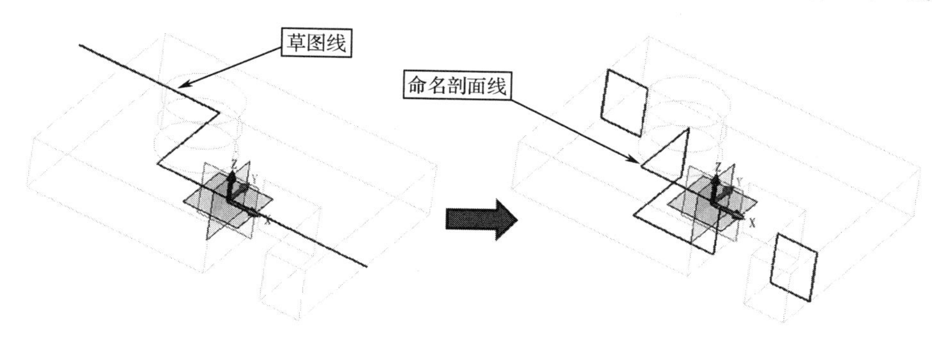

图 2-105 命名剖面曲线

此特征与工程图中的“3D 命名剖视图”和“弯曲剖视图”命令结合使用。此处可以用一个草图轮廓确定剖面穿过零件的位置和范围，轮廓可以在与草图平面垂直的方向穿过零件。

在使用“3D 命名剖视图”和“弯曲剖视图”命令过程中，该特征将被选中。但在使用该命令过程中，选择“弯曲”类型，“3D 名称”项可输入该特征。

2.4 思考与练习

2-1 通过中望 3D 线框功能绘制的曲线是否具有参数关联性？

2-2 在绘制样条曲线时，如何控制首尾与曲线相切？

2-3 在中望 3D 中，如何得到自己想要的三维空间曲线？

2-4 在中望 3D 中，如何得到曲面与曲面或平面之间的交线？

2-5 在中望 3D 中，如何将自己想要的曲线映射到曲面上？

2-6 使用中望 3D 的线框功能，绘制完成如图 2-106、图 2-107 所示的图形。

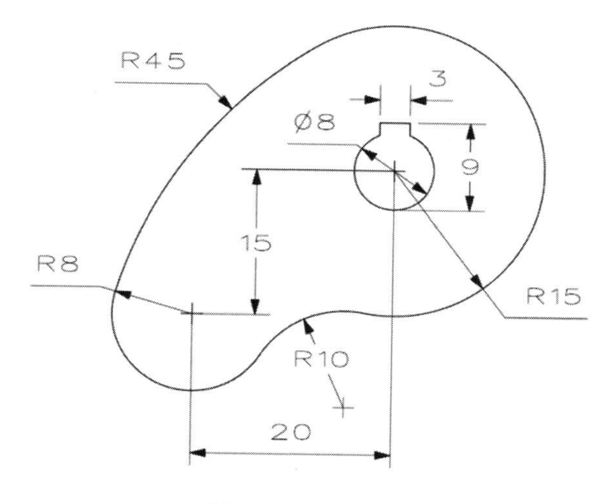

图 2-106 曲线练习 1

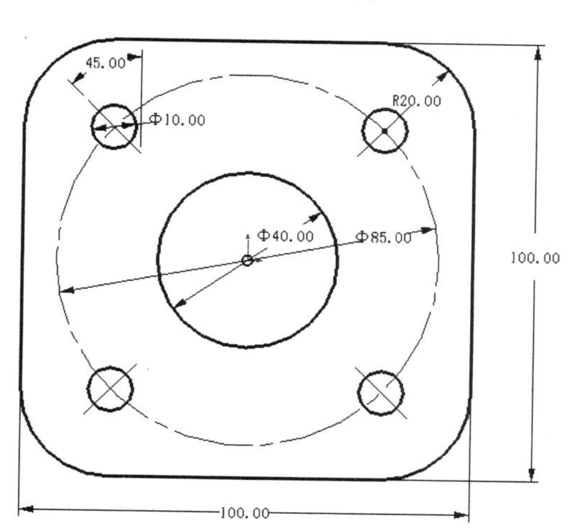

图 2-107 曲线练习 2

第3章 草　图

草图是一个三维产品造型最基本的构成元素。绘制草图是三维产品造型设计过程中必不可少的一部分，各种复杂的造型都是由一些简单造型组合而成的，而这些简单的造型则可以通过各种草图来创建。

在中望 3D 中，提供了非常完备的草图绘制功能，绘制的草图可以用于后续实体及曲面的造型设计，而且保持造型与草图之间的参数关联性。如果更改了草图数据，与之关联的造型也会自动变更。

3.1 草图绘制

在新建文件时，系统提供了一个创建 2D 草图的文件类型，如图 3-1 所示。通过“2D 草图”选项可以直接进入草图环境，而不经过建模环境，但创建的草图无法在该环境中直接进行三维设计，只能通过【编辑】→【复制】→【外部草图】将现有 2D 草图调入三维设计环境中。如果需要做三维设计，最好通过建模环境【插入】→【草图】功能进入草图环境再进行草图绘制，完成的草图可以直接用于三维设计。

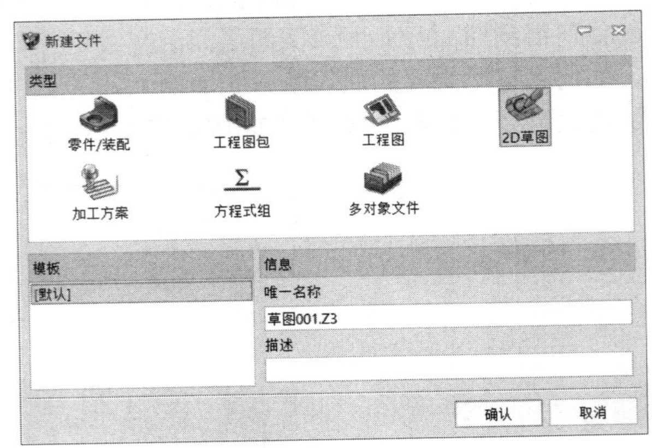

图 3-1 “新建文件”窗口

3.1.1 插入基准面

草图是存在于一个平面中的二维图形，因此，创建草图时必须有一个绘图平面。在草图设计中，除了可以使用默认的基准面，还经常需要创建基准面（练习文件：配套素材\EX\CH3\3-1.Z3）。

单击工具栏中的【造型】→【基准面】→【基准面】功能图标，或通过鼠标右键选择【插入基准面】，系统弹出“基准面”对话框，如图 3-2 所示。它提供了 8 种基准面的创建方法，通过该功能可以创建出任何方位的基准面。

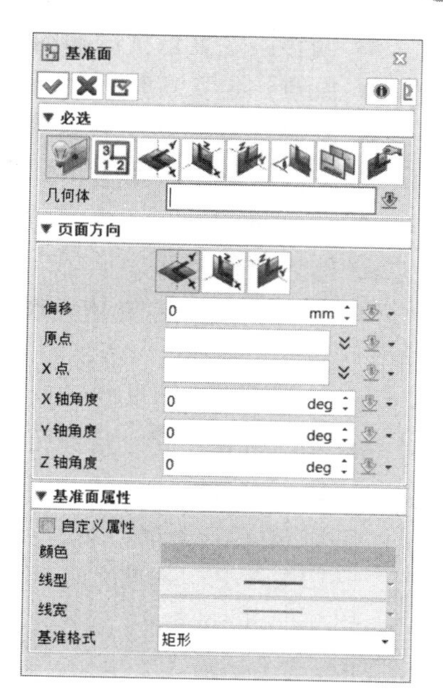

图 3-2 “基准面”对话框

【平面】 以一个点、一条曲线、一条边、一个面或基准面，作为创建基准面的参考对象，系统会根据定义的点产生一个默认的基准面。如图 3-3（a）所示。可以通过对话框下方的参数选项对基准面的位置、方向等进行设置。

【3 点平面】 通过定义 3 个点产生一个基准面，如图 3-3（b）所示。可以通过对话框下方的参数选项对基准面的位置、方向等进行设置。

【XY 面】 通过参考默认的 XY 平面创建一个与之平行的基准面，可以通过对话框下方的参数选项对基准面的位置、方向等进行设置。

【XZ 面】 通过参考默认的 XZ 平面创建一个与之平行的基准面，可以通过对话框下方的参数选项对基准面的位置、方向等进行设置。

【YZ 面】 通过参考默认的 YZ 平面创建一个与之平行的基准面，可以通过对话框下方的参数选项对基准面的位置、方向等进行设置。

【视图平面】 创建一个与当前的视图平面平行的基准面，可以通过对话框下方的参数选项对基准面的位置、方向等进行设置。

【2 个实体】 通过定义两个特征创建一个基准面，如定义一个点和一个平面，可以创建一个穿过定义点并平行于定义平面的基准面。

【动态】 支持在图形区任意位置随时创建一个基准面，并可即时手动随意调整该基准面的各轴定向，以便获取预期结果。动态基准面可基于捕捉的几何进行自动定向，也可以在此基础上进一步调整。

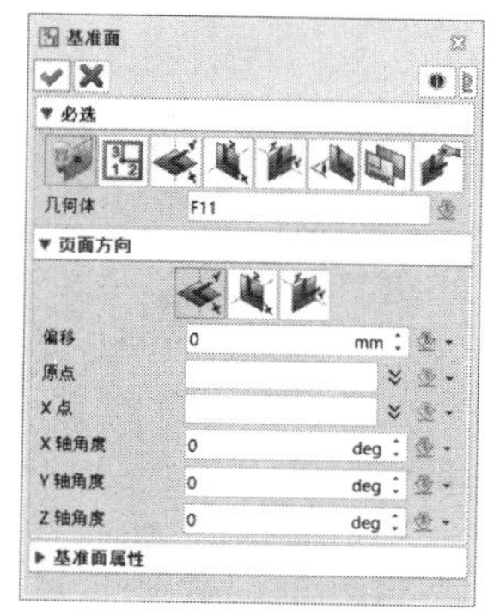

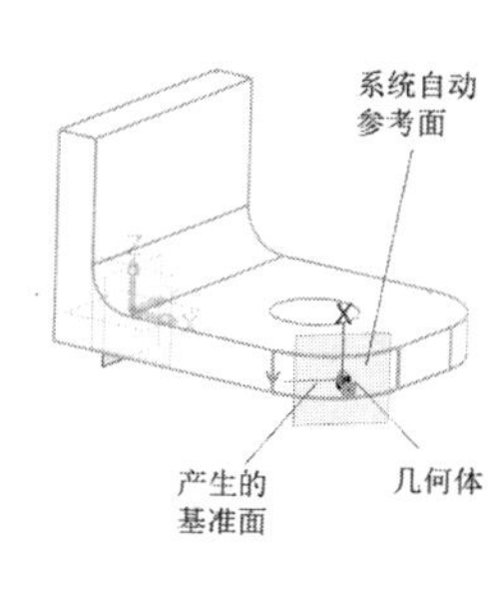

（a）基准平面

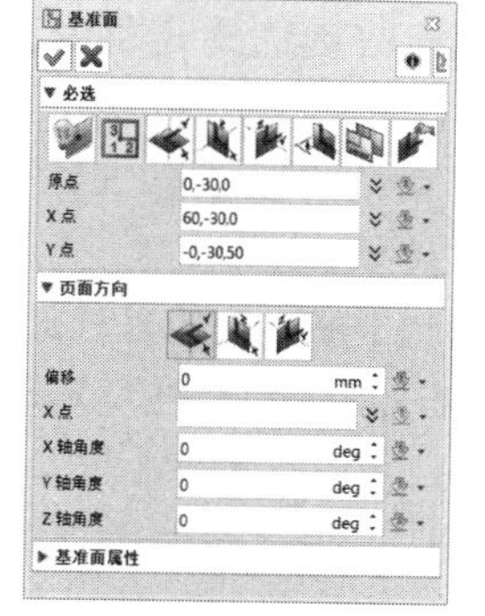

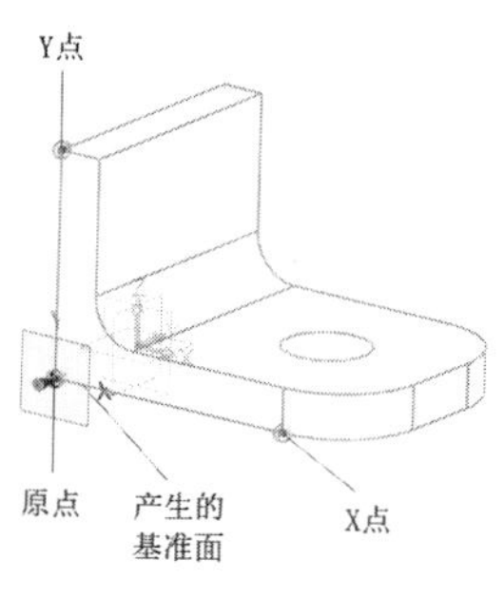

（b）3 点平面

图 3-3 基准面示意图

- **偏移**：定义新基准面的偏移距离，如图 3-4 所示。
- **原点**：定义新基准面的原点位置，如图 3-4 所示。
- **X 轴角度**：定义新基准面绕 X 轴旋转的角度。绕轴逆时针旋转为正角度、顺时针旋转为负角度，如图 3-5 所示。
- **Y 轴角度**：定义新基准面绕 Y 轴旋转的角度。绕轴逆时针旋转为正角度、顺时针旋转为负角度。
- **Z 轴角度**：定义新基准面绕 Z 轴旋转的角度。绕轴逆时针旋转为正角度、顺时针旋转为负角度。
- **自定义属性**：勾选“自定义属性”复选框，可以定义新基准面的颜色、线型和线宽。
- **基准格式**：定义基准面的显示样式。
  - ❑ **X-Y 轴**：基准面显示有 X、Y 轴。
  - ❑ **矩形**：基准面显示为矩形。
  - ❑ **X-Y-Z**：基准面显示有 X、Y、Z 轴。

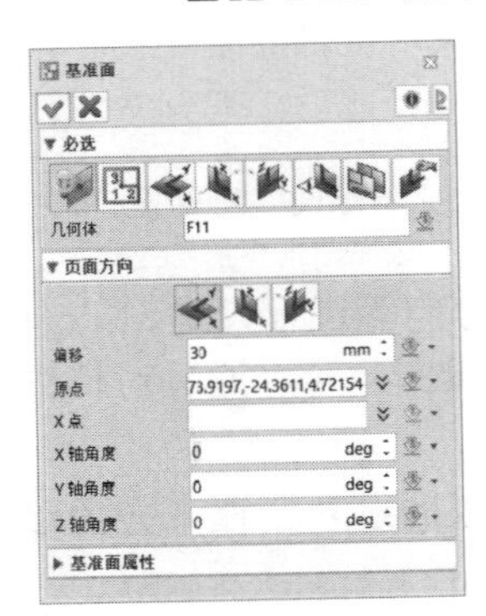

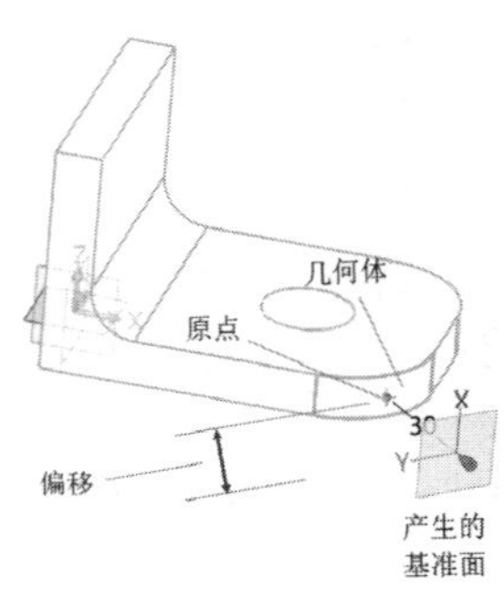

图 3-4 偏移及原点

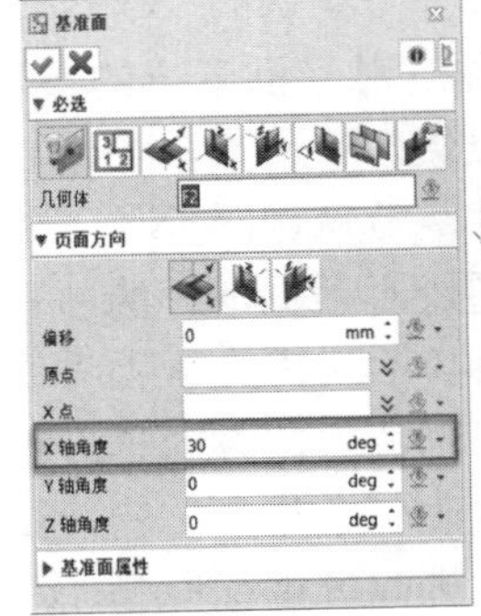

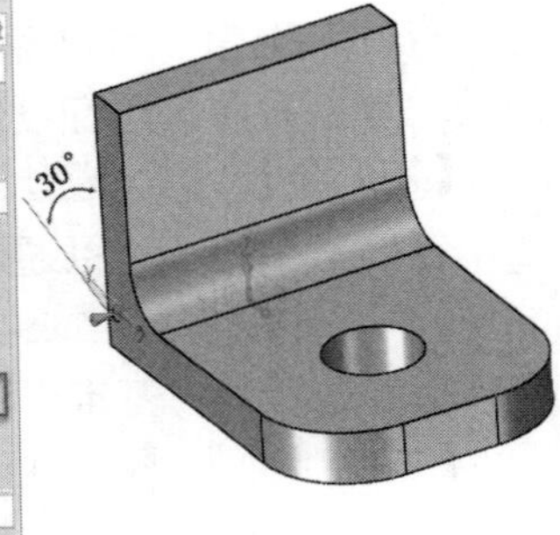

图 3-5 “X 轴角度”示意图

3.1.2 插入草图

单击工具栏中的【造型】→【基础造型】→【草图】功能图标，或通过鼠标右键选择【草图】，系统弹出“草图”对话框，如图 3-6 所示。若直接单击“确定”按钮或双击鼠标中键确定，系统将以默认 XY 平面作为草绘平面，直接进入草图绘制环境。

- **平面**：定义草图绘制平面。支持基准面和造型平面，也可以通过鼠标右键选择【插入基准面】临时定义草绘平面。
- **向上**：定义草绘平面朝上的参考方向（即草图环境中 Y 轴正方向）。
- **原点**：定义草图的绘制原点。一般系统会默认工作原点为草绘原点，当选中一个造型面作为草绘面时，系统将默认面的中点为草图原点。

图 3-6 “草图”对话框

- **定向到活动视图**：勾选“定向到活动视图”复选框，进入草图环境后，系统自动将视角定位到草绘平面。
- **参考面边界**：勾选“参考面边界”复选框，系统自动产生草绘平面上的边界线作为参考线。

3.1.3　退出草图

完成草图的绘制后，可以通过单击 DA 工具栏的【退出】功能图标，或通过鼠标右键选择【退出】，完成草图绘制并退出。如果在草图中未建立任何新特征，退出草图时，系统会弹出“最后草图没有几何体，是否删除？”的提示，如图 3-7 所示。当选择“是”时，系统将不在历史管理器中记录未创建轮廓的草图特征；当选择“否”时，系统将草图特征保存在特征管理器中，如图 3-8 所示。

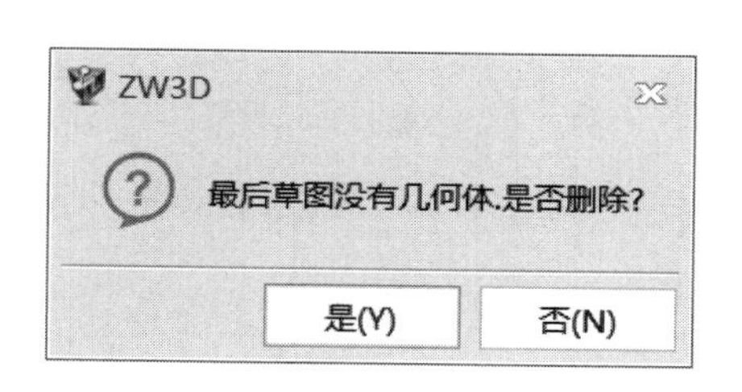

图 3-7　删除草图提示

图 3-8　草图特征

3.1.4　草图工具

由于草图中的大部分曲线绘制功能与第 2 章中介绍的曲线功能类似，因此，本章仅针对不同的功能进行介绍，对于相似的功能，将不再赘述，读者可以参考第 2 章的相关内容。

1．绘图

单击工具栏中的【草图】→【绘图】→【绘图】功能图标，可以绘制连续的直线和相切圆弧，如图 3-9 所示。通过单击当前端点处的绘图状态符号和来更改绘制直线或圆弧。被激活时变成绿色，表示绘制直线；被激活时变成绿色，表示绘制相切圆弧。

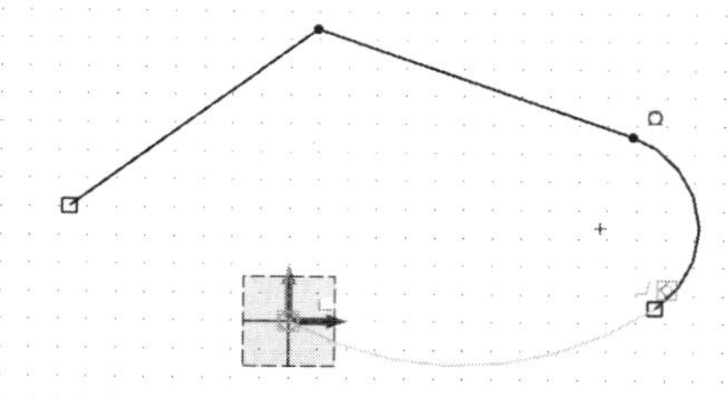

图 3-9　绘制二维连接曲线

提醒：将鼠标停留在绘制曲线当前的端点处，并单击该端点，可以在绘制直线和绘制相切圆弧之间进行切换。

2. 双线

单击工具栏中的【草图】→【绘图】→【双线】功能图标，系统弹出“双线”对话框，如图 3-10 所示。双线以一条中心线为参考，可以设置两侧的距离，效果如图 3-11 所示。

> **提醒：**【双线】功能图标，位于【直线】功能图标下方。单击【直线】功能图标下方的下拉菜单按钮，可以展开与之相关的功能。

图 3-10 “双线”对话框

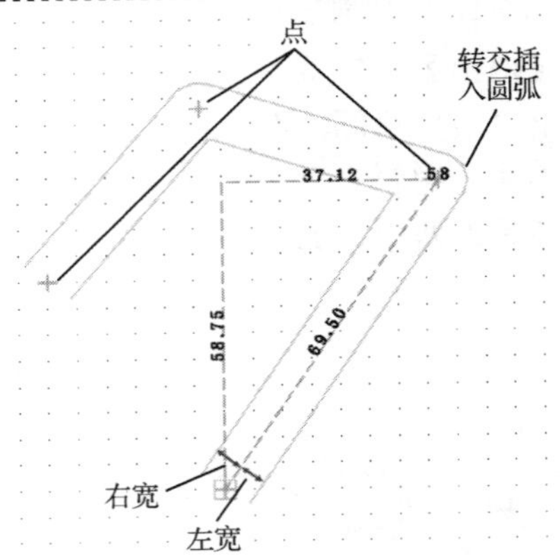

图 3-11 绘制连续的双线

3. 正多边形

单击工具栏中的【草图】→【绘图】→【正多边形】功能图标，系统弹出“正多边形”对话框，其中提供了 6 种不同类型的绘制方法。

【外接半径】 通过定义多边形的一个中心点和一个外接圆半径来创建多边形，如图 3-12（a）所示。

- **边数：**定义多边形的边数量。
- **角度：**定义多边形绕 X 轴正方向旋转的角度。

【内切半径】 通过定义多边形的一个中心点和一个内切圆半径来创建多边形，如图 3-12（b）所示。

【边长】 通过定义多边形一条边的长度来创建多边形，如图 3-12（c）所示。

【外接边界】 通过定义多边形的一个中心点和一个外接边界点来创建多边形，如图 3-12（d）所示。

【内切边界】 通过定义多边形的一个中心点和一个内切边界点来创建多边形，如图 3-12（e）所示。

【边长边界】 通过定义多边形一条边的长度来产生一个外接圆生成多边形，如图 3-12（f）所示。

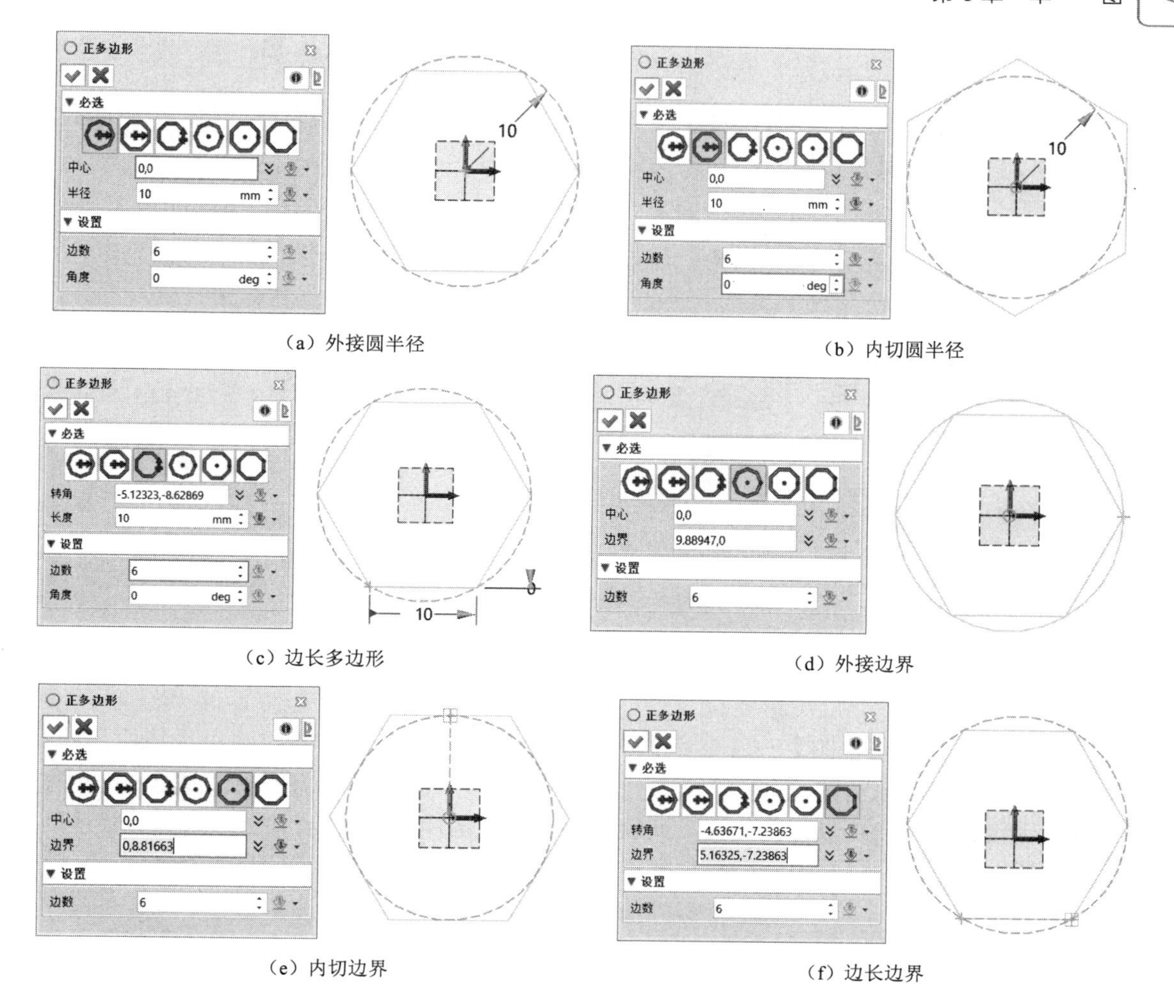

（a）外接圆半径　（b）内切圆半径

（c）边长多边形　（d）外接边界

（e）内切边界　（f）边长边界

图 3-12　创建正多边形

4．槽

单击工具栏中的【草图】→【绘图】→【槽】功能图标，系统弹出“槽”对话框，如图 3-13 所示。通过定义两个中心点和半径或直径大小来创建槽。

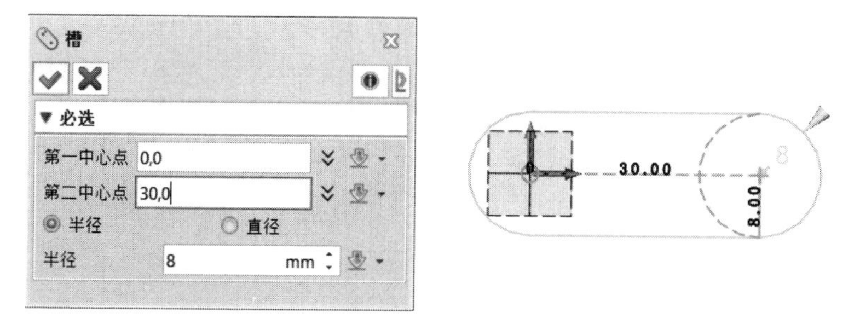

图 3-13　“槽”对话框

5．槽口

单击工具栏中的【草图】→【绘图】→【槽口】功能图标，系统弹出“槽口”对话框，如图 3-14（a）所示，其参数及对应的含义如图 3-14（b）所示。

（a）“槽口”对话框

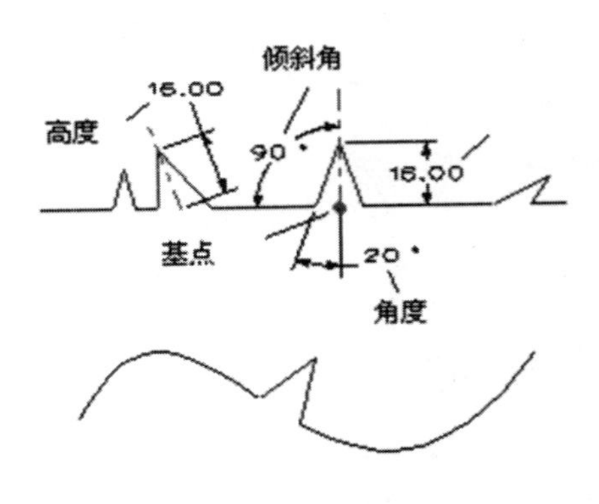

（b）槽口参数

图 3-14　槽口

6．图像

单击工具栏中的【草图】→【参考】→【图像】功能图标，系统弹出选择图片的对话框，选择图片后可以将该图片插入到软件绘制界面中，如图 3-15 所示。该功能适合于逆向工程反求设计，用户可以将图片插入到软件中，根据图片进行描线。通过对话框参数可以更改图片插入点，以及图片的大小和角度等（练习文件：配套素材\EX\CH3\3-2.png）。

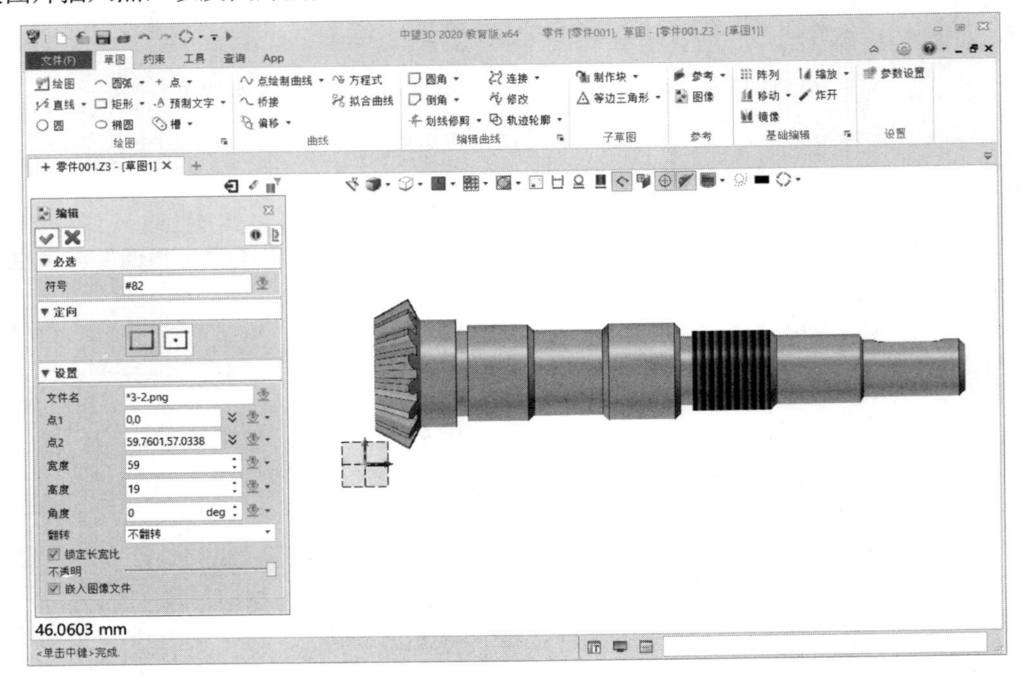

图 3-15　插入图片

3.1.5　方程式曲线

中望 3D 提供了方程式曲线功能，只需要输入方程式，系统便根据方程式创建相应的曲线。另外中望 3D 内部还预置了部分标准的方程曲线，直接可以调用，如渐开线、螺旋线、抛物线等。

单击工具栏中的【草图】→【曲线】→【方程式】功能图标，系统弹出“方程式曲线”对话框，其包含两种方程输入方式，分别是“笛卡儿坐标”和“极坐标”，如图 3-16 所示。

【笛卡儿坐标】　通过定义 X、Y 方程式和一个参数 t 值来创建方程曲线。如图 3-17 所示，输入方程 X=20*cos(t)，Y=20*sin（t），并指定参数 t 的最小值为 0、最大值为 π，选择三角函数单位为“弧度”，绘制完成一个半径为 20 的半圆。

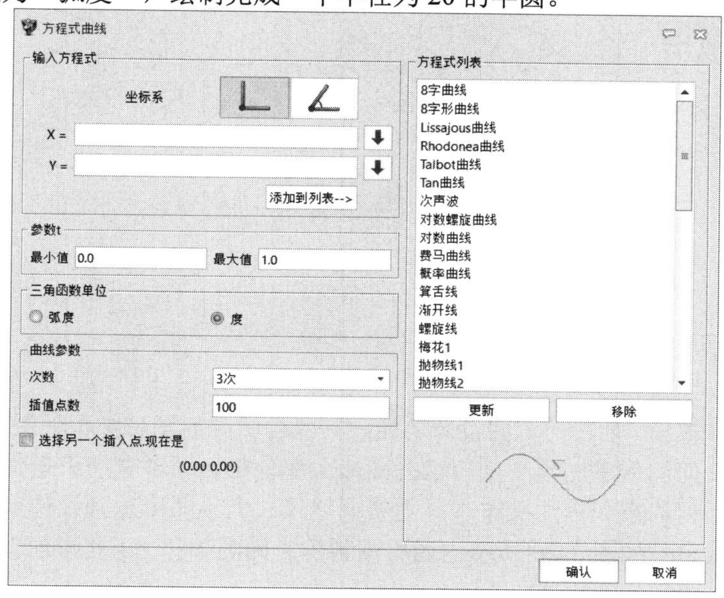

图 3-16　“方程式曲线”对话框

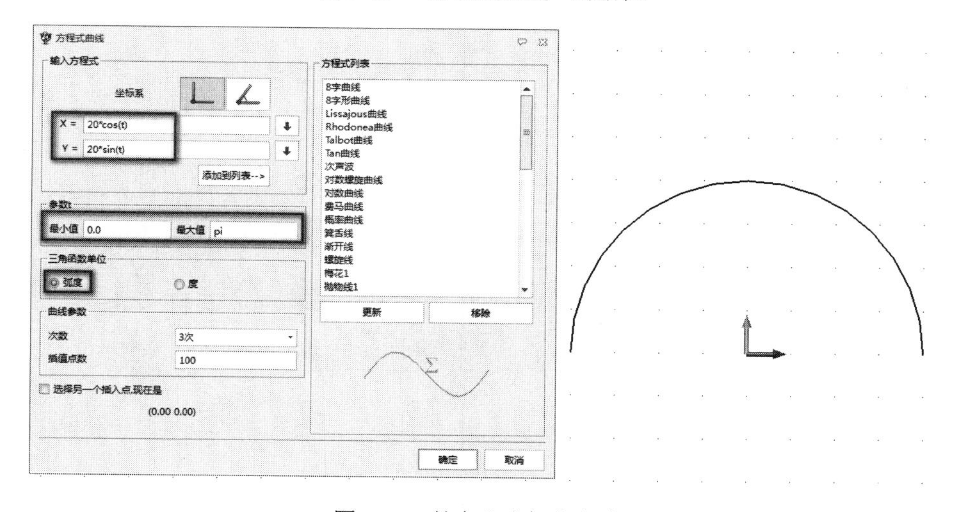

图 3-17　笛卡儿坐标方程式

【极坐标】 通过极坐标的方式来创建方程曲线。如图 3-18 所示，输入 r=5*t，heta=360*5*t，设置参数 t 最小值为 0、最大值为 1，选择三角函数单位为“度”，绘制完成一个 5 圈的螺旋线。

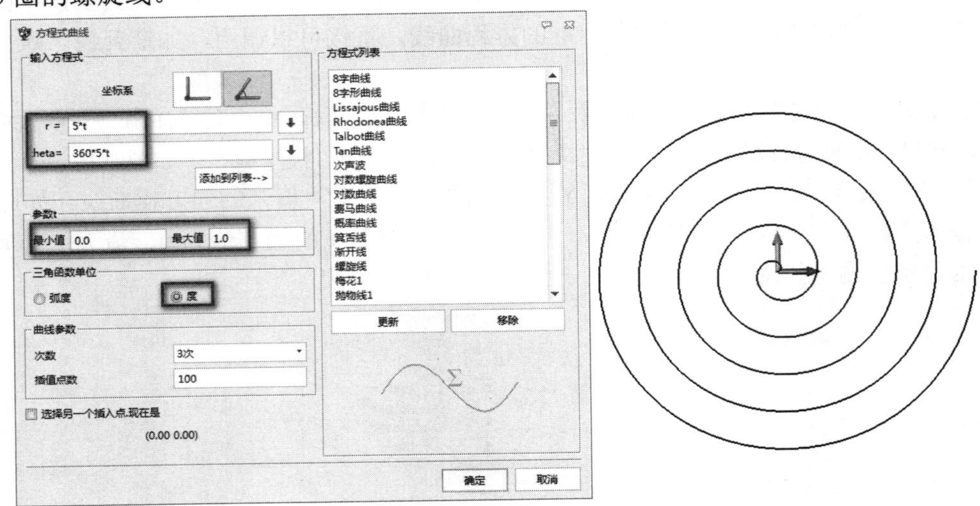

图 3-18　极坐标方程式

3.1.6　预制草图

预制草图是中望 3D 独特的草图设计功能，其包含的几何图形类型如图 3-19 所示。系统已将一些常用的几何图形事先预制好，这些图形大部分都已经含有约束条件，用户可以直接调用而无须再做任何约束和标注操作，只需要调整尺寸大小即可达到设计要求。此功能可以极大地提高设计效率。如图 3-20 所示为调用预制的“椭圆”和“3 孔排位”的效果图，系统已经预先设置有约束和尺寸标注。

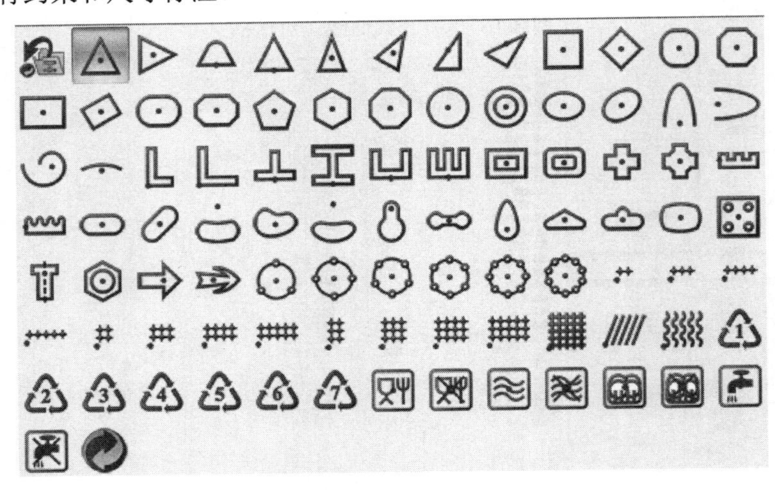

图 3-19　预制草图包含的几何图形

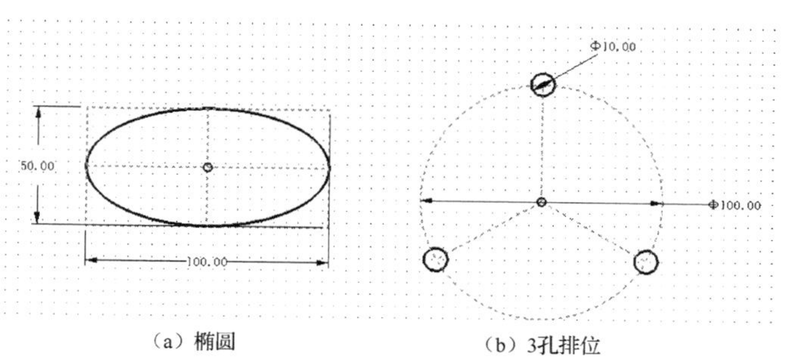

（a）椭圆 （b）3孔排位

图 3-20 调用预制草图

3.1.7 参考几何体

单击工具栏中的【草图】→【参考】→【参考几何体】功能图标，或通过鼠标右键选择【参考几何体】，系统弹出"参考"对话框，如图 3-21 所示，其包含 5 种不同的定义类型（练习文件：配套素材\EX\CH3\3-3.Z3）。

图 3-21 "参考"对话框

【曲线】 该功能可以将选择的曲线或实体边投影到草绘平面，如图 3-22（a）所示。

【面】 该功能可以求出选择的曲面与草图绘制平面的相交曲线，如图 3-22（b）所示。

【点】 该功能可以将选择的点投影到草图绘制平面上，如图 3-22（c）所示。

【曲线相交】 该功能可以求出选择的曲线与草图绘制平面的相交点，如图 3-22（d）所示。

【基准面】 该功能可以求出选择的基准面与草图绘制平面的相交曲线。

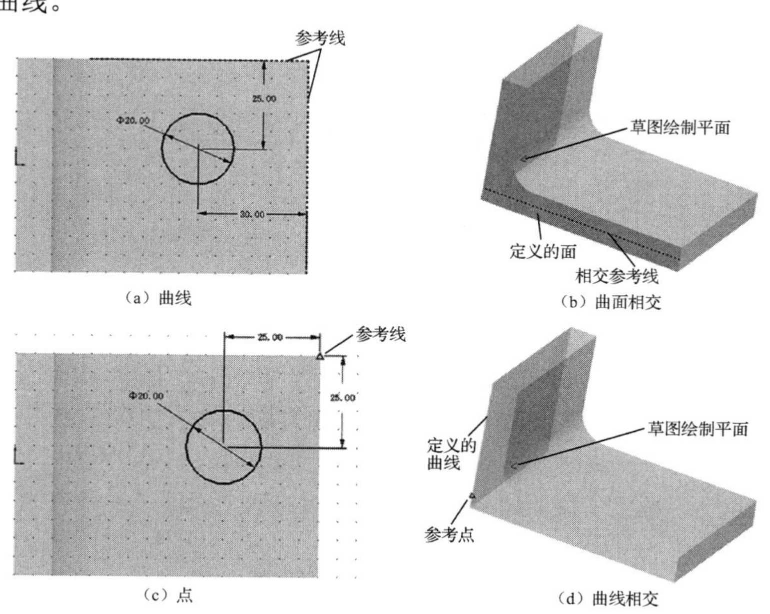

（a）曲线 （b）曲面相交

（c）点 （d）曲线相交

图 3-22 绘制的参考几何体

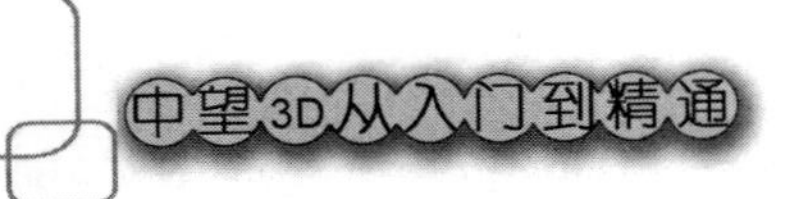

> **经验参考：**在绘图过程中，可以直接捕捉非草图内部图素上的点、边线和曲线等，可以将其用于标注及约束。

3.2 草图控制

3.2.1 几何约束

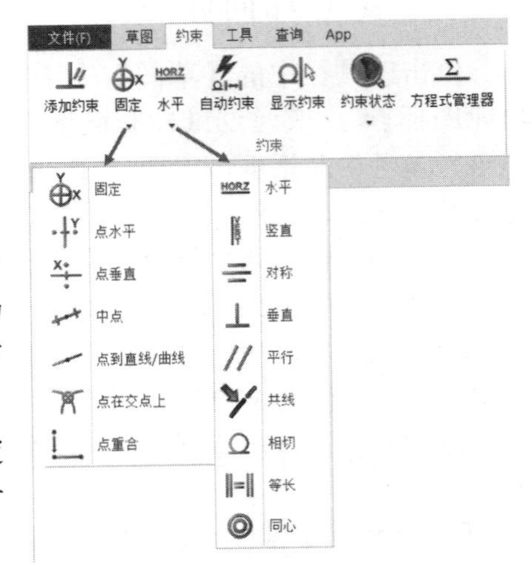

图 3-23 几何约束功能

几何约束用于控制草图中两个或多个对象之间的相对关系，如两条直线平行、直线和圆弧相切、两个圆同心等。中望 3D 中提供的几何约束功能如图 3-23 所示。

【添加约束】 该功能为选择的图素添加约束。该功能具有一定的智能性判断，它会根据选择的图素类型调出不同的约束条件，如图 3-24（a）所示为选择两个端点的约束条件、图 3-24（b）所示为选择两条直线的约束条件。

【自动约束】 该功能可以自动创建约束。先定义一个参考点，系统将自动创建以该点为参考的尺寸标注，以保证草图全约束。

【固定】 将一个点或直线固定在当前位置。可以选择固定 X 值、Y 值或 X、Y 值同时固定。

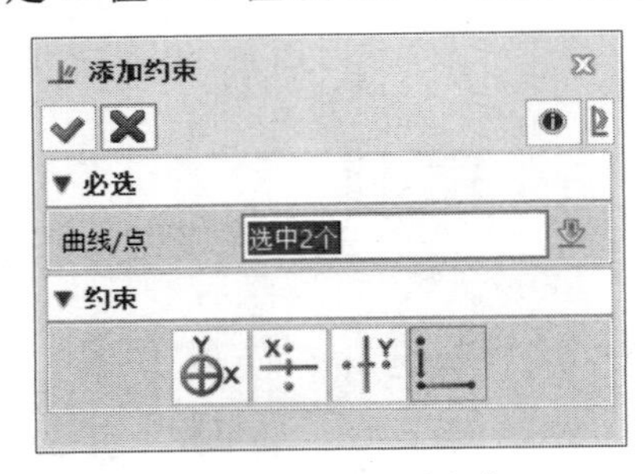

（a）两个端点的约束条件

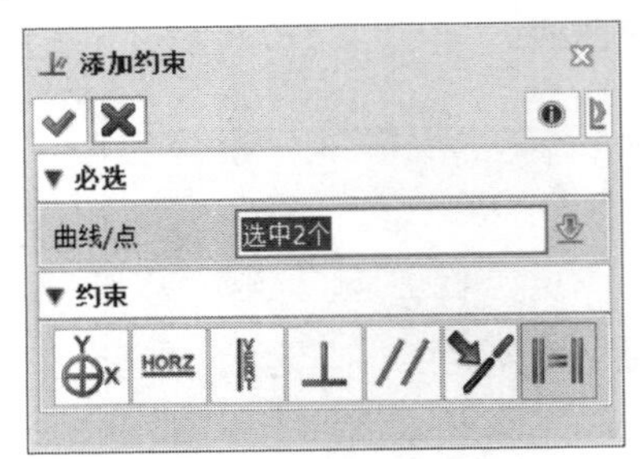

（b）两条直线的约束条件

图 3-24 添加约束

【点水平】 定义两个点或曲线的端点在水平方向对齐，如图 3-25（a）所示。

【点垂直】 定义两个点或曲线的端点在竖直方向对齐，如图 3-25（b）所示。

【中点】 将一个点或曲线的端点定位到两个点或曲线的中点位置。

【点到曲线】 将一个点或曲线的端点定义到曲线上或定义一条曲线穿过一个点，如图 3-25（c）所示。

【点到直线】 将一个点或曲线的端点定义到直线上或定义一条直线穿过一个点，如图 3-25（d）所示。

【点在交点上】 将一个点或曲线的端点定义到两条曲线的交点处，如图 3-25（e）所示。

【点重合】 定义两个点、点与线的端点或两条曲线的端点重合在一起。

【水平】 定义一条直线保持水平状态。

【竖直】 定义一条直线保持竖直状态。

【对称】 定义两个点相对一条直线保持对称关系。

【垂直】 定义两条直线保持垂直关系，如图 3-25（f）所示。

【平行】 定义两条直线保持平行关系，如图 3-25（g）所示。

【共线】 定义两条直线共线。

【相切】 定义一条线与圆弧或两圆弧之间保持相切关系。

【等长】 定义两条直线长度相等或两个圆弧半径相等。

【同心】 定义两个圆或圆弧的圆心点重合。

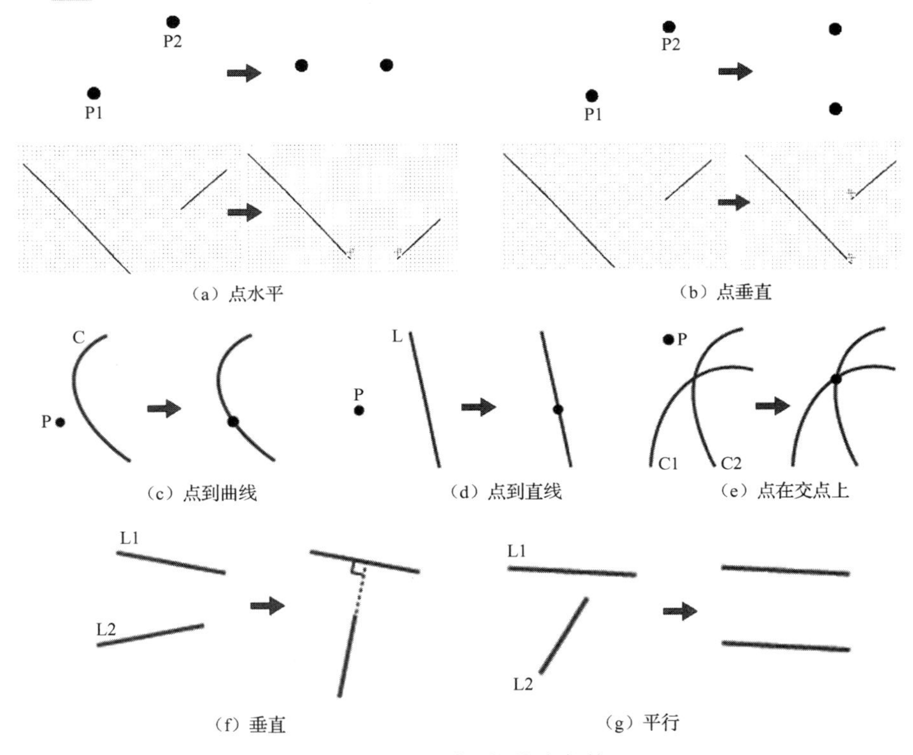

（a）点水平　（b）点垂直

（c）点到曲线　（d）点到直线　（e）点在交点上

（f）垂直　（g）平行

图 3-25 设置几何约束条件

3.2.2 尺寸标注

尺寸标注用于控制草图的形状、位置和图形大小。通过调整尺寸的数值，可以改变草图形状、位置和图形大小。中望 3D 中提供的尺寸标注功能如图 3-26 所示。

快速标注 线性 线性偏移 角度 半径/直径 弧长

图 3-26 尺寸标注功能

【快速标注】 系统根据选择的不同对象自动创建标注类型，可以自动识别的类型包含线性标注、角度标注、圆弧标注等。

经验参考：如果需要标注圆弧或曲线的最高点或最低点，可以通过快速标注来实现。标注时先在圆弧标注点附近任选一点，再选择另一标注点，系统会自动识别并标注在圆弧的最高点或最低点，如图 3-27 所示。

【线性】 通过定义两个点来创建一个线性标注，包含水平、垂直和对齐标注。

【线性偏移】 创建一个点到一条线的垂直距离的线性偏移标注。

【角度】 创建一个角度标注，包含 4 种不同类型，其对话框如图 3-28 所示。

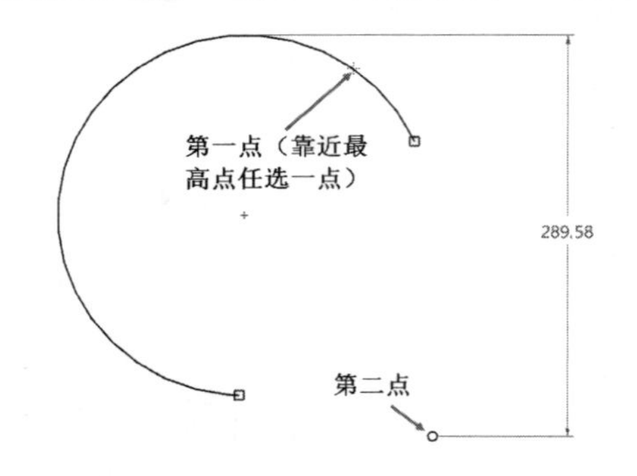

图 3-27　智能标注圆弧最高点或最低点

图 3-28　创建角度标注的对话框

【两直线角度】 创建两条直线之间的角度标注，如图 3-29（a）所示。

【水平角度】 创建一条直线与水平方向的角度标注，如图 3-29（b）所示。

【竖直角度】 创建一条直线与竖直方向的角度标注，如图 3-29（c）所示。

【弧长角度】 创建一条圆弧的两个端点指向圆心的角度标注，如图 3-29（d）所示。

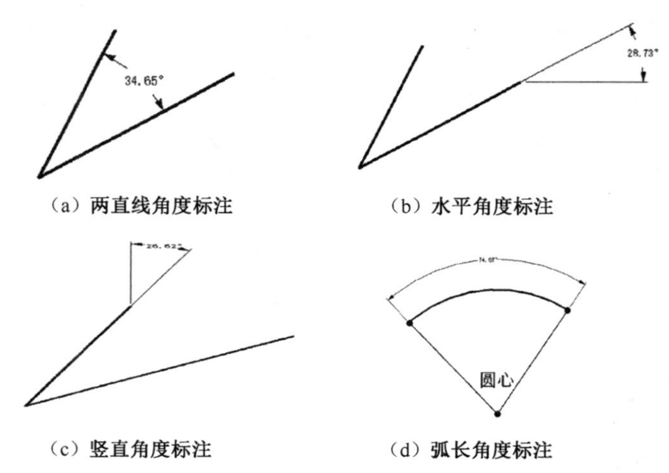

（a）两直线角度标注　（b）水平角度标注

（c）竖直角度标注　（d）弧长角度标注

图 3-29　角度标注示意图

【半径/直径】 对圆弧或圆创建一个半径或直径标注。

【弧长】 对圆弧或圆创建弧长标注。

3.3　草图操作

3.3.1　移动/复制/旋转/镜像

1．移动/复制

单击工具栏中的【草图】→【基础编辑】→【移动/复制】功能图标，系统弹出“移动”对话框，如图 3-30 所示，可以将草图实体从一个位置移动或复制到另一个位置。

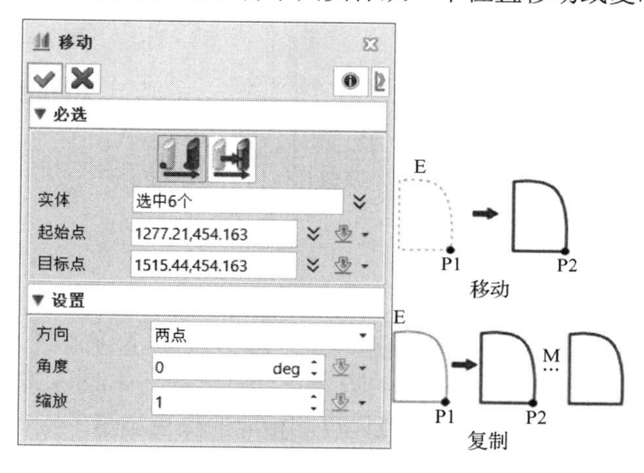

图 3-30　移动/复制草图实体

2．旋转

单击工具栏中的【草图】→【基础编辑】→【旋转】功能图标，系统弹出“旋转”对话框，如图 3-31 所示，可以将草图实体绕一个基点进行旋转，支持移动或复制旋转操作。

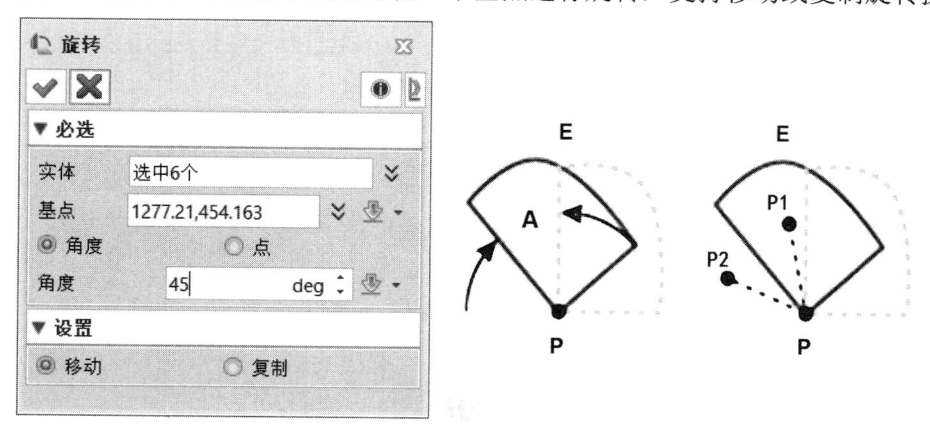

图 3-31　“旋转”对话框

3．镜像

单击工具栏中的【草图】→【基础编辑】→【镜像】功能图标，系统弹出“镜像几何体”对话框，如图 3-32 所示，可以将草图以一条镜像线进行镜像，镜像的草图实体与原草图实体保持关联。

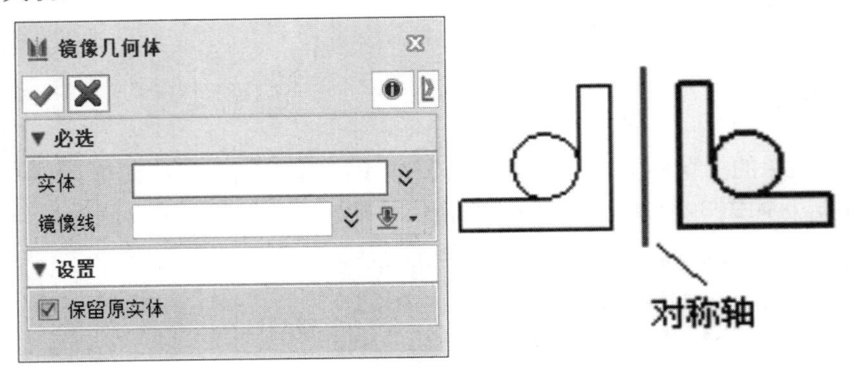

图 3-32 “镜像几何体”对话框

3.3.2 约束查询

单击工具栏中的【查询】→【草图约束】→【约束状态】或【约束】→【约束】→【约束状态】功能图标，系统弹出“显示约束状态”对话框，如图 3-33 所示，该对话框将显示当前草图的约束状态，同时，草图几何体也以相应的颜色显示。

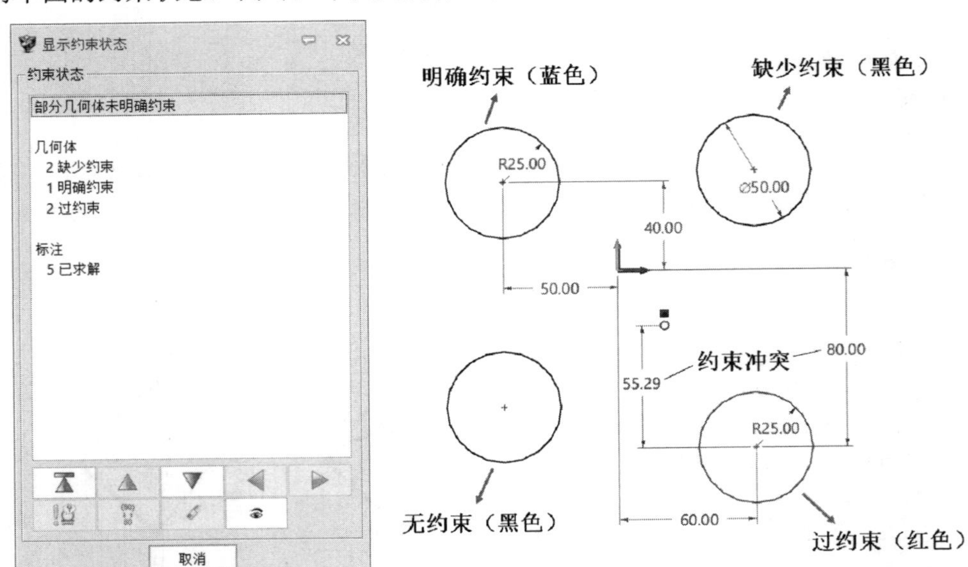

图 3-33 “显示约束状态”对话框

> **提醒：** 草图完全约束（满约束）后，激活约束状态功能时，图形轮廓以蓝颜色显示。

3.3.3　曲线连通性

单击工具栏中的【查询】→【检查实体】→【曲线连通性】功能图标，系统弹出“曲线连通性”对话框。该功能可以用来检查草图是否封闭，并显示开放的端点。如果草图无开放端点，系统将在右下角的信息输出栏显示“端点检查:0 个间隙配合,0 个过度配合”信息；如果存在开放端点或重线，系统将显示“N 个间隙配合（开放点，以正方形显示），N 个过度配合（重点，以三角形显示）”信息。如图 3-34 所示为“端点检查：3 个间隙配合，1 个过度配合”。

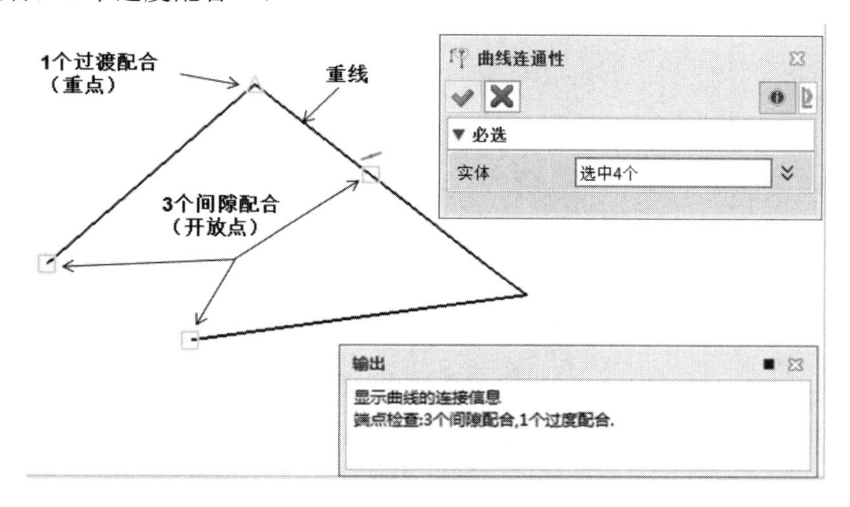

图 3-34　曲线连通性

3.4　思考与练习

3-1　草图有什么作用？

3-2　为什么要对草图进行约束控制？

3-3　在中望 3D 草图中，如何获取非草图几何体？

3-4　在中望 3D 草图中，包含哪些约束控制？

3-5　在中望 3D 草图中，如何判断草图是否完全约束？

3-6　使用中望 3D 的草图功能完成如图 3-35 和图 3-36 所示的图形绘制。

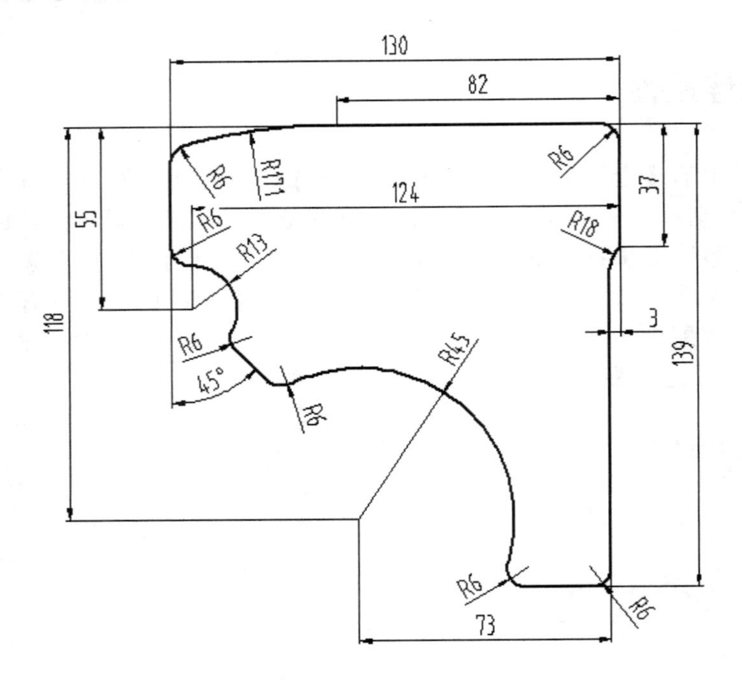

图 3-35　草图练习 1

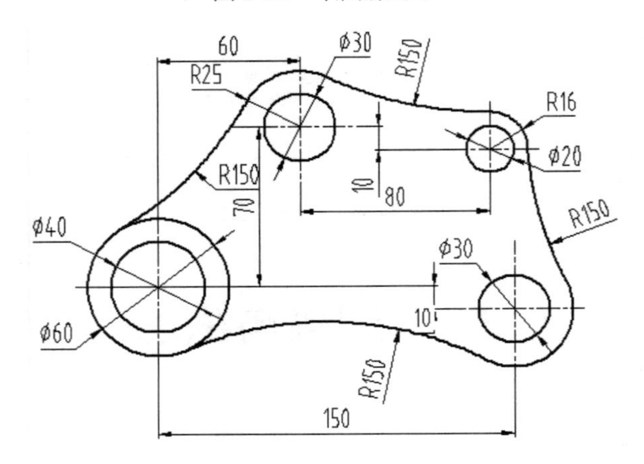

图 3-36　草图练习 2

第4章 实体建模

实体建模即造型模块，是中望 3D 最重要的设计工具，它是包含设计功能最多、应用频率最高、应用范围最广的功能模块。造型模块中提供的功能以实体设计为主，但由于中望 3D 是一款具有先进的混合建模技术的软件，实体与曲面之间交互自由，这使得大部分的造型功能依然适用于曲面的造型。从事设计工作的读者若想快速享受中望 3D 带来的高效实惠，掌握实体建模的应用非常关键。中望 3D 中的【造型】工具如图 4-1 所示。

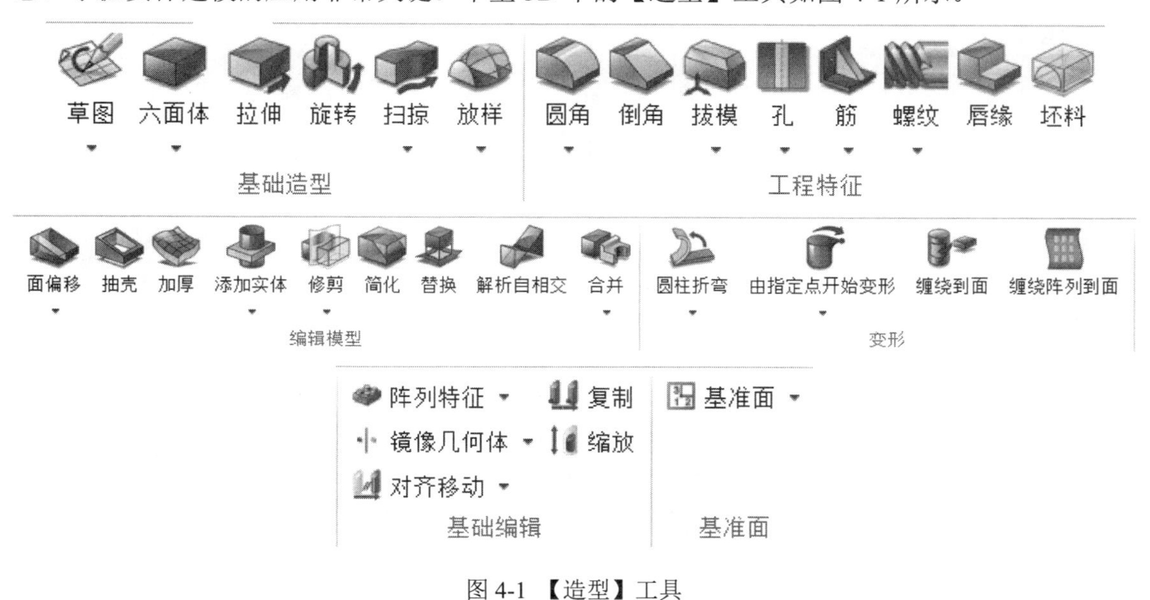

图 4-1 【造型】工具

4.1 基础造型

基础造型既是实体构建部分的基础功能，也是建模过程中使用最为频繁的功能。利用草图、拉伸、旋转、扫掠和放样等功能，可以快速方便地创建出基础实体，然后在这个基础实体上添加其他特征，最终完成整体的产品造型设计。

4.1.1 基本体

基本体造型包含六面体、圆柱体、圆锥体、球体和椭球体 5 个基本的实体创建功能。它不需要任何曲线的辅助，直接通过参数定义即可生成实体。

1．六面体

单击工具栏中的【造型】→【基础造型】→【六面体】功能图标，系统弹出“六面体”对话框，如图4-2所示，其中包含了4种创建六面体的方法。

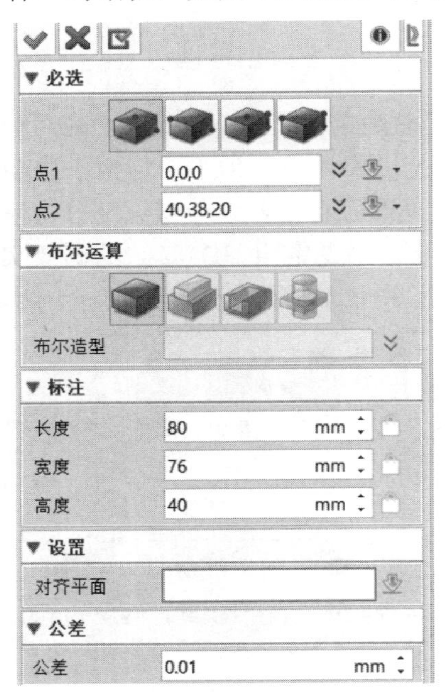

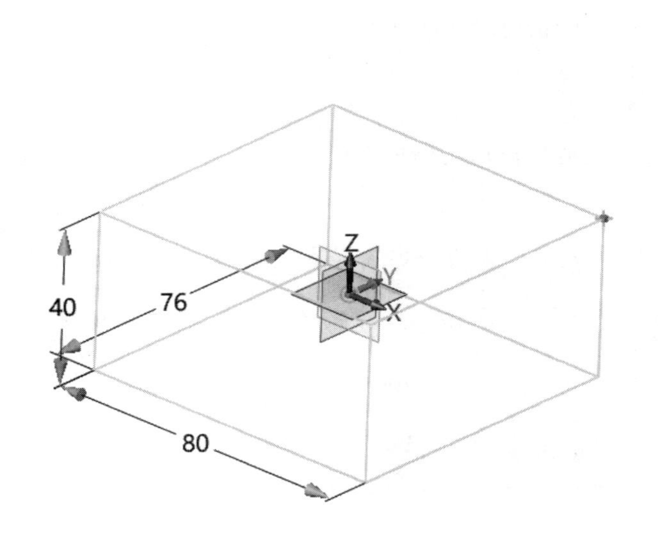

图4-2 “六面体”对话框

【中心】 通过定义中心点和一个角点来创建六面体。

【角点】 通过设定两个角点来创建六面体。

【中心-高度】 通过先定义底面中心点和角点，然后定义高度来创建六面体。

【角点-高度】 通过先定义两个角点，然后定义高度来创建六面体。

- **布尔运算：** 如果绘图区已经存在一个以上的造型，可激活布尔运算选项，进行加、减、交3种运算，否则只能创建独立的造型。
- **长度/宽度/高度：** 设定六面体的长、宽、高，保持六面体的第一个中心点或角点不动。
- **对齐平面：** 定义一个平面，使得六面体底面与该平面对齐。
- **公差：** 默认为0.01与参数设置公差一致，可根据设计要求进行调整。

提醒： 单击“点1”“点2”后面的下拉按钮，弹出“X、Y、Z”值输入栏，可以通过设定坐标值来确定点的位置。

经验参考： 在输入数值的栏中，可以通过鼠标滚轮滚动来增加或减少数值。在进行快速造型时，可以先大致确定造型的位置和尺寸，只要不退出该功能，就可以通过拖曳标注的箭头来动态更改六面体的数值。

2．圆柱体

单击工具栏中的【造型】→【六面体】下的，选择【圆柱体】功能图标，系统弹出

“圆柱体”对话框，如图 4-3 所示。通过定义圆柱体的中心、半径和长度来控制圆柱体的大小。

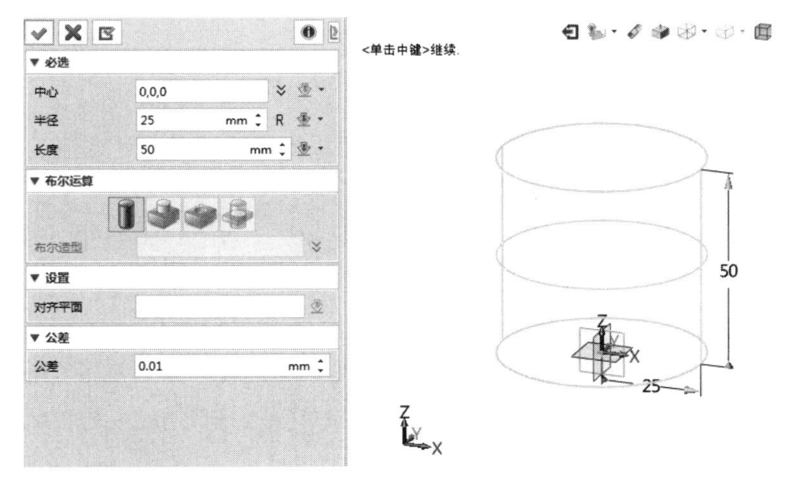

图 4-3 “圆柱体”对话框

- **中心：** 定义圆柱体底面圆形的中心位置。
- **半径：** 定义圆柱体底面圆形半径的大小。
- **长度：** 定义圆柱体的高度。
- **公差：** 默认为 0.01 与参数设置公差一致，可根据设计要求进行调整。

> **提醒：** 单击“半径”选项后面的R按钮，可切换为Φ按钮，即可将默认的半径输入模式改为直径输入模式。

3．圆锥体

单击工具栏中的【造型】→【六面体】下的▾，选择【圆锥体】功能图标，系统弹出“圆锥体”对话框，如图 4-4 所示。通过定义圆锥体的中心点、底面半径、长度和顶面半径的大小，即可创建锥体。

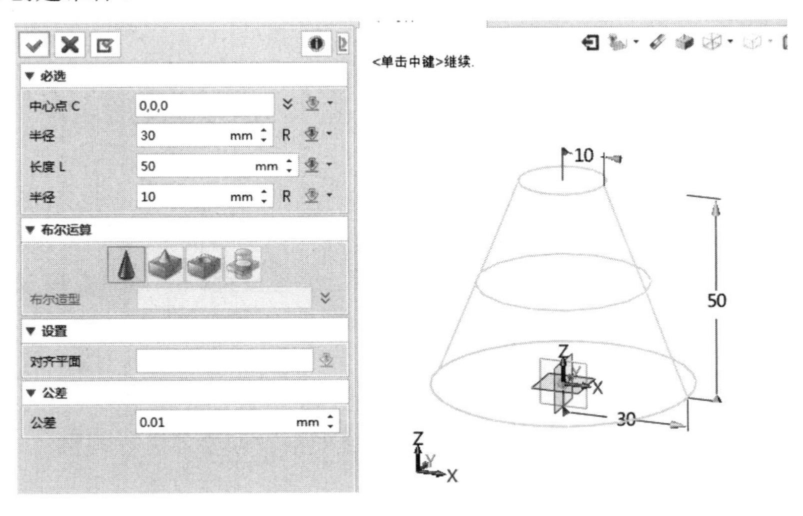

图 4-4 “圆锥体”对话框

- **中心点 C**：定义锥体底面圆心的位置。
- **半径（底面）**：定义锥体底面圆的半径值。
- **长度 L**：定义锥体的高度。
- **半径（顶面）**：定义锥体顶面圆的半径值。
- **公差**：默认为 0.01 与参数设置公差一致，可根据设计要求进行调整。

提醒：当顶面半径值为 0 时，创建的实体为圆锥体；当顶面半径值大于 0 时，创建的实体为圆台。

4．球体

单击工具栏中的【造型】→【六面体】下的▾，选择【球体】功能图标，系统弹出“球体”对话框，如图 4-5 所示。定义一个中心点和半径值即可创建一个球体。

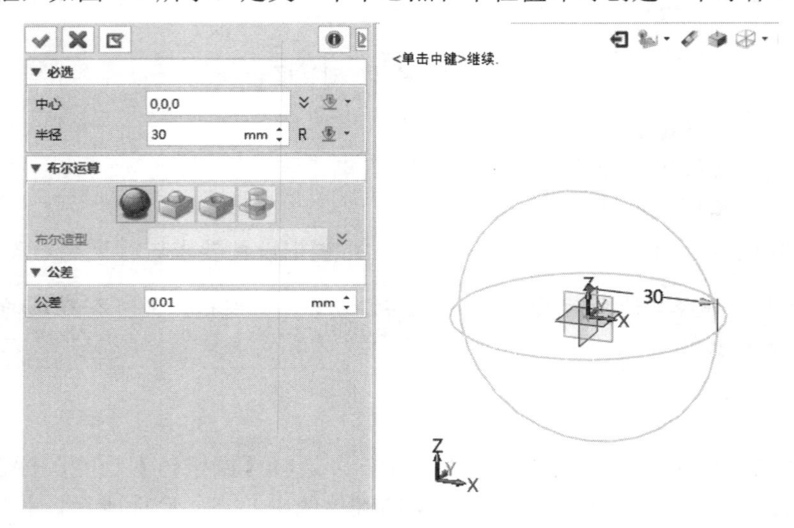

图 4-5 “球体”对话框

- **中心**：定义球体的中心位置。
- **半径**：定义球体的半径值。
- **公差**：默认为 0.01 与参数设置公差一致，可根据设计要求进行调整。

5．椭球体

单击工具栏中的【造型】→【基础造型】→【六面体】下的▾，选择【椭球体】功能图标，系统弹出“椭球体”对话框，如图 4-6 所示。通过设置椭球体中心和 X/Y/Z 轴长度创建椭球体。

- **中心**：定义椭球体中心点的位置。
- **X/Y/Z 轴长度**：分别定义椭球体在 X/Y/Z 轴三个方向的长度值。
- **公差**：默认为 0.01 与参数设置公差一致，可根据设计要求进行调整。

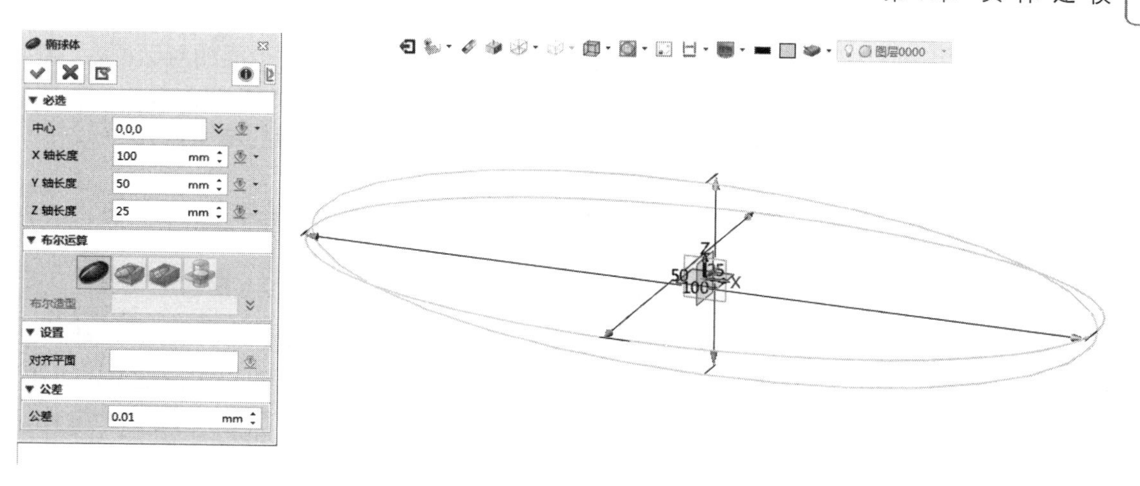

图 4-6 “椭球体”对话框

4.1.2 拉伸

拉伸是指将一个截面轮廓按一定方向进行延伸，从而完成曲面或实体特征的创建。拉伸支持的轮廓类型包括草图、面、线框、面边界和曲线列表，拉伸后可以与其他造型进行布尔运算。

单击工具栏中的【造型】→【拉伸】功能图标，系统弹出“拉伸”对话框，如图 4-7 所示。

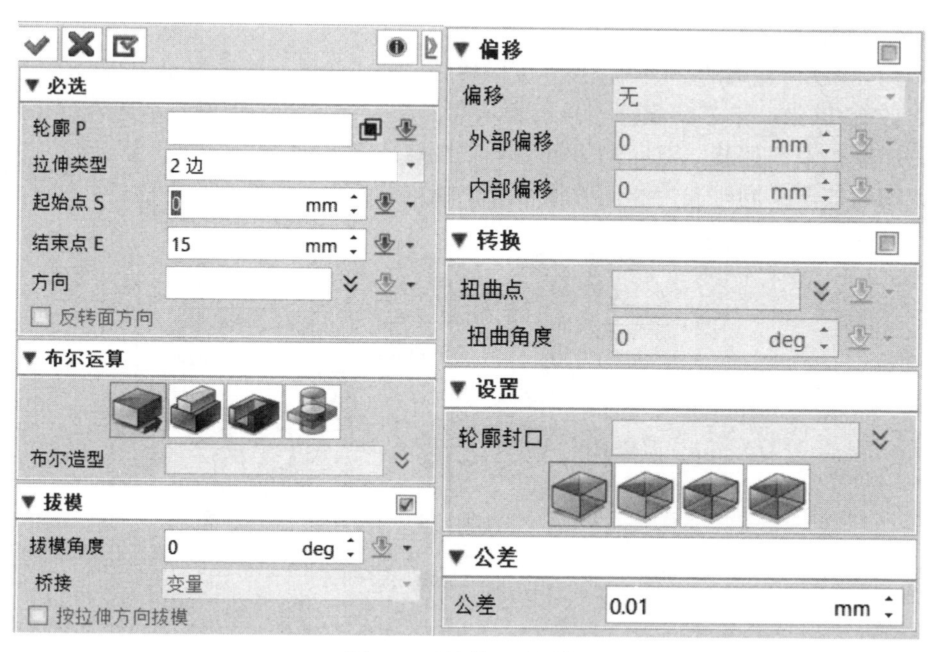

图 4-7 “拉伸”对话框

- **轮廓 P**：选择要拉伸的轮廓，可选择草图、面、线框、面边界和曲线列表，也可以在空白处单击鼠标右键进入草图绘制轮廓，或插入曲线列表。当不做任何选择时，直接单击鼠标中键，系统默认进行临时草图的绘制，并弹出定义草图平面的对话框。

- **拉伸类型**：设置拉伸的类型，包含“1 边”、“2 边”和“对称”3 种类型。
  - ❑ **1 边**：拉伸的起始点为所选的轮廓位置，因此只需要定义拉伸的结束点。
  - ❑ **2 边**：拉伸的起始点和结束点都需要定义。
  - ❑ **对称**：双向拉伸，只需定义一端长度，另一端长度与之相等。
- **起始点 S/结束点 E**：输入拉伸特征的开始端和结束端的数值。
- **方向**：定义拉伸的方向，如果不定义，系统默认为轮廓的法向方向。
- **反转面方向**：当拉伸为面时，可以反转拉伸面的方向。
- **布尔运算**：如果绘图区已经存在一个以上的造型，可激活布尔运算选项（包含加、减、交 3 种运算），否则只能创建独立的造型。激活布尔运算选项后，可以指定进行布尔运算的实体，若不定义，默认将对全部实体进行布尔运算。
- **拔模角度**：在轮廓法向方向上进行拔模，正值表示沿拉伸正方向增大。
- **桥接**：桥接效果示意图如图 4-8 所示。

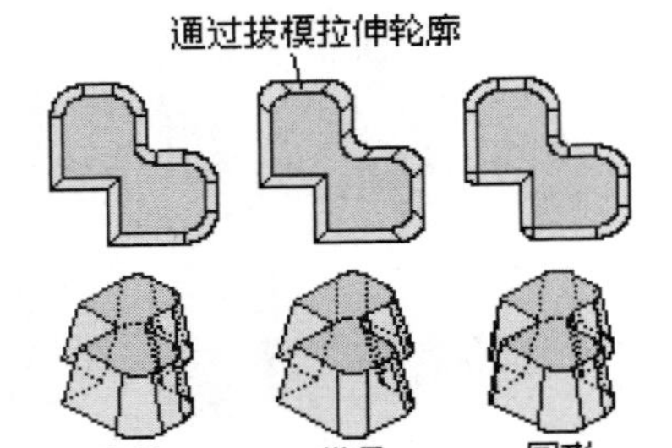

图 4-8　桥接效果示意图

  - ❑ **变量**：拔模时，凸角和凹角保持不变，圆角随拔模变化。
  - ❑ **常量**：拔模时，凸角和凹角保持不变，圆角半径不发生变化。
  - ❑ **圆形**：拔模时，凸角随拔模变为圆角，凹角不变，圆角随拔模变化。
- **按拉伸方向拔模**：勾选“按拉伸方向拔模”复选框，拔模方向和拉伸方向一致，否则和轮廓法向方向一致。
- **偏移**：在现有轮廓的基础上，按厚度偏移后拉伸成实体，效果如图 4-9 所示。
  - ❑ **收缩/扩张**：单方向偏移，负值表示向内部收缩轮廓，正值表示向外部扩张轮廓。
  - ❑ **加厚**：双向偏移，双向的值可以单独设定。
  - ❑ **均匀加厚**：同时向内和向外偏移一个相同的值。

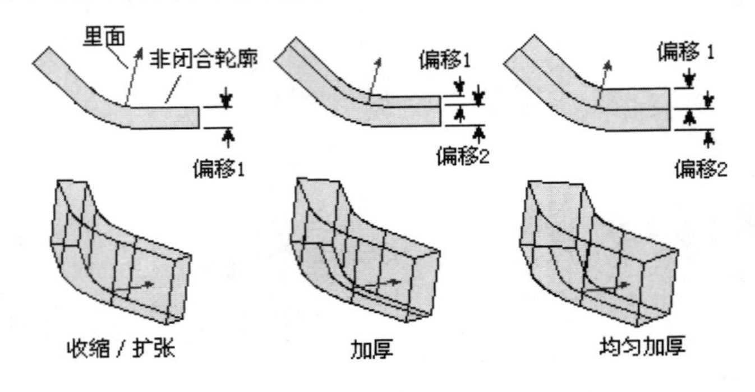

图 4-9　偏移效果示意图

- **扭曲点**：定义一个扭曲点，拉伸时，轮廓绕这个点进行旋转拉伸形成扭曲效果。
- **扭曲角度**：设定扭曲的角度，该值只支持-90°～90°范围。
- **轮廓封口**：指定封口轮廓后，可对开放拉伸图形进行封口形成封闭图形，如图 4-10 所示。

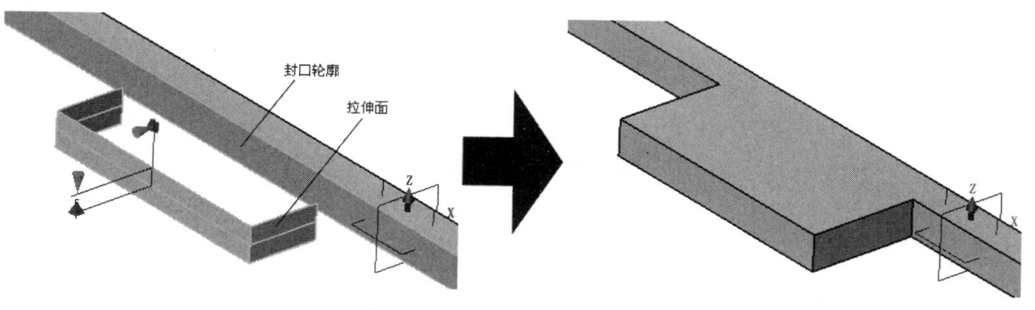

图 4-10 轮廓封口效果示意图

- **公差：**默认为 0.01 与参数设置公差一致，可根据设计要求进行调整。

经验参考：单击“轮廓”选项后面的按钮，可以定义轮廓中的某个拉伸区域，这使得构建拉伸轮廓时允许交叉轮廓存在，在选择了拉伸轮廓后再选择需要的拉伸区域即可，如图 4-11 所示。

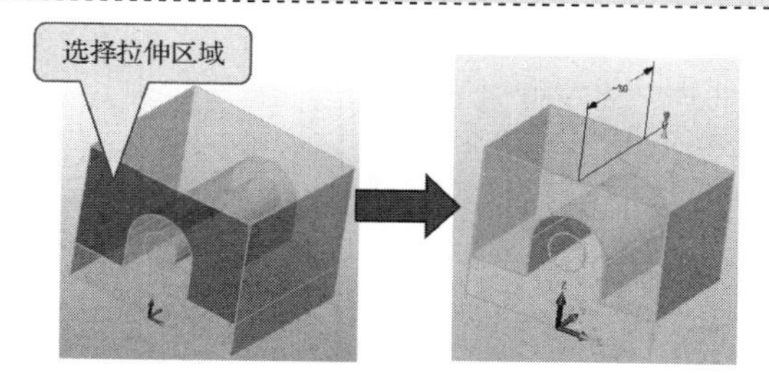

图 4-11 选择拉伸区域

拉伸操作步骤如下（练习文件：配套素材\EX\CH4\4-1.Z3）。

- 单击工具栏中的【造型】→【基础造型】→【拉伸】功能图标。
- 选择需要拉伸的轮廓。
- 选择拉伸的类型，设定拉伸长度。
- 如果对拉伸有其他要求，请具体参照拉伸参数的设置说明。如果创建的拉伸造型与现有实体相交，可以选择适合的布尔运算方法。
- 根据需要设置其他参数。
- 单击“确定”按钮，完成拉伸，效果如图 4-12 所示。

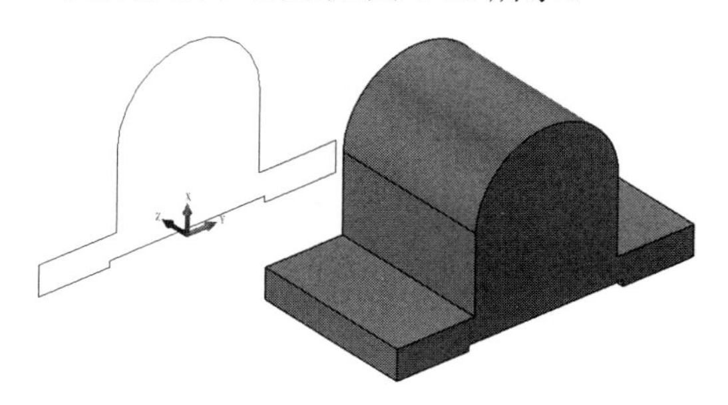

（扫码获取素材）

图 4-12 拉伸体示例

4.1.3 旋转

旋转是指一个截面轮廓围绕一根轴旋转创建造型特征。与拉伸一样，旋转轮廓支持草图、面、线框、面边界和曲线列表，同时，旋转时可以与其他实体进行布尔运算。

单击工具栏中的【造型】→【基础造型】→【旋转】功能图标，系统弹出“旋转”对话框，如图4-13所示。

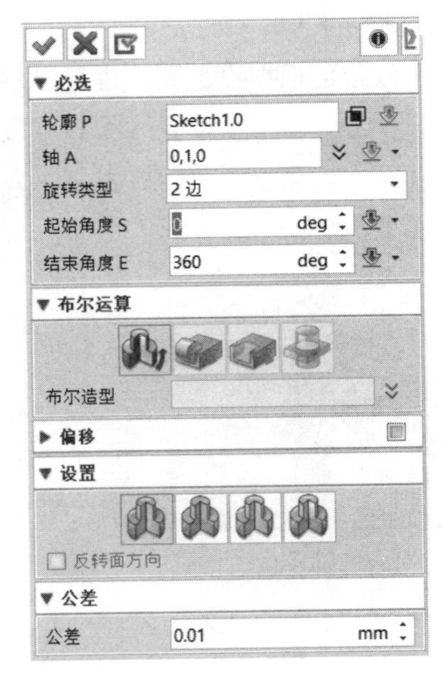

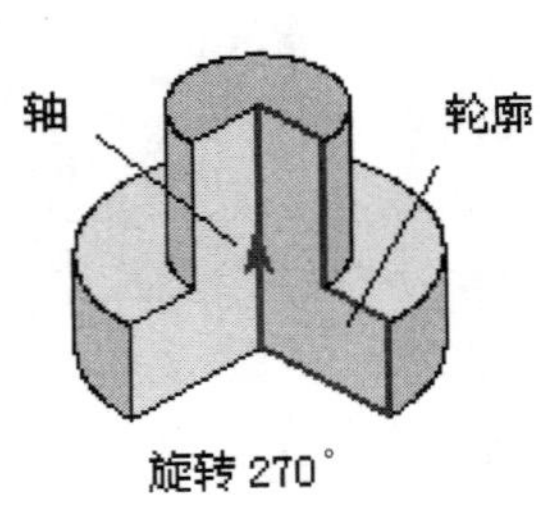

图4-13 “旋转”对话框

- **轮廓 P：** 选择要旋转的轮廓。
- **轴 A：** 定义旋转轴，可选择直线、边、坐标轴。
- **旋转类型：** 定义旋转体的类型，包含“1边”、“2边”和“对称”3种类型。
  - ❑ **1边：** 旋转体的起始角度为所选的轮廓位置，因此只需定义旋转体的结束角度。
  - ❑ **2边：** 旋转体的起始角度和结束角度都需要定义。
  - ❑ **对称：** 往正反两个方向进行对称旋转。
- **起始角度 S/结束角度 E：** 指定旋转体的起始和结束角度值，该项随旋转类型不同而变化。

旋转体操作步骤如下（练习文件：配套素材\EX\CH4\4-2.Z3）。

- ➢ 单击工具栏中的【造型】→【基础造型】→【旋转】功能图标。
- ➢ 选择需要旋转的轮廓。
- ➢ 选择旋转类型，设定旋转角度。
- ➢ 根据需要设置其他参数。
- ➢ 单击“确定”按钮，完成旋转操作，效果如图4-14所示。

- **公差：** 默认为0.01与参数设置公差一致，可根据设计要求进行调整。

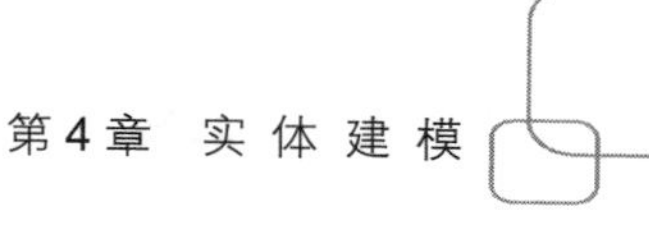

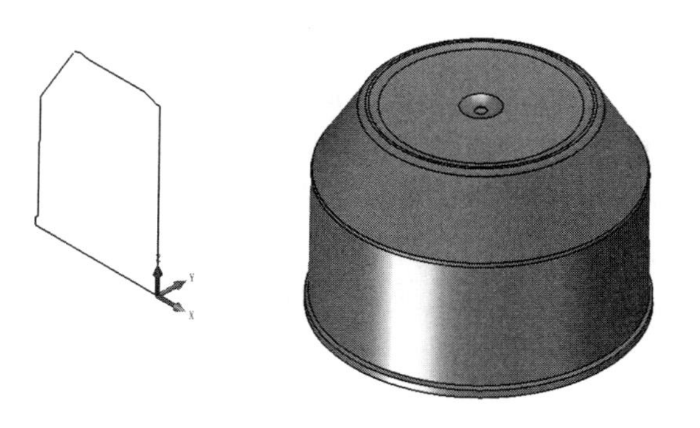

（扫码获取素材）

图 4-14 旋转体示例

4.1.4 扫掠

扫掠是指将一个截面轮廓沿一条轨迹线进行扫描，完成曲面或实体特征的创建。中望 3D 中有扫掠、变化扫掠、螺旋扫掠、杆状扫掠和轮廓杆状扫掠 5 种扫掠方法。

1．扫掠

单击工具栏中的【造型】→【基础造型】→【扫掠】功能图标，系统弹出“扫掠”对话框，如图 4-15 所示。可通过定义轮廓和路径创建扫掠特征。注意：路径的曲线内部必须保持相切状态。

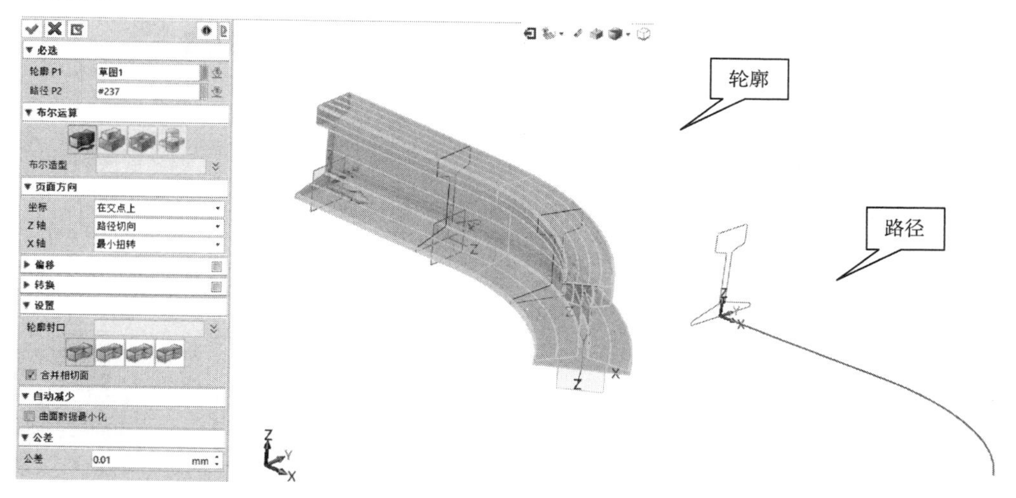

图 4-15 “扫掠”对话框

- **轮廓 P1：**定义需要扫掠的截面。
- **路径 P2：**定义轮廓需要扫掠的路径，单击鼠标右键可以选择草图绘制路径或选择曲线列表。
- **坐标：**定义扫掠开始的位置。
- **Z 轴：**定义轮廓在扫掠中平行的方向。
- **X 轴：**定义轮廓在扫掠中 X 轴的方向，即轮廓的旋转方向。

- **偏移**：在现有轮廓的基础上，产生一定的厚度偏移进行扩张形成实体。
  - ❑ **收缩/扩张**：单方向偏移，负值表示向内部收缩轮廓，正值表示向外部扩张轮廓。
  - ❑ **加厚**：双向偏移，双向的值可以单独设定。
  - ❑ **均匀加厚**：同时向内和向外偏移一个相同的值。
- **转换**：对轮廓进行缩放、扭曲等操作。
  - ❑**缩放**：设置轮廓在扫掠中放大或缩小的比例，可以在扫掠路径上的不同点设置不同的比例大小，如图 4-16 所示。
  - ❑**扭曲**：设置轮廓在扫掠中的旋转角度，可以在扫掠路径上的不同点设置不同的角度大小。如图 4-17 所示为设置了 0～120° 的扫掠扭曲效果。
- **公差**：默认为 0.01 与参数设置公差一致，可根据设计要求进行调整。

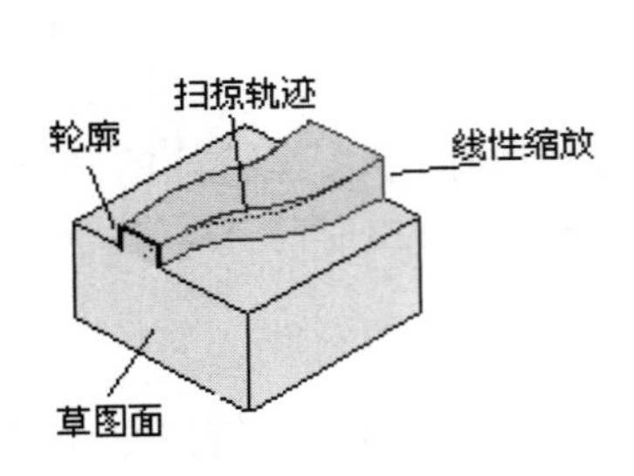

图 4-16　扫掠缩放

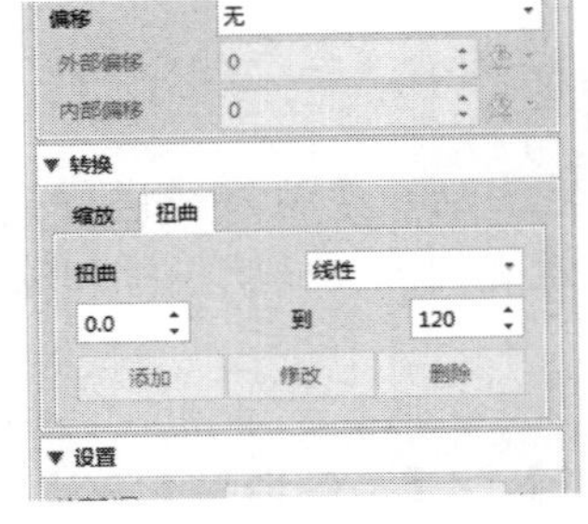

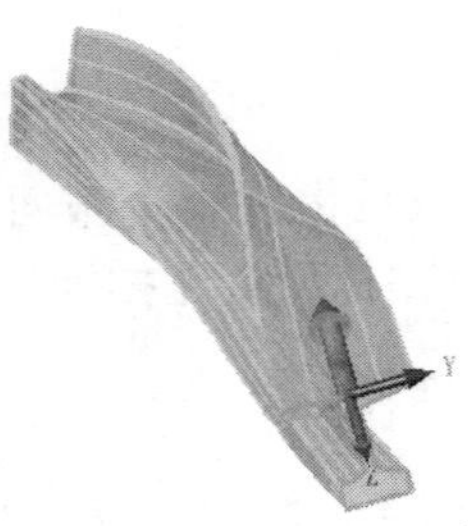

图 4-17　扫掠扭曲

扫掠操作步骤如下（练习文件：配套素材\EX\CH4\4-3.Z3）。

➢ 单击工具栏中的【造型】→【基础造型】→【扫掠】功能图标。
➢ 选择需要扫掠的轮廓。
➢ 选择扫掠的路径。
➢ 根据需要设置其他参数。
➢ 单击“确定”按钮，完成扫掠操作，效果如图 4-18 所示。

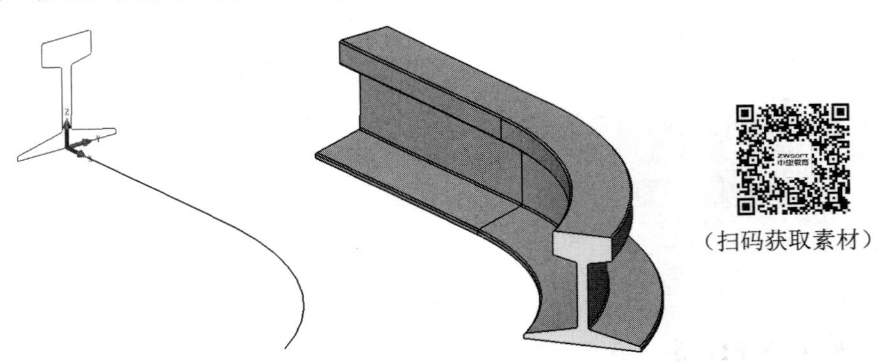

图 4-18　扫掠示例

2．变化扫掠

单击工具栏中的【造型】→【基础造型】→【扫掠】下的 ，选择【变化扫掠】功能图标，系统弹出“变化扫掠”对话框，如图 4-19 所示。变化扫掠和扫掠的使用方法很相似，不同之处在于变化扫掠的轮廓如果和外部几何图形有参照关系，扫掠路径的轮廓就会跟随外部图形变化而变化。

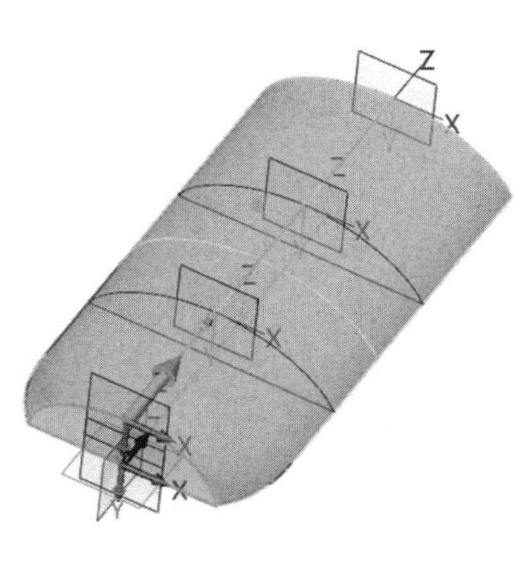

图 4-19　“变化扫掠”对话框

变化扫掠的选项定义与扫掠类似，无须定义偏移、缩放和扭曲等，其他选项的定义与扫掠相同。

变化扫掠操作步骤如下（练习文件：配套素材\EX\CH4\4-4.Z3）。

- 单击工具栏中的【造型】→【基础造型】→【变化扫掠】功能图标。
- 选择需要变化扫掠的轮廓。
- 选择扫掠的路径。
- 根据需要定义其他参数。
- 单击“确定”按钮，完成变化扫掠操作，效果如图 4-20 所示。

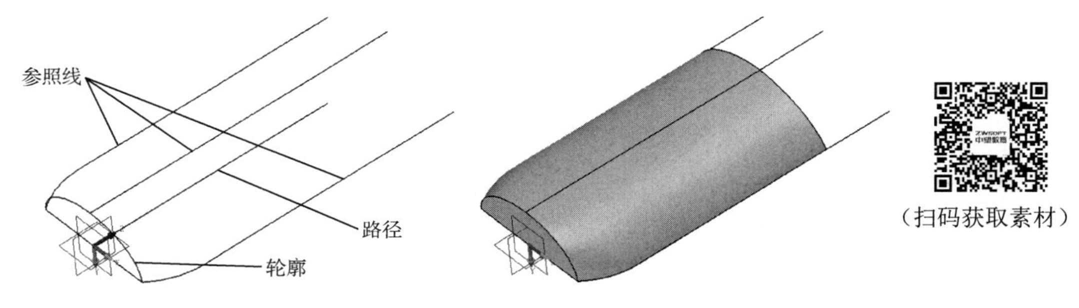

图 4-20　变化扫掠示例

3．螺旋扫掠

单击工具栏中的【造型】→【基础造型】→【扫掠】下的，选择【螺旋扫掠】功能图标，系统弹出“螺旋扫掠”对话框，如图 4-21 所示。该功能可以创建螺旋体，主要用来创建螺纹、弹簧、线圈等实体。

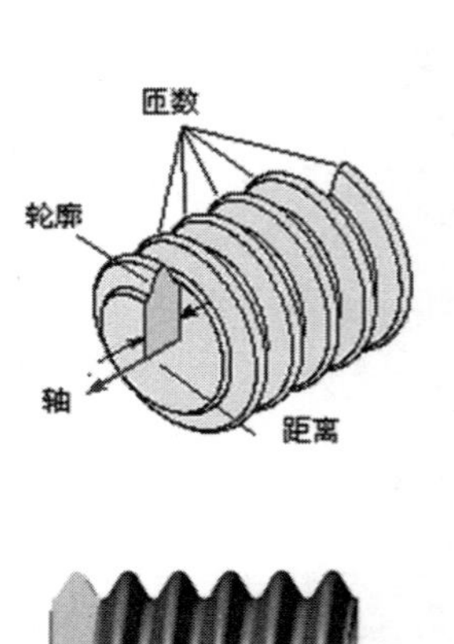

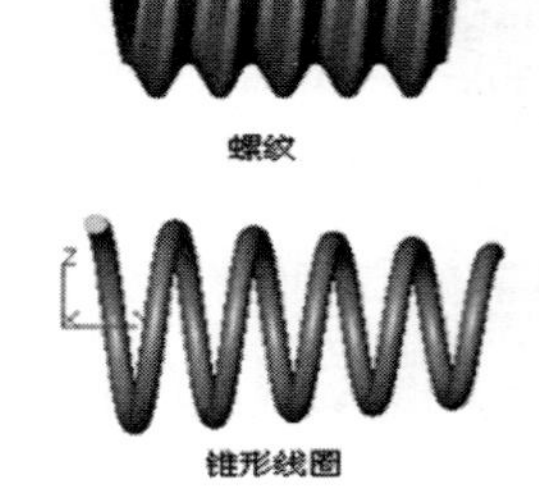

图 4-21 “螺旋扫掠”对话框

- **轮廓 P**：定义螺旋截面。
- **轴 A**：设定螺旋体的旋转轴及延伸方向。
- **匝数 T**：定义螺旋体的旋转圈数。
- **距离 D**：定义螺旋体每圈的旋转距离。
- **收尾**：定义螺旋体开始和终止位置的过渡连接，效果如图 4-22 所示。
  - ❑ **向内**：用于加运算时的凸螺纹，激活引导半径和扫描角度。
  - ❑ **向外**：用于减运算时的凹螺纹，激活引导半径和扫描角度。
  - ❑ **无**：螺旋体开始和终止位置无过渡连接。

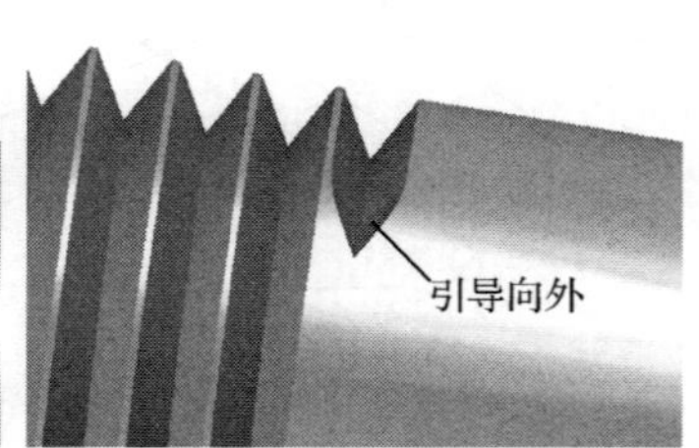

图 4-22 收尾效果示意图

当选择向内或向外时，可以设定引导的半径和扫描角度，以及指定需要引导的部分，包括起始端、结束端、两端都需要。

- **锥度**：指定锥体角度，可以创建锥形螺旋体。

● **顺时针旋转**：勾选该复选框，设置螺纹以顺时针方向旋转。

螺旋扫掠操作步骤如下（练习文件：配套素材\EX\CH4\4-5.Z3）。

➢ 单击工具栏中的【造型】→【基础造型】→【螺旋扫掠】功能图标。
➢ 选择需要扫掠的曲线轮廓。
➢ 定义扫掠轴方向。
➢ 定义扫掠匝数和距离。
➢ 根据需要定义其他参数。
➢ 单击“确定”按钮，完成螺旋扫掠操作，效果如图 4-23 所示。

● **公差**：默认为 0.01 与参数设置公差一致，可根据设计要求进行调整。

（扫码获取素材）

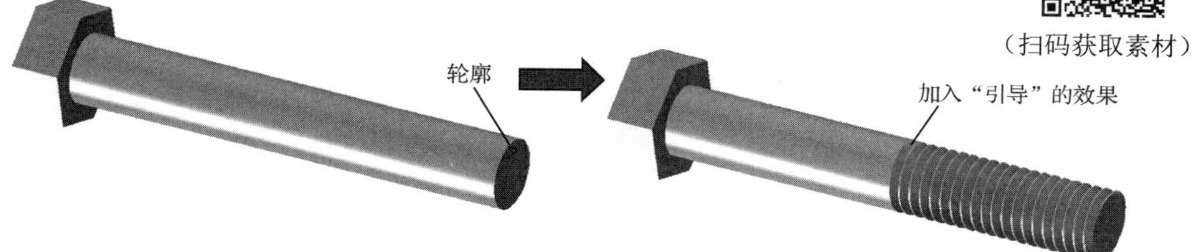

图 4-23 螺旋扫掠示例

4．杆状扫掠

单击工具栏中的【造型】→【扫掠】下的，选择【杆状扫掠】功能图标，系统弹出“杆状扫掠”对话框，如图 4-24 所示。该功能根据扫掠曲线（如直线、圆弧、圆或曲线）创建杆状体。

● **曲线 C**：定义扫掠的路径，可以选择线框、草图、零件边和曲线列表。
● **直径 D**：定义圆形截面的外直径。
● **内直径**：定义圆形截面的内直径。
● **杆状体连接**：当杆状扫掠的路径有多个时，勾选此复选框，扫掠出来的杆状体如果连续将连接成一个实体。

图 4-24 “杆状扫掠”对话框

● **圆角角部**：勾选该复选框，系统自动在锐角处以圆角过渡。

提醒：杆状扫掠的曲线可以不是一根连续的曲线，相交或非连续的曲线也可以作为杆状扫掠的曲线路径，如图 4-25 所示。

（扫码获取素材）

图 4-25 杆状扫掠示例

杆状扫掠操作步骤如下（练习文件：配套素材\EX\CH4\4-6.Z3）。

➢ 单击工具栏中的【造型】→【基础造型】→【杆状扫掠】功能图标。
➢ 选择需要扫掠的曲线。
➢ 定义扫掠圆形截面直径大小。
➢ 根据需要，勾选“杆状体连接”和“保留曲线”选项。
➢ 单击“确定”按钮，完成杆状扫掠操作。

5．轮廓杆状扫掠

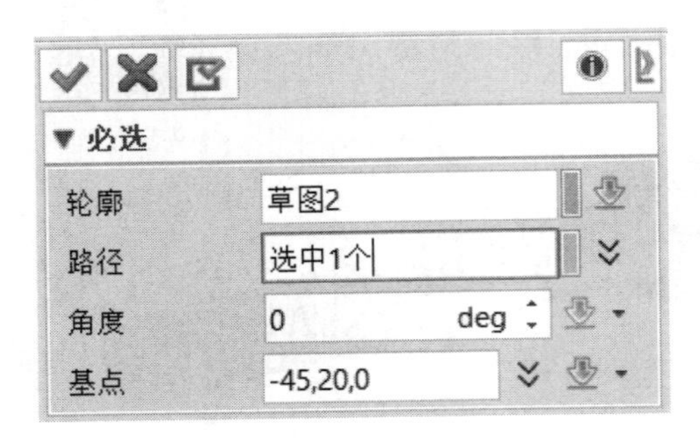

图 4-26 “轮廓杆状扫掠”对话框

单击工具栏中的【造型】→【基础造型】→【扫掠】下的，选择【轮廓杆状扫掠】功能图标，系统弹出“轮廓杆状扫掠”对话框，如图 4-26 所示。该功能与杆状扫掠类似。

- **轮廓：**定义扫掠的截面。
- **路径：**定义轮廓需要扫掠的路径。单击鼠标右键可以进入草图绘制路径或选择曲线列表。
- **角度：**截面旋转角度默认为“0”。
- **基点：**扫掠的起点。

经验参考：轮廓杆状扫掠与杆状扫掠功能类似，区别是杆状扫掠的截面固定为圆形，适用于管道的造型，而轮廓杆状扫掠的截面可以是三角形、六边形等其他形状。

4.1.5 放样

放样是指利用多个图形的截面形状光滑连接形成实体。中望 3D 中有放样、驱动曲线放样和双轨放样 3 种方式。

1．放样

单击工具栏中的【造型】→【基础造型】→【放样】功能图标，系统弹出“放样”对话框，如图 4-27 所示。选定需要放样的截面轮廓，使之光滑连接形成放样实体。

- **轮廓 P：**定义放样的轮廓，可以选择曲线、边或草图，需按照放样的顺序进行选择，并且注意对齐箭头的方向。
- **连续方式：**放样两端与相接面的接续方式，既可在起点和终点分别设定，也可一次性设定两端。
  - ❑ **无：**不考虑两端相接的面进行放样。
  - ❑ **相切：**与相接的面进行相切连续。
  - ❑ **曲率：**与相接的面进行曲率连续。
- **方向：**设置起点和终点的拉伸方向，默认情况下与轮廓平面垂直。
  - ❑ **垂直：**与所在轮廓平面垂直放样。
  - ❑ **沿边线：**沿参考边线放样。

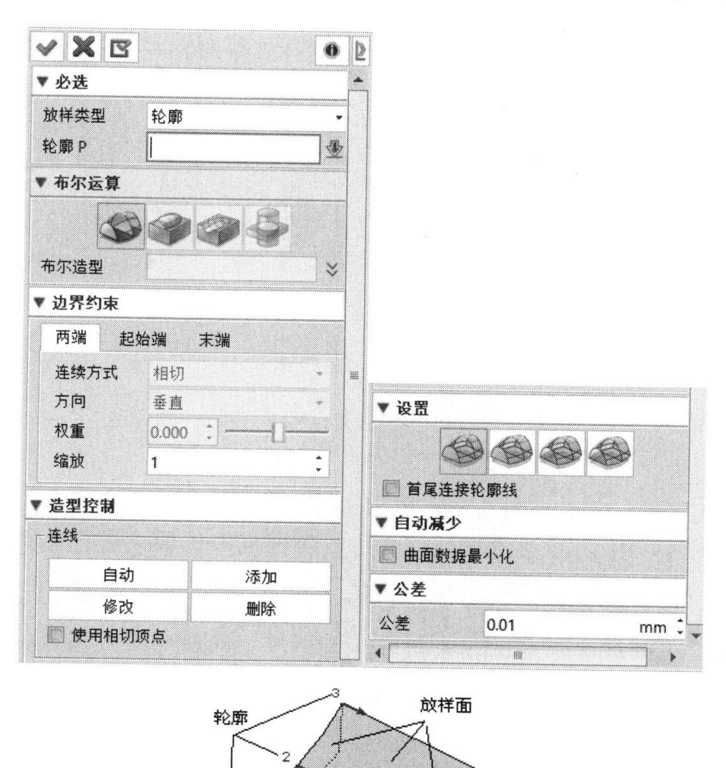

图 4-27　“放样”对话框

● **权重**：确定连续方式对放样的影响程度，如图 4-28 所示。

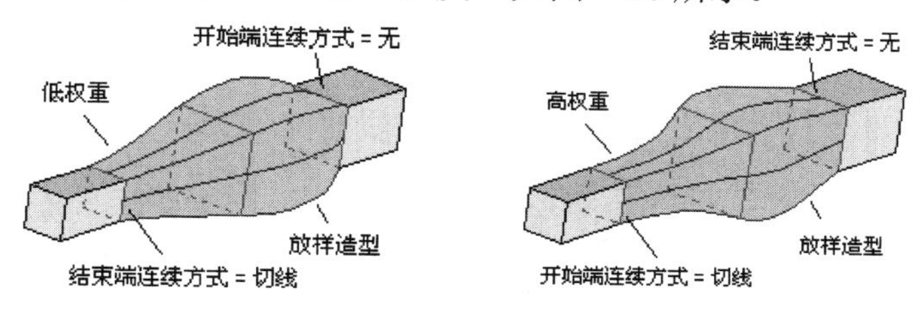

图 4-28　权重示例

● **缩放**：当调整权重滑动条无法满足设计要求时，可以调整缩放数值。

● **连线**：轮廓放样时产生的连接线，可以通过下面 4 种方式设置或修改。一般先通过“自动”产生连接线，再通过“修改”来更改连接点，以确保顶点对齐。

  ❑ **自动**：显示自动产生的连线。

  ❑ **添加**：自定义增加一条放样的连线。

  ❑ **修改**：对已有的连线进行修改，以得到需要的放样效果。

  ❑ **删除**：删除不需要的连线。

● **使用相切顶点**：如果想要在草图轮廓上使用顶点相切可勾选此复选框，如图 4-29 所示。

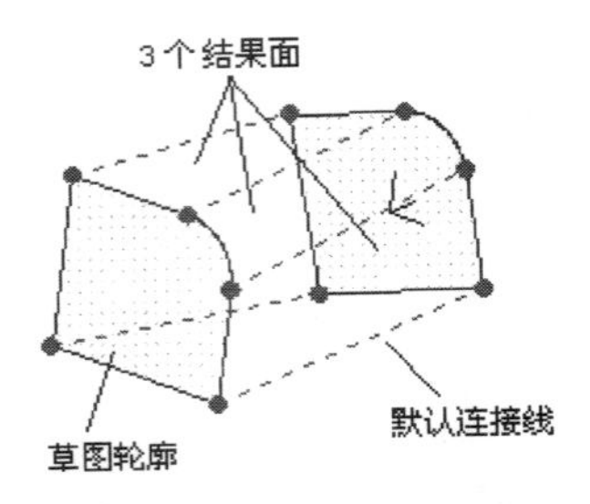

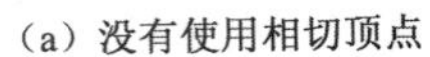
（a）没有使用相切顶点

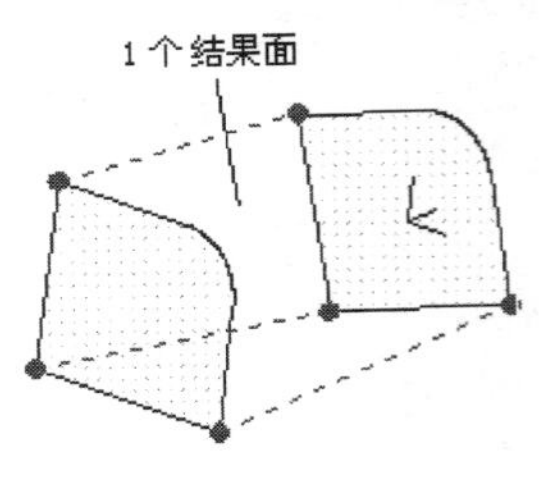

（b）使用相切顶点

图 4-29 “使用相切顶点”选项示例

● **首尾连接轮廓线**：勾选此复选框，重用第一个轮廓，产生一个光滑闭合的放样。
● **公差**：默认为 0.01 与参数设置公差一致，可根据设计要求进行调整。

> **经验参考**：放样选择轮廓时要注意先后顺序，并注意箭头方向。一般情况下，选择的点基本在较为平直的连线上，箭头方向相同；如果难以选择需要的路线，可以在高级连线中对放样路线点进行修改。

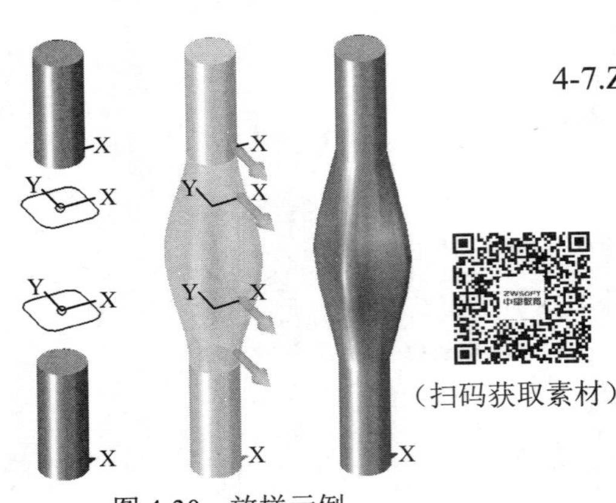

图 4-30　放样示例

（扫码获取素材）

放样操作步骤如下（练习文件：配套素材\EX\CH4\4-7.Z3）。

➢ 单击工具栏中的【造型】→【基础造型】→【放样】功能图标。
➢ 按顺序选择需要放样的轮廓，注意箭头方向。
➢ 根据需要设置其他参数。
➢ 单击“确定”按钮，完成放样操作，效果如图 4-30 所示。

2．驱动曲线放样

单击工具栏中的【造型】→【基础造型】→【放样】下的▾，选择【驱动曲线放样】功能图标，系统弹出“驱动曲线放样”对话框，如图 4-31 所示。该功能结合扫掠和放样的功能，利用截面图形和引导路径创建放样实体。

● **驱动曲线 C**：定义放样路径，可使用线框曲线、面边线、草图、曲线列表。
● **轮廓 P**：选择放样截面轮廓，可以为线框几何图形、面边线或草图，需按照放样的顺序进行选择，并且注意箭头的方向。
● **Z 轴**：指定轮廓在放样中平行的方向。
● **X 轴**：指定轮廓在放样中 X 轴的方向，即轮廓的旋转方向。
● **缝合实体**：可以为线框几何图形、面边线进行缝合。
● **桥接**：指定放样时多个轮廓间的连接方式。
　❑ **线性**：面在轮廓间进行线性桥接。

❑ **光滑**：面在轮廓间进行光滑桥接。

❑ **修改影响**：选择轮廓，定义该轮廓对其周围的相对影响因素。例如，将影响因素设置为 2，则对该轮廓的影响能力 2 倍于其相邻的轮廓的影响能力。

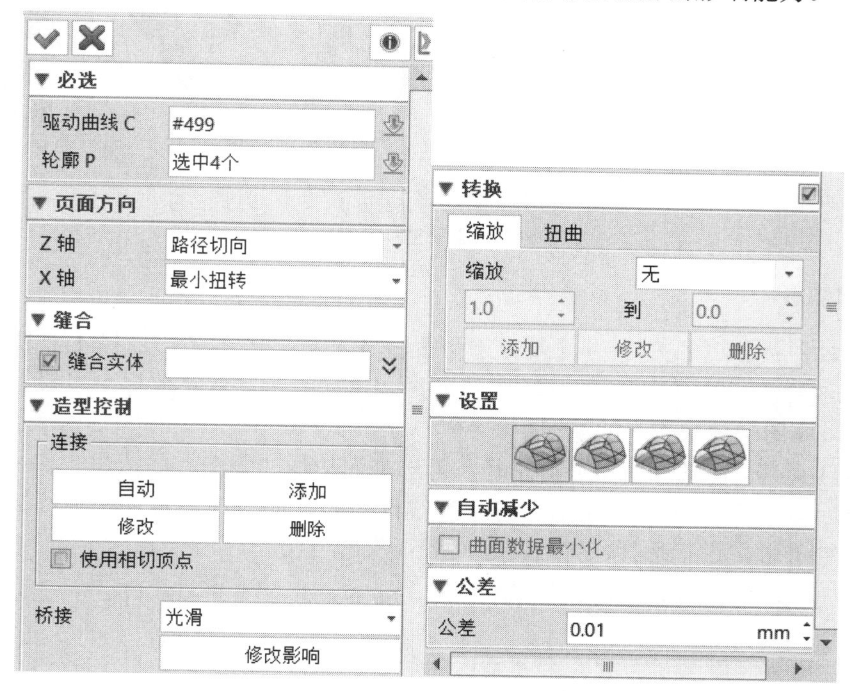

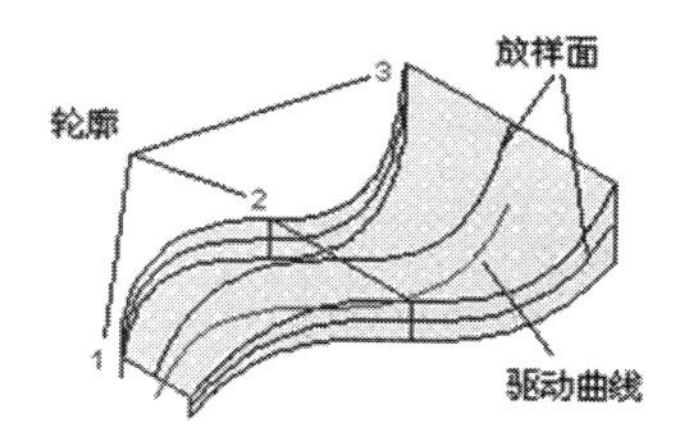

图 4-31 “驱动曲线放样”对话框

- **缩放**：可选择线性和可变进行缩放，默认不缩放。
- **扭曲**：可选择线性和可变进行扭曲，默认不扭曲。
- **自动减少**：勾选此选项，放样曲面数据最小化。
- **公差**：默认为 0.01 与参数设置的公差一致，可根据设计要求进行调整。

驱动曲线放样操作步骤如下（练习文件：配套素材\EX\CH4\4-8.Z3）。

➢ 单击工具栏中的【造型】→【基础造型】→【驱动曲线放样】功能图标。

➢ 选择放样的曲线路径。

➢ 按顺序选择需要放样的轮廓，注意箭头方向。

➢ 设置放样的连接和驱动曲线的一些选项，以满足设计要求。

➢ 单击“确定”按钮，完成驱动曲线放样操作。

驱动曲线放样示例如图 4-32 所示。

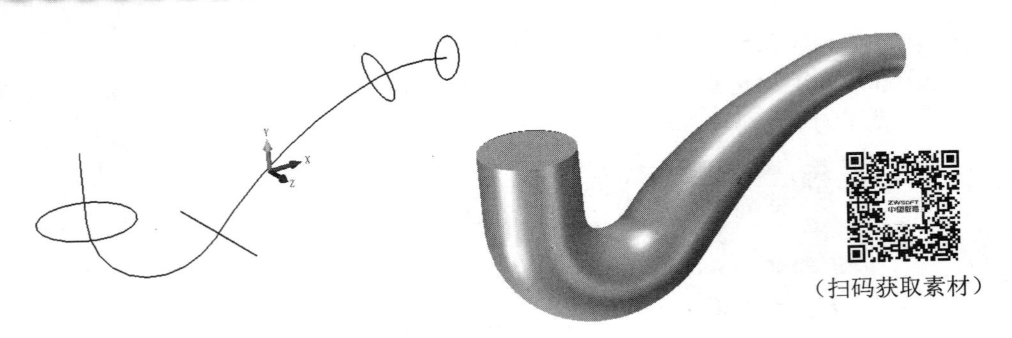

图 4-32　驱动曲线放样示例

3．双轨放样

单击工具栏中的【造型】→【基础造型】→【放样】下的▾，选择【双轨放样】功能图标，系统弹出“双轨放样”对话框，如图 4-33 所示。双轨放样可以设置两条驱动曲线，从而可以应用于要求较高的造型中。

- **路径 1/路径 2：**选择两条放样路径，可选择面边线、草图、线框曲线和曲线列表。
- **轮廓：**选择放样的截面轮廓，可选择线框曲线、面边线、草图和曲线列表，需要按照放样的顺序进行选择，并且注意对齐箭头的方向。

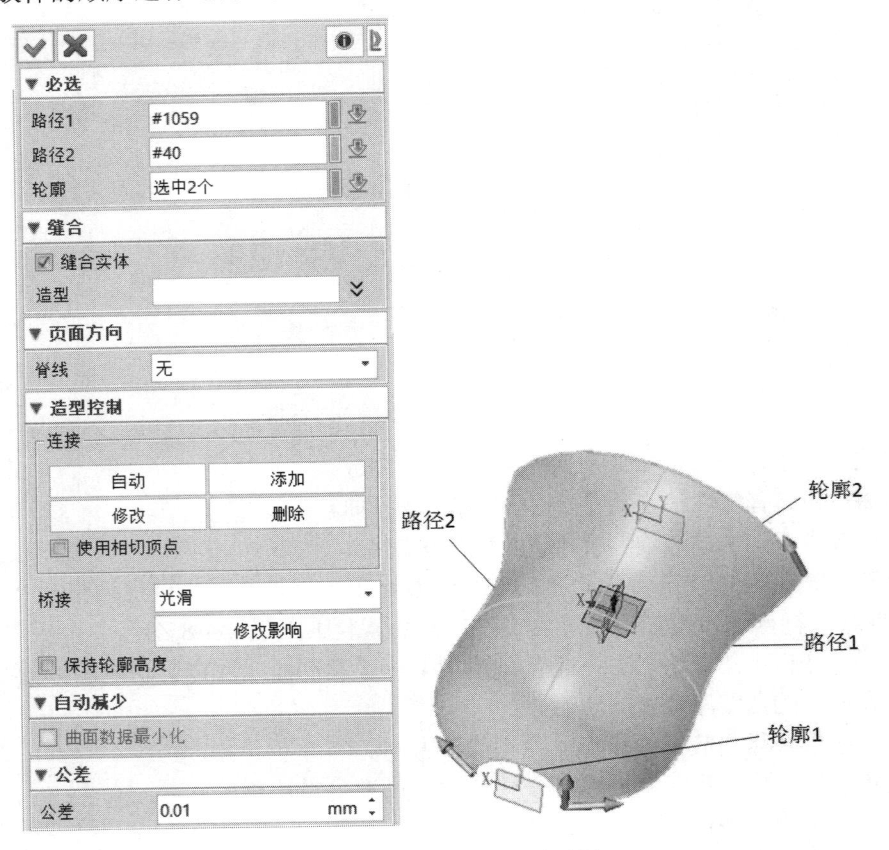

图 4-33　“双轨放样”对话框

- **脊线**：指定轮廓在放样中平行的方向。
- **保持轮廓高度**：勾选该复选框，仅在轮廓与两轨间进行等比例缩放时，保留其另一方向（高度）不变，否则会在两个方向上都缩放。
- **自动减少**：勾选此选项，放样曲面数据最小化。
- **公差**：默认为 0.01 与参数设置公差一致，可根据设计要求进行调整。

双轨放样操作步骤如下（练习文件：配套素材\EX\CH4\4-9.Z3）。

➢ 单击工具栏中的【造型】→【基础造型】→【双轨放样】功能图标。

➢ 选择放样的曲线路径。

➢ 按顺序选择需要放样的轮廓，注意箭头方向。

➢ 设置放样的连接和驱动曲线的一些选项，以满足设计要求。

➢ 单击“确定”按钮，完成双轨放样操作，效果如图 4-34 所示。

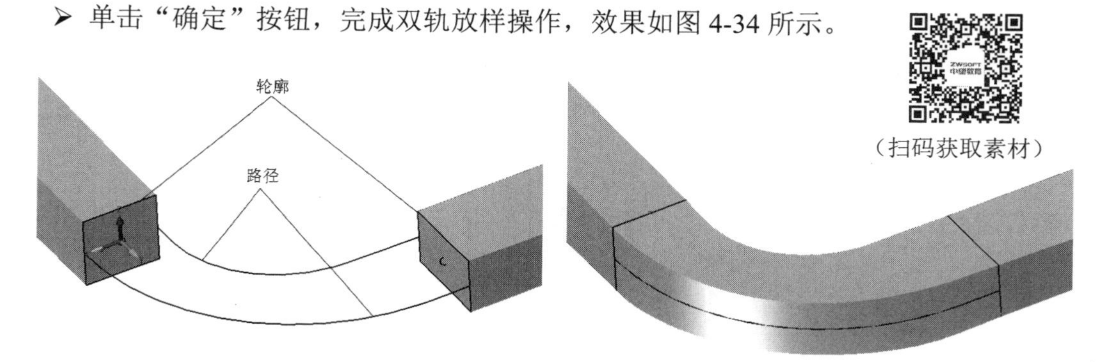

图 4-34　双轨放样示例

4.2　特征操作

在基础造型的基础上运用特征操作，可以对造型进行进一步的细节设计，从而建立复杂的产品造型。

4.2.1　圆角

1．倒圆角

单击工具栏中的【造型】→【工程特征】→【圆角】功能图标，系统弹出“圆角”对话框，如图 4-35 所示。圆角功能是指对所选择实体的边进行倒圆角操作，包含圆角、椭圆圆角、圆环圆角和顶点圆角 4 种类型。

【圆角】　完成一般的倒圆角操作。

- **边 E**：选择需要倒圆角的边。
- **半径 R**：设定倒圆角的半径。

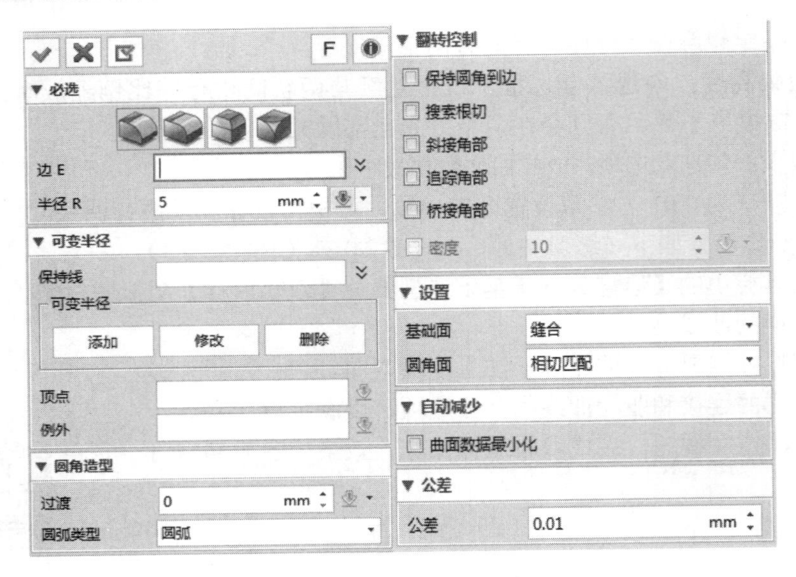

图 4-35 “圆角”对话框

- **过渡：**控制转角处的平滑度，当该值大于零时为转角增加额外的过渡，如图 4-36 所示。

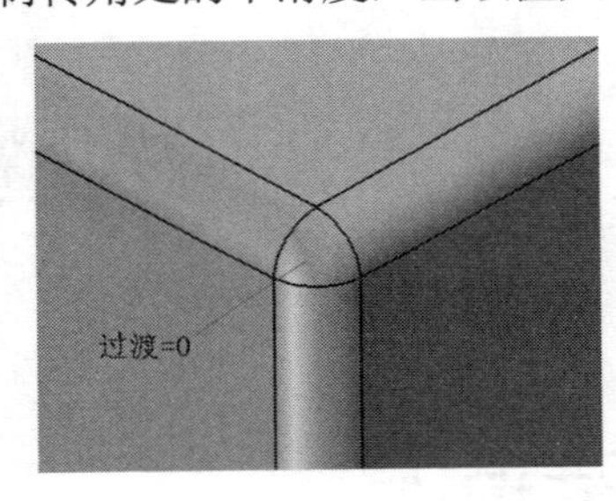

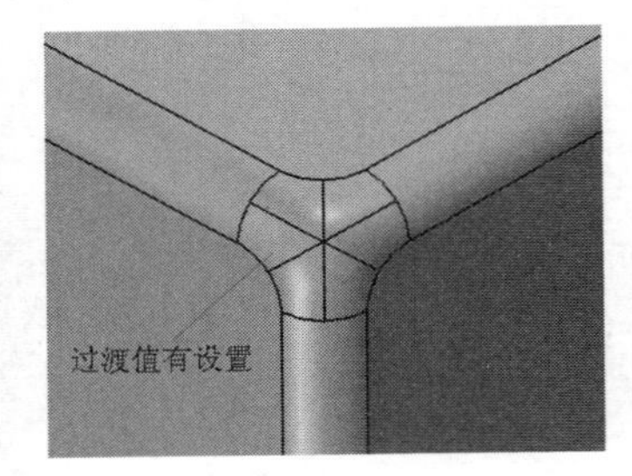

图 4-36 圆角过渡

- **圆弧类型：**包含圆弧和二次曲线两种。当选择二次曲线时，可以设定二次曲线比率。
- **保持圆角到边：**勾选该复选框后，圆角保持至边，如图 4-37 所示。

（a）没有使用“保持圆角到边”

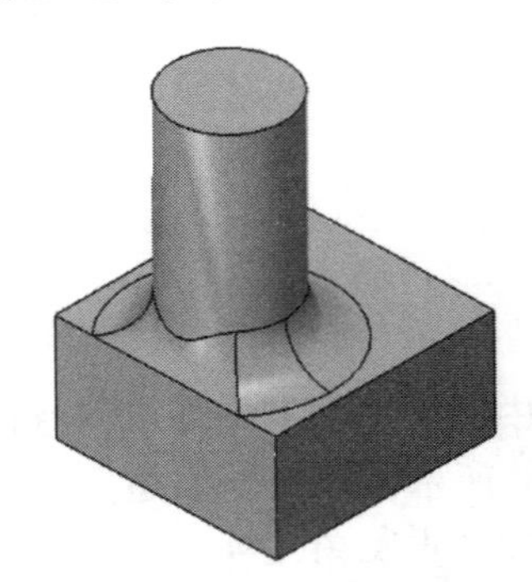

（b）使用“保持圆角到边”

图 4-37 保持圆角到边

- **搜索根切：**勾选该复选框后，搜索其他特征被新圆角完全根切的区域，并延伸或修剪其他特征，如图 4-38 所示。

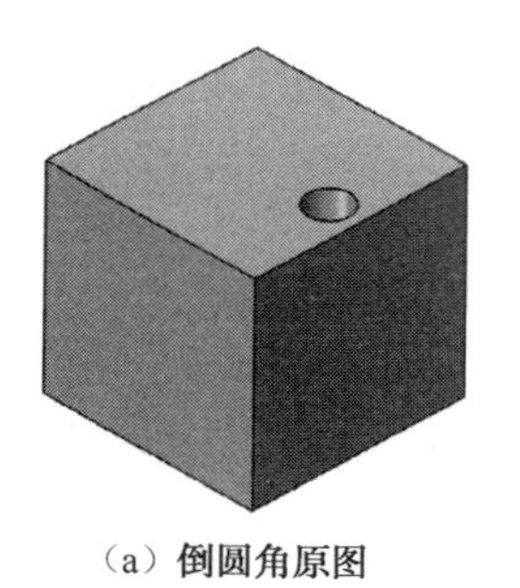
（a）倒圆角原图

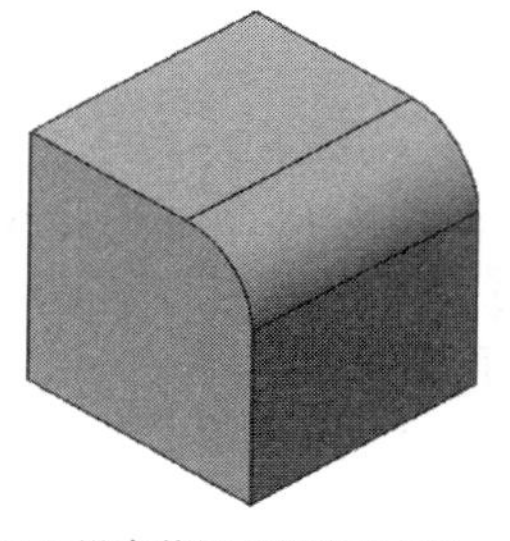
（b）没有使用“搜索根切”

（c）使用“搜索根切”

图 4-38　搜索根切

- **斜接角部：** 勾选该复选框后，角部圆角使用斜接方法，如图 4-39 所示。

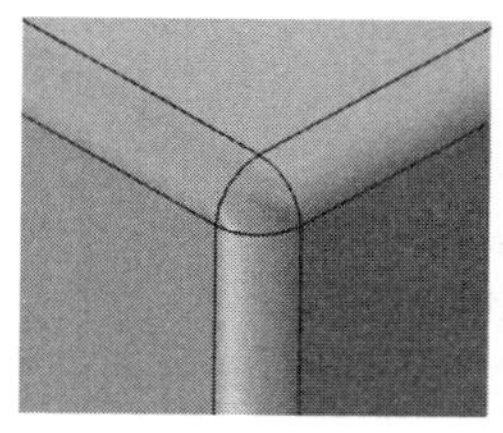
（a）普通圆角

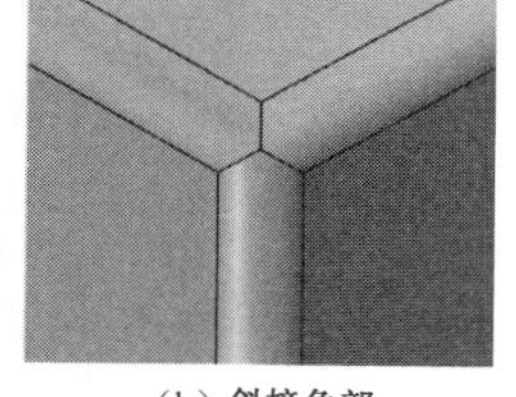
（b）斜接角部

图 4-39　斜接角部

- **追踪角部：** 勾选该复选框后，4 个收聚圆角面中的一对会组成一个连续的链，消除补面间可能存在的一些不连续连接，如图 4-40 所示。

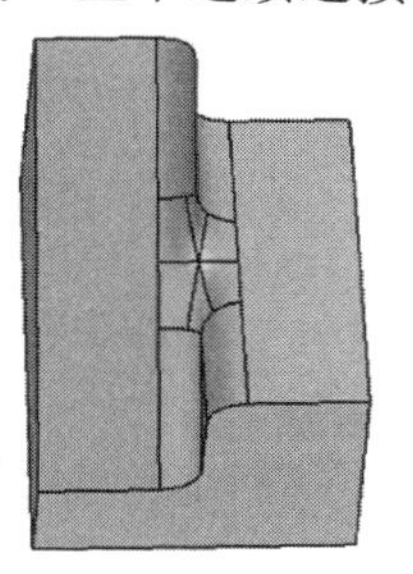
（a）没有使用“追踪角部”

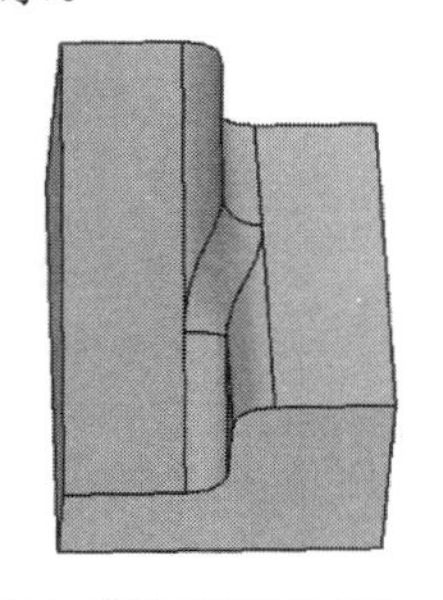
（b）使用“追踪角部”

图 4-40　追踪角部

- **桥接角部：** 通过 FEM 的曲面拟合，为每个转角创建一个光滑的修剪面。勾选该复选框后，可以指定 FEM 面的采样密度，如图 4-41 所示。

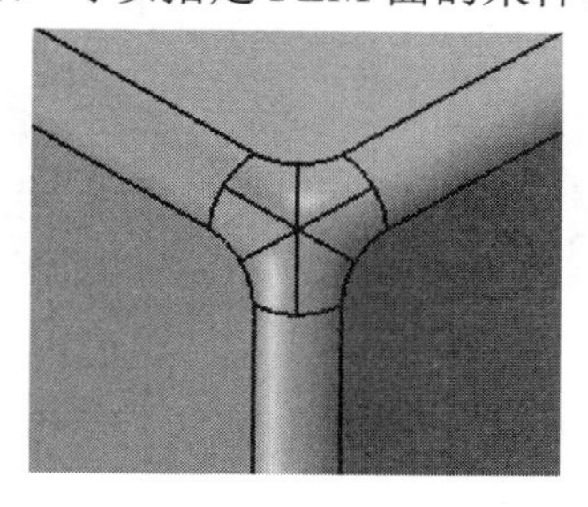
（a）没有使用“桥接角部”

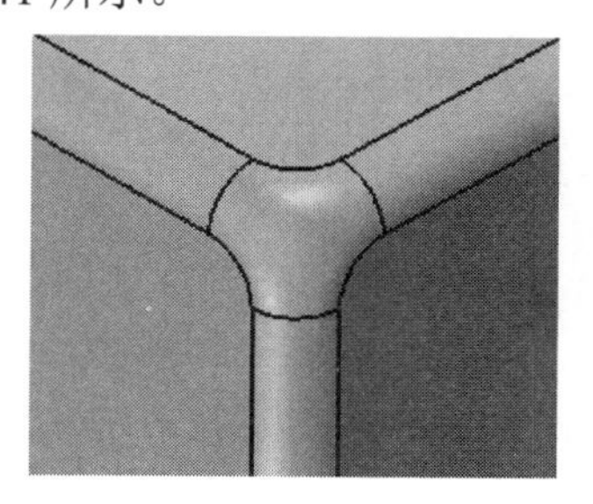
（b）使用“桥接角部”

图 4-41　桥接角部

- **基础面：** 圆角与相邻面的修剪和连接方法，包含 4 种处理方式，如图 4-42 所示。
  - ❑ **无操作：** 基础面保持不变。
  - ❑ **分开：** 沿着相切的圆角边分割基础面，但是不修剪。
  - ❑ **修剪：** 分割并修剪基础面。
  - ❑ **缝合：** 修剪并缝合基础面。

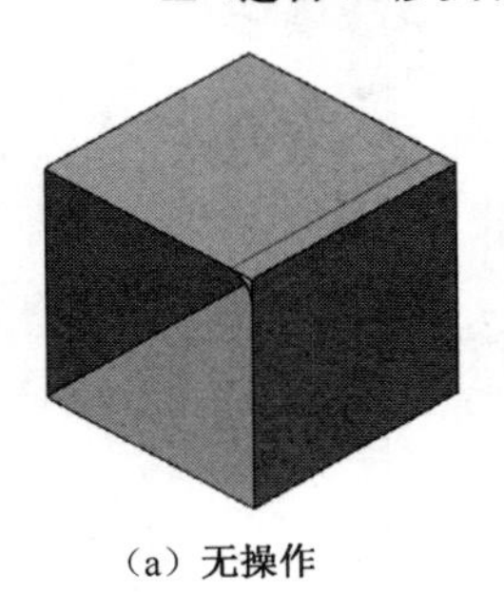

(a) 无操作

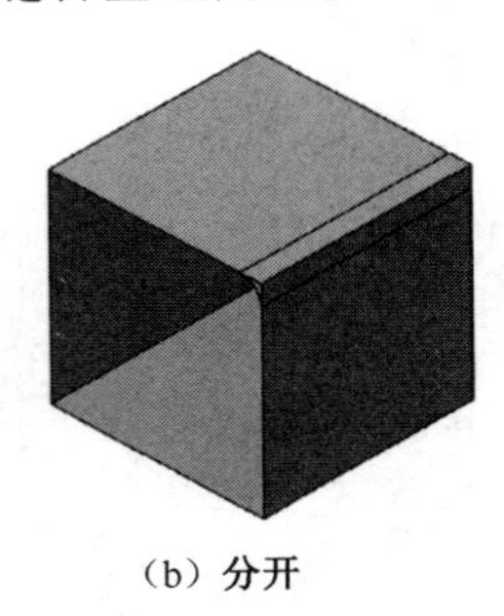

(b) 分开

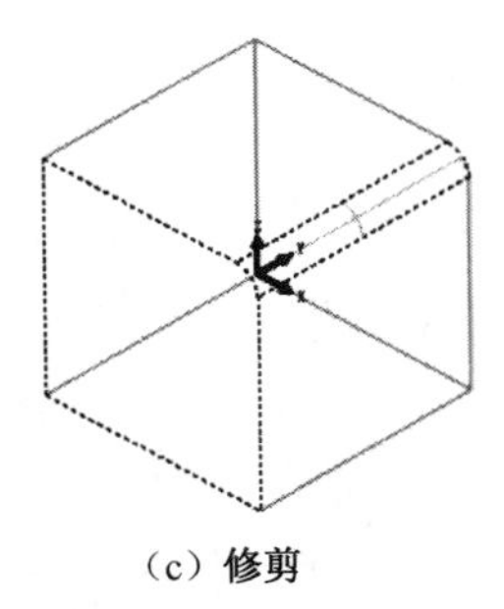

(c) 修剪

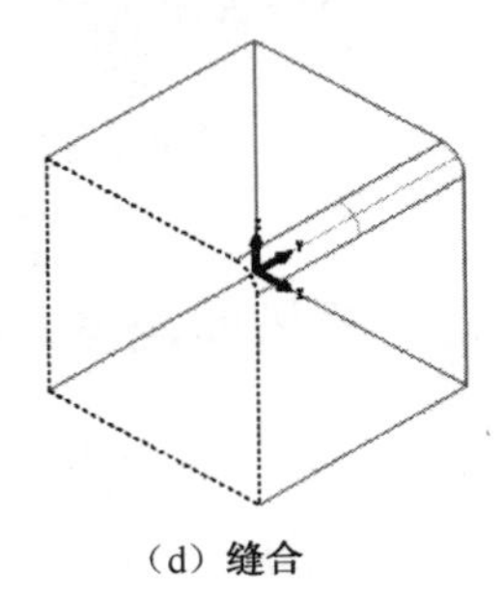

(d) 缝合

图 4-42 基础面处理

- **圆角面：** 当相邻面的边不完全重合时使用，包含 3 种处理方式，如图 4-43 所示。
  - ❑ **相切匹配：** 倒角连接相邻面，过渡平顺。
  - ❑ **最大：** 以相邻面最长边做倒角。
  - ❑ **最小：** 以相邻面最短边做倒角。

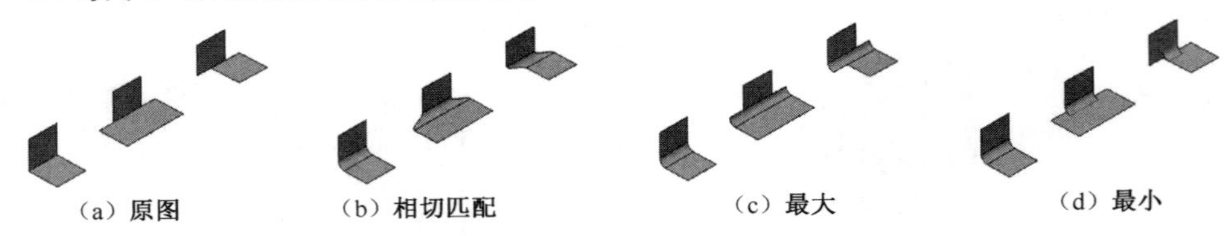

(a) 原图　(b) 相切匹配　(c) 最大　(d) 最小

图 4-43 圆角面处理

【可变半径】在圆角边上增加点和该点需要的圆角半径，从而完成同一边上半径不同的变半径倒圆角，如图 4-44 所示。

- **保持线：** 选择一条线，圆角将会经过这条线生成，此时圆角半径设定不发挥作用，如图 4-45 所示。

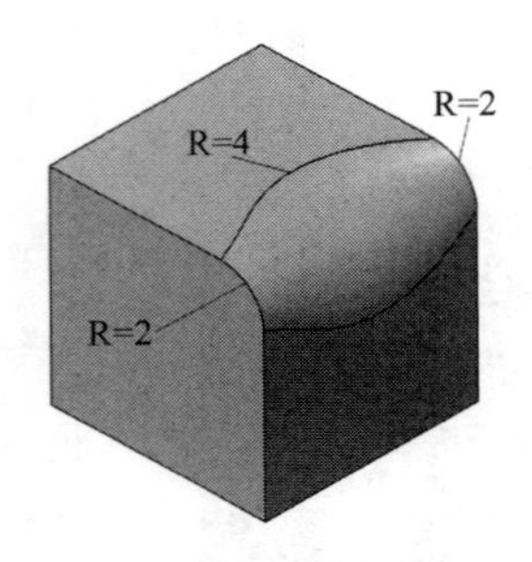

图 4-44 可变半径圆角

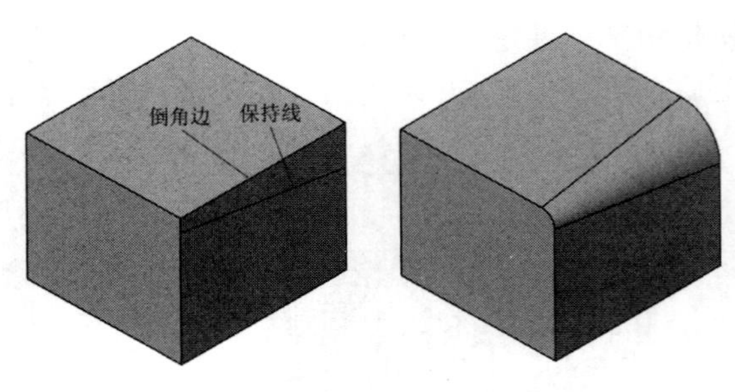

图 4-45 保持线示例

- **添加：** 增加变半径点。单击“添加”按钮后，系统弹出“添加半径点”对话框，在此页面添加半径点和半径大小，如图 4-46 所示。

- **修改**：更改已设定的变半径值。
- **删除**：删除已设定的变半径值。

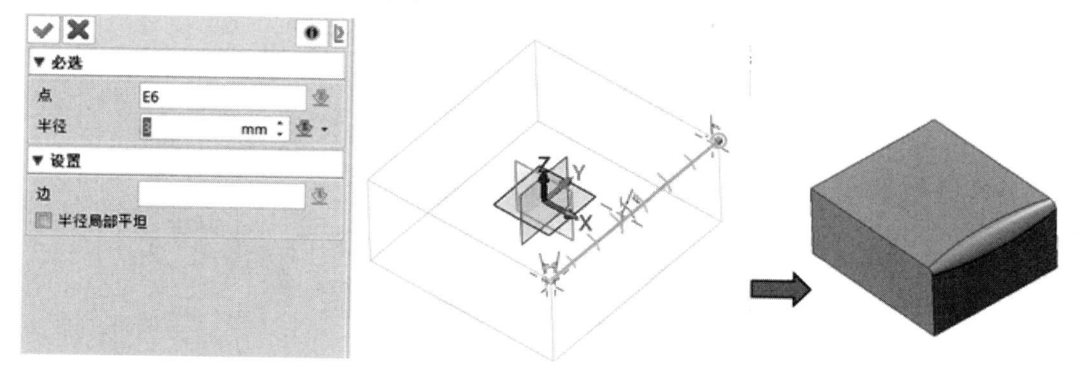

图 4-46　添加变半径圆角

【椭圆圆角】 完成椭圆类型的圆角操作。单击“椭圆圆角”图标后，进入椭圆圆角页面，其中包含“角度”和“倒角距离”两种椭圆圆角方式。

- **角度**：以角度的方式倒圆角，需指定椭圆角第一个方向的侧面、距离和角度（当角度小于 45°时为正圆角），如图 4-47 所示。

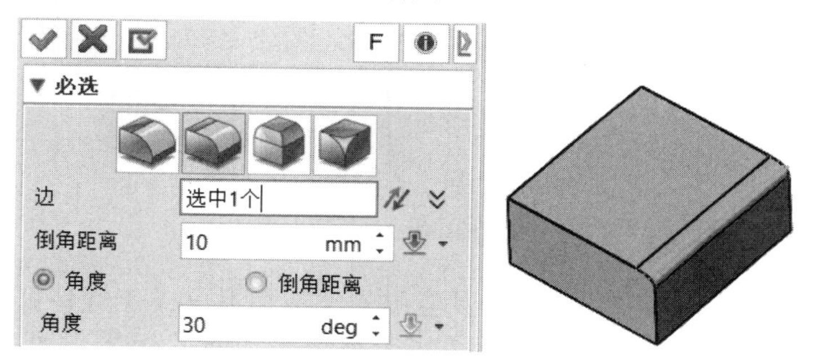

图 4-47　“角度”椭圆圆角

- **倒角距离**：以指定两个距离的方式倒圆角，需指定椭圆角第一个方向的侧面边、距离 1 和距离 2，如图 4-48 所示。

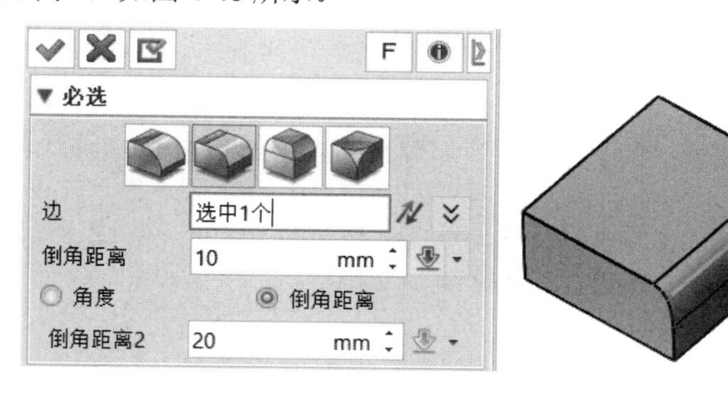

图 4-48　“倒角距离”椭圆圆角

【环形圆角】 设定需要倒圆角的面来完成圆角。可以将其设置为内、外、共有、边界、所有和选择，效果如图 4-49 所示。

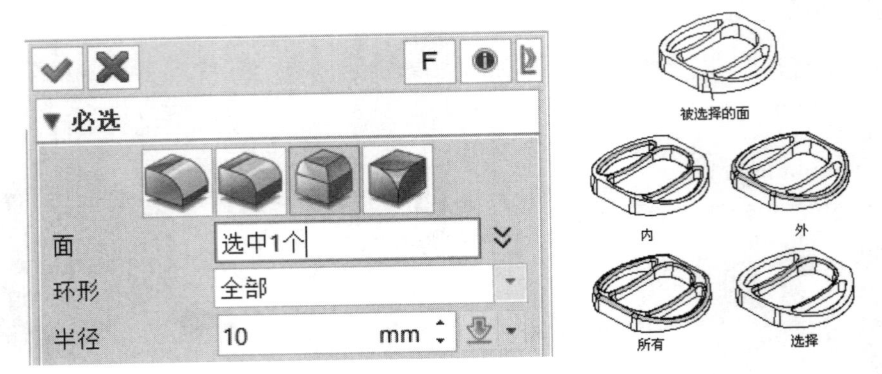

图 4-49 环形圆角

【顶点圆角】 设定需要倒圆角的顶点来完成圆角，效果如图 4-50 所示。

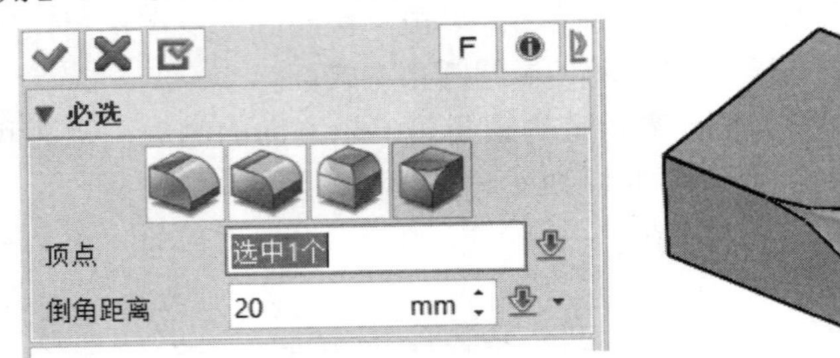

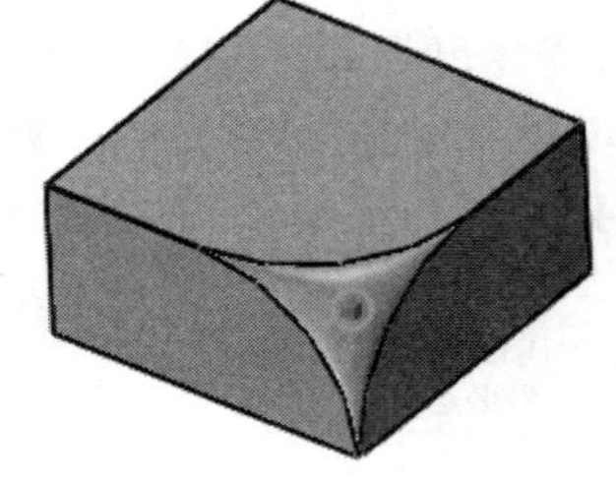

图 4-50 顶点圆角

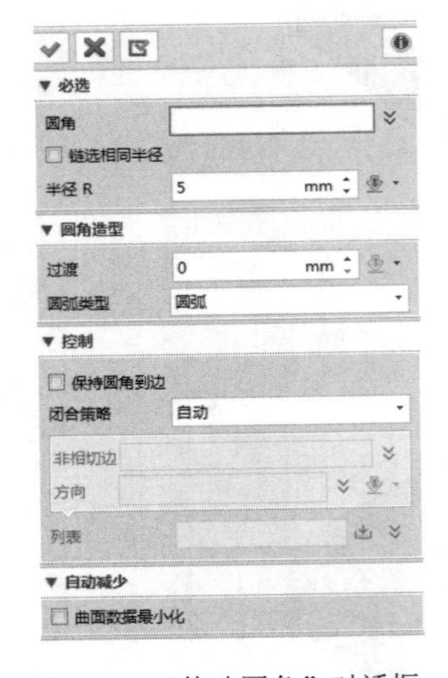

图 4-51 “修改圆角”对话框

2．修改圆角

单击工具栏中的【造型】→【工程特征】→【圆角】下的，选择【修改圆角】功能图标，系统弹出“修改圆角”对话框，如图 4-51 所示。该功能可以在无历史特征的情况下修改圆角；对于通过中间格式导入的模型，通过此功能可以完成圆角的修改。

3．标记圆角面

单击工具栏中的【造型】→【工程特征】→【圆角】下的，选择【标记圆角面】功能图标，选择需要标记的圆角面，确认后即可完成圆角面的标记。在一些通过中间格式导入的模型圆角无法自动识别的情况下，需要标记圆角面，才能使用修改圆角命令。

4.2.2 倒角

倒角是指对实体的边或顶点进行倒斜角的操作，包括倒角、不对称倒角和顶点倒角 3 种类型。倒角操作方法与倒圆角类似。

单击工具栏中的【造型】→【工程特征】→【倒角】功能图标，系统弹出“倒角”对话框，如图 4-52 所示。

图 4-52 “倒角”对话框

【倒角】 一般倒角，即对称的倒角。

- **边 E：** 定义需要倒角的边。
- **倒角距离 S：** 指定倒角的距离。

【变距倒角】与变半径圆角类似，可以在倒角边上增加点和该点需要的倒角距离，从而达到变距倒角的效果，如图 4-53 所示。

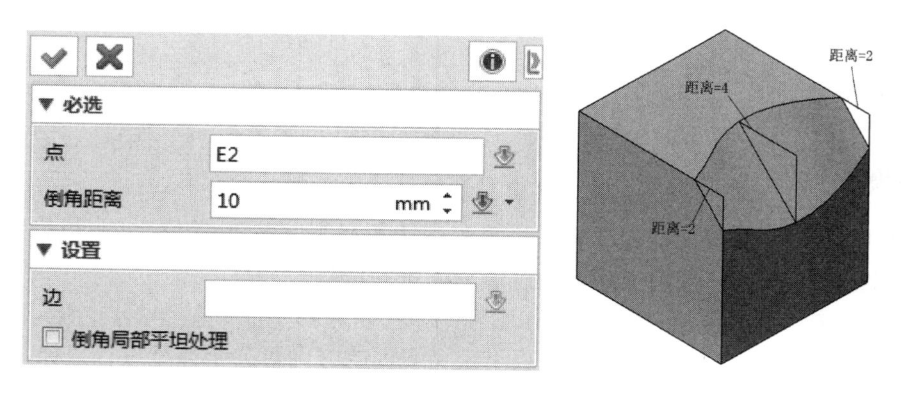

图 4-53 变距倒角示例

【不对称倒角】 与椭圆圆角类似，通过角度或不等距离来完成不对称的倒角，效果如图 4-54 所示。

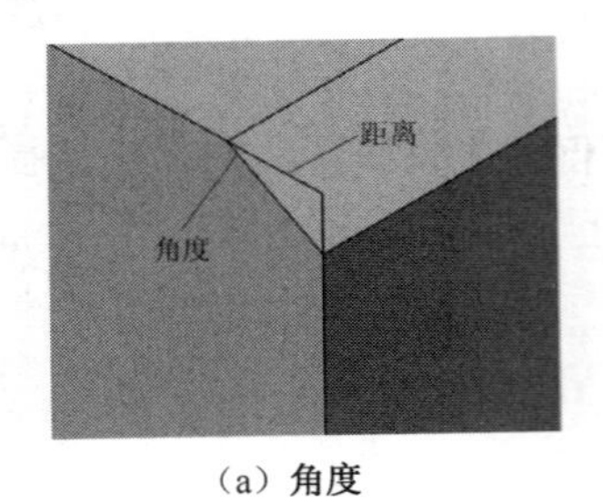

（a）角度

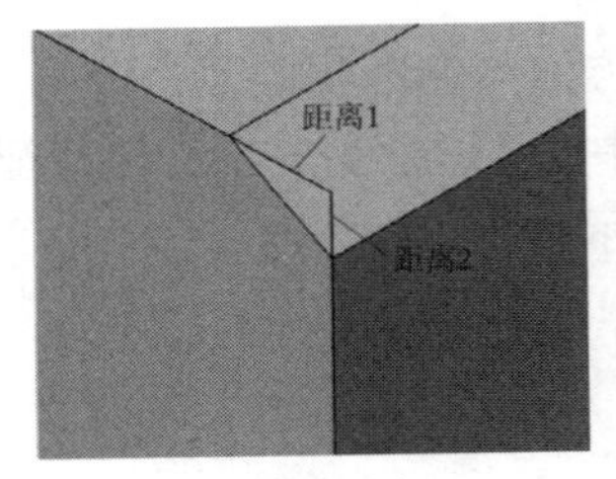

（b）倒角距离

图 4-54　不对称倒角

【顶点倒角】 与顶点圆角类似，通过定义一个顶点来完成顶点倒角，效果如图 4-55 所示。

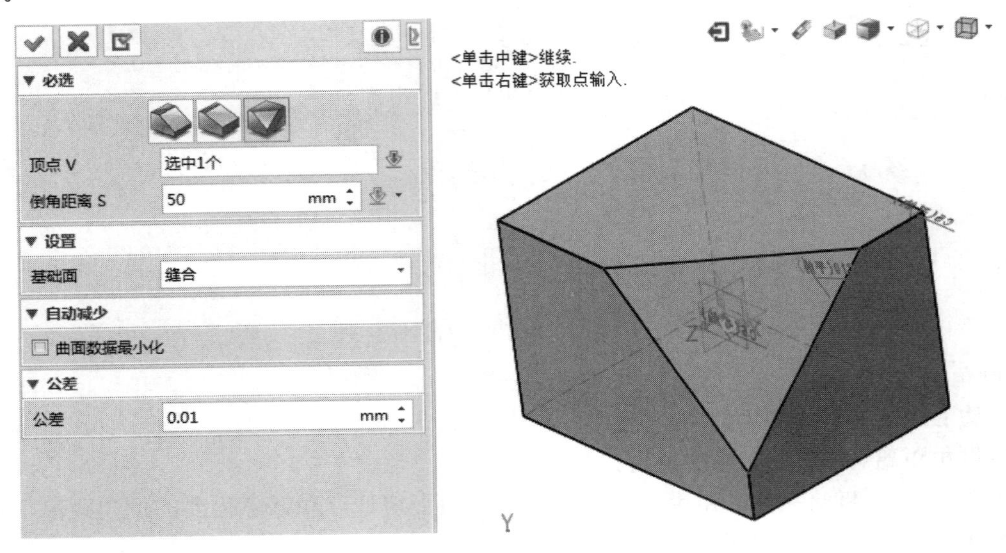

图 4-55　顶点倒角

4.2.3　拔模

1．拔模操作

单击工具栏中的【造型】→【工程特征】→【拔模】功能图标，系统弹出“拔模”对话框，如图 4-56 所示。该功能可以通过边或面来完成拔模特征。

- **拔模体 D：**定义需要拔模的参考几何体。可以选择平面、基准面、实体边。当选择平面或基准面时，系统默认以垂直于定义平面的方向对整个造型进行拔模；当选择实体边时，系统默认对与该边相连的面进行拔模，具体拔模的面通过定义方向来决定。
- **角度 A：**定义拔模的角度。
- **方向 P：**定义拔模的方向。

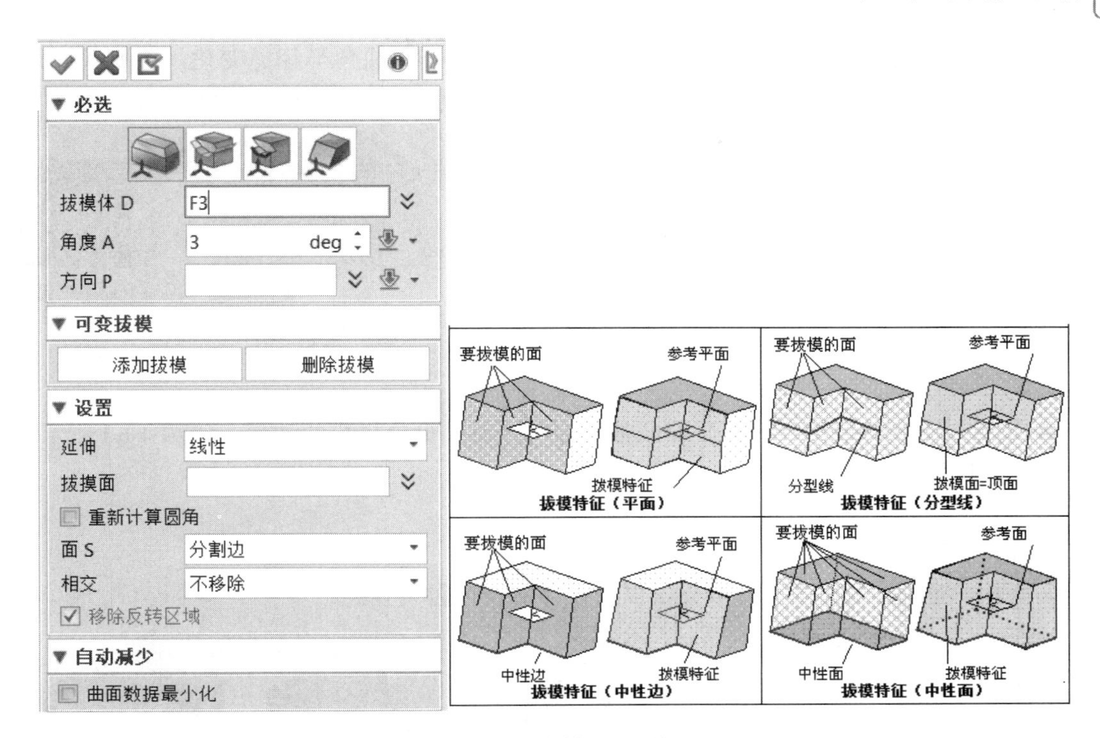

图 4-56 “拔模”对话框

- **延伸**：该选项用于控制拔模面的路径，各选项效果如图 4-57 所示。
  - ❑ **线性**：沿一条线性路径进行延伸。
  - ❑ **圆形**：沿着曲率方向形成一个圆形轨迹进行延伸。
  - ❑ **反射**：沿着与曲率方向相反的反射路径进行延伸。
  - ❑ **曲率递减**：该选项兼具了线性和圆形延伸的优点。在起始处保持曲率匹配，但是随着曲率逐渐减小，延伸将会变为线性方式，逐渐远离原来的曲线或曲面。

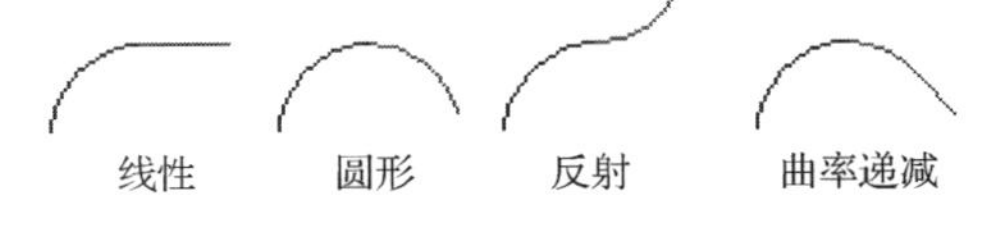

图 4-57 延伸类型

- **拔模面**：指定需要拔模的面。当不定义拔模面时，系统默认对整个造型进行拔模，如图 4-58 所示。

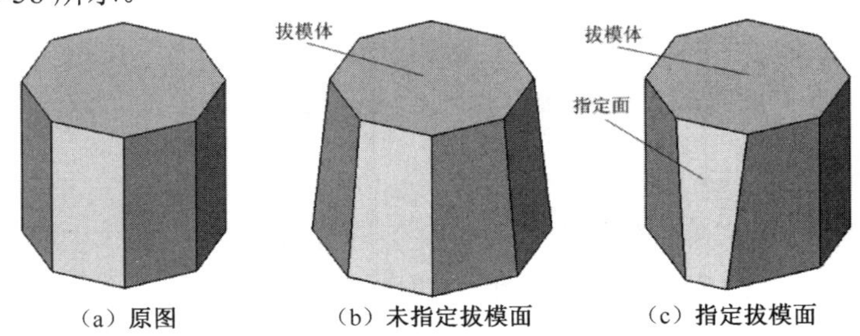

图 4-58 选择拔模面

● **重新计算圆角**：勾选该复选框后，圆角处的拔模和圆角半径无变化，否则圆角随拔模一起变化，如图 4-59 所示（练习文件：配套素材\EX\CH4\4-10.Z3）。

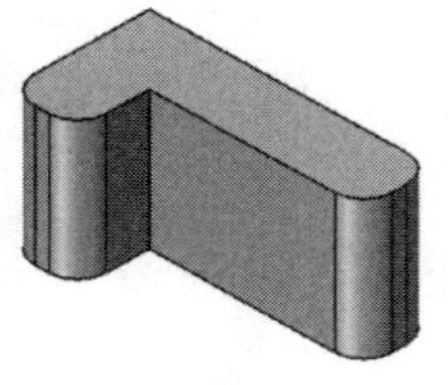

（a）原图

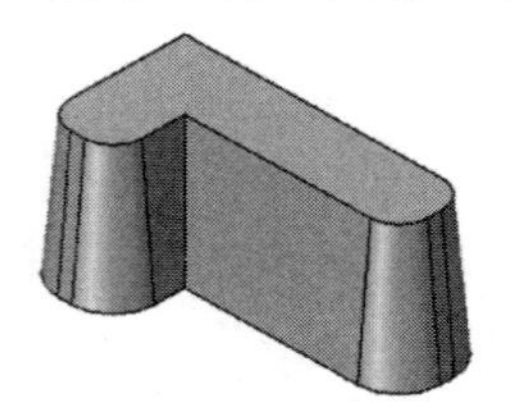

（b）未使用“重新计算圆角”

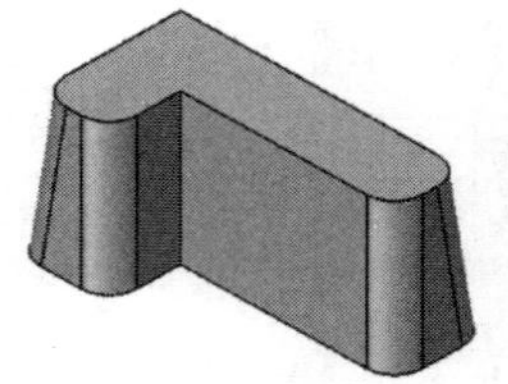

（c）使用“重新计算圆角”

（扫码获取素材）

图 4-59　重新计算圆角示例

● **面 S**：当拔模体选择的是平面或基准面时，可以设定拔模的侧面，如图 4-60 所示。

❑ **顶面**：对拔模体顶部侧拔模。

❑ **底面**：对拔模体底部侧拔模。

❑ **分割边**：从拔模处分开，上、下都拔模。

❑ **中性面**：对整体进行拔模，以拔模体所在位置为基准。

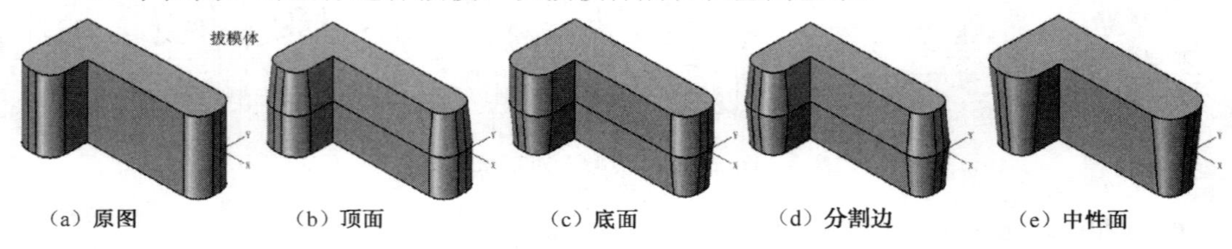

（a）原图　（b）顶面　（c）底面　（d）分割边　（e）中性面

图 4-60　面 S 示例

● **相交**：在拔模中，如果产生拔模面相交，可以设置相交面的处理方式，如图 4-61 所示。

❑ **不移除**：保留相交面。

❑ **全部移除**：将相交面全部移除。

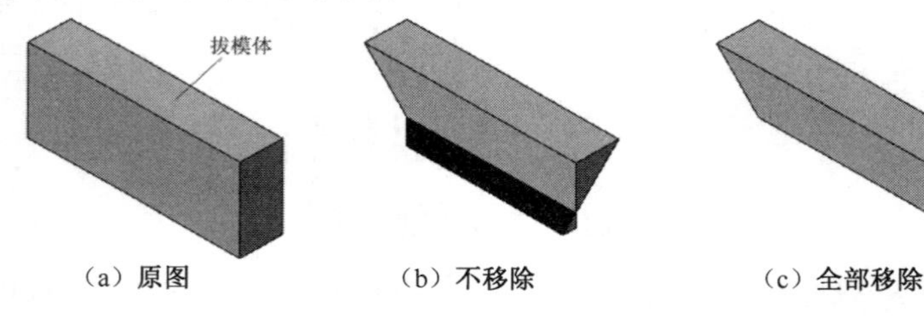

（a）原图　（b）不移除　（c）全部移除

图 4-61　相交示例

【可变拔模】定义不同的拔模角度。通过单击“添加拔模”按钮可添加拔模面、设定拔模角度；通过单击“删除拔模”按钮可删除已定义的可变拔模角，效果如图 4-62 所示。

2．检查拔模角度

单击工具栏中的【造型】→【工程特征】→【拔模】下的，选择【检查拔模】功能图标，系统弹出“检查拔模”对话框，如图 4-63 所示。该功能可以直接显示所选面的拔模角度。

● **面**：定义需要检查的面。

● **拔模角度**：定义检查拔模的角度。

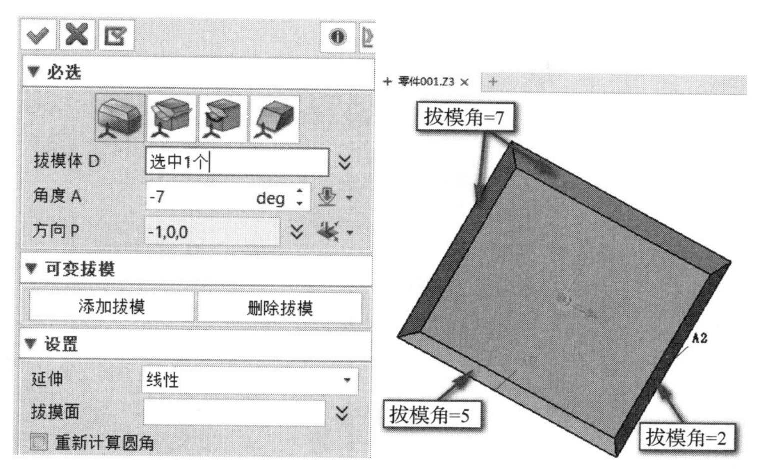

图 4-62　可变拔模示例

● **方向**：定义拔模的方向。当不定义时，默认为 Z 轴方向。
● **浏览角度**：实时动态浏览鼠标所在面的拔模角度，如图 4-64 所示。

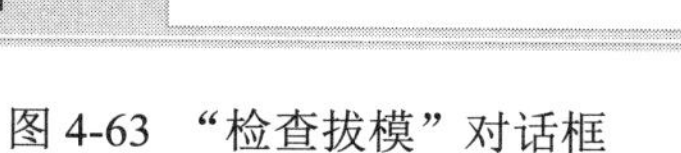

图 4-63　“检查拔模”对话框　　　　图 4-64　浏览角度示例

经验参考：不需定义面和拔模角度，直接用鼠标单击“浏览角度”后，再将鼠标移动到造型面上，系统可即时反馈该面以 Z 轴正方向为参考的拔模角度。可以自定义参考方向。

4.2.4　孔

1．孔操作

单击工具栏中的【造型】→【工程特征】→【孔】功能图标，系统弹出“孔”对话框，如图 4-65 所示，该功能可以在所选面上进行打孔（包括简单孔、锥形孔、台阶孔等类型），同时还支持直接在孔中添加螺纹特征。

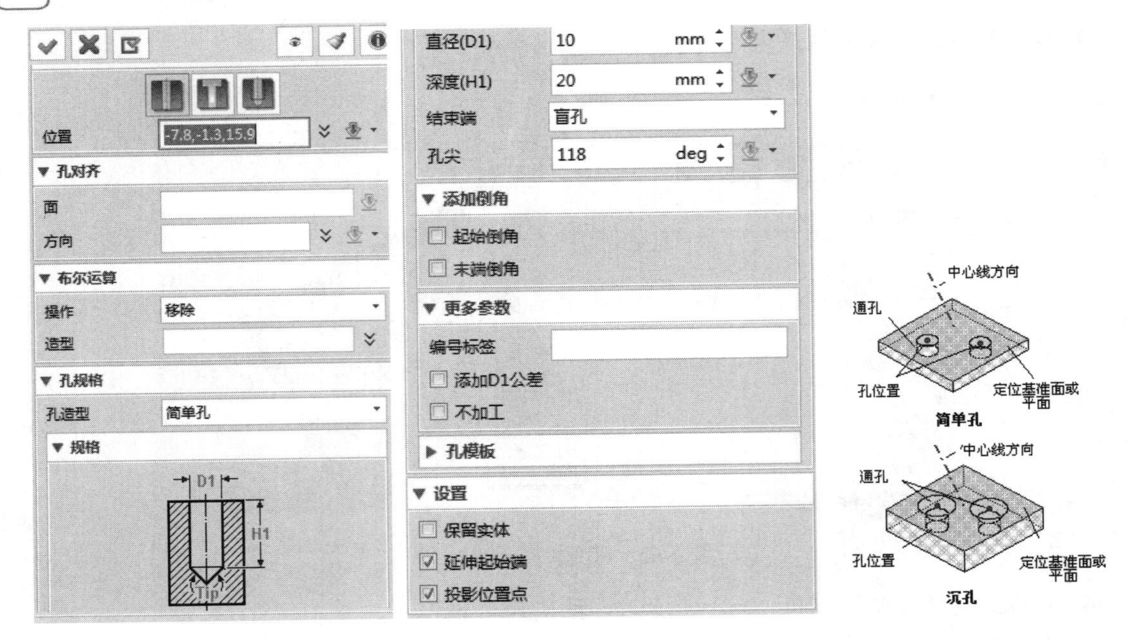

图 4-65 “孔”对话框

- **孔类型：**包含的孔类型有简单孔、锥形孔、台阶孔、沉孔和台阶面孔。选择类型后会显示该孔的示例图片，相应的孔的尺寸选项也随之变化，如图 4-66 所示。

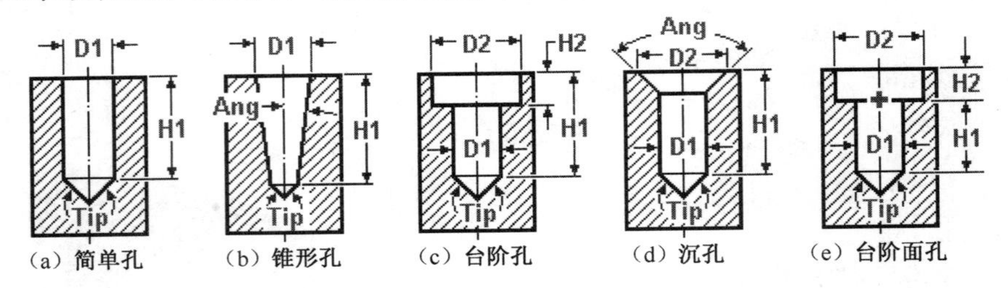

图 4-66 各种孔类型的示例

- **位置：**在绘图区单击鼠标右键，系统弹出各种点的定位选项，可以通过这些选项对孔进行精确定位。定义孔中心的位置，可以定义多个孔。
- **面：**定义放置孔的面。支持面、基准面和草图。
- **方向：**一般孔的轴向垂直于放置平面或面的法向方向。该选项用于定义打孔的方向。
- **孔轴向与面法向对齐：**如果在一个面上定义了多个孔位置，勾选该复选框后，系统将保持每个孔的轴向都指向定位点的面的法向方向。

【布尔运算】 当孔穿过多个造型时，通过该选项定义运行孔穿过的造型。

- **造型：**选择运行孔穿过的造型。

【孔规格】 定义孔的各项参数。

- **直径：**定义孔的直径。如果孔类型为台阶孔，还需要定义台阶孔的直径及台阶深度。
- **深度：**当“结束端”设置为“盲孔”时有效，定义孔的深度值。
- **结束端：**设置孔结束端的方式，包含盲孔、终止面和通孔 3 种。

- ❑ **盲孔**：将孔结束端设置为盲孔，通过“深度”选项来定义孔的深度。
- ❑ **终止面**：以所选择的面作为孔的结束面。
- ❑ **通孔**：完全贯穿整个实体。
- ● **孔尖**：当“结束端”设置为“盲孔”时有效，定义孔尖的角度。

经验参考：如果不需要孔尖，可将孔尖角度设置为180°。

- ● **螺纹**：定义孔的螺纹属性。当添加了孔螺纹后，三维图中会以装饰螺纹显示。
- ● **公差**：指定孔的公差范围。
- ● **编号标签**：设置孔编号，该编号在工程图的孔表中以“插图文字”属性显示。
- ● **不加工**：勾选该复选框后，孔在CAM加工时将被忽略。
- ● **保留实体**：设置是否保留用于定位孔的位置而使用的草图、点和线等。

经验参考：设置孔的各种属性，如直径、螺纹等，在工程图中可以自动生成孔表。

2．修改孔

单击工具栏中的【造型】→【工程特征】→【孔】下的▾，选择【修改孔】功能图标，系统弹出“修改孔”对话框（其各项参数与孔特征类似），通过该对话框可以修改选择的孔参数。与修改圆角功能一样，可以在无历史特征的情况下对孔的大小进行修改。

3．标记孔特征

如果一个面包含非孔特征命令创建的孔，可以使用“标记孔特征”命令为此孔添加孔属性，以确保工程图能识别出此为孔特征。如果没有这些属性，此孔在工程图中将不会自动产生中心线或螺纹，甚至连孔表也无法识别。

该命令只能识别在一个面上的孔，但此面可以包含很多个孔。这些孔既可以是简单孔、锥形孔、台阶孔和沉孔，也可以是盲孔（包含孔尖）或通孔。如果不希望将孔属性分配给所选面上的所有孔，可以只选择组成孔的面。

单击工具栏中的【造型】→【工程特征】→【孔】下的▾，选择【标记孔特征】功能图标，系统弹出“标记孔特征”对话框，选择需要标记为孔属性的孔面即可。

4.2.5 筋

在结构设计过程中，可能出现结构体悬出面过大或跨度过大的情况，在这种情况下，结构件本身能够承受的载荷不足，可以在两个结合体的公共垂直面上增加筋，以增加结合面的强度。中望3D有专门绘制筋的功能，它利用筋的轮廓草图拉伸为实体图，同时可以设置拔模角度和筋的终止面。

1．加强筋

单击工具栏中的【造型】→【工程特征】→【筋】功能图标，系统弹出如图4-67所示的对话框，该功能可创建普通的加强筋。

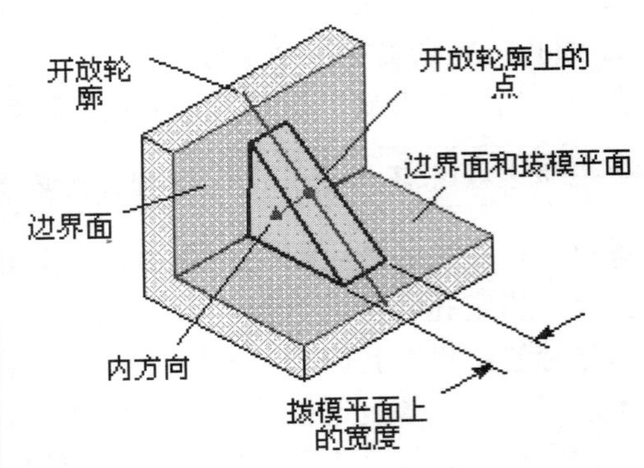

图 4-67 “筋”对话框

- **轮廓 P1：**指定筋的开放轮廓草图，可以在该选项上单击鼠标右键，进入草图创建界面。
- **方向：**包含平行和垂直两个选项。平行表示与轮廓草图所在平面的方向平行，垂直表示与轮廓草图所在平面的方向垂直。程序将自动选取轮廓某一侧的方向，若与所需结果不符，可勾选“反转材料方向”选项。
- **宽度类型：**定义轮廓线在筋厚度的位置，包含第一边、第二边和两者 3 个选项。选中两者时，轮廓线处于筋厚度的中间位置。
- **宽度 W：**定义筋的总厚度。
- **角度 A：**定义筋的拔模角度。
- **参考平面 P2：**如果定义了一个拔模角度，该选项定义拔模角度的参考平面。支持基准面和平面。
- **边界面 B：**定义筋的接触面。
- **反转材料方向：**勾选该复选框后，更改筋拉伸的方向。

加强筋操作步骤如下（练习文件：配套素材\EX\CH4\4-11.Z3）。

- ➢ 单击工具栏中的【造型】→【筋】功能图标。
- ➢ 选择加强筋的轮廓，或进入草图绘制轮廓。
- ➢ 设置加强筋的方向、宽度、宽度类型和角度等参数。
- ➢ 单击“确定”按钮，完成加强筋的创建，效果如图 4-68 所示。

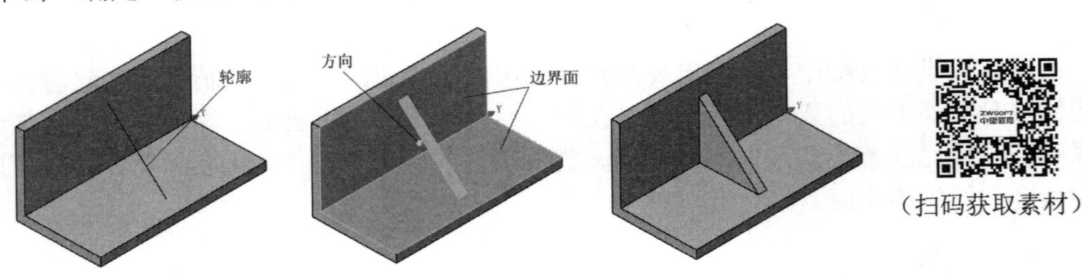

图 4-68 加强筋示例

经验参考：绘制加强筋的轮廓时，可以穿过边界面。

2．网状筋

单击工具栏中的【造型】→【工程特征】→【筋】下的，选择【网状筋】功能图标，弹出“网状筋”对话框，如图4-69所示，该功能可以完成网状式的筋特征创建。

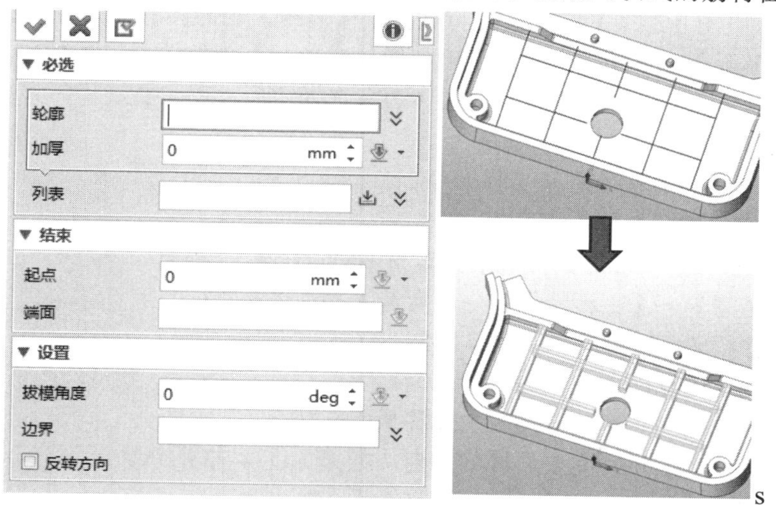

图4-69 “网状筋”对话框

- **轮廓**：定义筋的开放轮廓草图，可以在该选项上单击鼠标右键进入草图创建界面。轮廓允许自相交，但必须在一个平面上。
- **加厚**：定义网状筋的宽度。可以通过“可变厚度”选项添加可变的筋厚度。
- **起点/端面**：定义网状筋拉伸的起始点和终止点位置，注意要在终止位置选择实体平面。
- **拔模角度**：定义网状筋的拔模角度，以轮廓平面为参考方向。
- **边界**：定义与网状筋相交的边界面。设定后，网状筋的范围将不会超过这个范围。
- **反转方向**：勾选该复选框后，网状筋拉伸方向相反。

网状筋操作步骤如下（练习文件：配套素材\EX\CH4\4-13.Z3）。

- 单击工具栏中的【造型】→【工程特征】→【网状筋】功能图标。
- 选择网状筋的轮廓，或进入草图绘制轮廓。
- 设定网状筋的厚度、拔模角度等选项。
- 选择网状筋的边界面。
- 单击“确定”按钮，完成网状筋的创建，效果如图4-70所示。

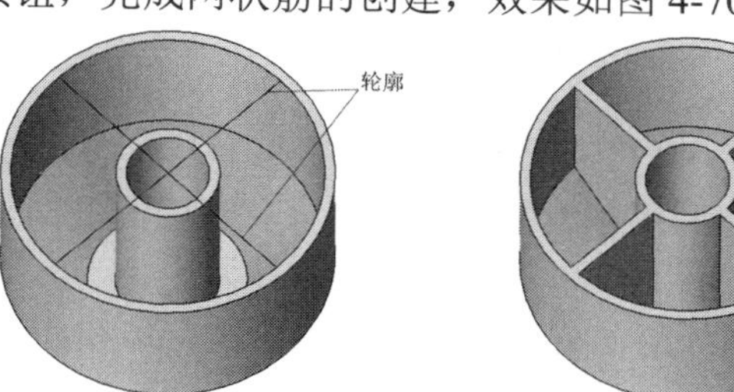

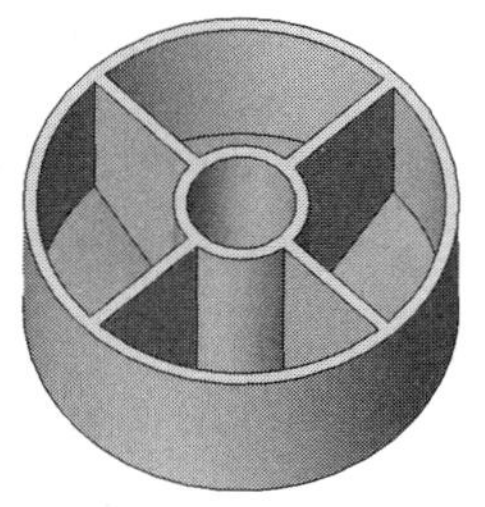

（扫码获取素材）

图4-70 网状筋示例

4.2.6 唇缘

单击工具栏中的【造型】→【工程特征】→【唇缘】功能图标，系统弹出“唇缘”对话框，如图4-71所示，该功能主要用于创建腔体零件配合部位的卡口形状。

- **边E：** 定义需要创建唇缘特征的实体边。选择边后，还需要选择一个侧面方向，以确定偏距1的方向。
- **偏距1 D1：** 设定唇缘的深度值。
- **偏距2 D2：** 设定偏移的宽度值。

唇缘操作步骤如下（练习文件：配套素材\EX\CH4\4-13.Z3）。

➢ 单击【造型】→【工程特征】→【唇缘】功能图标。

➢ 选择唇缘的轮廓。

➢ 选择偏距1的侧面方向。

➢ 设定唇缘的深度和宽度方向上的偏移量。

➢ 单击“确定”按钮，完成唇缘的创建，效果如图4-72所示。

（扫码获取素材）

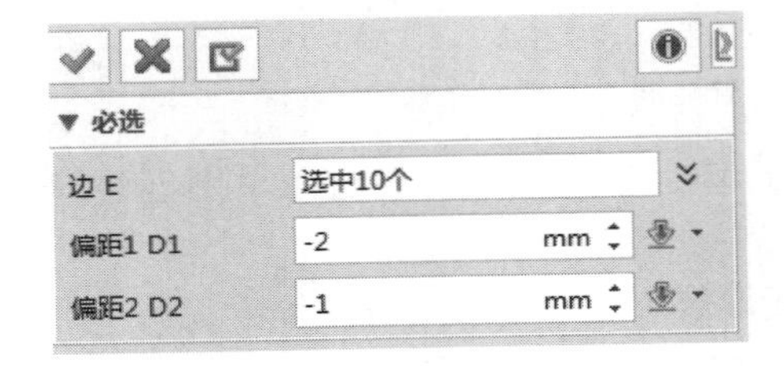

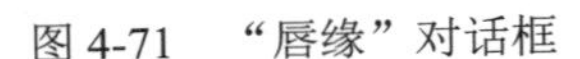
图4-71 “唇缘”对话框

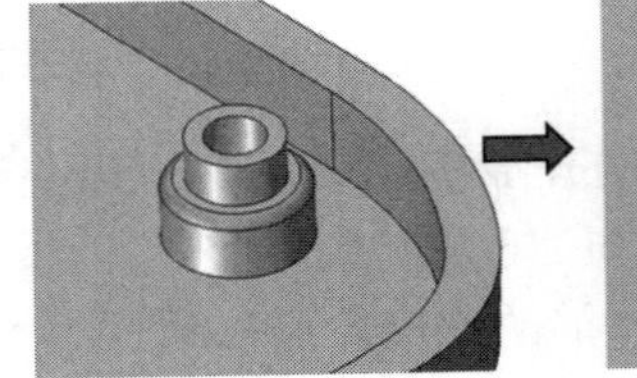

图4-72 唇缘示例

> **提醒：** 选择唇缘边时，先在绘图区域的空白位置单击鼠标右键，在弹出的菜单栏中选择“曲线”选项，再选择唇缘上的任意一条边，并完成所有边的选择。

4.2.7 螺纹

螺纹是指围绕圆柱面或孔生成螺纹特征，包含两个命令：螺纹和标记螺纹，其中标记螺纹是指在圆柱面上增加螺纹属性，三维实体里显示的是螺纹贴图形式，这样有助于减少实体的特征数量，提高软件运行速度。

1. 螺纹

单击工具栏中的【造型】→【工程特征】→【螺纹】功能图标，系统弹出“螺纹”对话框，如图4-73所示。该功能利用螺纹的截面轮廓，在圆柱面上扫掠形成螺纹特征。

- **面F：** 生成螺纹的圆柱面。
- **轮廓P：** 选择螺纹截面轮廓，可以选择草图、曲线、边和曲线列表。
- **匝数T：** 螺纹旋转圈数。
- **距离D：** 螺纹每圈的距离。

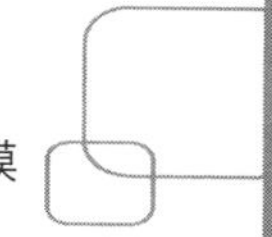

【布尔运算】 定义螺纹特征与造型的运算方式。

➢ **基体**：用于创建独立的螺纹特征。

➢ **加运算**：螺纹特征与造型执行布尔加运算操作，一般用于凸形螺纹。

➢ **减运算**：螺纹特征与造型执行布尔减运算操作，一般用于凹形螺纹。

➢ **交运算**：螺纹特征与造型执行布尔交运算操作。

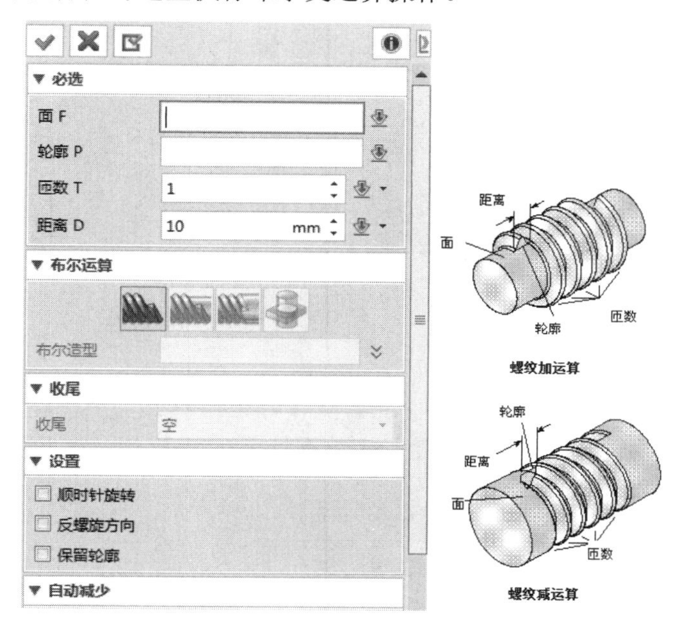

图 4-73 “螺纹”对话框

- **收尾**：设定在螺纹起始点和结束点处是否增加圆角光滑过渡，包含 4 个选项：空、起点、终点、两端。可以用半径数值控制进刀和退刀弧度的大小。该选项只有在进行加运算或减运算时才可用，效果如图 4-74 所示。

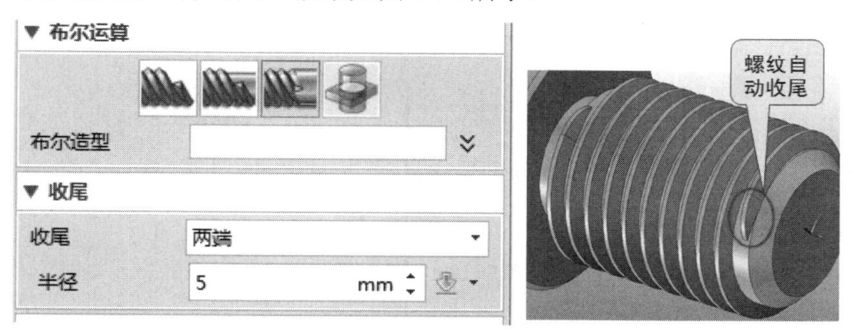

图 4-74 螺纹收尾示例图

- **顺时针旋转**：勾选该复选框后，将螺纹旋转的方向改为顺时针。一般默认为逆时针旋转。
- **反螺旋方向**：定义螺纹拉伸轴向的方向，勾选该复选框后反向伸展。

螺纹操作步骤如下（练习文件：配套素材\EX\CH4\4-14.Z3）。

- 单击工具栏中的【造型】→【工程特征】→【螺纹】功能图标。
- 选择螺纹生成的圆柱面和轮廓。
- 设置螺纹的匝数和螺距。
- 根据需要设置其他参数。
- 单击“确定”按钮，完成螺纹的创建，效果如图 4-75 所示。

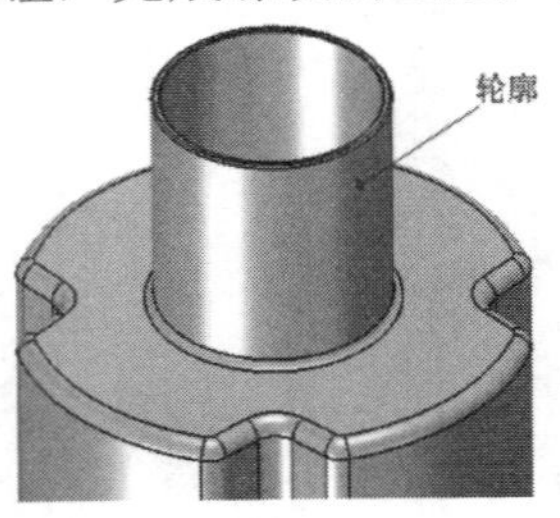

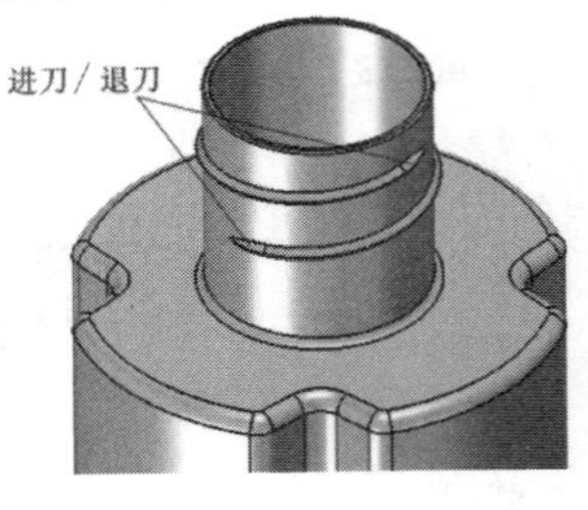

（扫码获取素材）

图 4-75　螺纹示例

2．标记螺纹

单击工具栏中的【造型】→【工程特征】→【标记螺纹】功能图标，弹出“标记螺纹”对话框，如图 4-76 所示。该功能创建的螺纹不具有三维实体形态，而以贴图方式显示，在生成工程图时具有螺纹属性。

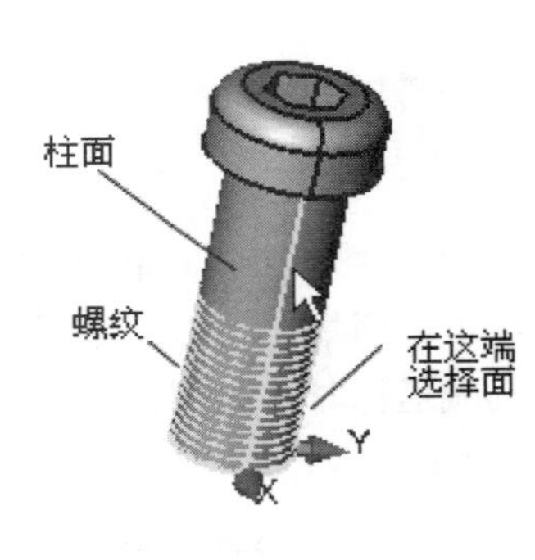

图 4-76　“标记螺纹”对话框

- **面：**选择生成螺纹的圆柱面。
- **类型：**生成螺纹的标准类型。螺纹的一些参数可以在这里定义，如螺距、长度等，默认直径为圆柱面的直径。
- **端部倒角：**为螺纹的端部增加倒角特征。

标记螺纹操作步骤如下（练习文件：配套素材\EX\CH4\4-15.Z3）。

- 单击工具栏中的【造型】→【工程特征】→【标记螺纹】功能图标。
- 选择标记螺纹生成的圆柱面。
- 设置标记螺纹的类型和螺纹参数等。
- 单击“确定”按钮，完成标记螺纹的创建，效果如图 4-77 所示。

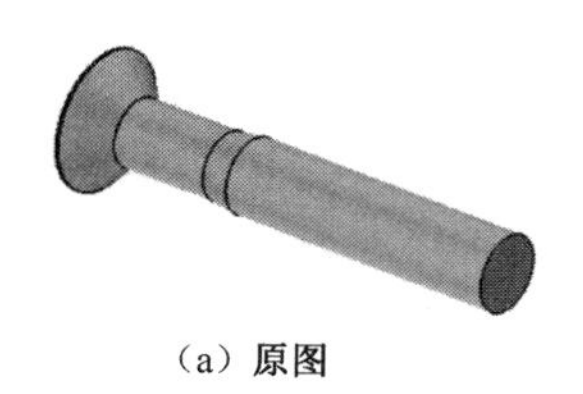
(a) 原图

(b) 标记螺纹

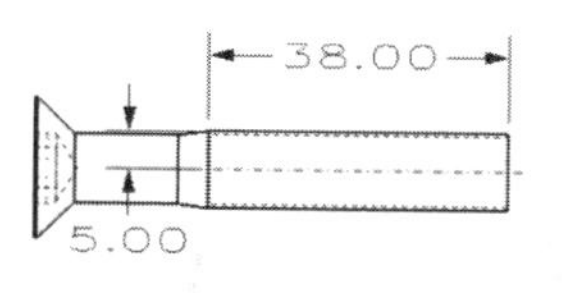

(c) 生成的工程图

(扫码获取素材)

图 4-77 标记螺纹示例

经验参考： 绘制标准螺纹时使用标记螺纹，无须绘制螺纹截面轮廓，生成的是贴图效果，同时可以减少计算机的运算负荷。

4.2.8 偏移

造型中的偏移包含面偏移和体积偏移。面偏移可以通过直接将实体中的某个面偏移来更改实体；体积偏移就是以实体为单位，对实体全部的面进行偏移，因此体积偏移也是面偏移的一种。偏移功能是沿偏移面法向方向产生偏移的，因此无法更改偏移方向。

1. 面偏移

单击工具栏中的【造型】→【编辑模型】→【面偏移】功能图标，系统弹出“面偏移”对话框，如图 4-78 所示。

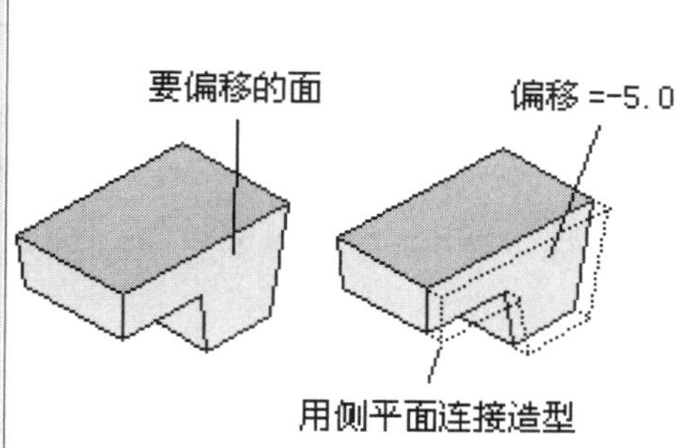

图 4-78 “面偏移”对话框

- **面 F：** 定义需要偏移的面；支持实体中的面和片体面。
- **偏移 T：** 定义偏移距离，正值表示向外偏移，负值表示向内偏移。
- **侧面：** 设置在偏移出现间隙时是否创建侧面。

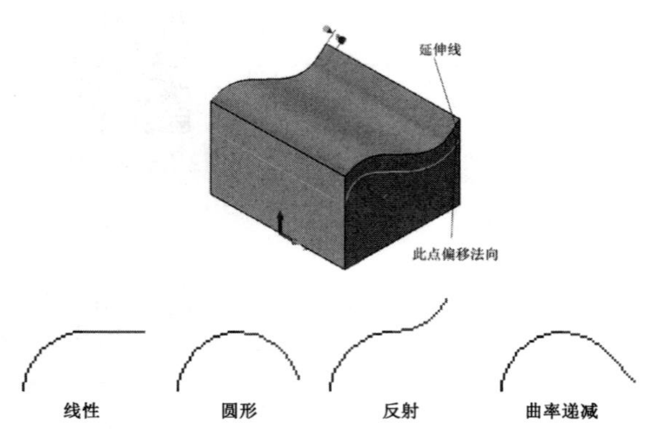

图 4-79　4 种延伸方式

- **延伸**：当曲面在偏移时，由于是按面的法向方向偏移的，所以有时需要在延伸方向上进行拉伸才能填补整个曲面，这时就需要用到延伸功能。延伸有线性、圆形、反射和曲率递减 4 种方式，如图 4-79 所示。
- **相交**：若在偏移中产生相交情况，可以用该选项选择是否移除相交部分。

2．体积偏移

单击工具栏中的【造型】→【编辑模型】→【面偏移】下的▾，选择【体积偏移】功能图标，系统弹出“体积偏移”对话框，如图 4-80 所示。体积偏移是以造型为单位产生整体偏移的。

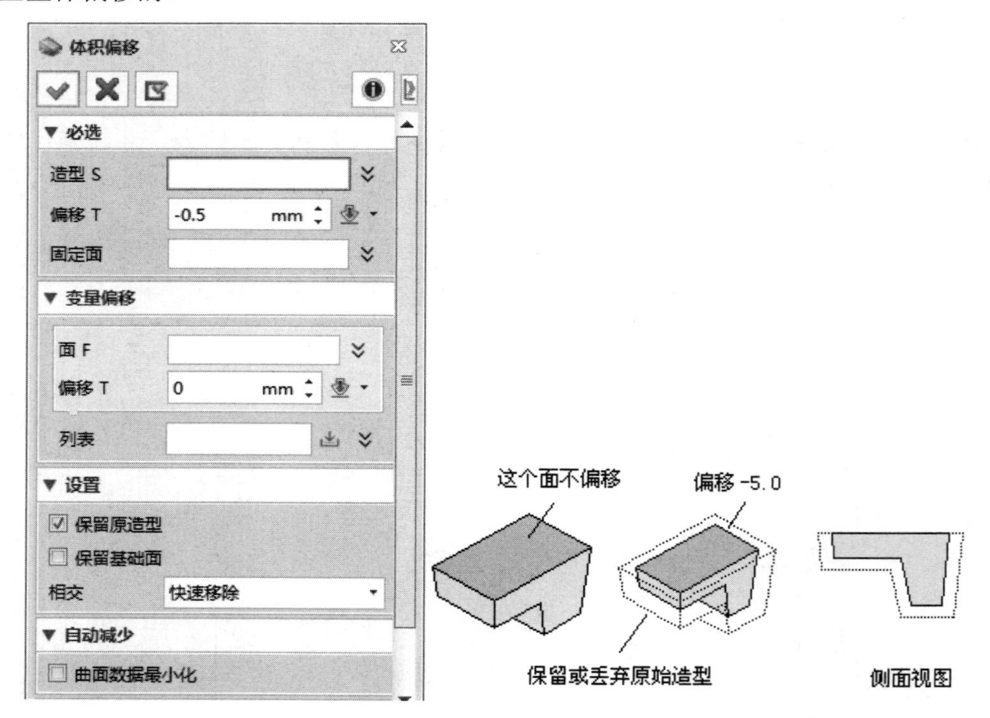

图 4-80　“体积偏移”对话框

- **造型 S**：选择需要偏移的造型。一般情况下为实体造型；如果是片体造型，效果和面偏移类似。
- **偏移 T**：指定偏移的距离值。
- **固定面**：指定造型上不需要偏移的面。该选项可以不指定。
- **保留原造型**：勾选该复选框后，偏移操作的原造型保留不变，生成新造型，否则新造型生成后原造型被删除。

4.2.9 抽壳

抽壳功能主要用于设计壳类零件，先创建出实心的零件，再通过抽壳命令生成薄壳零件。

单击工具栏中的【造型】→【编辑模型】→【抽壳】功能图标，系统弹出“抽壳”对话框，如图4-81所示，通过该功能可完成零件的抽壳操作。

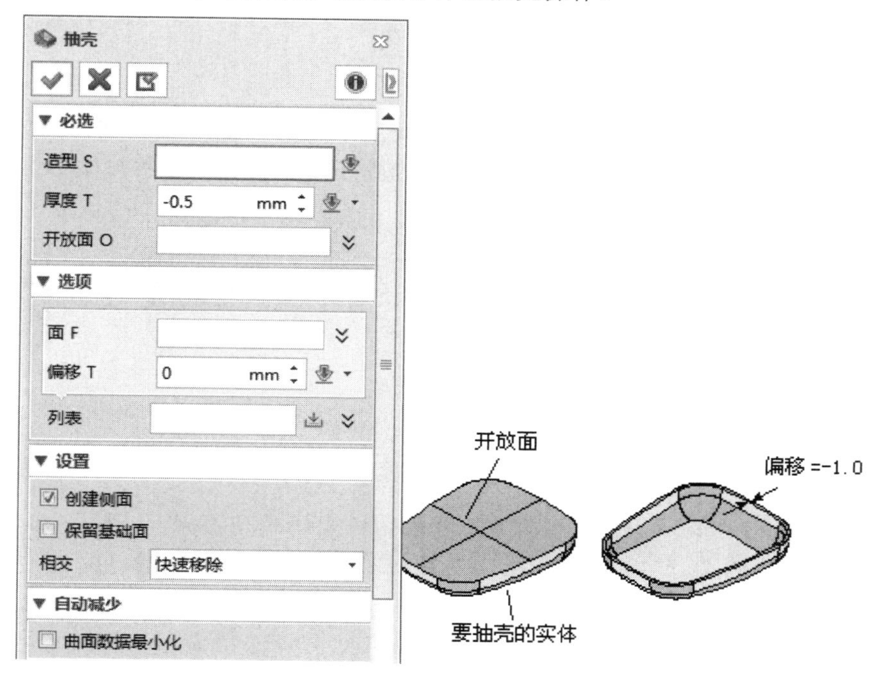

图4-81 “抽壳”对话框

- **造型 S：** 选择需要抽壳的实体造型。
- **厚度 T：** 定义薄壳的厚度。负值表示实体表面向内偏移生成薄壳，正值表示实体表面向外偏移生成薄壳。
- **开放面 O：** 定义抽壳后需要移除面。
- **创建侧面：** 针对开放面的抽壳。勾选该复选框后，抽壳命令会自动创建侧面形成实体，否则只对面进行偏移，如图4-82所示。

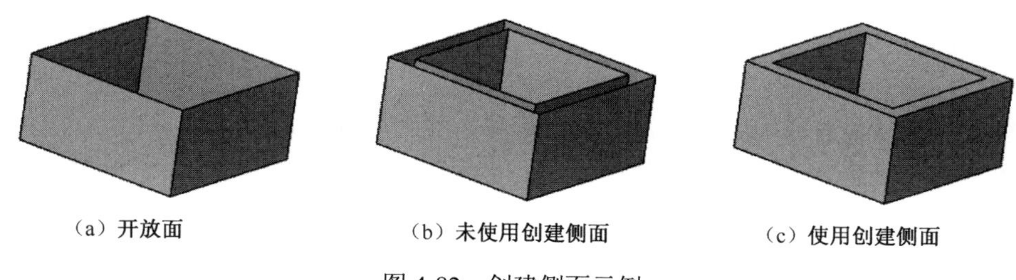

图4-82 创建侧面示例

- **相交：** 当使用抽壳命令产生自相交情况时，可以通过该选项设置处理自相交，如图 4-83 所示。

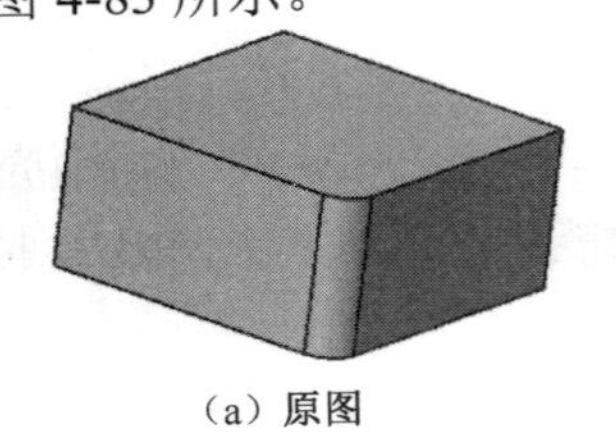
(a) 原图

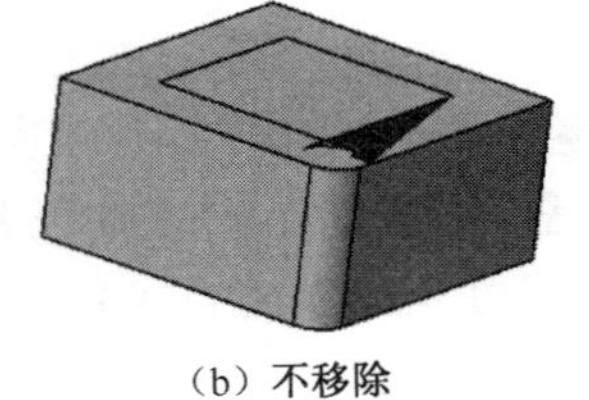
(b) 不移除

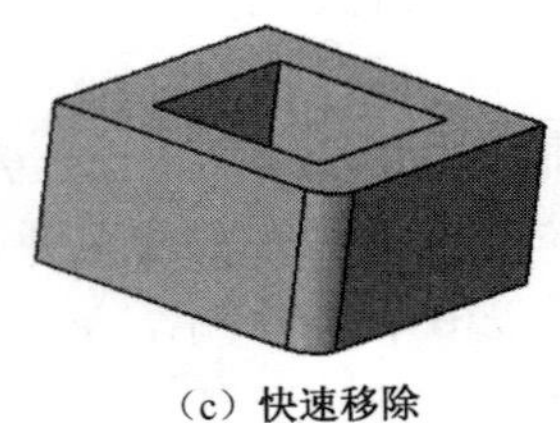
(c) 快速移除

图 4-83　相交示例

- **面 F/偏移 T：** 如果需要在同一实体上抽壳出不同的厚度，可通过该选项来增加需要不同厚度的面、设定偏移的值，这些面将按特定的厚度进行偏移，如图 4-84 所示。

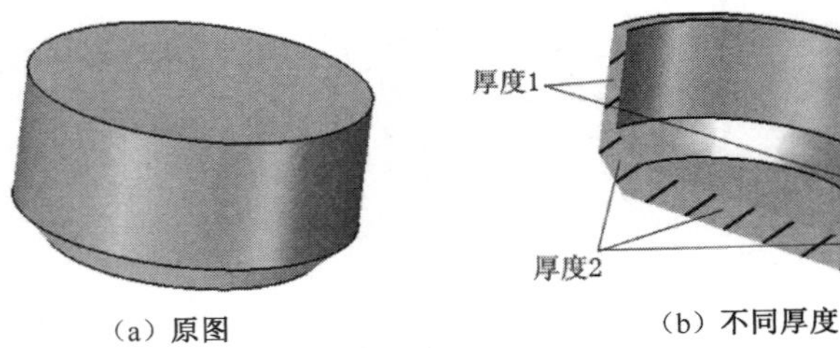

(a) 原图　　(b) 不同厚度

(扫码获取素材)

图 4-84　不同厚度抽壳

抽壳操作步骤如下（练习文件：配套素材\EX\CH4\4-16.Z3）。

- 单击工具栏中的【造型】→【编辑模型】→【抽壳】功能图标。
- 选择需要抽壳的实体。
- 设置抽壳的厚度和开放面。
- 如有需要可设定其他抽壳项，如增加不同面的抽壳厚度等。
- 单击“确定”按钮，完成抽壳的创建。

4.2.10　组合

组合是指对已经存在的多个实体进行布尔运算，操作中可设置多个基体和合并体，操作后多个实体成为一个实体。布尔运算有 3 种：添加实体（加运算），移除实体（减运算）和相交实体（交运算）。

单击工具栏中的【造型】→【编辑模型】→【添加实体】功能图标，系统弹出“添加实体”对话框，如图 4-85 所示。

- **基体：** 组合时的基本造型，如果是减运算，将在基体上进行减除。
- **合并体（工具体）：** 参与运算的造型，和基体一样，本项至少有一个实体，组合效果如图 4-86 所示。

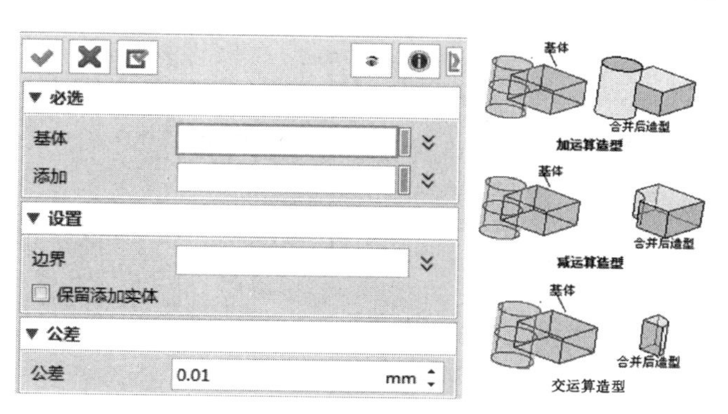

图 4-85　“添加实体”对话框

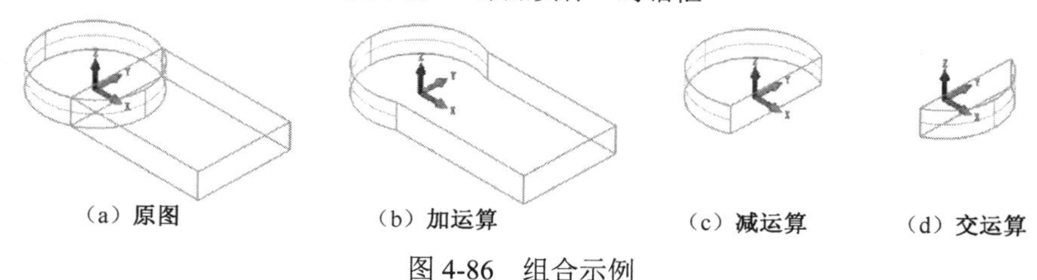

（a）原图　（b）加运算　（c）减运算　（d）交运算

图 4-86　组合示例

- **边界：** 当合并体与基体相交时，可以选择边界所在的面，利用该面可以对合并体进行修剪，如图 4-87 所示。

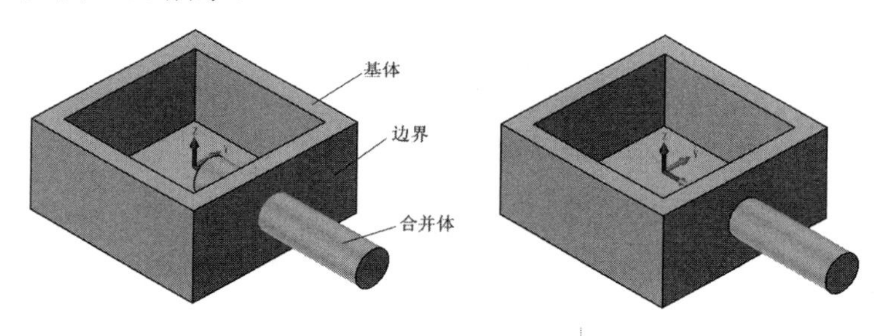

图 4-87　边界示例

- **保留添加实体：** 勾选该复选框后，参与运算的造型将会保留原型，否则参与运算的原实体将被删除。

提醒： 中望 3D 具有强大的混合建模技术，可以使实体与曲面交互自由。因此，组合功能除了支持针对实体的操作，同样支持针对曲面（片体）的操作。

4.2.11　分割和修剪

利用实体造型或面，可以对实体进行分割或修剪，被分割或修剪后的实体单独成为造型。同时，分割和修剪功能支持对开放造型的操作。

1．分割实体

单击工具栏中的【造型】→【编辑模型】→【分割】功能图标，系统弹出“分割实体”对话框，如图 4-88 所示。

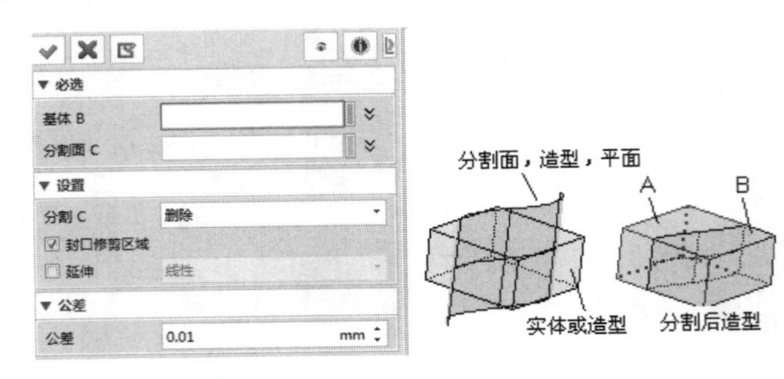

图 4-88 “分割实体”对话框

- **基体 B**：定义需要分割的实体或造型。
- **分割面 C**：定义分割的边界面或实体造型，如果是实体造型，将以基体接触的面为边界进行分割，如图 4-89 所示。

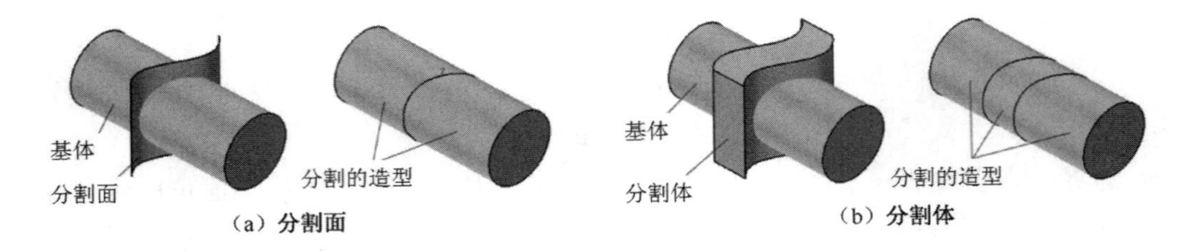

图 4-89 分割面示例

- **分割 C**：设置对分割面的处理方式，包含 3 个选项：保留、删除和分割。
  - ➢ **保留**：分割后保留分割面或造型。
  - ➢ **删除**：分割后将分割面或造型删除。
  - ➢ **分割**：分割后分割面或造型不被删除，但同时也被分割。
- **封口修剪区域**：如果勾选该复选框，分割出的将是实体造型；如果不勾选该复选框，分割面不会自动产生封口面，因此，分割后为开放造型。
- **延伸**：只有在分割体为面时才能使用。如果分割面没有贯穿基体，可以设置让系统自动延伸分割面使之能顺利分割，如图 4-90 所示。

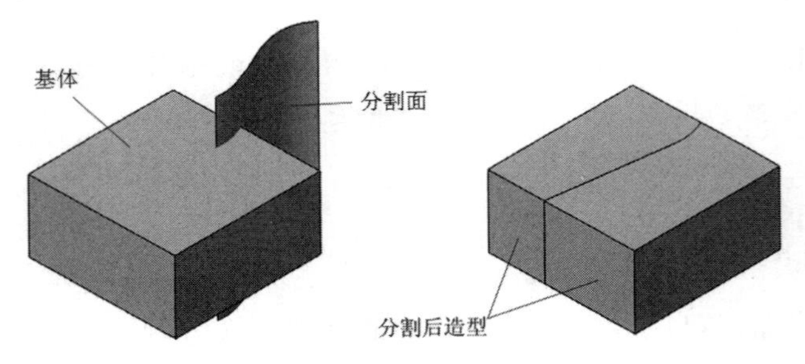

图 4-90 延伸分割面示例

2．修剪实体

单击工具栏中的【造型】→【编辑模型】→【分割】下的▾，选择【修剪】功能图标，系统弹出“修剪实体”对话框，如图 4-91 所示。修剪实体的操作和分割实体基本一样，但只保留分割面方向一侧的造型，其他将被删除，效果如图 4-92 所示。

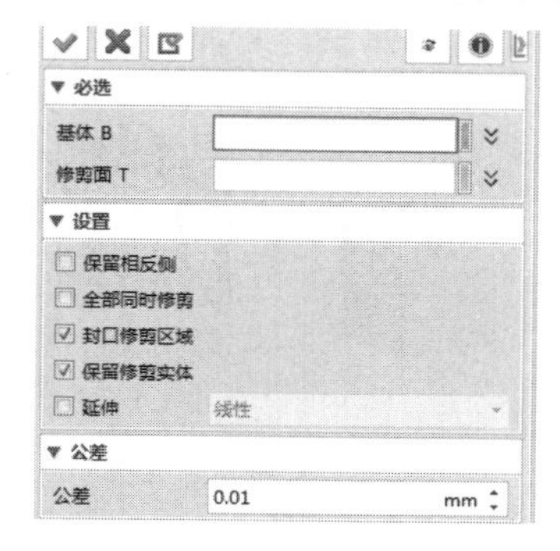

图 4-91 “修剪实体”对话框

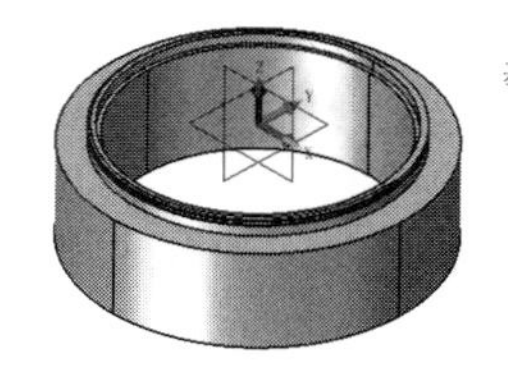
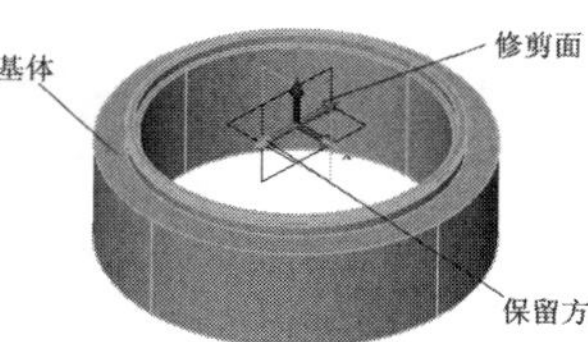

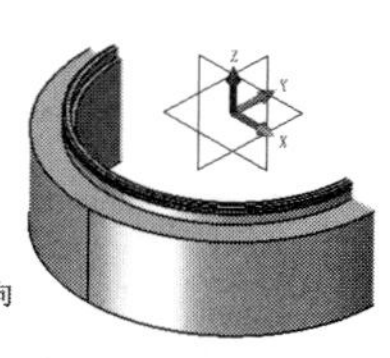

图 4-92　修剪实体示例

该功能中的参数设定大部分和分割实体相同，请参考“分割实体”功能的介绍。以下仅介绍不同的 2 个选项。

- **保留相反侧**：定义了基体和修剪面后，修剪面上有箭头标出需要保留的实体的一侧，如果要保留反侧，请勾选该复选框。
- **全部同时修剪**：该选项针对相交的实体使用。使用这个选项来指定修剪操作是连续（按顺序）进行还是同时进行。

4.2.12　简化

单击工具栏中的【造型】→【编辑模型】→【简化】功能图标，系统弹出“简化”对话框，如图 4-93 所示。简化功能通过删除所选面或特征来简化某个造型。这个功能会试图通过延伸和重新连接面来闭合零件中的间隙。如果不能合理闭合这个零件，系统会反馈一个错误信息。可以选择要删除的面，然后单击鼠标中键或单击“确定”按钮进行删除。

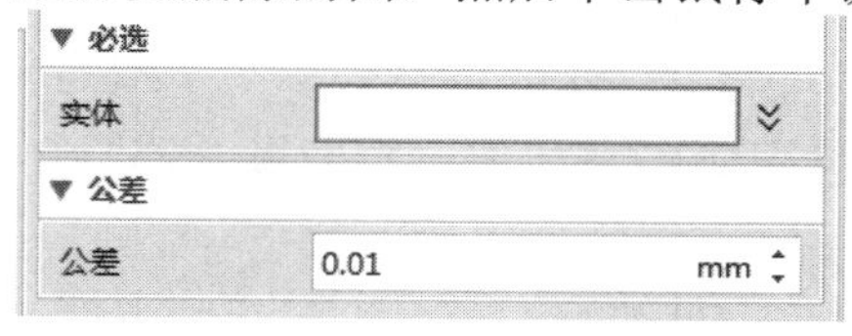

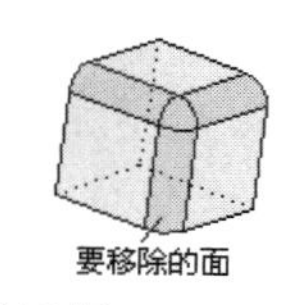

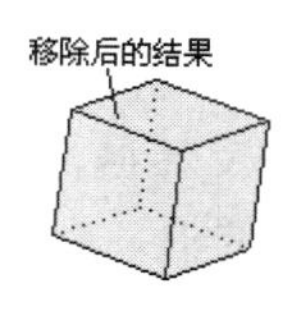

图 4-93 “简化”对话框

4.2.13　替换

单击工具栏中的【造型】→【编辑模型】→【替换】功能图标，系统弹出“替换”对话框，如图 4-94 所示。该功能可以用一个面替换实体上的一个或多个面，替换后形成新的实体特征，效果如图 4-95 所示（练习文件：配套素材\EX\CH4\4-17.Z3）。

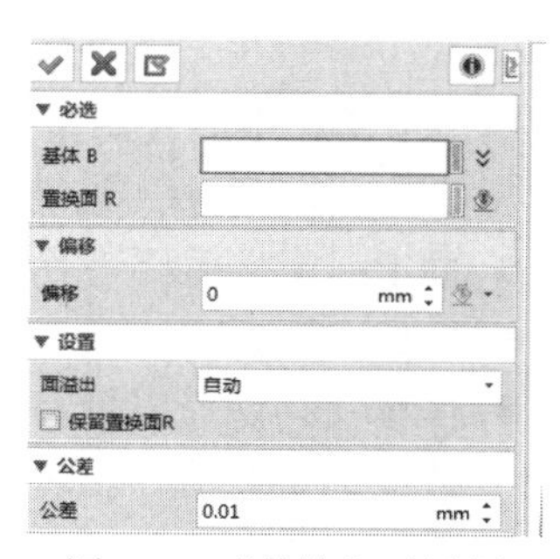

图 4-94 “替换”对话框

- **基体 B**：定义需要被替换的面。

- **置换面 R**：定义用于替换的面。
- **保留置换面 R**：勾选该复选框，完成替换操作后，置换面仍然保留，否则置换面被删除。

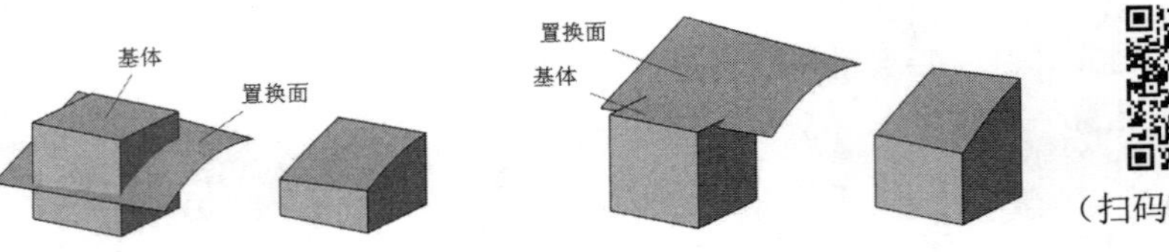

（扫码获取素材）

图 4-95　替换示例

> **经验参考**：替换中的置换面可以不用全部贯穿实体，软件会根据置换面的趋势自动延伸来进行替换。

4.2.14　解析自相交

单击工具栏中的【造型】→【编辑模型】→【解析自相交】功能图标，系统弹出“解析自相交”对话框，如图 4-96 所示。在绘制实体图形时，有时由于操作失误或形状复杂，产生了自相交的特征，用该功能可以移除自相交部分，效果如图 4-97 所示（练习文件：配套素材\EX\CH4\4-18.Z3）。

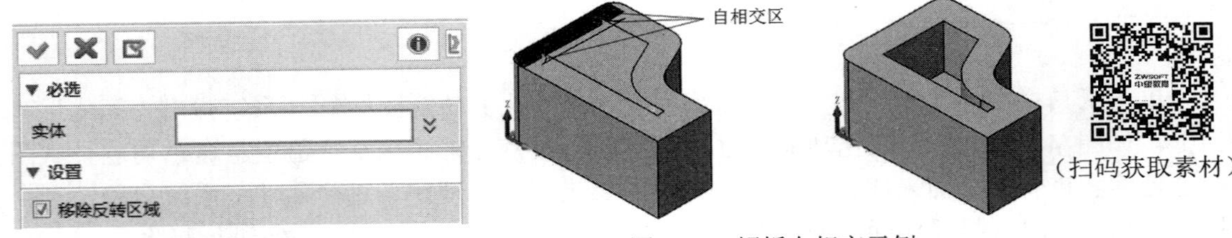

（扫码获取素材）

图 4-96　“解析自相交”对话框　　图 4-97　解析自相交示例

- **实体**：定义需要删除自相交部分的造型。
- **移除反转区域**：在有反转区域的情况下，使用该选项能顺利移除自相交。建议勾选该复选框。

4.2.15　镶嵌

单击工具栏中的【造型】→【编辑模型】→【镶嵌】功能图标，系统弹出“镶嵌”对话框，如图 4-98 所示。该功能可以在一个面上根据草图或其他面上的曲线产生镶嵌特征。

- **面 F**：定义需要进行镶嵌的面。
- **曲线 C**：定义需要镶嵌的曲线，支持草图和曲线。
- **偏移 T**：定义镶嵌特征的偏移值。当数值为负时向平面法向反面偏移，一般生成凹陷特征；当数值为正时沿法向方向偏移。
- **拔模**：为镶嵌特征的侧壁增加拔模角。
    - ❑ 拔模体：定义拔模平面的位置，包含“基础面”、“偏移”和“中间”3 个选项。

基础面是指镶嵌曲线的面，偏移是指拉伸出的面，中间是指基础面和偏移面中间虚拟一个面作为拔模体。

- ❑ 拔模角度：定义一个拔模角度值。

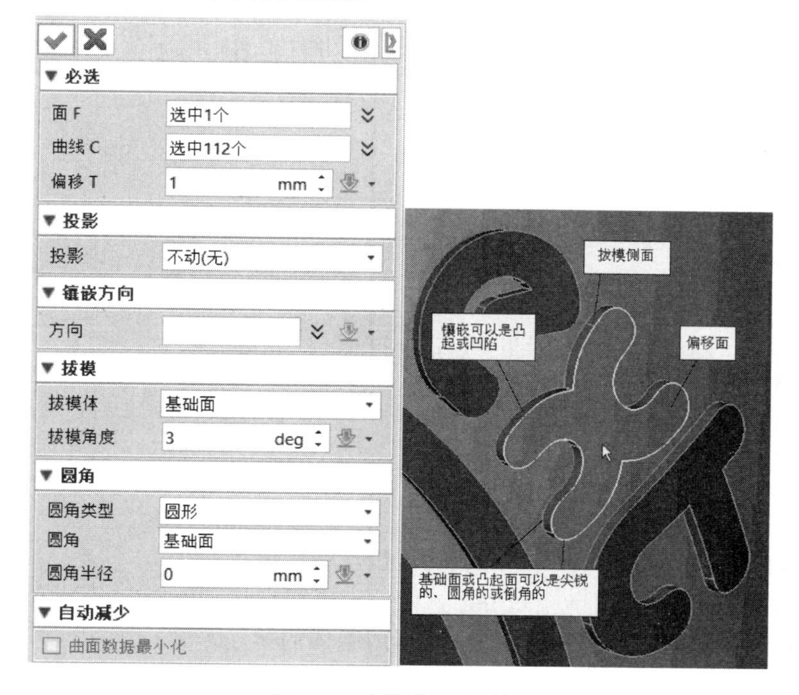

图 4-98 “镶嵌”对话框

- **圆角类型：** 对拉伸的造型进行倒圆角或倒斜角。
- **圆角：** 定义需要倒角的边。可以选择基础面、两边、底边或偏移。底边是指曲线所在的面，偏移是指曲线拉伸出的面，两边是指底边和偏移的面都包含。
- **圆角半径：** 定义倒圆角的半径或倒斜角的距离值。

镶嵌曲线操作步骤如下（练习文件：配套素材\EX\CH4\4-19.Z3）。

- ➢ 单击工具栏中的【造型】→【编辑模型】→【镶嵌曲线】功能图标。
- ➢ 定义镶嵌的面和曲线。
- ➢ 设置偏移的厚度。正值为凸台特征，负值为凹陷特征。
- ➢ 如果有需要，可进行倒角和拔模的设置。
- ➢ 单击“确定”按钮，完成镶嵌曲线操作，效果如图 4-99 所示。

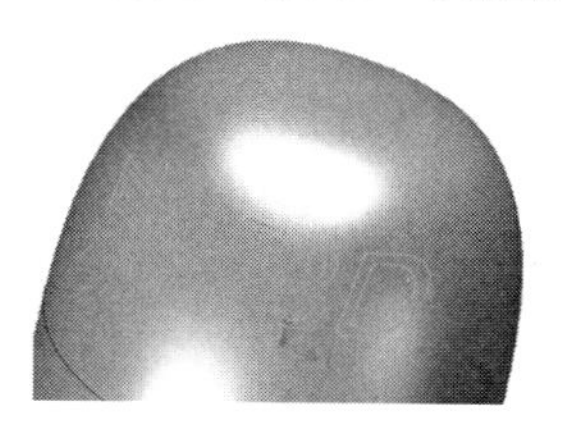

（a）原图

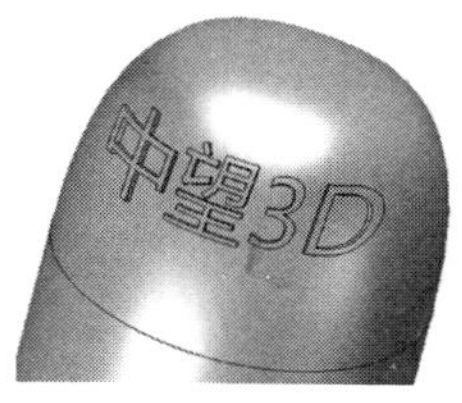

（b）凸台特征

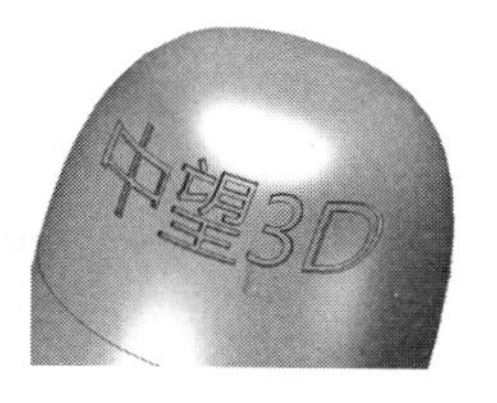

（c）凹陷特征

（扫码获取素材）

图 4-99 镶嵌曲线示例

4.2.16 拉伸成型

单击工具栏中的【造型】→【编辑模型】→【拉伸成型】功能图标，弹出“拉伸成型”对话框。执行拉伸成型功能时，需要有两个实体，其中一个实体为基体，另一个为冲压体，冲压后产生一个类似抽壳的效果，如图 4-100 所示。

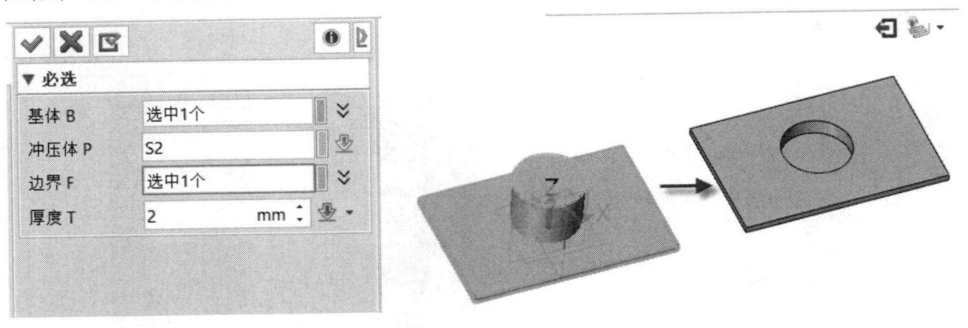

图 4-100 “拉伸成型”对话框

- **基体 B：** 定义拉伸成型基础实体。
- **冲压体 P：** 定义需要冲压出的形状的造型，即冲头。
- **边界 F：** 在基体上定义一个边界面，定义边界面后实际就指定了冲压的方向。
- **厚度 T：** 冲压体在经过冲压操作后，形成腔体的薄壳厚度。

冲压操作步骤如下。

- ➢ 单击工具栏中的【造型】→【编辑模型】→【拉伸成型】功能图标。
- ➢ 分别选择基体和冲压体的造型。
- ➢ 选择冲压边界。
- ➢ 输入厚度值。
- ➢ 单击“确定”按钮，完成冲压操作。

提醒： 完成拉伸成型操作后，基体和冲压体两个造型合并为一个造型。允许对冲压特征进行阵列操作。

图 4-101 “合并”对话框

4.2.17 合并

单击工具栏中的【造型】→【编辑模型】→【合并】功能图标，弹出“合并”对话框，如图 4-101 所示。合并是指把装配的组件转换为非装配的实体造型。选择需要转换的组件，确认即可完成转换。

4.3 变形工具

4.3.1 实体变形

1．由指定点开始变形

单击工具栏中的【造型】→【变形】→【由指定点开始变形】功能图标，系统弹出“由指定点开始变形”对话框，如图 4-102 所示。该功能通过抓取面上的一个点并采用不同的方式拖动这个点来进行变形。有 6 种方式可用来创建变形，即沿轨迹转变、转变到点、沿方向转变、沿轴旋转、点缩放和非均匀点缩放。下面以“沿方向转变”为例详细讲述（练习文件：配套素材\EX\CH4\4-20.Z3）。

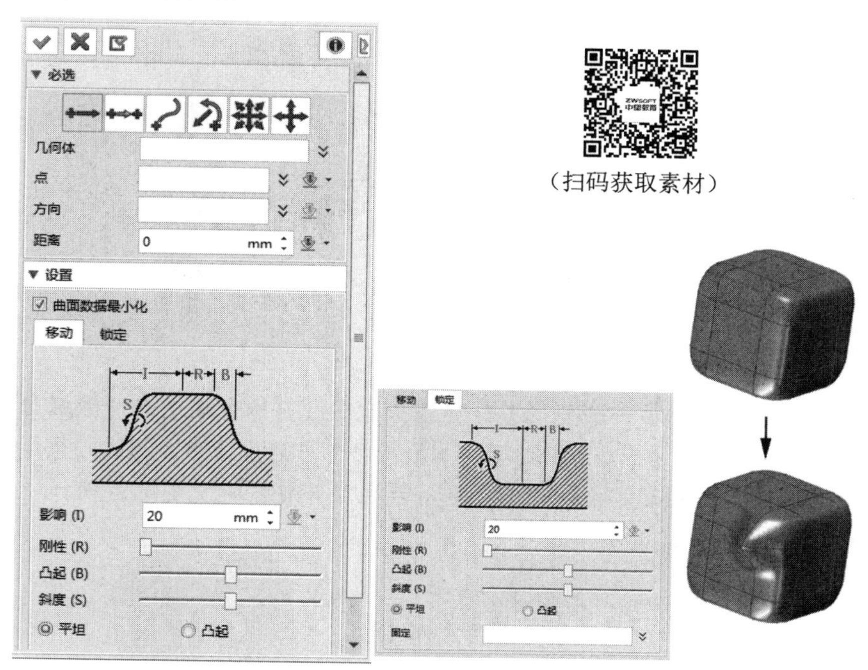

（扫码获取素材）

图 4-102 “由指定点开始变形”对话框

- **几何体：**定义需要进行变形的几何体，可以选择造型或面。
- **点：**定义变形开始的点，该点必须位于几何体上。
- **方向：**定义变形点移动的方向。
- **距离：**定义变形点移动的距离。
- **曲面数据最小化：**使用这个选项，通过减少变形表面的控制点的数量，从而减小曲面数据的大小。
- **移动：**定义将会移动的几何体及影响邻近几何体移动量的参数。
- **锁定：**定义固定不移动的几何体及相同的过渡参数。可以锁定独立的点、边、曲线、面或基准面。

- ❑ **影响（I）**：定义影响半径。半径值越小，影响的范围就越小；半径值越大，对零件的影响范围就越大。
- ❑ **刚性（R）**：定义刚性运动的半径。R=100 可以理解为 100%的影响半径。
- ❑ **凸起（B）**：定义过渡区的凸起因子。
- ❑ **斜度（S）**：定义过渡区的斜度。

- **平坦/凸起**：设置点所在的表面是圆形面（平坦）还是尖锐面（凸起）。
- **固定**：选择不发生变形的面，同样可以设定周边面变形程度和变形方法。

操作步骤如下：

➢ 单击工具栏中的【造型】→【变形】→【由指定点开始变形】功能图标。

➢ 选择需要变形的几何体。

➢ 选择变形点，设置变形距离为 10mm，方向设定为 Y 轴负方向。

➢ 单击“确定”按钮，完成由指定点开始变形实体操作，效果如图 4-103 所示。

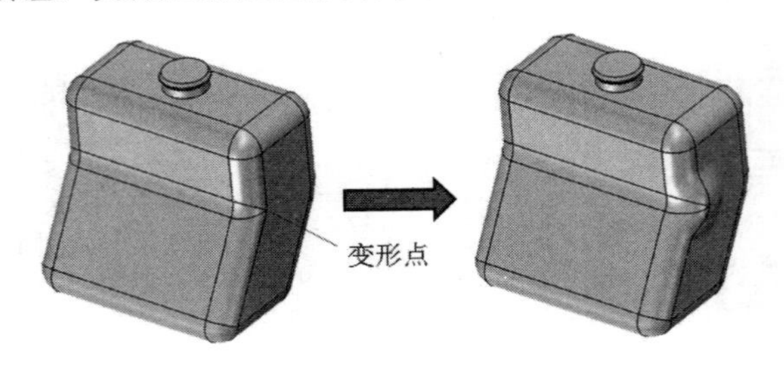

图 4-103　由指定点开始变形示例

2．由指定曲线开始变形

单击工具栏中的【造型】→【变形】→【由指定曲线开始变形】功能图标，系统弹出“由指定曲线开始变形”对话框，如图 4-104 所示。该功能通过选择曲线并采用不同的方式拖动来进行变形。它与“由指定点开始变形”一样包含 6 种创建变形的方式。

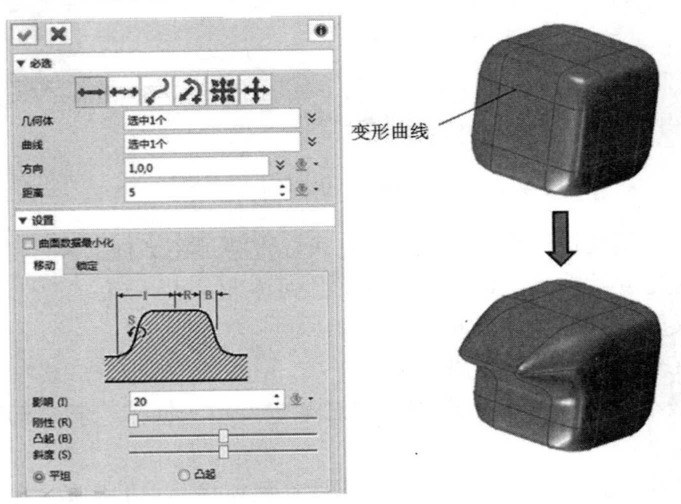

图 4-104　“由指定曲线开始变形”对话框

- **几何体**：定义需要进行变形的几何体，可以选择造型或面。
- **曲线**：定义需要进行变形的曲线。

其余选项设置参照【由指定点开始变形】的介绍。

操作步骤如下。

➢ 单击工具栏中的【造型】→【变形】→【由指定曲线开始变形】功能图标。

➢ 选择需要变形的几何体。

➢ 选择瓶口圆形曲线为变形曲线，设置变形距离为10，方向设定为Y轴负方向。

➢ 单击"确定"按钮，完成变形操作，效果如图4-105所示。

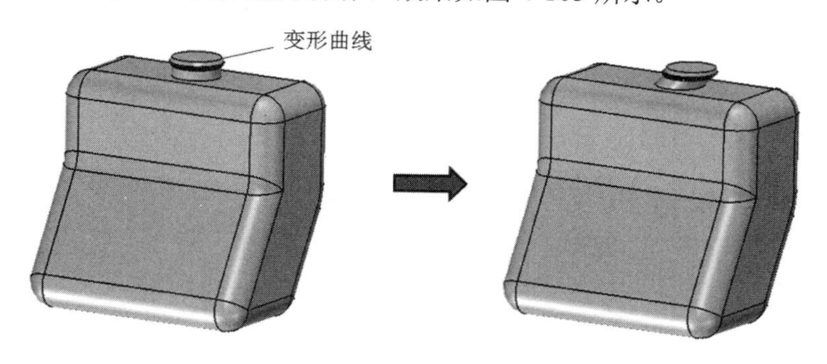

图4-105　由指定曲线开始变形示例

3. 通过偏移变形

单击工具栏中的【造型】→【变形】→【通过偏移变形】功能图标，系统弹出"通过偏移变形"对话框，如图4-106所示。该功能与【由指定曲线开始变形】功能较为类似，不同之处在于偏移变形选择的曲线只偏移不移动。

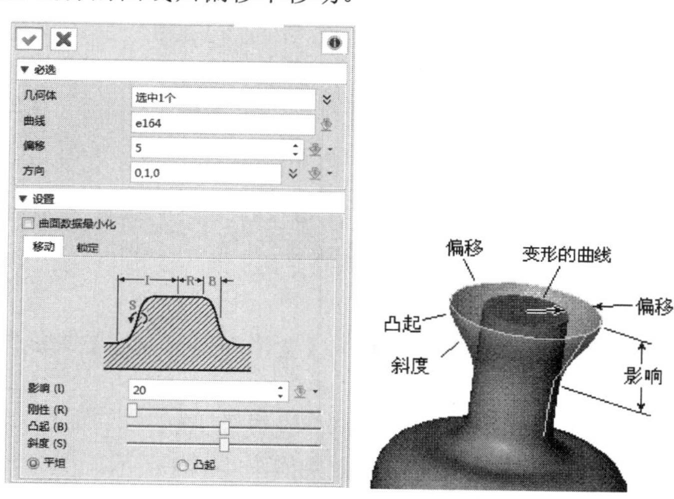

图4-106　"通过偏移变形"对话框

- **几何体**：定义需要进行变形的几何体，可以选择造型或面。
- **曲线**：定义需要进行偏移变形的曲线。
- **偏移**：定义变形曲线偏移的距离。

其余选项设置参照【由指定点开始变形】的介绍。

4. 变形为另一曲线

单击工具栏中的【造型】→【变形】→【变形为另一曲线】功能图标，系统弹出“变形为另一曲线”对话框，如图 4-107 所示。该功能将面上的曲线变成目标曲线，曲线周围的面也会产生变形。

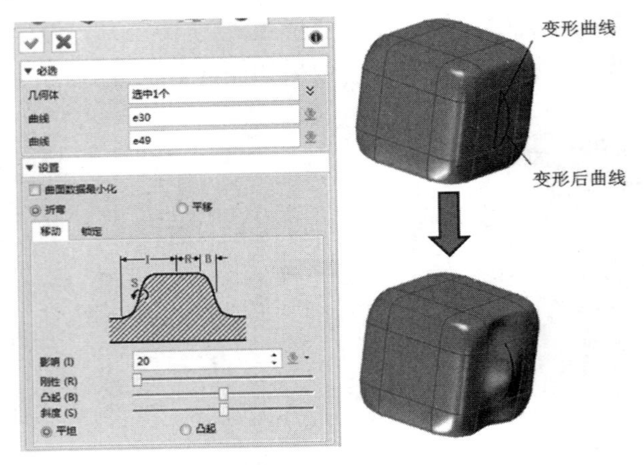

图 4-107 “变形为另一曲线”对话框

- **几何体：** 定义需要进行变形的几何体，可以选择造型或面。
- **曲线：** 定义需要变形的曲线和目标曲线。
- **折弯/平移：** 使变形转换实现弯曲或平移转换，如图 4-108 所示。

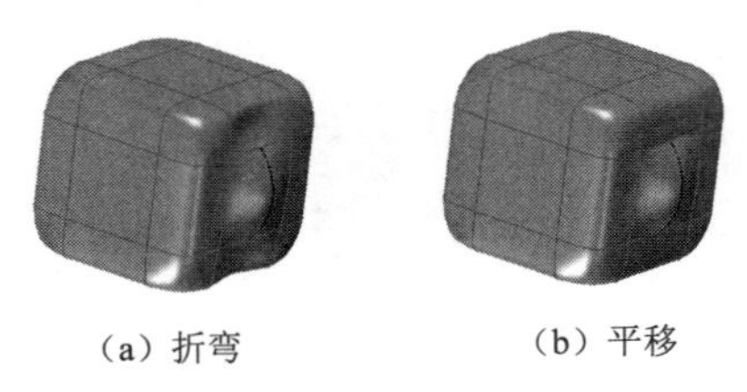

（a）折弯　　（b）平移

图 4-108 “折弯”和“平移”选项的不同效果

其余选项设置参照【由指定点开始变形】的介绍。

操作步骤如下。

➢ 单击工具栏中的【造型】→【变形】→【变形为另一曲线】功能图标。
➢ 选择需要变形的几何体。
➢ 选择变形的曲线和目标曲线，将“影响”设置为 100。
➢ 单击“确定”按钮，完成变形操作，效果如图 4-109 所示。

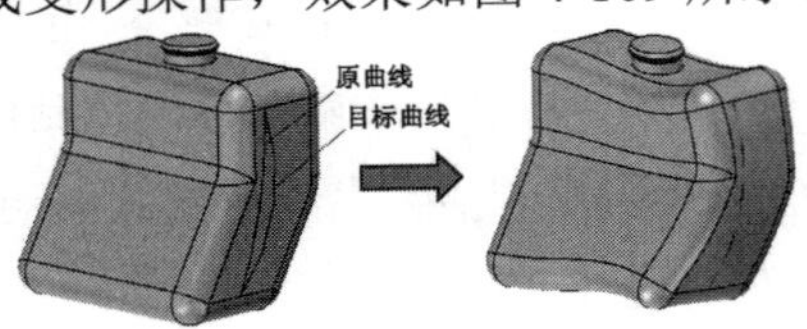

图 4-109 变形为另一曲线示例

4.3.2　缠绕到面

单击工具栏中的【造型】→【变形】→【缠绕到面】功能图标，系统弹出“缠绕到面”对话框，共包含 5 种缠绕方式。

【缠绕到面】　该选项将由基准面定义的一组面或造型等映射和变形到另一组面上，效果如图 4-110 所示（练习文件：配套素材\EX\CH4\4-21.Z3）。

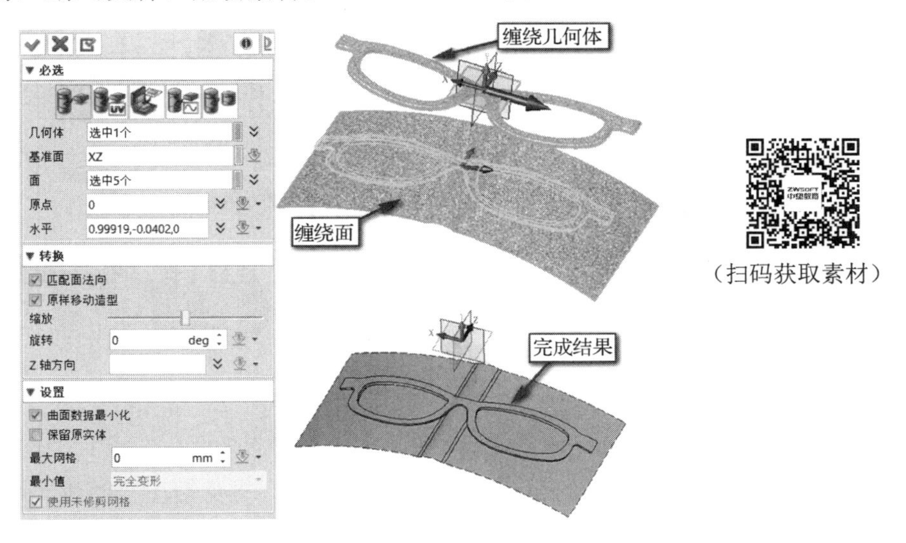

图 4-110　缠绕到面示例

- **几何体：**定义缠绕到目标面上的几何体，支持造型、曲线、草图和点等。
- **基准面：**定义一个面，作为缠绕几何体的基准平面。
- **面：**定义模型上被缠绕的目标面。
- **原点：**定义面上的一个点作为基准面的原点。
- **水平：**定义面上的一个方向，相当于基准面上的 X 轴方向。
- **匹配面法向：**通过该选项定义造型缠绕到目标面的哪一侧。
- **原样移动造型：**通过该选项设定将造型直接移动到目标面的指定位置上，或匹配目标面的形状进行缠绕。
- **缩放：**移动滑动条来缩放缠绕几何体。正值表示放大，负值表示缩小。
- **旋转：**通过设定一个旋转角度来改变造型缠绕到目标面的方向。
- **Z 轴方向：**通过该选项定义几何体的偏移方向，默认的偏移方向为曲面法向。
- **曲面数据最小化：**勾选该复选框，减少缠绕面的数据量。
- **保留原实体：**勾选该复选框后，完成操作后保留缠绕几何体，否则删除缠绕几何体。
- **最大网格：**通过该选项设置组成展开面的三角面片的大小。三角面片越小，结果就越精准。同时，也意味着需要更长的计算时间和更多的内存。数值“0”表示中望 3D 会自动根据被展开的面的大小选择一个最大网格数。
- **最小值：**通过该选项降低曲面变平时的失真。默认在所有方向都降低失真，只有被缠绕的是一个未修剪的面时，才可以选择只在 U 或者 V 方向上降低失真。

【缠绕到 UV 面】 该选项将位于同一个面上的一组几何体沿着曲面的自然流线方向缠绕几何体，效果如图 4-111 所示（练习文件：配套素材\EX\CH4\4-21.Z3）。

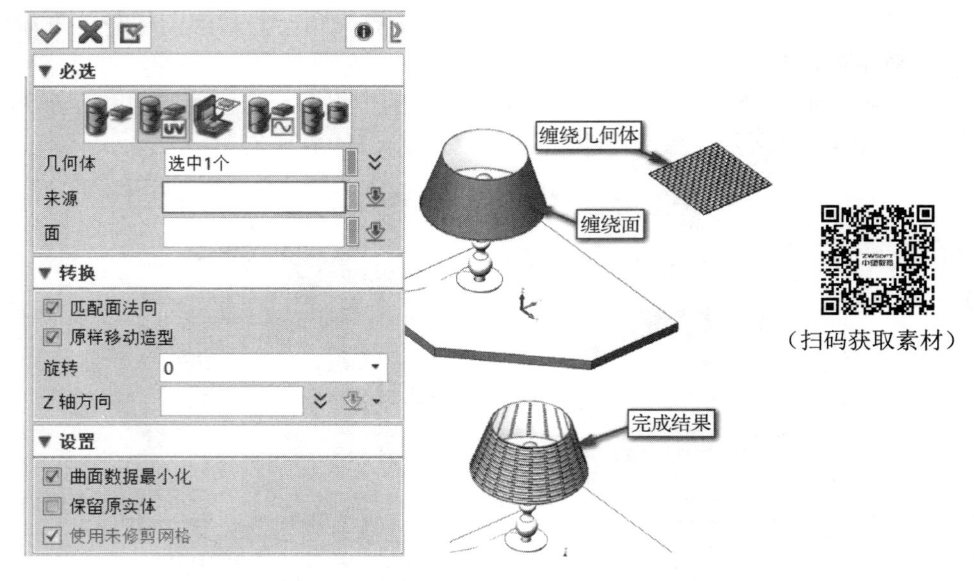

图 4-111　缠绕到 UV 面示例

- 几何体：定义缠绕到目标面上的缠绕几何体，支持造型、曲线、草图和点等。
- 来源：定义原面。缠绕几何体将会按一定规则投影到该面，尤其当该面是一个平面时。原面和面的 UV 等值线决定了面之间的映射。
- 面：定义模型上被缠绕的目标面。

【基于展开特征缠绕】 使用该选项必须先“展开”一组面，将边都展平到一个面上（详见第 5 章中的“展开平面”功能），然后将位于该展开曲线上的一组几何体缠绕到被展开的面上，效果如图 4-112 所示（练习文件：配套素材\EX\CH4\4-21.Z3）。

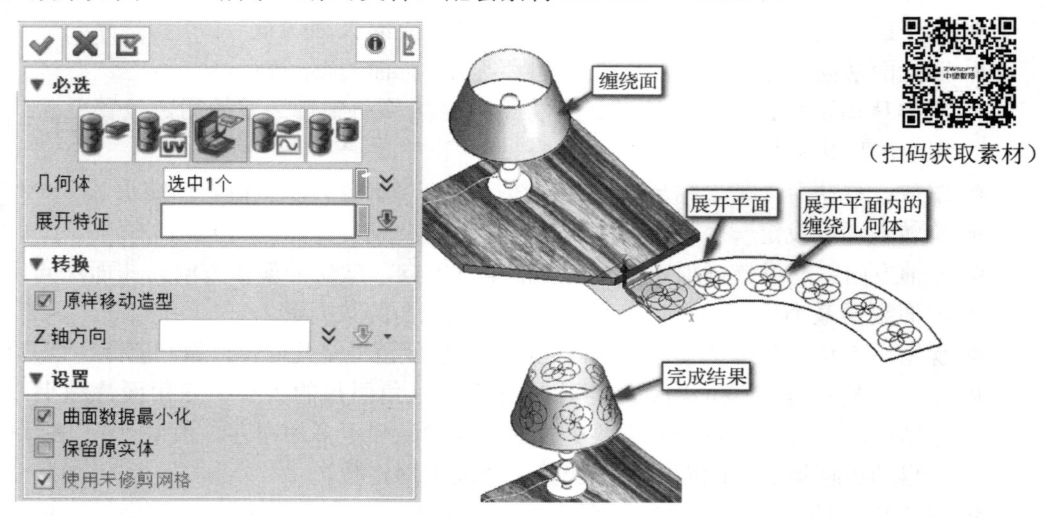

图 4-112　基于展开特征缠绕示例

● 几何体：定义缠绕到目标面上的缠绕几何体，支持造型、曲线、草图和点等。
● 来源：定义原面。原面必须是展开后的平面，当进行缠绕时，展开的平面匹配到原曲面上；同时，展开平面内的缠绕几何体被映射到曲面的对应位置。

【缠绕到面上曲线】 使用该选项将几何体沿面上的曲线进行缠绕。其操作方法参考前面的方法。

【移动缠绕几何体】 使用这个选项将已经缠绕在一个实体（“来源”形状）上的几何移动到一个近似实体（“目标”形状）上。

4.3.3　弯曲变形

1．圆柱折弯

单击工具栏中的【造型】→【变形】→【圆柱折弯】功能图标，系统弹出“圆柱折弯”对话框。该功能将实体以圆柱体的形式进行折弯，效果如图4-113所示。

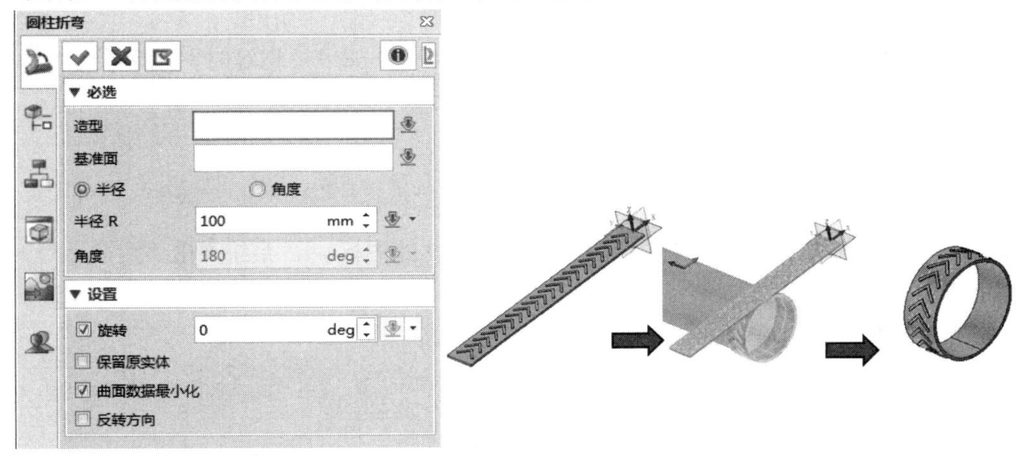

图4-113　圆柱折弯示例

● **造型**：定义需要变形的几何体。
● **基准面**：定义一个平面，用于定义被折弯的造型的基准平面，以及圆柱体的位置。
● **半径**：以输入半径的方式折弯，并定义折弯的半径值。
● **角度**：以输入角度的方式折弯，并定义折弯角度值。
● **旋转**：通过旋转一定的角度来更改圆柱体坐标系的方向。
● **曲面数据最小化**：勾选该复选框后，减少该命令产生的数据量。
● **反转方向**：勾选该复选框后，反转被选中造型的折弯方向。

2．圆环折弯

单击工具栏中的【造型】→【变形】→【圆环折弯】功能图标，系统弹出“圆环折弯”对话框。该功能与“圆柱折弯”功能类似，在圆柱折弯的基础上增加了管道半径折弯，从而可完成更加复杂的折弯变形，效果如图4-114所示。

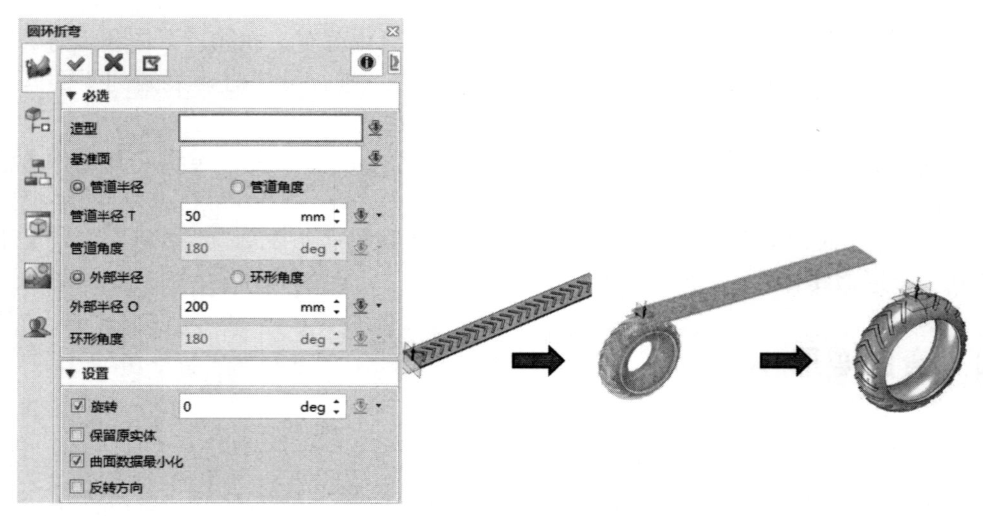

图 4-114　圆环折弯示例

- **管道半径/管道角度：** 定义沿着管道方向的折弯半径/折弯角度。
- **外部半径：** 定义圆环的外部半径。当管道半径和外部半径相等时，圆环会退化成球体；当管道半径大于外部半径时，圆环会退化成椭球体。
- **环形角度：** 定义管道的旋转角度。

3．扭曲

单击工具栏中的【造型】→【变形】→【扭曲】功能图标，系统弹出“扭曲”对话框。该功能与“拉伸”中的扭曲功能类似，可以沿着特定的轴螺旋扭曲实体，使其产生扭曲变形，效果如图 4-115 所示。

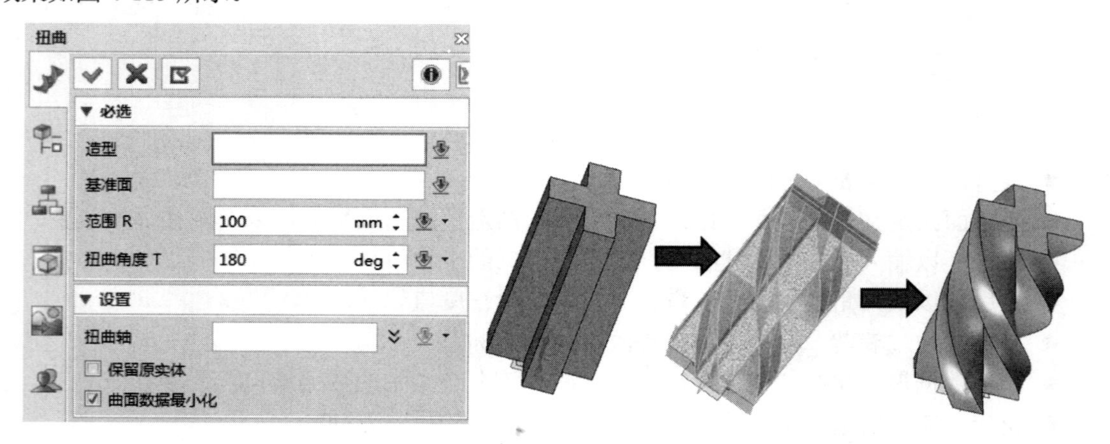

图 4-115　扭曲示例

- **造型：** 定义需要变形的几何体。
- **基准面：** 定义一个平面，用于定义被扭曲的几何体的基准平面。
- **范围 R：** 定义扭曲的范围，即指定到基准面的距离。
- **扭曲角度 T：** 定义扭曲的最大旋转角度。
- **扭曲轴：** 定义扭曲轴，实体将沿着该轴进行扭曲。该轴不能平行于基准面。

4．锥形

单击工具栏中的【造型】→【变形】→【锥形】功能图标，系统弹出“锥形”对话框。该功能类似于拔模命令，在某些情况下可替代拔模命令，可以将实体沿特定的方向减小或增大，使其锥形变形，效果如图4-116所示。

- **造型：** 定义需要变形的几何体。
- **基准面：** 定义一个平面，用于定义被锥削的造型的XY坐标系。
- **范围R：** 定义锥削的范围，即指定到基准面的距离。
- **锥削因子T：** 定义被锥削的实体基准面一侧与另一侧大小规模的比例因子。
- **锥削轴：** 定义锥削轴，实体将沿着该轴进行锥削。该轴不能平行于基准面。

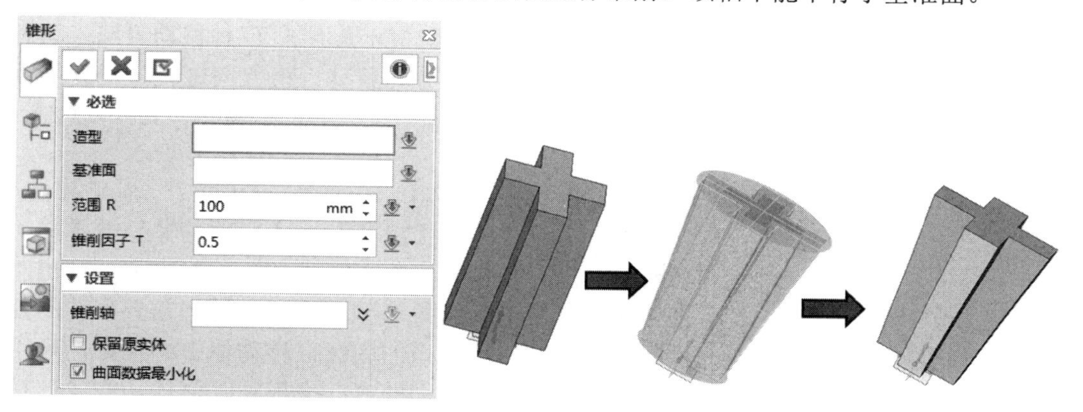

图4-116 锥形示例

5．伸展

单击工具栏中的【造型】→【变形】→【伸展】功能图标，系统弹出“伸展”对话框。该功能将实体在特定的范围内沿着 X、Y、Z 方向进行伸展。该功能不同于缩放命令，其每个点的缩放因子和伸展效果都不同，如图4-117所示。

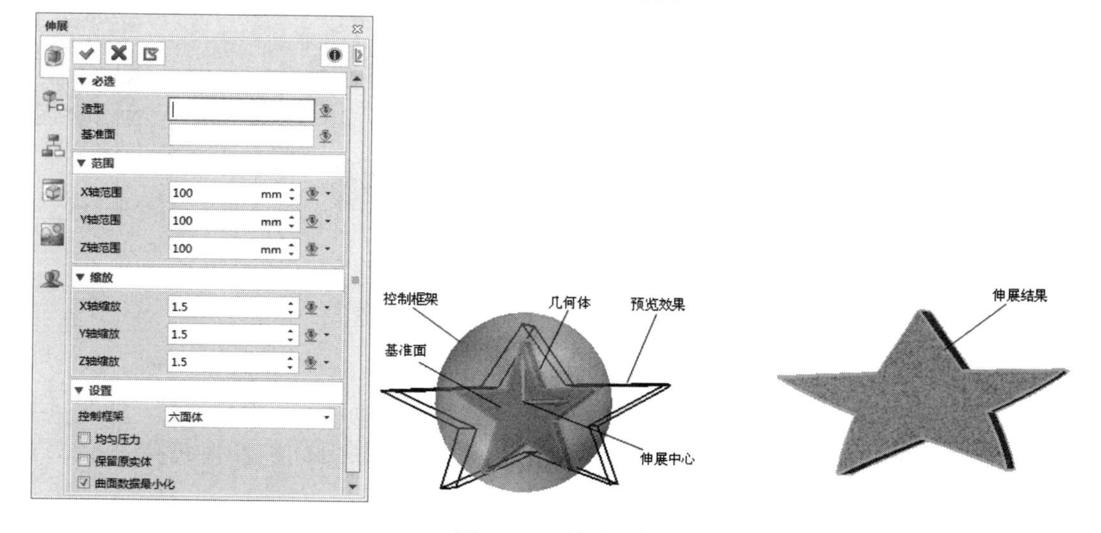

图4-117 伸展示例

4.4　基础编辑

基础编辑不改变实体的形状，对实体进行基础的编辑，如移动、复制等，这类操作不仅可以用在实体建模中，对于曲面、线框等图形对象也可以使用。

4.4.1　移动

移动的作用是将选中的图形移动或绕轴旋转，中望 3D 提供了 6 种移动方法：动态移动、点到点移动、沿方向移动、绕方向旋转、对齐坐标移动和沿路径移动（练习文件：配套素材\EX\CH4\4-22.Z3）。

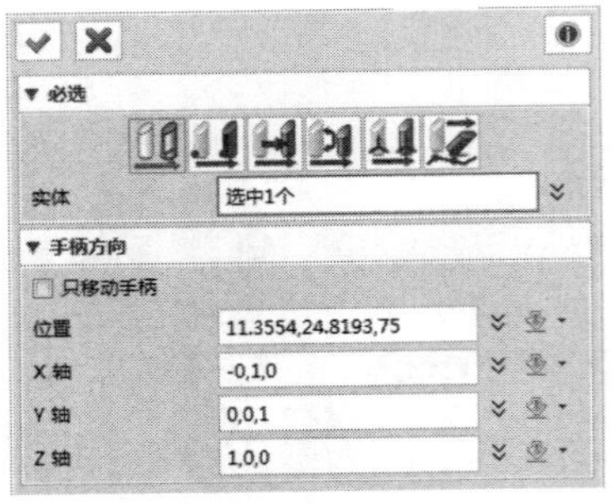

图 4-118　“动态移动”对话框

1．动态移动

单击工具栏中的【造型】→【基础编辑】→【移动】功能图标，选择第一个选项“动态移动”，系统弹出“动态移动”对话框，如图 4-118 所示。选择需要移动的几何体后，会有类似坐标系的图标在移动体中心位置，可用鼠标在坐标系上选择移动的方向来拖动几何体，或者选择旋转方向后再拖动进行旋转。

- **实体**：定义需要移动的图形，包括造型、面、草图、文字等。
- **只移动手柄**：勾选该复选框后，位置和 X、Y、Z 轴方向的设定都只针对动态坐标系手柄，从而确定手柄的位置和方向。未勾选该复选框时，位置和方向全部针对实体移动，也就是实体移动的位置和方向，如图 4-119 所示。

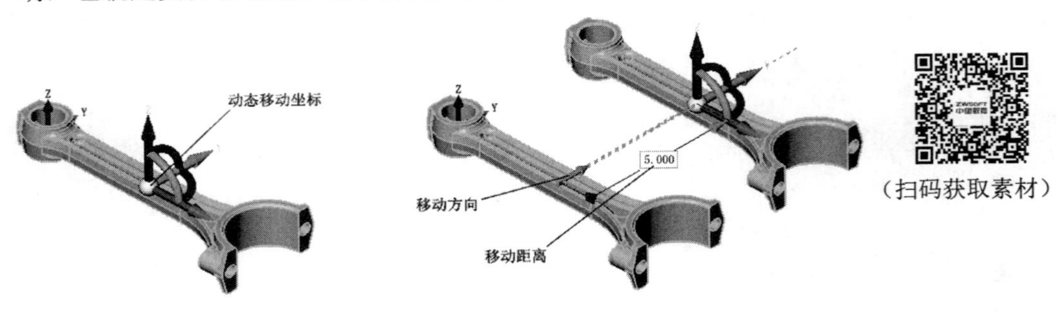

图 4-119　只移动手柄示例

2．点到点移动

选择移动功能中第二个选项，即点到点移动，激活“点到点移动”参数页面，如图 4-120 所示。该选项是利用两个点确定移动的位置，同时也可以利用起始和目标向量的方法进行旋转。

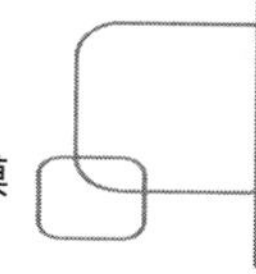

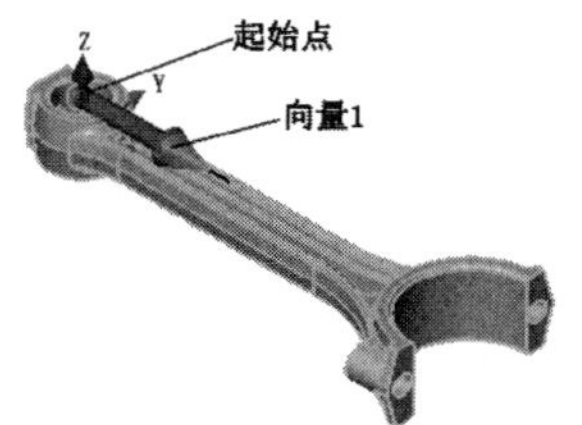

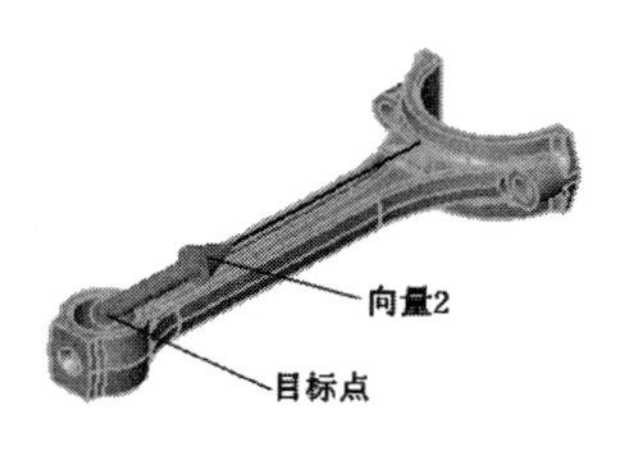

图 4-120　点到点移动示例

- **起始点**：定义移动的起始点。
- **目标点**：定义移动到的目标点。
- **参考向量**：定义移动的起始点的向量方向。
- **目标向量**：定义移动的目标点的向量方向。

3．沿方向移动

选择移动功能中第三个选项，即沿方向移动，激活“沿方向移动”参数页面，如图 4-121 所示，该选项使实体沿特定方向移动。

- **方向**：定义移动的方向。
- **距离**：定义移动的距离。
- **角度**：定义在移动方向为法向的平面内的旋转角度。

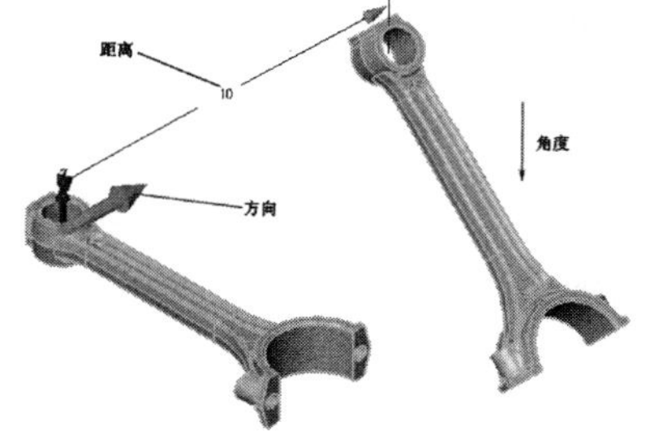

图 4-121　沿方向移动示例

- **复制个数**：输入一个复制的数值，系统会将造型以当前移动距离作为相对值进行特定数量的复制。

4．绕方向旋转

选择移动功能中第四个选项，即绕方向旋转，激活“绕方向旋转”参数页面，如图 4-122 所示，让实体绕某一轴线进行旋转移动。

- **方向**：定义围绕旋转的轴及方向。
- **角度**：定义旋转的角度。

5．对齐坐标移动

选择移动功能中第五个选项，即对齐坐标移动，激活“对齐坐标移动”参数页面，如

图 4-123 所示。本项功能需要有基准面作为移动的坐标参考，通过定义两个基准面，系统将两个基准面对齐来移动几何体。

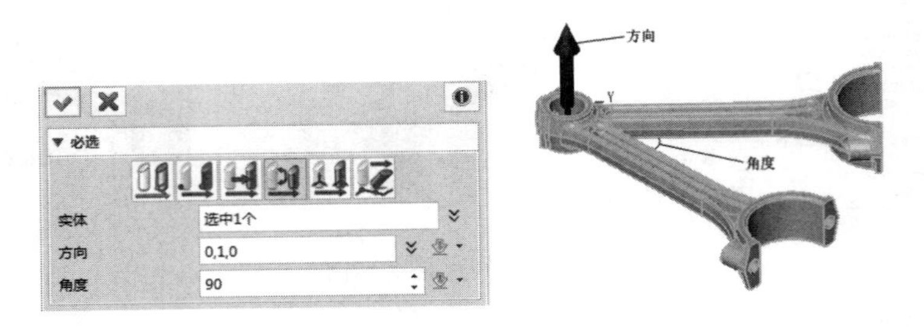

图 4-122　绕方向旋转示例

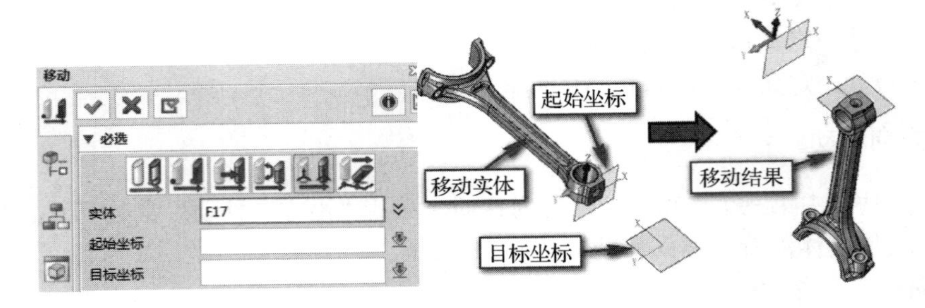

图 4-123　对齐坐标移动示例

- **起始坐标：** 定义起始参考坐标，选择一个基准面或平面。
- **目标坐标：** 定义到达的目标坐标，选择一个基准面或平面。

> **提醒：** *在使用该移动选项前需要事先定义好参考坐标，即参考基准面。对于标准的基准面，可以在输入框中直接输入名称，如 XY（必须大写），即 XY 基准面。*

6．沿路径移动

选择移动功能中第六个选项，即沿路径移动，激活“沿路统移动”参数页面，如图 4-124 所示。本项功能让移动实体沿曲线方向移动，使用方法类似于扫掠功能，同时在沿路径移动的过程中，可以缩放和旋转实体。

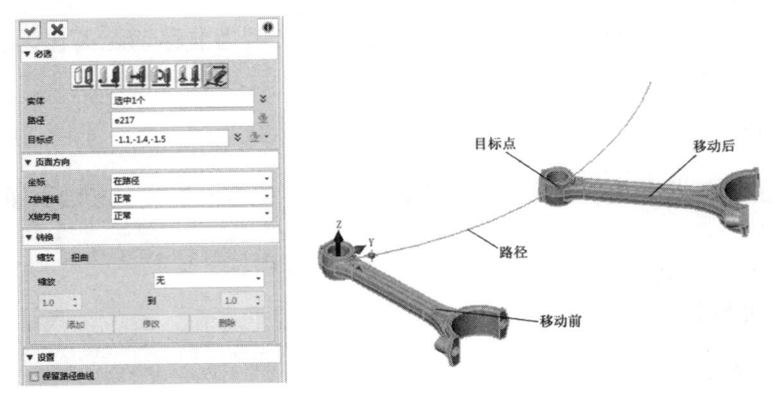

图 4-124　沿路径移动示例

- **路径**：定义移动的路径，支持草图、曲线、边或曲线列表。
- **目标点**：沿着指定路径移动到达的目标点。

4.4.2 对齐移动

对齐移动是一个实体参考另一个实体（重合，相切，同心，平行，垂直，角度）的约束关系移动，如方向不对可通过共面和相反来调整，如图 4-125 所示。

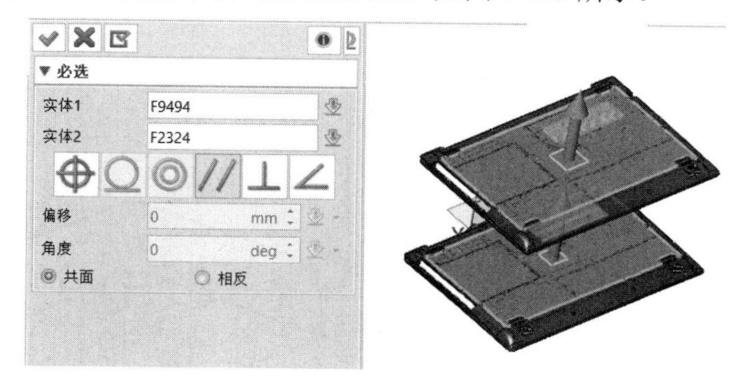

图 4-125 对齐移动示例

4.4.3 复制

复制的使用方法和移动一样，选项设置可参考移动功能。其中，沿方向复制和绕方向旋转有“复制个数”的选项，是指在特定的方向上复制出多个实体。

4.4.4 镜像

单击工具栏中的【造型】→【基础编辑】→【镜像】功能图标，系统弹出“镜像”对话框，如图 4-126 所示。该功能利用平面或基准面对造型或特征进行镜像操作，镜像后的图形可以和本体进行合并，而且与相接触的图形进行布尔运算。

- **实体**：定义需要镜像的几何体，可以为特征、造型、曲线、点、草图、基准面等。
- **平面**：定义镜像的平面，可以为基准面和平面。
- **移动/复制**：选择移动时，原实体会被删除，只保留镜像体。选择复制时，原实体和镜像体都保留。

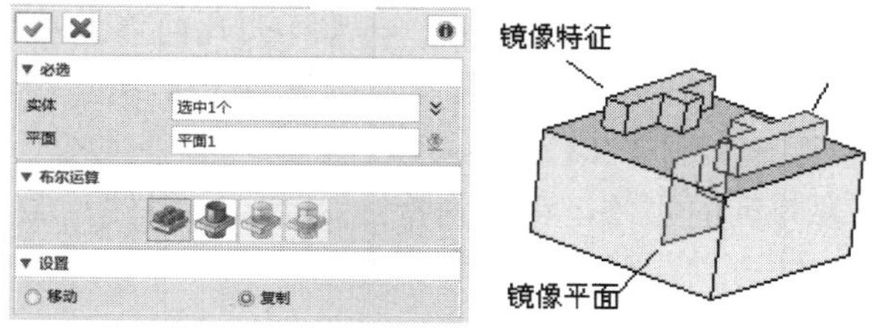

图 4-126 “镜像”对话框

4.4.5 缩放

单击工具栏中的【造型】→【基础编辑】→【缩放】功能图标，系统弹出“缩放”对话框，如图 4-127 所示。该功能可以对几何体按特定的比例进行缩放，默认情况下以坐标系原点为中心点进行缩放。包含均匀缩放和非均匀缩放两种。

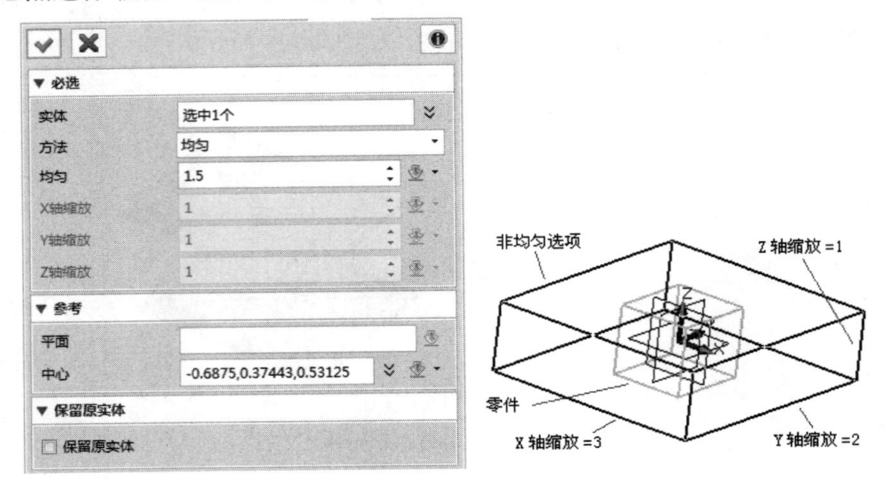

图 4-127 “缩放”对话框

- **实体**：需要缩放的实体，可以为造型、草图、组件、曲线等。
- **方法**：设置缩放的类型。包含“均匀”和“非均匀”两种类型。
  - ❑ **均匀**：按照设定的比例值整体等比例缩放；
  - ❑ **非均匀**：在 X、Y、Z 轴方向上设置不同的缩放比例。
- **平面**：定义缩放时的参考平面，默认为 XY 面。
- **中心**：定义缩放时的参考点，默认为原点。

4.4.6 阵列

阵列是将实体按特定规律进行重复排布，中望 3D 提供 7 种阵列方式，即线性阵列、圆形阵列、多边形阵列、点到点阵列、在阵列上阵列、在曲线上阵列和在面上阵列。

1. 线性阵列

单击工具栏中的【造型】→【基础编辑】→【阵列几何体】功能图标，选择第一个选项，即线性阵列，激活“线性阵列”参数页面，如图 4-128 所示，该功能使实体沿两个方向进行阵列（练习文件：配套素材\EX\CH4\4-23.Z3）。

- **基体**：定义需要阵列的实体，可以为特征、造型、组件、面、曲线、草图等。
- **方向**：定义阵列的方向。包含两个阵列方向。
- **数目**：定义该方向需要阵列的数量。
- **间距**：定义该方向的阵列间距值，如图 4-129 所示。

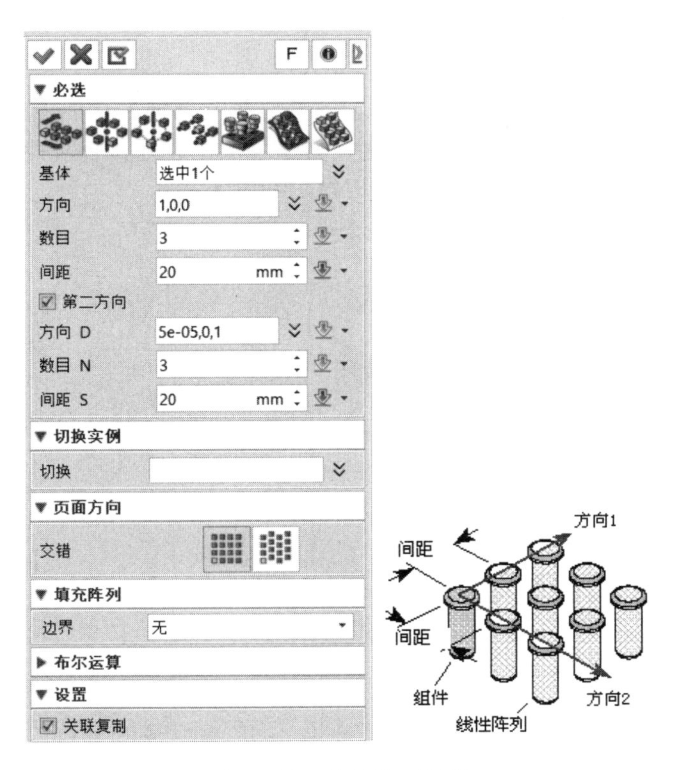

图 4-128 线性阵列示例

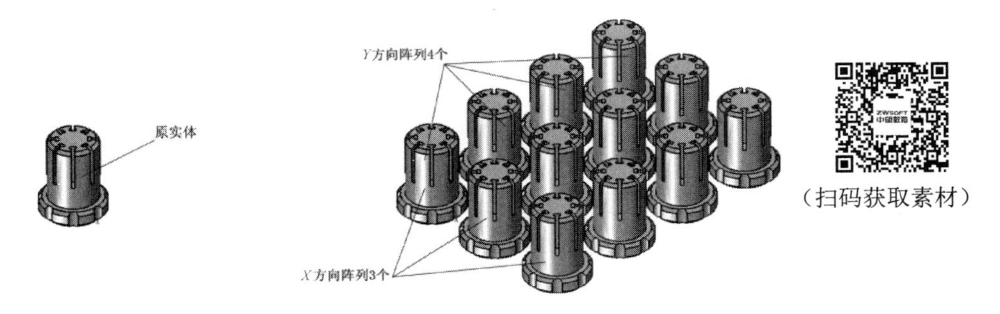

图 4-129 间距选项示例

- **切换：** 在阵列出的实体中，选择不需要的实体，在阵列的结果中将不包含这些实体。
- **交错阵列/无交错阵列：** 定义阵列的每行是否以一半的间距错行排列，如图 4-130 所示。

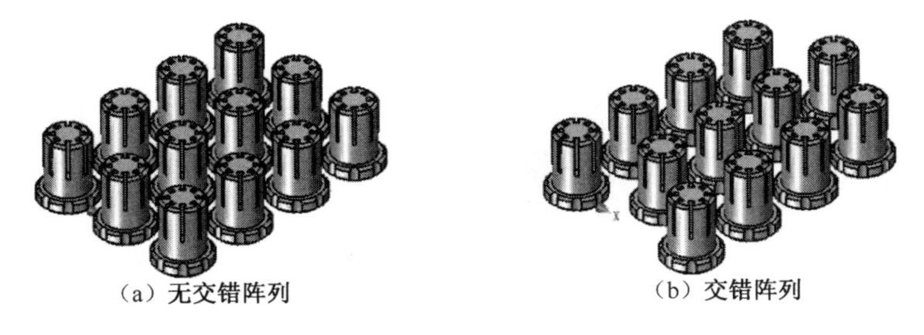

（a）无交错阵列　　（b）交错阵列

图 4-130 交错阵列示例

2．圆形阵列

单击工具栏中的【造型】→【基础编辑】→【阵列几何体】功能图标，选择第二个选项，即圆形阵列，激活“圆形阵列”参数页面，如图 4-131 所示，该功能使实体以一根轴为旋转中心进行环形阵列（练习文件：配套素材\EX\CH4\4-24.Z3）。

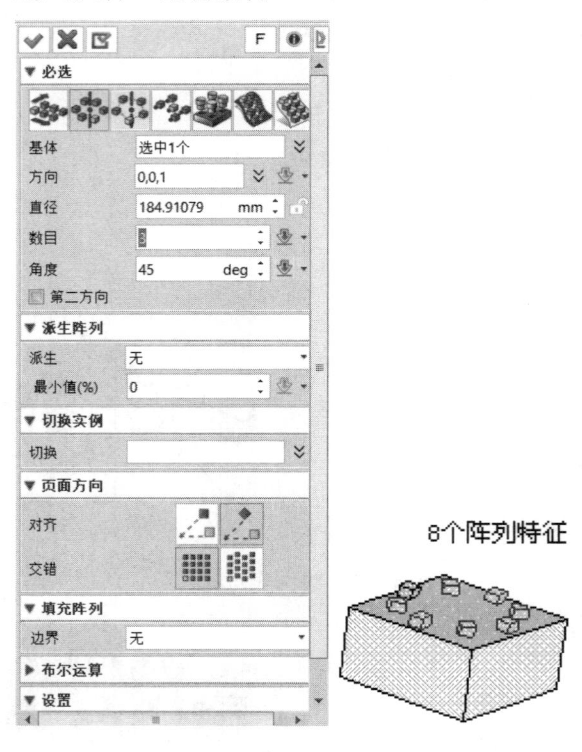

图 4-131　圆形阵列示例

- **方向**：定义旋转轴及方向。
- **角度**：定义阵列时绕轴方向旋转的角度值。
- **派生**：包含 3 个选项：无、间距和数量。选择“无”时，需要输入数目和间距。选择“间距”或“数量”的时候，按 360° 等分阵列，只需输入间距或数量即可。
- **最小值**：设定阵列体间距的最小值，小于这个值的阵列将消除。
- **基准对齐/阵列对齐**：定义每个阵列对象是否按阵列轴进行自身旋转，如图 4-132 所示。

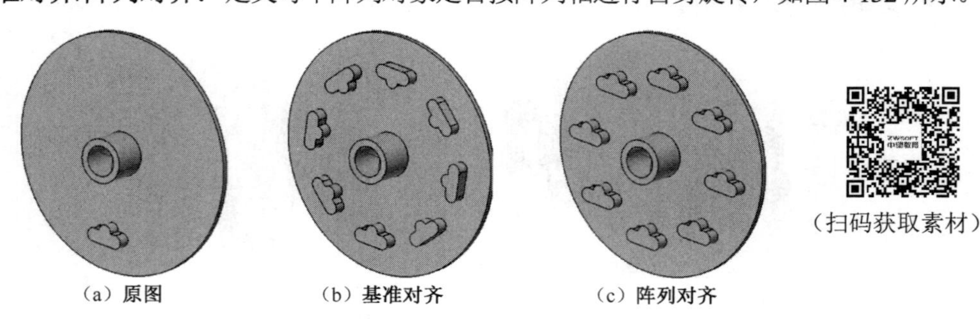

图 4-132　对齐示例

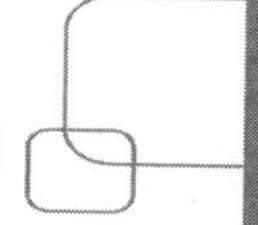

其余参数的介绍参考线性阵列功能。

3. 多边形阵列

单击工具栏中的【造型】→【基础编辑】→【阵列几何体】功能图标，选择第三个选项，即多边形阵列，激活“多边形阵列”参数页面，如图 4-133 所示，实体以一根轴为旋转中心进行多边形阵列，该功能与圆形阵列类似，设置多边形的边数和每边的数量，其余参数的介绍参考圆形阵列功能。

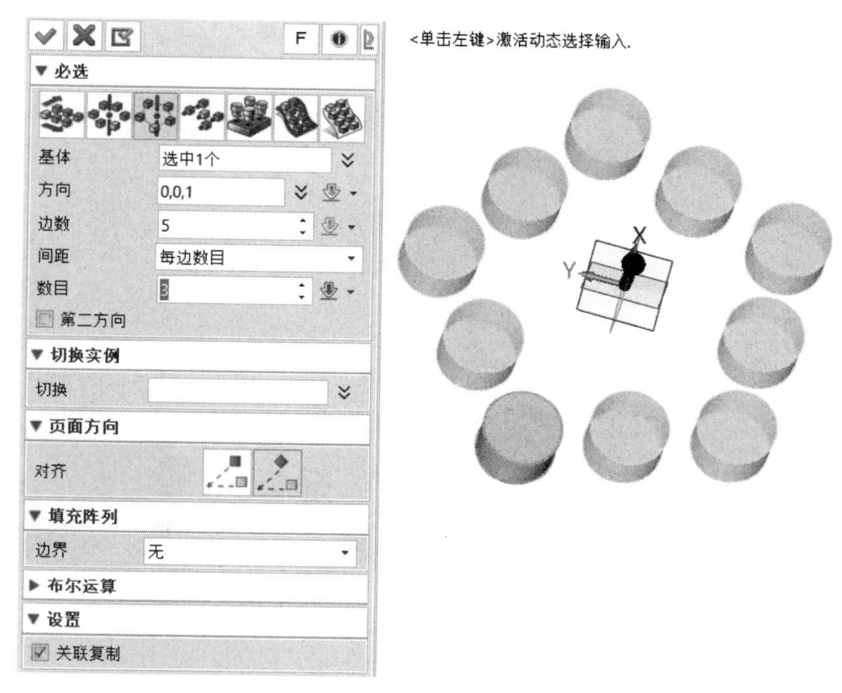

图 4-133　多边形阵列示例

4. 点到点阵列

单击工具栏中的【造型】→【基础编辑】→【阵列几何体】功能图标，选择第四个选项，即点到点阵列，激活“点到点阵列”参数页面，如图 4-134 所示。该功能利用起始点和目标点进行阵列，类似于复制功能。

- **起始点**：定义阵列的起始参考点。
- **目标点**：定义相对于起始点的位置生成阵列体，可以设置多个点。
- **在面上**：指定一个平面为参考面，选择起始点和目标点都在这个平面上。

5. 在阵列上阵列

单击工具栏中的【造型】→【基础编辑】→【阵列几何体】功能图标，选择第五个选项，即在阵列上阵列，激活“在阵列上阵列”参数页面，如图 4-135 所示。利用已有的阵列作为参考，不需要再设定阵列的参数而直接阵列（练习文件：配套素材\EX\CH4\4-25.Z3）。

- **阵列**：选择此阵列需要参考的阵列。

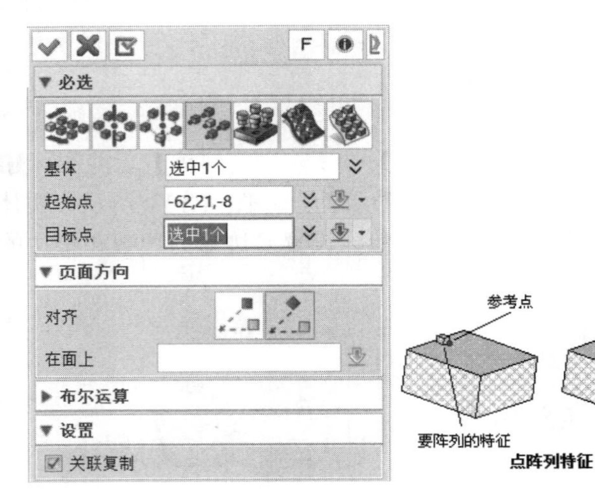

图 4-134　点到点阵列示例

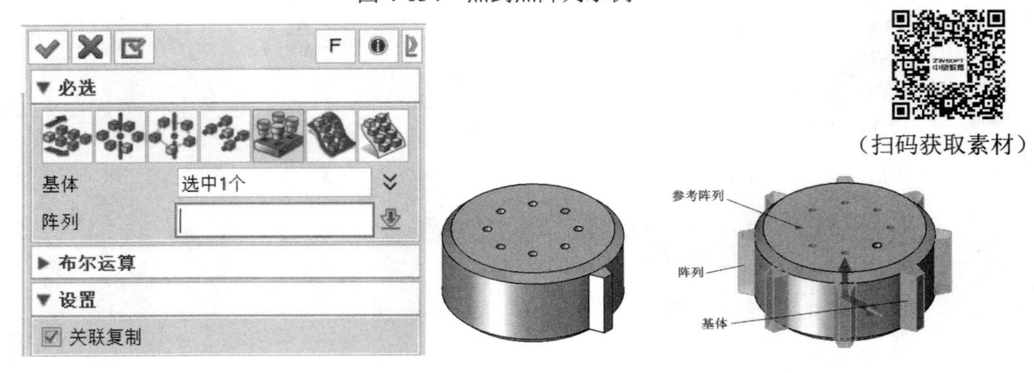

图 4-135　在阵列上阵列示例

6. 在曲线上阵列

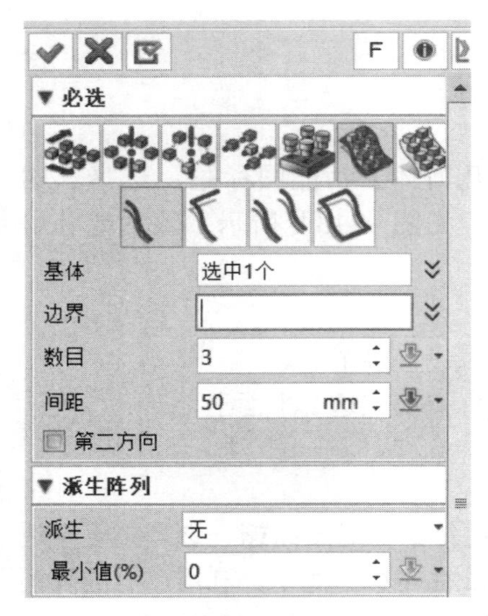

图 4-136 “在曲线上阵列”参数页面

单击工具栏中的【造型】→【基础编辑】→【阵列几何体】功能图标，选择第六个选项，即在曲线上阵列，激活“在曲线上阵列”参数页面，如图 4-136 所示。该阵列利用曲线为阵列方向和边界，最多可以选择 4 条曲线。

- **边界**：选择曲线，作为阵列的方向和边界，超出部分将消除。

在曲线上阵列的操作步骤如下（练习文件：配套素材\EX\CH4\4-26.Z3）。

➢ 单击【阵列】功能图标，选择第六个选项，即在曲线上阵列。

➢ 选择阵列时使用的曲线数量。

➢ 选择需要阵列的实体。

➢ 选择边界曲线，并设置阵列的间距和数目。

➢ 单击“确定”按钮，完成在曲线上阵列的操作，效果如图 4-137 所示。

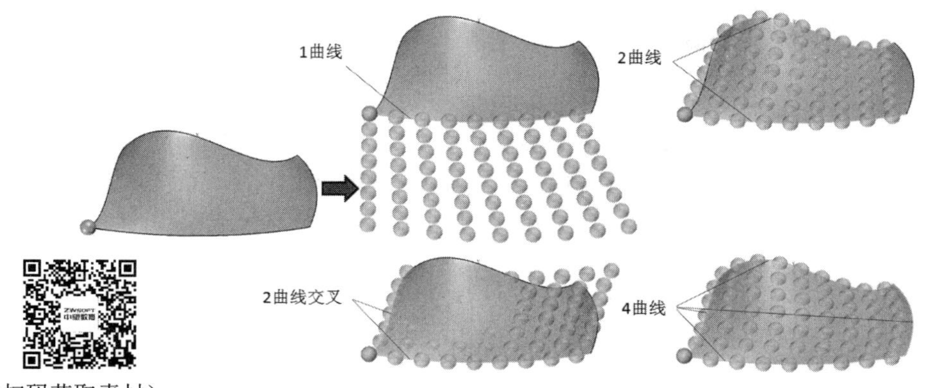

（扫码获取素材）

图 4-137 在曲线上阵列示例

7. 在面上阵列

单击工具栏中的【造型】→【基础编辑】→【阵列几何体】功能图标，选择第七个选项，即在面上阵列，激活“在面上阵列”参数页面，如图 4-138 所示，该命令将实体沿特定的面进行阵列。

图 4-138 “在面上阵列”参数页面

● **面**：定义用于放置阵列的面。

在面上阵列的操作步骤如下（练习文件：配套素材\EX\CH4\4-27.Z3）。

➢ 单击【阵列】功能图标，选择第七个选项，即在面上阵列。

➢ 选择需要阵列的实体。

➢ 选择放置阵列的面，并设置阵列的间距和数目。

➢ 单击“确定”按钮，完成在面上阵列操作，效果如图 4-139 所示。

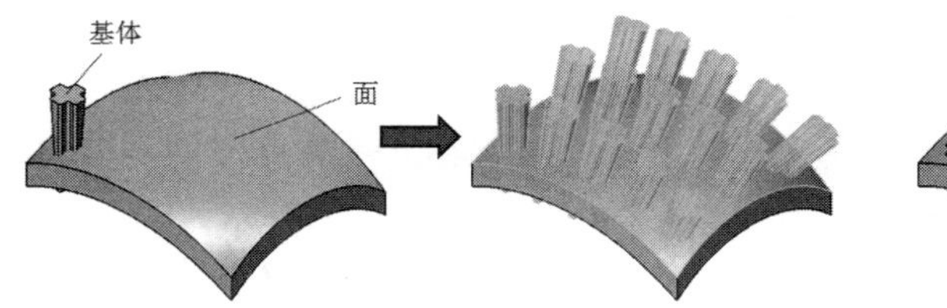

（扫码获取素材）

图 4-139 在面上阵列示例

4.5 基准面

基准面用于实体建模、曲面建模、三维线框绘制等操作中需要依赖其他点、线、面作为构建基础的情况。

4.5.1 基准面基础操作

在中望 3D 中新建零件图时，会自动在原点处有 XY、YZ、ZX 三个标准基准面。同时可以使用基准面功能自行创建需要的参考基准面。

单击工具栏中的【造型】→【基准面】→【基准面】功能图标，系统弹出“基准面”对话框，如图 4-140 所示，其中提供了 8 种创建基准面的方法。

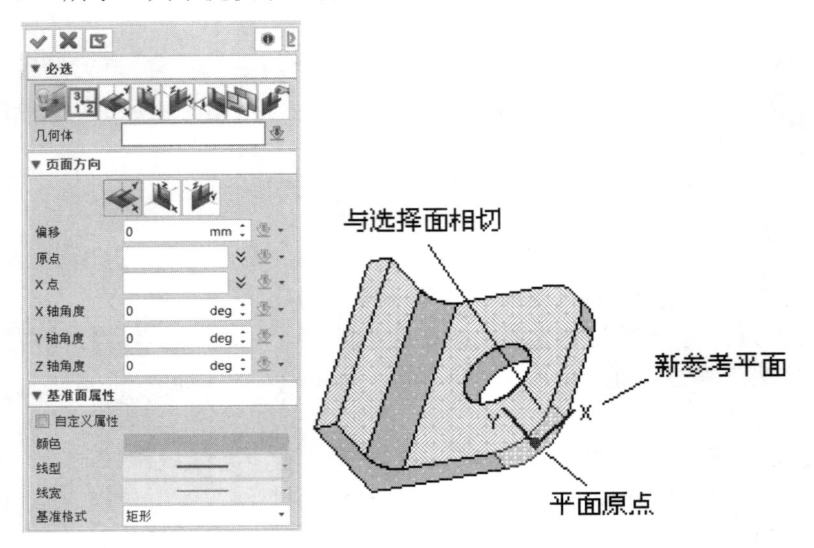

图 4-140 “基准面”对话框

【平面】 系统根据选择的不同几何体自动创建相应的基准面。可以通过下面的参数来调整基准面的位置及角度。

- **几何体：**根据对象自动创建时使用，可以选择线或面。选择线时，选择的线上的点为原点，Z 轴方向与线的切线方向一致。选择面时，面的法向即为 Z 轴方向。
- **偏移：**在目前定义的位置的基础上偏移一定距离。
- **原点/X 点：**定义基准面的原点和 X 轴的正方向。

根据以上方法创建出基准面后，若还需要修改，可在可选输入项将创建的基准面进行调整，可以将基准面的原点、坐标轴方向进行移动或旋转。

- **自定义属性：**对创建的基准面的显示颜色、样式和宽度进行设置。若不设置，使用配置中定义的选项。

【三点平面】 通过指定三个点创建一个基准面。分别定义原点、X 点和 Y 点。可以通过下面的参数来调整基准面的位置及角度。

【视图平面】 创建一个平行于当前视角方向的基准面。

【两个实体】 通过指定两个实体创建一个基准面。如指定一个点和一个平面，则创建一个穿过点且平行于平面的基准面。

【动态】 通过指定坐标点然后动态调整 X、Y、Z 轴的角度，来创建合适的基准面。

4.5.2 拖曳基准面

单击工具栏中的【造型】→【基准面】→【基准面】后的▾，选择【拖曳基准面】功能图标。使用该功能拖曳"矩形"基准面。当功能激活时，所选择的基准面上会显示8个可拖曳的点，分别表示上、下、左、右、左上、左下、右上和右下8个拖曳方向。可选择一个点拖曳来调整基准面的大小，如图4-141所示。

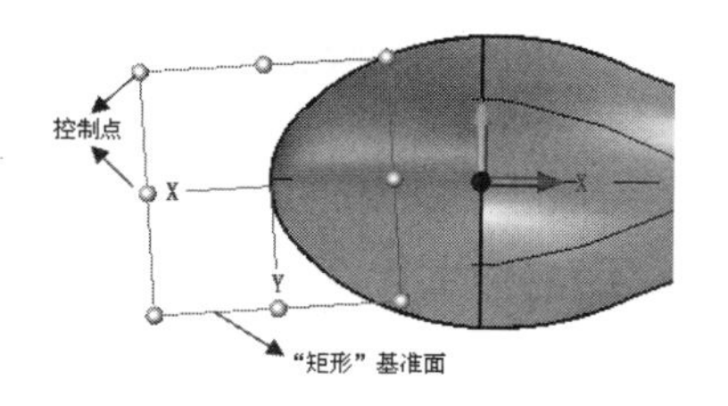

图4-141 拖曳基准面示例

4.5.3 坐标

单击工具栏中的【造型】→【基准面】→【基准面】后的▾，选择【坐标】功能图标。该功能指定某一基准面作为激活的局部坐标系，任何坐标的输入均需要参考该局部坐标系，而非默认的全局坐标系，如图4-142所示（练习文件：配套素材\EX\CH4\4-28.Z3）。

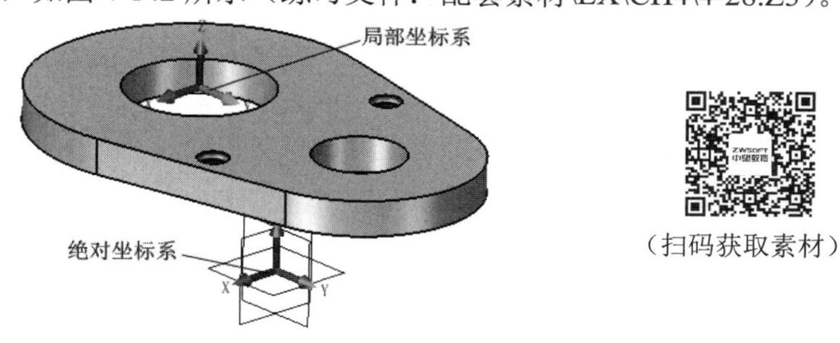

图4-142 局部坐标系示例

经验参考： 如果在设置一个局部坐标系前，没有合适的基准面，那么在命令提示"选择基准面作为局部坐标系XY平面"时，单击鼠标右键并选择插入基准面命令，创建完基准面后，该基准面会自动成为局部坐标系。

4.5.4 参考几何体

在自定义向下的装配设计中，一个零件的建模过程往往需要参考其他组件的一些特征。参考几何体功能能够将一个装配组件内的点、线、基准面、面和造型参考到另一个零件内。

单击工具栏中的【装配】→【参考】→【参考】功能图标，系统弹出"参考"对话框，如图4-143所示。选择参考对象类型后，选取参考对象即可生成参考特征。

- **关联复制：** 使用该选项创建与被参考的外部几何

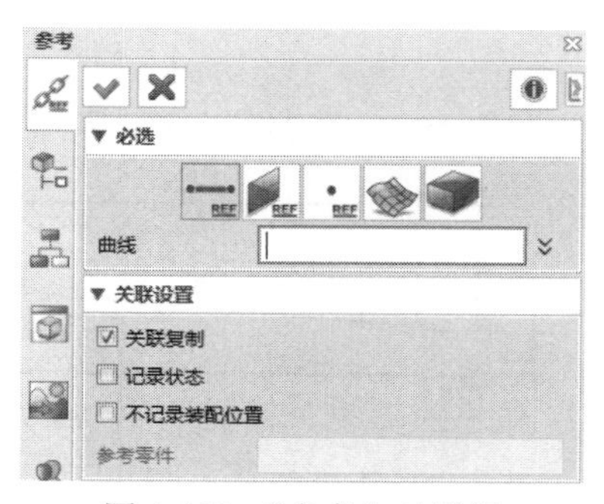

图4-143 "参考"对话框

体关联的参考几何体。每次被参考几何体重生成时，参考几何体都会进行重新评估。如果不勾选，将只创建一个静态复制的参考几何体。

- **记录状态：**使用该选项记录用于提取参考几何体的零件的历史状态。当重生成含有时间戳的参考几何体时，被参考的零件会在参考几何体重评估之前回到记录的历史状态。

4.6　实体建模实例

绘制一个电子产品的外壳，如图 4-144 所示。参照配套素材文件 EX\CH4\4-29.Z3。

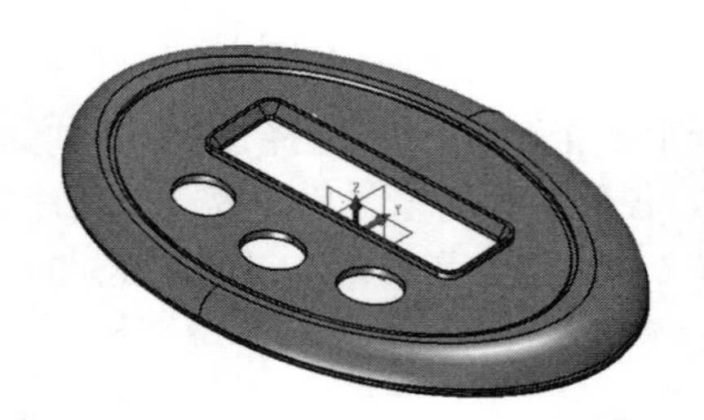

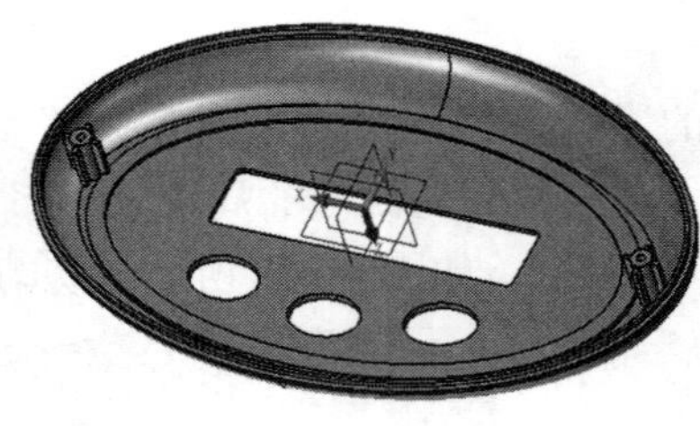

（扫码获取素材）

图 4-144　电子产品的外壳模型

（1）在坐标平面上绘制出基本草图形状。具体对应的基准平面及草图尺寸如图 4-145～图 4-150 所示。

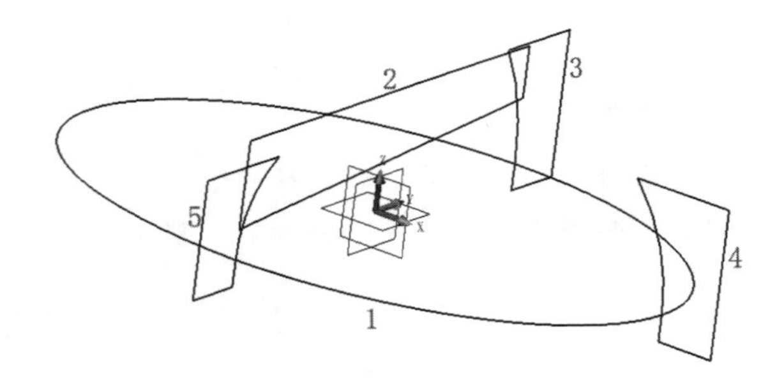

图 4-145　草图创建

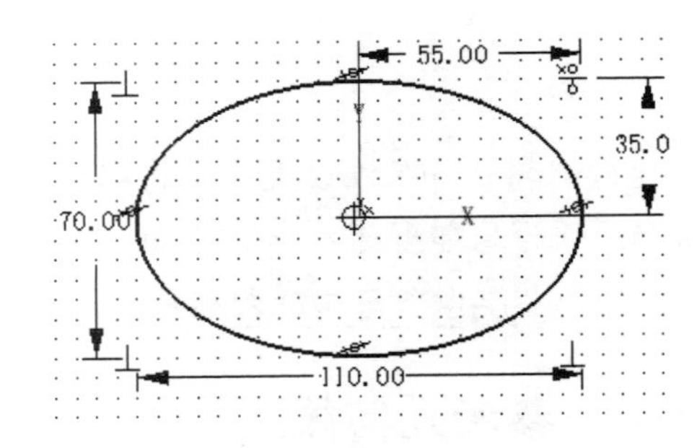

图 4-146　草图 1

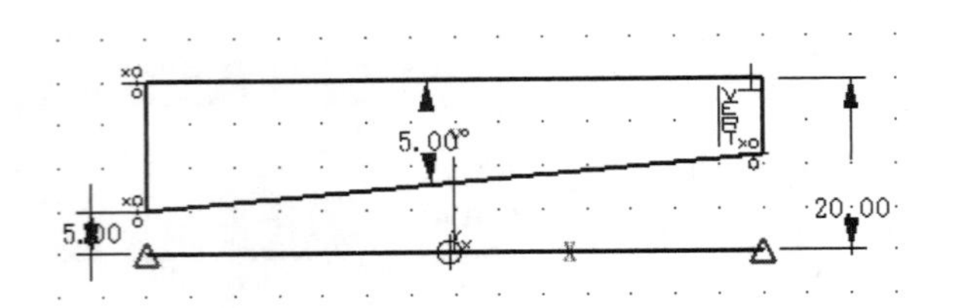

图 4-147　草图 2

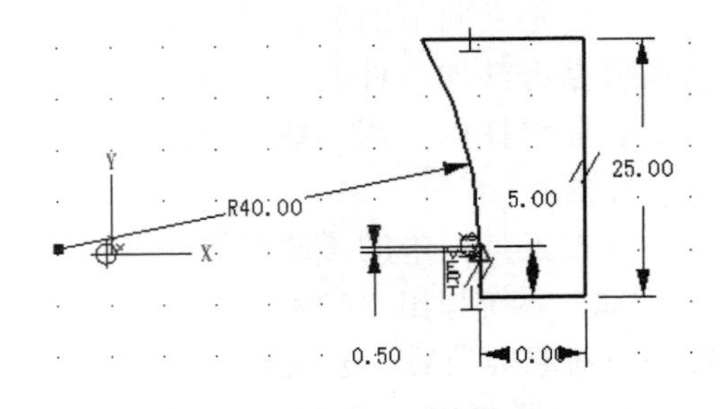

图 4-148　草图 3

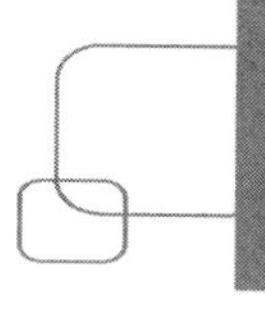

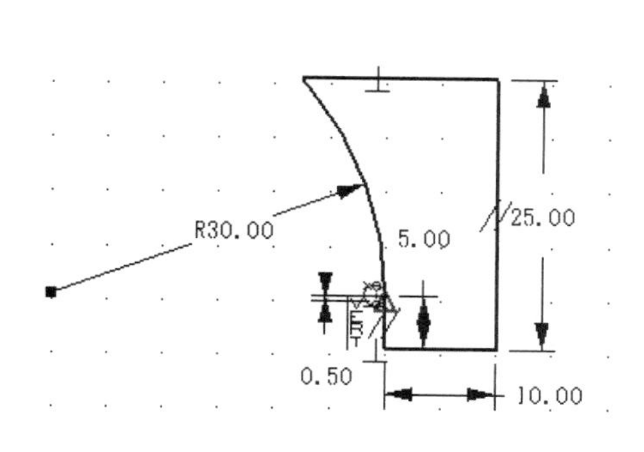

图 4-149 草图 4

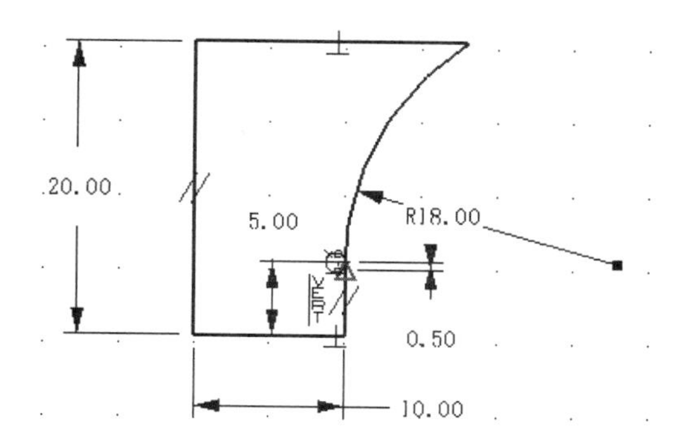

图 4-150 草图 5

（2）选择【造型】→【基础造型】→【拉伸】命令，拉伸椭圆草图，起始点-4.5，结束点 13，形成表壳主体，如图 4-151 所示。

（3）由于最终实体是对称图形，只需做出一半的模型最后镜像就可得到全部实体，这样做可以减少建模工作量。选择【造型】→【编辑模型】→【修剪】命令，将椭圆体从 YZ 面进行裁剪，只留下一半图形，如图 4-152 所示。

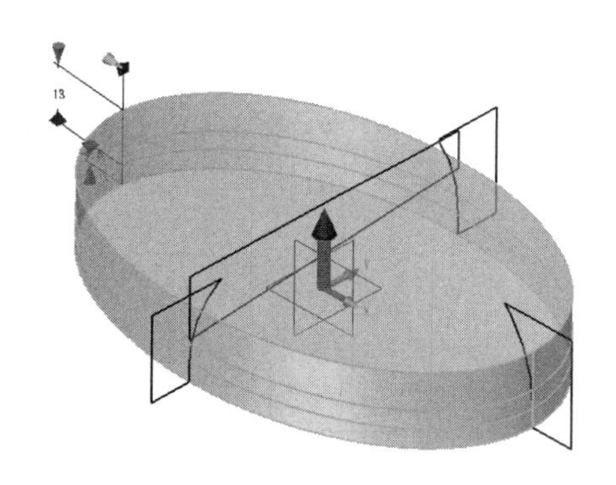

图 4-151 拉伸创建椭圆柱

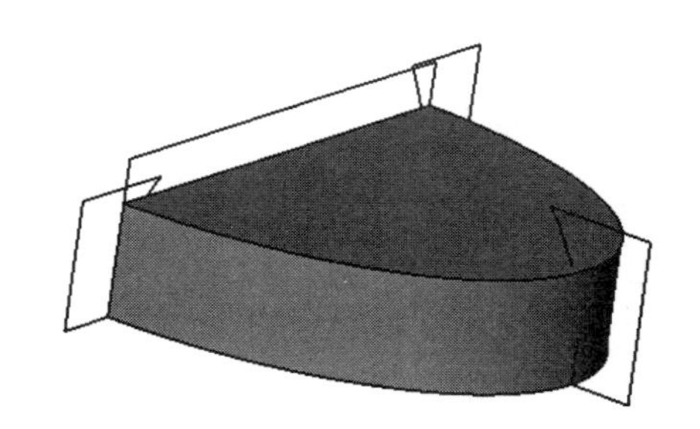

图 4-152 修剪实体

（4）选择【造型】→【基础造型】→【驱动曲线放样】命令，选取三个界面草图和椭圆边作为驱动线，放样做出环形模型，如图 4-153 所示。

（5）两实体做减运算，选择【造型】→【编辑模型】→【移除模型】命令，将上半部修剪为表壳的大致形状，如图 4-154 所示。

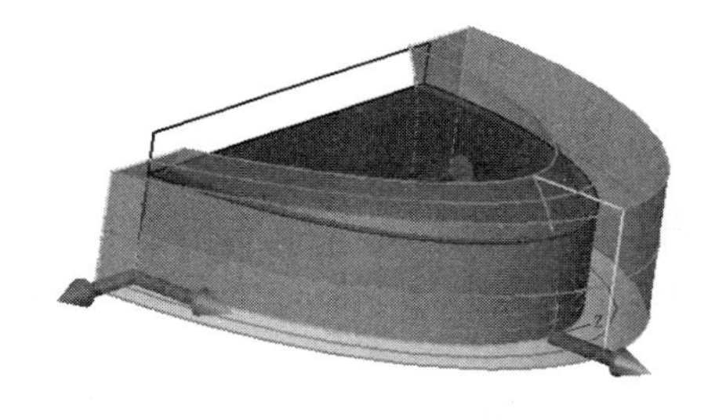

图 4-153 驱动曲线放样

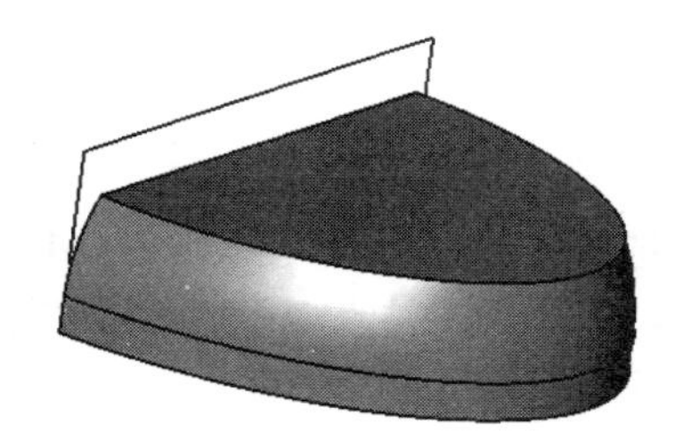

图 4-154 实体减运算

（6）对底面多余部分用面偏移进行修剪。选择【造型】→【编辑模型】→【面偏移】命令，偏移距离为-3.5，如图 4-155 所示。

（7）选择【造型】→【基础造型】→【拉伸】命令，拉伸草图，并进行减运算，做出表壳面板部分的倾斜面，如图 4-156 所示。

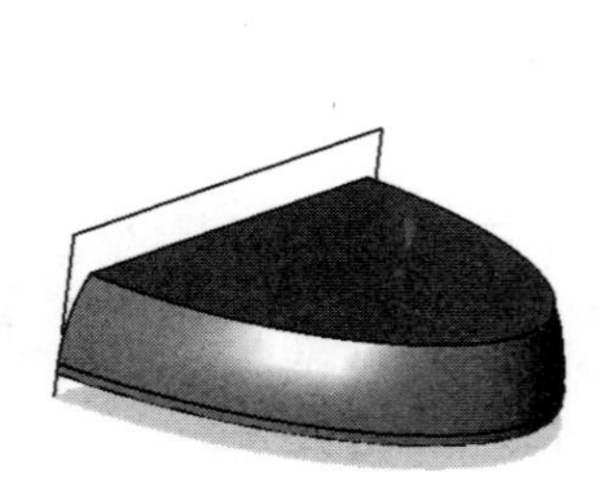

图 4-155　底面面偏移

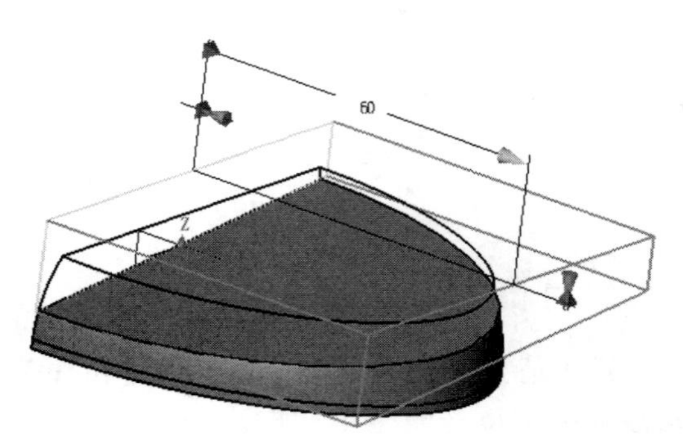

图 4-156　拉伸减运算

（8）做变半径倒角，选择【造型】→【工程特征】→【圆角】命令，进入“高级”选项卡，增加倒角半径，设置倒角边开始处半径为 9、30%处为 8.3、50%处为 6.8、末端为 4.5，如图 4-157 所示。

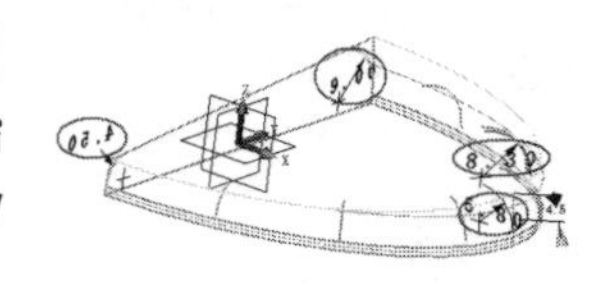

图 4-157　变半径倒角

（9）在表壳斜面上做草图，用作后面扫掠的路径。在镜像面上做扫掠的截面草图，如图 4-158 所示。

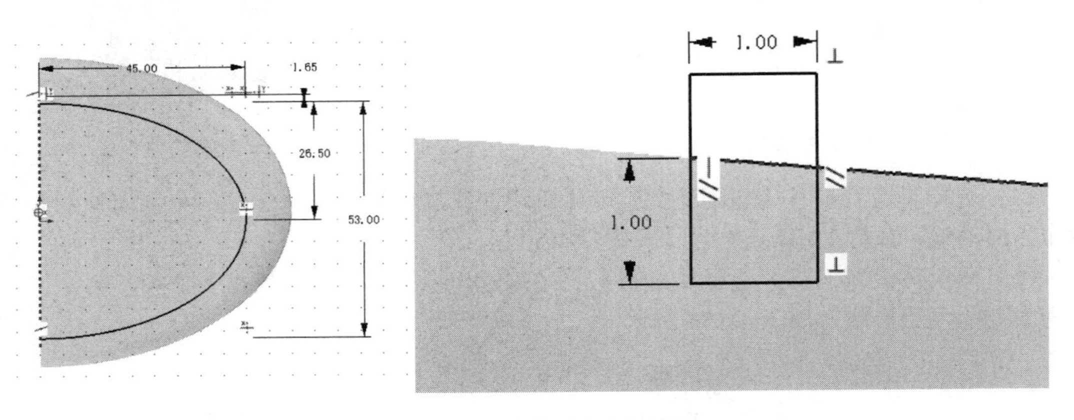

图 4-158　扫掠截面和路径草图

（10）选择【造型】→【基础造型】→【扫掠】命令，进行扫掠减运算操作，注意在扫掠高级选项中，“X 轴方向”选择“引导平面”，平面选择 Z 轴，从而保证扫掠出来为数值槽，如图 4-159 所示。

（11）在镜像面上做草图，草图为一根斜线，与上表面平行，距离为 1。然后用拉伸命令，做出平面，如图 4-160 所示。

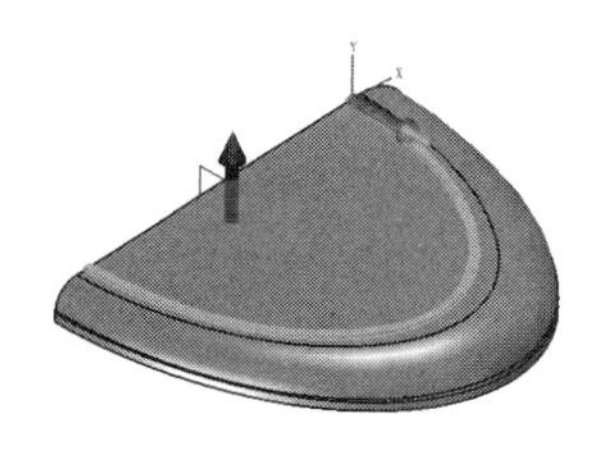

图 4-159 扫掠操作

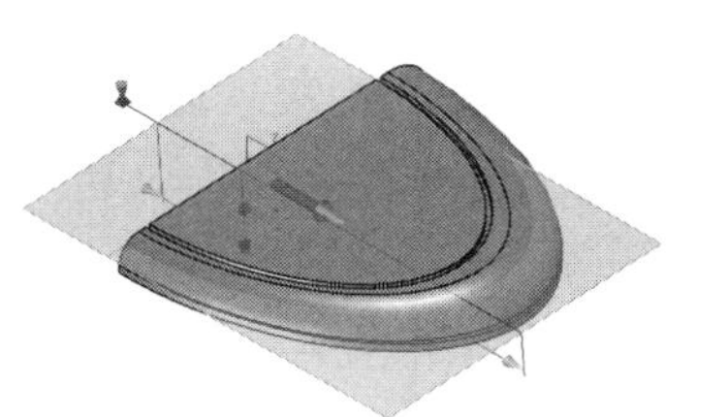

图 4-160 拉伸平面

（12）选择【造型】→【编辑模型】→【替换】命令，将凹槽底面用斜面进行置换。

（13）选择【造型】→【编辑模型】→【面偏移】命令，选择上面板，偏移-0.3。

（14）对模型进行抽壳，选择【造型】→【编辑模型】→【抽壳】命令，选择底面和镜像的面为开放面，抽壳厚度为-1.5，如图 4-161 所示。

（15）用凸缘命令做出结合部分的卡口。选择【造型】→【工程特征】→【凸缘】命令，凸缘偏距为-1 和-0.9，如图 4-162 所示。

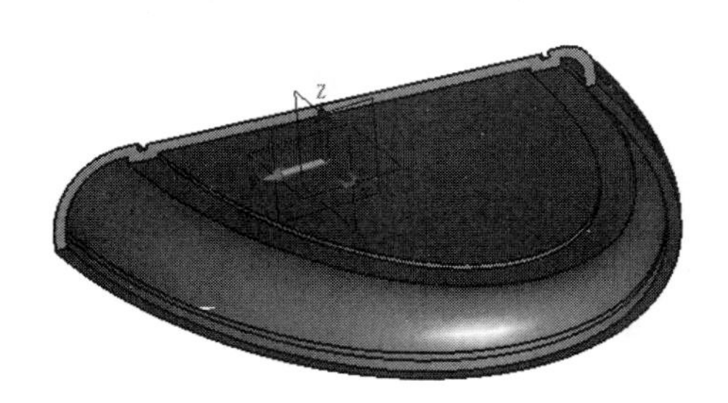

图 4-161 抽壳

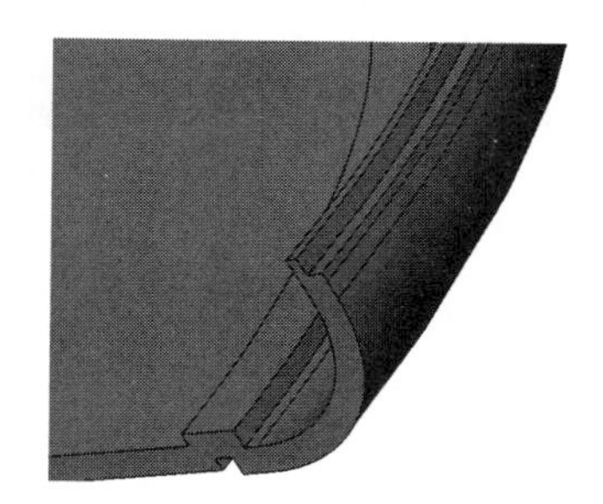

图 4-162 创建凸缘

（16）绘制显示区的草图。具体对应的基准平面及草图尺寸如图 4-163～图 4-165 所示。

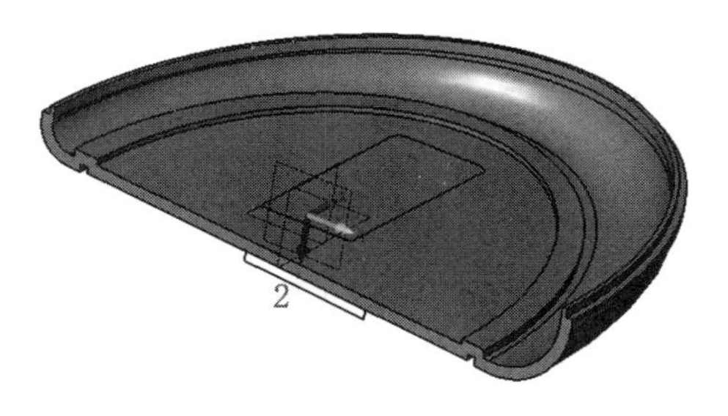

图 4-163 显示区草图

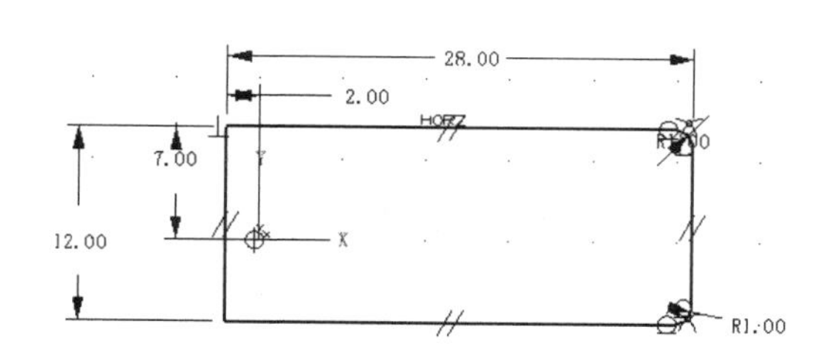

图 4-164 草图 1 部细图

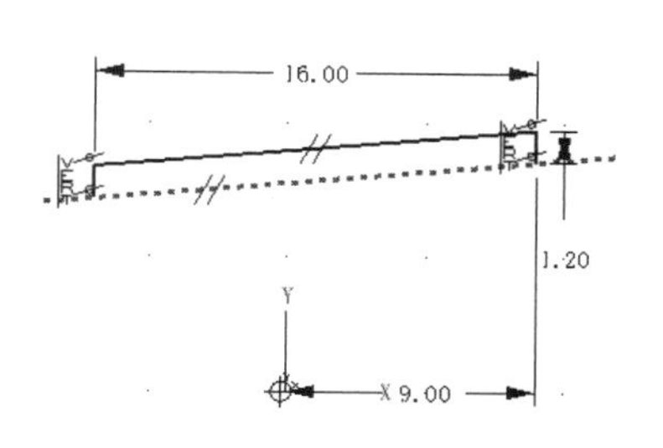

图 4-165 草图 2 部细图

（17）拉伸草图。选择【造型】→【基础造型】→【拉伸】命令，并进行加运算，单边拉伸，长度为28，封闭面为面板平面，形成显示面板，如图4-166所示。

（18）选择【造型】→【工程特征】→【圆角】命令，对拉伸端尖角部分进行倒圆角，圆角半径为3。

（19）拉伸草图。选择【造型】→【基础造型】→【拉伸】命令，切割出显示区域，如图4-167所示。

（20）使用不对称倒角，对显示区边缘进行倒角。选择【造型】→【工程特征】→【倒角】命令，使用不对称倒角方式，倒角距离为1.4和1.8，如图4-168所示。

（21）在XY平面上创建按键部分草图，如图4-169所示。

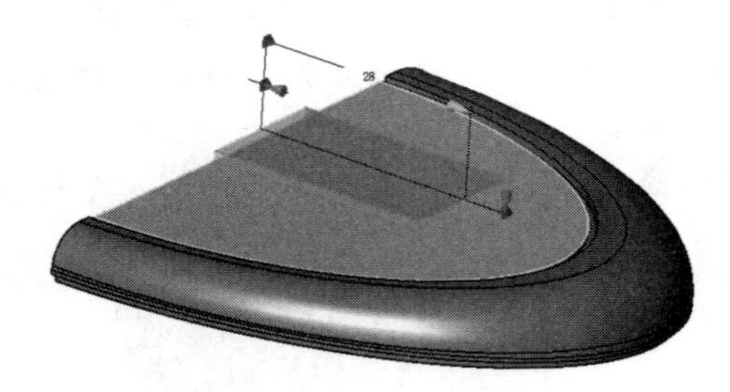

图4-166　拉伸显示区

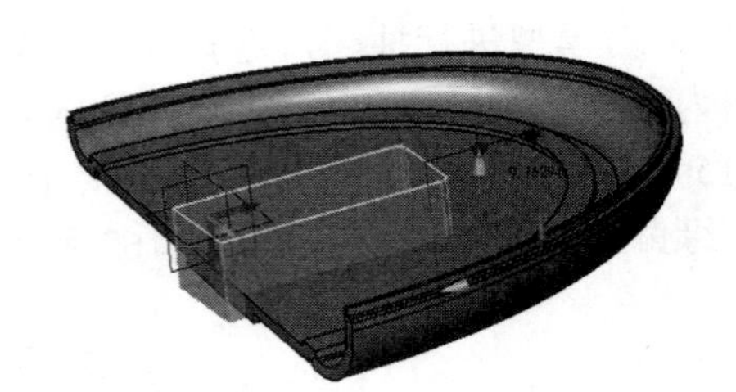

图4-167　拉伸减运算

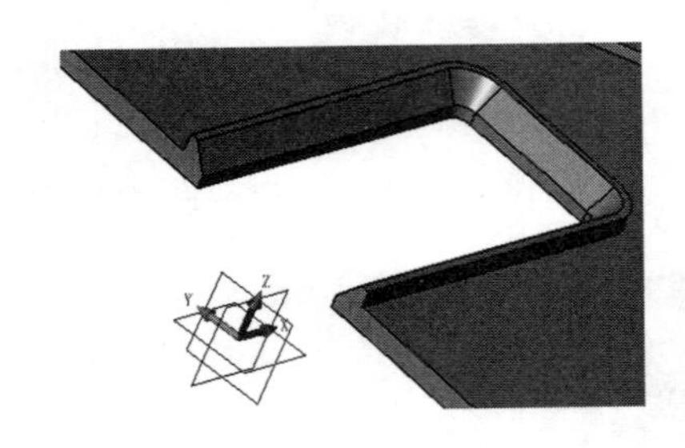

图4-168　不对称倒角

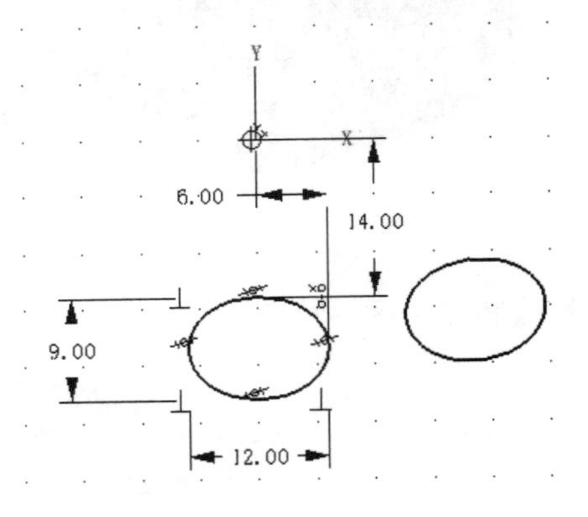

图4-169　按键草图

（22）拉伸草图。选择【造型】→【基础造型】→【拉伸】命令，切割出按键区。

（23）在XY平面上做定位孔的草图，如图4-170所示。

（24）拉伸定位孔草图。选择【造型】→【基础造型】→【拉伸】命令，起始点为-3，结束点选择变截面，使之到壳体为止，如图4-171所示。

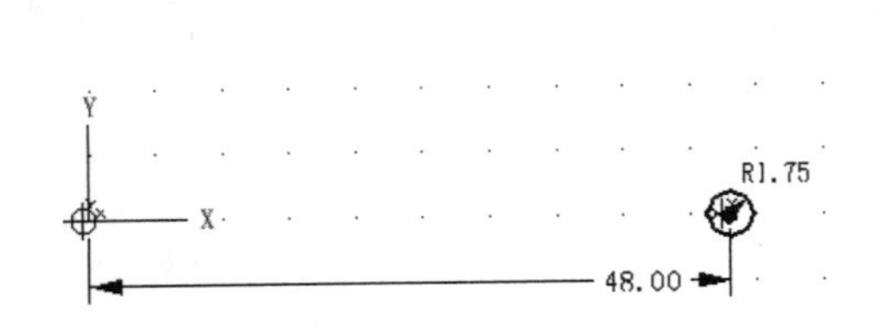

图4-170　定位孔草图

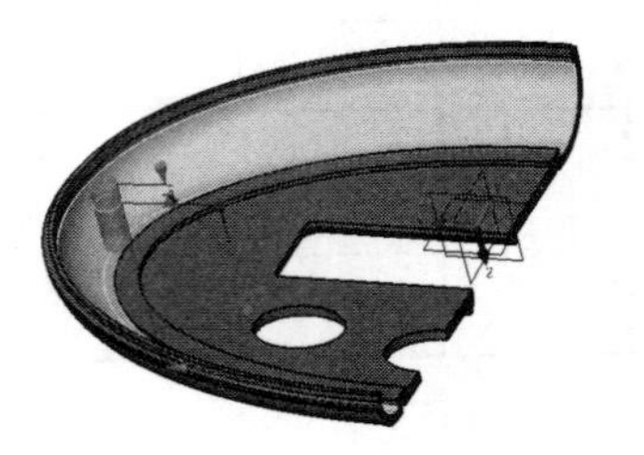

图4-171　拉伸创建定位孔

（25）在 XY 面上绘制十字加强筋草图，如图 4-172 所示。

（26）用网状加强筋命令拉伸草图。选择【造型】→【工程特征】→【网状筋】命令，起点为-2.5，边界选择拉伸后与壳体接触的面，如图 4-173 所示。

（27）定位柱上打孔。选择【造型】→【工程特征】→【孔】命令，使用简单孔，直径为 1.4，深度为 10，如图 4-174 所示。

（28）镜像实体。选择【造型】→【基础造型】→【镜像】命令，并进行加运算，得到最后的表壳整体，如图 4-175 所示。

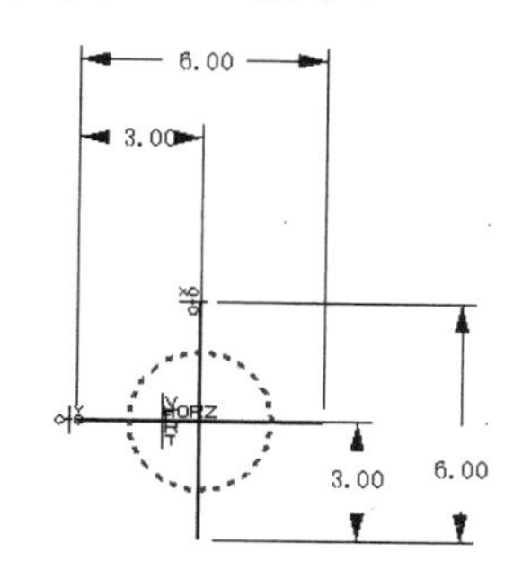

图 4-172　加强筋草图

图 4-173　建立网状加强筋

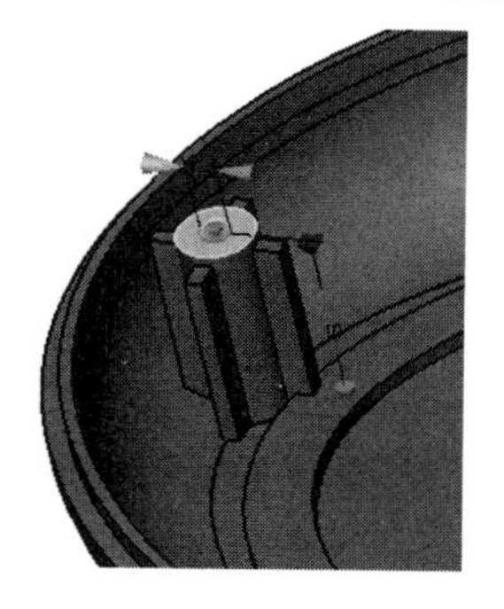

图 4-174　打孔

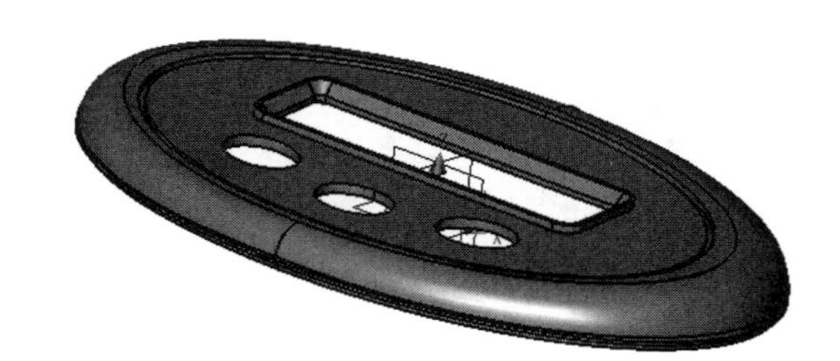

图 4-175　镜像后完成造型

4.7　思考与练习

4-1 中望 3D 的拉伸功能可否支持交叉曲线轮廓？如何定义多个拉伸区域？

4-2 在放样功能中，如何控制顶点对齐？

4-3 中望 3D 在倒圆角上主要包含哪些类型？

4-4 螺纹标记与螺纹功能有何不同，各在哪些方面使用？

4-5 打孔的时候，如何精确定位孔的位置。

4-6 中望 3D 有哪些拔模方法？如何应用？

4-7 绘制连接法兰零件，如图 4-176 所示。参照配套素材文件 EX\CH4\4-30.Z3。

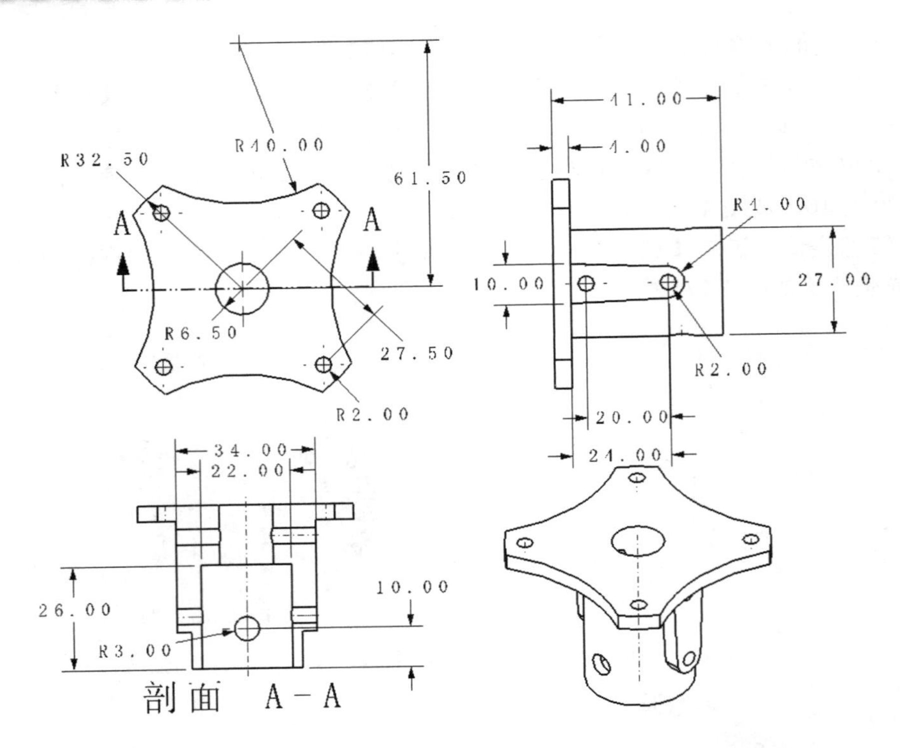

图 4-176 连接法兰练习

（扫码获取素材）

第5章　曲面造型

作为优秀的三维软件平台，中望 3D 具有强大的混合建模技术。曲面造型功能是中望 3D 提供的高级造型工具，可以用于设计各种复杂和不规则的产品。中望 3D 的混合建模技术使实体造型与曲面造型功能之间可以自由交互，各个曲面造型功能同时适用于实体和曲面操作。中望 3D 中的曲面造型功能如图 5-1、图 5-2 所示。

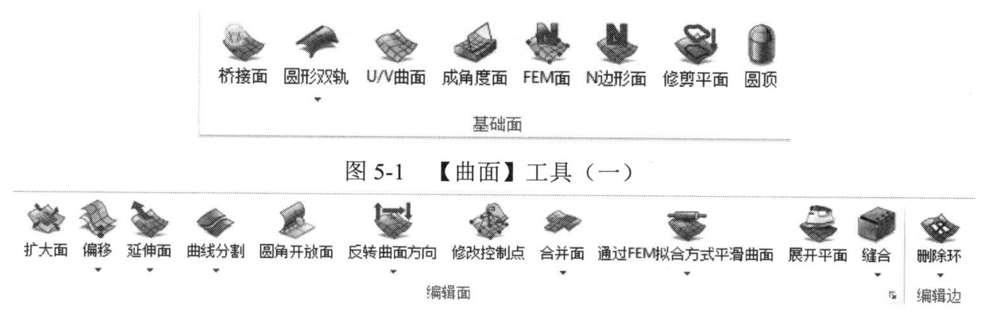

图 5-1　【曲面】工具（一）

图 5-2　【曲面】工具（二）

5.1　曲面构建

5.1.1　直纹曲面

直纹曲面是利用定义的两组曲线，起始点方向对齐，相互连接建立曲面。

单击工具栏中的【曲面】→【直纹曲面】功能图标，系统弹出“直纹曲面”对话框，如图 5-3 所示。

- **路径 1/路径 2：**创建直纹曲面所需要的两组曲线，如果曲线组是由多段线组成，通过“插入曲线列表”选取，注意对齐两组曲线起始点的方向，效果如图 5-4 所示。
- **脊线：**选择一条线作为脊线，创建的直纹曲面边界和脊线所在的平面垂直，并且直纹曲面范围不会超过路径和脊线范围，如图 5-5 所示。
- **缝合实体：**勾选该复选框，系统自动缝合实体。
- **尝试剪切平面：**当勾选“**尝试剪切平面**”选项时，系统自动对所有的造型进行尝试剪切。

操作步骤如下（练习文件：配套素材\EX\CH5\5-1.Z3）。

➢ 单击工具栏中的【曲面】→【直纹曲面】功能图标。
➢ 选择路径，选择两条边作为直纹曲面的路径，注意起始点方向对齐。
➢ 单击“确定”按钮，完成直纹曲面的创建，效果如图 5-6 所示。

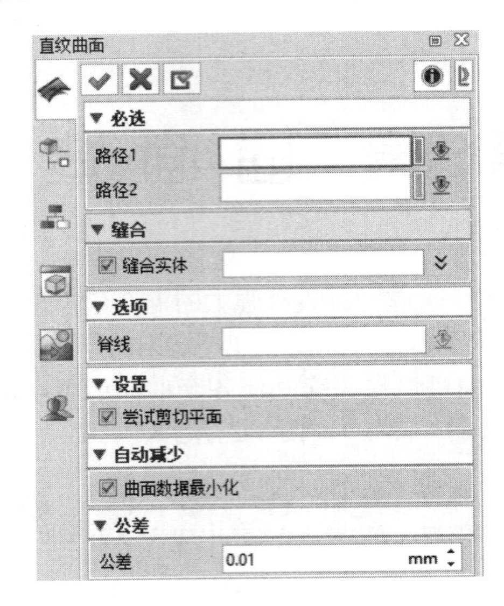

图 5-3 “直纹曲面”对话框

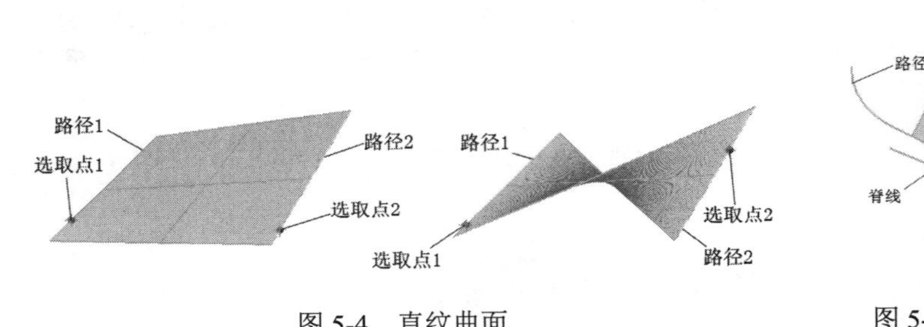

图 5-4 直纹曲面

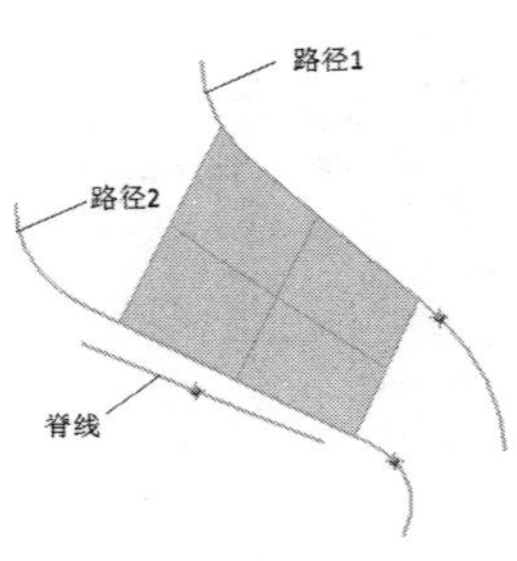

图 5-5 脊线示例

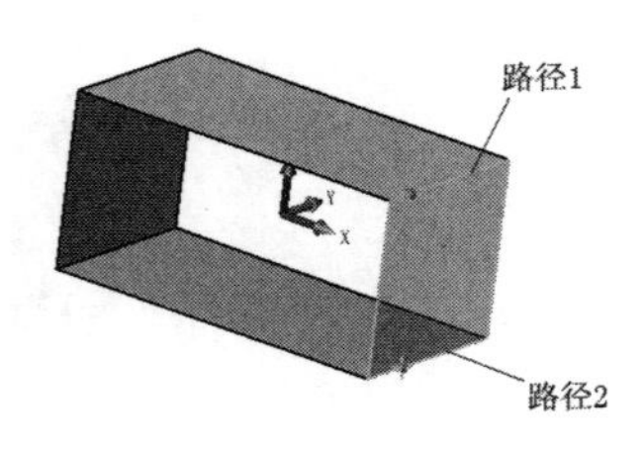

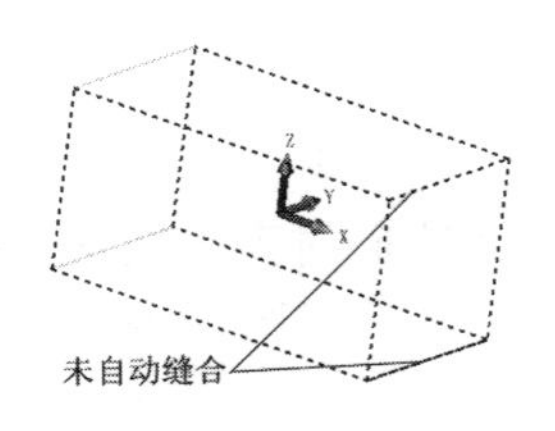

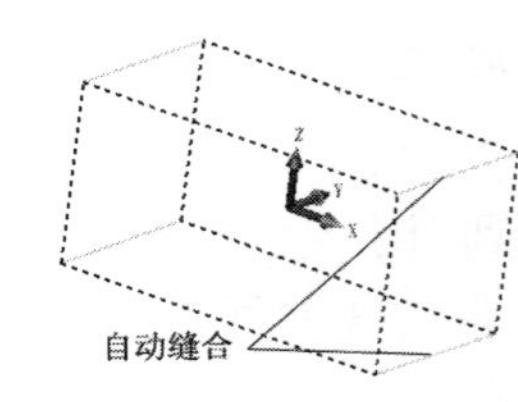

（扫码获取素材）

图 5-6 直纹曲面示例

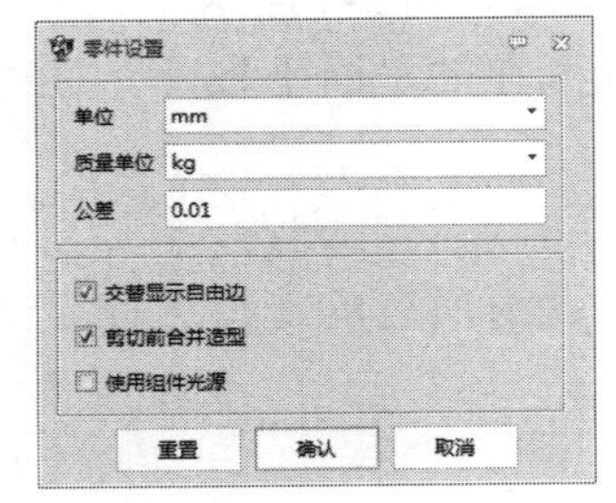

图 5-7 设置曲面自动缝合

提醒：创建的曲面是否和连接的曲面进行自动缝合，在菜单【编辑】→【参数设置】中进行设置，如图 5-7 所示，勾选“剪切前合并造型”选项，新创建的面会自动和相连的面缝合。

5.1.2　圆形双轨

圆形双轨是在两条路径线间创建圆形横截面的曲面，创建的方式有常量、变量、中心和中间 4 种，选择不同的方式其设置稍有不同。

单击工具栏中【曲面】→【直纹曲面】下的 ，选择【圆形双轨】功能图标 ，系统弹出“圆形双轨”对话框，如图 5-8 所示。

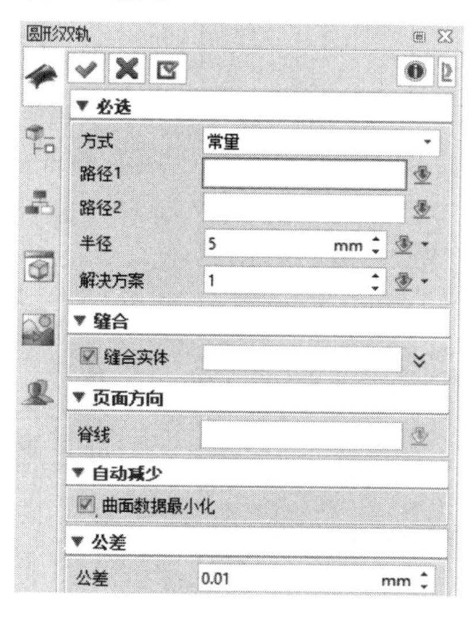

图 5-8　“圆形双轨”对话框

- **方式**：创建圆形曲面的方法，包含常量、变量、中心和中间 4 种方式，如图 5-9 所示（练习文件：配套素材\EX\CH5\5-2.Z3）。
  - ❑ **常量**：创建的圆形曲面半径一致。
  - ❑ **变量**：创建变半径的圆形曲面。
  - ❑ **中心**：以一条中心线为圆形的圆心创建曲面。
  - ❑ **中间**：选择一条线作为圆形曲面上的中心线。

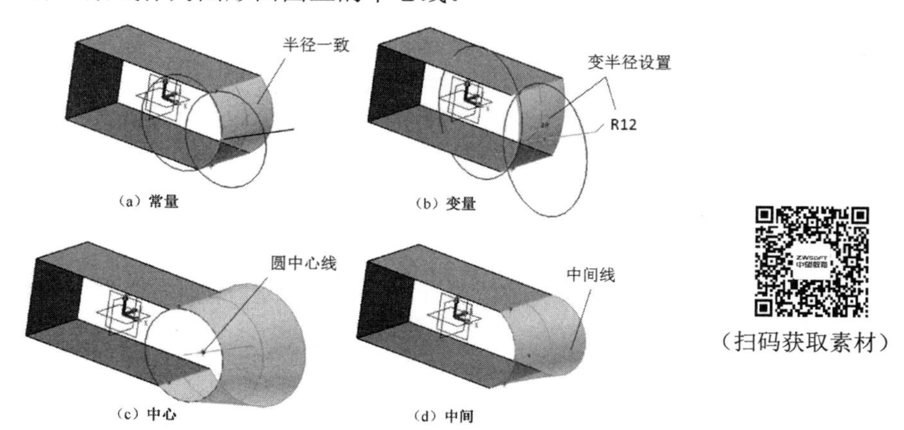

图 5-9　圆形双轨的 4 种方式

- **路径 1/路径 2**：选择创建圆形曲面的两条边界线，选择方式与直纹曲面类似。
- **半径**：圆形曲面圆半径的设置，该选项在方式为“常量”时设置。
- **解决方案**：根据情况，选择需要的圆形曲面方案进行创建，如图 5-10 所示。
- **脊线**：选择一条线作为脊线，创建的曲面边界和脊线所在的平面垂直，并且曲面范围不会超过路径和脊线范围。
- **添加半径/删除半径**：在脊线上，设置不同点处的半径大小，可以实现变量圆形曲面。
- **中心/中间**：设置中心线或中间线。

操作步骤如下：

➢ 单击工具栏中的【曲面】→【圆形双轨】功能图标。

➢ 路径选择，按如图 5-11 所示选择两条边作为圆形曲面的路径，半径设置为 8，解决方案选取 2。

➢ 单击“确定”按钮，完成圆形双轨的创建。

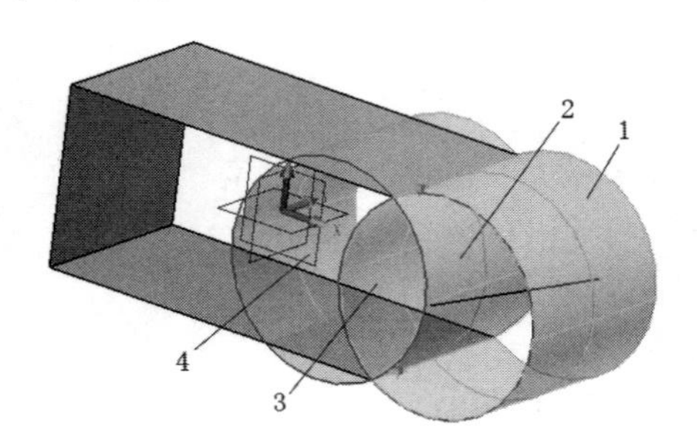

图 5-10　圆形双轨“解决方案”的选择

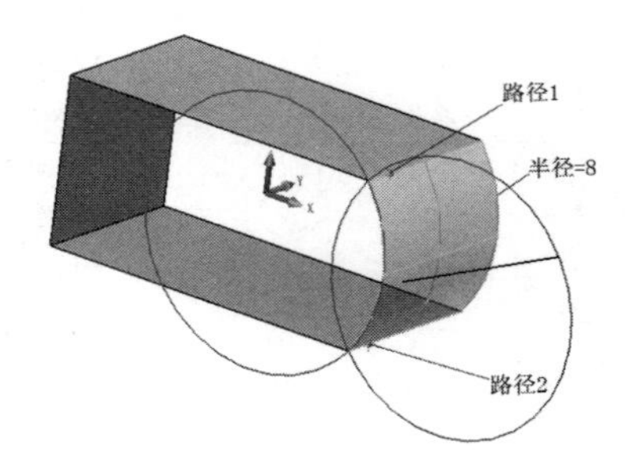

图 5-11　圆形双轨曲面示例

5.1.3　二次曲线双轨

二次曲线双轨与圆形双轨类似，但创建曲面的截面是二次曲线，创建的方式有 6 种：常量、变量、肩点、切点、中心、切边。

单击工具栏中【曲面】→【直纹曲面】下的，选择【二次曲线双轨】功能图标，系统弹出“二次曲线双轨”对话框，如图 5-12 所示。

- **二次曲线比率**：输入二次曲线比率值，范围为 0.1～1.0。
- **轴肩方式**：方式设置为肩点时使用，选择二次曲面需要经过的线。
- **切点**：方式设置为切点时使用，选择二次曲面横截面线切线的交点线。

操作步骤如下（练习文件：配套素材\EX\CH5\5-3.Z3）。

➢ 单击工具栏中的【曲面】→【二次曲线双轨】功能图标。

➢ 方式选择“肩点”，路径按如图 5-13 所示选择两条边作为二次曲面的路径，轴肩方式选择中间的直线。

➢ 单击“确定”按钮，完成二次曲面的创建。

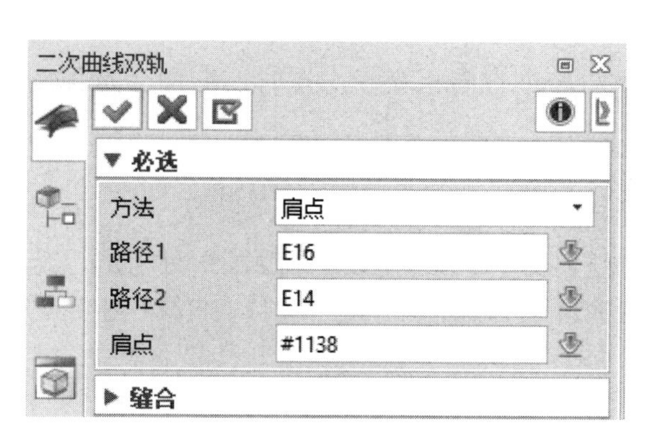

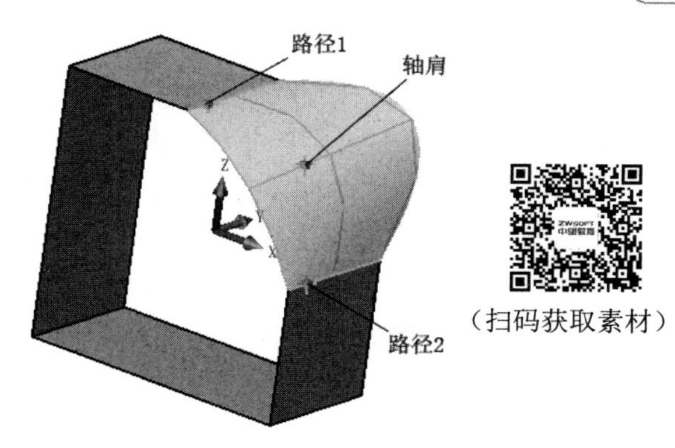

图 5-12 “二次曲线双轨”对话框

图 5-13 二次曲线双轨曲面示例

5.1.4 U/V 曲面

U/V 曲面也称为网格曲面。通过定义两个交叉方向的曲线（即曲面的 U 方向和 V 方向），以类似于织网的原理创建曲面。

单击工具栏中的【曲面】→【U/V 曲面】功能图标，弹出“U/V 曲面”对话框，如图 5-14 所示，该功能利用网格的 U/V 曲线生成曲面。

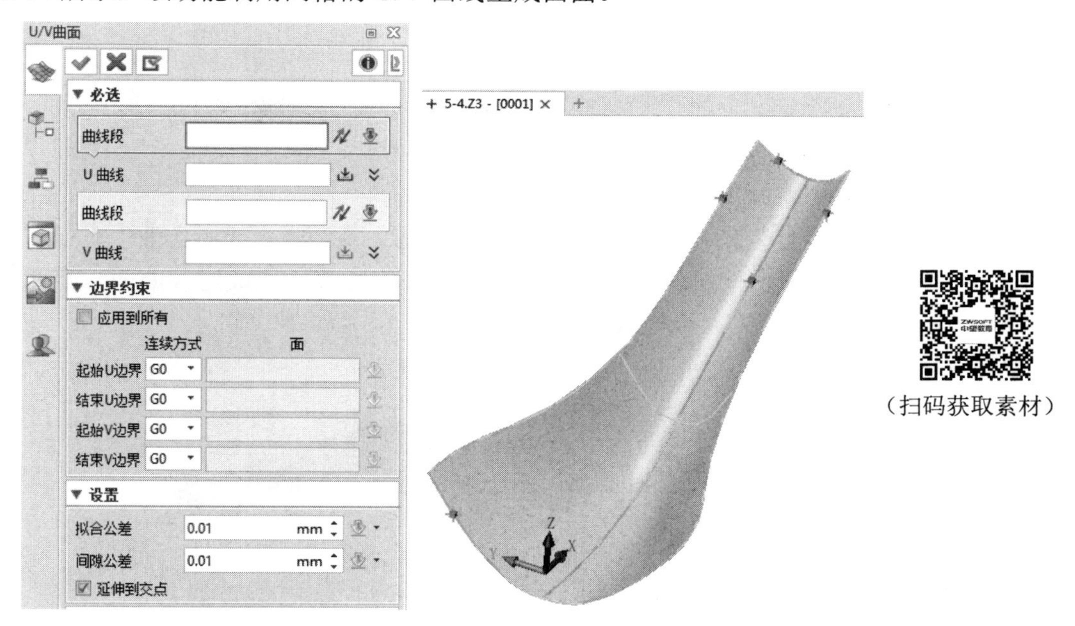

图 5-14 “U/V 曲面”对话框

- **U 曲线/V 曲线：**定义 U/V 方向的曲线。
- **连续方式：**指定与之连接面的连接方式，有 G0、G1 和 G2 共 3 种选项。
  - ❑ **G0：**不相切。
  - ❑ **G1：**定义曲面与相邻面之间相切连续连接。
  - ❑ **G2：**定义曲面与相邻面之间曲率连续连接。

● **拟合公差/间隙公差**：定义拟合曲线的公差。

● **延伸到交点**：勾选该复选框，当所有曲线在一个方向相交于一点时，曲面会延伸到相交点而不是终止在最后一条相交曲线上。

操作步骤如下（练习文件：配套素材\EX\CH5\5-4.Z3）。

➢ 单击工具栏中的【曲面】→【U/V 曲面】功能图标。

➢ 选择 U 方向的曲线，需选择三条线，如线段分为几段，在“曲线段”处按顺序选择线段，将多段线做成一个曲线组，选择完成后按鼠标中键，在“U 曲线”中自动增加一个曲线组。

➢ 选择 V 方向的曲线。

➢ 单击“确定”按钮，完成 U/V 曲面的创建，效果如图 5-15 所示。

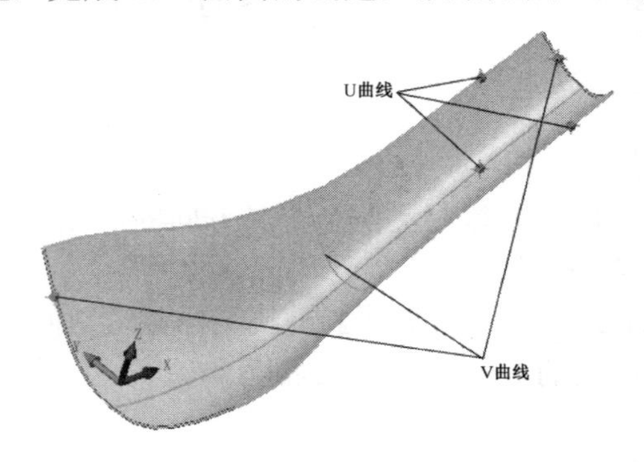

图 5-15　U/V 曲面示例

5.1.5　桥接曲面

单击工具栏中的【曲面】→【桥接面】功能图标，系统弹出“桥接面”对话框，如图 5-16 所示，可以通过桥接曲面功能将曲面或曲线进行连接，生成连接曲面。有两种方式：通过实体桥接和通过设定半径桥接。

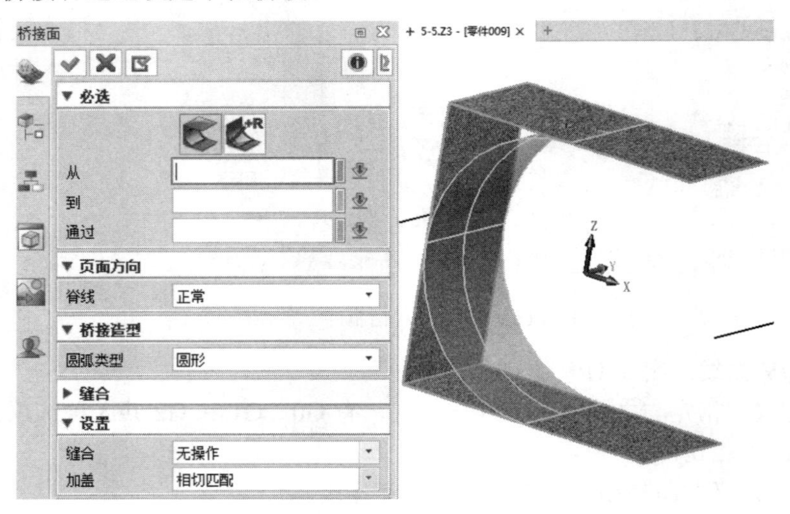

图 5-16　“桥接面”对话框

【实体桥接】 通过定义三个连接实体创建桥接面。

- **从/到**：定义桥接面的开始和结束的对象，这里可以选择面或线。
- **通过**：定义通过的实体，桥接面将通过所选的对象，可以是线或面，如图 5-17 所示。

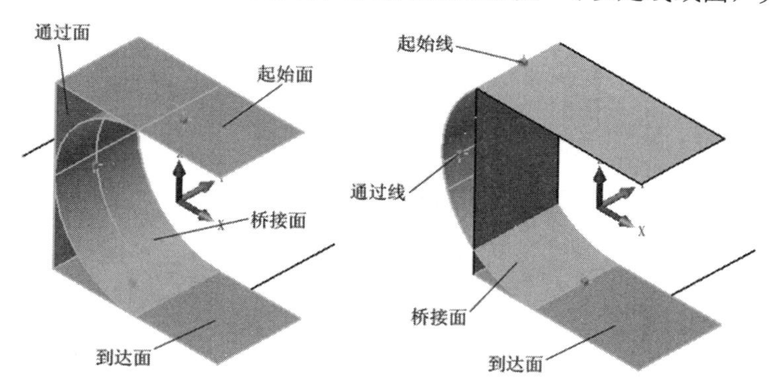

图 5-17 实体桥接

- **圆弧类型**：设置桥接面圆弧的类型，包含圆形和二次曲线。当设置为二次曲线时，可以设置二次曲线比率，与圆形双轨和二次曲线双轨的设置方法类似。
- **缝合**：定义创建曲面时的操作方式，有以下 4 种选项。
  - ❑ **无操作**：起始面和到达面不发生任何改变；
  - ❑ **分开**：起始面和到达面，在与桥接面相交的地方自动分割；
  - ❑ **修剪**：与倒圆角类似，起始面和到达面超出桥接面的部分自动修剪；
  - ❑ **缝合**：在修剪的基础上，桥接面与相邻的面自动缝合。
- **加盖**：桥接面在宽度不等时的连接方法，有 3 种方式，即最大、最小和相切匹配。如图 5-18 所示。

【半径桥接】 通过定义两个连接实体和一个半径值创建桥接面，如图 5-19 所示。

- **半径**：指定圆形桥接曲面的半径值。

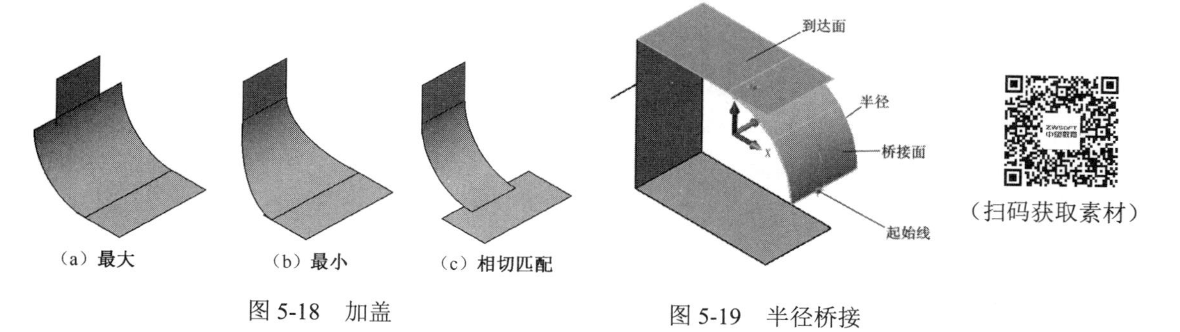

图 5-18 加盖

图 5-19 半径桥接

创建桥接面的操作步骤如下（练习文件：配套素材\EX\CH5\5-5.Z3）。

➢ 单击【桥接面】功能图标。
➢ 选择起始端和结束端的连接曲面。
➢ 选择通过的对象或设置桥接半径。
➢ 单击“确定”按钮，完成桥接面的创建。

5.1.6 角度曲面

角度曲面是基于现有的一个面、多个面或基准平面，以一个特定的角度创建新的面。

单击工具栏中的【曲面】→【成角度面】功能图标，系统弹出“成角度面”对话框，如图 5-20 所示。

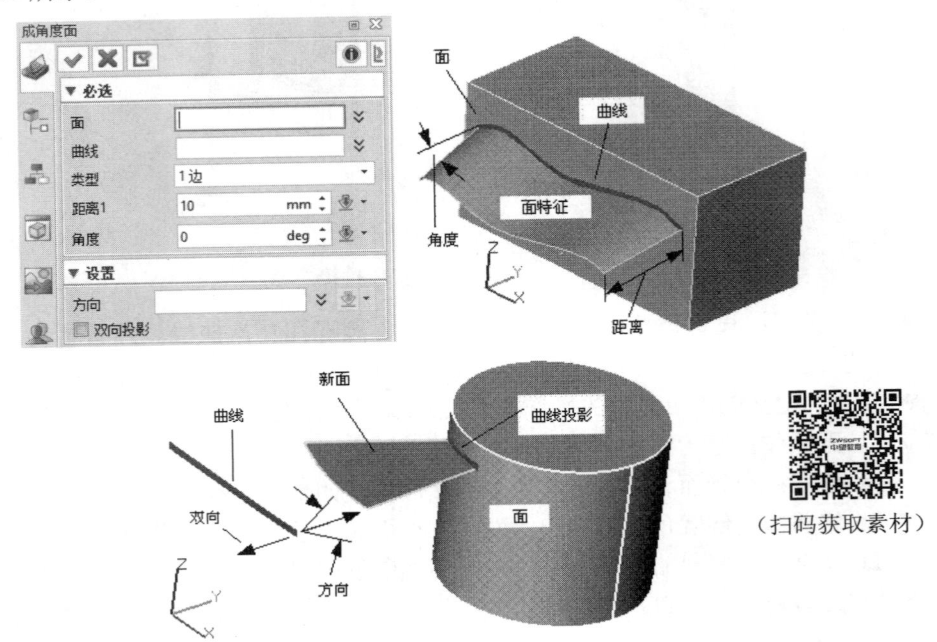

图 5-20 成角度的面

- **面**：产生角度曲面的面，可以为多个面或基准平面。
- **曲线**：投影到面上的线，投影线为角度曲面的开始端。在该选项上单击鼠标右键可以进行草图绘制曲线。
- **距离 1**：设置角度曲面从投影线开始拉伸的长度。
- **角度**：设置角度曲面拉伸时与投影方向的角度。
- **方向**：指定曲线投影到面上的方向。在该选项上单击鼠标右键，可以选择需要的正交方向或其他方向。
- **双向投影**：在正、反两个方向上都进行投影。

操作步骤如下（练习文件：配套素材\EX\CH5\5-6.Z3）。

➢ 单击【角度曲面】功能图标。

➢ 选择圆柱面为投影面，中间直线为投影线

➢ 设定角度曲面长度为 10，角度为-5°。

➢ 设定投影方向为 X 正方向。

➢ 单击“确定”按钮，完成角度曲面的创建，效果如图 5-21 所示。

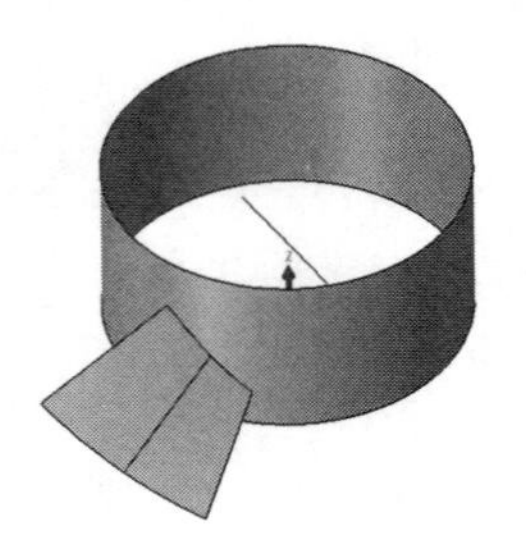

图 5-21 角度曲面

5.1.7 N边形面

N边形面是以闭合的多边形线为边界生成的NURBS曲面。N边形面是基于四边构建原理的，当边界为四边时，曲面效果最好；如边界大于四边，构建的N边形面会由N个四边形面构成，如图5-22所示。

单击工具栏中的【曲面】→【N边形面】功能图标，系统弹出“N边形面”对话框，如图5-23所示。该功能以闭合的多边形线为边界，生成曲面。

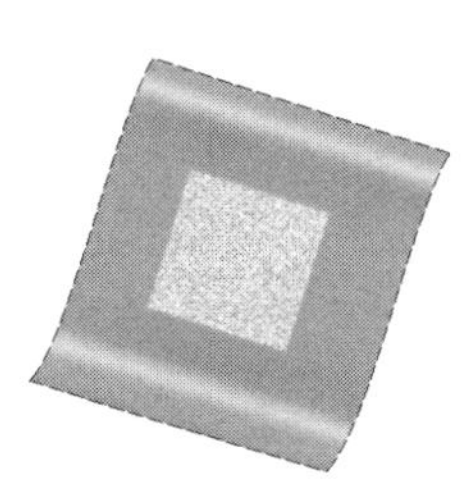

图5-22 N边形面　　　　图5-23 “N边形面”对话框

- **边界**：选择多边形的边界，可以为曲线、草图、边和曲线列表。
- **边界相切**：勾选该复选框后，面边界与相邻曲面相切。
- **拟合**：若生成的N边形面不光顺，可用该拟合选项进行修正，拟合曲线在一定公差下逼近原曲线。
  - ❑ **否**：不对曲线进行拟合，保持原始状态。
  - ❑ **相切**：拟合的曲线在整个长度中连续相切。
  - ❑ **曲率**：拟合的曲线是曲率连续相切的。
  - ❑ **直接**：一种直接的拟合方法，更好地避免“褶皱”。
- **公差**：选择“相切”或“曲率”拟合方法时，可以设置该拟合公差。
- **保留边界曲线**：勾选该复选框后，将保留生成N边形面的边界线，否则将删除。

> **经验参考**：当勾选“保留边界曲线”复选框时，系统通过回应图形符号显示曲线链的间断性。三角形表示连续，但是不相切，正方形表示是开放端点，如图5-24所示。

操作步骤如下（练习文件：配套素材\EX\CH5\5-7.Z3）。

- ➢ 单击工具栏中的【曲面】→【N边形面】功能图标。
- ➢ 选择三角形的三条边为边界。
- ➢ 勾选“边界相切”复选框。
- ➢ 单击“确定”按钮，完成N边形面的创建，效果如图5-25所示。

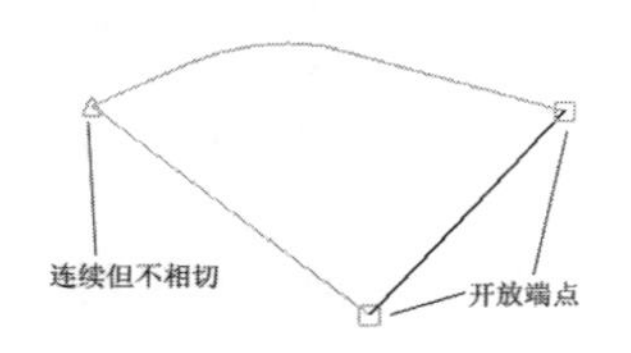

图 5-24　保留边界曲线示例

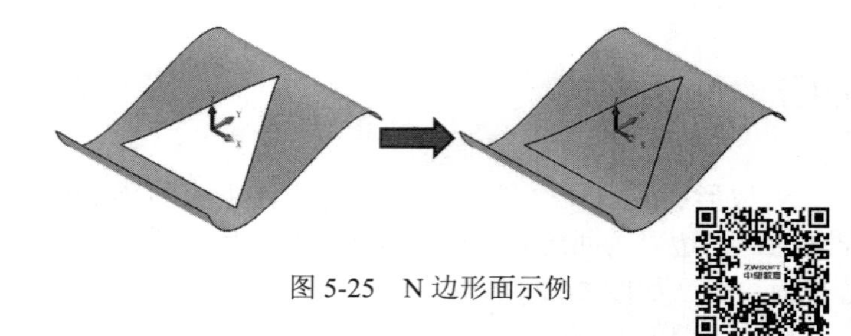

图 5-25　N 边形面示例

（扫码获取素材）

5.1.8　FEM 面

FEM 面与 N 边形面类似，它是穿过边界曲线上的点的集合，拟合成一个单一的面。但并不是像 N 边形面那样先将面片细分为 4 边 NURBS 面，而是用一个曲面直接拟合通过边界曲线上点的集合，然后沿着边界修剪。当创建 N 边形面片有问题时，用该方法可以产生较好的效果。

单击工具栏中的【曲面】→【FEM 面】功能图标，系统弹出“FEM 面”对话框，如图 5-26 所示。

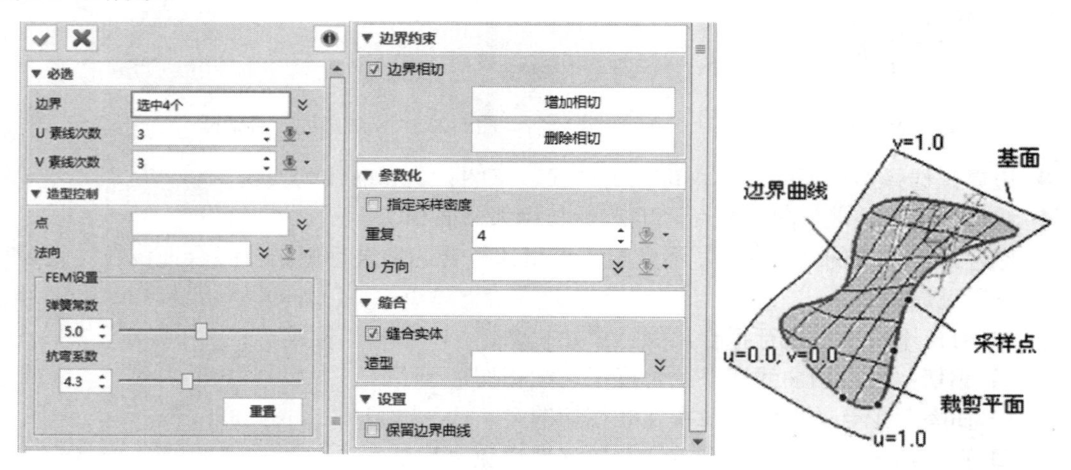

图 5-26　“FEM 面”对话框

- **边界：**选择生成 FEM 面的边界，支持曲线、草图、边和曲线列表。
- **U/V 素线次数：**指定曲面在 U 和 V 方向上的阶数，次数越高，曲面的质量越高，但计算时间越长。
- **点：**除边界外，FEM 曲面经过的点的设置，如图 5-27 所示。
- **法向：**设定经过点位置，曲面的法向方向。
- **边界相切：**勾选该复选框，曲面边界于相邻面保持相切连续。
- **指定采样密度：**设定曲线取样点的平均数目。
- **重复：**在曲线上定位取样点使用的迭代数目。
- **U 方向：**定义生成曲面上 U 曲线的方向。
- **FEM 设置：**定义弹簧常数和抗弯系数。
  - ❑ **弹簧常数：**使用滑动条设置弹簧常数的值，形成不同曲面效果。

- **抗弯系数**：使用滑动条设置抗弯系数的值，形成不同曲面效果。
- **重置**：将弹簧常数、抗弯系数设置为系统默认的值。

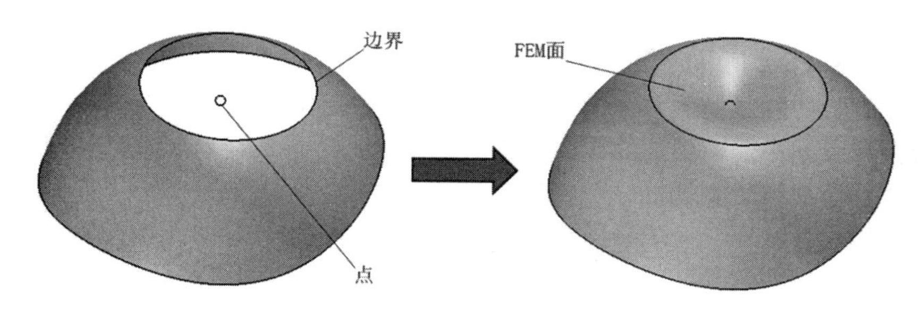

图 5-27 FEM 面“点”选项的示例

操作步骤如下（练习文件：配套素材\EX\CH5\5-8.Z3）。

- 单击工具栏中的【曲面】→【FEM 面】功能图标。
- 选择五边形的 5 条边为边界。
- 勾选“边界相切”复选框。
- 单击“确定”按钮，完成 FEM 面的创建，效果如图 5-28 所示。

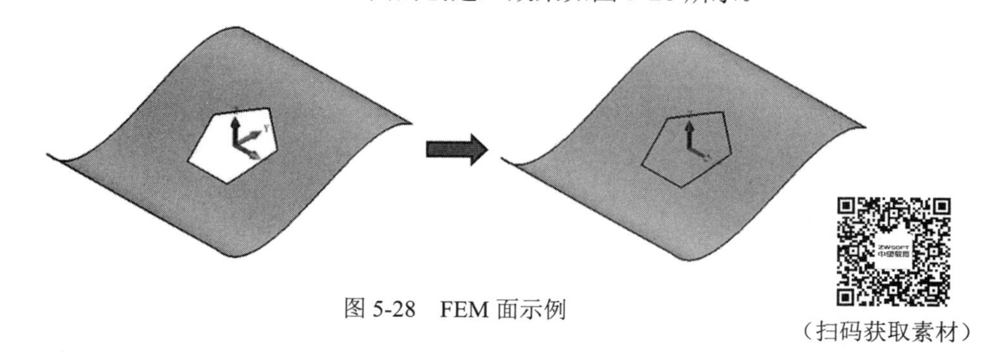

图 5-28 FEM 面示例

（扫码获取素材）

5.1.9 修剪平面

修剪平面类似于 N 边形面，是利用封闭的曲线边界来生成曲面，但是修剪平面无论边界是否在一个平面上，创建的曲面都是基于一个平面。

单击工具栏中的【曲面】→【修剪平面】功能图标，系统弹出“修剪平面”对话框，如图 5-29 所示。

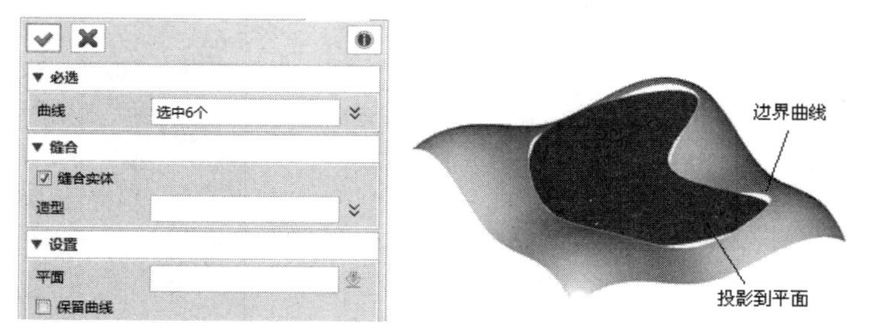

图 5-29 “修剪平面”对话框

- **曲线**：定义生成二维平面的曲线边界，支持曲线、草图、边和曲线列表。
- **平面**：定义边界曲线投影到的平面，生成的面将在该平面上。该选项只支持平面或基准面。

操作步骤如下（练习文件：配套素材\EX\CH5\5-9.Z3）。

➢ 单击工具栏中的【曲面】→【修剪平面】功能图标。
➢ 选择图形界面中的椭圆曲线作为边界。
➢ 勾选“保留曲线”复选框。
➢ 单击“确定”按钮，完成修剪平面的创建，如图 5-30（a）所示。
➢ 继续用该功能，选择椭圆曲线作为边界，平面选择 XY 平面。
➢ 单击“确定”按钮，完成在 XY 平面上创建修剪平面，如图 5-30（b）所示。

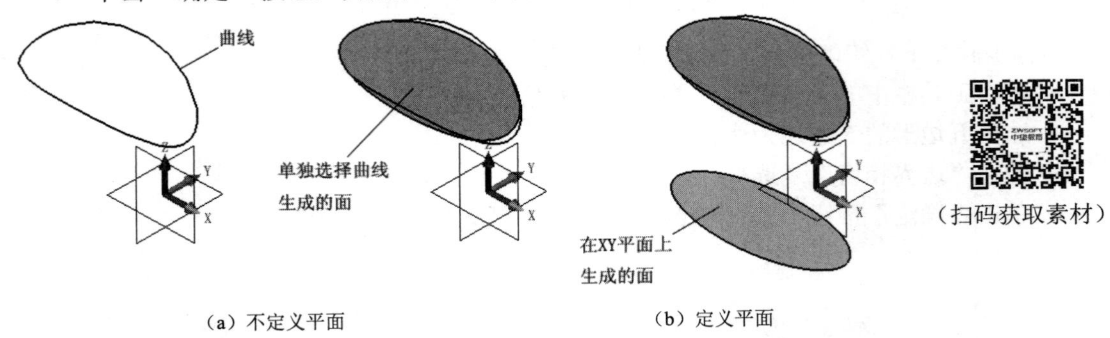

（a）不定义平面　　（b）定义平面

图 5-30　修剪平面示例

5.1.10　圆顶

圆顶是通过定义一组封闭的轮廓创建一个圆顶曲面。

单击工具栏中的【曲面】→【圆顶】功能图标，系统弹出“圆顶”对话框，如图 5-31 所示。

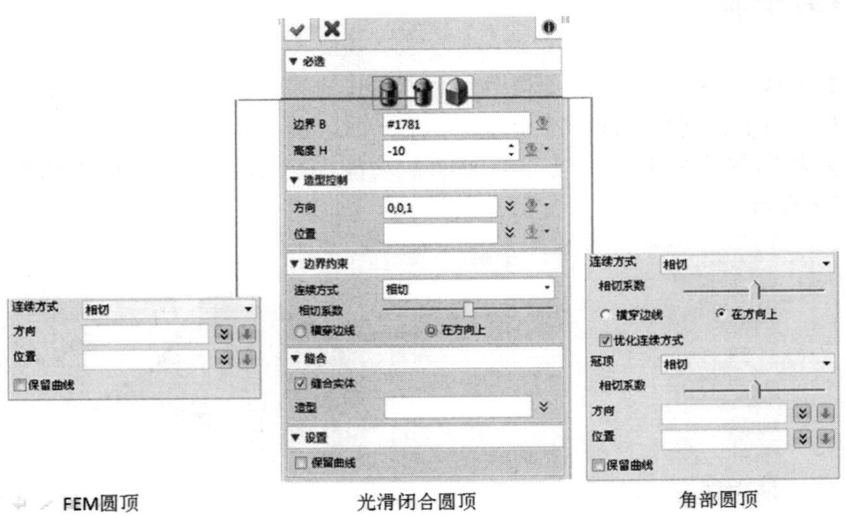

图 5-31　“圆顶”对话框

- **边界**：定义圆顶边界的轮廓，支持草图、曲线、面边界或一个曲线列表。
- **高度**：定义圆顶端点的高度值。
- **连续方式**：圆顶与相接面连接的方式，有3种方式可供选择：无、相切、曲率。
- **冠顶**：定义冠顶的连接方式，有相切和曲率两种选择，仅在使用角部圆顶时可用。
- **方向**：定义圆顶面的方向，一般默认为轮廓面的法向方向。
- **位置**：定义圆顶的顶点位置。

创建圆顶的操作步骤如下（练习文件：配套素材\EX\CH5\5-10.Z3）。

➢ 单击工具栏中的【曲面】→【圆顶】功能图标。

➢ 指定圆顶的轮廓线。

➢ 输入圆顶高度值。

➢ 根据需要设置圆顶的连续方式、方向或位置。

➢ 单击“确定”按钮，完成圆顶创建，效果如图5-32所示。

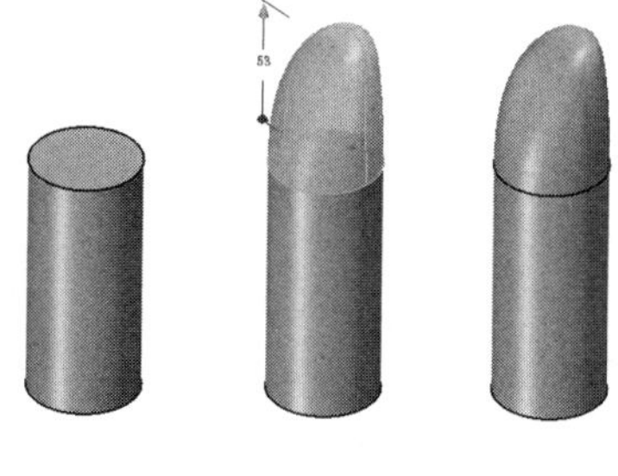

图5-32 圆顶示例

（扫码获取素材）

经验参考：光滑闭合圆顶适用于创建光滑边界的轮廓，如圆形轮廓。FEM圆顶适用于直线和圆弧连接的轮廓；角部圆顶适用于创建带有尖角的轮廓。

提醒：如果对实体的轮廓进行圆顶操作，实体造型不会改变，生成的圆顶为一个独立的面造型。

5.2 曲面操作

5.2.1 偏移面

偏移面是以现有曲面为基础，创建一个与原曲面有一定偏移距离的面。除可以创建均匀距离的偏移面外，还可以创建不等距偏移面。

单击工具栏中的【曲面】→【偏移面】功能图标，系统弹出“偏移面”对话框，如图5-33所示。选择一个或多个需要延伸的曲面，输入一个偏移距离值，即可得到一个偏移面。

- **面**：定义需要偏移的面。
- **偏移**：定义偏移距离，可以设定正负值来控制偏移的方向。
- **点/偏移**：用于设置不等距的偏移点，在这些点上设置不同的偏移距离。
- **保留原曲面**：勾选该复选框，将保留原曲面，否则将删除。

经验参考：可以将偏移距离设置为0，那么会在原曲面的位置上生成一个偏移面，相当于在原位置复制一个面。

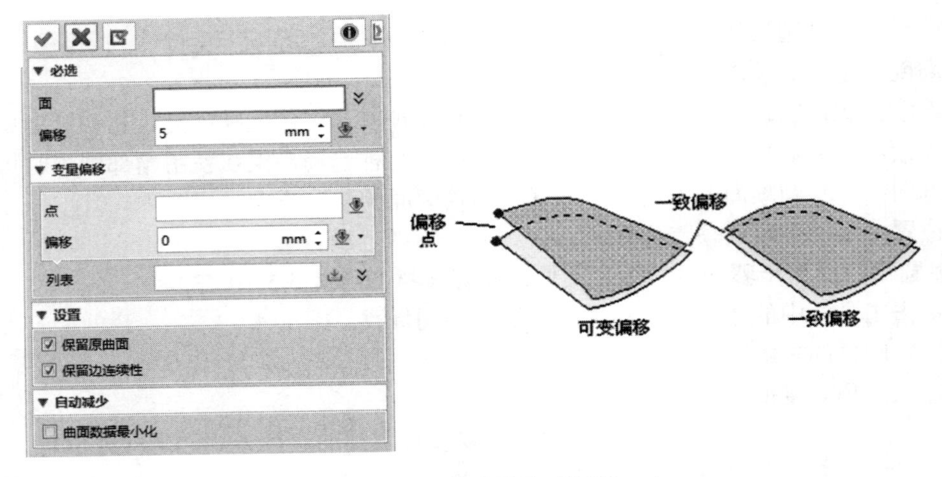

图 5-33 “偏移面”对话框

5.2.2 延伸面

1．延伸面方式

延伸面是对所选面上的某些边以一定的距离进行延伸（注：该功能只支持单个面内的边界）。

单击工具栏中的【曲面】→【延伸面】功能图标，系统弹出“延伸面”对话框，如图 5-34 所示。选择一个面中需要延伸的边界，输入延伸距离，即可以延伸该边界处的曲面。

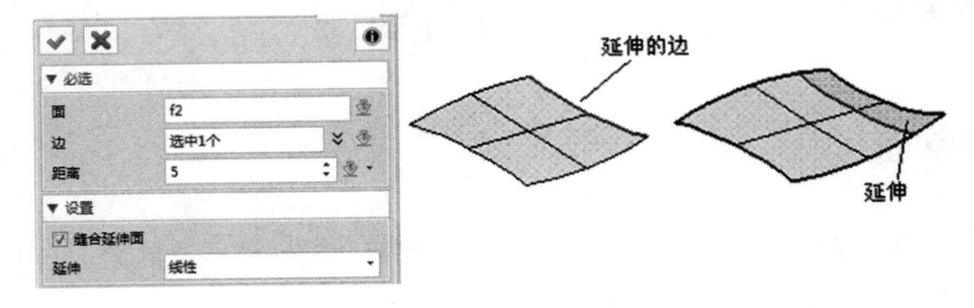

图 5-34 “延伸面”对话框

- **面**：定义需要延伸的面。
- **边**：定义面上需要延伸的边界。
- **距离**：定义延伸距离值。
- **缝合延伸面**：勾选该复选框后，延伸曲面与相邻面自动缝合，否则将分开。
- **延伸**：定义延伸面生成的方法，包含 4 个选项：线性、圆形、反射和曲率递减，各种延伸效果如图 5-35 所示。

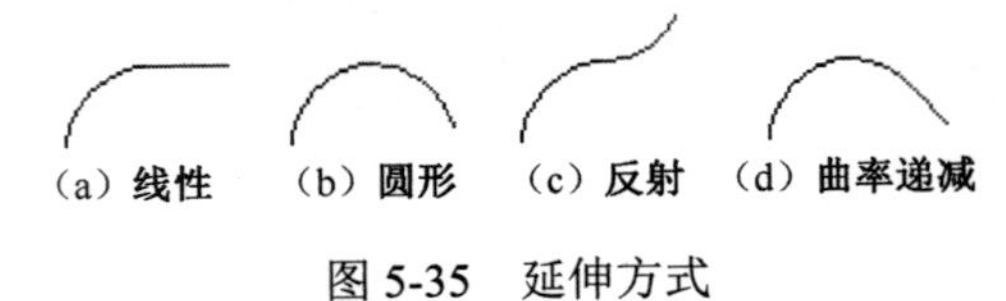

图 5-35 延伸方式

2．延伸开放实体

对开放实体延伸可以对一个造型的多条边同时进行延伸。

单击工具栏中【曲面】→【延伸面】下的▾，选择【延伸实体】功能图标，系统弹出“延伸实体”对话框，如图 5-36 所示。直接选择一个造型中需要延伸的边界，输入一个延伸距离，即可以对该边界处的曲面进行延伸。

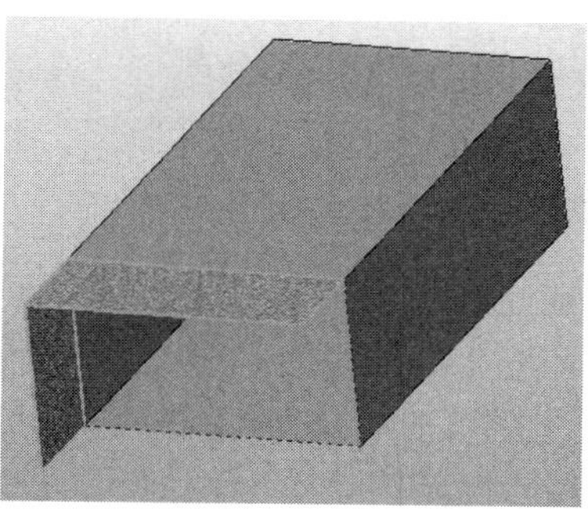

图 5-36　“延伸实体”对话框

- **边**：定义需要延伸的边。
- **距离**：定义延伸的距离值。
- **新建面**：勾选该复选框后，创建的延伸面为独立面，否则保持与原面为一体。

5.2.3　面圆角

面圆角通过定义两个相交曲面，在两个面之间创建一个圆角。

单击工具栏中的【曲面】→【圆角开放面】功能图标，系统弹出“圆角开放面”对话框，如图 5-37 所示。分别定义两个需要倒圆角的曲面后，设置圆角方向、输入一个圆角半径，即可生成一个曲面圆角。

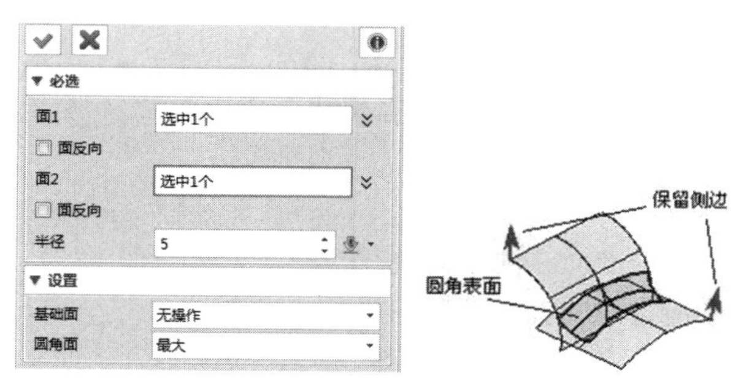

图 5-37　“圆角开放面”对话框

- **面 1/面 2**：定义需要倒圆角的面或造型。箭头指向的一侧为需要倒圆角的方向。
- **面反向**：勾选该复选框后，更改倒圆角的方向，从而圆角位置为反侧。
- **半径**：定义圆角半径值。
- **基础面**：定义倒圆角后原曲面的处理方式，包含 4 种选项：无操作、分开、修剪和缝合。

❑ **无操作**：倒角面不发生任何改变。

❑ **分开**：倒角面与圆角面相交的位置自动分割。

❑ **修剪**：倒角面超出圆角面的部分自动修剪。

❑ **缝合**：在修剪的基础上，圆角面与相邻的面进行缝合。

● **圆角面**：倒角面在宽度不等时的连接方法，有 3 个选项，即最大、最小和相切匹配。

5.2.4 曲线/曲面分割与修剪

1. 曲线分割

曲线分割功能是利用一条或多条曲线对面进行分割。当分割曲线不在曲面上时，可以定义一个投影方向，先将曲线投影到面上再进行分割。

单击工具栏中的【曲面】→【曲线分割】功能图标，系统弹出“曲线分割”对话框，如图 5-38 所示。定义一个分割面和分割曲线，即可对曲面进行分割。当分割曲线为开放曲线时，该曲线不能未及被分割面的边界，否则可以通过“延伸曲线到边界”选项自动延伸分割曲线。

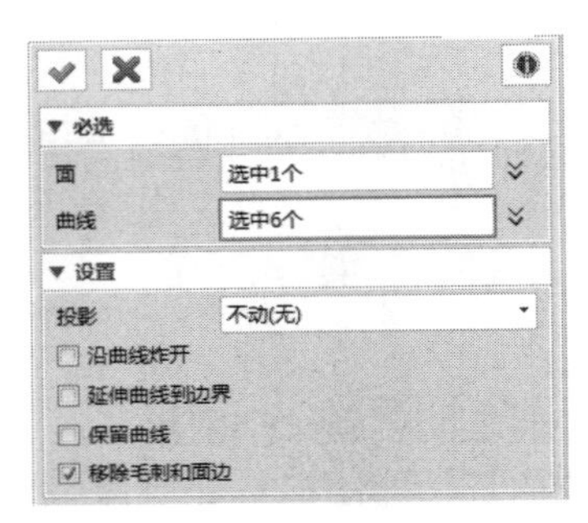

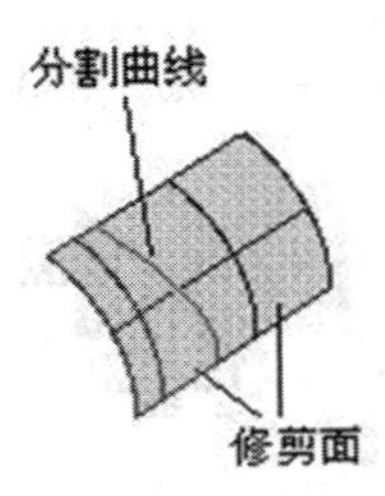

图 5-38 “曲线分割”对话框

● **面**：选择需要修剪的面。

● **曲线**：选择作为修剪界线的曲线。

● **投影**：当曲线不在曲面上时，定义投影曲线方式，包含 4 个选项：不动（无）、曲面法向、单向和双向。

❑ **不动（无）**：曲线不投影。

❑ **曲面法向**：曲线沿曲面法向方向进行投影。

❑ **单向**：曲线在指定方向上进行单向投影。

❑ **双向**：曲线在指定方向上沿正负方向进行双向投影。

● **沿曲线炸开**：勾选该复选框后，分割的曲面将独立成为造型，否则分割后的曲面为一个整体造型。

● **延伸曲线到边界**：勾选该复选框，将修剪曲线自动延伸至要修剪曲面的边界。

● **移除毛刺和面边**：该选项用来删除多余的毛刺和分割面的边。一般情况下，建议保持默认勾选状态。

2．曲面分割

曲面分割是利用曲面将其他相交曲面进行分割。

单击工具栏中【曲面】→【曲面分割】下的▾，选择【曲面分割】功能图标，系统弹出“曲面分割”对话框，如图 5-39 所示。首先定义被分割曲面，再定义分割体，即可将曲面分割。

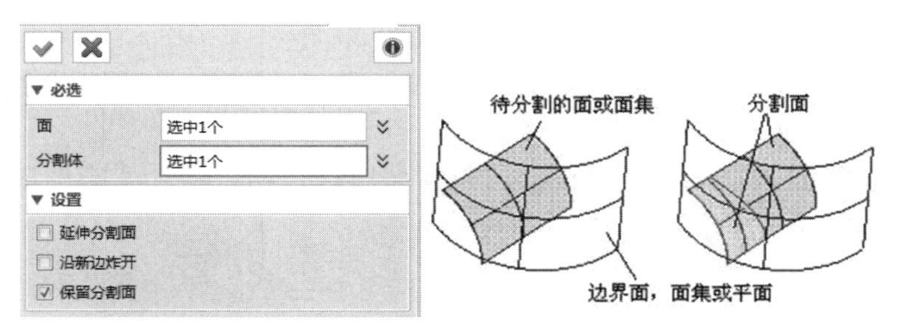

图 5-39 “曲面分割”对话框

- **面：**定义需要分割的面。
- **分割体：**定义分割的工具面。
- **延伸分割面：**当分割体不够大时，勾选该复选框后，自动延伸分割工具面，跨越需要分割的面以确保能成功分割。

3．曲线修剪

曲线修剪是利用一条或多条曲线对面进行修剪。当修剪曲线不在曲面上时，可以定义一个投影方向，先将曲线投影到面上再进行修剪。

单击工具栏中【曲面】→【曲线分割】下的▾，选择【曲线修剪】功能图标，系统弹出“曲线修剪”对话框，如图 5-40 所示。定义一个或一组被修剪面和一组修剪曲线，选择保留面一侧，即可以对曲面进行修剪。当修剪曲线为开放曲线时，该曲线不能未及被修剪面的边界处，否则可以通过“延伸曲线到边界”选项自动延伸修剪曲线。

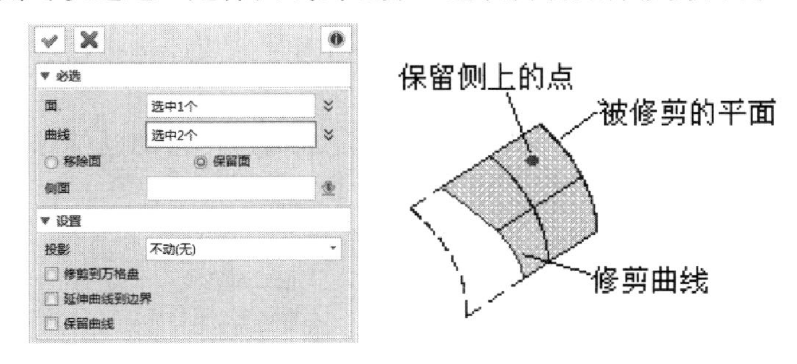

图 5-40 “曲线修剪”对话框

- **面：**定义需要修剪的面。
- **曲线：**定义修剪边界曲线。
- **移除面/保留面：**定义所选择的“侧面”是移除还是保留。当选择“移除面”时，选择的曲面“侧面”一侧将被删除，否则被保留。

- **侧面**：定义一个点作为曲线边界一侧的面，可以设置为被移除或被保留。
- **投影**：当曲线不在曲面上时，定义投影曲线方式，包含 4 个选项：不动（无）、曲面法向、单向和双向。
  - **不动（无）**：曲线不投影。
  - **曲面法向**：曲线沿曲面法向方向进行投影。
  - **单向**：曲线在指定方向上进行单向投影。
  - **双向**：曲线在指定方向上沿正负方向进行双向投影。
- **修剪到万格盘**：勾选该复选框后，对于交叉曲线的区域，修剪时会按棋盘方式进行分隔修剪，如图 5-41 所示。
- **延伸曲线到边界**：勾选该复选框，将修剪曲线自动延伸至要修剪曲面的边界。

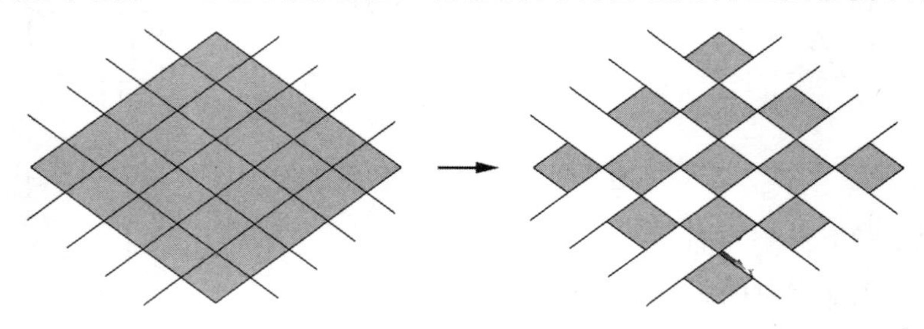

图 5-41　修剪到万格盘示例

4．曲面修剪

曲面修剪是利用曲面作为修剪工具，对其他相交面或造型进行修剪。

单击工具栏中【曲面】→【曲面分割】下的▾，选择【曲面修剪】功能图标，系统弹出“曲面修剪”对话框，如图 5-42 所示。

- **面**：定义需要修剪的面。
- **修剪体**：定义修剪的工具面。
- **保留相反侧**：箭头方向为曲面保留的一侧，勾选该复选框后，箭头反向，将保留另外一侧。
- **全部同时修剪**：当有多个修剪体时，定义是同时修剪还是按顺序修剪，复杂情况下会有不同效果。
- **延伸修剪面**：当修剪体不够大时，勾选该复选框后，自动延伸修剪工具面，跨越需要修剪的面以确保能成功修剪。

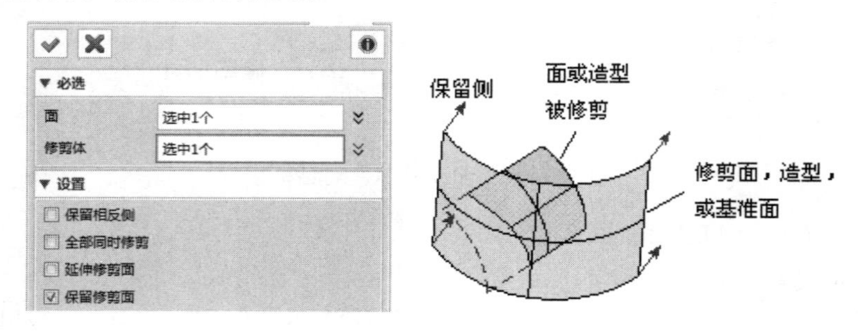

图 5-42　“曲面修剪”对话框

5.2.5 曲面缝合/炸开

1．缝合面

缝合面是将相互连接而又各自独立的曲面缝合在一起，形成一个整体的曲面造型。

单击工具栏中的【曲面】→【缝合】功能图标，系统弹出“缝合”对话框，如图 5-43 所示。选择需要缝合的面，当不做任何选择时，系统默认将绘图区所有显示的面进行缝合。

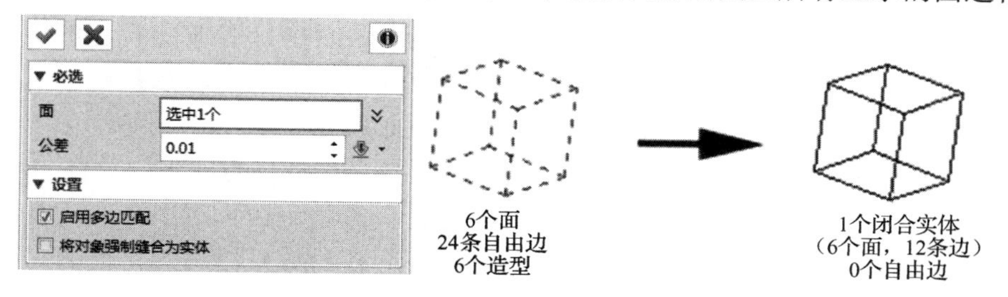

图 5-43 “缝合”对话框

- **面**：选择需要缝合的面，或单击鼠标中键以选择所有绘图区可见的面。
- **公差**：设定一个公差值，相邻两边的距离在公差值以内的面就可以进行缝合。
- **启用多边匹配**：当一条边有超过两个面时，软件将尝试寻找最佳的方法来缝合面，生成有效的造型。
- **将对象强制缝合为实体**：勾选该复选框后，把几何图形强制缝合为一个实体。

2．炸开面

炸开面与缝合面功能相反，将曲面从造型中分离出来变为各自独立的面。

单击工具栏中【曲面】→【缝合】下的，选择【炸开】功能图标，系统弹出“炸开”对话框，如图 5-44 所示。

- **面**：选择需要炸开的面。
- **连接面**：炸开面为多个面并且相邻时，勾选该复选框后，炸开为一个缝合的开放造型，否则为各个独立的面。

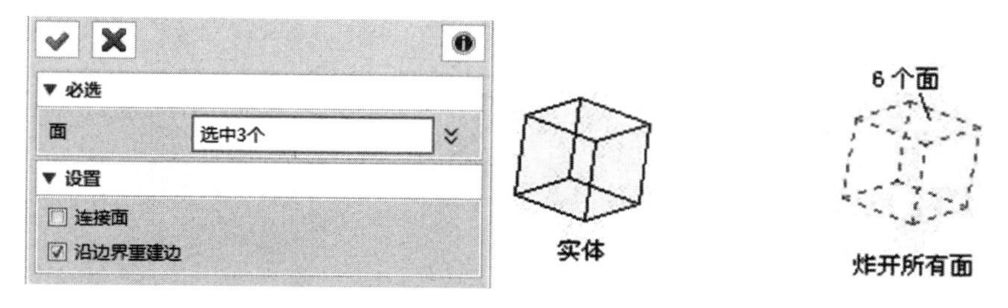

图 5-44 “炸开”对话框

5.2.6　通过 FEM 拟合方式平滑曲面

单击工具栏中的【曲面】→【通过 FEM 拟合方式平滑曲面】功能图标，弹出“通过 FEM 拟合方式平滑曲面”对话框，如图 5-45 所示，可以选择一个或多个曲面进行平滑。

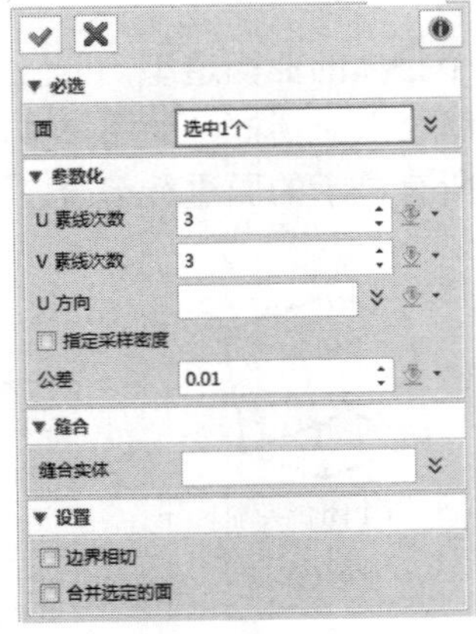

图 5-45 “通过 FEM 拟合方式平滑曲面”对话框

- **面**：选择需要进行平滑的曲面，可以选择一个或多个曲面。
- **U/V 素线次数**：指定曲面在 U 和 V 方向上的阶数，次数越高，曲面的质量越高，计算时间就越长。
- **U 方向**：定义生成曲面上 U 曲线的方向。
- **指定采样密度**：设定曲线取样点的平均数目。密度越高，整个造型变化就越小。
- **公差**：指定生成的造型与原始几何造型之间的允许偏差值。
- **边界相切**：勾选该复选框后，曲面边界处与相邻面保持相切。
- **合并选定的面**：勾选该复选框后，将相邻的、平滑的曲面进行合并。

5.2.7　展开平面

单击工具栏中的【曲面】→【展开平面】功能图标，系统弹出“展开平面”对话框，如图 5-46 所示，该功能可以将三维曲面的边在二维平面上展开，得到二维轮廓线。包含两种展开类型，分别是“用自然边界展开”和“用固定边界展开”。

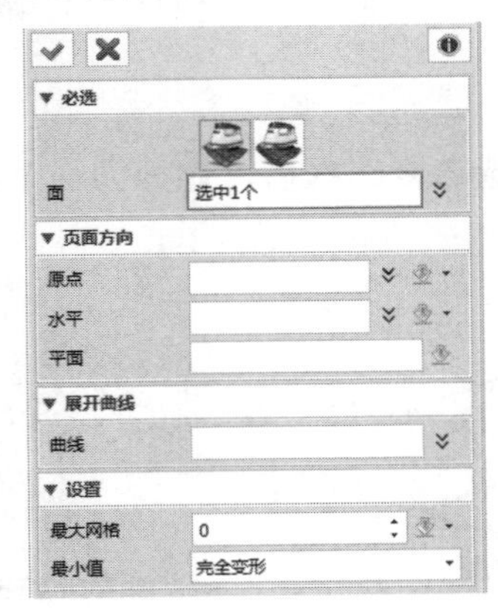

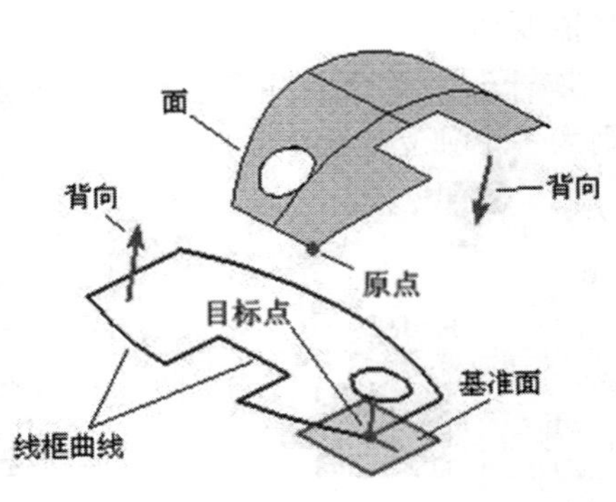

图 5-46 “展开平面”对话框

- **面**：选择一个需要进行展开的曲面。
- **原点**：在曲面上选择一个点作为展开的原点，如果不定义，系统会默认一个点作为原点。

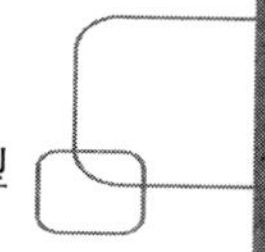

- **平面**：选择一个平面放置展开的曲线，如果不定义，系统默认为XY平面。
- **目标**：在平面上选择一个点，作为展开时对应原点的位置，默认为（0,0）点。
- **曲线**：选择在曲面上的曲线，展开时该曲线会一起展开。

5.2.8 修改控制点

单击工具栏中的【曲面】→【修改控制点】功能图标，系统弹出“修改控制点”对话框，如图5-47所示。该功能选择曲面上的控制点，进行移动，从而改变曲面的形状。

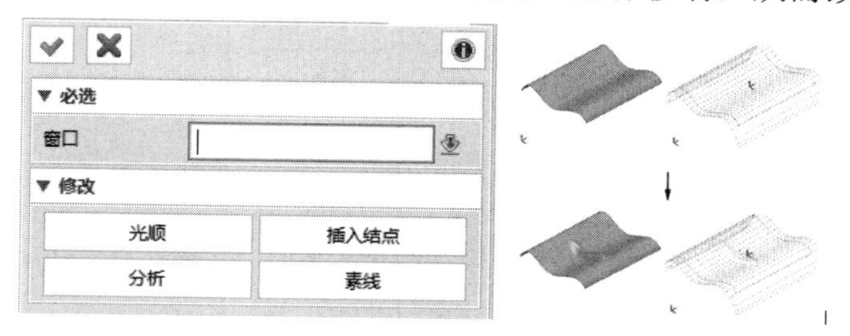

图5-47 “修改控制点”对话框

- **窗口**：用窗口选取需要改变位置的控制点，单击鼠标中键可以对这些点进行移动。
- **光顺**：设定一个允许的公差范围，对曲面进行光顺。
- **插入结点**：在曲面上插入一个需要的控制点。
- **分析**：进入曲面分析对话框，显示曲面的效果。
- **素线**：指定曲面上U/V素线的数量。

5.2.9 反转曲面方向

单击工具栏中的【曲面】→【反转曲面方向】功能图标，系统弹出“反转曲面方向”对话框，如图5-48所示，该功能用于更改曲面的正方方向，同时也反转面的法线方向。

- **面**：定义需要反转方向的曲面。

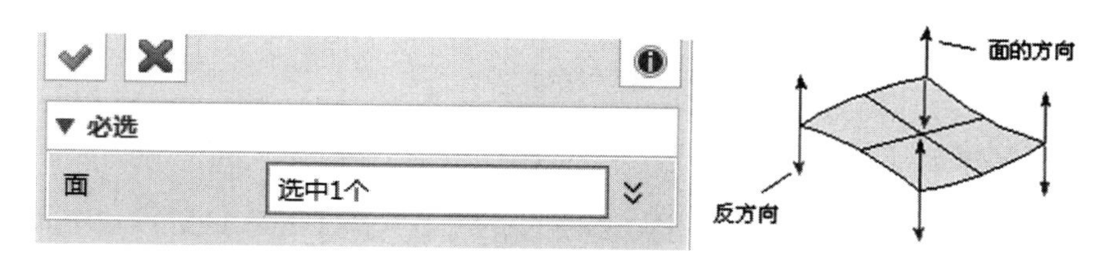

图5-48 “反转曲面方向”对话框

> **提醒**：中望3D的曲面具有正反方向的概念，同时也以两种不同的颜色显示，任何时候都可以根据需要更改曲面的正反方向。

5.2.10 设置曲面方向

单击工具栏中【曲面】→【反转曲面方向】下的，选择【设置曲面方向】功能图标，系统弹出“设置曲面方向”对话框，如图 5-49 所示，该功能可以指定所选面的正向方向。

图 5-49 “设置曲面方向”对话框

- **面：**定义需要设置方向的曲面，可以直接单击鼠标中键选择所有面。
- **方向：**定义曲面的正方向。

5.2.11 修改素线

1．修改素线数

单击工具栏中【曲面】→【反转曲面方向】下的，选择【修改素线数】功能图标，弹出“修改素线数”对话框，如图 5-50 所示，该功能用于设定曲面在 U/V 方向上素线的数量，素线数量不包含外边界。

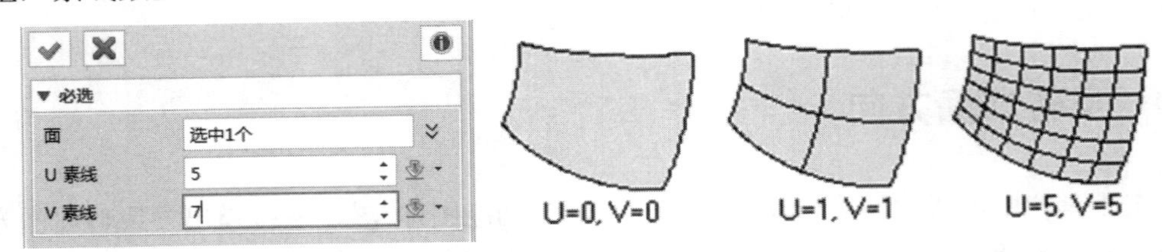

图 5-50 “修改素线数”对话框

- **面：**定义需要设置的曲面。
- **U/V 素线：**定义在 U/V 方向上素线的数量。

2．反转 U/V 参数空间

单击工具栏中【曲面】→【反转曲面方向】下的，选择【反转 U/V 参数空间】功能图标，弹出“反转 U/V 参数空间”对话框，如图 5-51 所示，该功能将更改 U/V 的素线方向。

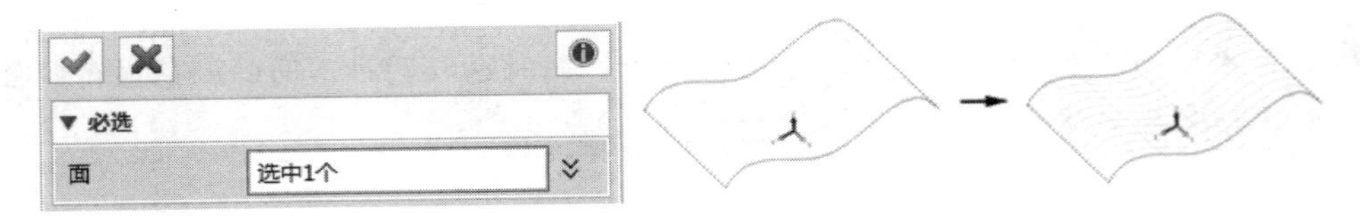

图 5-51 “反转 U/V 参数空间”对话框

● **面**：定义需要转换 U/V 参数的曲面。

5.2.12 合并面

单击工具栏中的【曲面】→【合并面】功能图标，系统弹出“合并面”对话框，如图 5-52 所示，该功能可以将拥有公共边界的面合并成一个单面（注：合并的面的相邻边界需具有相同曲率）。

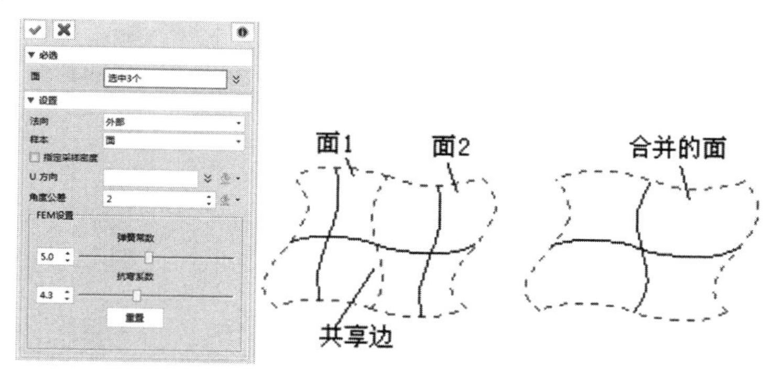

图 5-52 “合并面”对话框

- **面**：定义需要合并的面。
- **法向**：定义沿合并面边界法线的约束方法，包含 4 个选项：无、内部、外部和平均。
  - ❑ **无**：沿着边界边线的曲面法线方向不拟合。
  - ❑ **内**：曲面法线由边界边线所在的原始合并面生成。
  - ❑ **外**：曲面法线是由外部相邻面的边界边线生成的。
  - ❑ **平均**：内部和外部选项的折中。
- **样本**：指定取样点的对象，有边界、边和面 3 个选项。
  - ❑ **边界**：仅在外边界边线取样。
  - ❑ **边**：从所选面的所有内部和外部边线取样。
  - ❑ **面**：从所有边线和面取样，包括更多的内部取样点。
- **指定采样密度**：指定要合并的面的每条边的平均取样点数。
- **U 方向**：指定合并面的 U 方向。
- **角度公差**：指定一个角度值，用于检查两个面公共边线的相切连续。
- **FEM 设置**：设定弹簧常数和抗弯系数。

5.2.13 匹配边界

单击工具栏中【曲面】→【合并面】下的▾，选择【匹配边界】功能图标，系统弹出“匹配边界”对话框，如图 5-53 所示，该功能可以将一个面上的未修剪的边缘匹配至指定曲线。

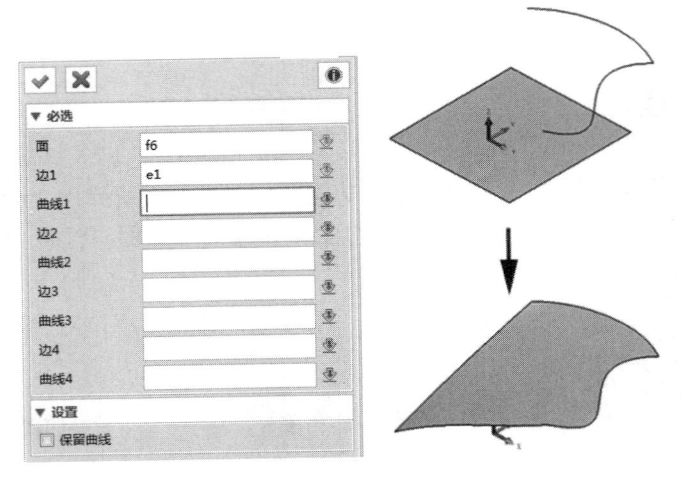

图 5-53 “匹配边界”对话框

- **面**：定义需要修改的面。
- **边**：定义需要移动的面上的边缘，至少选择一条边。
- **曲线**：指定匹配的曲线，与前面的边对应选取，同样至少需要定义一条曲线。

5.2.14 匹配相切

单击工具栏中【曲面】→【合并面】下的▾，选择【匹配相切】功能图标，系统弹出“匹配相切”对话框，如图 5-54 所示，该功能将两个相邻的面进行相切连续。

- **主面**：选择相切的主面，主面在命令结束后保持不变。
- **面**：与主面相邻的面，命令结束后与主面相切连续。
- **影响**：指定对于从属面产生全局影响的数量，可设置值范围为 1～9，数字越小，则造型改变越小。

> **提醒**：当自由度不够大时，不是所有面都可以通过修改“影响”选项来与其主面相切，主要取决于两个面之间的可相切性。

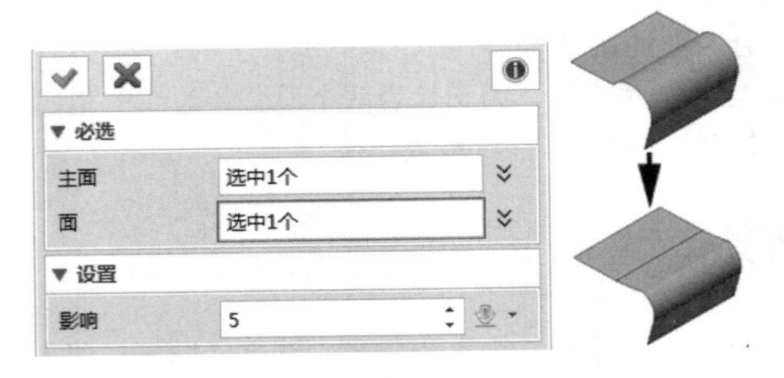

图 5-54 “匹配相切”对话框

5.2.15　浮雕

单击工具栏中的【曲面】→【通过 FEM 拟合方式平滑曲面】后的▾，选择【浮雕】功能图标，系统弹出“浮雕”对话框，如图 5-55 所示，同时弹出选择图片文件对话框，选择一张图片，确定后，回到“浮雕”对话框。该功能通过光栅图像进行映射，在面上形成浮雕变形效果。

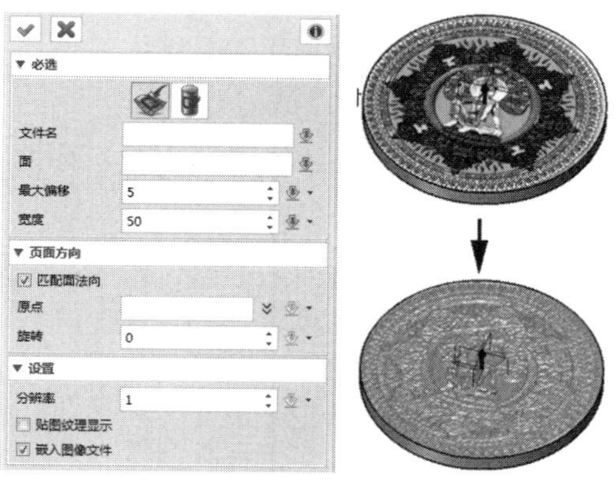

图 5-55 “浮雕”对话框

- **文件名**：定义需要进行浮雕的图形文件，支持 GIF、JPEG、TIFF 等文件格式。
- **面**：定义需要进行浮雕的面。
- **最大偏移**：浮雕的最大深度值，支持正负值代表浮雕方向。
- **宽度**：定义浮雕图形在面上的宽度大小。
- **缠绕**：基于“角度映射”时使用，定义图片在圆柱面上缠绕的角度大小。
- **原点**：指定图片原点的位置，默认为图像置中。
- **匹配面法向**：勾选该复选框后，浮雕的正方向会对应到面的法向方向。
- **旋转**：基于“UV 映射”时使用，定义图片在平面上旋转的角度。
- **方向**：基于“角度映射”时使用，定义图片的朝向。
- **宽高比**：基于“角度映射”时使用，指定图片的宽高比例值。
- **分辨率**：定义浮雕的控制点距离值，分辨率越小浮雕越精细，但占用计算机资源也就越大。
- **嵌入图像文件**：将图片源文件融合到当前激活的零件中，即图片被删除后也不影响已生成的浮雕。
- **贴图纹理显示**：基于“UV 映射”时使用，把源文件作为纹理映射到面上。

5.2.16　编辑边

1．删除环

单击工具栏中的【曲面】→【删除环】功能图标，系统弹出“删除环”对话框，如图 5-56 所示，该功能用于恢复面上被修剪的区域。

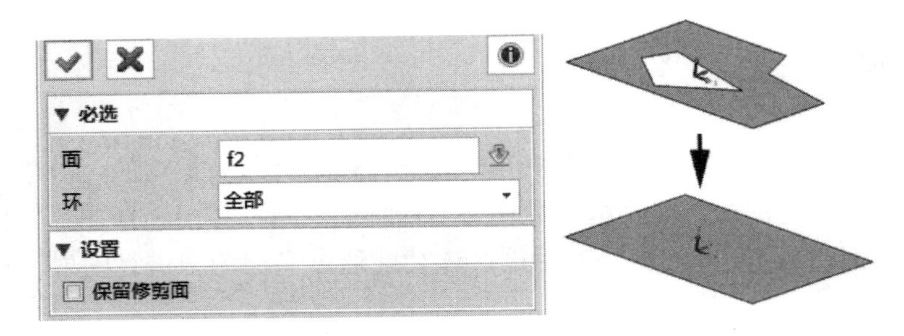

图 5-56 “删除环”对话框

- **面**：定义需要进行删除环的面。
- **环**：定义需要删除环的方式，包含 4 个选项：内部、外部、全部和选择，如图 5-57 所示。
  - ❑ **内部**：删除所有的内环。
  - ❑ **外部**：删除所有的外环。
  - ❑ **全部**：内环和外环全部删除。
  - ❑ **选择**：对所选择的环进行删除，其他不变。

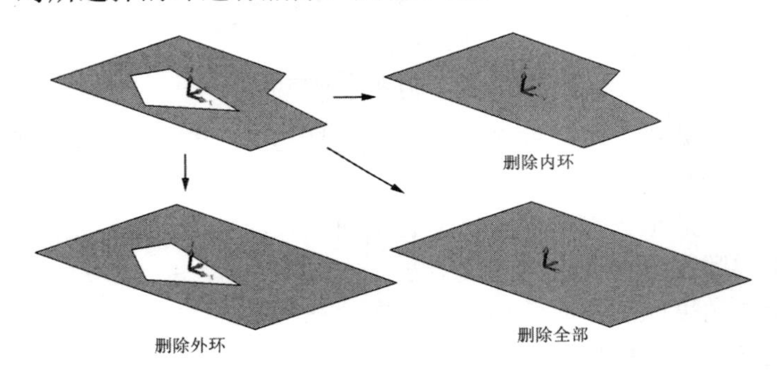

图 5-57 删除环的方式

2．替换环

单击工具栏中【曲面】→【删除环】下的 ▾，选择【替换环】功能图标，系统弹出“替换环”对话框，如图 5-58 所示，该功能可以用新的边界替换面上原有的修剪环。

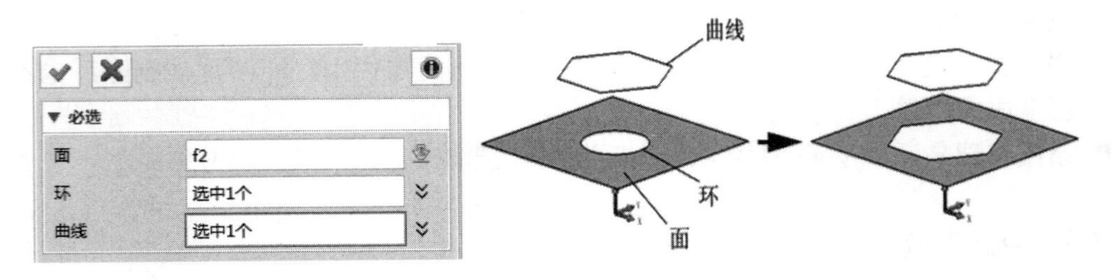

图 5-58 “替换环”对话框

- **面**：定义需要进行替换环的面。
- **环**：选择面内将被替换的环的边。

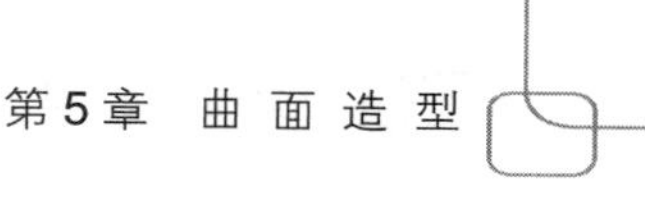

- **曲线**：选择替换环的边界曲线。

经验参考：【环】和【曲线】可以只选择一个进行设置，当只选择【环】时，将做删除环操作；当只选择【曲线】时，将做增加环操作。

3. 反转环

单击工具栏中【曲面】→【删除环】下的▾，选择【反转环】功能图标，系统弹出“反转环”对话框，如图5-59所示，该功能在修剪的环面上，创建新的环面。

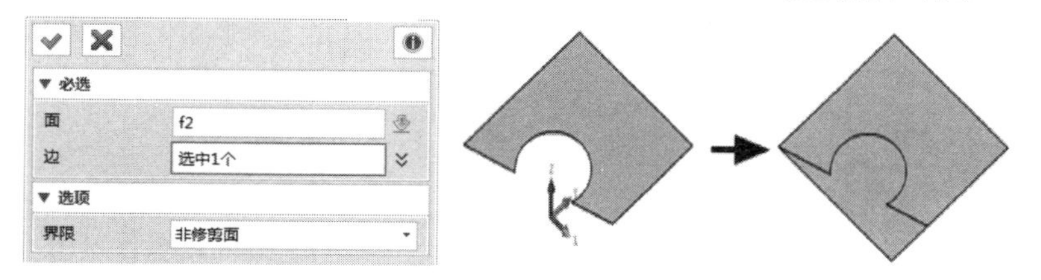

图5-59 “反转环”对话框

- **面**：定义需要进行反转环的面。
- **边**：定义需要进行创建环面的边。该选项也可不定义，代表面上所有的环边都包含在内。
- **界限**：定义生成外环时的方法，包含两个选项，即非修剪面和外形，如图5-60所示。

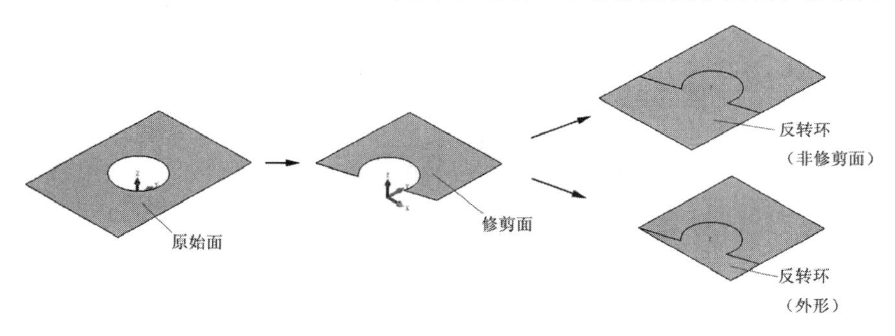

图5-60 反转环“界限”示例

- **非修剪面**：恢复为原始面的范围。
- **外形**：以现有外形为边界进行恢复。

4. 分割边

单击工具栏中【曲面】→【删除环】下的▾，选择【分割边】功能图标，系统弹出“分割边”对话框，如图5-61所示，该功能可将面的边界线进行分割。

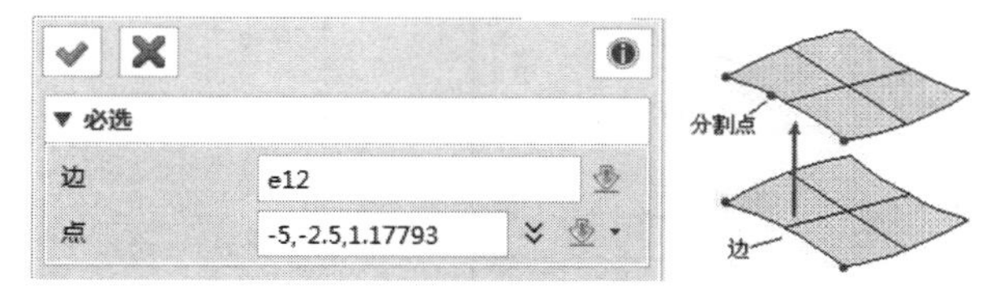

图5-61 “分割边”对话框

- **边**：定义需要分割的面的边界。
- **点**：定义分割点的位置。

5．连接边

单击工具栏中【曲面】→【删除环】下的▾，选择【连接边】功能图标，系统弹出“连接边”对话框，如图 5-62 所示，该功能可将面边界分割的线进行连接。

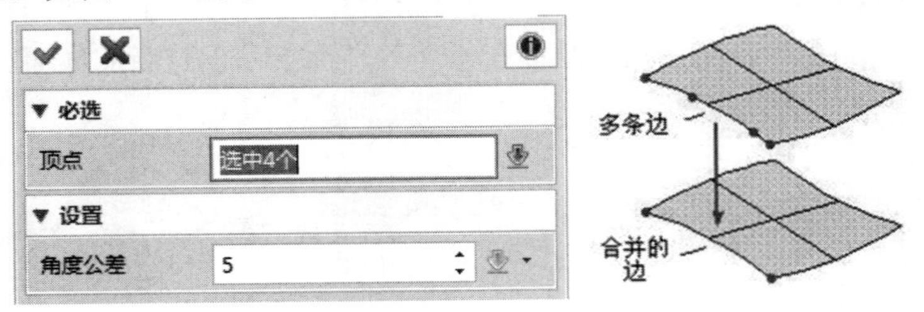

图 5-62 “连接边”对话框

- **顶点**：定义需要连接的顶点，单击鼠标中键，可以自动选择全部的顶点。
- **角度公差**：设置一个角度公差，判断相邻两边是否进行连接。

5.3 曲面造型实例

绘制瓶子的外形，如图 5-63 所示。参照配套素材文件 EX\CH5\5-11.Z3。

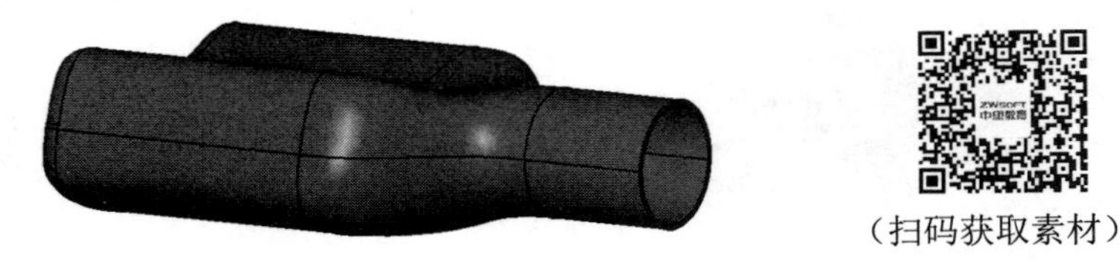

图 5-63 曲面造型练习图——瓶子

（1）在 XY 平面上创建草图 1，使用样条曲线创建如图 5-64 所示的轮廓。

提示：先创建 6 个点，然后再使用样条曲线连接，且右边三个点与左边三个点保持对称。

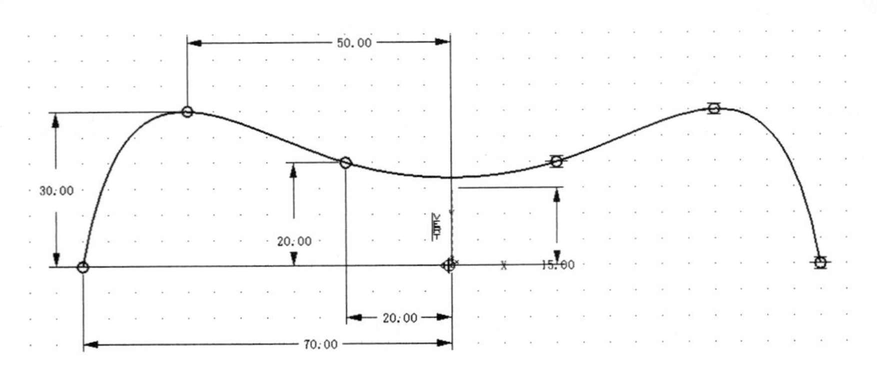

图 5-64 绘制草图 1

（2）对草图1进行拉伸，起始点为70，结束点为200，效果如图5-65所示。

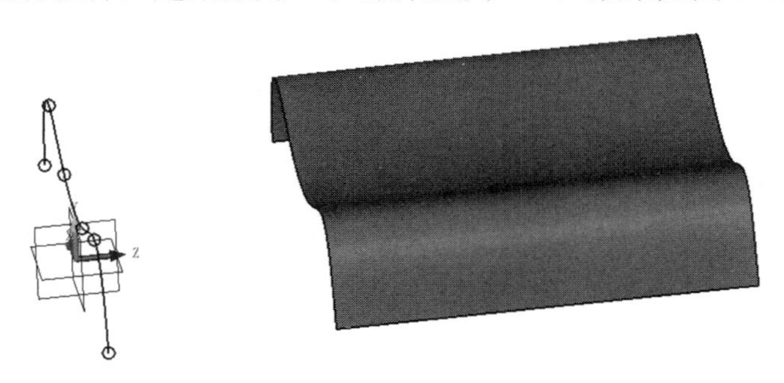

图5-65 拉伸曲面效果图

（3）在XY平面上创建草图2，草图轮廓及标注如图5-66所示。

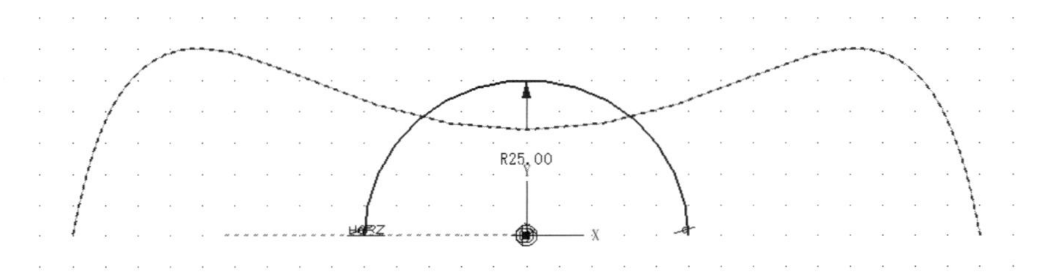

图5-66 绘制草图2

（4）对草图2进行拉伸操作，起始点为0，结束点为-50。

（5）在两个拉伸曲面中间生成放样曲面，选择如图5-67所示的两条轮廓线，连续方式选择“曲率”，方向选择“垂直”，权重设置为0.01即可。

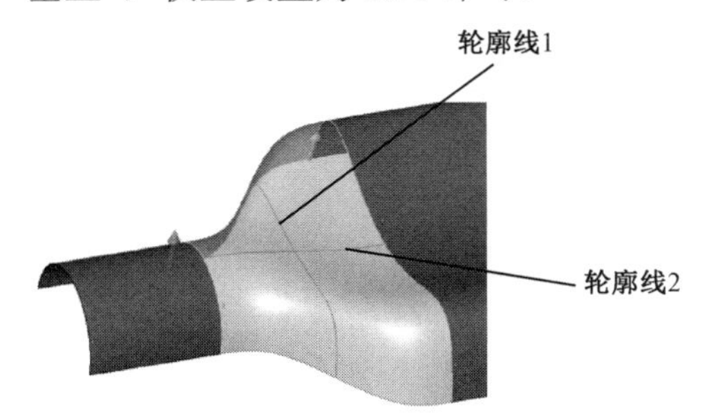

图5-67 放样曲面中的轮廓线

（6）使用“圆形双轨”功能创建曲面，路径及参数设置如图5-68所示。

（7）使用“放样”功能创建曲面，连续方式选择“曲率”，方向选择“垂直”，权重保持默认值即可，效果如图5-69所示。

（8）使用“N边形面”功能创建曲面，边界选取如图5-70所示中高亮显示的四条线段，勾选“边界相切”选项，拟合方式选择“曲率”。

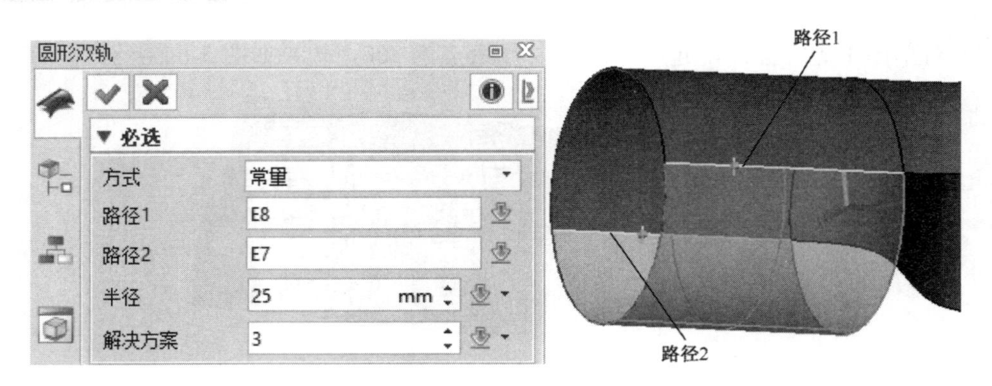

图 5-68　创建圆形双轨曲面

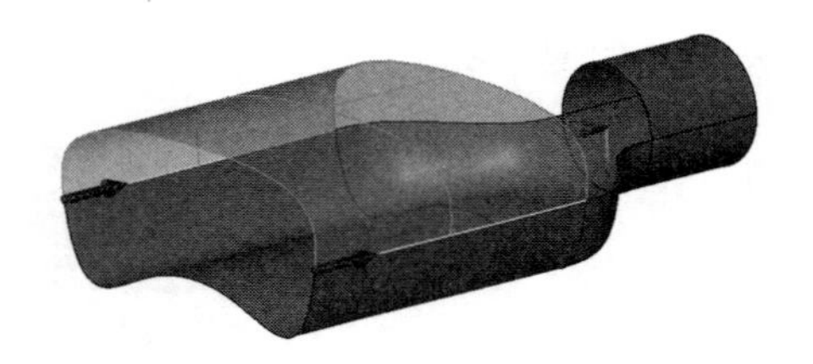

图 5-69　放样曲面效果

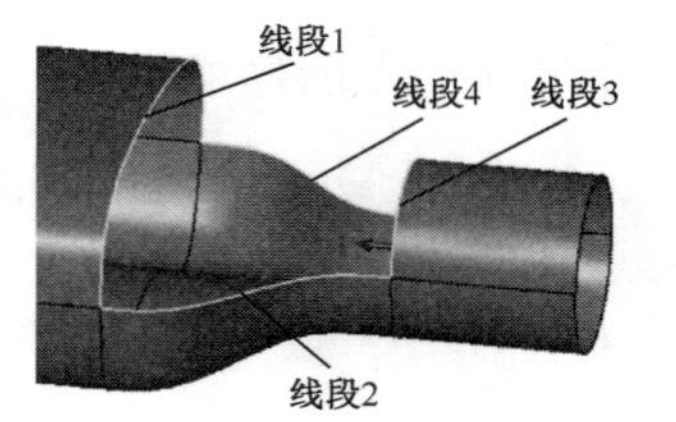

图 5-70　创建 N 边曲面

（9）使用“反转曲面方向”功能，改变原有曲面法向，效果如图 5-71 所示。

（10）用“修剪平面”功能创建曲面，效果如图 5-72 所示。

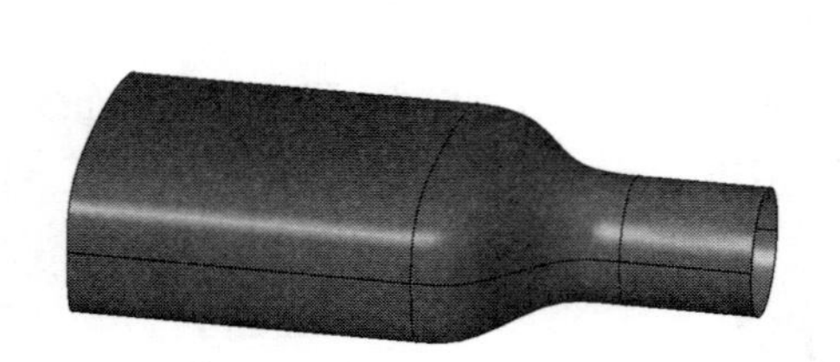

图 5-71　改变曲面法向效果图

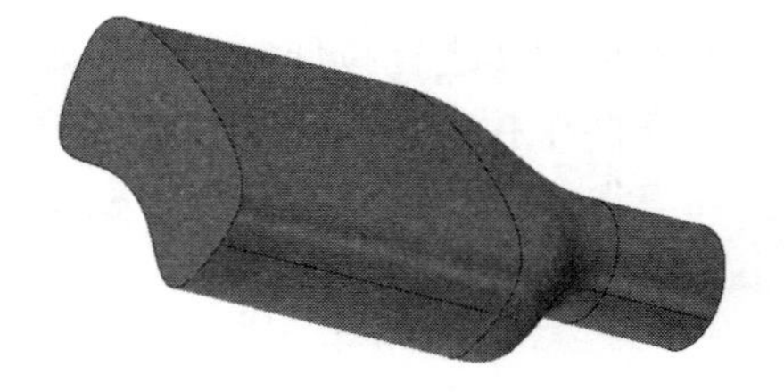

图 5-72　修剪平面效果图

（11）创建一个球体，对模型进行裁剪。布尔运算类型选择“减运算”，圆心位置为（0，0，540），半径为 360，其效果如图 5-73 所示。

（12）对瓶子底边进行倒角，圆角半径 R 为 10，如图 5-74 所示。

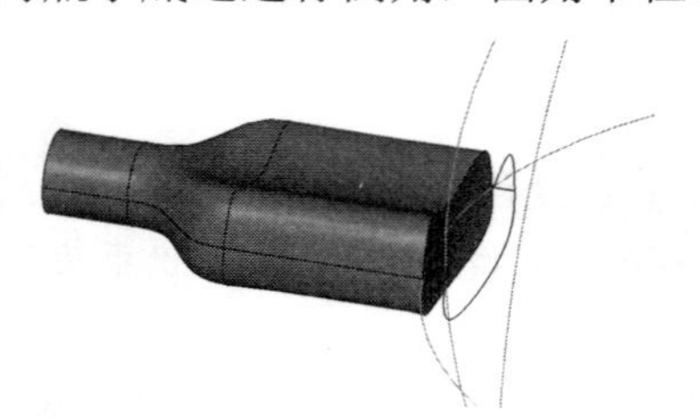

图 5-73　球体裁剪效果图

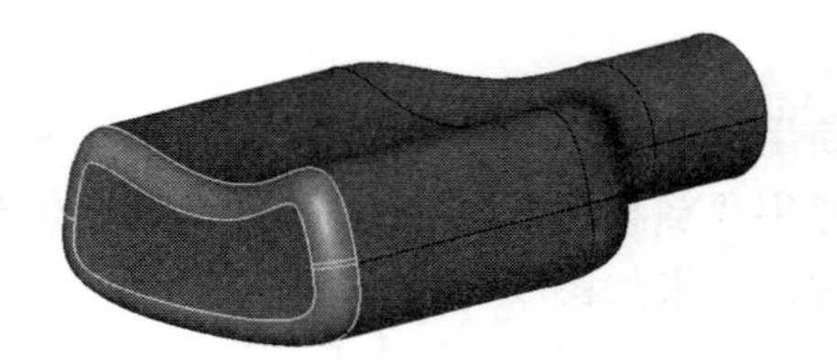

图 5-74　倒圆角示意图

（13）用“抽壳”功能将曲面加厚成实体，“厚度”设置为-2，完成的效果如图 5-75 所示。

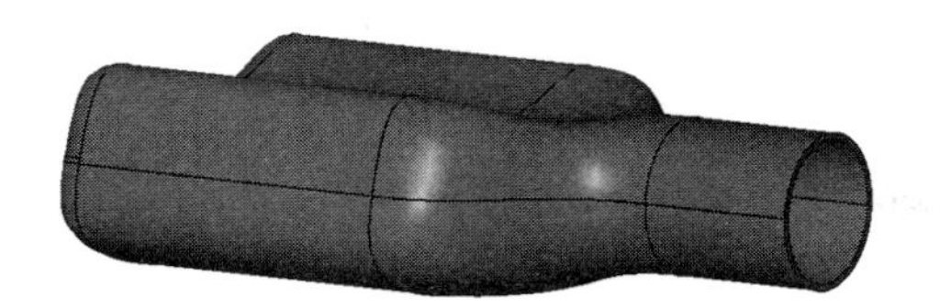

图 5-75　完成效果图

5.4　思考与练习

5-1 直纹曲面的脊线有什么作用？

5-2 U/V 曲面的构建原理及应用场合有哪些？

5-3 在偏移面时，设置偏移距离为“0”会有怎样的效果？

5-4 怎样分辨曲面是否具有开放边？

5-5 N 边形面和 FEM 面有什么区别，绘图中如何合理使用。

5-6 使用中望 3D 完成如图 5-76 所示图纸的造型。参照配套素材文件 EX\CH5\5-12.Z3。

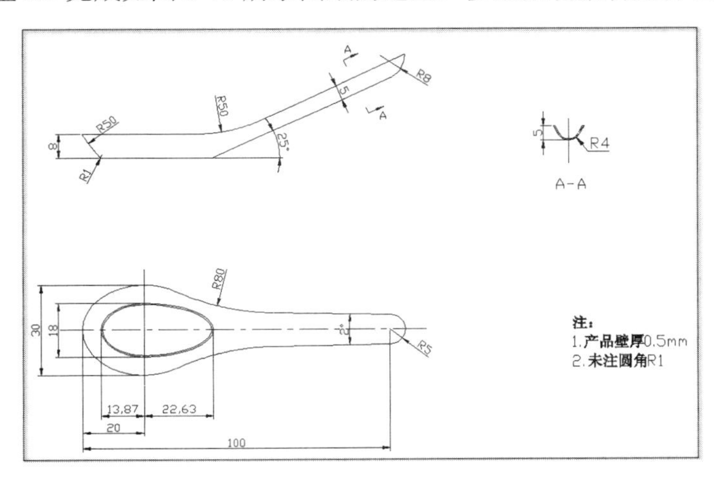

图 5-76　造型练习图纸

（扫码获取素材）

第6章 装配设计

装配设计是产品设计的一个重要环节，一个完整的产品一般都包含多个零部件，这些零部件之间相互关联，并具有互动的配对关系，这些零部件间的配对关系就由装配功能来完成。

中望 3D 提供了一个独立的装配模块，通过这些装配功能不但可以完成自底向上的装配设计，也可以完成自顶向下的装配设计。中望 3D 还可以进行装配动画的制作，模拟零部件真实的运动过程，并进行装配的干涉检查。中望 3D 中的装配工具如图 6-1 所示。

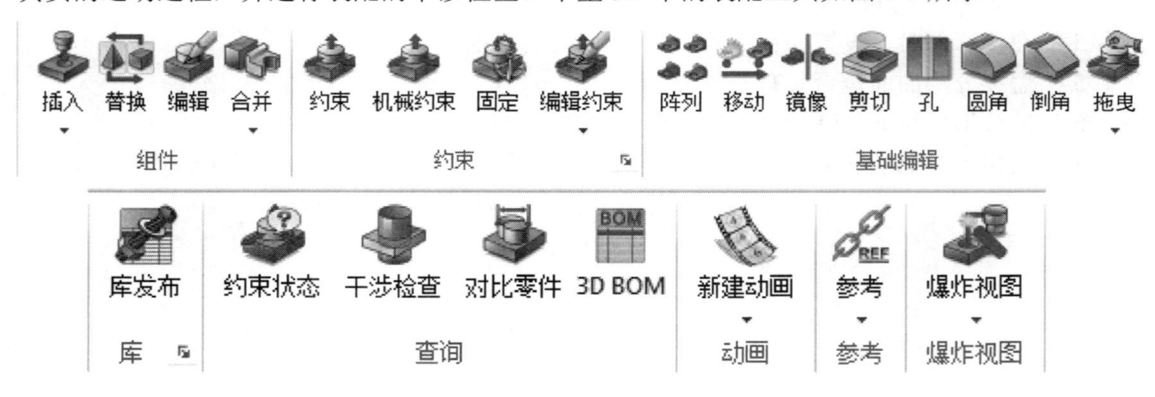

图 6-1 【装配】工具

6.1 装配管理

6.1.1 装配管理器

在中望 3D 管理器中的第二项即为装配管理器，它显示部件的装配结构并提供装配组件的一些操作方法，如图 6-2 所示，在空白处右键菜单，可实现在分离模式和组合模式间切换。

在装配管理器中，用树形图表示装配结构，每一个组件为树形结构的一个节点，可以直观地查看部件和装配间的关系。

6.1.2 建立装配结构

装配设计一般应用于具有多个零部件的装配产品设计中，包含自底向上和自顶向下两种设计方法。

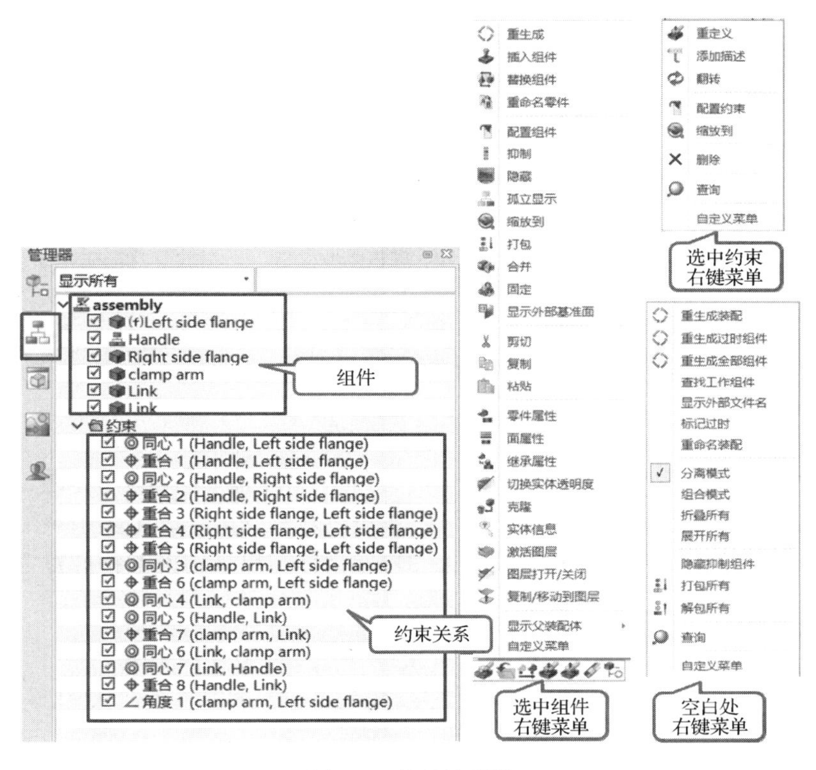

图 6-2 装配管理器

1．自底向上装配

自底向上装配设计就是首先根据各个产品的特点先完成单个零件的几何模型，再组装成子装配部件，最后由子装配和零部件共同生成总装配部件的装配方法。这种装配结构示意图如图 6-3 所示。一旦某个组件发生变更，所有利用该组件的装配文件在打开时将自动更新。

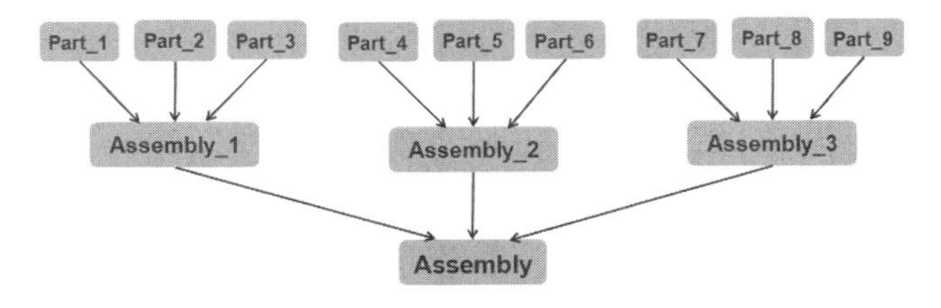

图 6-3 自底向上装配

由于自底向上装配设计先完成独立的零件设计，在一些引进了 PDM 系统而需要协同设计的企业中应用非常广泛。这种方法可以将一个产品拆分成多个任务，分配给多个工程师同时进行设计，最后再将零部件装配在一起，完成整个产品的设计。

2．自顶向下装配

自顶向下装配设计就是从产品的顶层开始，通过在装配过程中同时设计零件结构的方法来完成整个产品的设计。这种装配结构示意图如图 6-4 所示。首先在装配管理器中先构造出一个“基本骨架”（装配结构），随后再通过编辑零件的方法，来完成零件结构及细节特征的设计。在零件结构设计的过程中，会参考其他组件的特征，这些参考特征保持相互关联关系，一旦原始特征发生变化，参考特征的零部件也会自动更新。

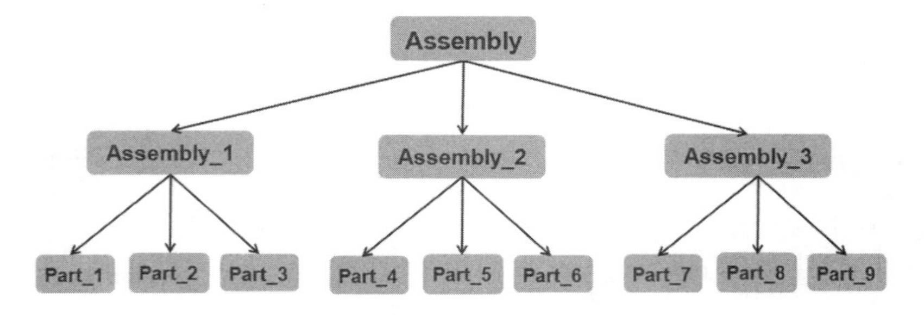

图 6-4　自顶向下装配

无论使用哪种方法设计，装配管理器中都会显示装配的树形结构，并通过装配树形结构选择零部件进行编辑。这两种装配设计方法并不是绝对独立的，一个复杂装配产品的设计往往需要将两种方法相互结合，即将自底向上的协同设计与自顶向下的特征参考相互结合，可以提高产品的设计效率。

6.1.3　组件编辑

在装配管理器中或者在绘图区中选中某个组件，然后单击鼠标右键，系统会弹出相应的快捷菜单，选择“编辑零件”命令，即可进入该零件的编辑环境，如图 6-5 所示。

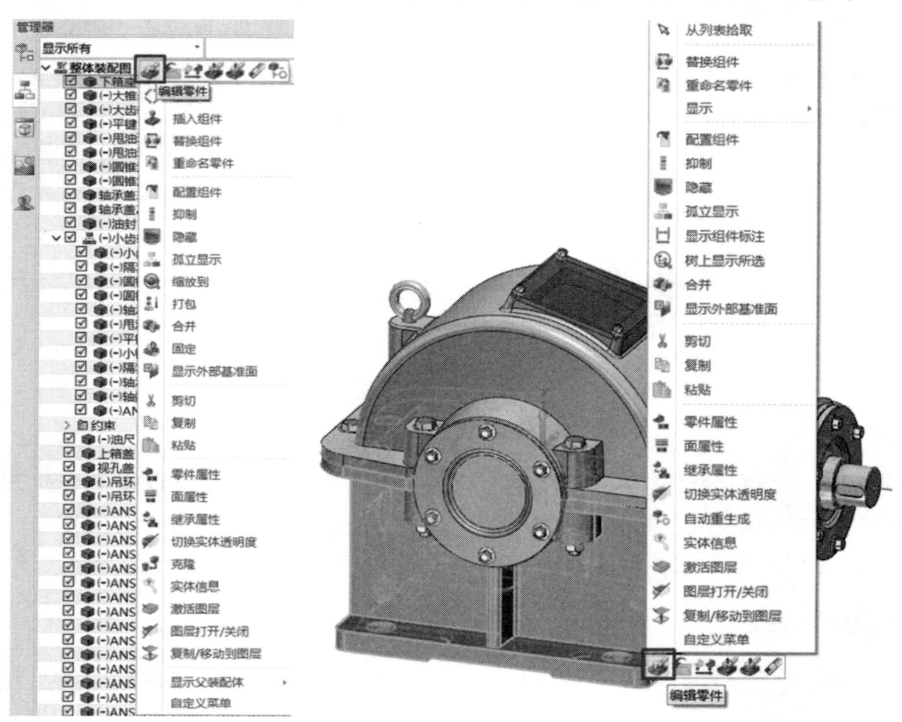

图 6-5　零件编辑

装配管理器中对象编辑器（组件）右键功能的主要项含义如下所述。

- **编辑零件**：激活所选定的零件并进入该零件编辑环境，可以编辑已产生的组件特征或者增加新特征。
- **打开零件**：以新窗口打开该零件。
- **移动**：弹出选定组件移动对话框进行移动操作。
- **编辑约束**：弹出选定组件编辑约束对话框进行约束编辑操作。
- **删除约束**：弹出选定组件删除约束对话框进行约束删除操作。
- **删除**：从装配中删除所选定的组件。
- **自动重生成**：设置组件的自动重生成状态，包含“无”“插入时重生”和“装配后重生”3种类型。
  - ❑ **无**：当其父组件重新生成时，其本身并不重新生成。
  - ❑ **插入时重生**：当其插入操作重生成时，组件将重新生成。
  - ❑ **装配后重生**：该组件在其父零件/装配重新生成结束时重新生成。
- **插入组件**：将一个组件插入该装配树形结构中，并作为所选择部件的子组件。
- **替换组件**：选择一个新组件来替换选中组件。
- **重命名零件**：更改所选定零件的名称。
- **配置组件**：弹出配置表对话框，通过配置表来配置一个或多个零件、一个或多个约束的抑制配置表，激活不同配置表来表达装配不同零件或实现不同的装配方式，还可为工程图中的投影视图表达使用。
- **抑制/释放抑制**：抑制/释放抑制选中的组件。
- **隐藏/显示**：该选项根据当前组件的显示状态而定，如当前组件为显示状态，则该选项为“隐藏”，否则为“显示”。该选项的作用是用来隐藏或取消隐藏（显示）组件。
- **孤立显示**：隐藏其余组件，单独显示选中的组件。
- **缩放到**：以合适的窗口填充显示选中的组件。
- **打包/解包**：在同一个装配层次，与被选组件相同的组件将会打包成一个节点。例如吊环×2，说明当前有两个吊环。
- **合并**：合并所选择的组件到父装配件中，成为装配件造型中的一部分。
- **固定**：固定组件在当前位置，不会在约束系统求解时移动。
- **显示/隐藏外部基准面**：切换选中组件的基准面显示。
- **剪切**：剪切选中的组件。
- **复制**：复制选中的组件。
- **粘贴**：粘贴已复制的组件作为一个新的组件。
- **零件属性**：弹出零件属性对话框，用以查看和修改选定组件的零件属性。
- **面属性**：弹出面属性对话框，用以查看和修改选中组件的面属性。
- **继承属性**：弹出继承属性对话框，用以将一组件的零件属性复制到另一组件中。
- **切换实体透明度**：将选中组件的显示方式在透明和非透明间切换。
- **克隆**：复制选中的组件到一个新文件。此选项有助于从现有零件和装配中创建新设计。
- **实体信息**：弹出实体信息对话框，用以查看组件的实体信息。

- **激活图层**：激活被选组件所在的图层。
- **图层打开/关闭**：打开/关闭被选组件所在图层。
- **复制/移动到图层**：将选中的实体或图层复制或移动到目标图层。
- **显示父装配体**：显示所选定零件的父装配节点的组件。

经验参考：可在装配管理器中选择一个组件进行拖曳，来更改该组件的父组件节点。

6.2　组件装配

组件装配可以将各个独立的零件装配到当前的装配体中，并增加组件间的配合关系，形成一定的关联关系，最终完成整个装配结构的设计。

6.2.1　插入组件

1．插入功能

插入功能是指将一个现有的零件或装配体插入当前装配中，新插入的组件将成为当前装配节点的子零件或子装配。

单击工具栏中的【装配】→【插入】功能图标，系统弹出“插入”对话框，如图 6-6 所示，选择现有文件或已打开的零件，将其插入当前装配中。

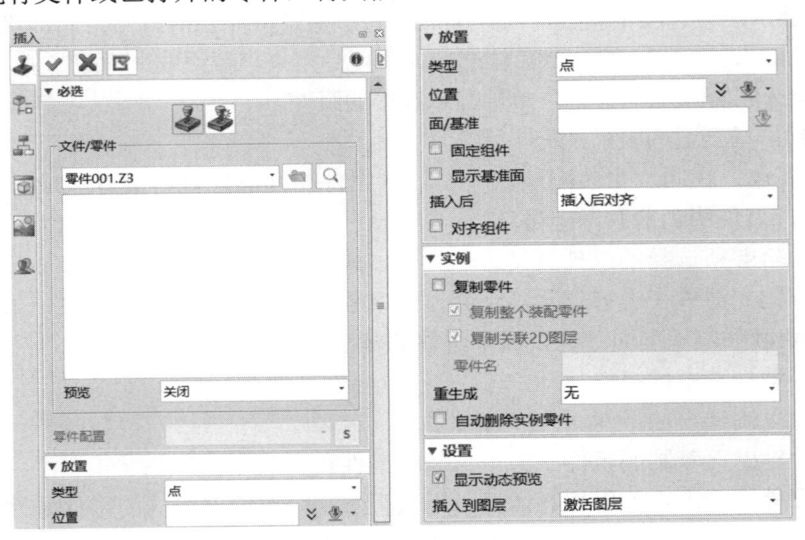

图 6-6 “插入”对话框

【从现有文件插入】 插入一个现有的零件或装配体到当前装配中。

- 文件/零件：选择 Z3 文件和零件插入。默认情况下显示激活文件，列表显示出所选文件中的零件，如果需要选择其他文件中的零件时，通过“打开文件”按钮打开新的文件，选择相应的零件将其插入即可。

- **预览**：选择是否预览选定的组件。包含关闭、图形和属性 3 种类型。
  - ❑ **关闭**：选择此项禁用预览模式。
  - ❑ **图形**：选择此项预览所选择零件的图形。将用当前视图模式显示在预览窗口。
  - ❑ **属性**：选择此项预览所选对象的零件属性。将弹出零件属性对话框的形式以便查看零件属性。
- **类型**：可选择**点**、**多点**、**自动孔对齐**、**布局**、**激活坐标**、**默认坐标**、**面/基准**和**坐标**八种类型。
  - ❑ **点**：选择此项时，提供位置和面/基准选项。
  - ❑ **多点**：选择此项时，提供位置和面/基准选项。点位置可一次定位多个点，从而一次装配多个零件。
  - ❑ **自动孔对齐**：选择自动孔对齐时，根据孔的位置自动插入组件。只有经过装配的组件，才会提供约束，约束类型与预定义的类型一致。
  - ❑ **布局**：当选择布局时，可以以圆形或线性布局插入一个或多个组件。
  - ❑ **激活坐标**：选择此项时，以当前组件和父装配激活的坐标自动配对。
  - ❑ **默认坐标**：选择此项时，以当前组件和父装配默认的坐标自动配对。
  - ❑ **面/基准**：选择此项时，提供面/基准选项，通过面/基准和父装配自动配对。
  - ❑ **坐标**：选择此项时，以当前组件和选定特征的坐标自动配对。
- **位置**：组件插入的位置。可以输入坐标值（如输入 0，系统将零件的原始坐标原点与当前装配原点重合），也可以在绘图区选择一个插入点。
- **面/基准**：插入基准面或插入参考平面，以便点位置选定以后进行面定向，在选点、多点选项时，如果未定义面/基准，则默认选定特征的法向。
- **固定组件**：勾选该复选框，插入的组件会被固定在当前位置。一般在插入第一个组件时使用，首个组件最好装配具有定位功能的零件，如底座、机座等。
- **显示基准面**：勾选该复选框，在装配图中显示当前组件的基准面。
- **插入后**：可选无、插入后对齐和重复插入 3 种类型。
  - ❑ **无**：选择此项时，插入组件后，不做任何后续操作。
  - ❑ **插入后对齐**：选择此项时，插入组件后，直接进入对齐约束界面，可以为组件添加配对关系。
  - ❑ **重复插入**：选择此项时，插入组件后，继续重复插入该组件。
- **对齐组件**：勾选该选项，在插入组件时直接在插入位置附加重合约束。
- **复制零件**：勾选该复选框，从其他文件调入的组件将在本文件中自动产生复制的组件，复制体与原组件不关联，不随着原组件的改变而改变。激活复制整个装配零件和复制关联 2D 图层两个复选框和一个零件名输入框。
  - ❑ **复制整个装配零件**：对装配组件生效，勾选该复选框，复制后装配组件下的零件均被复制，并与原装配组件下的零件不关联。
  - ❑ **复制关联 2D 图层**：勾选该复选框，复制关联 2D 图层到复制体。
  - ❑ **零件名**：为复制后的零件输入名称。
- **重生成**：设置组件的重生成状态，包含“无”“装配前重生”和“装配后重生”3 种类型。

- ❑ **无**：当其父组件重新生成时，其本身并不重新生成。
- ❑ **装配前重生**：当其插入操作重生成时，组件将重新生成。
- ❑ **装配后重生**：该组件在其父零件/装配重新生成结束时重新生成。
- ● **自动删除实例零件**：勾选该复选框，一旦父组件删除时，插入的组件也一同被删除。
- ● **显示动态预览**：勾选该复选框，可以在插入组件时预览组件。
- ● **插入到图层**：包含"激活图层""选定已有图层"（现有图层名称 1 个或多个）和"新建图层"等几个选项，根据需要选择插入组件存放的图层。

【从新建文件插入】 插入一个新的零件，需要输入文件和零件的名称。

操作步骤如下（练习文件：配套素材\EX\CH6\6-1.Z3）。

- ➢ 新建一个文件。
- ➢ 单击工具栏中的【装配】→【组件】→【插入】功能图标。
- ➢ 选择 Left side flange 零件，位置选择坐标原点或直接输入 0，完成第一个零件的插入。
- ➢ 同理，将 Handle 零件进行插入操作，放置在任意位置，效果如图 6-7 所示。

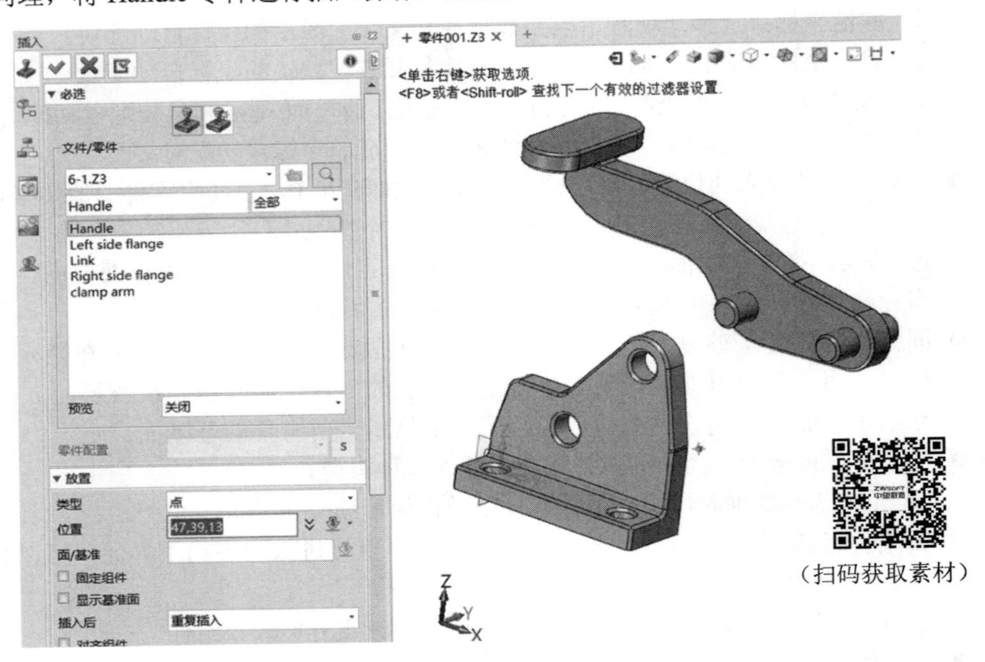

图 6-7 插入组件示例

2．插入多组件

插入多组件功能可以一次性将多个现有的零件或装配体插入当前装配中，新插入的组件将成为当前装配节点的子零件或子装配。

单击工具栏中的【装配】→【组件】→【插入多组件】功能图标，系统弹出"插入多组件"对话框，如图 6-8 所示，一次性插入不同文件中的多个零件。

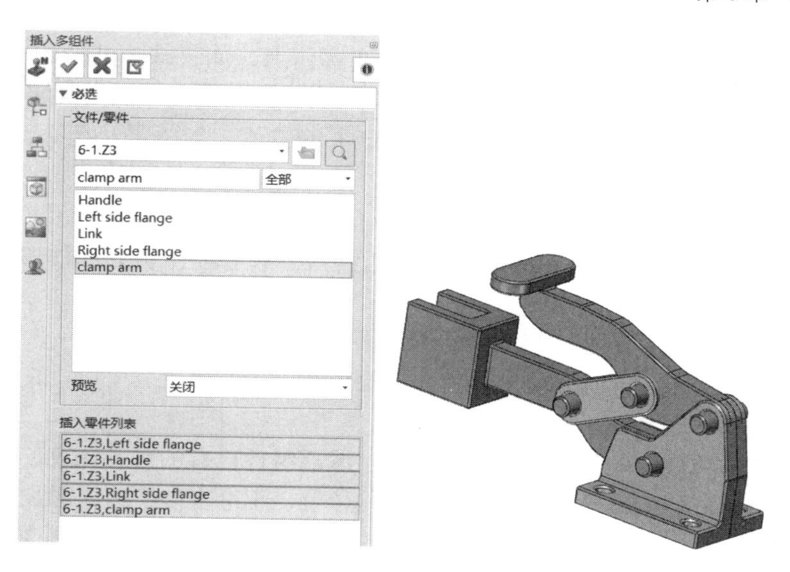

图 6-8 插入多组件示例

6.2.2 约束组件和实体

约束组件和实体是为现有的装配组件添加配合关系，中望 3D 提供了 11 种配对方式。

单击工具栏中的【装配】→【约束】→【约束】功能图标，系统弹出“约束”对话框，如图 6-9 所示。分别定义两个组件的配对面，再选择一种定义的方式，即完成零件的配对。

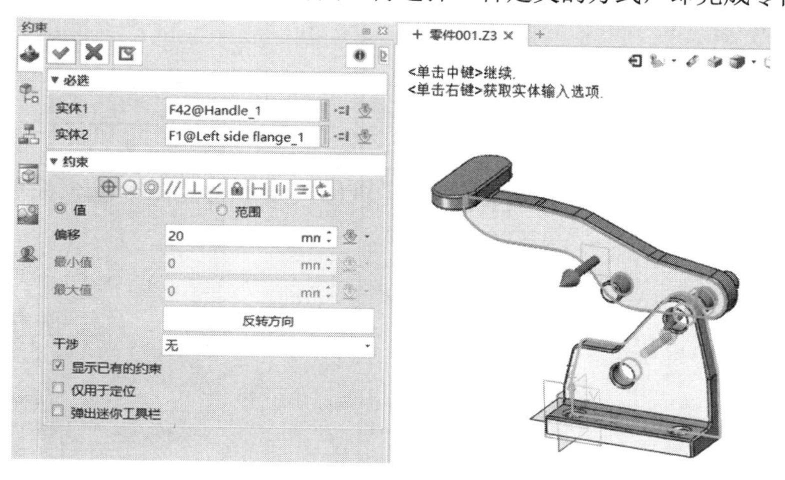

图 6-9 “约束”对话框

经验参考： 组件与组件之间不一定需要完全约束，可以根据实际工作需求保留相应的运动自由度。

- **实体 1/实体 2：** 选择对齐的两个组件的配合实体，支持实体边、线、曲面和基准面。在选择实体之前，可以选择和拖曳组件。如果实体在视图中隐藏了，此操作非常有效。在实际使用中，经常在组件约束中使用面，用户可以将实体过滤器设置为面，并且单击鼠标右键将选择过滤器设置为在实体上。如果缺少其他约束，开始选择的实体移动到第二实体处。偏移量通常从第二实体开始量度（因为其通常是固定的）。

- **值/范围**：与“偏移”配合使用，定义一个偏移值，与“最小值、最大值”配合使用，限定一个允许的偏移值变动范围。
- **反转方向**：选定配对实体的方向，在同向和反向配对间切换。
- **干涉**：当配对约束产生干涉时的处理方式，包含无、高亮、停止和添加约束4种类型。
  - ❑ **无**：不检查干涉。
  - ❑ **高亮**：当检测到干涉，高亮显示干涉面。
  - ❑ **停止**：与“高亮”选项类似，但组件会停止在干涉点上。
  - ❑ **添加约束**：自动添加组件约束。
- **显示已有的约束**：勾选该复选框，将显示激活组件已有的对齐约束。
- **仅用于定位**：勾选该复选框，仅移动组件位置，不会在装配树中添加约束特征。
- **弹出迷你工具栏**：勾选该复选框，更改约束操作后弹出对齐组件迷你工具栏。

“约束”中的大部分配对条件与草图中的约束条件在图标及应用方法上类似（此处不再赘述），其含义参见表6-1。

表6-1　配对约束选项表

选　项	约　束										
	重合	相切	同心	平行	垂直	角度	锁定	距离	置中	对称	坐标
值/范围	●	●				●		●			
偏移/最小/最大	●	●						●			
角度/最小/最大						●					
反转方向	●	●	●	●		●		●		●	

单击工具栏中的【装配】→【约束】→【机械约束】功能图标，系统弹出“机械约束”对话框，如图6-10所示，其含义见表6-2。

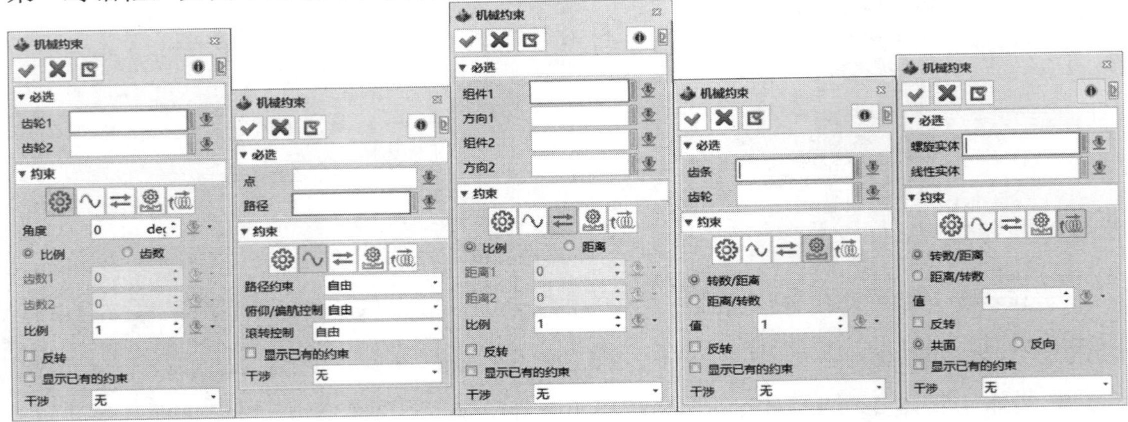

图6-10　“机械约束”对话框

中望 3D 提供的“机械约束”，用户可以从齿轮啮合、路径、线性耦合、齿轮齿条和螺旋 5 种机械约束条件中选择，其含义参见表 6-2。

表 6-2 机械约束选项表

选项	机械约束				
	齿轮啮合	路径	线性耦合	齿轮齿条	螺旋
角度	●				
路径约束		●			
俯仰/偏航控制		●			
滚转控制		●			
转数/距离				●	●
距离/转数				●	●
反转	●		●	●	●
共面/反向					●
显示已有的约束	●	●	●	●	●
干涉	●	●	●	●	●
比例/齿数	●				
比例/距离			●		
齿数 1/齿数 2	●				
距离 1/距离 2			●		

【齿轮啮合】 创建齿轮啮合关系。

注：“齿轮 1”和“齿轮 2”定义两个齿轮的内孔面。

【路径】 创建一个路径约束。

【线性耦合】 创建一个线性耦合约束。

【齿轮齿条】 创建一个齿轮齿条约束。

【螺旋】 创建一个螺旋约束。

- **角度**：指定角度来旋转齿轮。该角度指齿轮间的相对位置。
- **路径约束**：使用该选项指定路径约束，提供的路径约束如下。
  - ❑ **自由**：可沿着路径拖曳组件。
  - ❑ **沿路径距离**：指定顶点（实体 1）到路径末端（实体 2）的距离。勾选反转/尺寸可改变路径末端。
  - ❑ **沿路径百分比**：指定顶点（实体 1）到路径末端（实体 2）的距离百分比。勾选反转/尺寸可改变路径末端。
- **俯仰/偏航控制**：指定约束的俯仰和偏航，可选择以下两种。
  - ❑ **自由**：可沿着路径拖曳组件。
  - ❑ **随路径变化**：约束组件的一个坐标轴与路径相切，可选择 X、Y 或 Z 轴，勾选反转可改变方向。
- **滚转控制**：指定约束的滚转控制，可选择以下两种。
  - ❑ **自由**：组件的滚转没有被约束。

- ❑ **上向量：** 约束组件的一个坐标轴与指定的向量相切，指定一条线性边或者平面作为上向量，并选择 X、Y 或 Z 轴，勾选反转可改变方向。
- **转数/距离：** 仅限于齿轮齿条约束和螺旋约束。为其他零部件平移的每个长度单位设定一个零部件的转数，选择转数/距离，并在输入框内输入值。
- **距离/转数：** 仅限于齿轮齿条约束和螺旋约束。为其他零部件的每个圈数设定一个零部件平移的距离，选择距离/转数，并在输入框内输入值。
- **反转：** 勾选该选项，反转约束的运动方向。
- **共面/反向：** 切换实体的配对方向。
- **显示已有的约束：** 该选项的详细信息请参考前面介绍。
- **干涉：** 该选项的详细信息请参考前面介绍。
- **比例/齿数：** 仅限于啮合约束和线性耦合约束，选择比例并在比例处输入一个值。
- **齿数：** 仅限于啮合约束。定义两个齿轮的齿数。“齿轮 1”所在的齿轮对应的是“齿数 1”的值，“齿轮 2”所在的齿轮对应的是“齿数 2”的值。使用齿轮约束，可以精准地动画模拟出齿轮装配。
- **距离：** 仅限于线性耦合约束。选择距离并在距离 1 输入框中输入值，这即为机械约束中选中的第一个线性耦合组件。然后在距离 2 输入框中输入值，这即为机械约束中选中的第二个线性耦合组件。使用线性耦合约束，可以精准地动画模拟出线性耦合装配。

操作步骤如下（练习文件：配套素材\EX\CH6\6-2.Z3）。

- ➢ 添加两个齿轮除啮合以外的配合关系，保留齿轮的旋转自由度。
- ➢ 手动旋转齿轮至接近啮合状态。
- ➢ 单击工具栏中的【装配】→【约束】→【机械约束】功能图标，在弹出的“机械约束”对话框中分别定义两个齿轮的内孔面至“齿轮 1”和“齿轮 2”。
- ➢ 输入两个齿轮的齿数比，或通过“齿轮齿数”输入两个齿轮的齿数。
- ➢ 完成齿轮啮合配对，如图 6-11 所示。

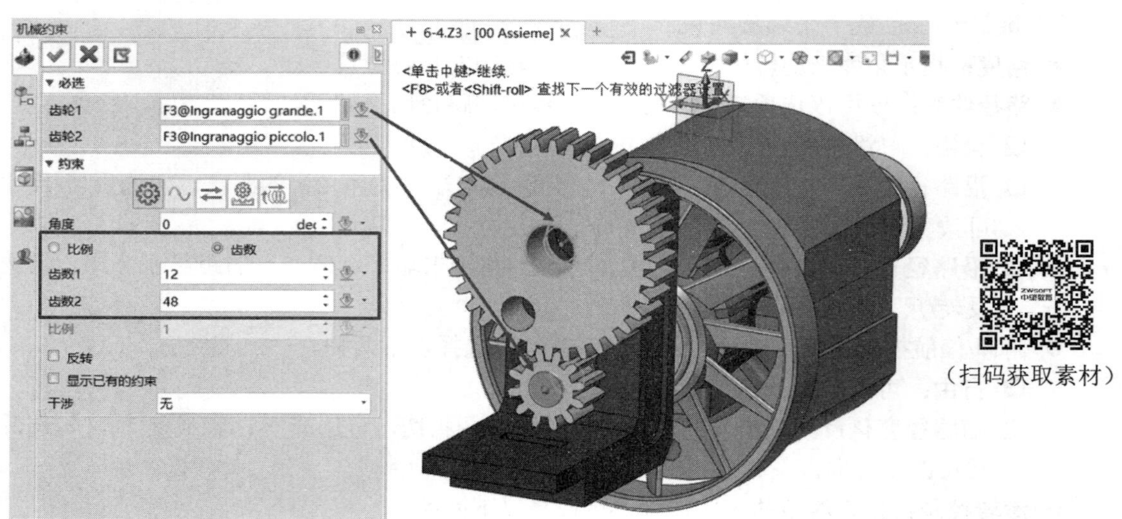

图 6-11　齿轮啮合

6.2.3 固定/浮动组件

单击工具栏中的【装配】→【约束】→【固定】功能图标，系统弹出“固定”对话框，定义需要固定/浮动的组件。该功能可将组件位置和方向固定，再次使用该功能将撤销固定，组件重新回到浮动状态。一般情况下，一个装配体设置一个组件固定即可，其他组件以该固定组件为基础进行对齐约束。

6.2.4 删除约束

单击工具栏中的【装配】→【约束】→【删除约束】功能图标，弹出“删除约束”对话框，如图 6-12 所示。对于已经添加约束的组件，可以通过该功能将现有约束删除。

图 6-12 “删除约束”对话框

- **组件：**需要删除约束的组件。
- **约束：**当选定了组件，绘图区会显示与之相关的约束，选择组件上需要删除的约束，单击“确定”按钮或单击鼠标中键，将删除该约束。

6.2.5 编辑组件约束

单击工具栏中的【装配】→【约束】→【编辑约束】功能图标，系统弹出“编辑约束”对话框，选择一个需要编辑约束条件的组件后，系统弹出与之相关的编辑约束对话框，更改相关约束条件（方法与约束组件和实体操作类似），如图 6-13 所示（练习文件：配套素材\EX\CH6\6-3.Z3）。

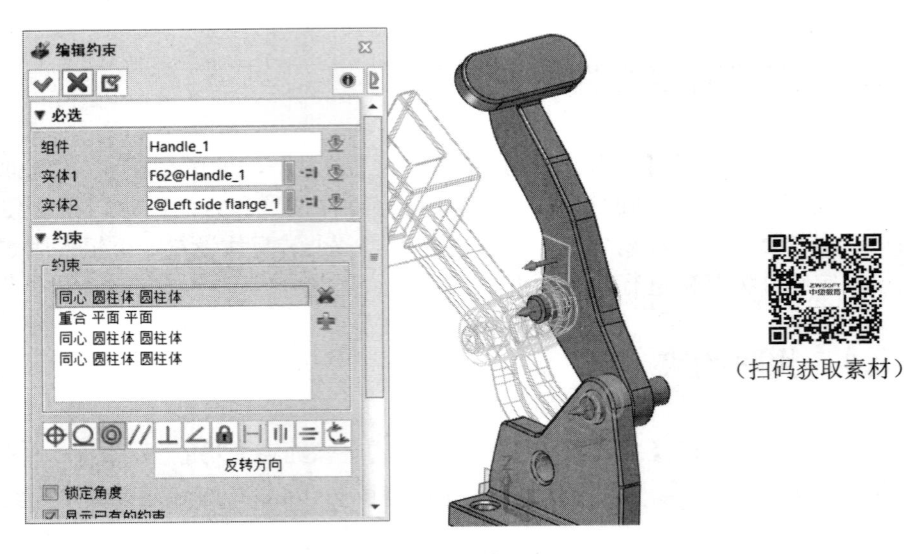

图 6-13 “编辑约束”对话框

6.2.6 装配处理

单击工具栏中的【装配】→【约束】→【装配处理】功能图标 (约束右下角拓展图标),系统弹出“装配处理”对话框。

利用此功能为激活零件创建一个装配处理。此操作创建的智能组件能够自动识别如何与配对的几何体对齐,从而加速装配进程。用户可以采用多种类似于约束组件命令的配对条件。

用户可创建多个装配处理来定位一个零件。各个装配处理依创建先后进入零件的历史记录。插入时也按照相同顺序执行,该装配处理的名称将作为一个属性显示在零件上。编辑约束装配处理,右键单击历史管理器中其名称并选择重定义。

如图 6-14 所示,对齿轮增加轴孔的同轴装配处理,选择齿轮内孔,约束类型为同心,添加一些提示,单击“确定”按钮。再如图 6-15 所示,通过同样的操作,添加轴向定位,选择齿轮端面,选择约束为重合,单击“确定”按钮。

图 6-14 添加齿轮同轴装配处理

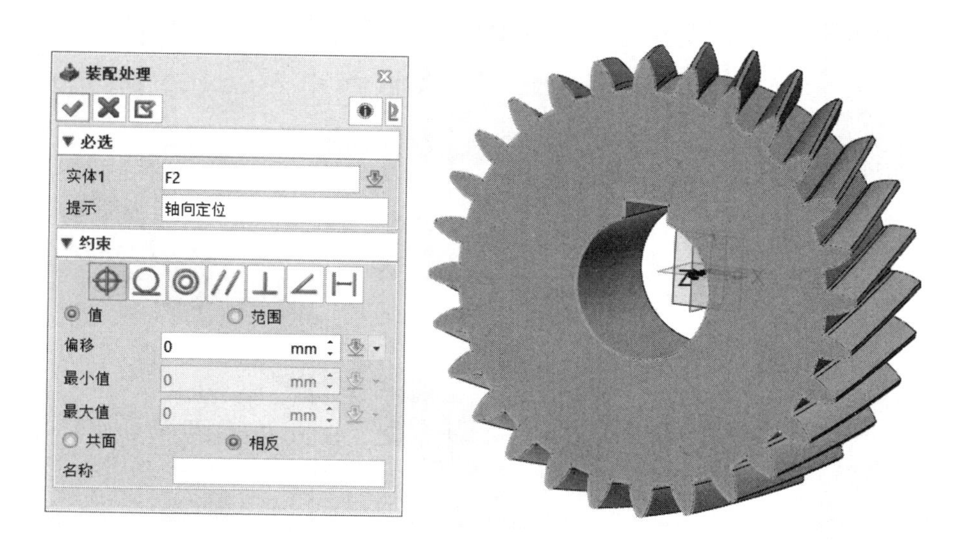

图 6-15 添加齿轮轴向定位装配处理

装配处理添加完成后，可以通过插入组件进行装配来看一下应用效果。如图 6-16 所示，插入齿轮进行装配。

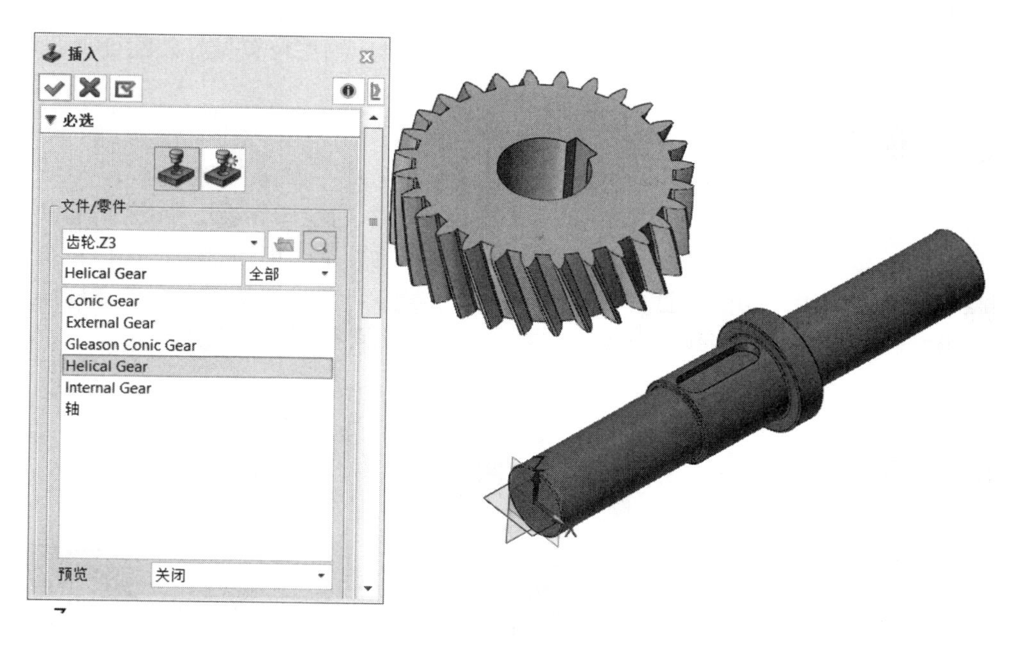

图 6-16 插入齿轮进行装配

插入组件后单击“确定”按钮，如图 6-17 所示，此时预置的装配处理会自动将需要约束的齿轮的内孔柱面选中并高亮显示，无须再进行手动选择。将需要与齿轮内孔约束的轴的圆柱面选择后，单击“确定”按钮，完成第一个约束关系，软件会自动跳到预定义的第二个装配处理约束，最终按顺序完成所有预置的装配处理，从而完成该插入零件的全部约束。

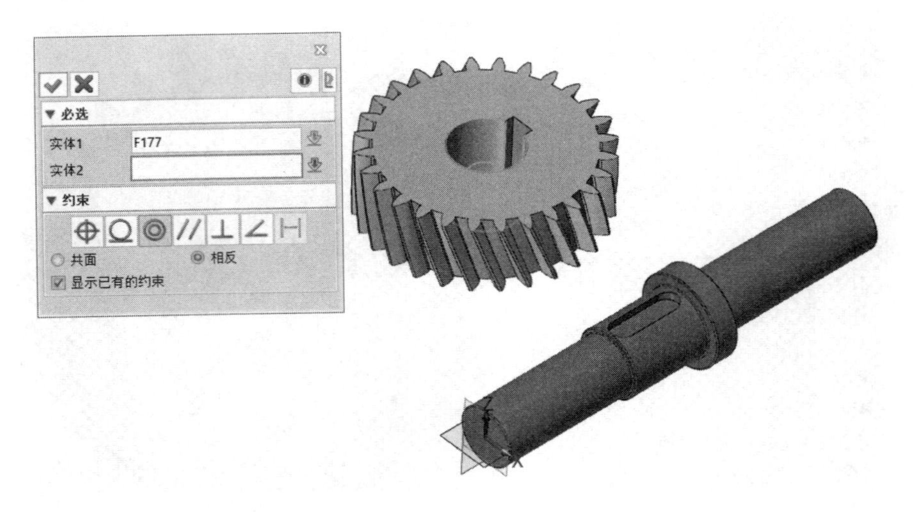

图 6-17　插入组件时预定义的约束面

根据该功能的特点，可以将该功能应用到一些类似标准件的装配应用中，如螺栓类零件，可以定义螺栓的同轴约束用于与所需装入的螺孔的配合，再定义一个重合约束，让螺栓压紧面与零部件或垫片重合。定义好装配约束的标准件，可以将原来需要选择四个约束面进行约束的操作，简化为选择两个面，效率提高 50%。另外，用户也可以将该功能扩展到一些外购件等模型的约束定位，只需要将常用外购件模型的对应约束位置做好装配处理即可。

6.2.7　查询约束状态

单击工具栏中的【装配】→【查询】→【约束状态】功能图标，系统弹出“显示约束状态”对话框，如图 6-18 所示，同时组件以不同颜色显示约束的状态，如已完全约束的组件以绿色显示。利用该功能来查询组件当前的约束状态。同时该功能是一个透明命令，可以在打开该功能的情况下运行其他命令（练习文件：配套素材\EX\CH6\6-4.Z3）。

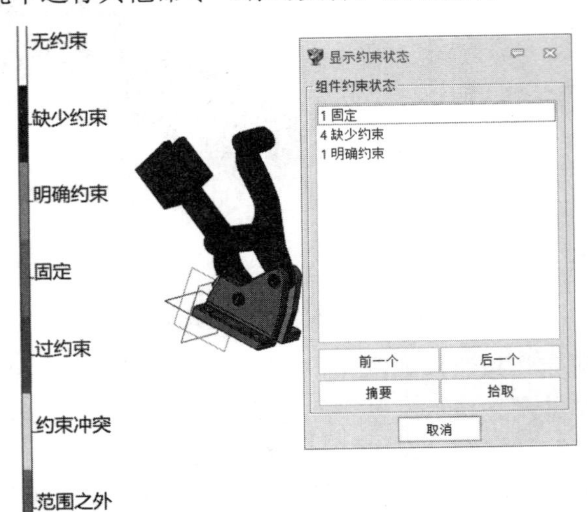

（扫码获取素材）

图 6-18　“显示约束状态”对话框

- **前一个/后一个**：该功能默认状态下显示全部组件的约束状态，单击“前一个”或“后一个”按钮可以查询到每个组件的详细约束状态。
- **摘要**：单击“摘要”按钮后，跳转到显示全部组件的约束状态列表。
- **拾取**：单击“拾取”按钮后，选择需要查看的组件，将显示该组件的详细约束状态。

6.2.8　装配实例练习

操作步骤如下（练习文件：配套素材\EX\CH6\6-1.Z3）。

➢ 创建一个新文件，选择创建“零件/装配”文件类型，命名为“assembly”。

➢ 单击工具栏中的【装配】→【组件】→【插入】功能图标，选择 Left side flange 组件，“位置”选择坐标原点或直接输入 0，勾选“固定组件”选项，插入该组件。

➢ 同上操作，继续插入组件，将 Handle、Right side flange、clamp arm、Link 组件插入，其中 Link 组件插入 2 个，如图 6-19 所示。

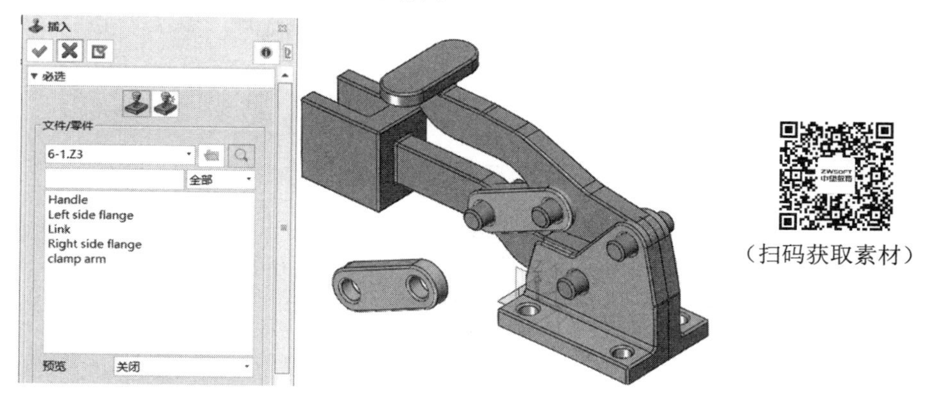

图 6-19　插入组件示意图

➢ 单击工具栏中的【装配】→【查询】→【约束状态】功能图标，以便观察约束状态，如图 6-20 所示。

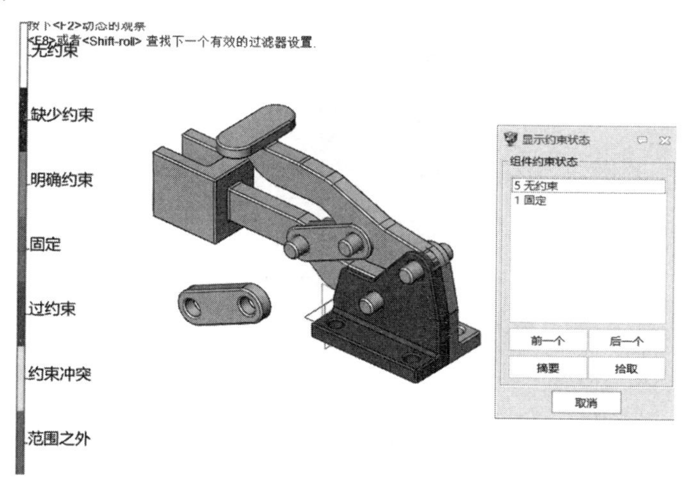

图 6-20　查询组件约束状态

> 单击工具栏中的【装配】→【约束】→【约束】功能图标，将 Left side flange 组件的上圆孔与 Handle 组件的圆柱进行同心约束，如图 6-21 所示。

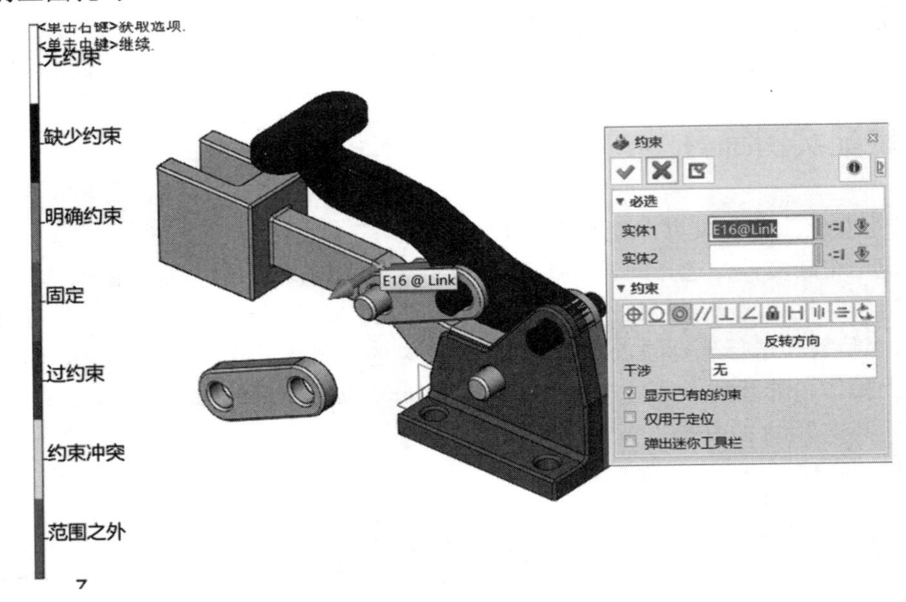

图 6-21　约束组件示意图

> 同上操作，继续添加配合关系，将零件进行约束，注意 clamp arm 组件的平面与 Left side flange 组件的平面有一个角度约束，如图 6-22 所示。

图 6-22　角度约束

> 单击工具栏中的【装配】→【约束】→【编辑约束】功能图标，选择 clamp arm 组件，将角度约束的值改变，观察装配的变化，如图 6-23 所示。

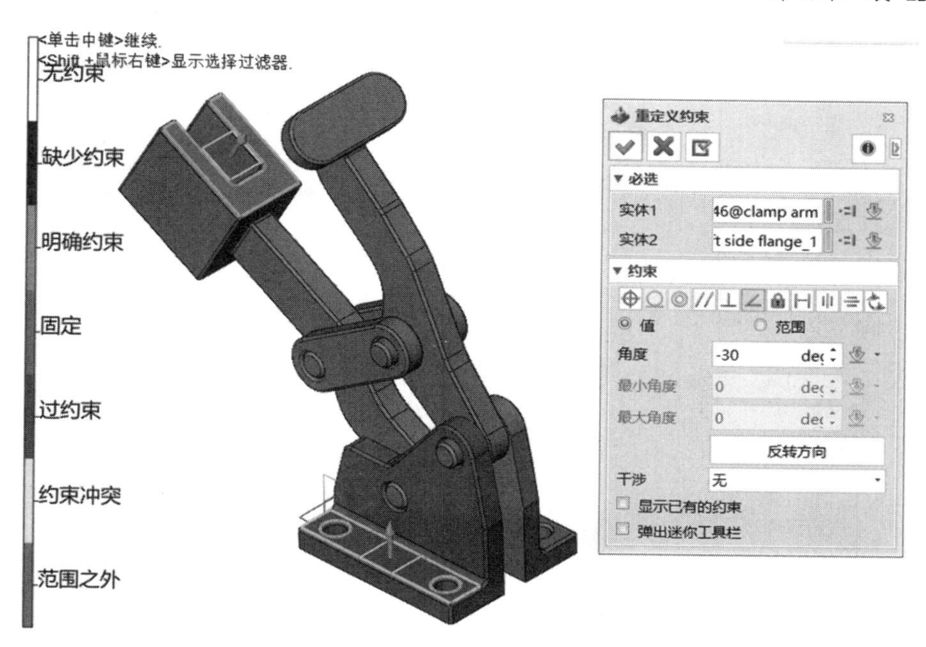

图 6-23 编辑组件约束

6.3 装配工具

6.3.1 提取/复制组件

1．合并

单击工具栏中的【装配】→【组件】→【合并】功能图标，系统弹出“合并”对话框，如图 6-24 所示。该功能将根据所选组件，将其转化成当前装配体中的造型，如果与装配体中造型有相交，可以进行布尔运算。

- **组件：**要合并的组件。
- **合并线框：**将任何存在于组件中的线框与造型一起合并到当前装配体。
- **合并标注：**将任何存在于组件中的标注与造型一起合并到当前装配体。
- **继承组件名称：**合并操作后装配实体继承组件的名称。
- **边界：**仅在布尔加和布尔减运算下有效，用特征设定布尔操作边界范围。

2．提取造型

单击工具栏中的【装配】→【组件】→【提取造型】功能图标，系统弹出“提取造型”对话框，如图 6-25 所示。该功能从激活零件中提取造型放置到其自身的零件组件中，用组件替代造型。

图 6-24 “合并”对话框

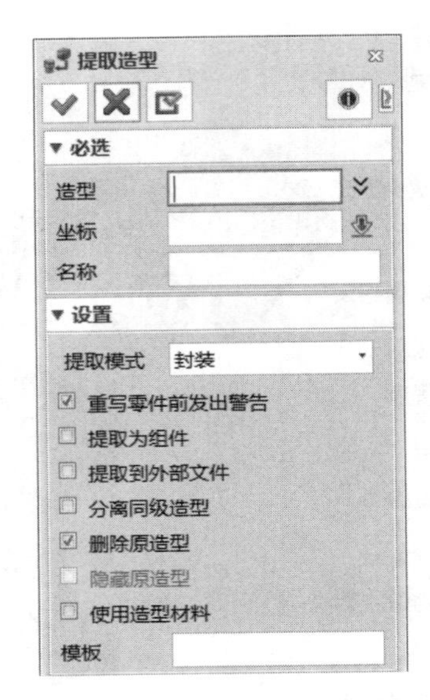

图 6-25 “提取造型”对话框

- **造型：**需要提取的造型。
- **坐标：**创建组件的参考坐标。
- **名称：**输入创建的新组件名称。
- **提取模式：**有“封装”和“关联提取”两个选项。
  - ❑ **封装：**将提取封装后的造型。修改原始造型，提取的新造型不受影响。
  - ❑ **关联提取：**用导入的方式提取造型。修改原始造型，提取的新造型会同步更新。
- **重写零件前发出警告：**勾选该复选框，创建的零件被重写时弹出提示信息。
- **提取为组件：**勾选该复选框，先在原始文件中将造型提取为组件，再将该组件提取到新造型中。
- **提取到外部文件：**默认情况下，在当前的激活文件中创建新的组件。选择这个选项为每个组件创建新的中望 3D 文件，并输入文件前缀。
- **分离同级造型：**勾选该选项，则提取从相同组件（子装配）合并的造型作为独立的组件。如果没有勾选该选项，则提取这些造型到原始的组件名。
- **隐藏原造型：**勾选该选项，执行操作后，在当前文件中，该造型将被隐藏。
- **使用造型材料：**勾选该选项，当前文件所定义的材料属性，将复制到新建文件中。
- **模板：**可以基于已定义的中望 3D 模板创建外部文件。如果有一个已定义的组件模板，可以在这里输入它的名称。

提示：提取完成以后，可以在根目录的管理器列表查看提取的零件。几何体到零件等操作后的零件也一样。

3. 几何体到零件

单击工具栏中的【装配】→【组件】→【几何体到零件】功能图标，系统弹出“几何体到零件”对话框，如图 6-26 所示。该功能复制激活零件的几何体到指定零件或创建一个新零件。

- **几何体**：选择需要复制的几何体，包括造型、面、边、曲线、点和块。
- **文件/零件**：用于保存几何体的文件和零件，可以直接输入名称创建新的零件。
- **提取模式**：有“关联提取”“封装”和“提取历史”三个选项。
  - ❑ **关联提取**：用导入的方式提取造型。修改原始造型，提取的新造型会同步更新。
  - ❑ **提取历史**：将几何体及其历史一起复制到一个单独的零件中。当选择该选项后，激活依赖关系复选框，用于定义本地坐标系（见下）的选项将不可用。如果不选择该选项，几何体将被封装成一个名为“开始数据”的特征。
  - ❑ **封装**：将提取封装后的造型。修改原始造型，提取的新造型不受影响。
- **提取为组件**：该选项的信息参考前文介绍。
- **修改零件前发出警告**：当勾选该复选框，创建的零件被重写时弹出提示信息。
- **删除原实体**：当勾选该复选框，将从原文件中删除所选的几何体和特征。
- **创建目标零件的子零件**：当选择关联提取时，该选项可选。勾选该选项，将在目标零件中创建一个子零件。
- **解除依赖**：当选择提取历史时，该选项可选。勾选该选项，则在列表框内不会显示与所选几何体存在依赖关系、且依赖关系解除后仍可成功创建的关联特征。
- **坐标**：确定几何体的位置，可以在激活零件中选择一个基准面、平面或草图。

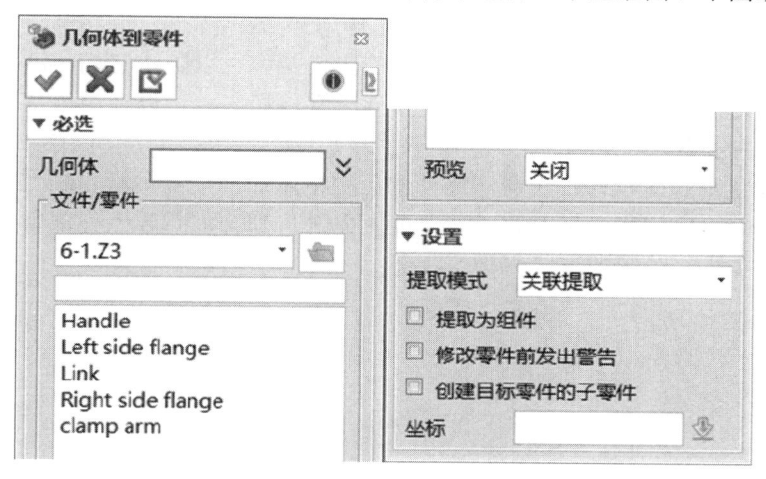

图6-26 “几何体到零件”对话框

4．外部零件

单击工具栏中的【装配】→【组件】→【外部零件】功能图标，系统弹出“外部零件”对话框，如图6-27所示。使用此功能复制一个外部零件，将其作为造型插入激活零件中。这与插入一个组件的做法相似。如果原零件修改，则造型在下一激活零件重生成时也会修改。

- **文件/零件**：选择中望3D文件，该文件包含要复制的草图。默认选中激活文件，将会列出文件包含的零件。
- **预览**：设置与对象浏览器类似的预览模式。
- **位置**：选择一个插入点。单击右键，选择特征点，则可以在现有的组件中捕获特征点。

- **坐标：**当历史设置为“含历史的子零件”或“关联复制到此零件”时，此选项以及下面的反转方向选项被激活，可选择一个面，使外部零件的 Z 轴与选择指定面的法向一致。
- **反转方向：**当勾选该复选框后，使外部零件的Z轴与坐标面的法向相反。
- **复制线框：**当勾选该复选框后，同时复制零件中的线框几何图形。
- **复制标注：**当勾选该复选框后，同时复制包含在外部零件内的所有标注。
- **历史：**使用此选项来确定如何对复制的外部零件历史进行处理，包含以下子选项。
  - **关联复制的子零件：**创建一个子零件，它复制了外部零件中的几何体。子零件使用“关联复制”操作来导入外部零件的几何体，但是父零件重生成时，子零件不会重新导入，除非激活子零件并重生成它的历史，或者右键单击子零件，并选择“子零件重生成”命令允许子零件“自动重生成”。当允许子零件“自动重生成”时，父零件每次重生成时它的历史都会自动重生成。新的子零件默认是不允许“自动重生成”的。
  - **包含历史的子零件：**创建一个子零件，它复制了外部零件的所有历史。也就是说，对外部零件的历史进行了本地复制，而且子零件的历史与父零件仍然是分开的。
  - **历史复制到此零件：**复制外部零件的历史到激活零件，并将其添加到激活零件历史的最后。会根据需要重命名导入的历史操作，以防止它们与激活零件中的操作名冲突。如果不希望导入的零件作为子零件插入，可以使用该选项来替代“包含历史的子零件”选项。
  - **关联复制到此零件：**在激活零件的历史中添加一个“关联复制”操作，来导入外部零件的几何体。每次激活零件重生成时，都会重新导入外部零件。如果找不到外部零件，“关联复制”操作将失败。

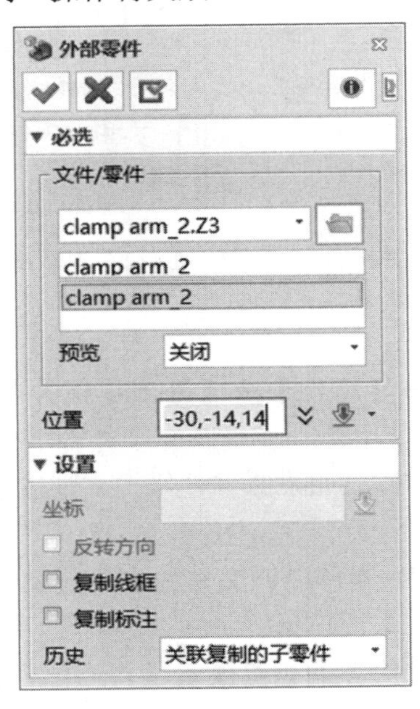

图 6-27 “外部零件”对话框

6.3.2 移动组件

1. 拖曳

单击工具栏中的【装配】→【基础编辑】→【拖曳】功能图标，系统弹出“拖曳”对话框，如图 6-28 所示。在没有完全约束的情况下使用该功能，组件可在未约束的方向上移动，可以动态观察组件的移动情况（练习文件：配套素材\EX\CH6\6-5.Z3）。

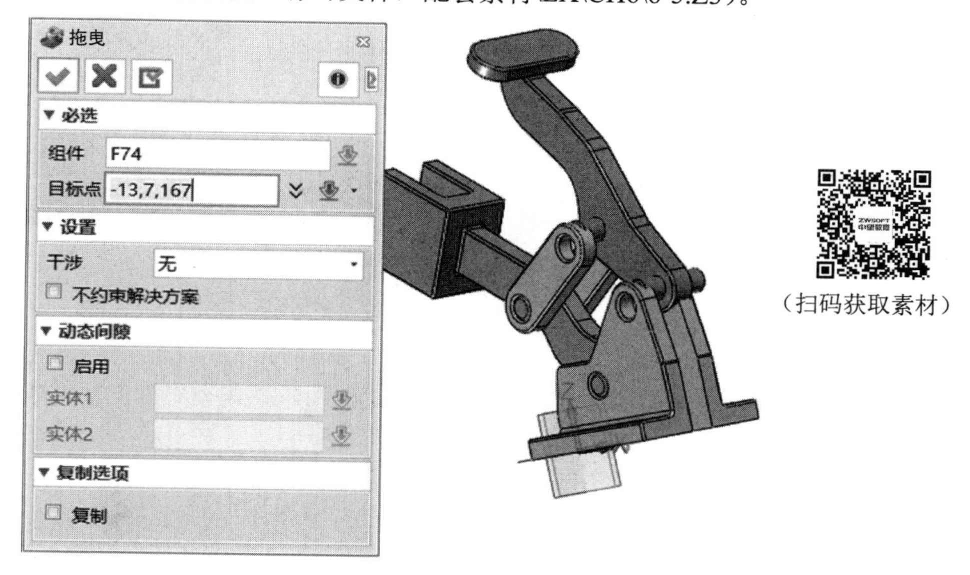

（扫码获取素材）

图 6-28 “拖曳”对话框

- **组件**：需要进行拖曳的组件，选中组件上的点即为拖曳起始点。
- **目标点**：拖曳的目标，鼠标移动时动态观察拖曳情况。
- **干涉**：该选项的详细信息请参考前文。
- **不约束解决方案**：勾选该复选框，将会采用“宽松”的算法处理装配的约束，一般情况下不勾选该选项。
- **动态间隙**：可以在拖曳和旋转组件的时候执行这个操作，通过指定两个组件来动态显示在拖曳时两组件之间的距离。
  - **启用**：勾选此复选框，允许用户指定两个组件动态显示拖曳时两者之间的距离。
  - **实体 1**：勾选了启用选项后，该字段和下面的实体 2 两字段亮显，选择要检测的组件之一。
  - **实体 2**：勾选了启用选项后，该字段和上面的实体 1 两字段亮显，选择要检测的另一个组件。
- **复制**：勾选此复选框，拖曳操作后复制一个组件到目标点。

2. 旋转

单击工具栏中的【装配】→【基础编辑】→【旋转】功能图标，系统弹出“旋转”对话框，如图 6-29 所示。该功能可以使组件在未完全约束的情况下自由旋转或沿着未约束的坐标旋转。

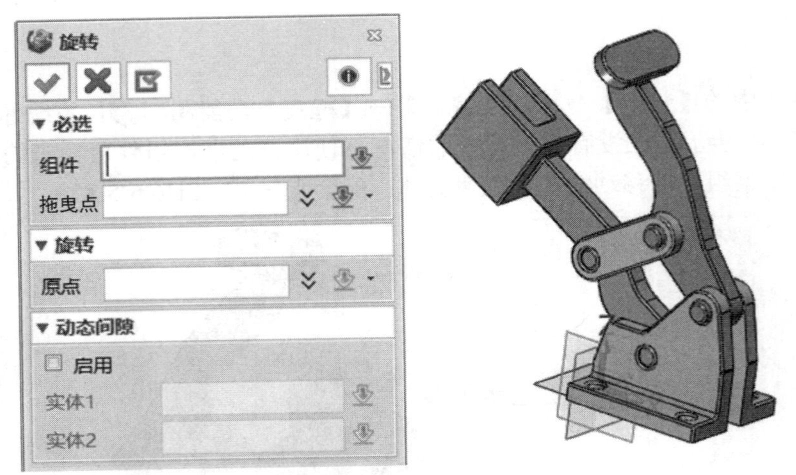

图 6-29 “旋转”对话框

- **组件：**需要进行旋转的组件。
- **拖曳点：**组件旋转的目标位置，鼠标移动时可动态观察组件的旋转效果。
- **原点：**组件旋转的中心。
- **动态间隙：**详细信息请参考拖曳功能的介绍。

6.3.3 零件替换

单击工具栏中的【装配】→【组件】→【替换】功能图标，系统弹出“替换”对话框，如图 6-30 所示。该功能可将装配中的组件替换为其他组件。

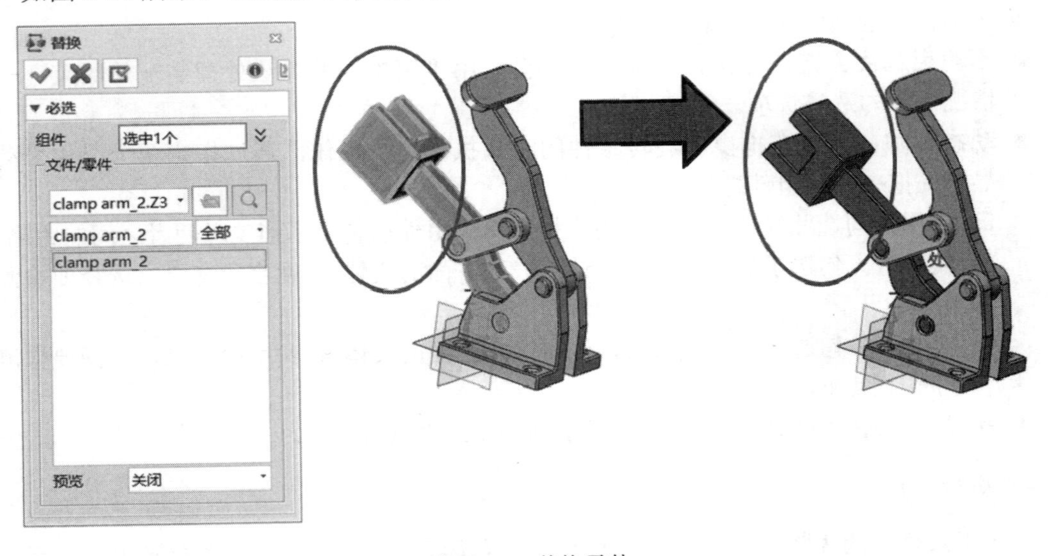

图 6-30 替换零件

- **组件**：需要替换的组件。
- **文件/零件**：默认情况下显示激活文件的零件列表，可以选择进行替换，或者单击浏览按钮，选择其他文件中的零件进行替换。

提醒：替换零件后，一般情况下原约束失效，需要在新的零件上重新添加约束。但当替换零件与被替换零件配合的部位相同时，可以继承原组件配合关系。

6.3.4 剪切

单击工具栏中的【装配】→【基础编辑】→【剪切】功能图标，系统弹出“剪切”对话框，如图 6-31 所示。使用此功能，用选定的组件或造型剪切装配内一个或一个以上的组件。当装配发生干涉时，该功能主要用于修剪干涉的区域（练习文件：配套素材\EX\CH6\6-6.Z3）。

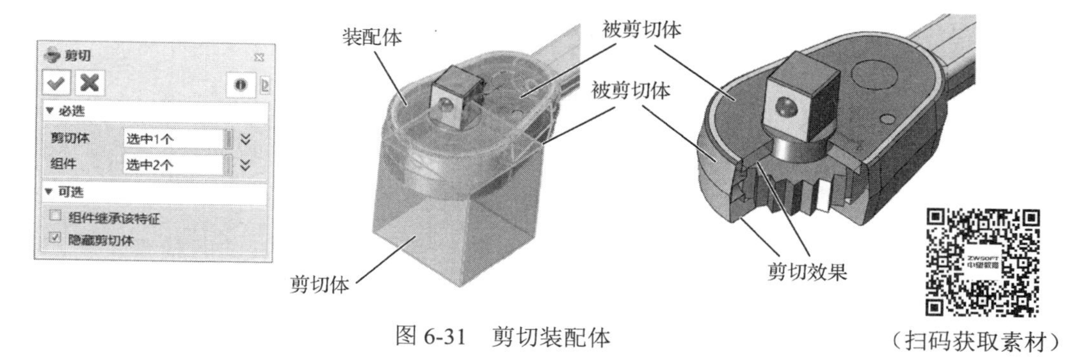

图 6-31 剪切装配体

- **剪切体**：进行剪切的组件或造型。
- **组件**：被剪切的组件。
- **组件继承该特征**：勾选此复选框，将继承该裁剪特征到裁剪组件的建模历史中，从而直接修改该裁剪组件的原始零件。该模式下，组件的原有历史将自动被冻结，既不可以修改原有的建模特征，也不能添加新的本地建模特征。若想解除此模式，则需要把所有继承过来的装配裁剪特征通过右键菜单的“解除链接”命令，将这些特征与父装配的关联打断，转化为本地特征。
- **隐藏剪切体**：勾选此复选框，将隐藏剪切体。

6.3.5 干涉检查

单击工具栏中的【装配】→【查询】→【干涉检查】功能图标，系统弹出“干涉检查”对话框，如图 6-32 所示。使用此功能检查组件或装配之间的干涉情况。在进行干涉计算时，将忽略装配内抑制的组件（练习文件：配套素材\EX\CH6\6-7.Z3）。

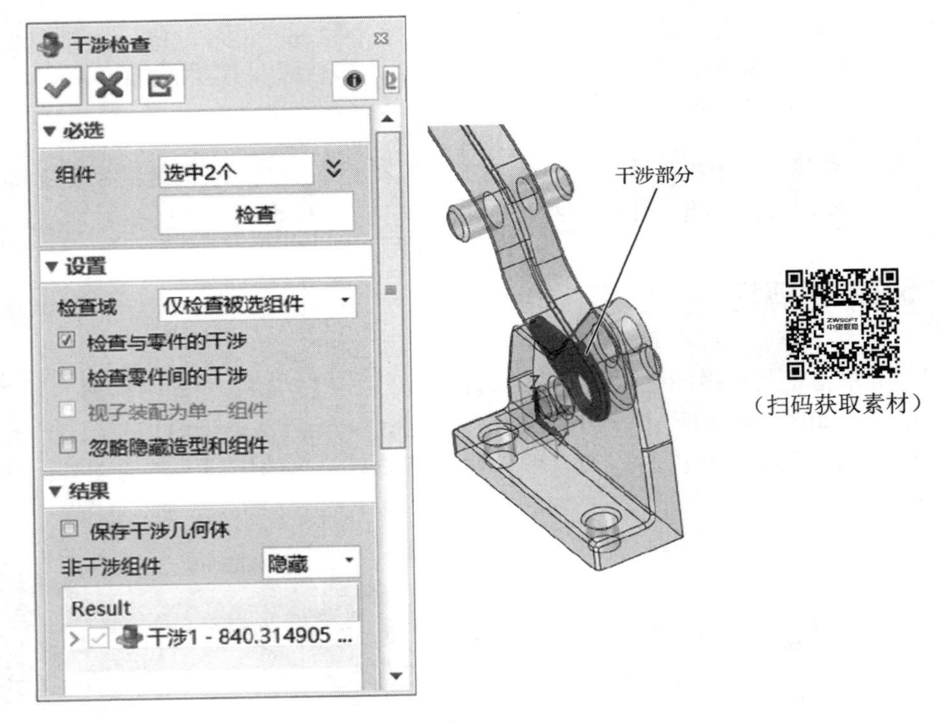

图 6-32 干涉检查

- **组件**：选择一个或多个组件，或单击鼠标左键选择整个装配进行检查。
- **检查**：单击该按钮，则会根据设置选项生成干涉结果。
- **检查域**：包含“仅检查被选组件”和“包括未选组件”两个选项。
  - **仅检查被选组件**：仅检查被选组件之间的干涉。
  - **包括未选组件**：不仅检查被选组件之间的干涉，还检查被选组件与其他未选择的组件之间的干涉。
- **检查与零件的干涉**：当勾选此复选框，检查被选组件与零件之间的干涉。
- **检查零件间的干涉**：当勾选此复选框，检查零件与零件之间的干涉。
- **视子装配为单一组件**：仅被选组件中包含子装配时，该选项可选。当勾选此复选框，将子装配作为一个整体，不检查子装配内部的干涉。
- **忽视隐藏造型和组件**：当勾选此复选框，则隐藏的零件和组件不参与干涉检查。
- **保存干涉几何体**：当勾选此复选框，如果发现干涉，则创建等同于原干涉大小的新特征，并保留其历史操作。否则，命令结束后不会留下任何信息。
- **非干涉组件**：设置非干涉组件的显示模式，包括隐藏、透明、着色和线框。如果选择隐藏，非干涉组件就不会显示。
- **Result**：干涉组件列表，可通过前面选项勾选来选择显示。

6.4 爆炸视图

6.4.1 创建爆炸视图

单击工具栏中的【装配】→【爆炸视图】→【爆炸视图】功能图标，系统弹出“爆炸视图”对话框，如图 6-33 所示。该功能将装配体中的组件炸开，使所有组件可见。通过此功能，系统会创建一个默认的爆炸视图，随后可以对零件位置进行编辑。

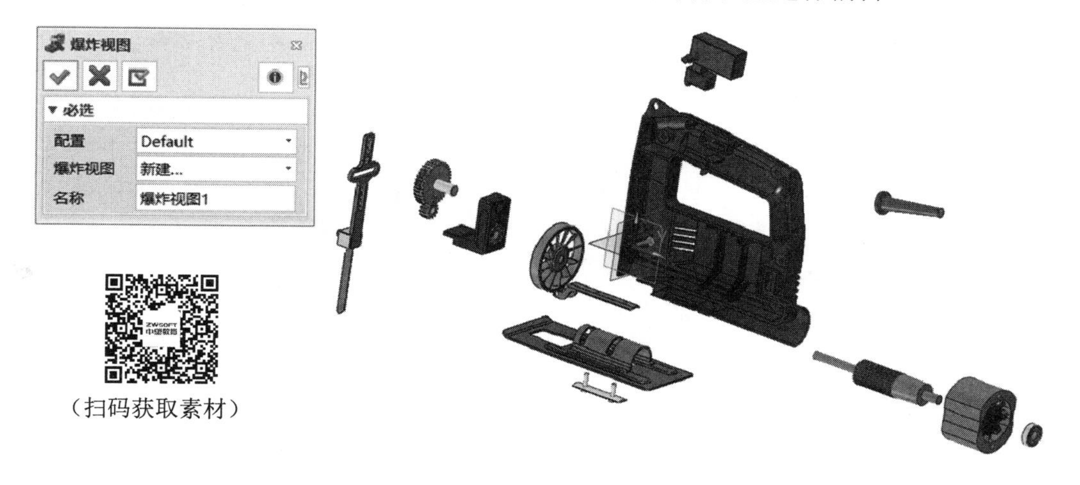

图 6-33 “爆炸视图”对话框

- **配置**：选择需要爆炸的装配配置。
- **爆炸视图**：选择爆炸视图。若选择已有视图，则自动炸开该爆炸视图。若选择新建，则需要输入爆炸视图的名称，创建新的视图。
- **名称**：选择新建爆炸视图，输入爆炸视图的名称。同一个配置下不允许存在两个同名的爆炸视图。

6.4.2 编辑爆炸视图

当创建默认爆炸视图后，可以由系统自动添加爆炸，但是爆炸的方向不确定，有时炸开后的效果并不理想，那么可以添加爆炸步骤，然后使用拖曳、移动和旋转等功能，对组件的位置和方向进行调整，直至达到满意的效果为止。调整后的爆炸视图，会自动保存在爆炸装配配置里。

操作步骤如下：

- 打开配套素材文件 EX\CH6\6-8.Z3，进入 assembly 装配图环境，如图 6-34 所示。
- 单击工具栏中的【装配】→【爆炸视图】→【爆炸视图】功能图标，输入炸开装配图的名称为“爆炸视图 2”，单击“确定”按钮，进行爆炸视图配置，如图 6-35 所示。

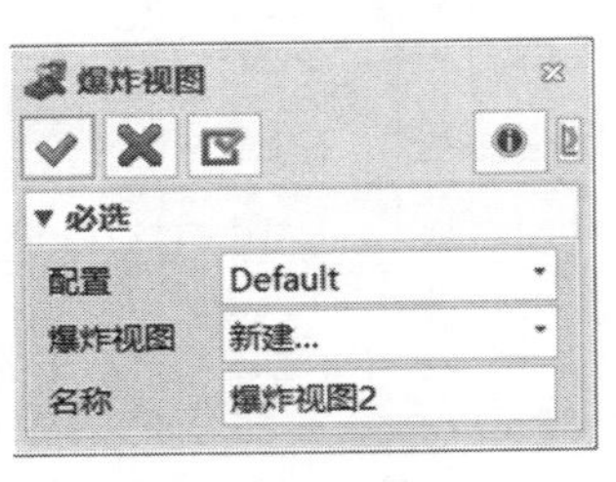

图 6-34　assembly 装配图环境

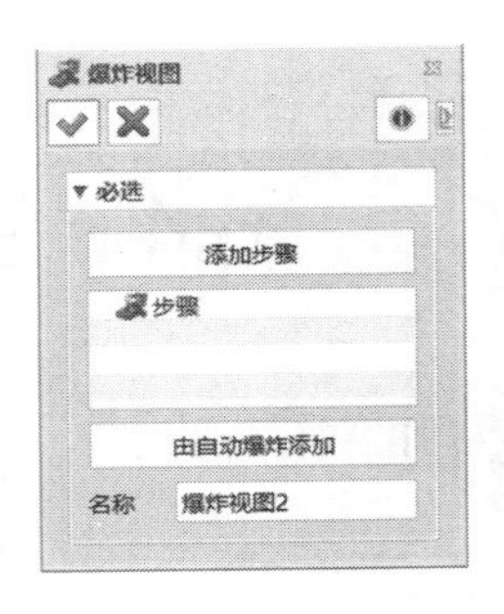

图 6-35　爆炸视图

➢ 单击工具栏中的【添加步骤】按钮，弹出“移动”对话框，选择合适的拖曳、移动和旋转等功能，此处的移动操作和造型的移动操作类似（此处不再赘述），对组件进行位置上的调整，如图 6-36 所示。

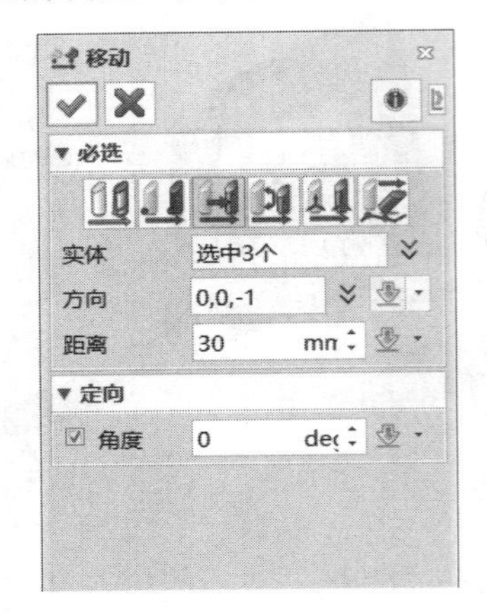

图 6-36　“移动”对话框

➢ 继续单击工具栏中的【添加步骤】按钮，依次对组件进行位置上的调整，对不合适的步骤可以右键编辑步骤或拖曳步骤的先后顺序，以便达到合适的爆炸效果，如图 6-37 所示。

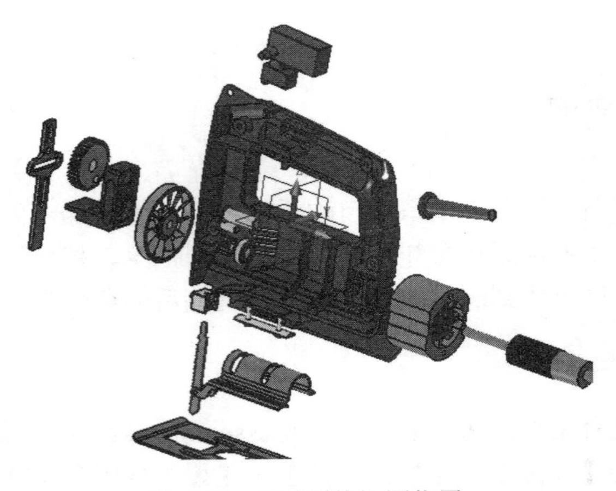

图 6-37　调整爆炸视图位置

6.4.3　创建爆炸视频

当创建爆炸视图后，可以对创建好的爆炸视图，选择其中一个视图保存爆炸动作的先后顺序、组装的先后顺序制作成一个 AVI 格式的视频。

操作步骤如下：

➢ 打开配套素材文件 EX\CH6\6-8.Z3，进入 assembly 装配图环境。

➢ 单击工具栏中的【装配】→【爆炸视图】→【爆炸视频】功能图标，进入“爆炸视频”对话框，如图 6-38 所示。

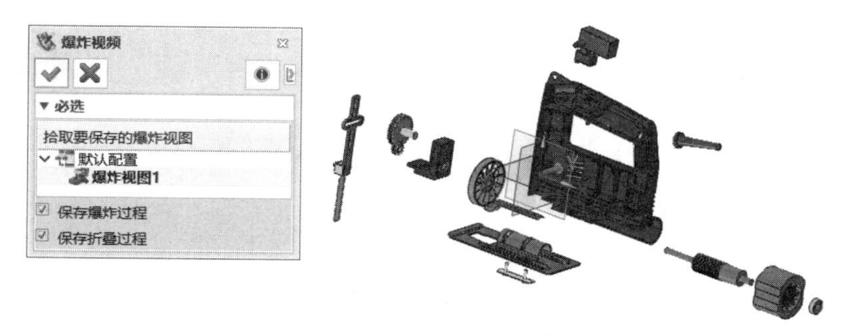

图 6-38　“爆炸视频”对话框

- **拾取要保存的爆炸视图：**在列表中选择需要创建爆炸视频的爆炸视图和爆炸配置。
- **保存爆炸过程：**勾选此复选框，把爆炸过程保存为视频。
- **保存折叠过程：**勾选此复选框，把折叠过程保存为视频。

➢ 确定以后，弹出保存 AVI 文件的对话框，输入视频名称并保存，系统将为当前视图创建视频，并以 AVI 格式保存。

6.5　装配动画

6.5.1　创建动画

中望 3D 的动画制作是基于各个时间关键帧，在每一个时间点，赋予组件不同的位置关系，同时也能在各个时间点上通过“相机位置”记录组件的不同方向，最终系统将这些时间点的动作按顺序连贯起来，即完成了动画的效果。通过此原理，不但能完成组件运动关系的动画，也能完成组件装配或拆卸过程的动画，以模拟虚拟的装配过程（练习文件：配套素材\EX\CH6\6-9.Z3）。

单击工具栏中的【装配】→【动画】→【新建动画】功能图标，系统弹出“新建动画”对话框，如图 6-39 所示。使用该功能，创建一个新的装配动画。单击“确定”按钮后，系统进入动画制作环境，如图 6-40 所示。

（扫码获取素材）

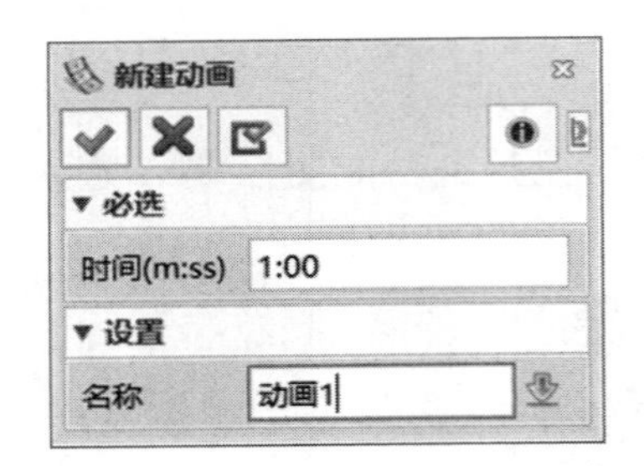

图 6-39 “新建动画”对话框

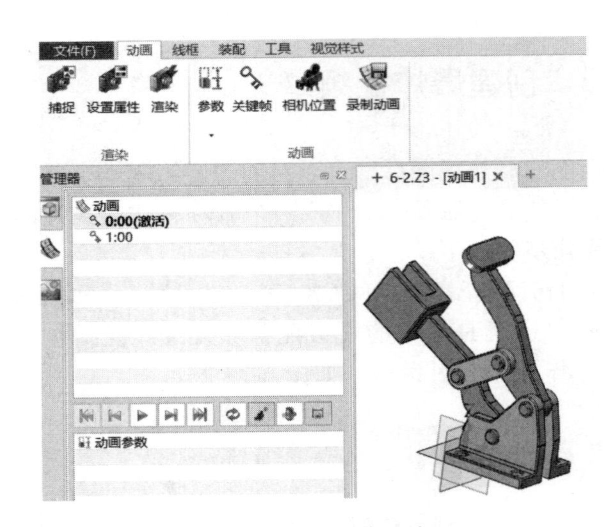

图 6-40 动画制作环境

- **时间**：动画时间的总时长。
- **名称**：动画的名称。

【关键帧】单击工具栏中的【动画】→【关键帧】功能图标，或在动画管理器上方空白处右击，系统弹出快捷菜单，选择“关键帧”选项，用于设置动画的关键时间点，在这些时间点上可以赋予组件不同的位置关系。

【删除关键帧】右击动画管理器中已存在的关键帧，在弹出的快捷菜单中选择“删除关键帧”。

【检查干涉】使用该功能（图标）自动检查动画过程中装配是否存在干涉，如果出现干涉，动画将停止。

【定义相机位置】在动画管理器下方空白处右击，系统弹出快捷菜单，选择“选择相机位置”选项，在弹出的“相机位置”对话框中，单击“当前视图”按钮，单击“确定”按钮即记录了当前的动画位置视图。

【参数】单击工具栏中的【动画】→【参数】功能图标，或在动画管理器下方空白处右击，系统弹出快捷菜单，选择“参数”选项，在弹出的“参数”对话框中，系统列出了组件的配对条件，可以在这里更改组件位置，以制作动画。

6.5.2 编辑动画

单击工具栏中的【装配】→【动画】→【编辑动画】功能图标，系统弹出“编辑动画”对话框，如图 6-41 所示。使用该功能，编辑已经存在的动画。选择动画名称后，进入动画编辑界面。

图 6-41 “编辑动画”对话框

6.5.3 动画输出

在动画制作环境中，单击工具栏中的【动画】→【录制动画】功能图标，弹出“录制动画”对话框，如图 6-42 所示。使用该功能将激活的动画保存到外部 AVI 动画文件中。

- 文件：为输出的动画定义保存路径和文件名称。
- **FPS**：定义输出动画的每秒帧数。
- 使用压缩：勾选该复选框，可以设定输出动画的质量。质量越高，动画文件容量就越大。

图 6-42 “录制动画”对话框

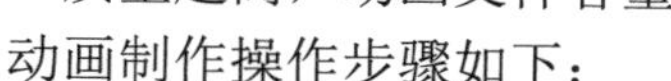

动画制作操作步骤如下：

- ➢ 打开配套素材文件 EX\CH6\6-10.Z3，进入 assembly 装配图环境。
- ➢ 单击工具栏中的【装配】→【动画】→【新建动画】功能图标，设定动画时间为 30s，如图 6-43 所示。单击“确定”按钮，进入动画制作环境。
- ➢ 在动画管理器上方空白处右击，添加关键帧，时间为 0s。
- ➢ 在动画管理器下方空白处右击，添加参数，双击“对齐 d4（平面/平面）”参数，如图 6-44 所示。参数值设置为“0”，同时使用定义相机功能，设定当前位置为相机位置。
- ➢ 在动画管理器上方空白处右击，添加关键帧，时间为 10s。

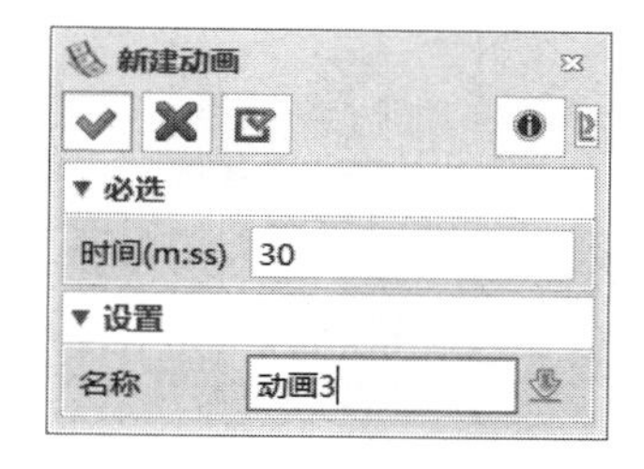

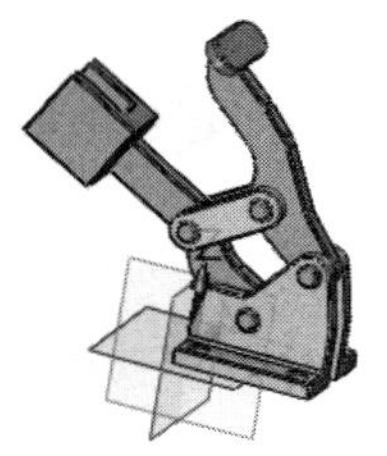

（扫码获取素材）

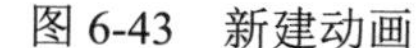

图 6-43 新建动画

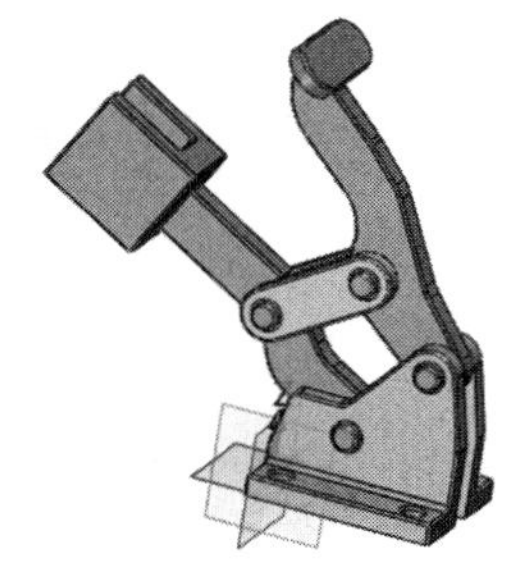

图 6-44 添加参数

- ➢ 在动画管理器下方空白处右击，添加参数，双击“对齐 d4”，参数值设置为“-30”。
- ➢ 在动画管理器上方空白处右击，添加关键帧，时间为 20s。
- ➢ 在动画管理器下方空白处右击，添加参数，双击“对齐 d4”，参数值设置为“-50”。旋转装配体视角，设定相机位置，如图 6-45 所示。

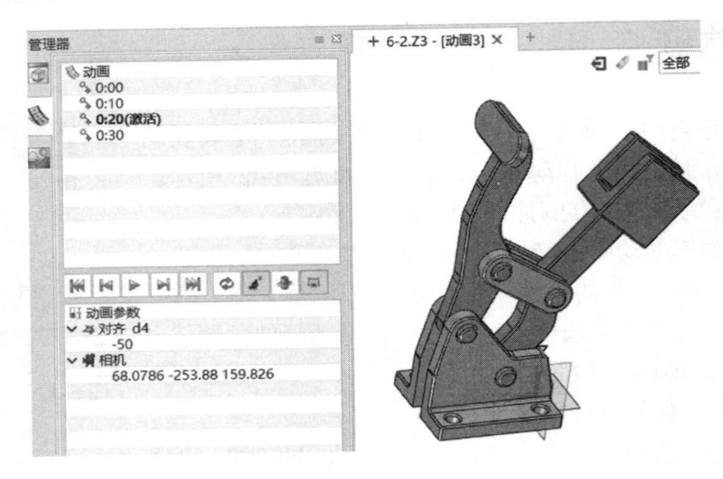

图 6-45　设定相机位置

➢ 在动画管理器上方空白处右击，添加关键帧，时间为 30s。
➢ 在动画管理器下方空白处右击，添加参数，双击“对齐 d4”，参数值设置为“0”。完成动画制作。
➢ 使用播放器播放动画，效果如图 6-46 所示。编辑后的文件参见配套素材文件 EX\CH6\ 6-10.Z3。

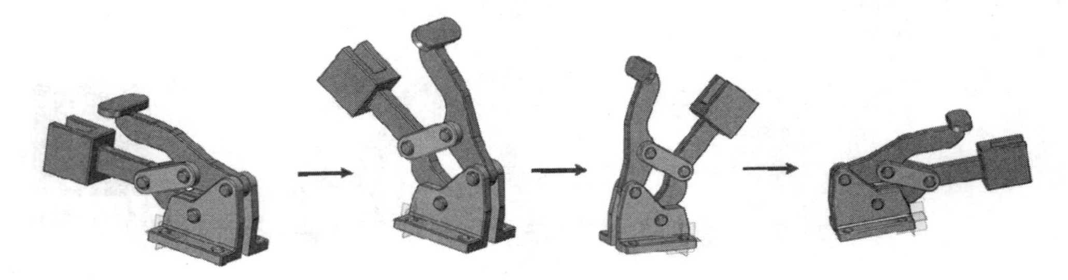

图 6-46　动画播放效果图

6.6　批量修改操作

6.6.1　重命名装配

在管理器空白处的右键菜单中选择“重命名装配”，如图 6-47 所示，弹出“重命名装配”对话框，在“新对象名称”和“新文件名称”栏输入相应项目，单击“选择所有”按钮后，模型树更改如图 6-48 所示。使用该功能，重命名装配或子组件。中望 3D 可以根据命名规则，自动生成新名称。通过设定前缀或后缀，可以批量修改文件名。按住 Ctrl 键/Shift 键，可多选对象（练习文件：配套素材\EX\CH6\6-10.Z3）。

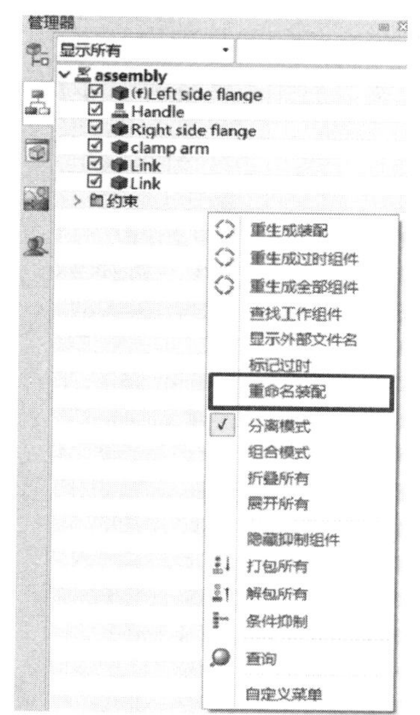
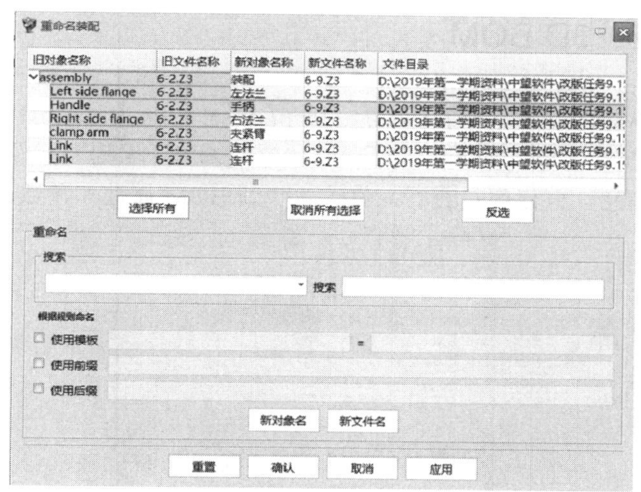

图 6-47 “重命名装配”对话框

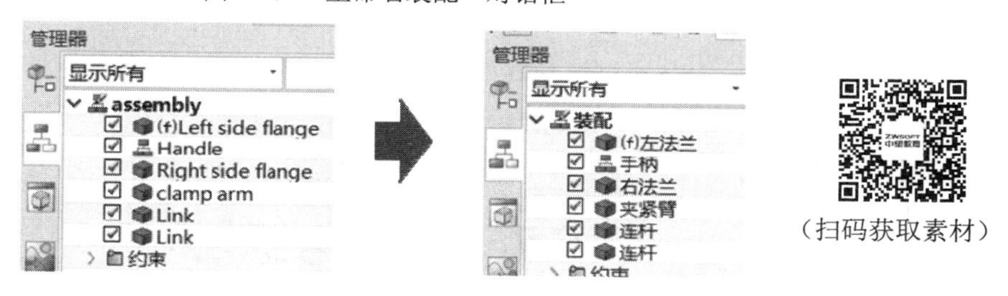
（扫码获取素材）

图 6-48 管理器模型树更改

- **旧对象名称**：原对象名称。单对象文件（一个*.Z3 文件中，只有一个对象文件）的对象名称同文件名称。多对象文件（一个*.Z3 中，包括多个对象文件）的对象名称，可不同于文件名称。
- **旧文件名称**：中望 3D 文件的原名称，即在文件夹中的名称。
- **新对象名称**：输入新对象名称。双击该栏可直接输入新名称。
- **新文件名称**：输入新文件名称。双击该栏可直接输入新名称。
- **文件目录**：显示文件在磁盘中的位置。
- **选择所有**：选择所有文件对象，进行重命名。
- **取消所有选择**：取消所有文件对象的选择。
- **反选**：切换选择对象。
- **搜索**：指定关键字，以批量选取对象文件。可以设定文件名或对象名的关键字。
- **使用模板**：勾选该选项，以输入的文本替换选中对象的文件名。可以替换全名或文件名的一部分。在等号左侧输入旧名称的全名或局部名称，在等号右侧输入新名称。
- **使用前缀**：勾选该选项，为修改选中对象的名称添加前缀。
- **使用后缀**：勾选该选项，为修改选中对象的名称添加后缀。

- **新对象名**：单击该按钮，为选中对象的对象名添加前缀、后缀或者更换文本。
- **新文件名**：单击该按钮，为选中对象的文件名添加前缀、后缀或者更换文本。

6.6.2 3D BOM

单击工具栏中的【装配】→【查询】→【3D BOM】功能图标，系统弹出“3D BOM”对话框，如图 6-49 所示。“3D BOM”用列表控件的行和列直观展示所有组件的所有属性信息，方便用户查看、修改、更新 BOM 属性和参数。

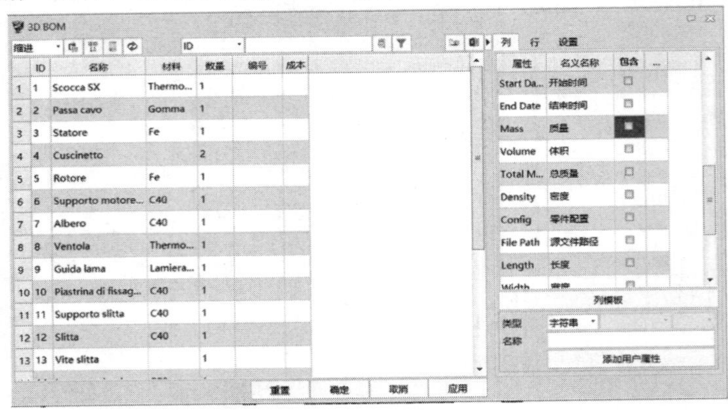

图 6-49 “3D BOM”对话框

6.7 思考与练习

6-1 中望 3D 中包含哪些装配约束条件？

6-2 在装配中，组件替换是如何实现的，有什么意义？

6-3 如何查询组件的约束状态？如出现过约束该怎样处理？

6-4 中望 3D 如何完成动画的制作，并输出视频文件？

6-5 打开配套素材文件 EX\CH6\6-11.Z3，将这些组件进行装配，并完成爆炸视图和简单的动画制作，如图 6-50 所示。

（扫码获取素材）

图 6-50 装配练习题

第7章　工　程　图

作为优秀的三维软件平台，中望 3D 具有非常完备的工程图模块。任何已完成的三维模型零件（含装配体），都可直接转换为工程图，并且当零件或装配发生变更时，工程图也会自动更新。中望 3D 的工程图模块除能提供常规的视图布局以外，还可以完成各种剖视图、工程图标注、自动 BOM 表等。中望 3D 中的工程图工具如图 7-1 所示。

图 7-1 【工程图】工具

7.1　工程图基础

7.1.1　创建工程图

在中望 3D 中有以下两种方式创建工程图：

（1）以文件内新建工程图文件形式创建 2D 工程图。①可以在零件图或装配图的绘图区域的空白处单击鼠标右键，在弹出的右键菜单中选择“2D 工程图”（如图 7-2 所示），系统即自动激活当前零件创建该零件的工程图，工程图以零件图或装配图加“_2D”后缀命名。②通过绘图区左上方零件名称左边的“+”图标，即可进入新建工程图对话框，如图 7-3 所示。

（2）以新建外部文件形式创建 2D 工程图。①通过新建文件，在系统弹出的“新建文件”对话框中选择“工程图”文件类型（如图 7-4 所示），系统即进入工程图模块，但是没有激活任何零件，需要在视图布局时选择零件来生成工程图。②通过绘图区左上方零件名称右边的“+”图标，即可进入新建工程图对话框。

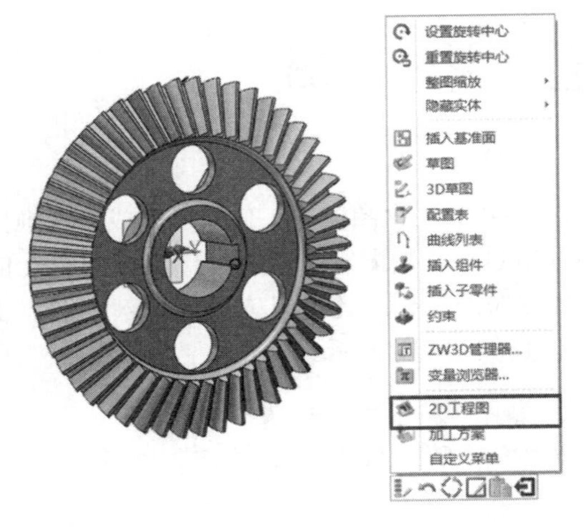

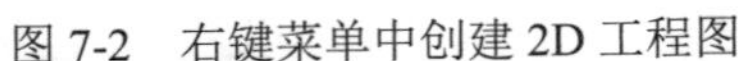
图 7-2　右键菜单中创建 2D 工程图

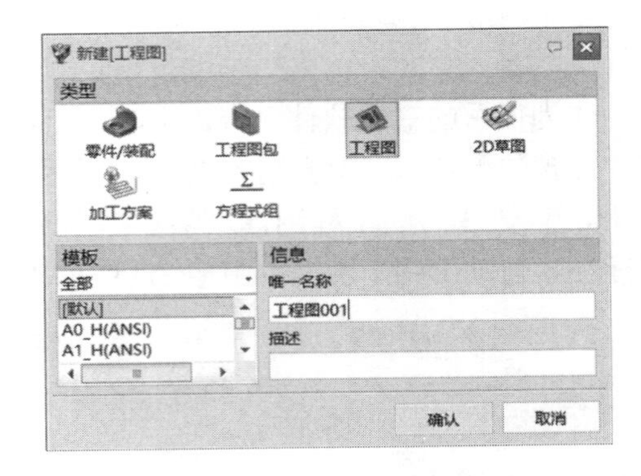

图 7-3　添加新文件中创建工程图

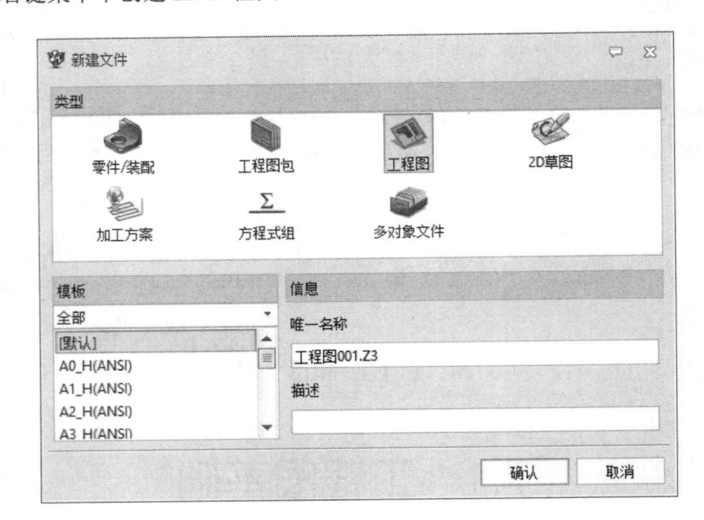

图 7-4　“新建文件”创建工程图

中望 3D 提供了各系列标准的图纸模板，如 GB、ISO、DIN、JIS、ANSI 等。在“新建文件”对话框中可以直接选择一种图纸模板。如通过鼠标右键创建工程图，在选择“2D 工程图”功能后，系统弹出“选择模板”对话框（如图 7-5 所示），可以选择一个模板，进入工程图后系统会自动激活该模板，用于当前工程图。如果需要自定义图纸模板，可以通过下拉菜单【文件】→【模板】，在模板文件中自定义一个零件模板或工程图模板，保存后即可在下次一进入工程图模块时选择自定义的模板。

中望 3D 支持在一个工程图中创建多张图纸，进入工程图模块后，在工程图管理器中单击右键，在弹出的快捷菜单中选择“插入工程图”，即可创建一张新的图纸，如图 7-6 所示。新的图纸会继承当前图纸的格式，可以根据需要更改图纸格式。

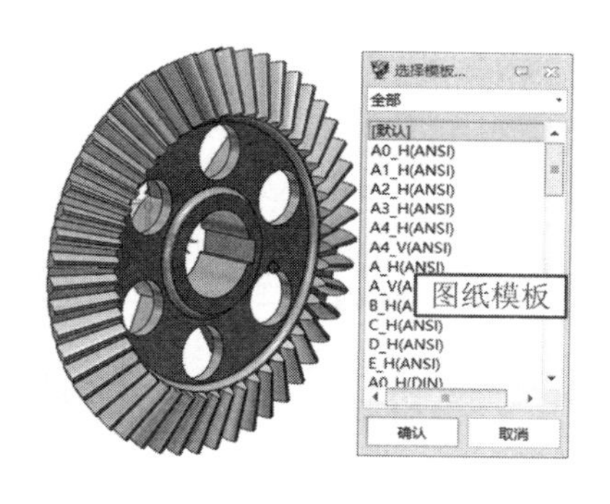

图 7-5　工程图模板

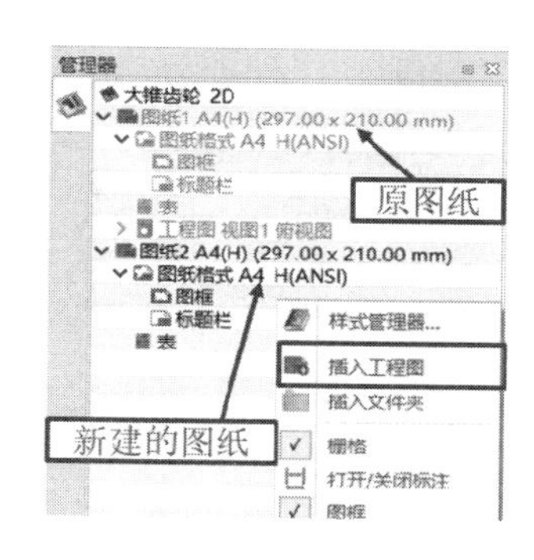

图 7-6　新建图纸

7.1.2　图纸编辑

1．工程图设置

进入工程图后，可以对工程图纸的单位、栅格间距、投影类型等进行更改。该设置在下拉菜单【编辑】→【参数设置】里，打开“工程图设置”对话框，如图 7-7 所示。

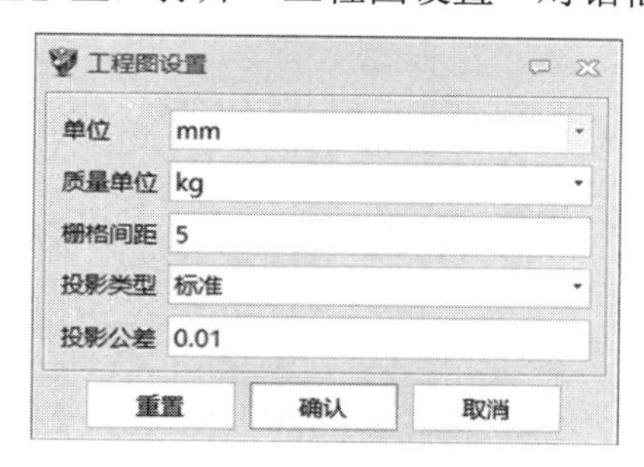

图 7-7 “工程图设置”对话框

- **单位：** 定义图纸单位，如 mm、in。
- **质量单位：** 定义零件质量单位，如 kg、g。
- **栅格间距：** 在工程图中，定义栅格时设置栅格的间距大小。
- **投影类型：** 定义工程图的投影视角，包含“标准”“第一视角”“第三视角”3 种投影类型。其中“标准”由样式管理器中对投影类型的设置决定。
- **投影公差：** 三维模型转二维工程图投影视图的曲线投影公差。

2．图纸属性

进入工程图环境后，经常需要对图纸的格式进行修改，中望 3D 提供了更改图纸属性的选项。在图纸管理器中，右击“图纸”选项，在弹出的快捷菜单中选择“属性”，如图 7-8 所示。系统弹出“图纸属性”对话框，可以更改图纸名、图纸背景颜色（纸张颜色）、剖面标签符号和关联模型等，如图 7-9 所示。

在图纸管理器中，右击“图纸格式”选项，在弹出的快捷菜单中选择“图纸格式属性”，如图 7-10 所示。系统弹出“图纸格式属性”对话框，可以定义相关的图纸格式属性，如图 7-11 所示。

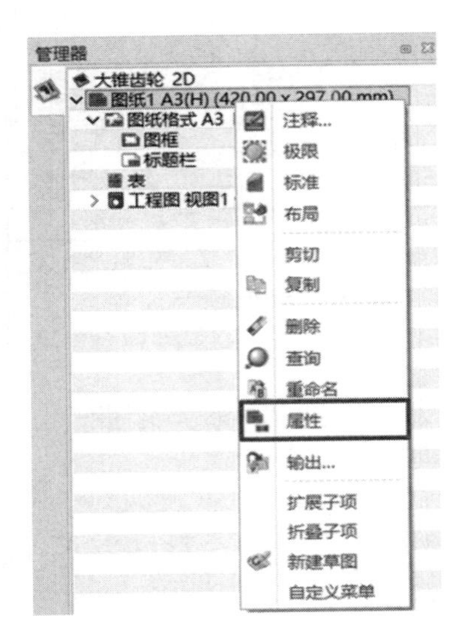

图 7-8　图纸属性

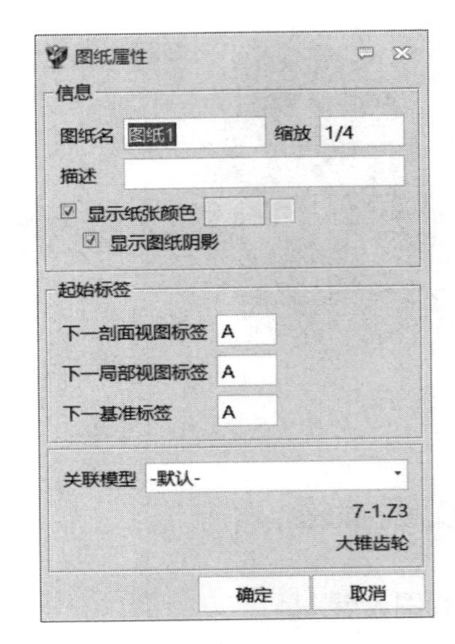

图 7-9　“图纸属性”对话框

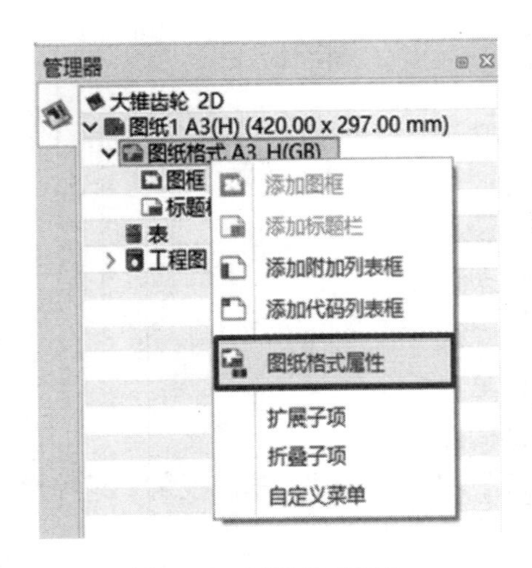

图 7-10　图纸格式属性

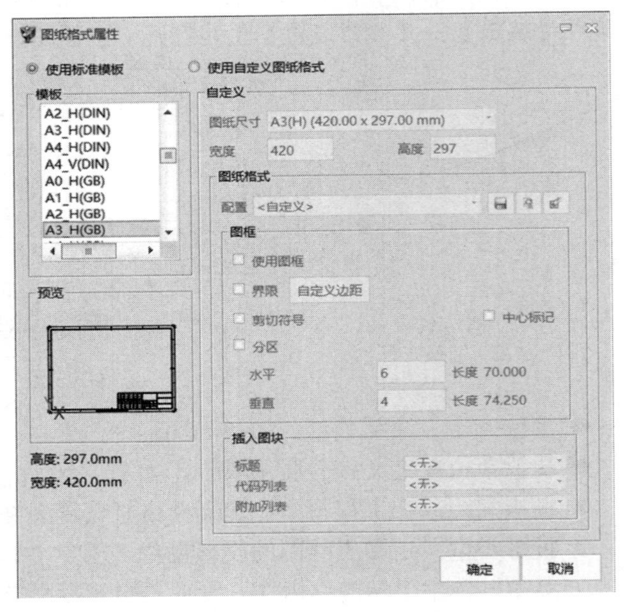

图 7-11　“图纸格式属性”对话框

7.2　视图布局

视图布局主要用于将三维模型转化成二维平面图，并且在原图基础上生成剖视图以及局部视图等辅助视图，最后对视图进行编辑、注释等处理。中望 3D 提供了各种视图布局功能，包括三视图、投影视图、各种剖视图、放大视图等。

7.2.1 布局

单击工具栏中的【布局】→【布局】功能图标，系统弹出“布局”对话框，如图 7-12 所示。使用该命令可以直接将三维零件或装配体自动转化成二维三视图，每个视图需要的视角方向可以在对话框的“布局”栏中选择（练习文件：配套素材\EX\CH7\7-1.Z3）。

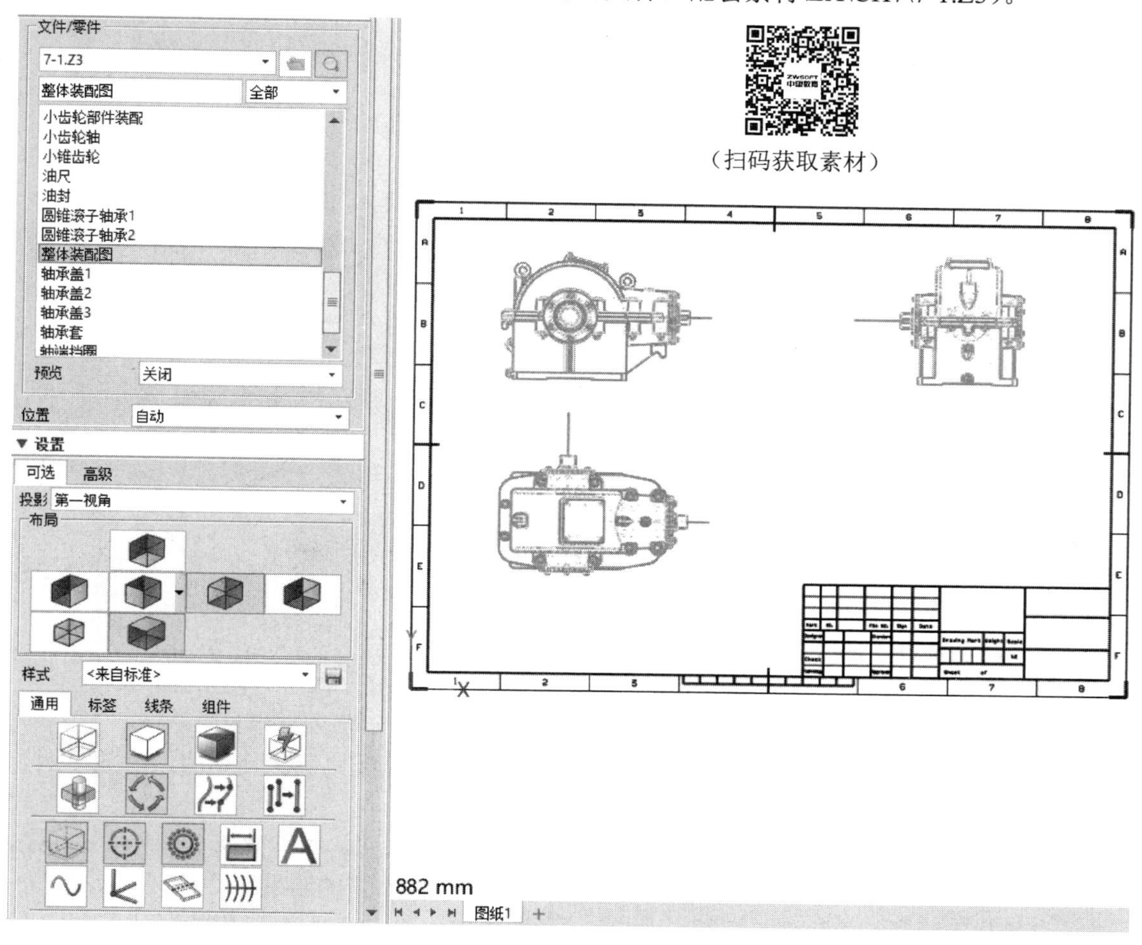

图 7-12 “布局”对话框

- **文件/零件**：选择需要制作工程图的零件。默认状态下，显示激活的文件中的零件，也可以用浏览功能调入其他文件的零件。
- **预览**：选择预览模式，包含关闭、图像和属性 3 种模式。当选择“图像”时，可以在绘图区中预览所选零件的三维效果图。
- **位置**：定义视图的摆放位置，包含自动、中心和角点 3 种。
  - ❑ **自动**：在当前图纸范围自动摆放视图，系统一般默认填满整个图纸区域。
  - ❑ **中心**：以图纸中心来摆放视图，可以通过鼠标移动来调整视图比例及位置。
  - ❑ **角点**：定义两个角点来形成一个虚拟的矩形，用于摆放视图，视图会摆放在整个虚拟矩形范围之内。

- **投影：** 定义视图的投影标准，包含第一视角和第三视角，国标采用的是第一视角。
- **布局：** 定义视图的视角方向及投影的基本视图，主视图可以更改方向，其余视图根据主视图进行投影。单击视图激活按钮，即可将被激活的视图布局在图纸中，系统默认布局三视图，即主视图、俯视图和侧视图。
- **样式：** 定义一种基准视图的样式标准，包含 GB、ISO、DIN、JIS、ANSI 等标准。

【通用】 定义各种视图的布局形式，包含以下几个部分。

- 使用这些图标来设置视图的显示模式，依次为设置线框、消隐线、着色、快速消隐等显示模式。默认为消隐线模式。
- **相交造型的消隐线检查：** 激活该按钮，可以防止生成不正确的隐藏线。
- **启用视图重生成：** 激活该按钮，模型中所发生的任何变更，将自动更新到图纸上。
- **将曲线转化为圆弧：** 激活该按钮，将视图中所有的曲线自动转换为圆弧。
- **删除重复的曲线：** 激活该按钮，过滤掉重叠和重复的曲线。
- **显示消隐线：** 激活该按钮，视图中会将不可见的线以虚线的方式显示，否则不显示。如只需要显示某些区域的隐藏线，可以通过“线条”选项卡单独设置。
- 显示中心线。
- 显示螺纹，如零件在孔上有附加螺纹属性，它们可以显示在布局视图中。
- 显示零件标注。
- 显示零件文字，所有 3D 注释文字将会显示出来。
- 选择零件的 3D 曲线，显示三维线框曲线或草图。
- 显示 3D 基准点。
- 显示钣金折弯线。
- 显示来自零件的焊缝符号。
- 继承 PMI：勾选该复选框，三维中的 PMI 标注和注释在二维工程图中显示。
- **显示缩放：** 勾选该复选框，在视图下方显示当前视图的缩放比例数值。
- **缩放类型：** 定义图纸的缩放类型，包含使用自定义缩放比例、使用图纸缩放比例及使用父对象缩放比例三种。
  - **使用自定义缩放比例：** 自定义视图的比例，包含 X/Y 和 X.X 两种定义方式。“X/Y”表示直接输入两个比值，“X.X”表示输入比值的结果。
  - **使用图纸缩放比例：** 视图大小自动根据模板图纸的比例大小来布局。
  - **使用父对象缩放比例：** 视图缩放与父视图保持一致。如果父视图使用了图纸缩放比例，那么当图纸被缩放时，该视图也会缩放。如果父视图被删除了，那么该视图的缩放类型会被设为使用自定义缩放比例选项。
- **同步图纸缩放比例：** 勾选该复选框，视图默认同步图纸的缩放比例。
- **显示标签：** 勾选该复选框，在视图下方显示所投影的基本视图名称，标签样式可以在标签选项卡中定义。

【标签】 在“通用”选项卡的右边单击“标签”选项卡，进入标签的设置页面，如图 7-13 所示。可以在该页面设置视图的标签样式。

【线条】 在“标签”选项卡的右边单击“线条”选项卡，进入线条的设置页面，如

图 7-14 所示。可以在该页面设置视图线的显示类型，包括线的显示样式、线的颜色、线型、线宽、图层等。

【组件】 在“线条”选项卡的右边单击“组件”选项卡，进入组件的设置页面，如图 7-15 所示。该页面列出布局中的所有组件，选中后可通过右键对其进行显示或隐藏设置，或者直接继承模型图中的可见性。

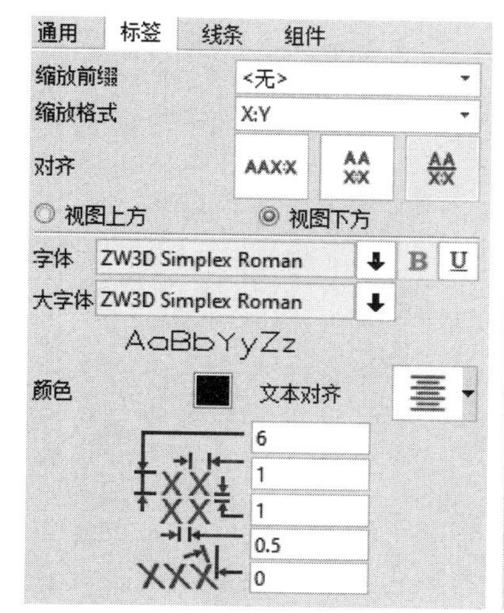

图 7-13 “标签”设置页面

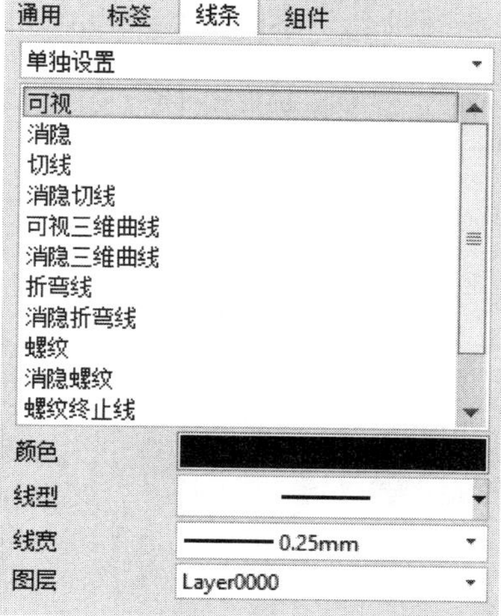

图 7-14 “线条”设置页面

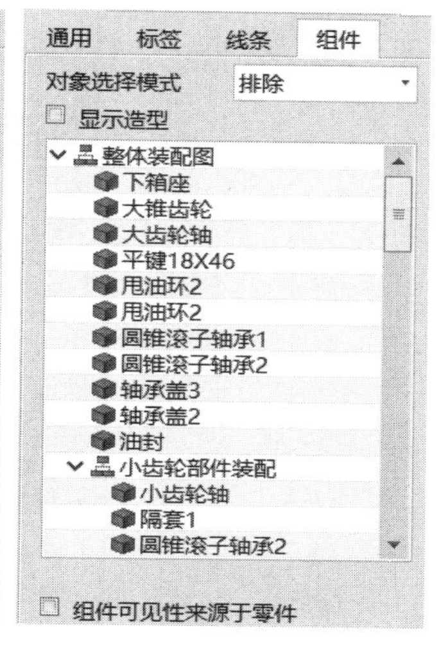

图 7-15 “组件”设置页面

【高级】 选项卡在“可选”选项卡的右边单击“高级”选项卡，进入组件的高级选项设置页面，如图 7-16 所示。

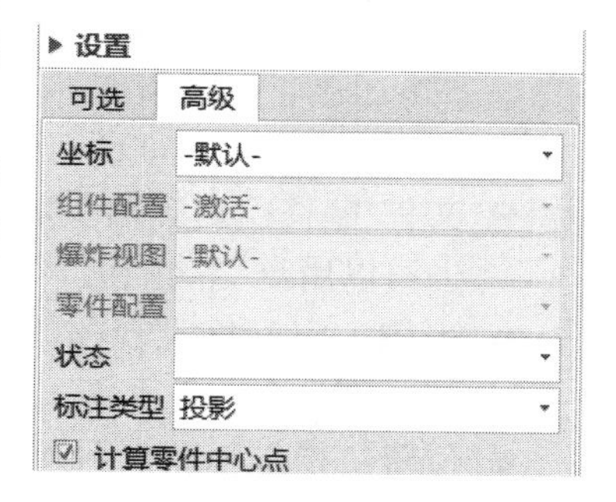

图 7-16 “高级”设置页面

- **坐标**：从下拉列表中选择一个投影坐标系。若选择“-默认-”，则在全局坐标系（原点为（0,0,0））上创建投影。否则，在所选的局部坐标系上创建投影。
- **组件配置**：该选项允许为布局指定一个组件配置。
- **爆炸视图**：选择指定组件配置下的一个爆炸视图。
- **零件配置**：指定插入的组件所使用的零件配置。
- **状态**：使用该选项，根据由状态特征定义的历史中的某种状态来创建视图。
- **计算零件中心点**：当发现用于布局的零件远离（0,0,0）时，使用该选项。勾选此复选框，中望 3D 根据其几何体计算零件的中心，并使用该中心点确定图纸上零件的任何视图。

7.2.2 标准视图

单击工具栏中的【布局】→【标准】功能图标，系统弹出“标准”视图对话框，如图 7-17 所示。使用该功能为三维零件创建一个标准的布局视图。可选的标准视图包括：顶视图、前视图、右视图、左视图、底视图、后视图、轴测图、正二侧和自定义视图等。

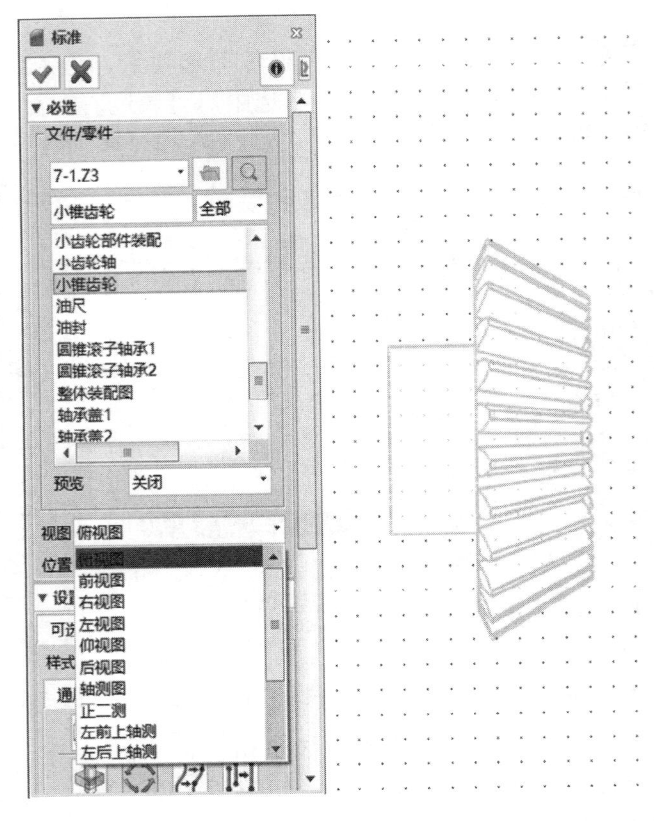

图 7-17 “标准”视图对话框

- **文件/零件**：选择需要制作工程图的零件。默认状态下，显示激活的文件中的零件，也可以用浏览功能调入其他文件的零件。
- **视图**：定义标准视图的视图方向。从列表中选择一个视图方向，如左视图。若在建模环境中自定义了视图，也会在列表中显示出来。
- **位置**：指定视图在图纸中的位置。

其他选项设置请参考【布局】的介绍。

7.2.3 投影视图

单击工具栏中的【布局】→【投影】功能图标，系统弹出“投影”视图对话框，如图 7-18 所示。使用该功能根据一个基础视图创建一个投影视图。

- **基准视图**：选择产生投影的基础视图。
- **位置**：生成投影视图的位置，投影的方向为基准视图到所选位置的方向。
- **投影**：定义视图标准，包括第一视角或第三视角。
- **标注类型**：可指定标注类型为投影标注或真实标注。

其他选项设置请参考【布局】的介绍。

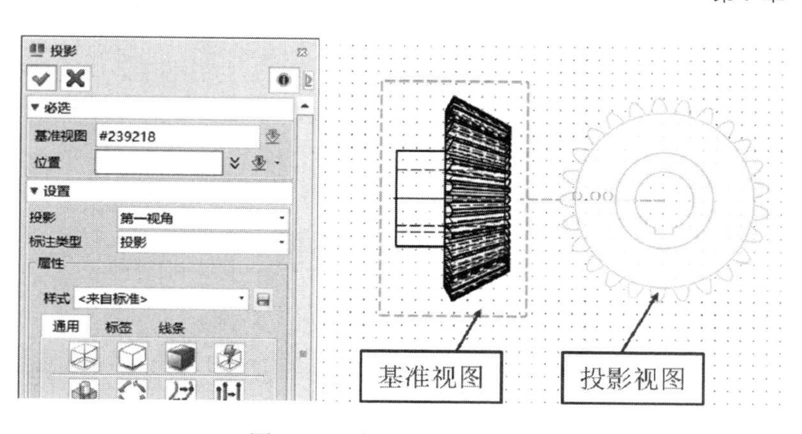

图 7-18 “投影”视图对话框

7.2.4 辅助视图

单击工具栏中的【布局】→【辅助视图】功能图标，系统弹出“辅助视图”对话框，如图 7-19 所示。使用该功能可以根据自定义的一个方向来产生投影视图，即辅助视图。

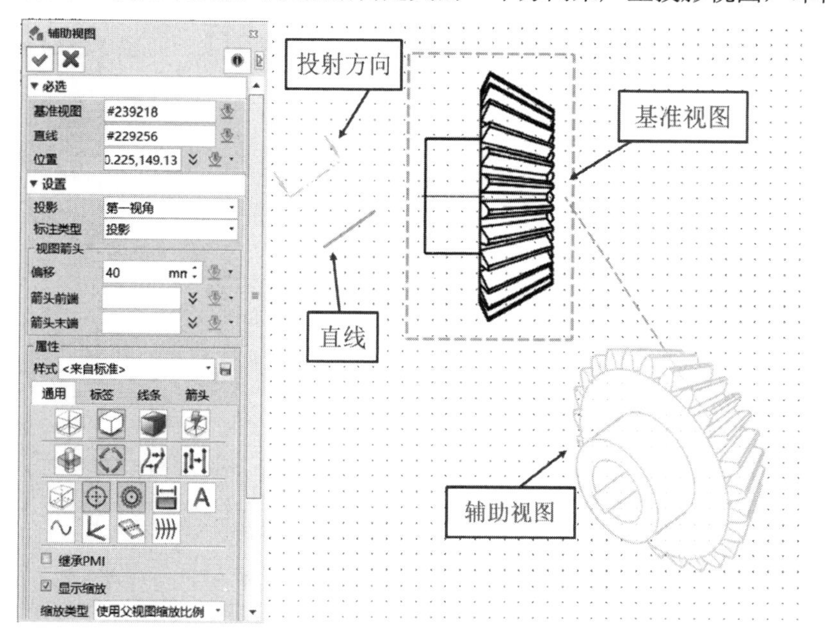

图 7-19 “辅助视图”对话框

- **基准视图：**选择产生辅助视图的基准视图。
- **直线：**选择一条直线，通过该直线做垂直于工程图的平面，该平面的法向作为辅助视图的投影方向。
- **位置：**生成辅助视图的位置。
- **投影：**定义视图标准，包括第一视角或第三视角。
- **标注类型：**可指定标注类型为投影标注或真实标注。

● **偏移：**定义投影方向箭头和直线间的距离。
● **箭头前端/箭头末端：**设置投影方向箭头的位置。

其他选项设置请参考【布局】的介绍。

7.3 剖视图

剖视图是工程图为了清楚地表达零件的某些细节而设定的，是工程图重要的组成部分，主要包括全剖视图、半剖视图、局部剖视图等。

7.3.1 全剖视图

单击工具栏中的【布局】→【全剖视图】功能图标，系统弹出“全剖视图”对话框，如图7-20所示。使用该功能生成在指定方向上全剖零件的视图。

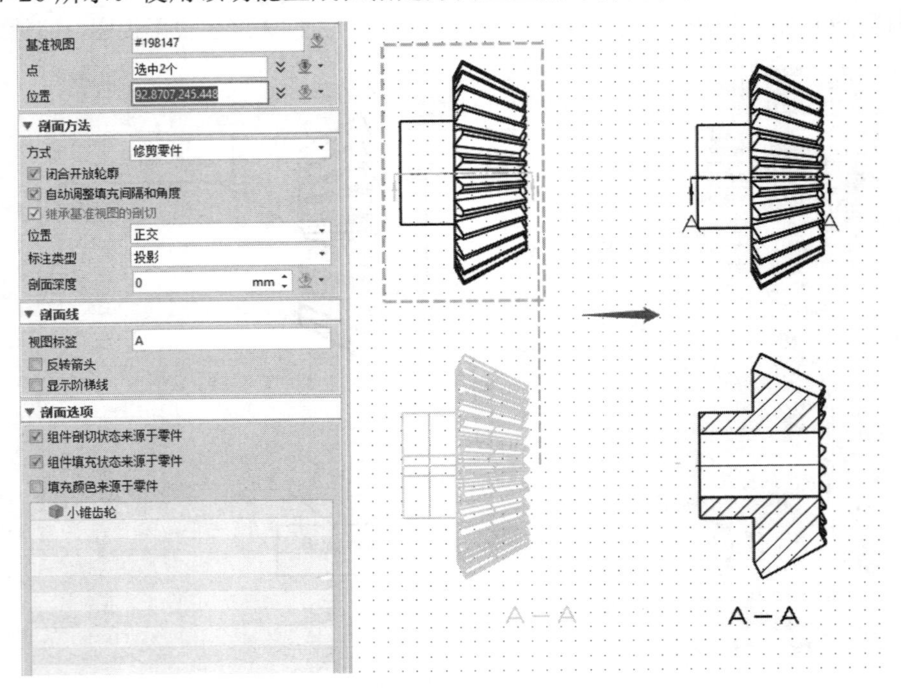

图7-20　全剖视图

● **基准视图：**选择产生全剖视图的基准视图。
● **点：**选择剖面的位置。当指定 2 个点时，定义单一剖切平面的全剖视图；当指定大于 2 个点时，定义一个用几个平行的剖切平面获得的剖视图（练习文件：配套素材\EX\CH7\7-2.Z3）。
● **位置：**选择剖视图的放置位置。
● **方式：**定义剖面的显示方式。包含剖面曲线、修剪零件和修剪曲面 3 个选项。

❑ **剖面曲线**：采用断面图表达方式，只显示横截面的图，如图 7-21 所示。

❑ **修剪零件**：显示整个零件的隐藏线视图，如图 7-22 所示。

❑ **修剪曲面**：应用于有缺陷的几何体，显示裁剪曲面的剖面曲线。

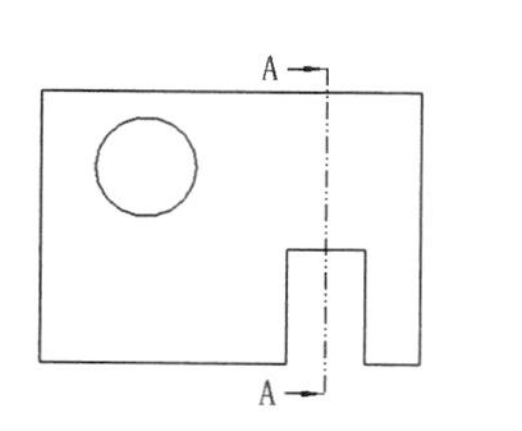

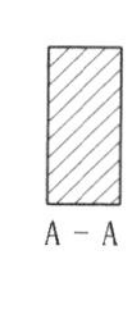

图 7-21　剖面曲线示例

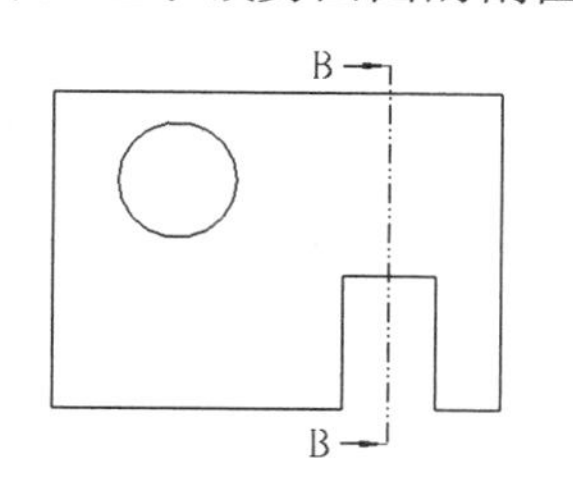

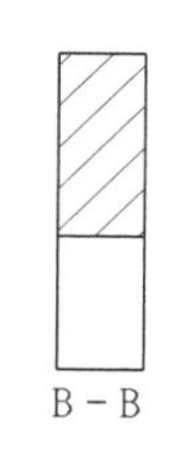

图 7-22　修剪零件示例

（扫码获取素材）

- **闭合开放轮廓**：如果在生成的剖面中存在开放轮廓，勾选该复选框，将它们自动闭合。
- **自动调整填充间隔和角度**：勾选该复选框，基于剖面曲线计算出的剖面填充比例将用于创建填充。否则，使用填充属性对话框中输入的值。
- **继承基准视图的剖切**：勾选该复选框，则剖切视图将继承基础视图之前的所有剖切效果，即剖切会在当前基础视图的样子上做剖切，类似于在一个剖切视图上继续做剖切视图。如不选该复选框，则把基础视图还原为最原始的没有任何剖切效果的零件，再做剖切。
- **位置（剖面选项）**：设定剖视图相对于基准视图的位置，包含“水平”“垂直”“正交”“无”4 个选项。

  ❑ **水平**：剖面视图位于指定点且与基准视图平行。

  ❑ **垂直**：剖面视图位于指定点且与基准视图垂直。

  ❑ **正交**：剖面视图位于指定点且与基准视图正交（平行或垂直）。

  ❑ **无**：剖面视图将位于任意指定点。
- **标注类型**：指定创建剖面视图所标注的类型为真实标注还是投影标注。真实标注是由其标注的真实 3D 对象确定，投影标注是常见的 2D 标注，仅使用投影后生成的 2D 对象来确定尺寸。
- **剖面深度**：设置剖面深度的值后，可以将模型在此距离之外的结构裁剪掉，从而在最终生成的剖切视图中仅显示模型的部分内容，达到精简视图的目的。
- **视图标签**：输入一个视图标签，如“A”即为“剖面 A-A”。
- **反转箭头**：勾选该复选框，反转剖面箭头，剖视反向。
- **显示阶梯线**：勾选该复选框，在有阶梯剖的情况下，显示阶梯线，如图 7-23 所示。

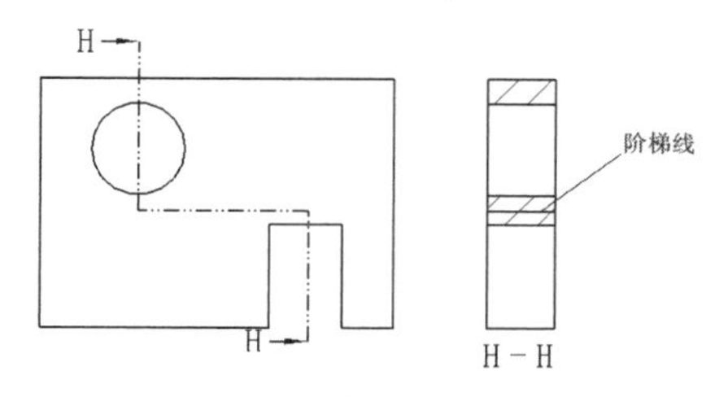

图 7-23　显示阶梯线示例

- **组件剖切状态来源于零件**：装配图的时候应用，通过零件列表定义不需要剖切的零件。
- **组件填充状态来源于零件**：勾选该复选框，则组件的填充线显示来源于它本身的零件属性设置。
- **填充颜色来源于零件**：勾选该复选框，则组件的填充线颜色来源于组件它本身的零件颜色。

7.3.2 对齐剖视图

对齐剖视图是用几个相交的剖切平面获得的剖视图，它以一个中心为基点进行旋转剖切，适合应用于回转或旋转一类的零件，被剖切的视图截面会进行展开。通过定义多个基点和对齐点可以完成多个相交的剖切平面获得剖视图。

单击工具栏中的【布局】→【对齐剖视图】功能图标，弹出“对齐剖视图”对话框，如图7-24所示。使用该功能绕一个圆心在两个方向上进行剖视。

- **基准视图**：选择产生对齐剖视图的基础视图。
- **基点（圆心）**：选择对齐剖视图旋转圆心的位置点（几个相交的剖切平面的交点）。
- **基点**：选择对齐剖视图的第一个方向的剖切点及阶梯转折点。
- **对齐点**：选择对齐剖视图的第二个方向的剖切点及阶梯转折点。
- **位置**：选择剖视图的放置位置。

其他选项设置请参考【全剖视图】的介绍。

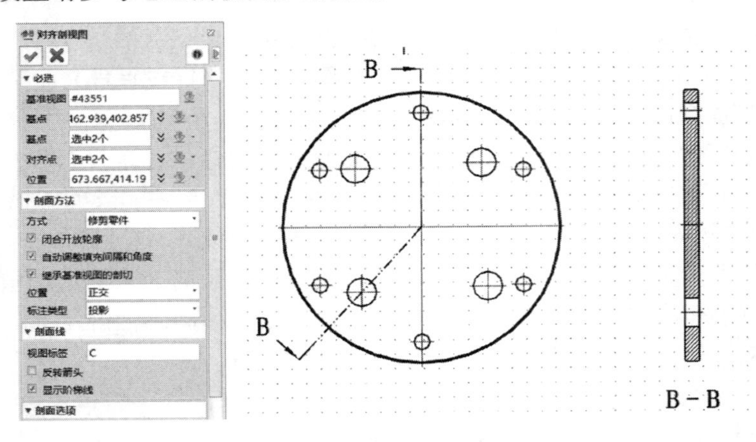

图7-24　对齐剖视图

7.3.3 3D命名剖视图

单击工具栏中的【布局】→【3D命名剖视图】功能图标，系统弹出“3D命名剖视图”对话框，如图7-25所示。使用该功能之前，需要先在三维零件图中设置命名截面线（参考第2章“命名剖面曲线”功能介绍），然后可以利用该截面来完成剖视图。注意，该功能仅列出与剖面方向平行的剖面，折弯部分转换为几个平行剖切平面的剖切（练习文件：配套素材\EX\CH7\7-3.Z3）。

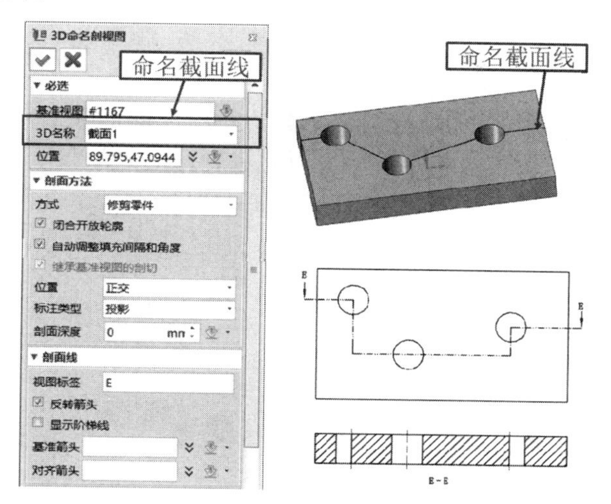

图 7-25　3D 命名剖视图

- **基准视图：**选择产生剖视图的原视图。
- **3D 名称：**系统会列出事先完成的命名截面线的名称，选择一个名称即可按该截面线进行剖视。
- **位置：**选择剖视图放置的位置。

其他选项设置请参考【全剖视图】的介绍。

7.3.4　弯曲剖视图

单击工具栏中的【布局】→【弯曲剖视图】功能图标，系统弹出“弯曲剖视图”对话框，如图 7-26 所示。该功能与“3D 命名剖视图”类似，所不同的是该功能可以对折弯部分剖面进行展开（练习文件：配套素材\EX\CH7\7-3.Z3）。

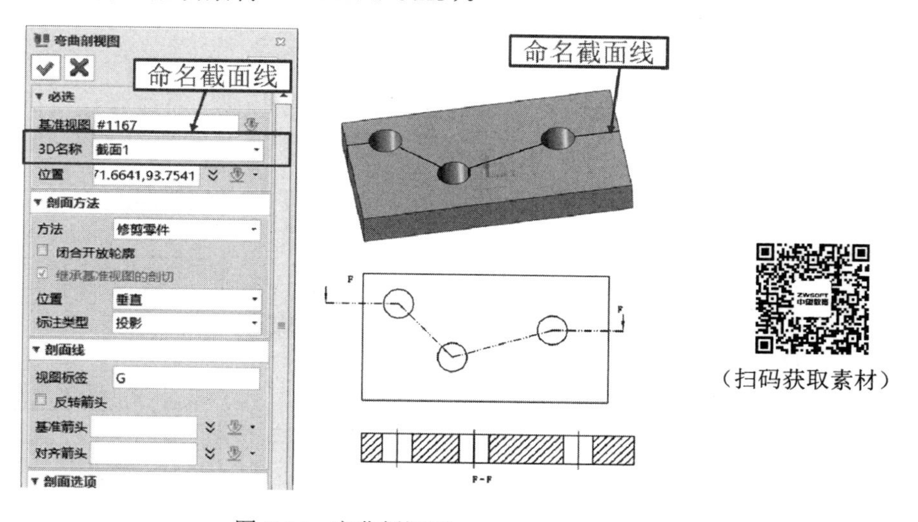

图 7-26　弯曲剖视图

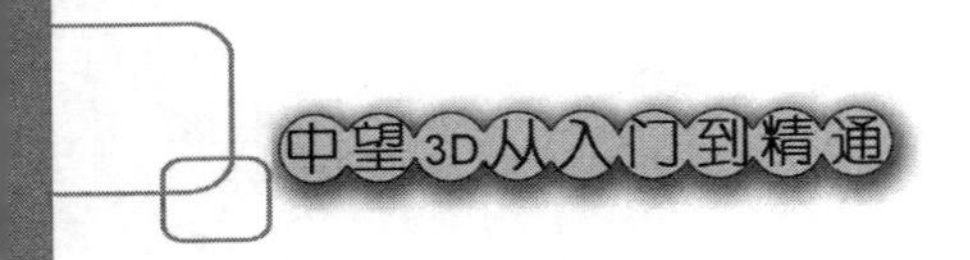

7.3.5 轴测剖视图

单击工具栏中的【布局】→【轴测剖视图】功能图标，系统弹出“轴测剖视图”对话框，如图 7-27 所示。使用该功能之前，可以完成轴测图的剖视图，折弯部分转换为几个平行剖切平面（练习文件：配套素材\EX\CH7\7-3.Z3）。

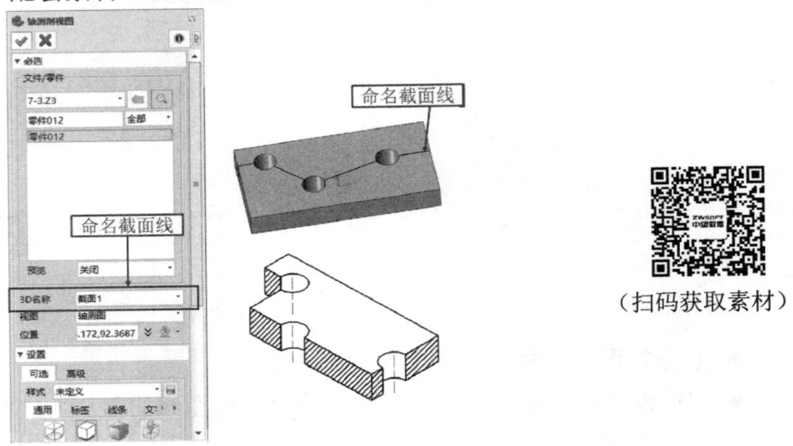

图 7-27 轴测剖视图

- **文件/零件：**下拉菜单列表包含当前激活进程打开的中望 3D 文件，也可以使用浏览功能调入其他文件的零件。
- **3D 名称：**系统会列出事先完成的命名截面线的名称，选择一个名称即可按该截面线进行剖视。
- **位置：**选择剖视图放置的位置。

其他选项设置请参考【布局】的介绍。

7.3.6 局部剖视图

单击工具栏中的【布局】→【局部剖】功能图标，系统弹出“局部剖”对话框，如图 7-28 所示。使用该功能之前，可以完成视图某一个区域的剖视图（练习文件：配套素材\EX\CH7\7-2.Z3）。

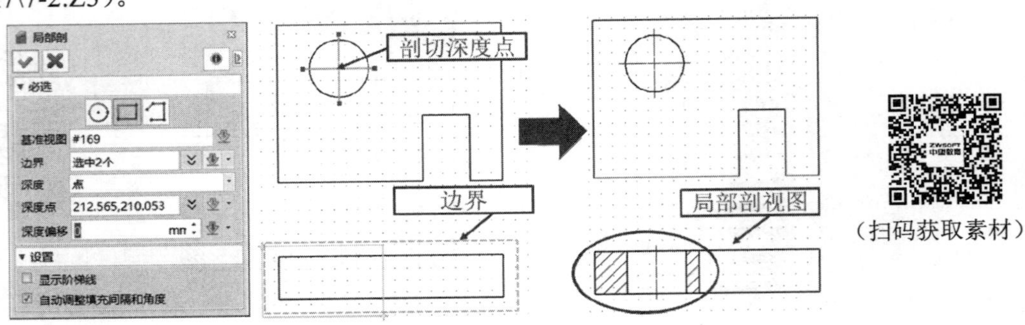

图 7-28 局部剖视图

- **基准视图**：选择需要进行局部剖的视图。
- **边界**：定义局部剖切的边界范围。包括“圆形”“矩形”和“多段线边界”3 种定义方式。
- **深度**：设置定义剖切深度的方式。包括“点”“剖平面”和“3D 命名”3 种。
- **深度点**：定义剖切深度点。一般通过剖视图的投影视图来选择。
- **深度偏移**：在定义的剖切深度的基础上偏移一定的距离。

操作步骤如下：

➢ 单击工具栏中的【布局】→【局部剖】功能图标。
➢ 选择需要进行局部剖的视图。
➢ 定义局部剖切边界。
➢ 通过剖切视图的投影视图定义一个点作为剖切深度。
➢ 单击“确定”按钮，完成操作。

7.3.7　放大视图

单击工具栏中的【布局】→【局部】功能图标，系统弹出“局部”对话框，如图 7-29 所示。使用该功能为工程图中需要详细表达的部分进行单独放大表示，局部视图继承其基准视图的视图属性，也可以对其属性进行更改。

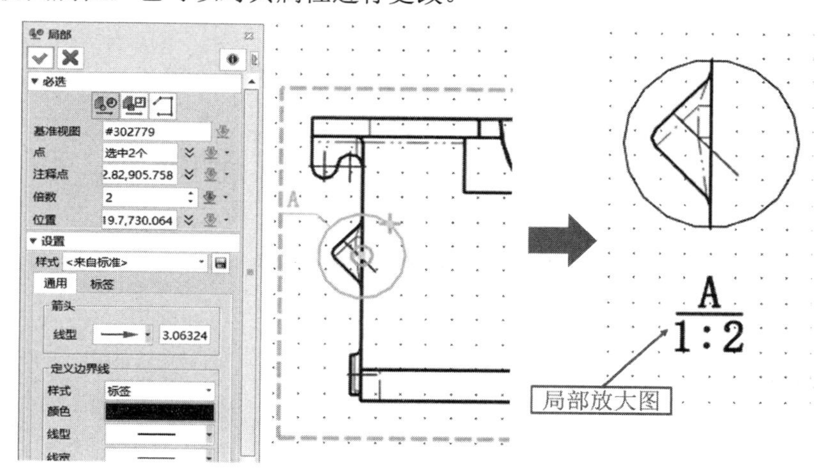

图 7-29　局部视图

- **基准视图**：选择产生局部图的基础视图。
- **点**：定义产生局部图的边界点。如果选择圆形边界，定义第一个点为中心点，第二个点为边界点。
- **注释点**：选取放置注释符号的位置。
- **倍数**：用在基准视图比例基础上乘以倍数来定义局部视图的缩放比例大小。
- **位置**：选择放置局部视图的位置。
- **通用**：设置局部视图范围框的线属性，可以设置颜色、线型样式、线宽、图层等。

其他选项设置请参考【布局】的介绍。

7.3.8 断开视图

单击工具栏中的【布局】→【断裂】功能图标，系统弹出“断裂”对话框，如图 7-30 所示。断裂功能适合于较长的零件，生成零件的断开视图。断开视图仅作为图面效果的显示，不影响长度距离的标注。

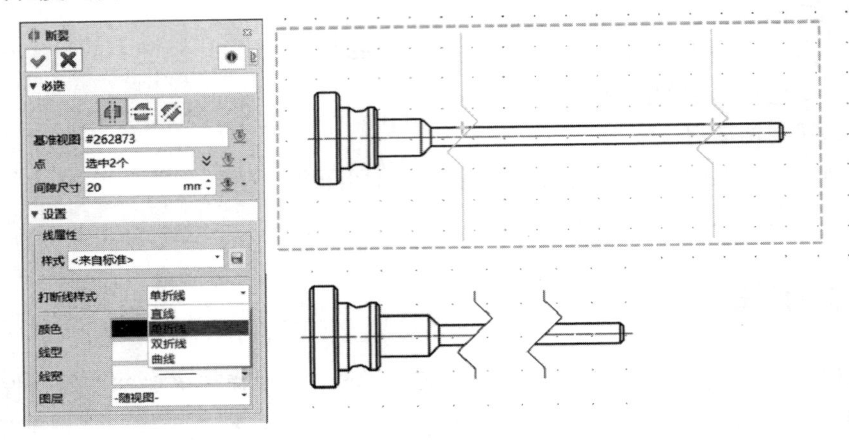

图 7-30 “断裂”对话框

- **基准视图：** 选择产生断开视图的基础视图。
- **点：** 定义断开的点，一般需要定义两个点来控制断开的位置。
- **间隙尺寸：** 定义两条断裂边界之间的距离。
- **线型：** 定义打断线的类型，包含“直线”“单折线”“双折线”和“曲线”4 种类型。

7.4 尺寸标注

7.4.1 智能标注

单击工具栏中的【标注】→【标注】功能图标，系统弹出“标注”对话框，如图 7-31 所示。使用该功能，通过选择一个实体或选定标注点进行标注。在此过程中，会自动调用智能选择功能，如选择一条边时默认进行线性标注，当选择一个圆弧时默认进行圆弧标注。该功能与草图中的快速标注用法相同。

- **点 1/点 2：** 选择需要进行标注的几何体。
- **文本插入点：** 定义标注文本放置的位置。

默认的标注可创建下面 5 种不同的标注类型。

- ❑ **两点标注：** 选择需要标注的两个点，确定标注类型和文本标注位置，进行标注。
- ❑ **快速线性标注：** 选择需要标注的线，拖动鼠标选择标注类型，并确定文本标注位置，进行标注，如图 7-32 所示。

- ❑ **线性偏移标注**：选择两条平行线，标注平行线间的距离，进行标注。
- ❑ **半径/直径标注**：选择圆弧或圆，确定标注类型和文本标注位置，进行标注。
- ❑ **角度标注**：选择非平行的两条直线，确定文本标注位置，进行标注。
- **文字**：提供自动放置和手动放置两种放置方式，文字输入形式可以提供“值”“用户文本”“重写值”3种类型。
- **直径线性标注**：在文字类型选择值时激活，勾选该复选框，标注文字前面增加直径符号Φ。

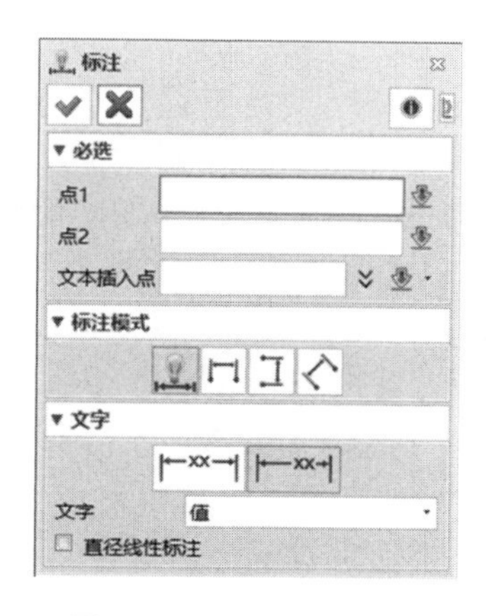

图7-31 “标注”对话框

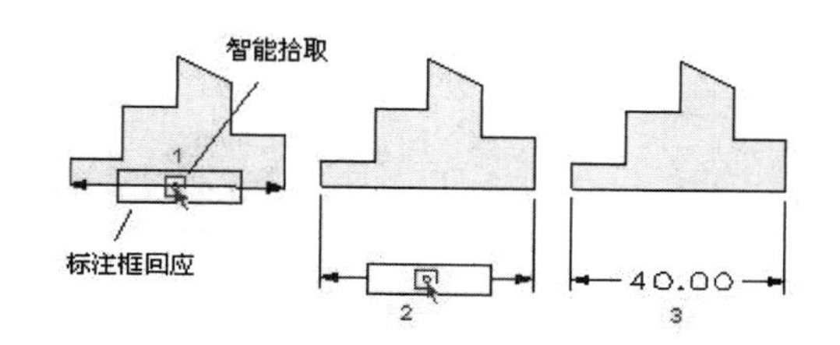

图7-32 快速线性标注示例

7.4.2 线性标注

单击工具栏中的【标注】→【线性】功能图标，系统弹出“线性”对话框，如图7-33所示。使用该功能可以创建两点间线性标注。除包含前面介绍的标注方法外，还包含旋转和投影两种线性标注方式，其效果如图7-34所示。

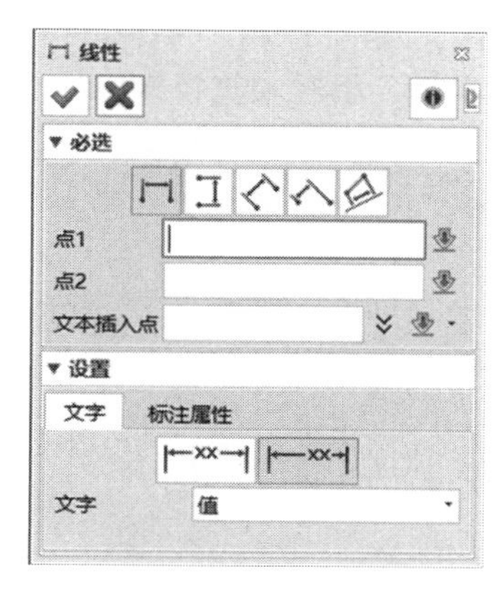

图7-33 “线性”对话框

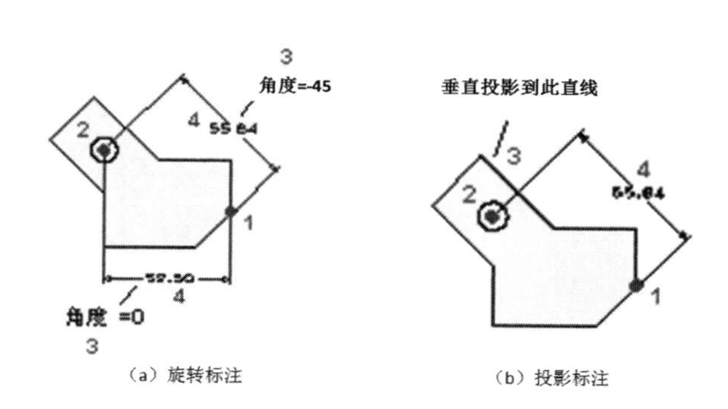

图7-34 “旋转”及“投影”线性标注

在线性标注中，还包含基线、连续、坐标3种常用的标注方式，其效果如图7-35所示。

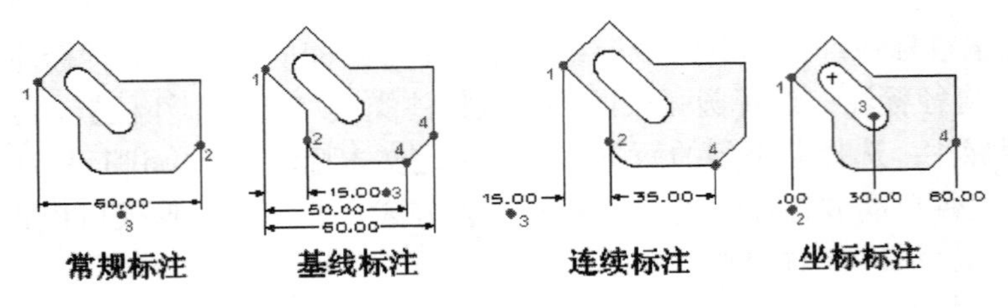

图 7-35　标注样式示例

7.4.3　角度标注

单击工具栏中的【标注】→【角度】功能图标，系统弹出“角度”对话框，如图 7-36 所示。使用该功能可以在两直线间创建角度标注。其各项参数的应用与草图中的角度标注类似。

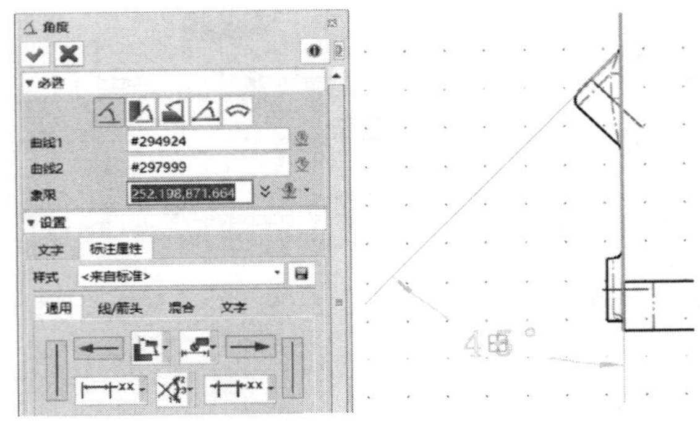

图 7-36　“角度”对话框

7.4.4　半径/直径标注

单击工具栏中的【标注】→【半径/直径】功能图标，系统弹出“半径/直径”对话框，如图 7-37 所示。使用该功能可以创建半径、折弯、大半径、引线和直径等标注。其各项参数的应用与草图中的半径/直径标注类似。

图 7-37　“半径/直径”对话框

7.4.5 线性倒角

单击工具栏中的【标注】→【线性倒角】功能图标，系统弹出“线性倒角”对话框，如图 7-38 所示。使用该功能可以标注倒角。

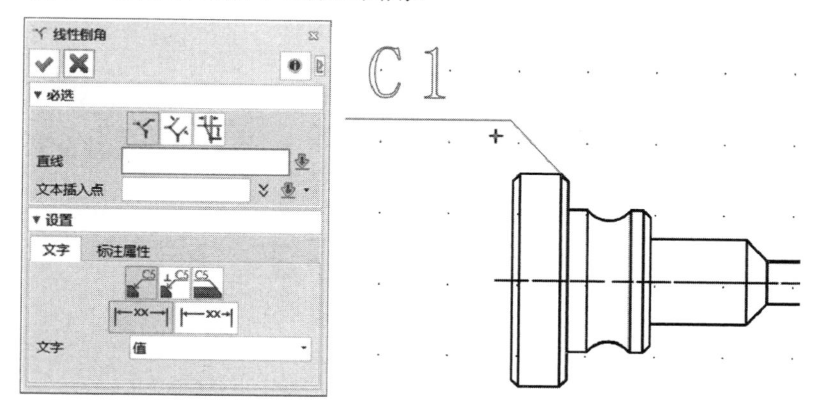

图 7-38 “线性倒角”对话框

7.4.6 弧长标注

单击工具栏中的【标注】→【弧长】功能图标，系统弹出“弧长”对话框，如图 7-39 所示。使用该功能可以标注圆弧的长度。

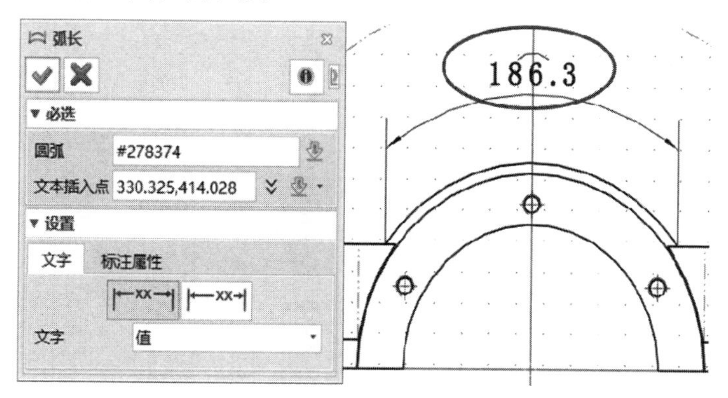

图 7-39 “弧长”对话框

7.4.7 公差标注

一般情况下，一张图纸不是所有尺寸都需要标注公差，所以，在默认情况下，一般设置不标注公差，而对需要标注公差的尺寸单独进行标注。

右击需要标注公差的尺寸，在弹出的快捷菜单中选择“属性”（如图 7-40 所示）。系统弹出“标注属性”对话框，在该对话框中完成公差的标注设置，如图 7-41 所示。

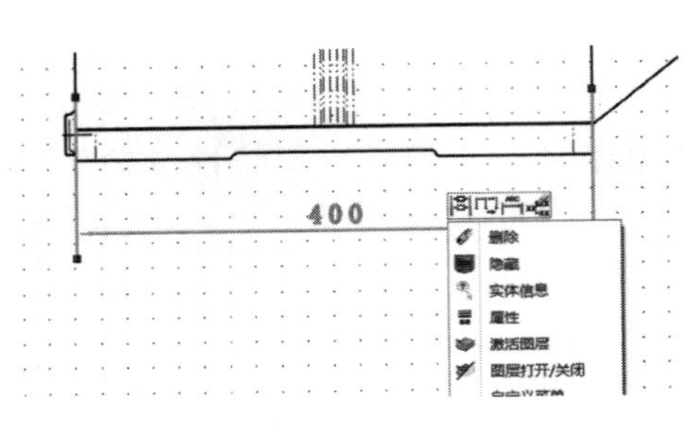

图 7-40　右键标注属性

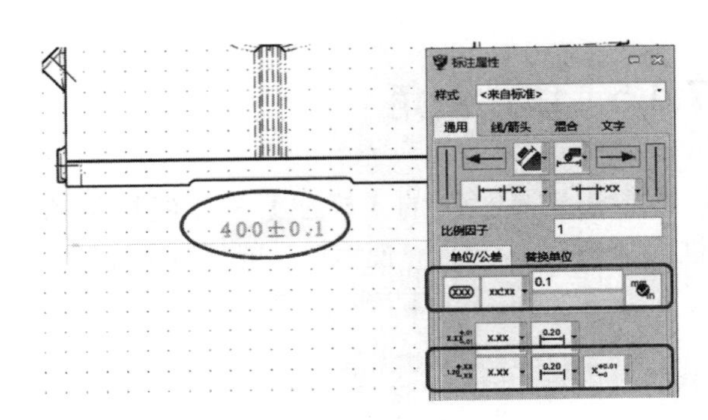

图 7-41　公差标注设置

7.5　其他标注

7.5.1　注释

单击工具栏中的【标注】→【注释】功能图标，系统弹出“注释”对话框。使用该功能可创建各种文字注释，如技术说明、引线标注等，效果如图 7-42 所示

- **位置**：指定箭头位置，然后指定文字的位置。当单击第一点后，直接单击鼠标中键，不创建引线。
- **文字**：输入注释文本。如果需要多行文字，可以打开右边的文本编辑器进行文字输入。

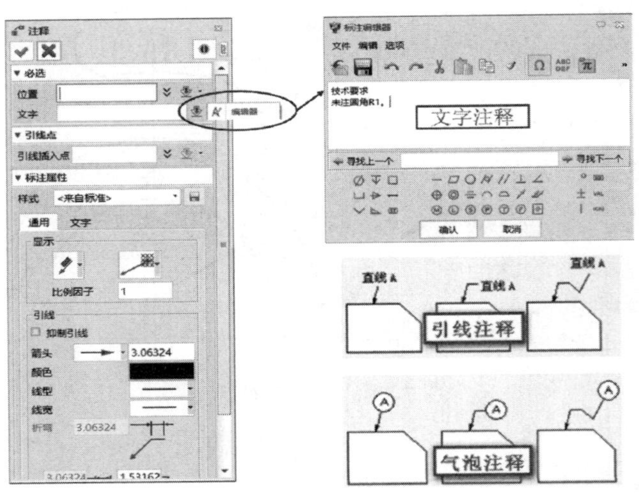

图 7-42　创建注释

- **引线插入点**：在一个文字对应多个引线箭头的情况下，用这个选项添加引线箭头。
- **通用**：标注的样式设定，包括文字比例、箭头样式等。
- **文字**：定义文字字体和尺寸大小等。

7.5.2 形位公差

单击工具栏中的【标注】→【形位公差】功能图标，系统弹出“形位公差”对话框。使用该功能可创建形位公差标注。如图 7-43 所示为创建一个参照 A 基准、公差为 0.02 的平行度公差。

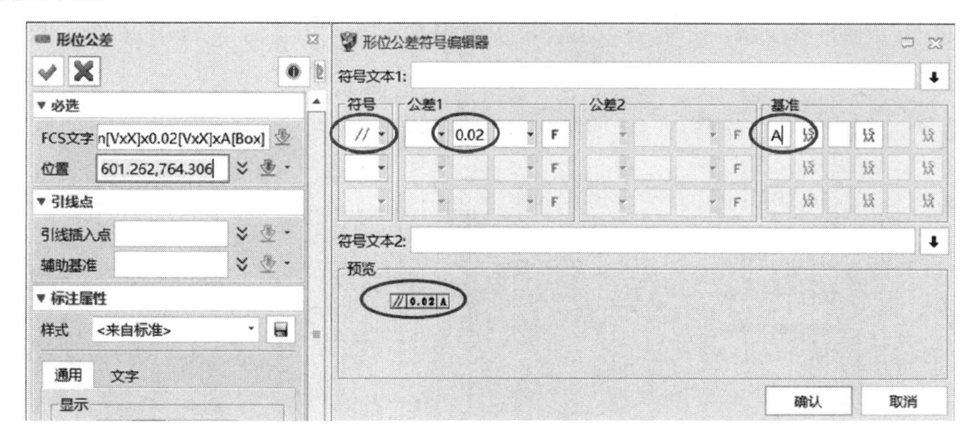

图 7-43 形位公差标注

7.5.3 基准符号

单击工具栏中的【标注】→【基准特征】功能图标，系统弹出“基准特征”对话框，如图 7-44 所示。使用该功能可以创建形位公差基准符号。基准符号一般与形位公差配合使用。

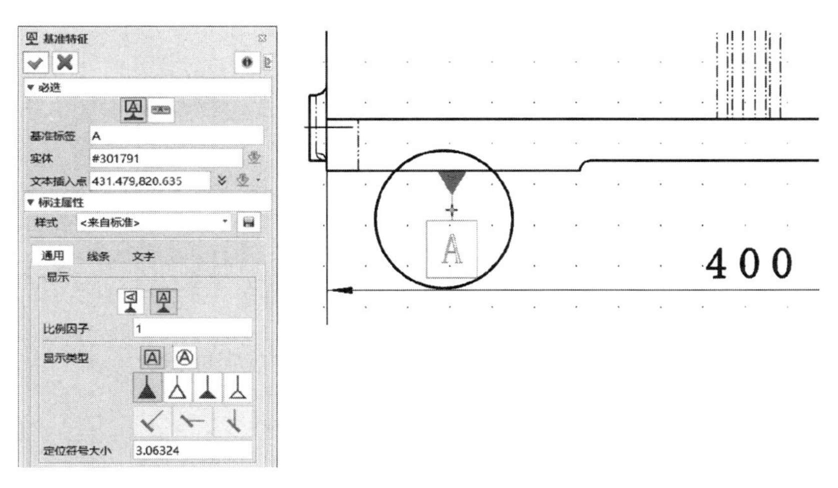

图 7-44 “基准特征”对话框

- **基准标签**：输入基准文本符号的字母。
- **实体**：选择标注基准的实体边。

- **文本插入点：**设定创建基准特征符号文字的位置。
- **显示类型：**定义基准要素的类型，包括方格和圆形两种，新国标为方格符号。

7.5.4 表面粗糙度

单击工具栏中的【标注】→【表面粗糙度】功能图标，系统弹出“表面粗糙度”对话框，如图 7-45 所示。使用该功能可创建表面粗糙度符号（练习文件：配套素材\EX\CH7\7-4.Z3）。

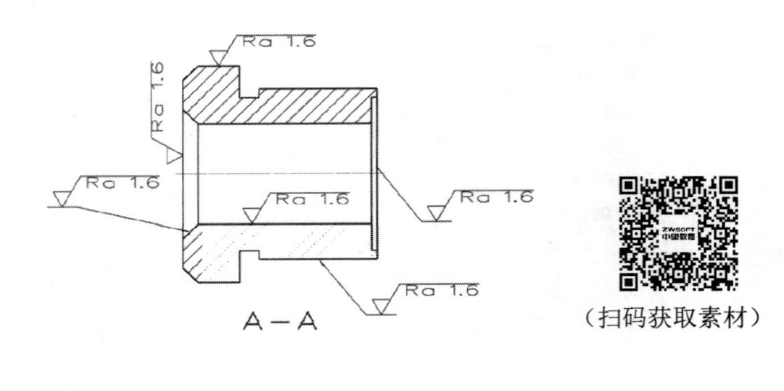

（扫码获取素材）

图 7-45 表面粗糙度标注

- **参考点：**选择符号所在位置点。
- **定向：**表面粗糙度符号放置的角度。
- **引线点：**当需要引线标注时，会添加一根延伸线。该引线点是该引线的终点，也是延伸线的起点。
- **符号类型：**选择符号类型，包含以下选项。
  - ❑ 基本的表面粗糙度符号；
  - ❑ 去除材料的表面粗糙度符号；
  - ❑ 不去除材料的表面粗糙度符号；
  - ❑ JIS 纹理 1；
  - ❑ JIS 纹理 2；
  - ❑ JIS 纹理 3；
  - ❑ JIS 纹理 4；
  - ❑ JIS 不加工。
- **符号布局：**根据需要定义表面粗糙度数值及其有关规定即可。

7.5.5 创建中心线

1. 中心标记

单击工具栏中的【标注】→【中心标记】功能图标，系统弹出“中心标记”对话框，如图 7-46 所示。使用该功能可以在一条弧或一个圆上创建十字中心线。

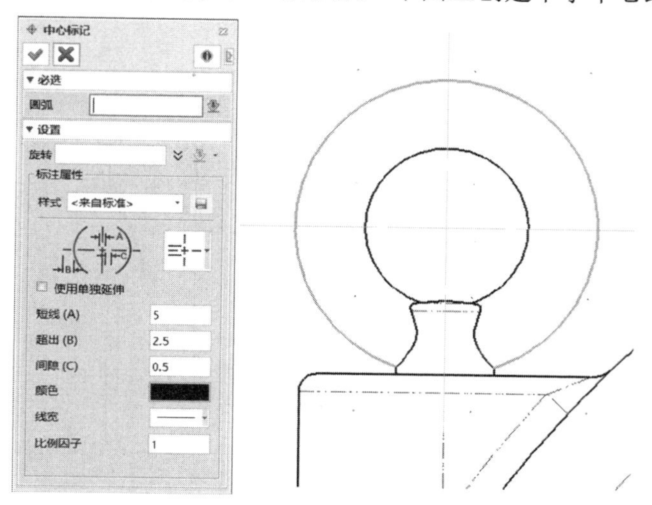

图 7-46　中心标记标注

- **圆弧**：选择要标记的圆弧或圆。
- **旋转**：默认情况，中心标记为水平和垂直的十字线，可设置旋转角度，使标记的中心线旋转一定的角度。
- **标注属性**：定义标注标准及中心的尺寸长度。

2．中心标记圆

单击工具栏中的【标注】→【中心标记圆】功能图标，系统弹出“中心标记圆”对话框，如图 7-47 所示。使用该功能可以创建多个圆相对于同一个中心的中心线。

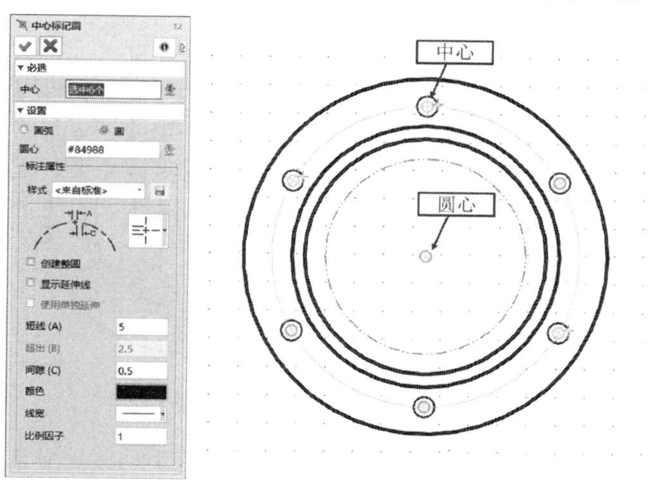

图 7-47　中心标记圆标注

3．中心线

单击工具栏中的【标注】→【中心线】功能图标，系统弹出“中心线”对话框，如

图 7-48 所示。使用该功能可以创建两条直线之间的中心线或连接两点创建中心线，常用于柱与孔侧面的中心线。

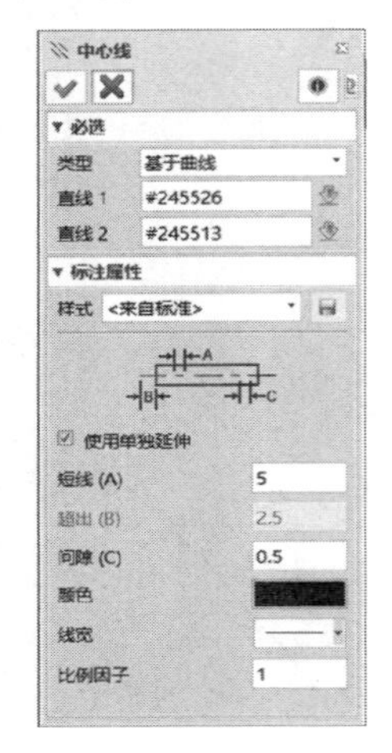

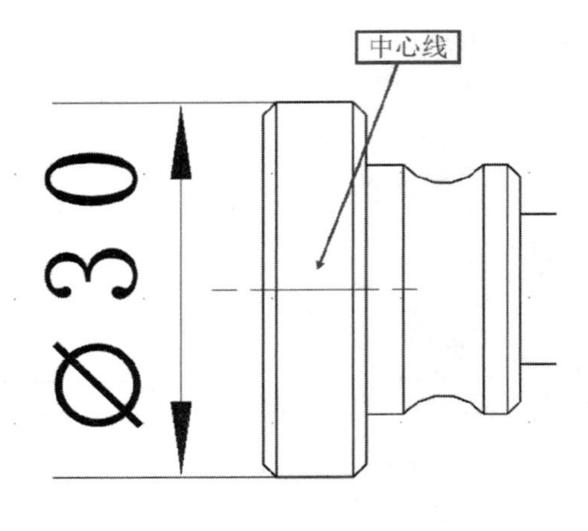

图 7-48　中心线标注

7.5.6　坐标标签

单击工具栏中的【标注】→【坐标标签】功能图标，系统弹出“坐标标签”对话框，原点放置在中心，点依次选取圆周上的圆弧中心点，如图 7-49 所示。使用该功能可创建坐标标签标注。若想知道实体上点的精确位置，该类标注颇为有用。可选择多个基点创建多个坐标标签标注。

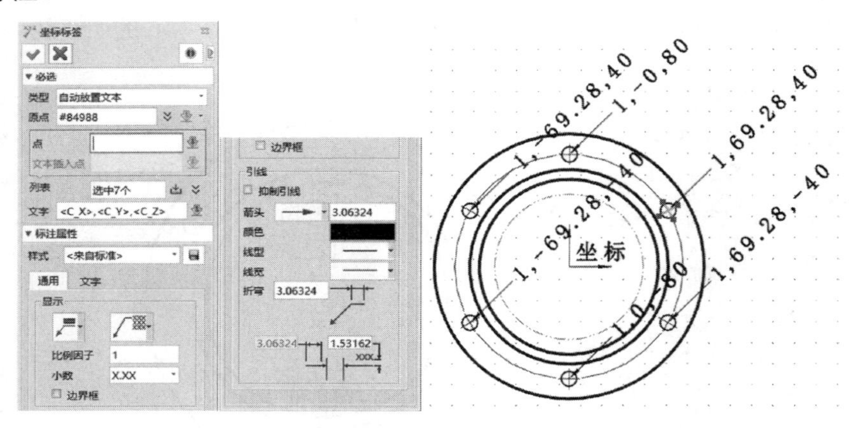

图 7-49　坐标标签标注

- **类型**：选择放置文本的方式，可选自动放置文本或手动放置文本。
  - ❑ **自动放置文本**：选择一个点，坐标标签标注会自动放置在该点右上方。
  - ❑ **手动放置文本**：选择一个点，然后选择坐标标签标注的放置位置。
- **原点**：选择一个点定位为坐标原点。
- **列表**：所有已选点都列在该列表中。

- ❑ **点**：选择要进行坐标标签标注的点。
- ❑ **文本插入点**：选择要插入文本的点。
- **文字**：输入标注文字。可使用标注编辑器（单击鼠标右键→编辑器）。
- **抑制引线**：勾选该项，引线将不显示。

7.5.7 气泡

单击工具栏中的【标注】→【气泡】功能图标，系统弹出“气泡”对话框，如图 7-50 所示。使用该功能可创建气泡注释。在创建指向一个或多个工程图实体的气泡文字时，该类标注颇为有用。可选择多个基点，并且多个箭头都来源于同一气泡文本。

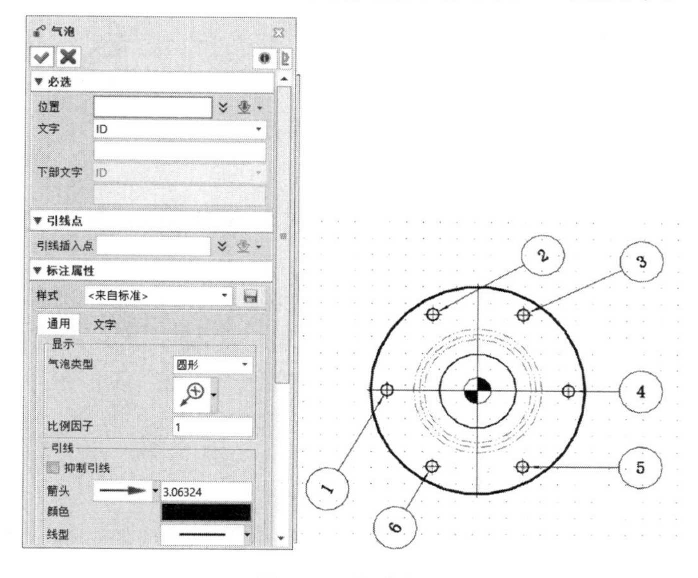

图 7-50 气泡标注

- **位置**：指定箭头位置，然后指定文字的位置。如果仅指定一个位置，该位置将会是标注文字的位置，不会产生引线。
- **文字**：选中的列可以进行动态更新。无论表格是否创建，气泡文字的内容将与所选择列的数据一致。如果选择的是“用户文本”， 可以设置自定义的内容。
- **下部文字**：当气泡类型（参见可选输入）为圆形分割线时，选择相同或不同的列作为气泡文字的下部分内容。
- **引线插入点**：选择一个或多个点定位附加引线箭头的位置。
- **抑制引线**：勾选该选项，将不显示引线。

7.5.8 自动气泡

单击工具栏中的【标注】→【自动气泡】功能图标，系统弹出“自动气泡”对话框，如图 7-51 所示。使用该功能可使用自动零件序号自动在工程图视图中生成零件序号。

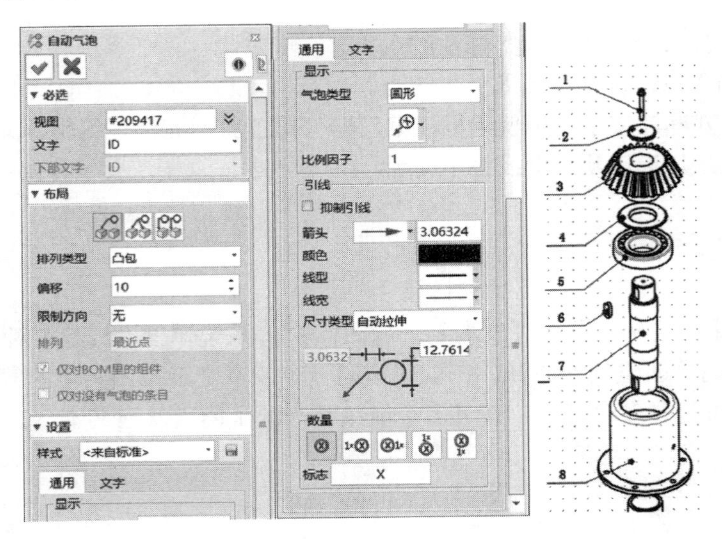

图 7-51　自动气泡标注

- **视图：**选择要创建零件序号气泡的视图。
- **文字：**选中的列可以进行动态更新。无论表格是否创建，气泡文字的内容将与所选择列的数据一致。
- **下部文字：**当气泡类型（参见可选输入）为圆形分割线时，选择相同或不同的列作为气泡文字的下部分内容。如果选择的是“用户文本”，可以设置自定义的内容。
- **布局：**有“忽略多实例”“实例多引线”“一实例一引线”3 种布局方式。
- **排列类型：**使用该选项可以设置气泡摆放的形状，包括“凸包”“矩形”和“圆形”。
- **偏移：**设置气泡形状的大小。
- **限制方向：**使用该选项可以防止气泡标签全部置于视图的一边。可选择“无”“左”“上”“右”和“下”。
- **排列：**使用该选项可以指定气泡标签在布局视图中的位置，有以下选择。
  - **最近点：**标签位于要标记的组件最近的地方。
  - **顺时针：**气泡文字在视图里以顺时针顺序排列，并可设置第一个条目的序列号。
  - **逆时针：**气泡文字在视图里以逆时针顺序排列，并可设置第一个条目的序列号。
- **仅对 BOM 里的组件：**勾选该选项后，仅标记登记在 BOM 中的对象。对非登记在 BOM 的对象标记时，将以*符号填写其气泡文本。
- **仅对没有气泡的条目：**勾选该选项后，仅标识没有标记过的 BOM 对象，以减少重复。当然，需要重复标识的话，就不使用此选项。
- **抑制引线：**勾选该选项，将不显示引线。

7.5.9　相交符号

单击工具栏中的【标注】→【相交符号】功能图标，系统弹出“相交符号”对话框，如图 7-52 所示。使用该功能可创建直线或圆弧的延长线构成相交点，用作参考点创建标注或其他用途。

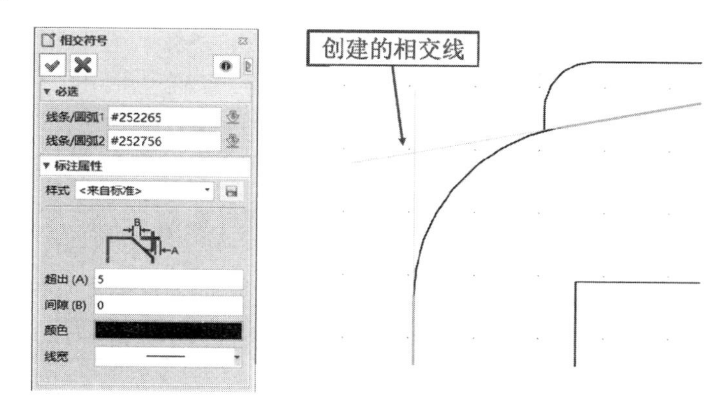

图 7-52 相交符号标注

7.6 视图编辑

7.6.1 视图属性

选择需要修改的视图后，单击工具栏中的【布局】→【视图属性】功能图标，系统弹出“视图属性”对话框，或者右击该视图，在弹出的快捷菜单中选择“属性”，如图 7-53 所示。使用该功能编辑布局视图的视图属性。

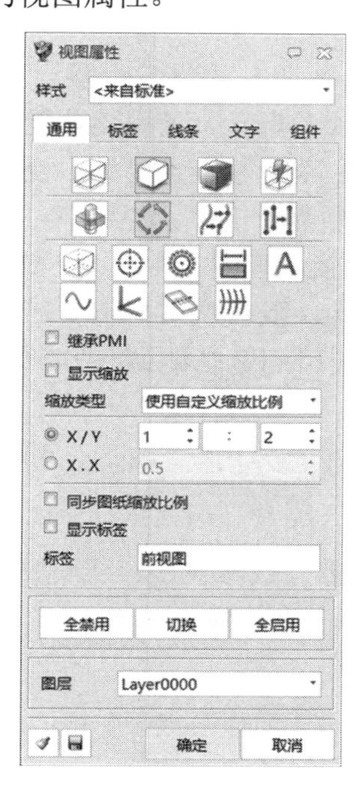

图 7-53 “视图属性”对话框

该功能的具体选项参数与【布局】的一致，请参考7.2.1小节。

7.6.2 视图标签

单击工具栏中的【布局】→【视图标签】功能图标，系统弹出“视图标签”对话框，如图7-54所示。该功能用于修改布局视图的标签文本。

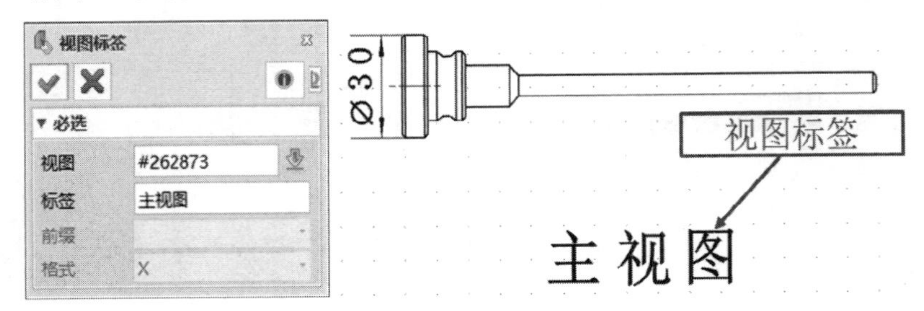

图7-54 “视图标签”对话框

- **视图**：选择需要修改标签的视图。
- **标签**：输入新的标签信息。

提醒：在【视图属性】中，需要设置显示标签，【视图标签】才会有显示，否则即使修改了标签，仍然不会显示出来。

7.6.3 视图零件

单击工具栏中的【布局】→【替换】功能图标，系统弹出“替换”对话框，如图7-55所示。使用该功能可以将布局中已有的视图中的零件替换为其他零件的视图，替换后，新零件就会在该视图中显示出来。

- **视图**：选择需要进行零件替换的视图。
- **文件/零件**：选择替换的零件。默认状态显示激活的文件中的零件，也可以使用浏览功能调入其他文件的零件。
- **预览**：定义预览模式。包含“关闭”“图形”和“属性”3种预览模式。

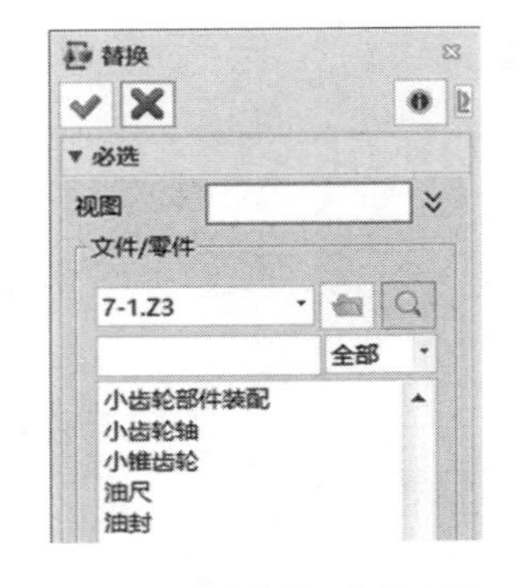

图7-55 “替换”对话框

提醒：预览命令用于基准视图，如顶视图、底视图等，不能用于带有参考视图的视图，如剖面视图、局部视图、投影视图、辅助视图等。

7.6.4 剖面线填充

单击工具栏中的【绘图】→【剖面线填充】功能图标，系统弹出“剖面线填充”对话框，如图 7-56 所示。使用该功能在某一视图的边界内创建剖面线。

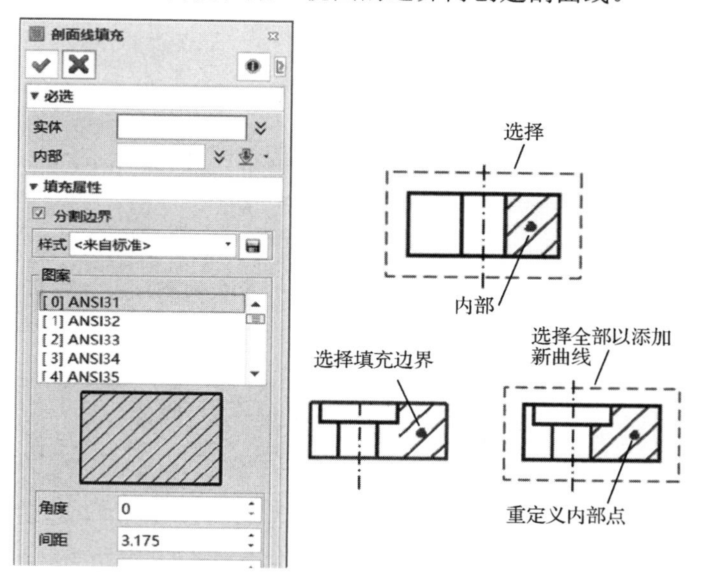

图 7-56　剖面线填充

- **实体**：选择一个或多个闭合的实体。
- **内部**：选取一个点，用于指示待填充的区域。
- **分割边界**：勾选该复选框后，对最小的连接面进行填充。否则，对最小的连接环进行填充，如图 7-57 所示。

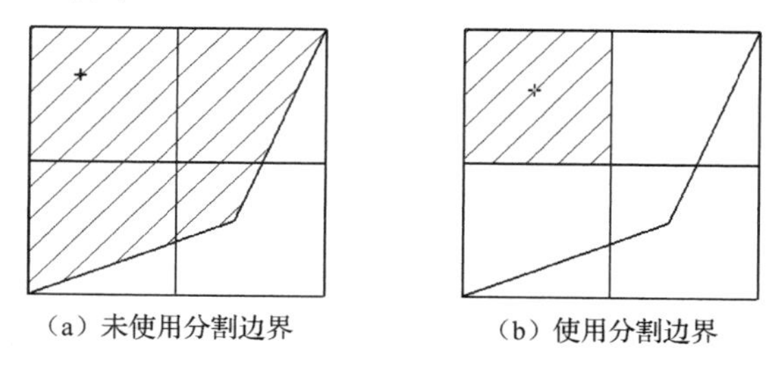

（a）未使用分割边界　（b）使用分割边界

图 7-57　分割边界示例

- **角度**：设置剖面线图案的旋转角度。当设置为 0 时，剖面线图案不旋转。
- **间距**：设置目标剖面线图案与系统给定剖面线图案的比值。

7.7　图表

7.7.1　BOM 表

单击工具栏中的【布局】→【BOM 表】功能图标，系统弹出“BOM 表”对话框，如图 7-58 所示。使用该功能可以从一个布局视图（包括局部视图和剖面视图）中创建一个 BOM 表，一般常用于装配图。

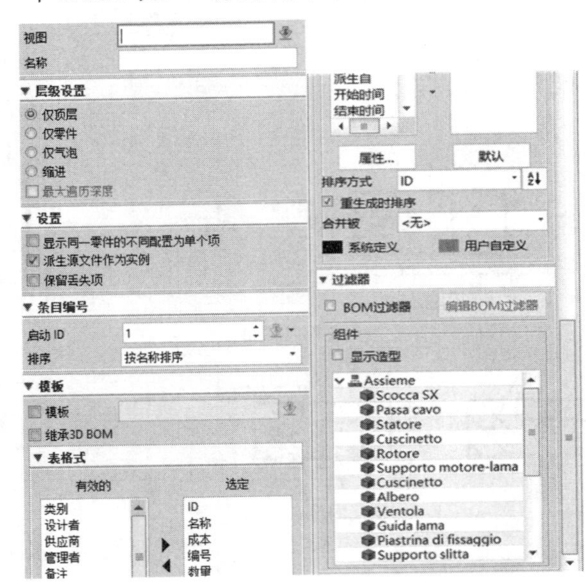

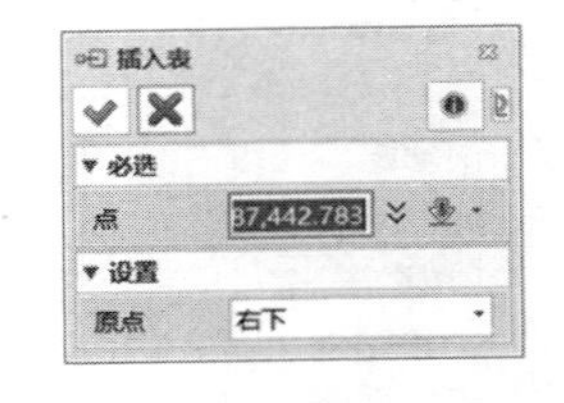

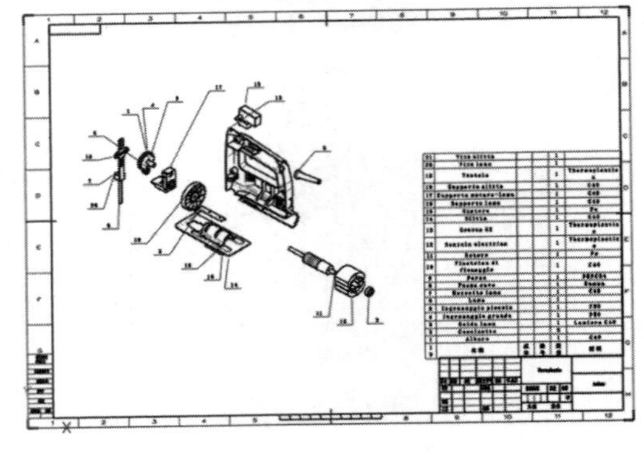

图 7-58　BOM 表

- **视图：**选择与需要创建 BOM 表相关的布局视图，可以通过工具栏中的【标注】→【气泡】或【自动气泡】创建序号引线标注。
- **名称：**为创建的 BOM 表命名。
- **层级设置：**包含“仅顶层”“仅零件”“仅气泡”“缩进”4 种层级设置方式。缩进时激活最大遍历深度。
- **显示同一零件的不同配置为单个项：**如果零部件有多个配置，零部件只列举在材料明细表的一行中。
- **保留丢失项：**该选项用于控制装配中的丢失组件是否罗列于 BOM 表中。
- **启动 ID：**默认 BOM 标签从 1 号开始，也可用该选项指定不同的开始序号。
- **排序：**定义 BOM 表中零件的排序方式。有“按名称排序”“排序后更新 ID”“按装配排序”3 种选项。
- **模板：**勾选该复选框，指定模板来创建表格。
- **继承 3D BOM：**勾选该复选框，直接使用 3D BOM。
- **表格式：**定义 BOM 表中的列标题，选中的选项将在 BOM 表中体现。左边列表是可选的项目，右边列表是在 BOM 表中将会输出的项目。可以通过中间的左右箭头增减项目，通过上下箭头调整顺序。
- **属性：**定义表格的显示属性。
- **排序方式：**定义 BOM 表中列标题的排序方式。
- **重生成时排序：**勾选该复选框，当装配发生变化且影响表格内容时，表格需要更新，该选项控制是否在重生成时重新排序。
- **合并被：**选定 BOM 表中的列标题，按类合并。
- **BOM 过滤器：**定义筛选条件进行过滤 BOM 表。

- **组件显示造型**：勾选该复选框，模型树中被排除的零部件将不在 BOM 表中显示。

7.7.2 孔表

单击工具栏中的【布局】→【孔】功能图标，系统弹出“孔”对话框，如图 7-59 所示。使用该功能可以基于一个布局视图创建一个孔表。

- **视图**：选择需要创建孔表的视图，在此视图中会显示引线。
- **名称**：为创建的孔表命名。
- **基点**：定义测量孔中心时的基点，孔表中的 X、Y 坐标值是相对于该点的距离。如果没有选择基点，孔中心的坐标就是相对于工程图原点（0，0）的距离。
- **孔特征**：选择希望创建孔表的孔。
- **自定义**：选择工程图上的曲线，这些曲线将作为用户自定义孔添加到孔表。这些“孔”不必是零件上的真实孔。孔表也不会从零件中去获取这些“孔”的信息，但是可以通过表格编辑器来输入希望显示的值。例如，在工程图中绘制了一个 2D 圆，可以将它作为自定义孔添加到孔表中。这个圆只存在工程图中，在零件中并不存在与之对应的 3D 几何体。如果曲线还没有与视图关联，那么它会自动关联到创建孔表时所指定的视图。如果曲线已经与某一视图关联，该字段将无法再选中它。

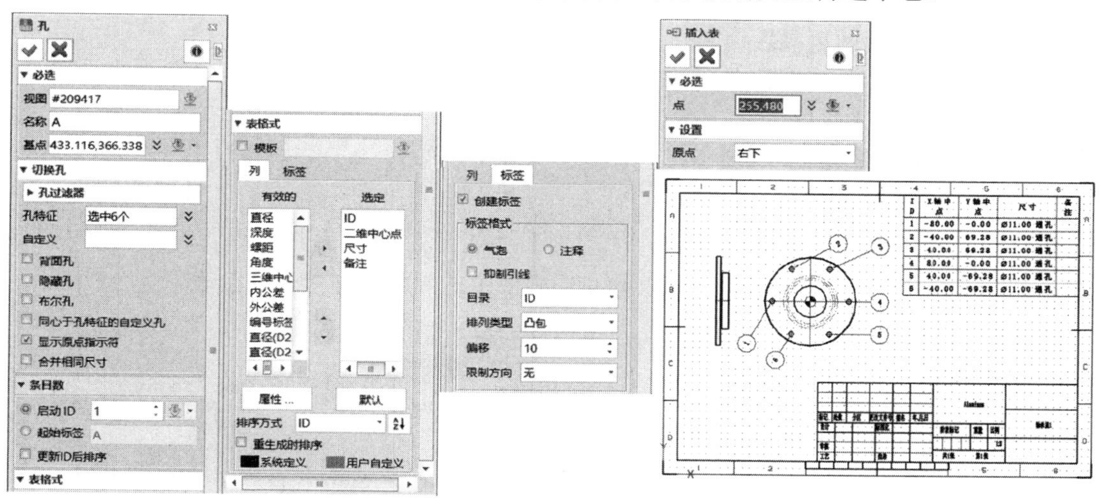

图 7-59　孔表

- **背面孔**：勾选该复选框，能够选择开放面远离视图平面的孔。
- **隐藏孔**：勾选该复选框，能够选择视图中被隐藏的孔。
- **布尔孔**：勾选该复选框，能够选择导入的孔和由布尔运算创建的孔。
- **同心于孔特征的自定义孔**：勾选该复选框，能够选择与 3D 孔特征同心的曲线作为自定义孔。
- **显示原点指示符**：勾选该复选框，在基点位置显示原点指示符号。孔表创建后可以拖曳移动该符号，孔表数据会自动更新。

- **合并相同尺寸**：勾选该复选框，大小相同的孔在孔表中的尺寸单元格将合并成一格。

其他选项的设置请参考【BOM 表】的介绍。

7.7.3 电极表

单击工具栏中的【布局】→【电极】功能图标，系统弹出“电极”对话框，如图 7-60 所示。使用该功能可以为布局视图中的电极配料创建电极表。

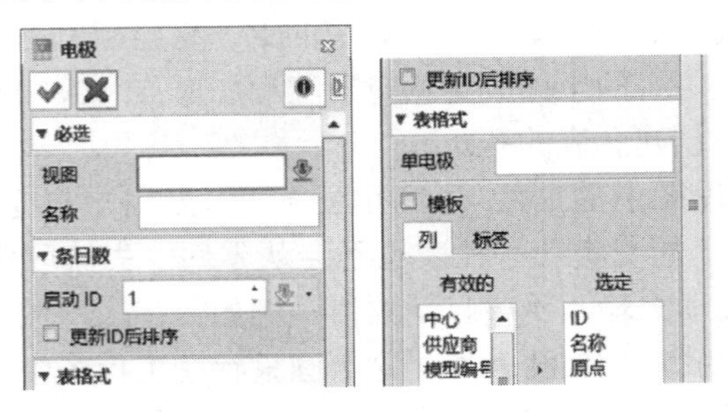

图 7-60 “电极”对话框

- **视图**：选择需要创建电极表的视图，在此视图中会显示引线。
- **名称**：为创建的电极表命名。

其他选项的设置请参考【BOM 表】的介绍。

7.7.4 焊件切割表

单击工具栏中的【布局】→【焊件切割表】功能图标，系统弹出“焊件切割表”对话框，如图 7-61 所示。使用该功能可以为布局视图中的焊件创建焊件切割表。

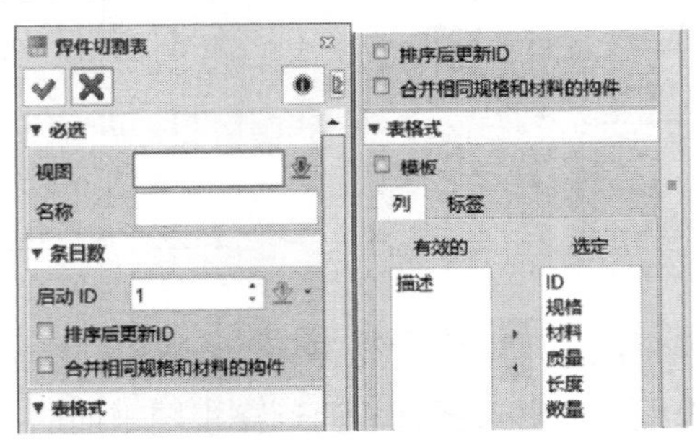

图 7-61 “焊件切割表”对话框

7.7.5 焊接表

单击工具栏中的【布局】→【焊接】功能图标，系统弹出“焊接”对话框，如图 7-62 所示。使用该功能可以为布局视图中的焊缝创建焊接表。

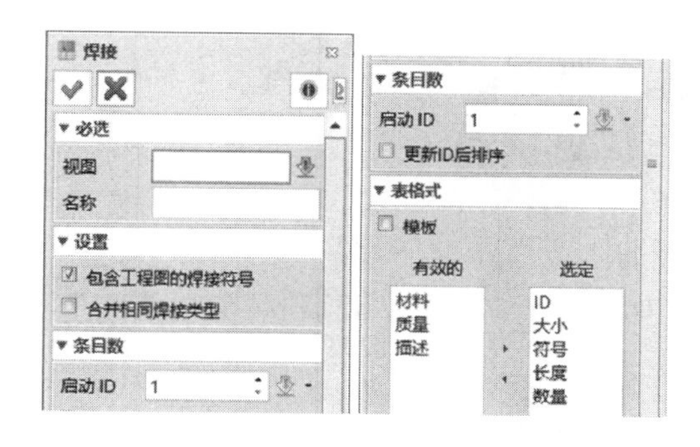

图 7-62 “焊件”对话框

7.7.6 Excel 表格输入/输出

创建的 BOM 表、孔表、电极表、焊件切割表、焊接表等都会显示在工程图管理器中。通过编辑管理器中的特征，可以对已创建的表格进行修改。这些表格具有与 EXCEL 表格交互的功能，右击管理器中的表格选项，在弹出的菜单中选择“插入表”或“输出表”，可以将 EXCEL 表格导入或将工程图中的表格输出。

7.8 工程图实例

制作如图 7-63 所示的装配工程图。

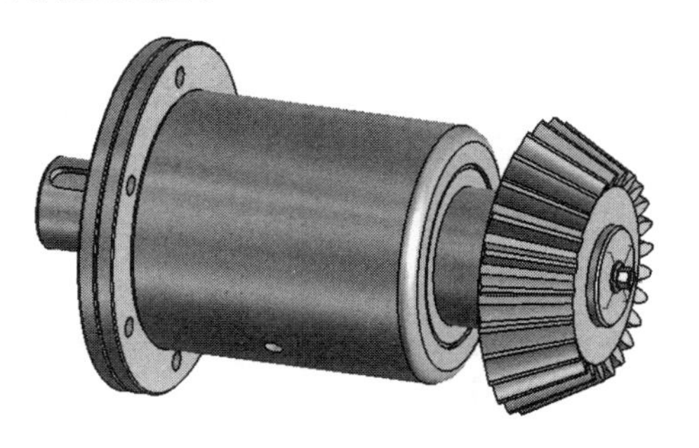

（扫码获取素材）

图 7-63 装配工程图实例模型

（1）打开配套素材文件 EX\CH7\7-5.Z3。

（2）打开小齿轮部件装配，右键单击“2D 工程图”按钮，创建一张新的工程图，选择 A3 模板，如图 7-64 所示。

（3）使用自动视图布局功能，调入“小齿轮部件装配”，采用第一视角，自定义比例缩放大小，插入后调整视图位置，如图 7-65 所示。

（4）使用标注功能，对装配的主要尺寸进行标注。

（5）使用标准视图功能，再插入一个装配视图，注意选择爆炸装配视图和视图方向，如图 7-66 所示。

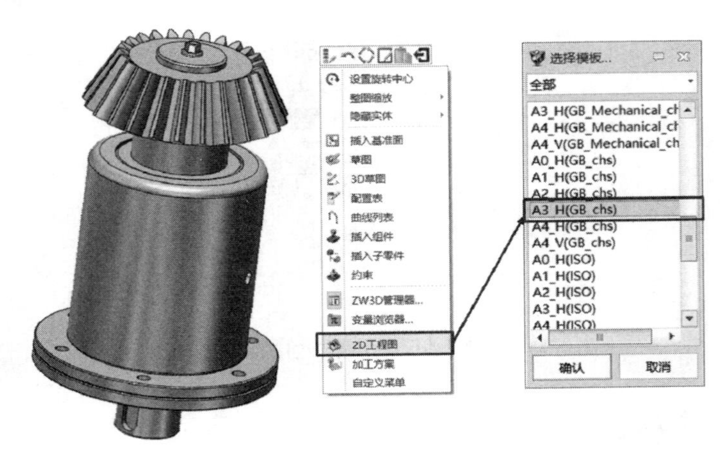

图 7-64　新建工程图

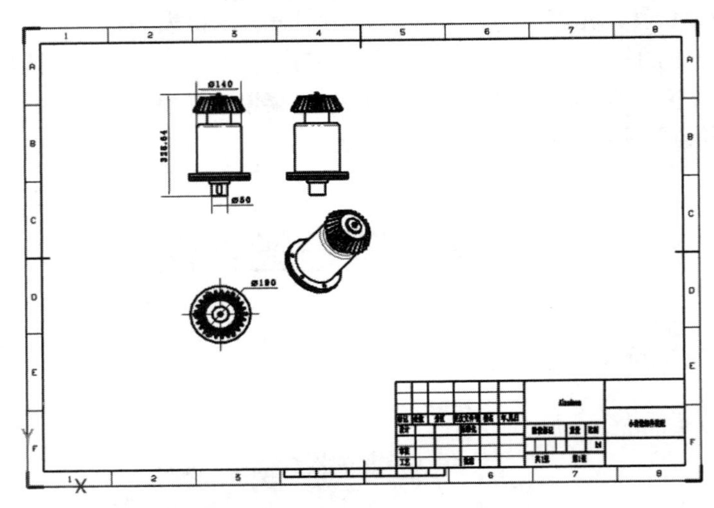

图 7-65　自动视图布局插入图形

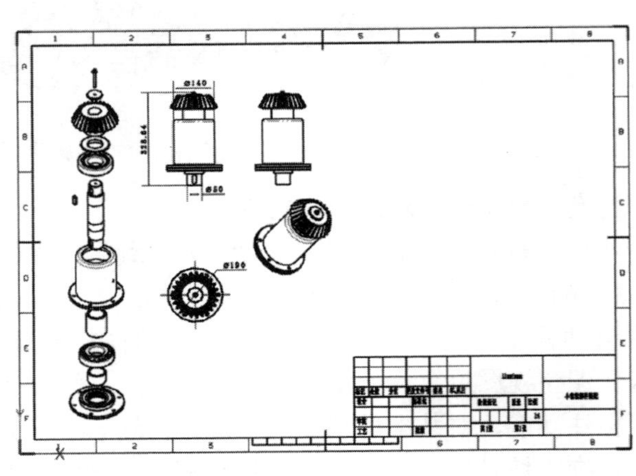

图 7-66　插入爆炸视图

（6）使用 BOM 表功能，对爆炸视图进行零件标识，并生成 BOM 表放于图框右上部，然后通过气泡标注球标序号，如图 7-67 所示。

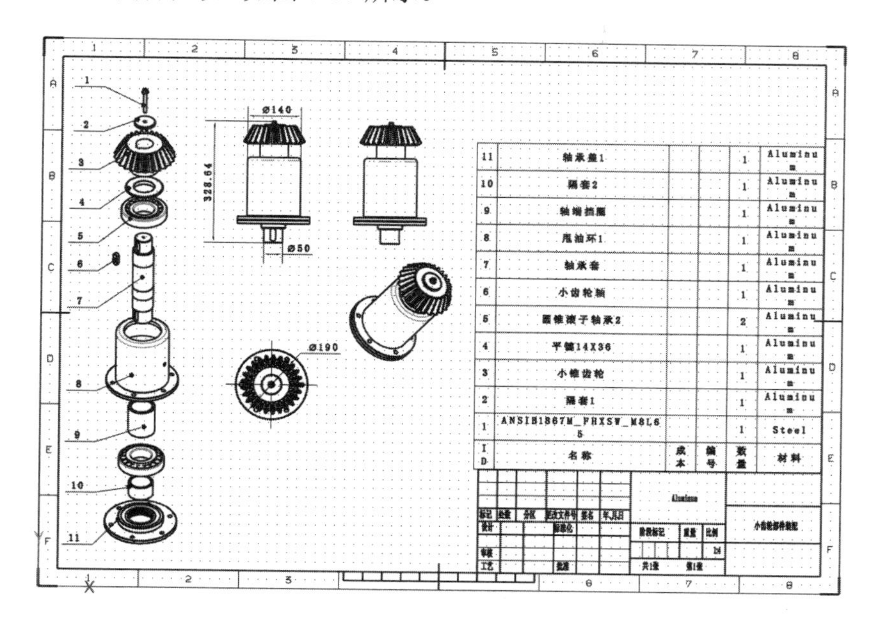

图 7-67 生成 BOM 表

（7）最后对标题栏中的文字进行编辑，完成工程图绘制。

7.9 思考与练习

7-1 创建装配图的方法有哪些，各在什么情况下使用？

7-2 在工程图布局中，布局视图和标准视图有什么区别？

7-3 中望 3D 中，剖视图的类型有哪几种，各有什么作用？

7-4 中望 3D 中，如何进行公差标注、形位公差标注、表面粗糙度标注？

7-5 中望 3D 中，如何自定义一张工程图模板？

7-6 打开配套素材文件 EX\CH7\7-6.Z3，如图 7-68 所示，建立一张装配工程图。

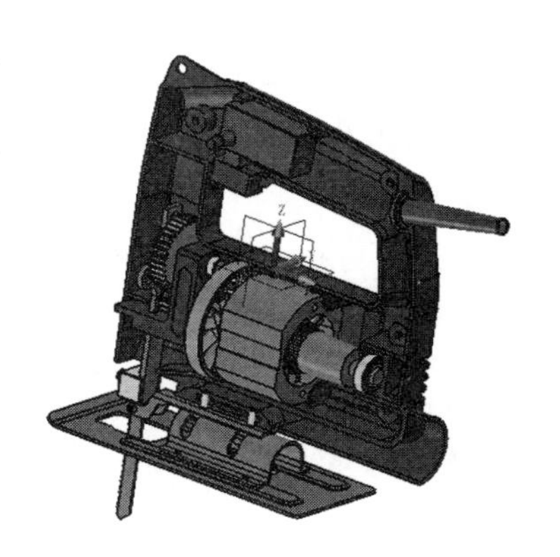

图 7-68 装配工程图练习

（扫码获取素材）

第8章 钣金设计

中望 3D 提供了非常完备的钣金设计功能，通过该功能可以设计各种钣金件。它除支持基本的钣金设计，如拉伸平钣、全凸缘、放样钣金等功能外，还提供高级钣金设计功能，如凹陷、百叶窗等。另外，中望 3D 还支持对无参数的钣金件进行展开和折叠等。中望 3D 中的钣金功能如图 8-1 所示。

图 8-1 钣金功能工具

8.1 钣金拉伸

8.1.1 拉伸平钣

钣金的拉伸平钣功能类似于造型设计中的拉伸功能，可通过现有的草图来拉伸平钣。

单击工具栏中的【钣金】→【基体】→【拉伸平钣】功能图标，系统弹出“拉伸平钣”对话框，如图 8-2 所示。由于该功能的应用与造型设计中的拉伸功能类似，具体操作可以参考第 4 章中拉伸部分的内容，在此不再赘述。

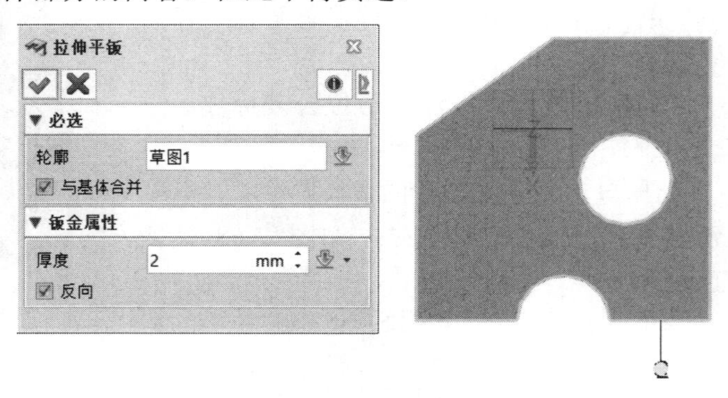

图 8-2 “拉伸平钣”对话框

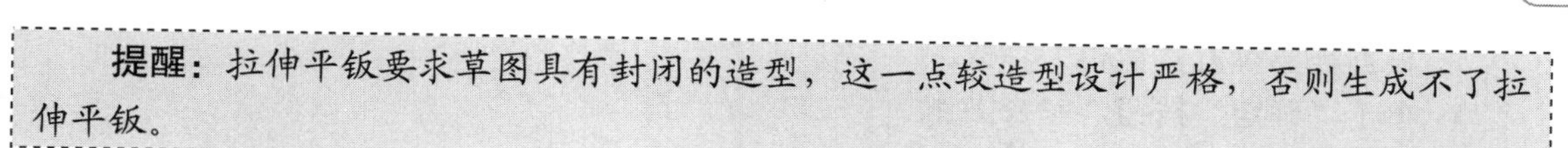

提醒：拉伸平钣要求草图具有封闭的造型，这一点较造型设计严格，否则生成不了拉伸平钣。

操作步骤如下：

- 新建或打开一个文件，单击工具栏中的【钣金】→【基体】→【草图】功能图标，创建一个封闭的草图，或者单击鼠标右键新建一个草图轮廓。
- 单击工具栏中的【钣金】→【基体】→【拉伸平钣】功能图标，系统弹出“拉伸平钣”对话框，轮廓选择刚才绘制的草图。
- 输入“厚度”的值。
- 根据需要设置其他相关参数。
- 单击“确定”按钮，完成操作。

8.1.2 拉伸凸缘

钣金的拉伸凸缘功能类似于造型设计中的拉伸功能，可通过现有的草图来拉伸凸缘。

单击工具栏中的【钣金】→【基体】→【拉伸凸缘】功能图标，系统弹出“拉伸凸缘”对话框，如图 8-3 所示。由于该功能的应用与造型设计中的拉伸功能类似，具体操作可以参考第 4 章中拉伸部分的内容，在此不再赘述，其中半径为钣金折弯半径，可以将草图直角自动转换为带该半径的弧形折弯。

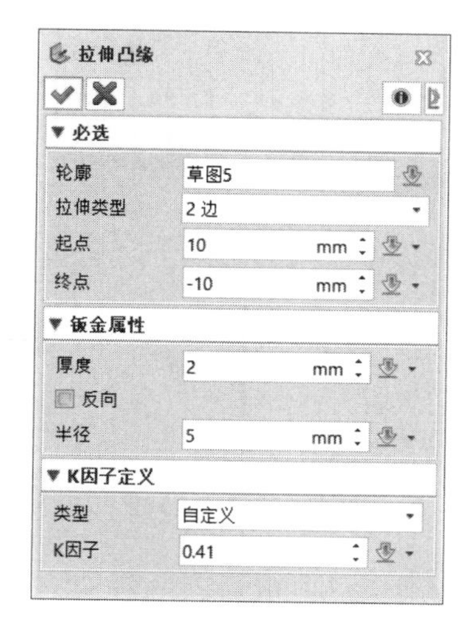

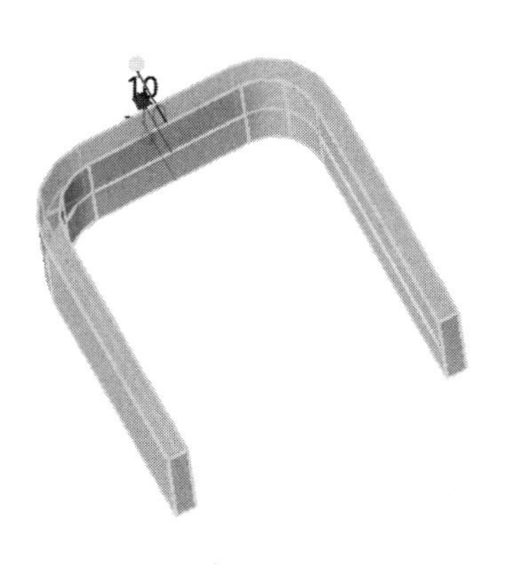

图 8-3 “拉伸凸缘”对话框

操作步骤如下：

- 新建或打开一个文件。单击工具栏中的【钣金】→【基体】→【草图】功能图标，创建一个的草图（可不封闭），或者单击鼠标右键新建一个草图轮廓。
- 单击工具栏中的【钣金】→【基体】→【拉伸凸缘】功能图标，系统弹出“拉伸凸缘”对话框，轮廓选择刚才绘制的草图。
- 选择“拉伸类型”，输入“起点”“终点”“厚度”“半径”的值。

➢ 根据需要设置其他相关参数。
➢ 单击“确定”按钮，完成操作。

8.2 凸缘

8.2.1 全凸缘

单击工具栏中的【钣金】→【钣金】→【全凸缘】功能图标，系统弹出“全凸缘”对话框，如图 8-4 所示，可以对一个钣金增加全凸缘（练习文件：配套素材\EX\CH8\8-1.Z3）。

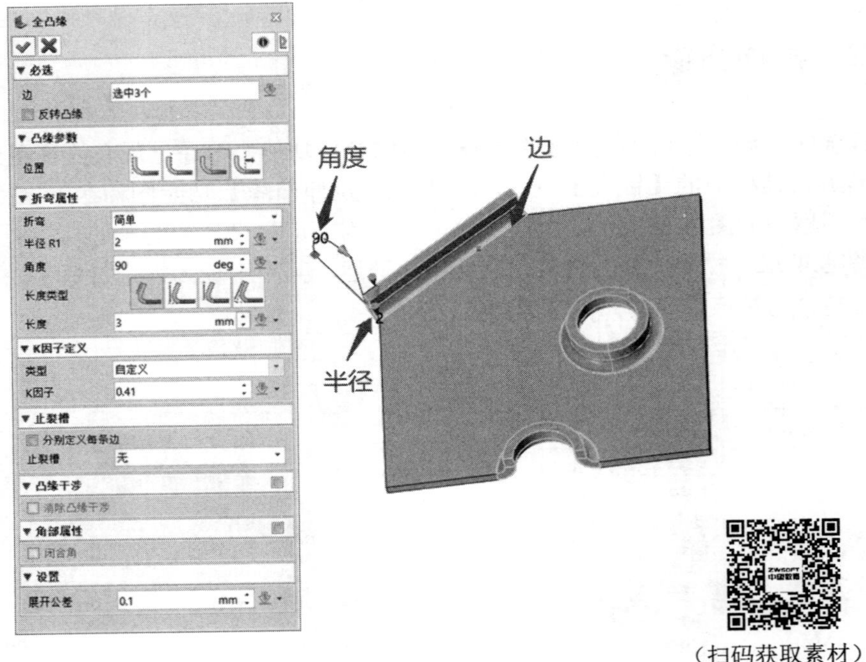

图 8-4 “全凸缘”对话框

- **边**：需要增加全凸缘的边，支持同时定义多条边，对内轮廓或凹轮廓边还要考虑钣金展开以后是否存在干涉。
- **反转凸缘**：勾选该复选框时，定义在另一侧添加凸缘。
- **位置**：该选项用于指定所添加的钣金凸缘的位置，其设置与所选边有关。包含“材料内侧”“材料外侧”“折弯外侧”“偏移”4 个选项，具体见图 8-5。
  - ❑ **材料内侧**：指凸缘的外面与边缘置于同一平面上。
  - ❑ **材料外侧**：指凸缘的内面与边缘置于同一平面上。
  - ❑ **折弯外侧**：指凸缘的内折弯半径始于边缘。
  - ❑ **偏移**：指凸缘偏移于起始边。

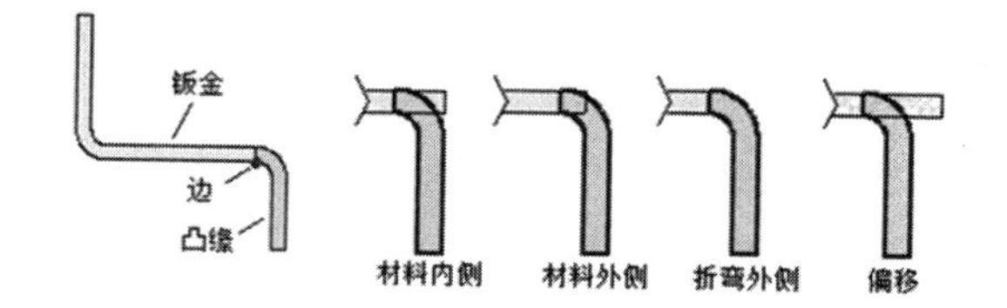

图 8-5 凸缘位置示意图

- **折弯/类型**：指待创建折弯的类型，包含“简单”和“S 折弯”两个选项。
  - ❑ **简单**：创建一个简单折弯凸缘。
  - ❑ **S 折弯**：创建一个双 S 折弯凸缘。
- **半径 R1/半径 R2**：全凸缘内折弯半径。在选择“S 折弯”时激活半径 R2。
- **角度**：定义全凸缘的角度，它是边所在的面与凸缘面之间的夹角。
- **长度类型**：凸缘的长度/高度。包含“腹板长度”“外部高度”“内部高度”和“外推长度”4 个选项。
  - ❑ **腹板长度**：指新建凸缘的长度。
  - ❑ **外部高度**：指基座底面到凸缘顶部的距离。
  - ❑ **内部高度**：指基座顶面到凸缘顶部的距离。
  - ❑ **外推长度**：指基座底面与凸缘底面的交点，到凸缘顶部的长度。
- **长度**：凸缘的长度。凸缘长度可以为 0。
- **S 折弯尺寸**：选择“S 折弯”时激活。可设置长度或高度，并输入数值。
- **K 因子**：K 因子标明了钣金的中性平面所在位置，其受多种因素影响，如材料、厚度、折弯半径和折弯角度。如要找到一个贴近实际的 K 因子，则需要将这些因素都考虑进去。用户可自定义 K 因子，或通过 Excel 从不同程度分别考虑这 4 个因素来确定 K 因子。
- **止裂槽**：使用该选项设定待使用折弯止裂槽的类型。当创建凸缘时，止裂槽的类型就在钣金属性对话框中确定，之后无论位置选项是何模式，始终应用该止裂槽模式，如图 8-6 所示。

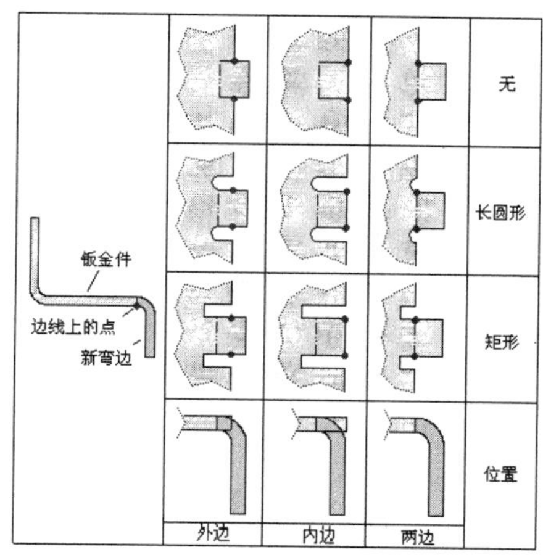

图 8-6 止裂槽类型

- ❑ **矩形**：创建矩形终端条件的止裂槽，并过折弯半径相切延伸止裂槽宽度设定的距离。
- ❑ **长圆形**：创建长圆形终端条件的止裂槽，并过折弯半径相切延伸止裂槽宽度设定的距离（即止裂槽半径的中心位于相切于折弯半径的位置）。
- ❑ **无**：不创建。

- **消除凸缘干涉**：当创建的凸缘相交时，使用该选项确保凸缘不相交。
- **闭合角**：使用该选项可延长钣金凸缘和折弯，以形成闭合角。
- **展开公差**：钣金在展开状态时允许的公差值，一般默认值为 0.1mm。

8.2.2 局部凸缘

单击工具栏中的【钣金】→【钣金】→【局部凸缘】功能图标，系统弹出“局部凸缘”对话框，如图 8-7 所示，可以对一个钣金增加局部凸缘。局部凸缘的参数与全凸缘的类似（练习文件：配套素材\EX\CH8\8-1.Z3）。

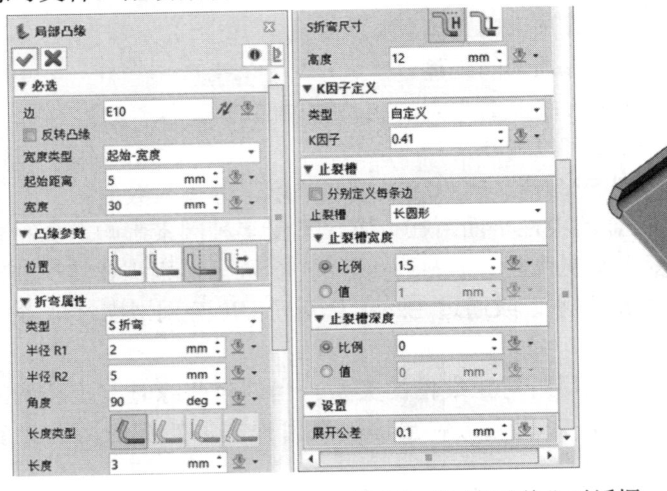

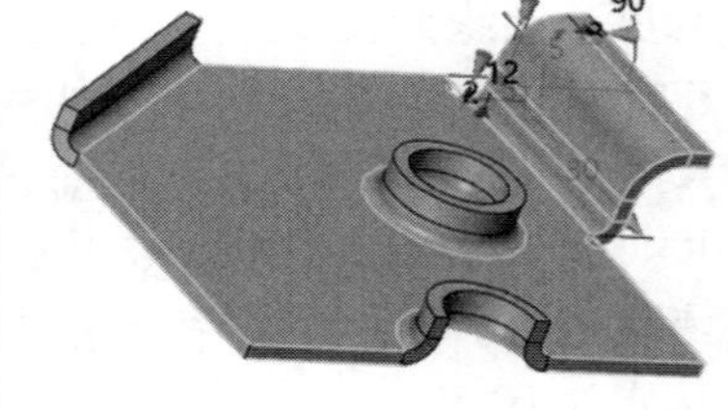

图 8-7 “局部凸缘”对话框

（扫码获取素材）

8.2.3 褶弯凸缘

单击工具栏中的【钣金】→【钣金】→【褶弯凸缘】功能图标，系统弹出“褶弯凸缘”对话框，如图 8-8 所示，可以对一个钣金增加褶弯凸缘。褶弯凸缘的参数与全凸缘的类似（练习文件：配套素材\EX\CH8\8-2.Z3）。

- **类型**：其下拉列表用于选择褶弯凸缘的类型，包含“闭合”“开放”“闭环”“开环”“中心环”“S 折弯”和“卷曲”7 种类型。
  - ❑ **闭合**：创建一个闭合褶弯凸缘。输入对应的 L1 值，用于定义褶弯凸缘。
  - ❑ **开放**：创建一个开放褶弯凸缘。输入对应的 L1 和 R1 值，用于定义褶弯凸缘
  - ❑ **闭环**：创建一个闭环褶弯凸缘。输入对应的 L1 和 R1 值，用于定义褶弯凸缘。
  - ❑ **开环**：创建一个开环褶弯凸缘。输入对应的 A 和 R1 值，用于定义褶弯凸缘。

- **中心环**：创建一个中心环褶弯凸缘。输入对应的 A、R1 和 R2 值，用于定义褶弯凸缘。
- **S 折弯**：创建一个 S 形褶弯凸缘。 输入对应的 L1、L2、R1 和 R2 值，用于定义褶弯凸缘。
- **卷曲**：创建一个卷曲褶弯凸缘。输入对应的 L1、L2、R1 和 R2 值，用于定义褶弯凸缘。

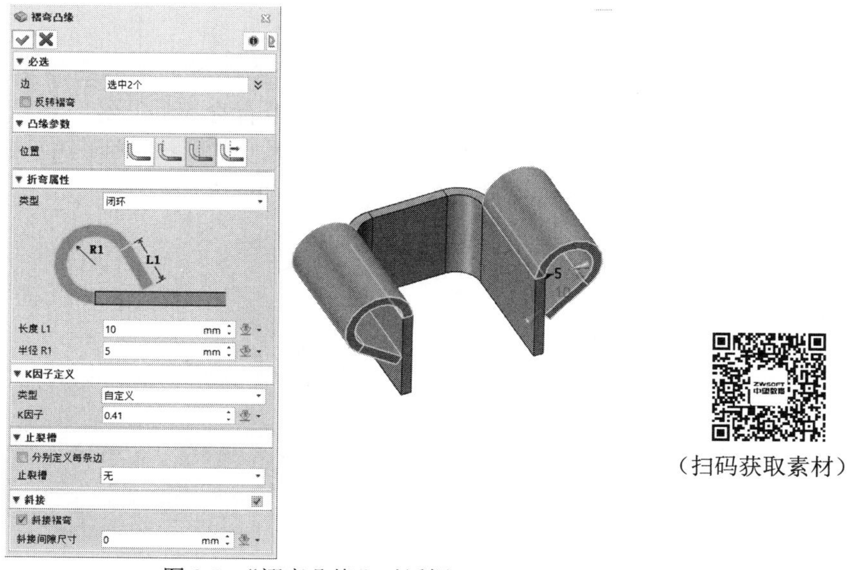

图 8-8 “褶弯凸缘”对话框

8.2.4 扫掠凸缘

单击工具栏中的【钣金】→【钣金】→【扫掠凸缘】功能图标，系统弹出“扫掠凸缘”对话框，如图 8-9 所示，可以对一个钣金增加扫掠凸缘。扫掠凸缘的参数与全凸缘的类似（练习文件：配套素材\EX\CH8\8-3.Z3）。

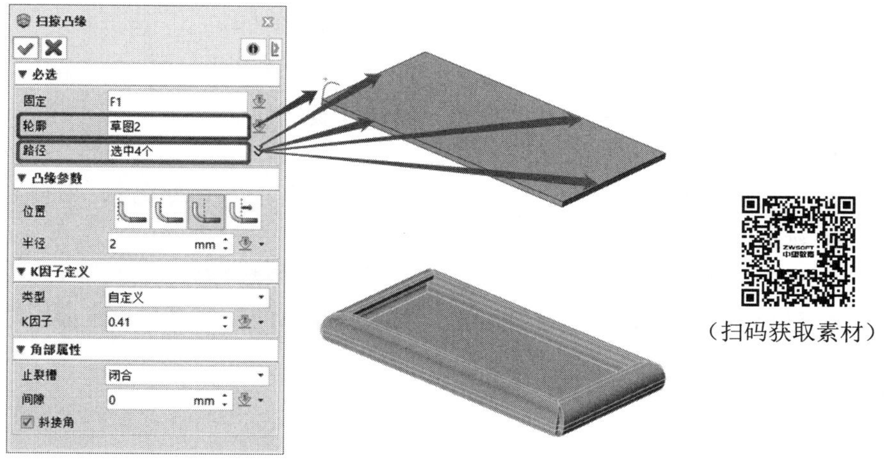

图 8-9 “扫掠凸缘”对话框

- **固定**：当零件折叠或展开时，固定面始终保持不动。
- **轮廓**：用来生成扫掠的开环非相交轮廓草图。
- **路径**：轮廓扫掠的路径。可以选择一系列现有钣金边线作为路径，路径的起点必须位于轮廓的基准面上。

8.2.5 延伸凸缘

单击工具栏中的【钣金】→【编辑】→【延伸凸缘】功能图标，系统弹出“延伸凸缘”对话框，如图 8-10 所示，可以延长或缩短带有直边的凸缘，可按垂直于选定边或沿着边界边的方式进行延长。延伸凸缘方式有“延伸距离”“直到所选平面”“接触所选平面”3 种，如图 8-11 所示（练习文件：配套素材\EX\CH8\8-4.Z3）。

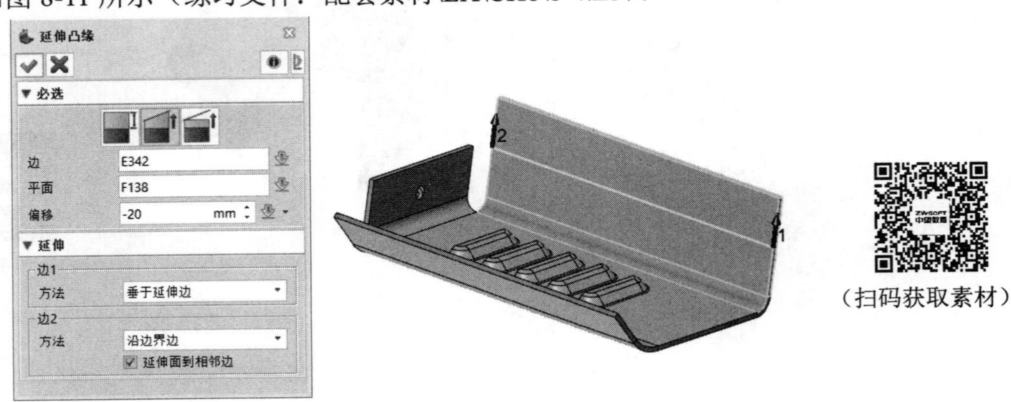

图 8-10 “延伸凸缘”对话框

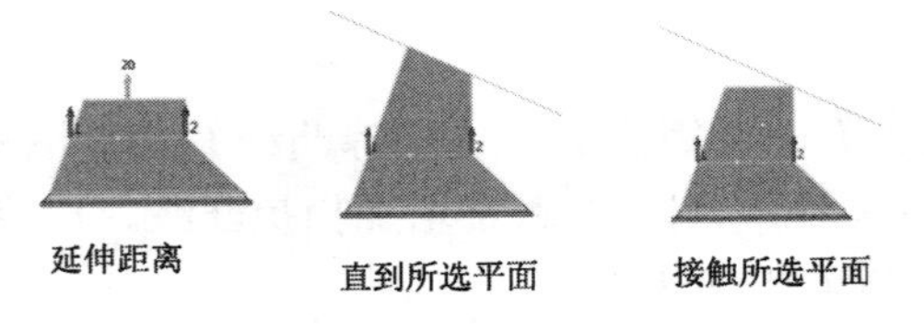

图 8-11 延伸凸缘方式

- **边**：选择要延伸的凸缘边界。
- **距离**：指定延伸的距离。正值为延伸，负值为缩减。
- **方法**：延伸的方式。
- **偏移**：从参照平面到凸缘延伸终端面的距离。正值为缩减，负值为扩展。
- 延伸距离：延伸到指定距离。
- **平面**：选择平面或者基准面，作为延伸的参照对象。
- **延伸面到相邻边**：勾选该选框，与边界相邻的折弯面边界也会同时延伸。

8.2.6 折弯拔锥

单击工具栏中的【钣金】→【编辑】→【折弯拔锥】功能图标，系统弹出“折弯拔锥”对话框，如图 8-12 所示，折弯拔锥用于斜切凸缘，修改凸缘的形状，避免相邻凸缘间的干涉，或者制造更多凸缘间隙，尤其对于导入的钣金模型，在标识了折弯后，就能用折弯拔锥对这些无相应建模特征的凸缘做形状修改（练习文件：配套素材\EX\CH8\8-4.Z3）。

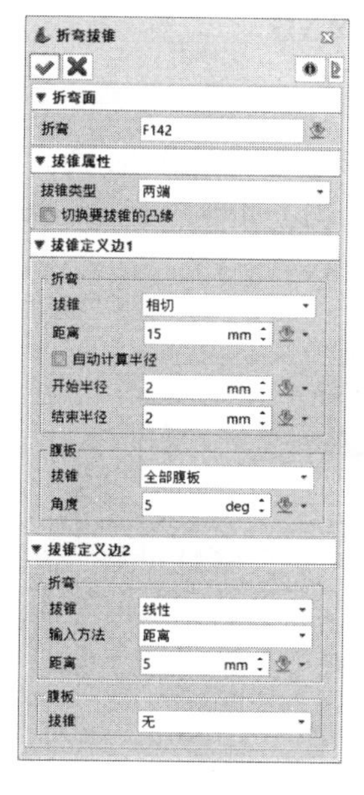

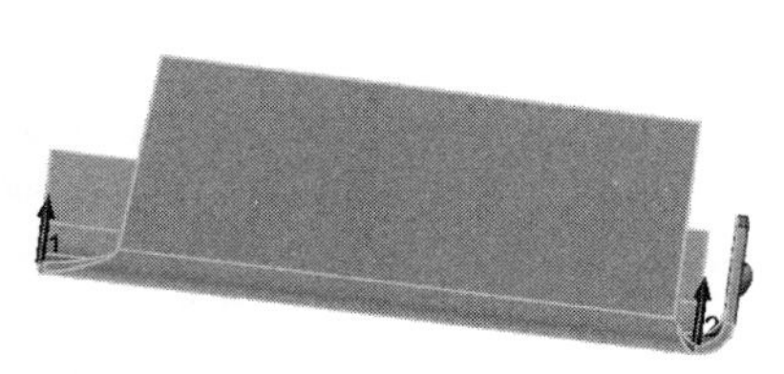

（扫码获取素材）

图 8-12 “折弯拔锥”对话框

- **折弯**：选择要折弯拔锥的折弯面。可对折弯面的两侧分别添加不同的锥度，也可两侧添加相同锥度。
- **拔锥类型**：折弯面的拔锥，箭头指向拔锥侧。
  - ❑ **两端**：折弯面的两端都进行拔锥。可对两侧分别添加不同的锥度。
  - ❑ **仅第一端**：仅对折弯面的起始侧进行拔锥。
  - ❑ **仅第二端**：仅对折弯面的终止侧进行拔锥。
  - ❑ **对称**：折弯面两端添加相同锥度。
- **切换要拔锥的凸缘**：勾选该选项，系统将调整固定面，在折弯的另一侧设置折弯拔锥。
- **拔锥（折弯）**：折弯面的拔锥，可以使用正负值。
  - ❑ **线性**：拔锥后的折弯展开后，其形状是线性连接的。
  - ❑ **相切**：拔锥后的折弯展开后，其形状是相切连接的。
- **输入方法**：创建拔锥的方式，有距离和角度两种方式。
- **自动计算半径**：当拔锥（折弯）设置为相切时，勾选该选项，系统自动计算半径，否则，需要手动定义开始半径和结束半径。
  - ❑ **开始半径**：靠近固定面一侧的相切半径，数值不可为零。
  - ❑ **结束半径**：远离固定面一侧的相切半径，数值可以为零。
- 拔锥（腹板）：腹板的拔锥。
  - ❑ **无**：腹板不创建拔锥。
  - ❑ **一级腹板**：仅与折弯面相邻的腹板进行拔锥，锥度终止于下一个折弯面。

❑ **全部腹板**：对折弯面上的所有腹板进行拔锥。

8.3 放样钣金

单击工具栏中的【钣金】→【钣金】→【放样钣金】功能图标，系统弹出“放样钣金”对话框，如图 8-13 所示。选择两个放样轮廓，可以创建一个放样钣金。该功能与造型设计中的放样功能类似（练习文件：配套素材\EX\CH8\8-5.Z3）。

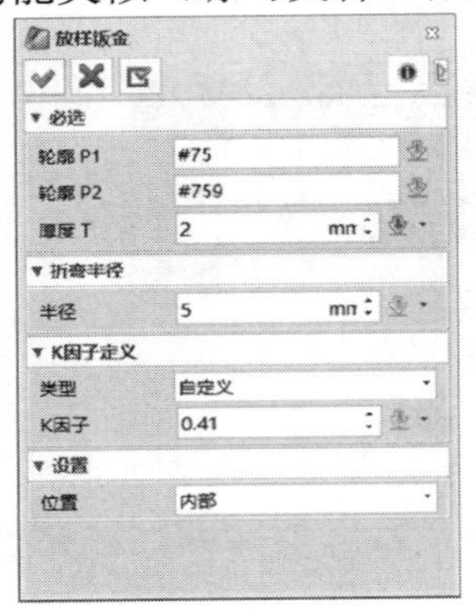

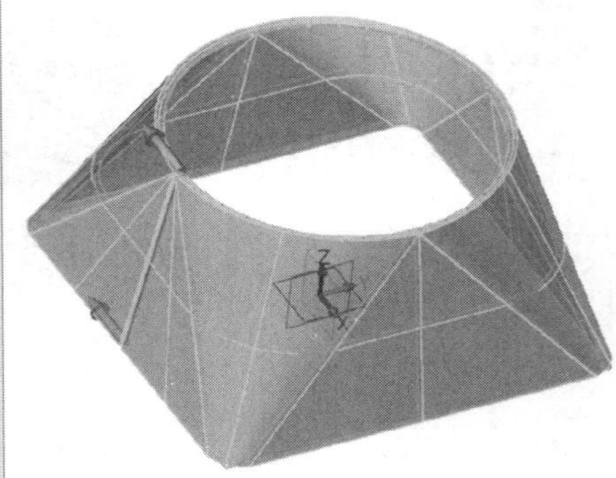

（扫码获取素材）

图 8-13 “放样钣金”对话框

- **厚度**：钣金的厚度值。
- **位置**：钣金位于轮廓的内部或外部。

操作步骤如下：

➢ 单击【放样钣金】功能图标。
➢ 在绘图区选择第一组轮廓，或者单击鼠标右键创建第一个草图轮廓。
➢ 在绘图区选择第二组轮廓，或者单击鼠标右键创建第二个草图轮廓。
➢ 根据需要设置其他相关参数。
➢ 单击“确定”按钮，完成操作。

8.4 凹陷

单击工具栏中的【钣金】→【成型】→【凹陷】功能图标，系统弹出“凹陷”对话框，如图 8-14 所示，通过该功能可以在钣金上创建凹陷特征（练习文件：配套素材\EX\CH8\8-1.Z3）。

【凹陷】 创建的凹陷特征，如图 8-15 所示。

【喇叭口】 创建的喇叭口特征，如图 8-16 所示。

> **提醒**：该功能目前仅支持封闭的草图轮廓，喇叭口特征创建的凹陷和全凸缘创建的凸缘形状相似，但是在使用展开命令时，凹陷特征不参与展开，凸缘特征会参与展开。

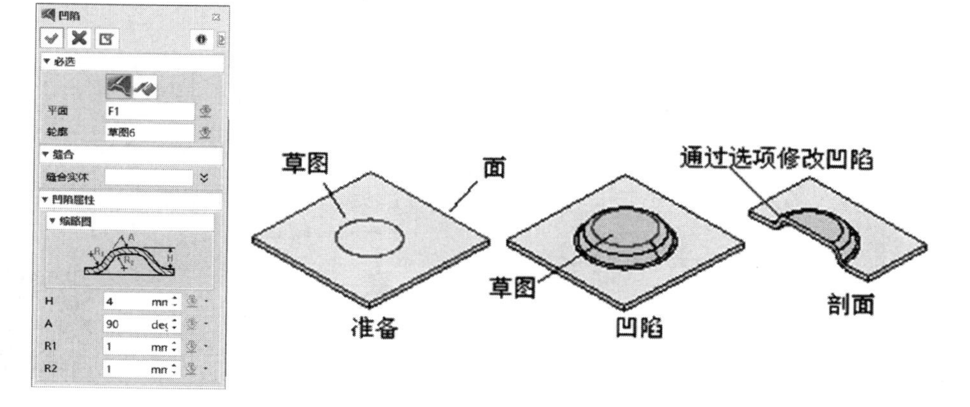

图 8-14 “凹陷”对话框

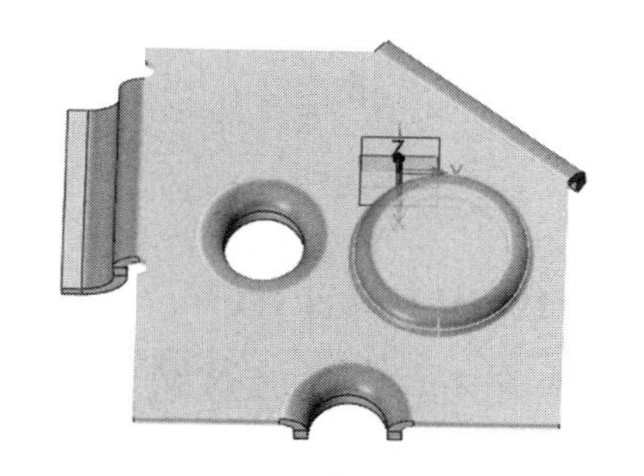

图 8-15 凹陷特征

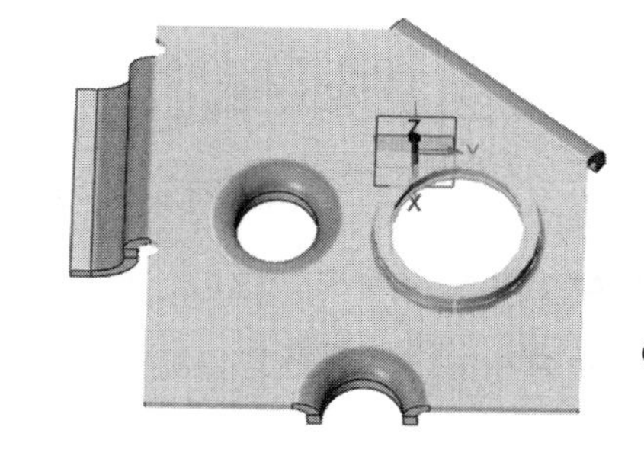

图 8-16 喇叭口特征

（扫码获取素材）

操作步骤如下：

➢ 单击【凹陷】功能图标。

➢ 选择创建凹陷特征的面。

➢ 选择一个封闭的草图轮廓，或单击鼠标中键创建一个草图轮廓。

➢ 根据需要设置凹陷参数。

➢ 单击“确定”按钮，完成操作。

8.5 百叶窗

单击工具栏中的【钣金】→【成型】→【百叶窗】功能图标，系统弹出“百叶窗”对话框，如图 8-17 所示。通过该功能可以在钣金上创建百叶窗（练习文件：配套素材\EX\CH8\8-4.Z3）。

操作步骤如下：

➢ 单击【百叶窗】功能图标。

➢ 选择创建百叶窗特征的面。

➢ 选择一个草图轮廓，或单击鼠标中键创建一个草图轮廓。

➢ 根据需要设置百叶窗参数。

➢ 单击“确定”按钮，完成操作。

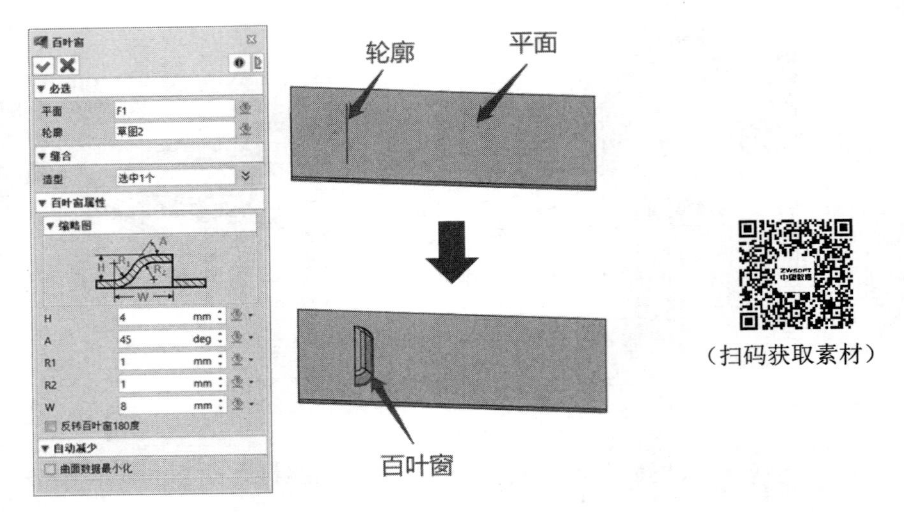

图 8-17 “百叶窗”对话框

● **反转百叶窗 180 度：**勾选该选项，可以沿草图轮廓线翻转百叶窗 180°。

经验参考：相同的百叶窗特征可以通过阵列功能完成批量百叶窗特征的创建，如图 8-18 所示。

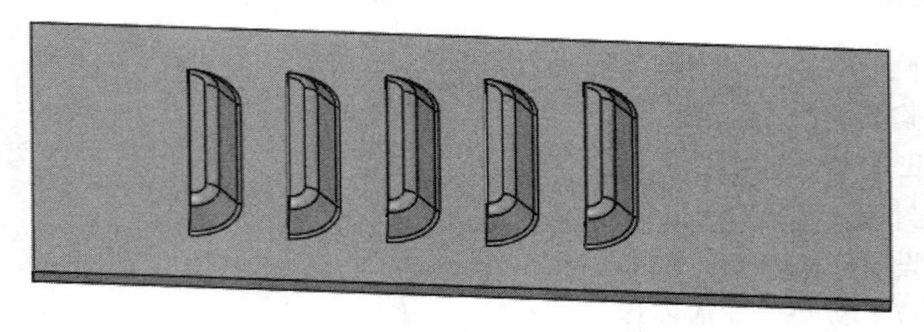

图 8-18 阵列百叶窗特征

8.6 闭合角

单击工具栏中的【钣金】→【角部】→【闭合角】功能图标，系统弹出“闭合角”对话框，如图 8-19 所示，通过该功能可以创建闭合角（练习文件：配套素材\EX\CH8\8-4.Z3）。

【边】 使用该选项可以闭合凸缘，或者保持较小间隙。

【折弯】 使用该选项可以闭合角，或者保持较小间隙。

● **边 1/边 2：**选择两个待闭合的边界。

● **折弯 1/折弯 2：**选择两个相邻的折弯面。

● **重叠：**使用该选项为闭合转角定义重叠模式，包括“下重叠”“重叠”和“对接”3 种类型。

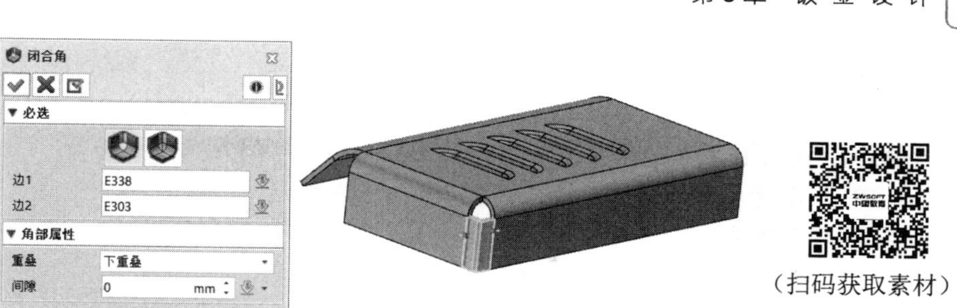

图 8-19 “闭合角”对话框

- ❑ **下重叠**：第一条边，将会成为内边缘。
- ❑ **重叠**：第一条边，将会成为外边缘
- ❑ **对接**：指两条边，将会自然汇合。

- **闭合全部凸缘**：对于多级凸缘，若勾选该选项则闭合所有凸缘，否则只闭合单级凸缘。
- **斜接角**：不勾选该选项，使用直线来形成冲头的轮廓，便于制造；否则，使用曲线来形成冲头的轮廓，以达成间隙选项定义的数值，但此形式的冲头相比直线形式，制造难度增加。
- **止裂槽**：使用该选项，设定待使用折弯止裂槽的类型，包括“闭合”“圆形”“矩形”“U 形”和“V 形”。

8.7 钣金折弯

8.7.1 展开/折叠

单击工具栏中的【钣金】→【折弯】→【展开/折叠】功能图标/，系统弹出“展开/折叠”对话框，如图 8-20 所示为“展开”对话框，通过该功能可以展开/折叠钣金。

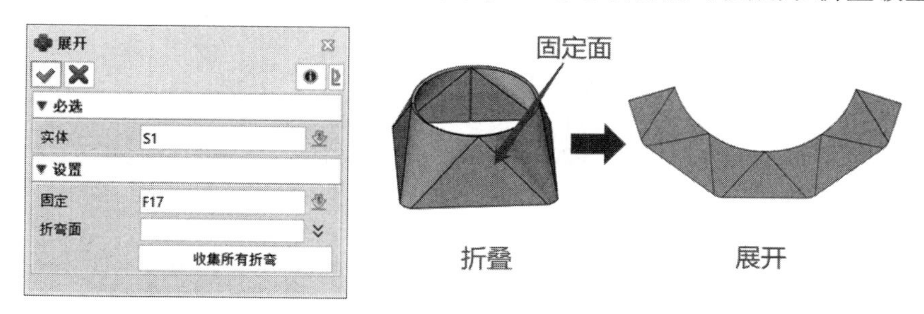

图 8-20 “展开”对话框

- **实体**：需要展开/折叠的钣金。
- **折弯面**：需要折叠/展开的折弯面。如果不定义，系统将默认对整个钣金进行展开/折叠。

● **固定**：展开/折叠时，保持固定不变的面。如果不定义，系统将默认钣金表面积最大的面为固定面。

操作步骤如下（练习文件：配套素材\EX\CH8\8-1.Z3）：

➢ 单击【展开/折叠】功能图标 / 。

➢ 根据需要选择折弯面（可以不定义）。

➢ 根据需要选择固定面（可以不定义）。

➢ 单击“确定”按钮，完成操作。

展开/折叠钣金示例如图 8-21 所示。

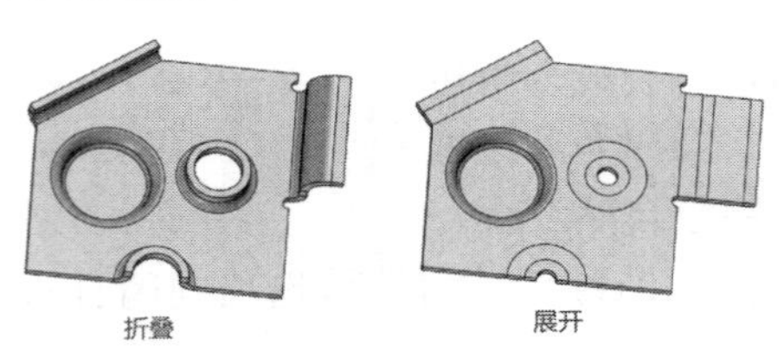

（扫码获取素材）

图 8-21 展开/折叠钣金示例

8.7.2 沿线折叠

单击工具栏中的【钣金】→【钣金】→【沿线折叠】功能图标 ，系统弹出“沿线折叠”对话框，如图 8-22 所示。通过该功能可以使钣金沿着一条直线折叠。

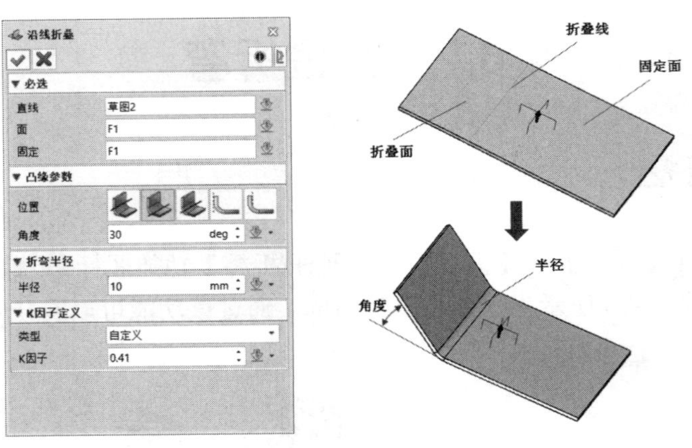

图 8-22 “沿线折叠”对话框

操作步骤如下：

➢ 单击【沿线折叠】功能图标 。

➢ 在绘图区选择一条折叠直线，或者单击鼠标右键，通过草图创建直线。

➢ 选择一个折叠面。

➢ 选择固定侧面。

➢ 根据需要设置其他相关参数。

➢ 单击“确定”按钮，完成操作。

8.7.3 转折

单击工具栏中的【钣金】→【钣金】→【转折】功能图标，系统弹出“转折”对话框，如图 8-23 所示。通过该功能可以沿着一条直线在钣金平面上创建两个 90° 的转折区域，并且在转折特征上添加材料（练习文件：配套素材\EX\CH8\8-6.Z3）。

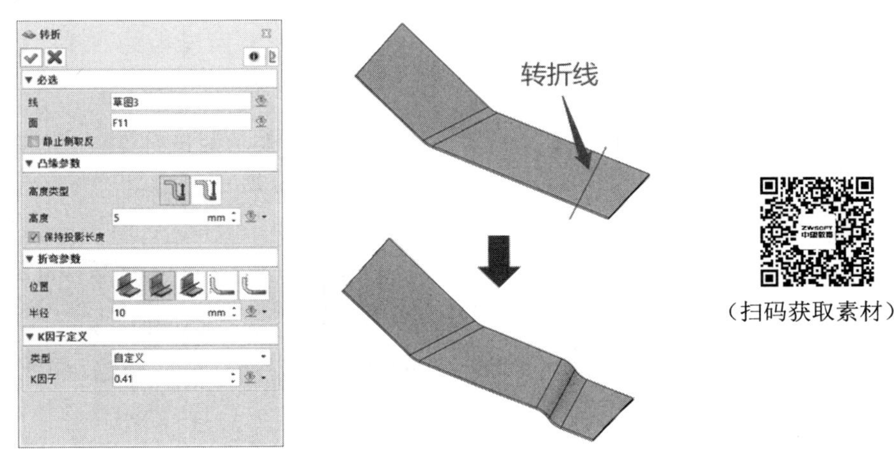

图 8-23 “转折”对话框

操作步骤如下：

➢ 单击【转折】功能图标。
➢ 在绘图区选择一条折叠线，或者单击鼠标右键，通过草图创建直线。
➢ 选择一个固定面。
➢ 根据需要设置其他相关参数。
➢ 单击“确定”按钮，完成操作。

8.8 钣金转换

8.8.1 转换为钣金

对于非钣金功能创建的特征或者通过输入的无参数钣金件，如果需要对其进行折弯或展开，必须先标记切口和标记折弯面，可以单独标记切口和标记折弯面，或直接利用转换为钣金命令来转换。

单击工具栏中的【钣金】→【转化】→【转换为钣金】功能图标，系统弹出“转换为钣金”对话框，如图 8-24 所示，根据需要来标记切口和标记折弯面。添加切口和折弯面后，将实体转换为钣金，展开的效果如图 8-25 所示（练习文件：配套素材\EX\CH8\8-7.Z3）。

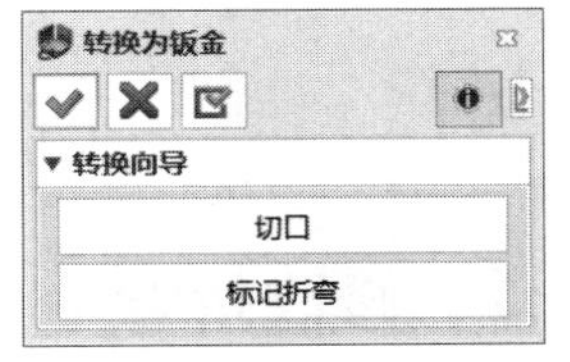

图 8-24 “转换为钣金”对话框

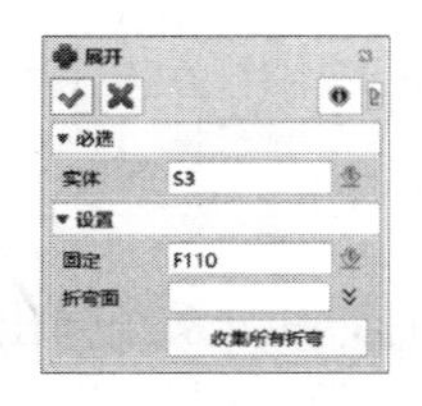

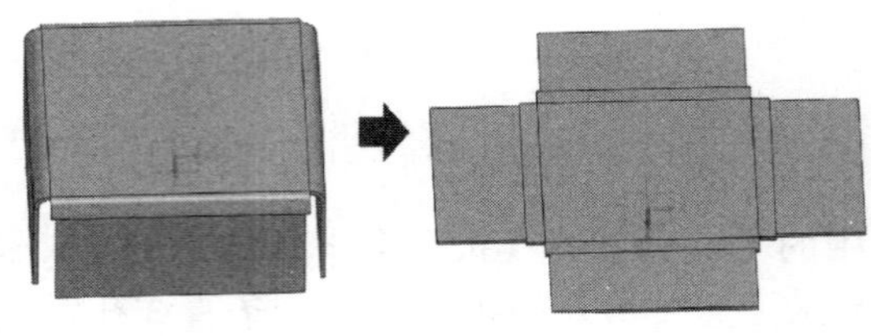

（扫码获取素材）

图 8-25 转换为钣金后的展开效果

8.8.2 切口

单击工具栏中的【钣金】→【转化】→【切口】功能图标，或通过“转换为钣金”对话框调用，系统弹出“切口”对话框，如图 8-26 所示，切口平齐方式有“双向”“向左”“向右”3 种（练习文件：配套素材\EX\CH8\8-7.Z3）。

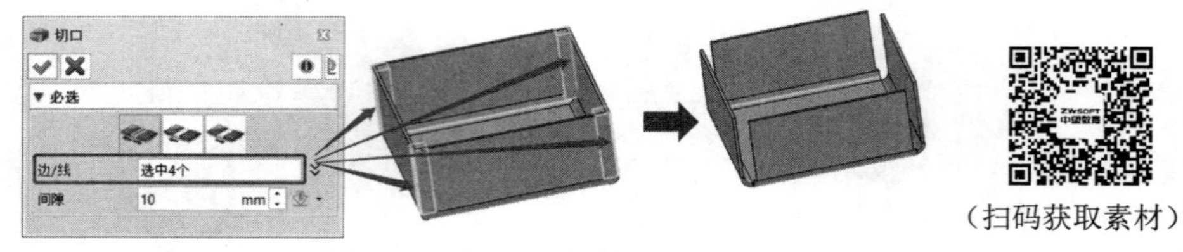

（扫码获取素材）

图 8-26 “切口”对话框

8.8.3 标记折弯

单击工具栏中的【钣金】→【转化】→【标记折弯】功能图标，系统弹出“标记折弯”对话框，如图 8-27 所示（练习文件：配套素材\EX\CH8\8-7.Z3）。

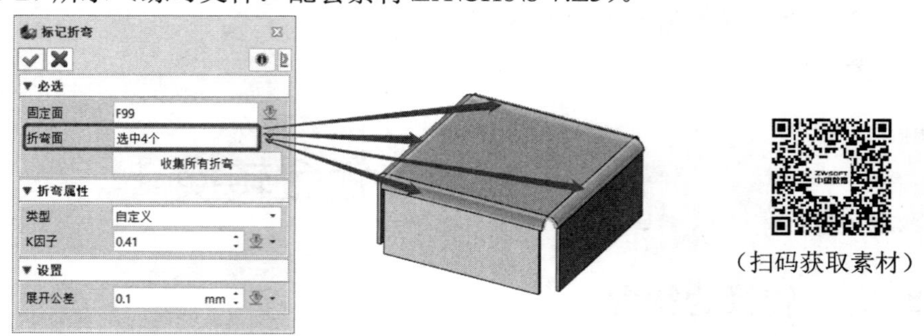

（扫码获取素材）

图 8-27 “标记折弯”对话框

8.9 其他功能

8.9.1 修改折弯

单击工具栏中的【钣金】→【折弯】→【修改折弯】功能图标，系统弹出“修改折弯”对话框，如图 8-28 所示，通过该功能可以改变现有钣金的折弯半径和角度（练习文件：配套素材\EX\CH8\8-4.Z3）。

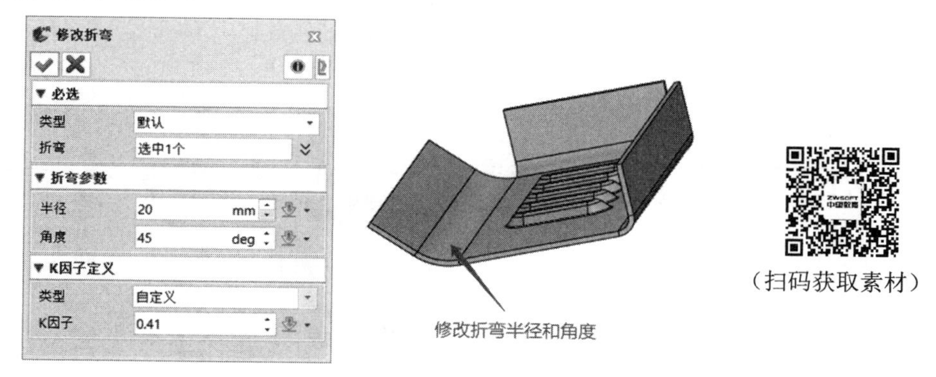

图 8-28 “修改折弯”对话框

8.9.2 折弯信息

单击工具栏中的【钣金】→【折弯】→【显示折弯信息】功能图标，系统弹出“显示折弯信息”对话框，如图 8-29 所示。通过该功能可以显示所选钣金折弯的相关信息，相关属性的默认值可通过“钣金属性”对话框来设定。用户既可以选择内折弯面，也可以选择外折弯面（练习文件：配套素材\EX\CH8\8-4.Z3）。

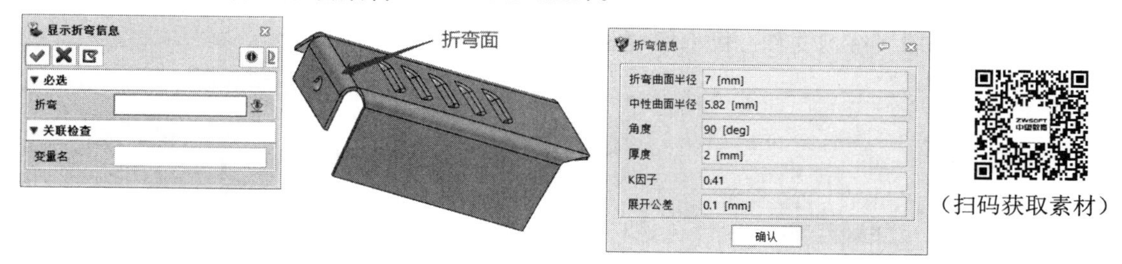

图 8-29 “显示折弯信息”对话框

8.9.3 设定钣金固定面

单击工具栏中的【钣金】→【折弯】→【设定钣金固定面】功能图标，使用该功能设置钣金件的固定面。当零件折叠或展开时，固定面始终保持不变。如果不设定固定面，系统默认最大表面积的面为固定面。在使用钣金折叠/展开命令时，还可以设置或修改固定面。

在执行展开操作时选择的第一个固定面，会在之后的展开或折叠操作中记录下来。如果需要改变钣金固定面，可以重新定义或更改固定面。

8.9.4 线性展开

单击工具栏中的【钣金】→【折弯】→【线性展开】功能图标，系统弹出“线性展开”对话框，如图 8-30 所示。通过该功能可以部分展开钣金或修改钣金折弯角度，修改钣金折弯角度功能与【修改折弯】相似。还可以添加一个新的成型状态，达到生成钣金折弯加工过程中各个步骤的折弯钣金零件（练习文件：配套素材\EX\CH8\8-2.Z3）。

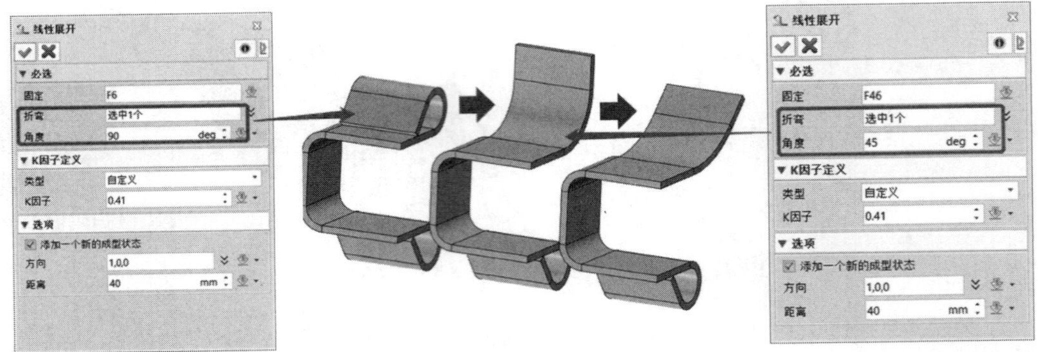

图 8-30 “线性展开”对话框

（扫码获取素材）

8.9.5 法向除料

单击工具栏中的【钣金】→【编辑】→【法向除料】功能图标，系统弹出“法向除料”对话框，如图 8-31 所示。通过该功能可以沿某个特定方向切除钣金材料，但切口方向与钣金平面垂直。切口与实体功能的【拉伸】有差异，切口有“垂直于两板面”和“垂直于中间面”两个选项（练习文件：配套素材\EX\CH8\8-3.Z3）。

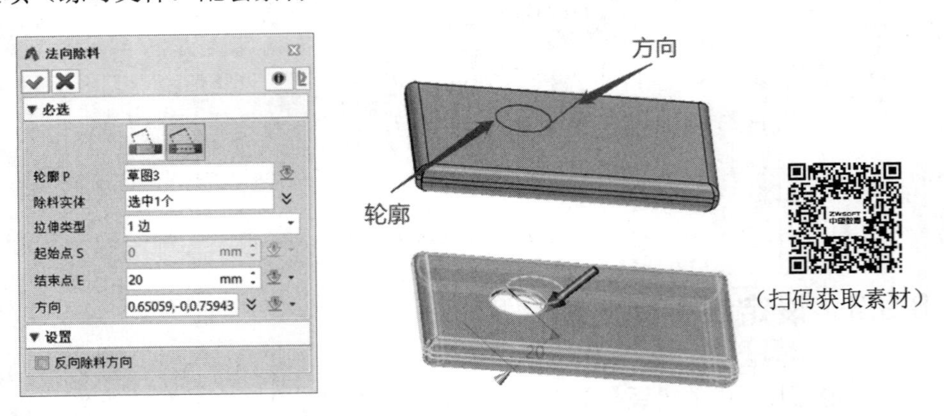

（扫码获取素材）

图 8-31 法向除料

- **轮廓：** 选择要投影的轮廓，或单击中键创建特征草图，也可选择一个现有草图。
- **除料实体：** 选择要去除材料的钣金结构造型实体。
- **拉伸类型：** 拉伸的方式有“1 边”“2 边”“对称”3 种方式。
- **起始点/结束点：** 拉伸特征的开始和结束位置。可输入精确的值，或在屏幕上拖动光标实时预览，也可单击右键来显示额外的输入选项。
- **方向：** 投影方向，默认方向为草图平面的法向。
- **反向切除方向：** 勾选该选项，将反向去除钣金另一侧的材料。

8.9.6 拉伸成型

单击工具栏中的【钣金】→【成型】→【拉伸成型】功能图标，系统弹出“拉伸成型”对话框，如图 8-32 所示，该功能相当于对模具冲压成型，通过现有实体来拉伸钣金表面（练习文件：配套素材\EX\CH8\8-4.Z3）。

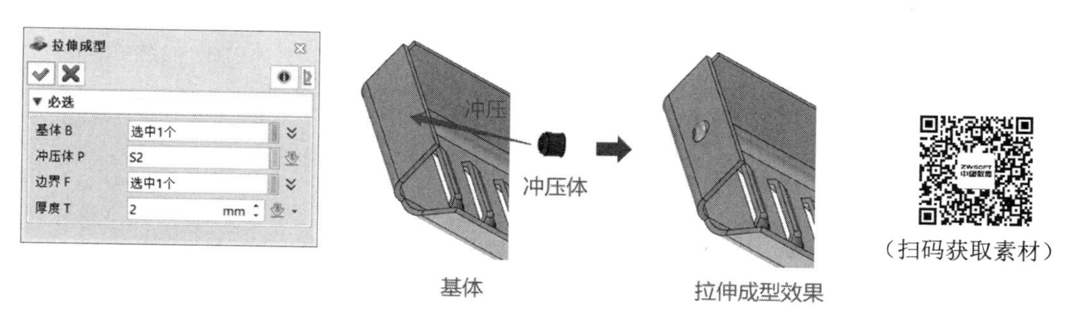

图 8-32 “拉伸成型”对话框

8.10 钣金设计实例

本例完成如图 8-33 所示的钣金零件，具体操作步骤如下。

（1）新建一个文件，创建拉伸钣金。选择【钣金】→【基体】→【拉伸平钣】命令，单击鼠标右键，系统弹出创建草图对话框，选择 XY 平面作为草绘面，临时创建拉伸草图，绘制草图如图 8-34 所示。退出草图，输入厚度 2mm，其余使用默认值。完成拉伸平钣如图 8-35 所示（练习文件：配套素材\EX\CH8\8-8.Z3）。

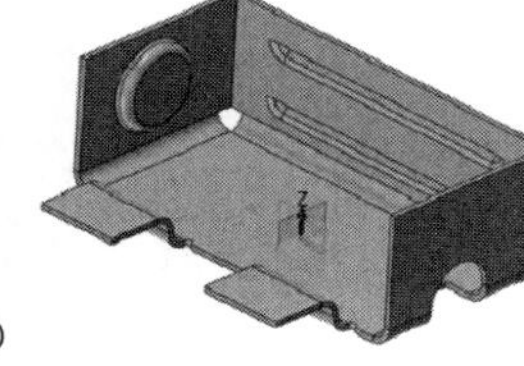

图 8-33 钣金零件实例图

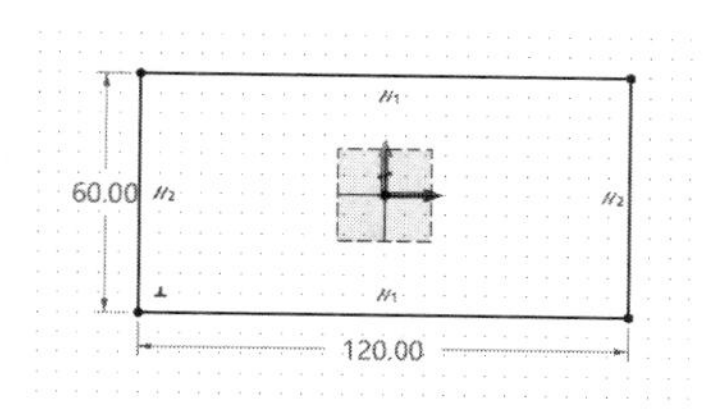

图 8-34 绘制草图

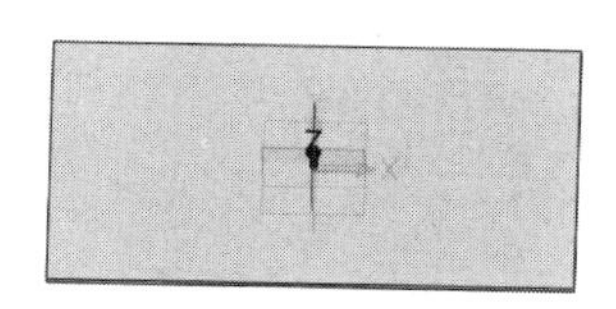

图 8-35 拉伸钣金

（2）创建局部凸缘。选择【钣金】→【钣金】→【局部凸缘】命令，边选择拉伸平钣的长边，起始距离 10mm，宽度 30mm，折弯类型选择 S 折弯，长度 20mm，其余选项采用默认值，如图 8-36 所示。

（3）采用相同的方法，选择边后切换方向，完成另一个局部凸缘的创建，如图 8-37 所示。

（4）创建全凸缘。选择【钣金】→【钣金】→【全凸缘】命令，选择其余三条边，设置长度为 40mm，其余采用默认值，效果如图 8-38 所示。

（5）创建闭合角。选择【钣金】→【角部】→【闭合角】命令，两条闭合转角边都选择内边或都选择外边，重叠设置为“对接”，如图 8-39 所示。采用同样的方法，完成另一个闭合角的创建。

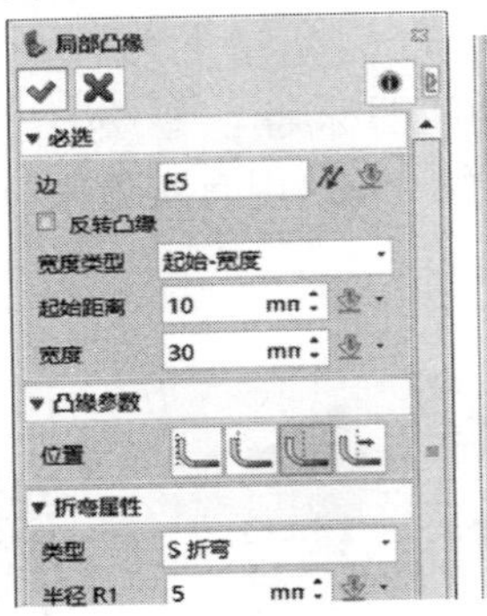

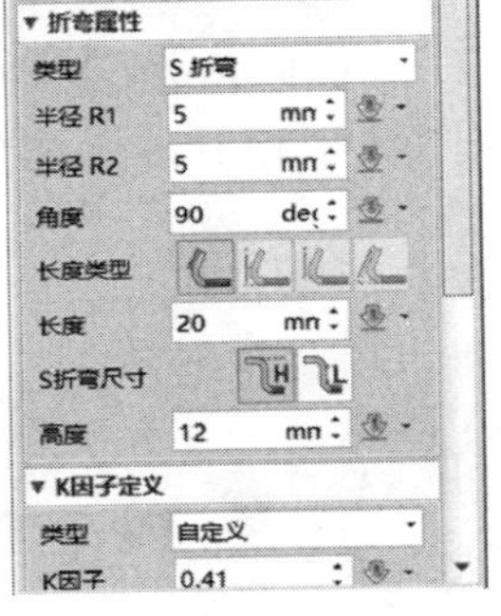

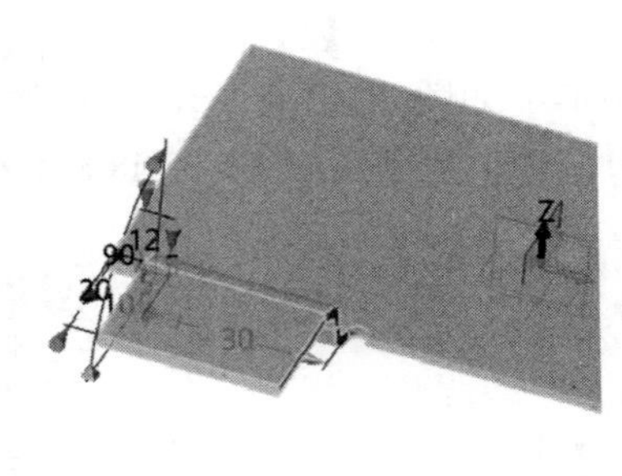

图 8-36 “局部凸缘”对话框 1

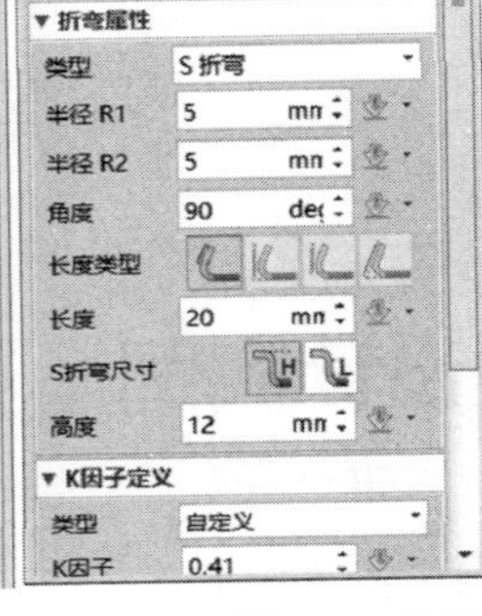

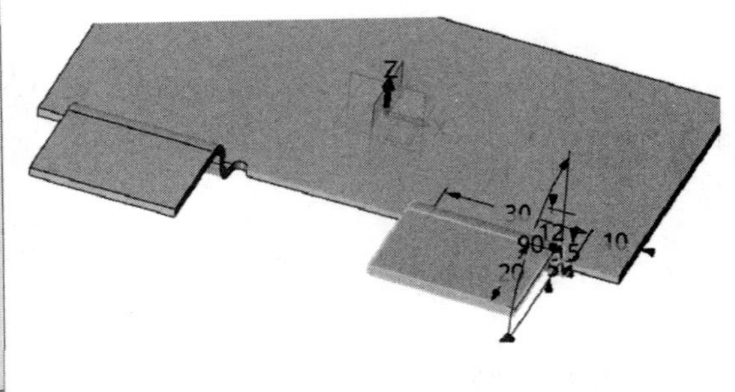

图 8-37 “局部凸缘”对话框 2

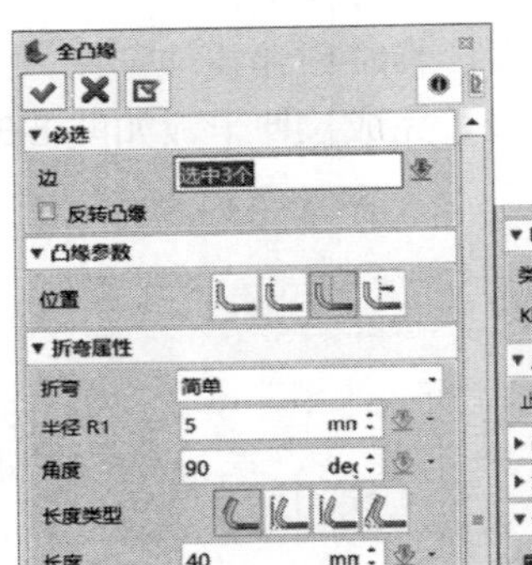

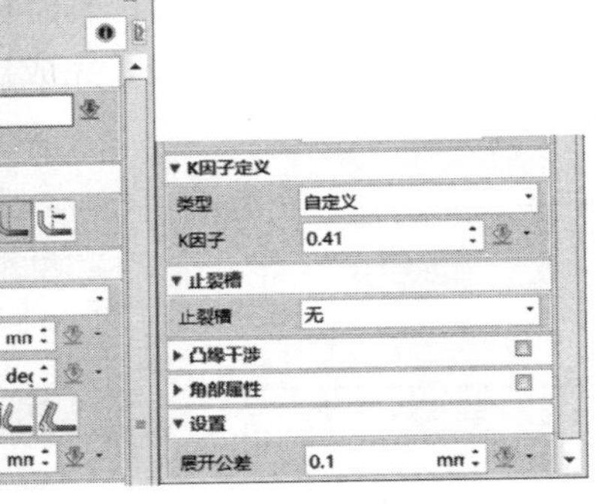

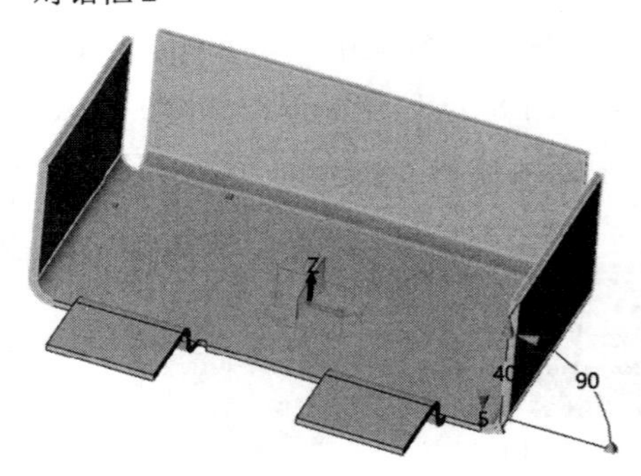

图 8-38 全凸缘效果图

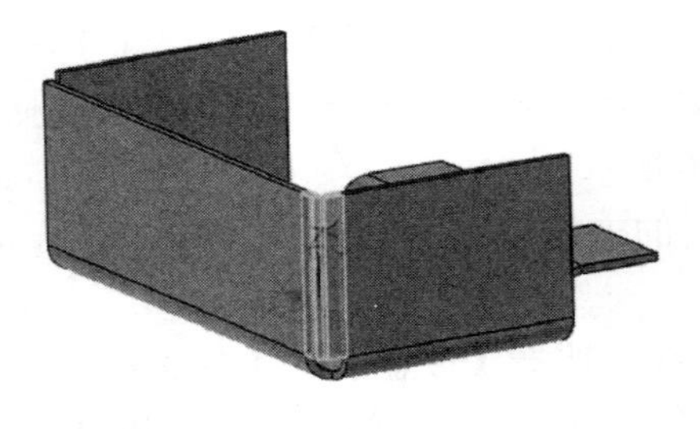

图 8-39 创建闭合角效果图

（6）创建凹陷特征。选择【钣金】→【成型】→【凹陷】命令，选择如图 8-40 所示的面为凹陷面，单击鼠标中键，临时创建凹陷轮廓。选择凹陷面为草图平面，绘制凹陷草图轮廓如图 8-41 所示。

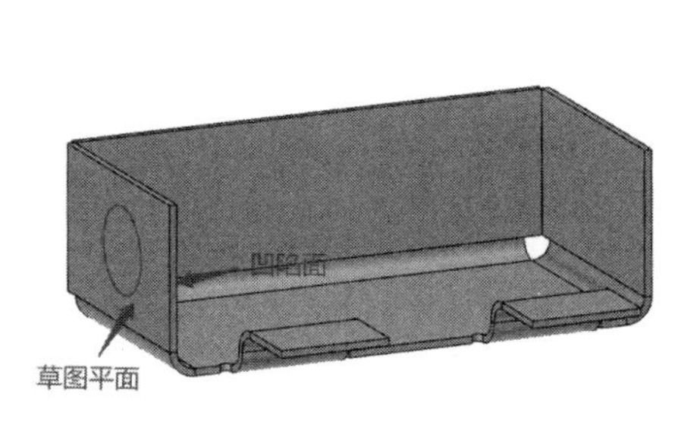

图 8-40 选择凹陷面

图 8-41 绘制凹陷草图

（7）退出草图，系统回到创建凹陷特征界面，将 H（高度值）设置为 4mm，其余采用默认值，如图 8-42 所示。单击“确定”按钮，完成效果如图 8-43 所示。

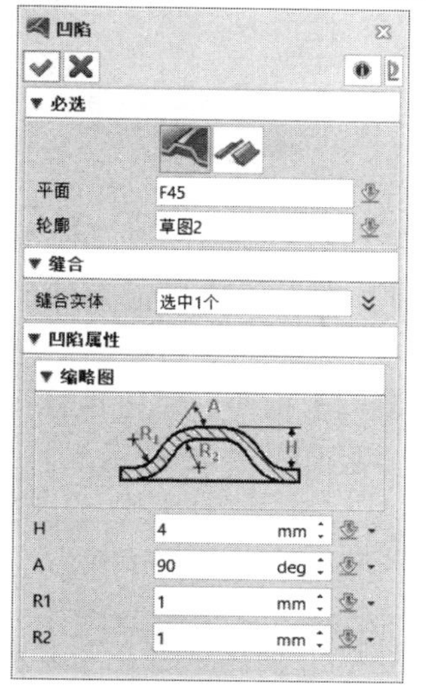

图 8-42 创建凹陷特征界面

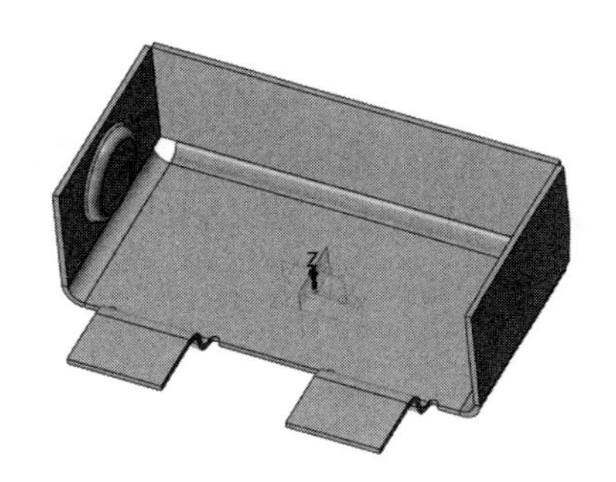

图 8-43 凹陷特征效果图

（8）创建百叶窗。选择【钣金】→【成型】→【百叶窗】命令，选择如图 8-44 所示的面为创建百叶窗的面，单击鼠标中键，临时创建百叶窗轮廓。选择百叶窗面为草图平面，绘制草图轮廓如图 8-45 所示。

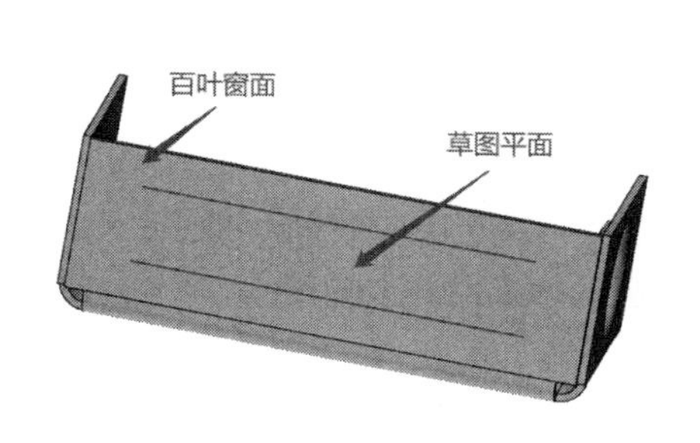

图 8-44 选择百叶窗面

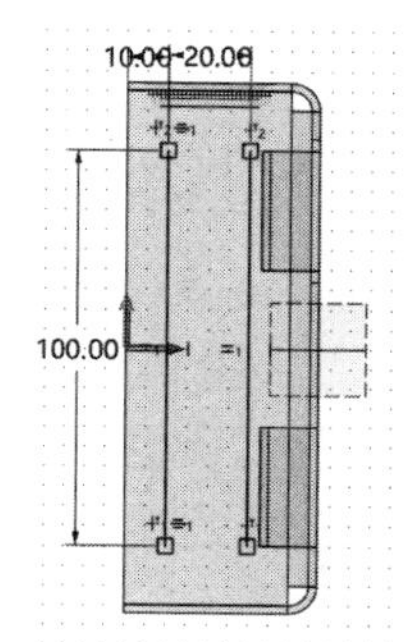

图 8-45 百叶窗草图轮廓

（9）退出草图，系统回到“百叶窗”对话框，采用默认值，如图 8-46 所示。单击“确定”按钮，完成效果如图 8-47 所示。

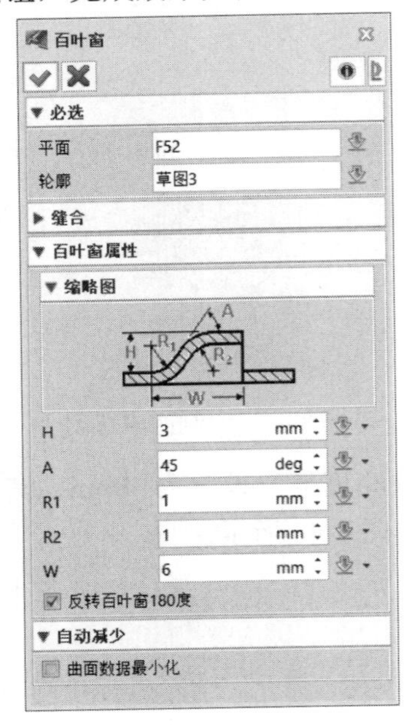

图 8-46 “百叶窗”对话框

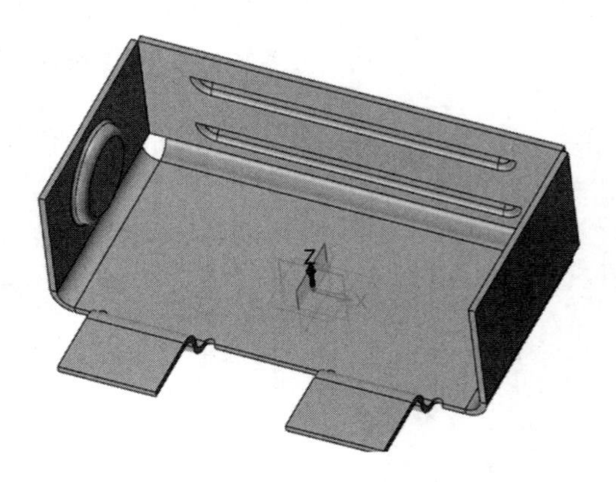

图 8-47 百叶窗效果图

（10）展开钣金。选择【钣金】→【折弯】→【展开】命令，选择钣金件，选择底面为固定面，完成效果如图 8-48 所示。

（11）法向除料。选择【钣金】→【编辑】→【法向除料】命令，单击鼠标中键，系统弹出“创建草图”对话框，选择 XY 平面作为草绘面，绘制草图如图 8-49 所示。

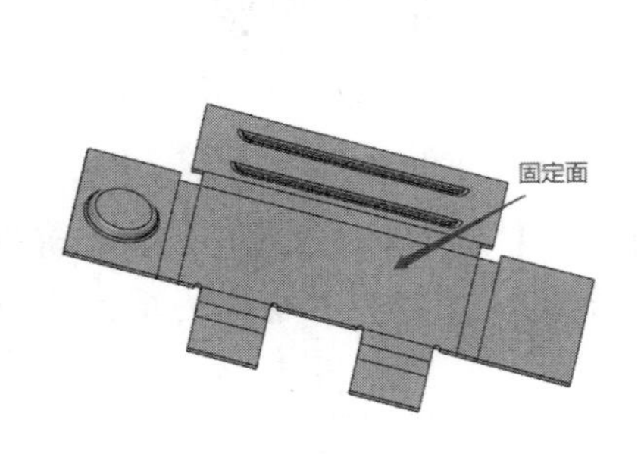

图 8-48 展开钣金效果图

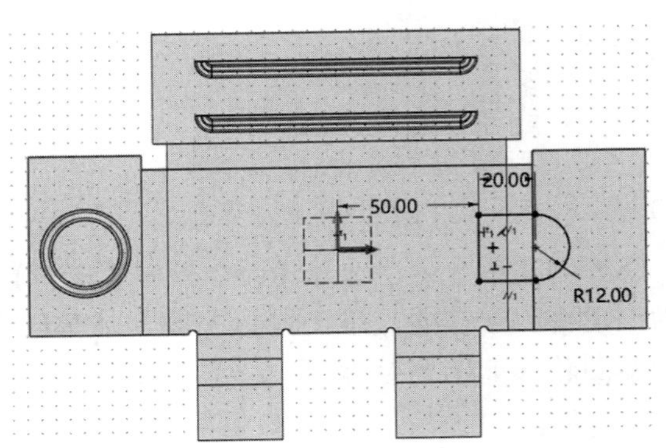

图 8-49 绘制草图

（12）退出草图，系统回到“法向除料”对话框。拉伸类型选择“1 边”，在结束点的输入栏输入-5mm，如图 8-50 所示。单击“确定”按钮，完成效果如图 8-51 所示。

（13）折叠钣金。选择【钣金】→【折弯】→【折叠】命令，选择钣金件，设定底面为固定面，完成的最终效果如图 8-52 所示。

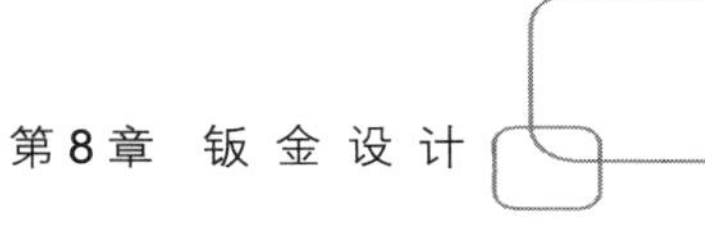

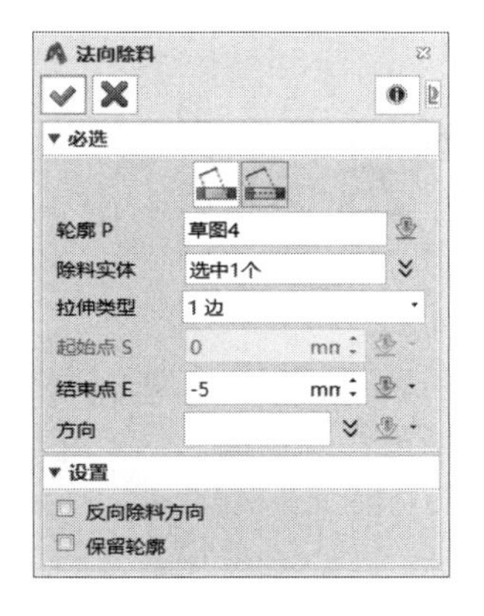

图 8-50　法向除料

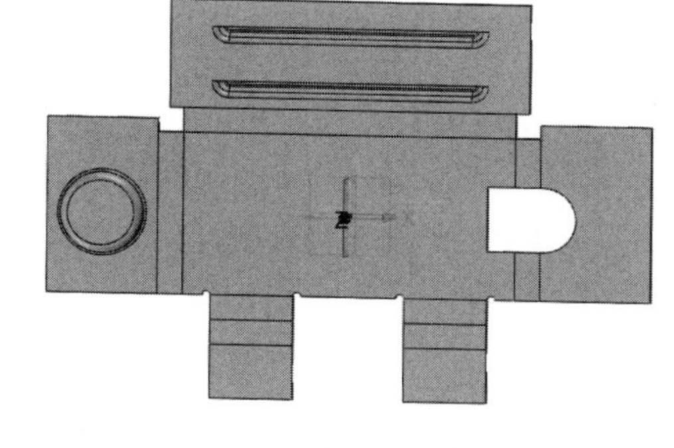

图 8-51　法向除料效果图

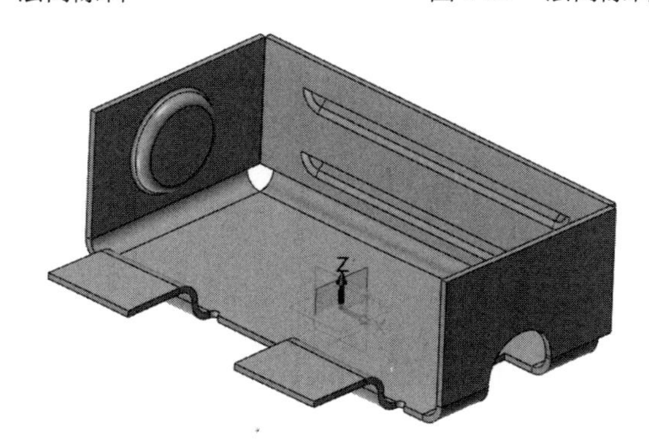

图 8-52　钣金零件的最终效果图

8.11　思考与练习

8-1 中望 3D 能否按照自定义的直线折弯？如何实现？

8-2 中望 3D 是否可以对无参数的钣金件进行展开/折叠？如何实现？

8-3 在中望 3D 中如何快速修改折弯半径和折弯角度？

8-4 使用中望 3D 钣金功能自行设计一个电脑机箱。

第9章　点　　云

中望 3D 提供了针对点云的处理工具，可直接导入抄数机或扫描机所生成的点数据文件，同时支持从 TXT.ASCII 等文件中输入点数据。提供对点数据进行处理的工具，支持从点云数据直接生成曲面，完成产品的反求造型设计。中望 3D 的点云功能工具如图 9-1 所示。

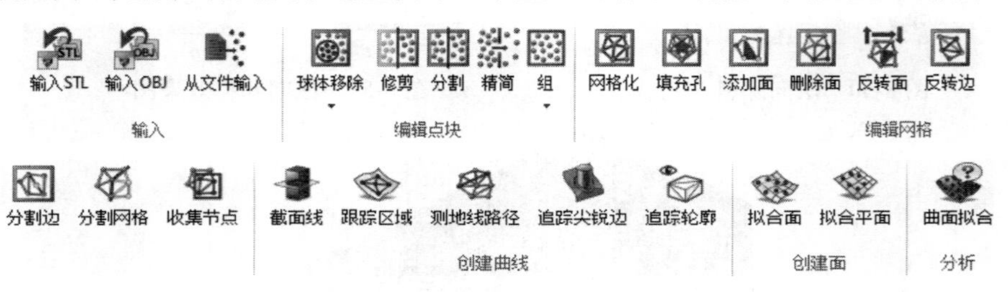

图 9-1　点云功能工具

9.1　输入点数据

9.1.1　从文件输入点

在中望 3D 中，除可以通过【文件】→【输入】功能导入 STL、IGES 等常用三维转换格式的点数据外，还支持直接输入 TXT、ASCII、DAT 等文件中的点坐标数据，这些点数据均可以用点云模块提供的工具进行处理，并用于造型设计。

图 9-2 “从文件输入”对话框

单击工具栏中的【点云】→【从文件输入】功能图标，系统弹出“从文件输入”对话框（如图 9-2 所示），同时弹出“选择文件...”对话框（如图 9-3 所示），可以通过该对话框选择一个点坐标文件，将该点数据导入。

在点文件中可以包含由“#”号开头的注释说明，或将点坐标分成多个组，如图 9-4 所示。当选择了一个点数据文件后，系统回到“从文件输入”对话框，单击“确定”按钮即可。

- **生成点块**：勾选该复选框，系统将导入的点自动生成点块，否则导入的点为各自独立的点。

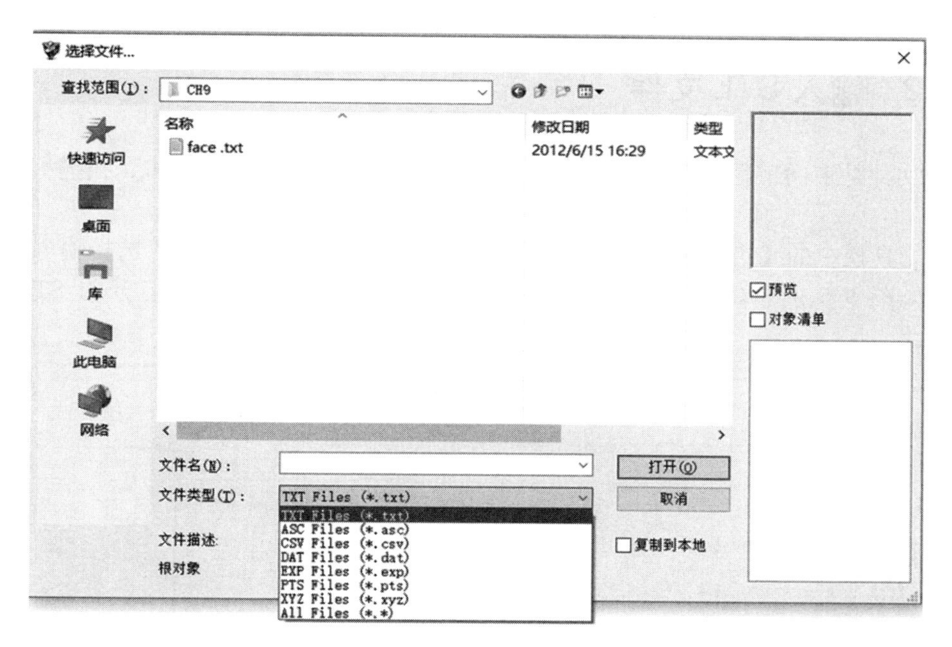

图 9-3　“选择文件...”对话框

经验参考：当导入的点数量比较多时，使用“生成点块”选项可以减少特征对内存的消耗。否则，可能会影响计算机的运行速度。

- **减少点集：**勾选该复选框，系统将按设定的公差减少点云文件中使用的点的数量，中望 3D 最多可以对 5 000 万个点进行减少处理。可手工输入一个公差值或用系统的自动公差来减少点数据。

【从文件输入点】操作步骤如下。

➢ 新建一个文件。单击【从文件输入】功能图标。

➢ 系统依次弹出“从文件输入”和“选择文件...”对话框，选择配套素材中的练习文件\EX\CH9\face.txt，单击“打开”按钮。

➢ 系统返回到“从文件输入”对话框，勾选“生成点块”复选框。

➢ 单击“确定”按钮，完成操作，导入的点数据如图 9-5 所示。

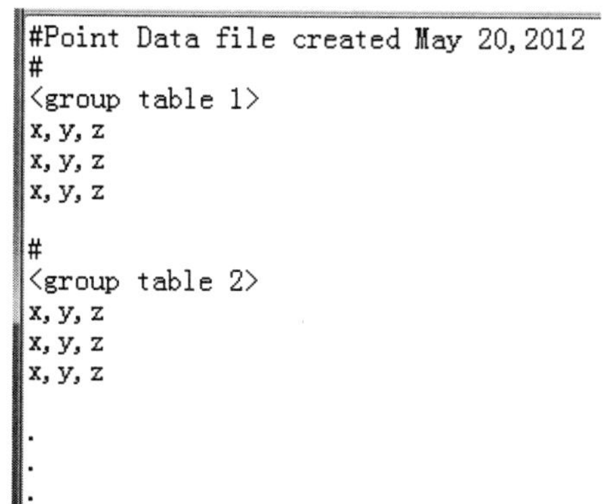

#Point Data file created May 20,2012
#
<group table 1>
x,y,z
x,y,z
x,y,z

#
<group table 2>
x,y,z
x,y,z
x,y,z

.
.
.

图 9-4　点文件的格式

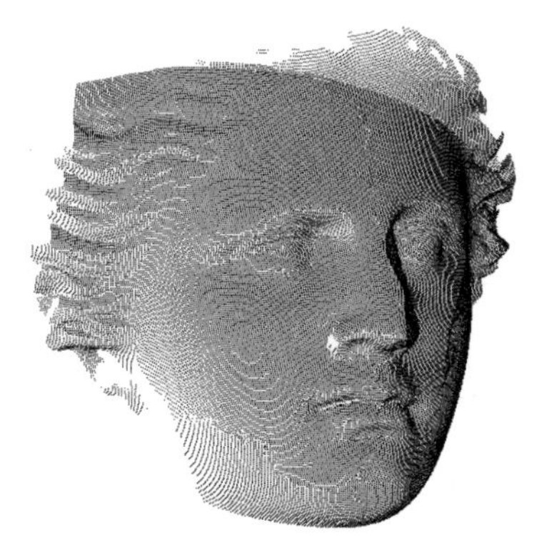

图 9-5　导入的点数据

9.1.2 输入 STL 文件

STL 文件是逆向工程中常用的一种数据文件格式，例如，通过抄数机、扫描机等得到的数据。

单击工具栏中的【点云】→【输入 STL】功能图标，系统弹出“选择输入文件…”对话框，如图 9-6 所示。选择配套素材中的练习文件\EX\CH9\9-1.stl，打开的 STL 文件如图 9-7 所示。

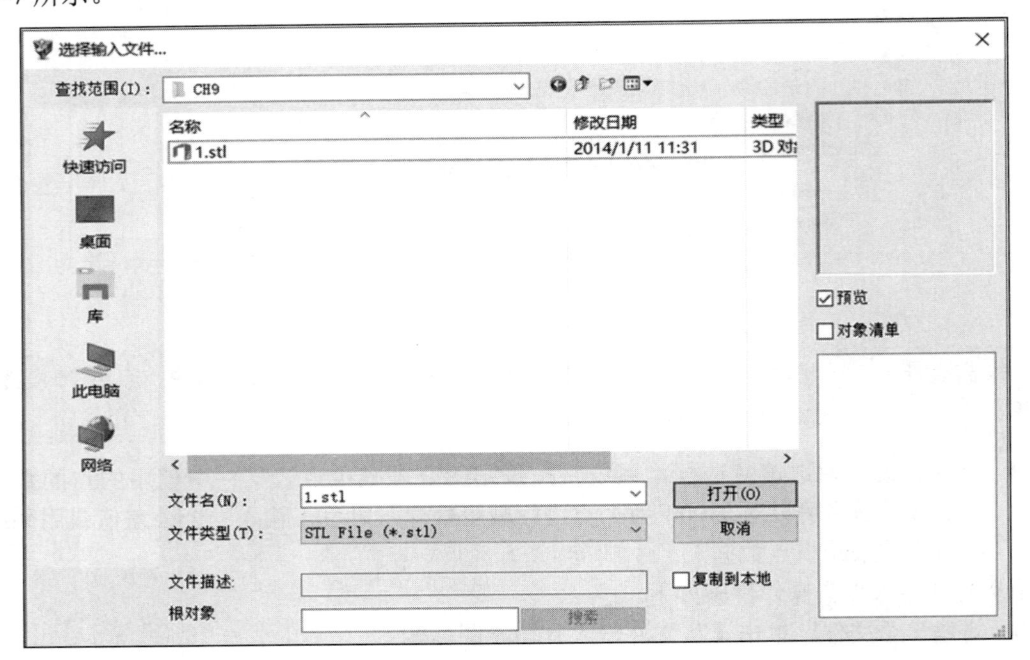

图 9-6 “选择输入文件…”对话框

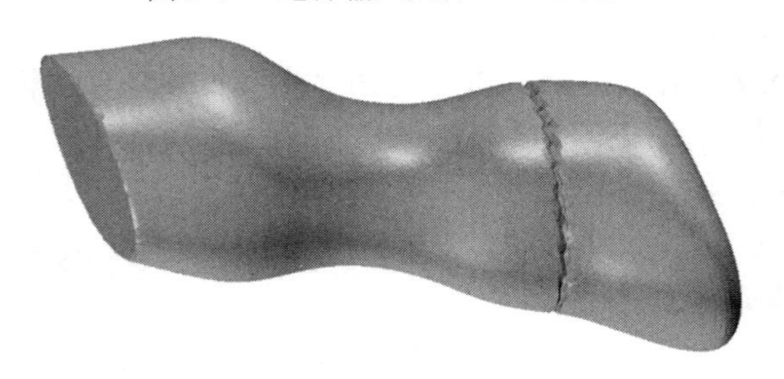

图 9-7 打开的 STL 数据

9.1.3 输入 OBJ 文件

OBJ 文件是一种标准的 3D 模型文件格式，很适合用于 3D 软件模型之间的互导。

单击工具栏中的【点云】→【输入 OBJ】功能图标，系统弹出“OBJ 文件导入”对话框，如图 9-8 所示。选择配套素材中的练习文件\EX\CH9\9-2.obj，打开的 OBJ 文件模型如图 9-9 所示。

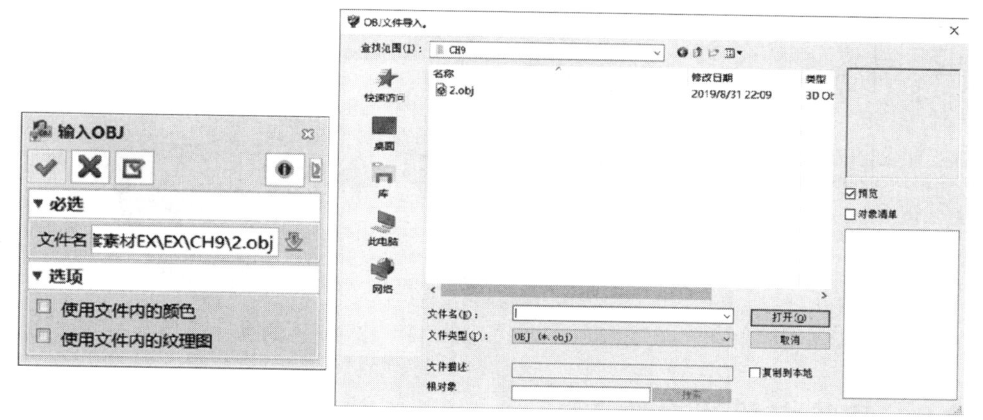

图 9-8 “OBJ 文件导入”对话框

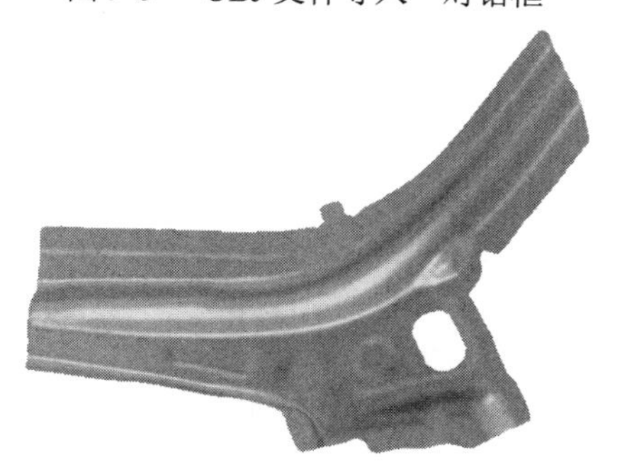

（扫码获取素材）

图 9-9 打开的 OBJ 文件模型

- **使用文件内的颜色**：当勾选该复选框时，显示文件内的颜色。
- **使用文件内的纹理图**：当勾选该复选框时，显示文件内的纹理图。

9.2 点数据处理

9.2.1 移除球体内的点

单击工具栏中的【点云】→【球体移除】功能图标，系统弹出“球体移除”对话框，如图 9-10 所示。通过该功能，可以定义 1 个点，并以这个点为中心产生有一定半径的球体（半径可以自定义），将球体内的点移除，如图 9-11 所示（练习文件：配套素材\EX\CH9\9-3.Z3）。

- **边界**：定义球体的半径。
- **删除输入点**：当勾选该复选框时，执行该该命令后，系统自动将球体内的点删除。否则，只将点分割。

操作步骤如下：

➢ 打开点云文件，单击【球体移除】功能图标。

➤ 系统弹出“球体移除”对话框，在绘图区选择需要移除点的位置。
➤ 在“边界”选项中设置球体半径值。
➤ 单击“确定”按钮，完成操作。

图 9-10 “球体移除”对话框

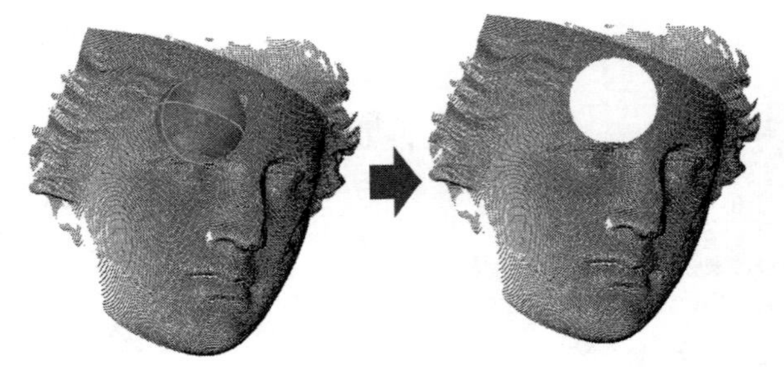

图 9-11 移除球内的点

9.2.2 移除多段线内的点

单击工具栏中的【点云】→【多段线移除】功能图标，系统弹出“多段线移除”对话框，如图 9-12 所示。通过该功能，可以定义多个点，通过这些点连成多段线，并将多段线内或多段线外的点删除（当定义的多段线为开放线时，系统自动将首尾两个点连接起来形成封闭的多段线），如图 9-13 所示（练习文件：配套素材\EX\CH9\9-3.Z3）。

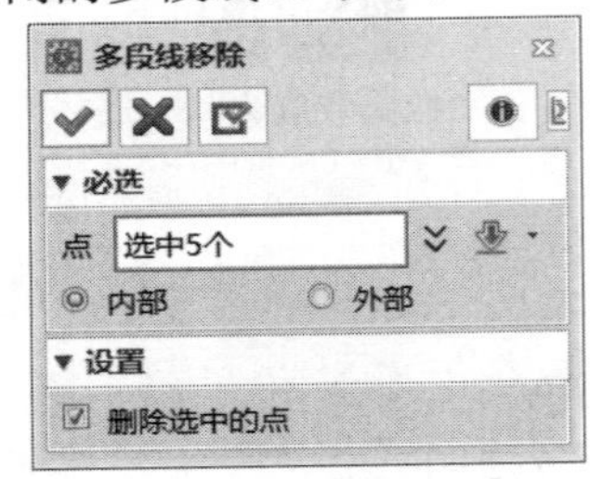

图 9-12 “多段线移除”对话框

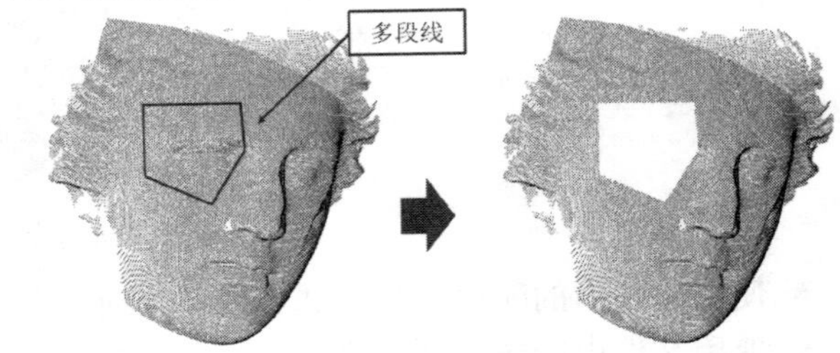

图 9-13 移除多段线内的点

9.2.3 移除六面体内的点

单击工具栏中的【点云】→【六面体移除】功能图标，系统弹出“六面体移除”对话框，如图 9-14 所示。通过该功能，可以定义 1 个点，并以这个点为中心产生有一定长宽高的六面体，将六面体内的点移除，如图 9-15 所示（练习文件：配套素材\EX\CH9\9-3.Z3）。

图 9-14 “六面体移除”对话框

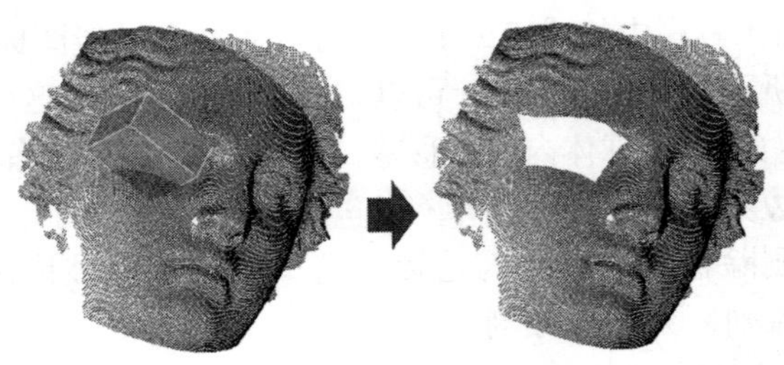

图 9-15 移除六面体内的点

9.2.4 组

单击工具栏中的【点云】→【组】功能图标，系统弹出“组”对话框，如图 9-16 所示。通过该功能，可以将一组独立的点或将 STL 数据组合成一个点块。如图 9-17 所示为一个点块，由 59437 个点组成（练习文件：配套素材\EX\CH9\9-4.Z3）。

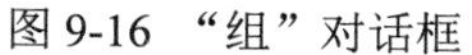
图 9-16 “组”对话框

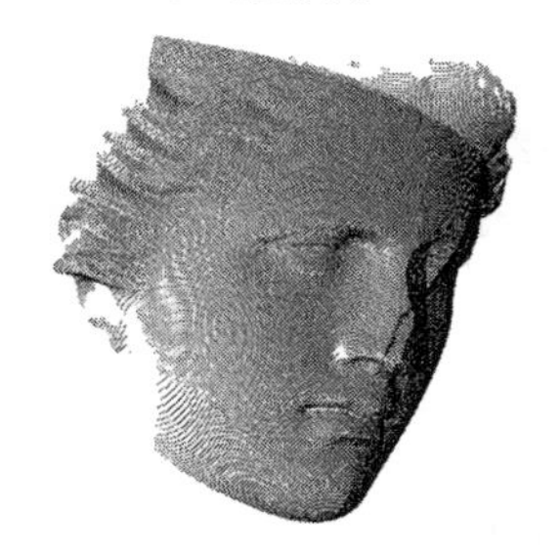
图 9-17 点块（由 59437 个点组成）

- **删除输入点：** 当勾选该复选框时，执行组合点命令后，系统自动将原有的点删除。否则，保留原有的点。
- **减少点集：** 当勾选该复选框时，通过设定公差来调整输入点的数量。

9.2.5 炸开

单击工具栏中的【点云】→【炸开】功能图标，系统弹出“炸开”对话框，定义一个或多个点块，可以将点云炸开成独立的点。具体操作方法与“组”功能相同。

经验参考： 系统默认将点块以“小点”的方式显示，将独立的点以“小圆圈”的方式显示。当点比较多时，小圆圈看起来非常密集，可以通过下拉菜单功能【属性】→【点】来修改点的显示类型。

9.2.6 分割点块

单击工具栏中的【点云】→【分割】功能图标，系统弹出“分割”对话框，如图 9-18 所示。通过该功能可以将点块以一个平面来进行分割，如图 9-19 所示（练习文件：配套素材\EX\CH9\9-5.Z3）。

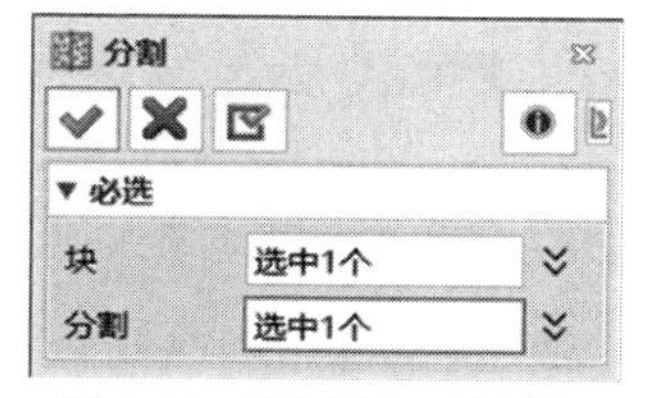

图 9-18 “分割”对话框

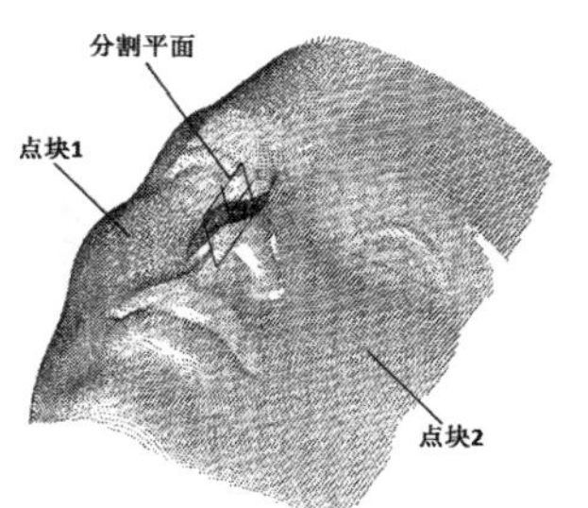

图 9-19 用平面分割点块

9.2.7 修剪点块

单击工具栏中的【点云】→【修剪】功能图标，系统弹出“修剪”对话框，如图 9-20 所示。通过该功能可以将点块以一个平面来进行修剪，如图 9-21 所示（练习文件：配套素材\EX\CH9\9-5.Z3）。

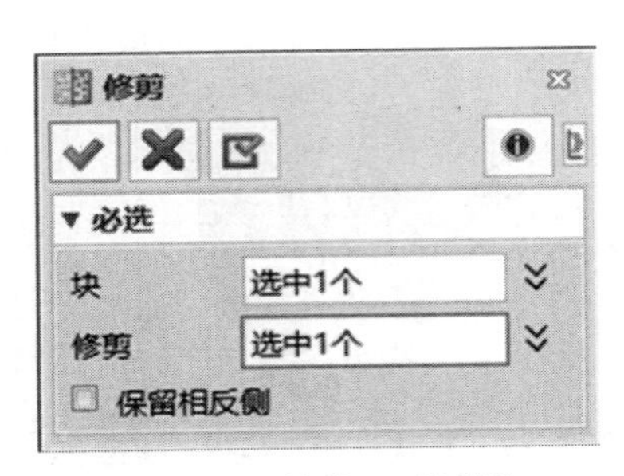

图 9-20 “修剪”对话框

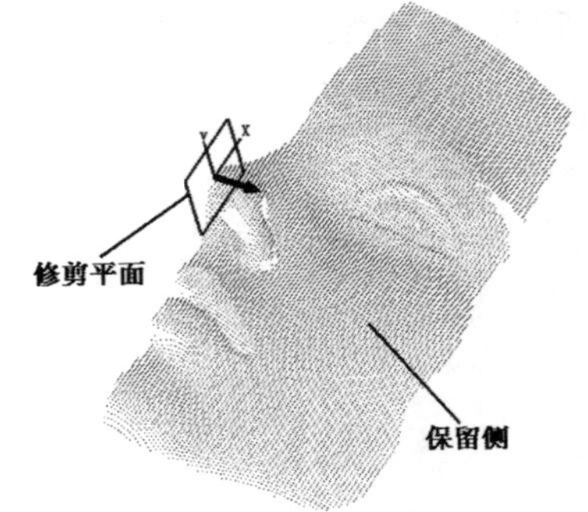

图 9-21 用平面修剪点块

● **保留相反侧**：在定义修剪平面后，系统默认有一个保留方向。如勾选该复选框，系统将会保留相反侧（箭头指向的方向为保留方向）。

操作步骤如下：

➢ 打开点云文件，单击工具栏中的【点云】→【修剪】功能图标。
➢ 系统弹出“修剪”对话框，在绘图区选择要修剪的点块。
➢ 单击鼠标中键确定修剪平面，或将鼠标切换到对话框的“修剪”栏，在绘图区选择一个修剪平面。
➢ 勾选“保留相反侧”复选框，保留自己需要的区域（箭头指向为保留方向）。
➢ 单击“确定”按钮，完成操作。

9.2.8 精简点数据

单击工具栏中的【点云】→【精简】功能图标，系统弹出“精简”对话框，如图 9-22 所示。通过该功能可以按照设定的公差来调整点的数量，如图 9-23 所示，以自动公差方式调整点后，点数由原来的 30 900 个点减少为 7 240 个点（练习文件：配套素材\EX\CH9\9-5.Z3）。

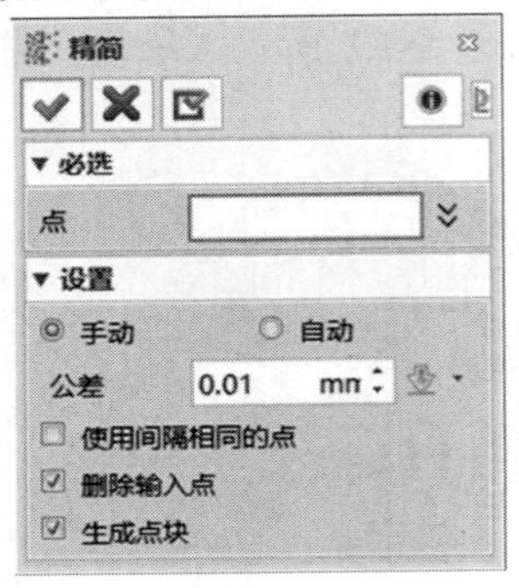

图 9-22 “精简”对话框

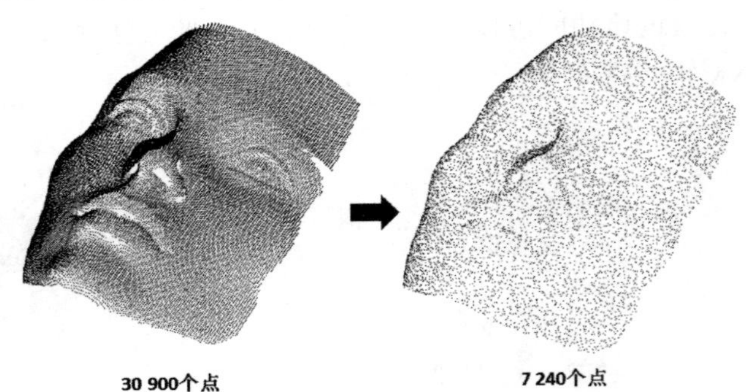

图 9-23 减少点数据

- **使用间隔相同的点：** 勾选该复选框，系统将所有保留的点等距排列。
- **生成点块：** 勾选该复选框，系统将所有保留的点生成为一个点块。否则，生成各自独立的点。

操作步骤如下：

➢ 打开点云文件，单击工具栏中的【点云】→【精简】功能图标。
➢ 系统弹出“精简”对话框，在绘图区选择一个点块。
➢ 选择手动的方式输入一个公差值，或者选择自动的方式用系统自动公差。
➢ 根据需要设置其他相关参数。
➢ 单击“确定”按钮，完成操作。

9.3 网格操作

9.3.1 网格化

中望 3D 提供了一个网格化功能，该功能可以将三维点数据网格化，进而网格化为相互联系的可遍历的顶点和边，相连的边组成一系列的三角形。网格化一个 STL 数据集最后可以得到一个完全相同的三角形集，它们是完全相连和缝合在一起的（即没有重叠边或多余的顶点），这样就提供了一种结构化的方法来遍历随机的输入数据，以便后续处理（练习文件：配套素材\EX\CH9\9-5.Z3）。

单击工具栏中的【点云】→【网格化】功能图标，系统弹出“网格化”对话框，如图 9-24 所示。通过该功能可以将点云转化为 STL 数据，如图 9-25 所示。

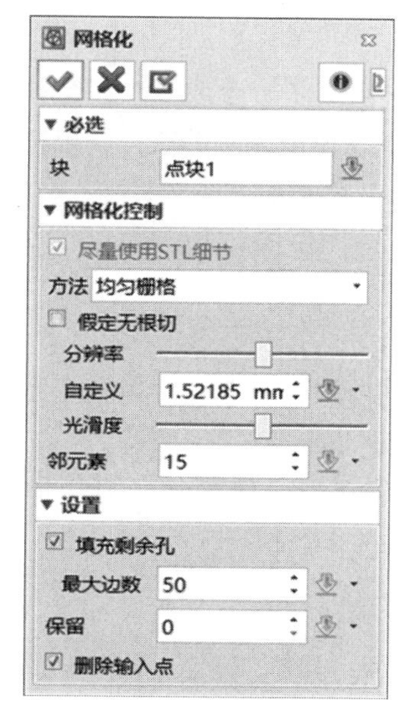

图 9-24 “网格化”对话框

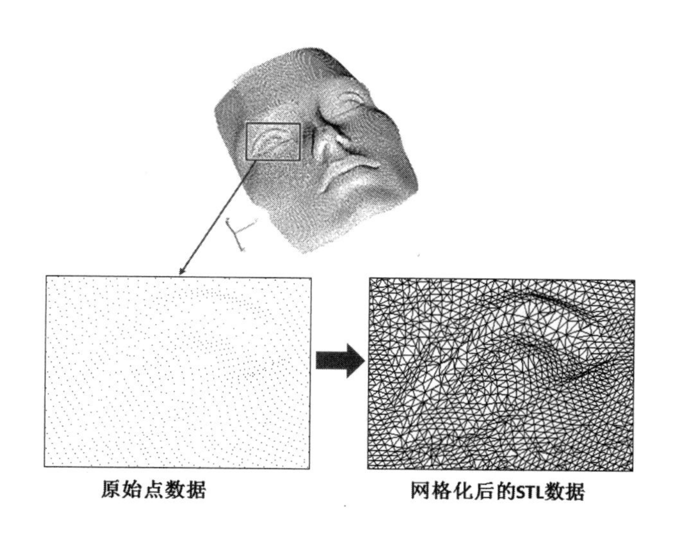

图 9-25 网格化数据

- **尽量使用 STL 细节**：勾选该复选框，系统将以原始（最大）细致程度网格化输入的STL 对象。只有选择的对象为 STL 数据时，该选项才被激活。
- **方法**：定义网格化的方法，包括“均匀栅格”和“顶点”两种方法。这两种方法的主要区别在于原始顶点是否保留下来。原则上，“均匀栅格”能更好地从非常复杂的数据中生成闭合的实体，但是如果原始数据非常少的话，一些“网格”会非常明显。另外，在“均匀栅格”方法中，顶点没有被保留，它仅是接近拟合而已。如果原始数据较密集，用“均匀栅格”方法将非常接近于原始的点集。
  - **均匀栅格**：使输入的点数据保持完整，相互连接建立均匀的三角形。
  - **顶点**：建立大小均匀的网格，用于寻找一个接近的拟合覆盖曲面。因而产生的三角形顶点并不一定穿过原始的输入点。
- **假定无根切**：如果输入的点数据能够沿着一个方向作投影并且没有互相干扰，将利用一个优化的均匀栅格方法，来更快地生成结果。在选择均匀栅格方法时，该选项才被激活。
- **分辨率**：设置网格的分辨率。可以通过滑动条来调整或者在“自定义”选项输入一个值，该值越大，网格化越粗，精度就越低。在选择均匀栅格方法时，该选项才被激活。
- **光滑度**：设置网格的光滑度。该值越大，光滑度越好，但精度越低。在选择均匀栅格方法时，该选项才被激活。
- **邻元素**：该选项仅限于输入的点云数据，需要确定在组成三角形之前，连接点的边的数目。对于某一个点，它可以控制用多少个邻接点生成“备选的”边。邻接点越多，生成的边就会越多，也就意味着有更多、更有效的三角形。因此，越多的邻接点，丢失的三角形就会越少，但这样会影响系统的计算速度。
- **填充剩余孔**：勾选该复选框，在网格化之后，可以填充一些点块中余留的孔。
- **最大边数**：通过定义边数量来定义需要填充的孔。系统只对小于等于指定数量的网格化的边进行填充。
- **保留**：在网格化之后，可能仍然存在一些不需要的小块，组成了一个或多个完全独立的个体，如果该选项设置为零（默认值），系统自动处理需要保留或删除的块；如果指定了一个正值，系统会保留指定数量的个体（按尺寸大小排序），然后删除剩余的块。

9.3.2 填充孔

对于网格化的特征，如果存在破孔，可以通过【填充孔】进行填补，选择一条边，系统自动填充该边相邻的所有孔。

单击工具栏中的【点云】→【填充孔】功能图标，系统弹出“填充孔”对话框，如图 9-26 所示。选择一破孔边进行填充，如图 9-27 所示。

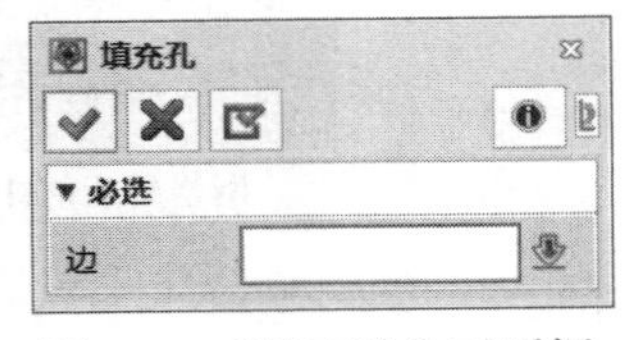

图 9-26 “填充孔”对话框

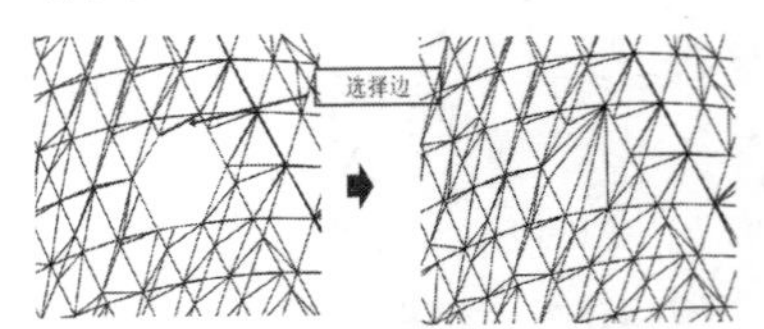

图 9-27 填充孔

9.3.3 添加面

对于网格化的特征，如果存在破孔，可以通过【添加面】进行填补，选择 3 个顶点，新增一个三角面片。

单击工具栏中的【点云】→【添加面】功能图标，系统弹出“添加面”对话框，如图 9-28 所示。选择 3 个顶点进行填充，如图 9-29 所示。添加的三角面片正面为 3 点顺时针所指方向。

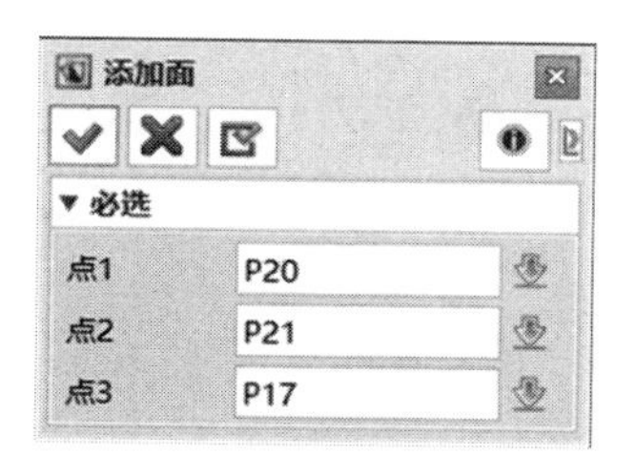

图 9-28 “添加面”对话框

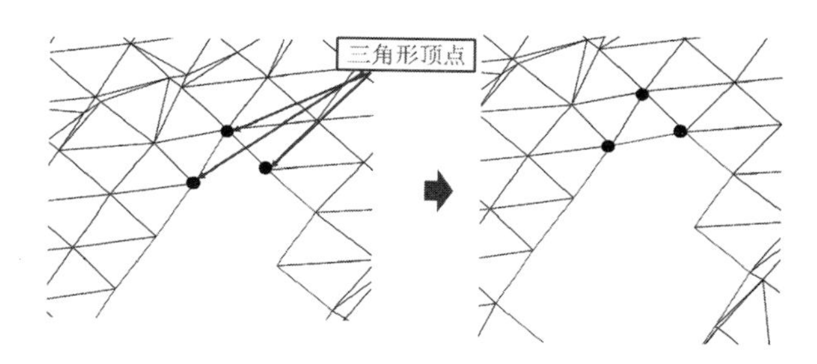

图 9-29 添加面

9.3.4 删除面

对于网格化的特征，可以通过【删除面】来删除一个或多个三角面片。

单击工具栏中的【点云】→【删除面】功能图标，系统弹出“删除面”对话框，如图 9-30 所示。选择一个或多个三角面片进行删除，如图 9-31 所示。

图 9-30 “删除面”对话框

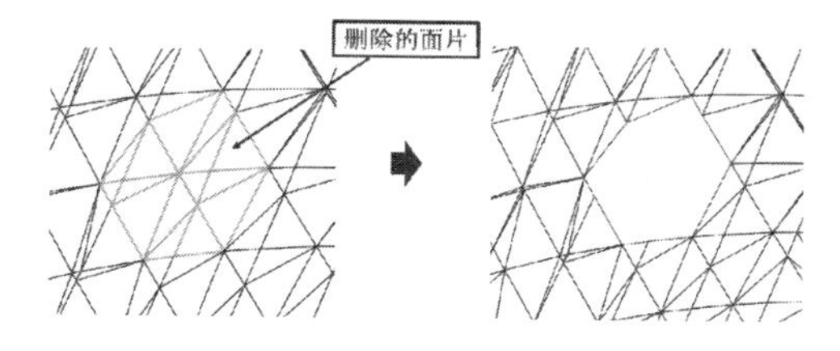

图 9-31 删除面

9.3.5 反转面

对于网格化的特征，可以通过【反转面】来反转网格中的一个或多个三角面片的方向。

单击工具栏中的【点云】→【反转面】功能图标，系统弹出“反转面”对话框，如图 9-32 所示。选择一个或多个三角面片进行反转，如图 9-33 所示。

图 9-32 “反转面”对话框

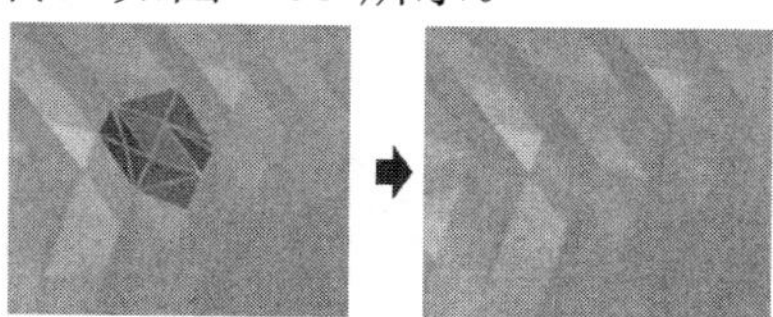

图 9-33 反转面

9.3.6 反转边

当对一个四边形划分成 2 个三角形的结果不理想时，可以通过【反转边】来换成另外一种划分。

单击工具栏中的【点云】→【反转边】功能图标，系统弹出“反转边”对话框，如图 9-34 所示。选择一条反转边，改变四边形的划分方式，如图 9-35 所示。

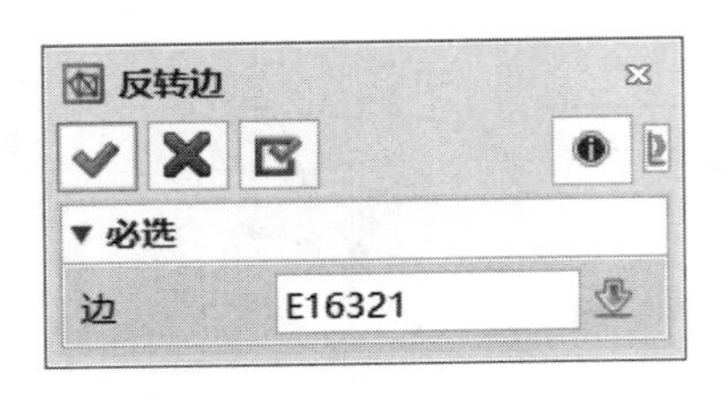

图 9-34 “反转边”对话框

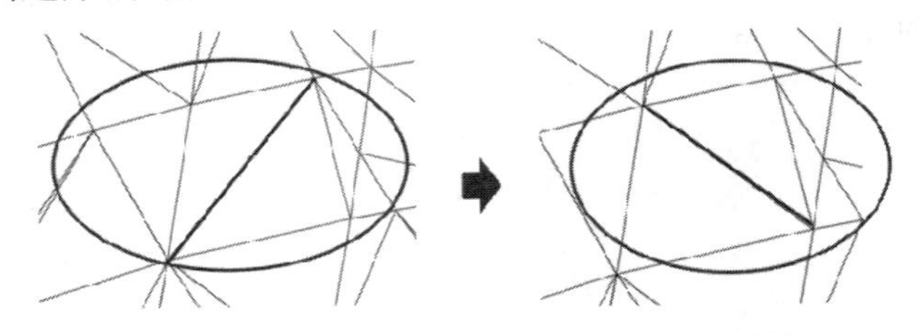

图 9-35 反转边

9.3.7 分割边

使用【分割边】功能分割网格里的一条边，由该边组成的面也会分割成两份。

单击工具栏中的【点云】→【分割边】功能图标，系统弹出“分割边”对话框，如图 9-36 所示。选择一条要分割的边，该边组成的面分割成两份，如图 9-37 所示。

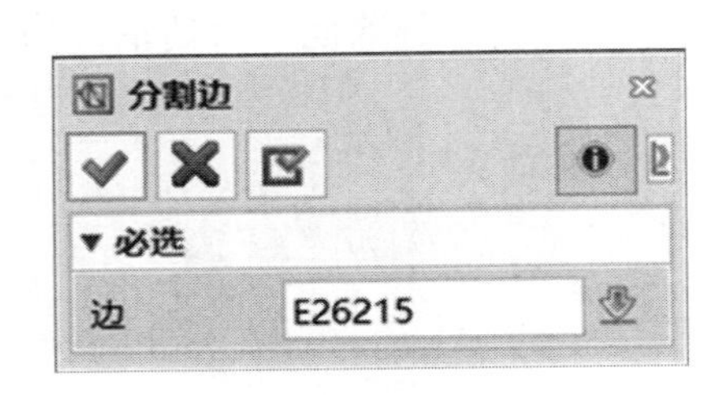

图 9-36 “分割边”对话框

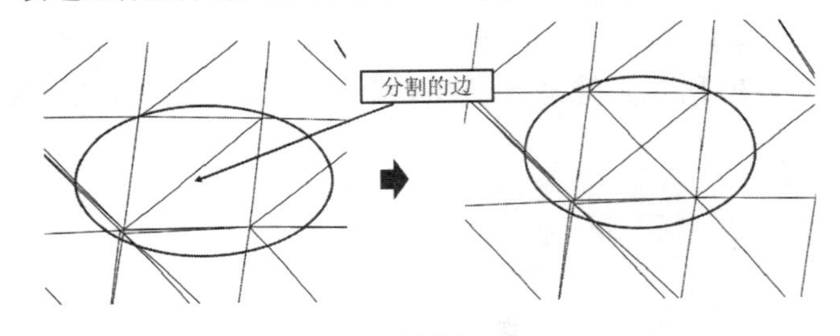

图 9-37 分割边

9.3.8 分割网格

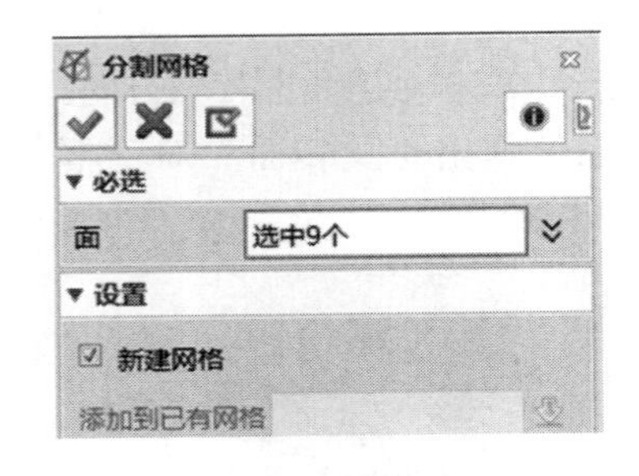

图 9-38 “分割网格”对话框

使用该功能从网格中分离一个或多个三角面片，可将它们组成一个块，也可将选择的三角面片添加到已有的块中。

单击工具栏中的【点云】→【分割网格】功能图标，系统弹出“分割网格”对话框，如图 9-38 所示。选择要分割的三角面片，可将它们组成一个块，模型树中增加一个曲面，如图 9-39 所示。

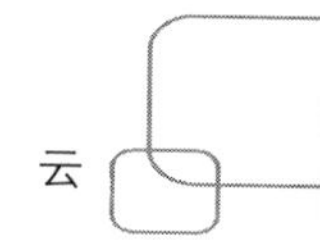

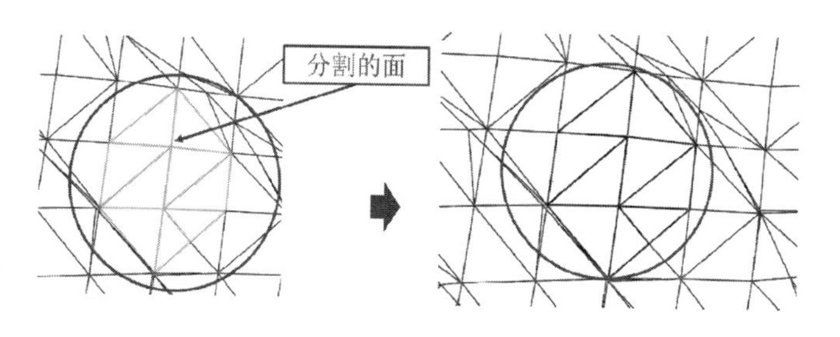

图 9-39 分割网格

9.3.9 收集节点

一旦点云或 STL 数据被网格化而且定义好边界曲线后，可收集所有由边界曲线封闭的网格化节点，收集的节点作为点块输出，点块可用于创建曲面。

单击工具栏中的【点云】→【收集节点】功能图标，系统弹出“收集节点”对话框，如图 9-40 所示。选择块和封闭的边界曲线，用以创建一个曲面，如图 9-41 所示（练习文件：配套素材\EX\CH9\9-5.Z3）。

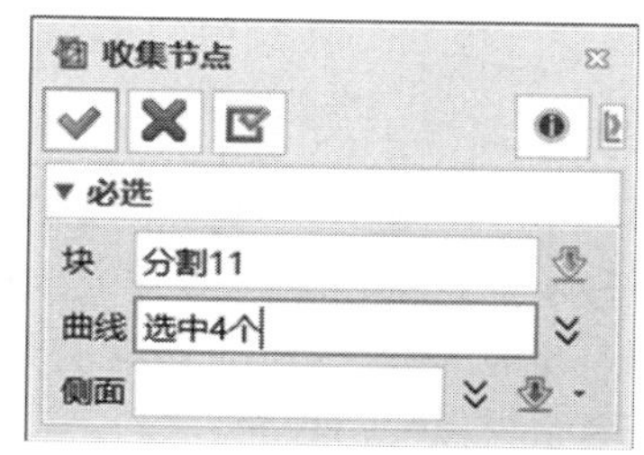

图 9-40 “收集节点”对话框

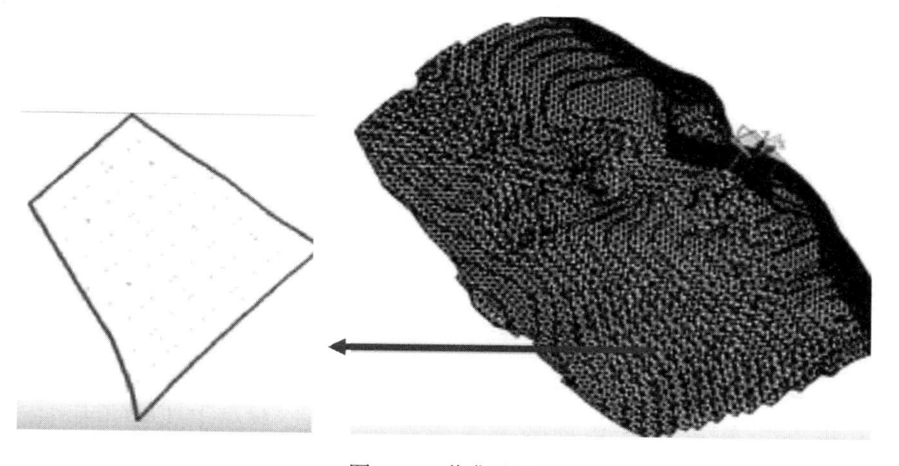

图 9-41 收集节点

9.4 曲线操作

9.4.1 截面线

单击工具栏中的【点云】→【截面线】功能图标，系统弹出“截面线”对话框，如

图 9-42 所示。通过该功能创建平面与 STL 模型的相交曲线，如图 9-43 所示（练习文件：配套素材\EX\CH9\9-6.Z3）。

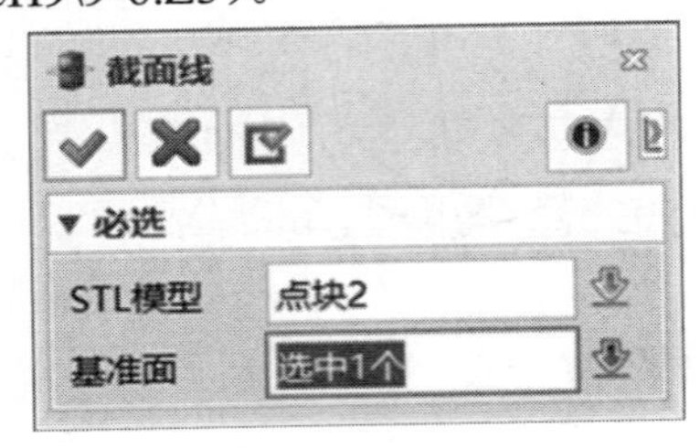

图 9-42 “截面线”对话框

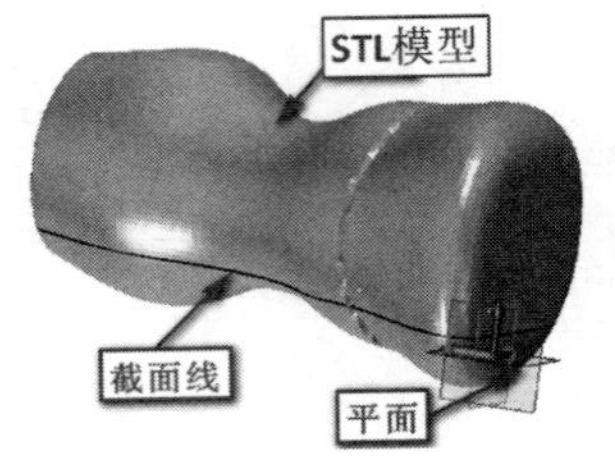

图 9-43 截面线

9.4.2 跟踪区域

单击工具栏中的【点云】→【跟踪区域】功能图标，系统弹出“跟踪区域”对话框，如图 9-44 所示。该功能根据用户点选的种子面片、面片法向，以及输入的限制角度上限，在种子面片周围找出一片连续区域，并提取区域的边界曲线。该功能可保证区域内所有三角面片的法向与指定的参考向量之间的偏差不超过角度上限，如图 9-45 所示（练习文件：配套素材\EX\CH9\9-7.Z3）。

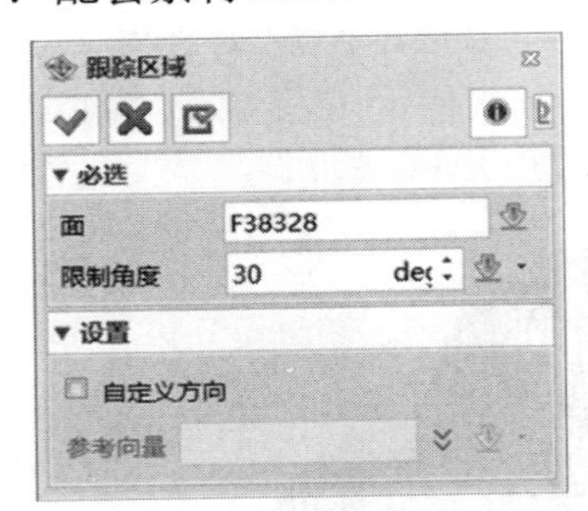

图 9-44 “跟踪区域”对话框

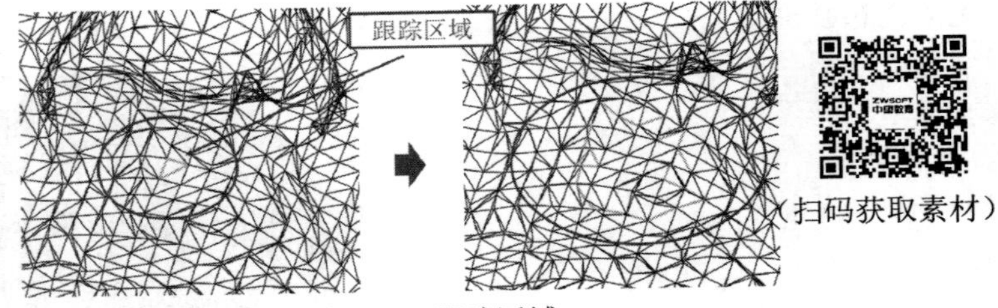

图 9-45 跟踪区域

9.4.3 测地线路径

（扫码获取素材）

单击工具栏中的【点云】→【测地线路径】功能图标，系统弹出“测地线路径”对话框，如图 9-46 所示。该功能用于在一个 STL 模型上选取的两点之间，生成一条最短的路径曲线。在不连通的 STL 块上分别选择两点将无法生成测地线，也不支持在非流形网格上创建测地线，如图 9-47 所示（练习文件：配套素材\EX\CH9\9-7.Z3）。

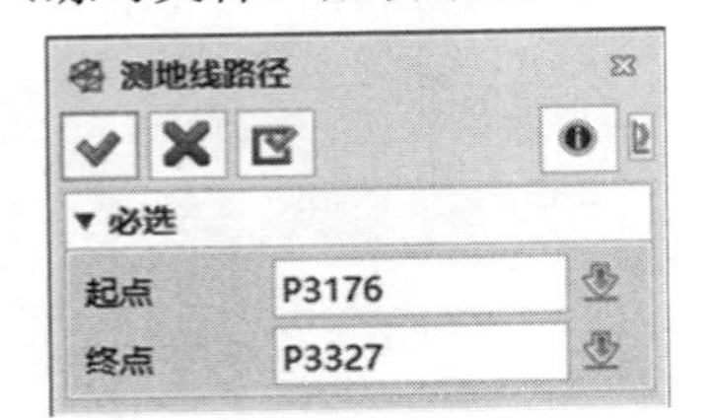

图 9-46 “测地线路径”对话框

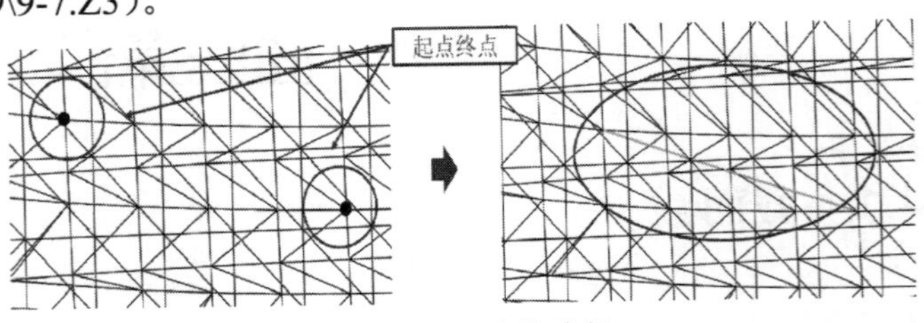

图 9-47 测地线路径

9.4.4 追踪尖锐边

单击工具栏中的【点云】→【追踪尖锐边】功能图标，系统弹出“追踪尖锐边”对话框，如图 9-48 所示。该功能自动把一个 STL 模型的所有尖锐边识别出来，并基于此生成 NURBS 曲线。用户可以用此功能快速提取网格模型的特征线，之后再用这些特征线建构曲面，如图 9-49 所示（练习文件：配套素材\EX\CH9\9-7.Z3）。

图 9-48 “追踪尖锐边”对话框

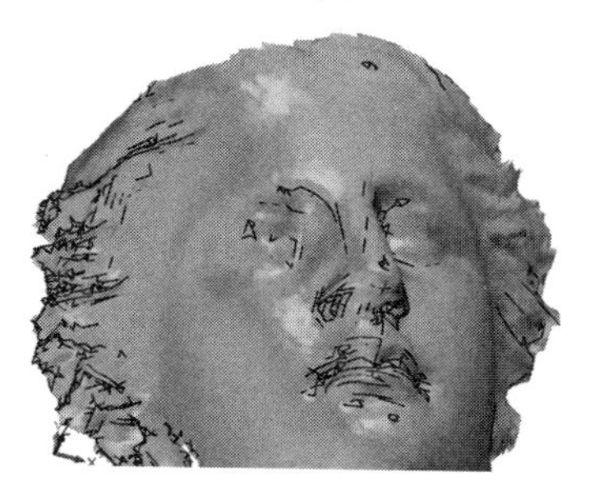

图 9-49　追踪尖锐边

（扫码获取素材）

9.4.5 追踪轮廓

单击工具栏中的【点云】→【追踪轮廓】功能图标，系统弹出“追踪轮廓”对话框，如图 9-50 所示。该功能将获取 STL 模型在指定的基准面方向上的三维轮廓草图，如图 9-51 所示（练习文件：配套素材\EX\CH9\9-7.Z3）。

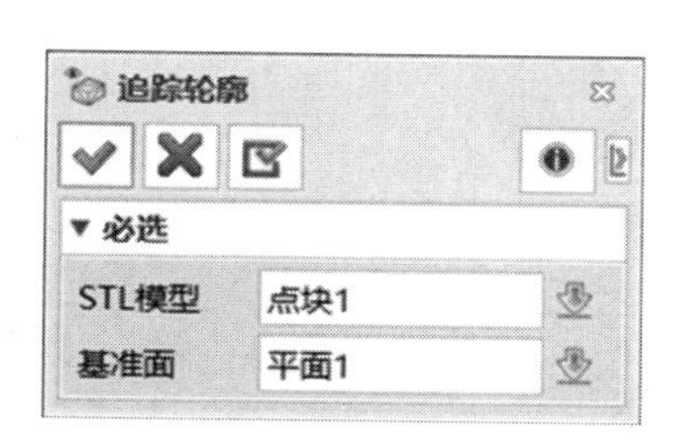

图 9-50 “追踪轮廓”对话框

图 9-51　追踪轮廓

（扫码获取素材）

9.5 点数据造型

9.5.1 拟合面

在中望 3D 中，可以直接由点、点云或 STL 模型生成曲面。

单击工具栏中的【点云】→【拟合面】功能图标，系统弹出“拟合面”对话框，如图 9-52 所示。该功能可以生成一个穿过所有定义点的曲面，效果如图 9-53 所示

（练习文件：配套素材\EX\CH9\9-8.Z3）。

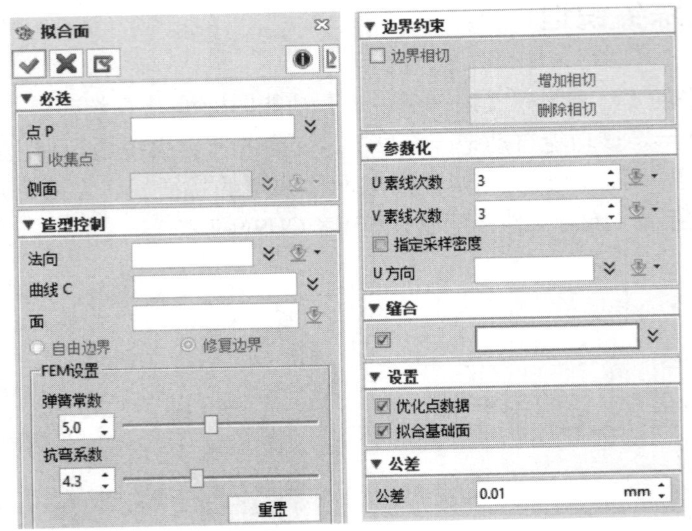

图 9-52　“拟合面”对话框

（扫码获取素材）

图 9-53　拟合面结果

（1）必选项

- **点 P：** 选择用于生成曲面的点、点块或 STL 模型。
- **收集点：** 用来收集点拟合面。只有在定义了曲线以后，该选项才可用。
- **侧面：** 定义一个点以确定从曲线内部或外部来收集点。

（2）造型控制

- **法向：** 定义基准面方向。如果默认方法不能正确找到法向，或者想使用不同的方向作为优先选项，则可以重新定义方向。
- **曲线 C：** 定义生成曲面的边界曲线。当定义了曲线时，由点和边界曲线共同创建一个修剪曲面。仅当该选项不为空时，收集点和边界相切选项才可选。
- **面：** 定义一个面，使系统自动处理边，以保证最大限度保持接缝的相切连续性。接缝边的连续效果取决于靠近边的点数据情况。
- **FEM 设置：** 通过定义弹簧常数和抗弯系数来控制曲面的生成精度和质量。
- **弹簧常数：** 通过滑动条来设置新曲面的弹簧常数。该数值为 1～10，数值越小，曲面拟合得越光滑，但精度越低。

- **抗弯系数**：通过滑动条来设置新曲面的抗弯系数。该数值为 1～10，数值越大，曲面拟合得越光滑，但精度越低。

（3）边界约束

- **边界相切**：定义沿所得曲面边界相切连续性。
- **增加相切**：增加相切面。
- **删除相切**：删除相切面。

（4）参数化

- **U 素线次数**：方程式在 U 方向上定义的次数。较低次数的面精确度较低，需要较少的存储和计算时间。较高次数的面与此相反。在大多数情况下，默认值 3 将产生优质的面
- **V 素线次数**：方程式在 V 方向上定义的次数。较低次数的面精确度较低，需要较少的存储和计算时间。较高次数的面与此相反。在大多数情况下，默认值 3 将产生优质的面
- **指定采样密度**：用户输入用于曲线拟合的取样点的平均数目。

（5）缝合

勾选该复选框，选择要缝合的造型进行缝合。

（6）设置

- **优化点数据**：勾选该复选框，可以通过优化点数据来生成曲面。否则，生成的曲面将在不优化的情况下进行计算，这样有利于改善曲面质量，但需要更长的计算时间。
- **拟合基础面**：当定义了一个面时，勾选该复选框，可以在执行命令时重新拟合基础面，使更多的控制点在需要时可以被应用到面，以便更好地匹配点云数据。

（7）公差

曲面拟合的公差

> **提醒**：由点云生成的曲面是基于开放面的构造原理，哪怕定义的是一组封闭的点，系统生成的曲面依然是一个开放面。因此，对于封闭的模型，最好拆分成开放数据。

操作步骤如下：

- 新建文件，导入点数据。
- 单击【拟合面】功能图标。
- 系统弹出“拟合面”对话框，在绘图区选择一个点块或一组点。
- 根据需要调整相关参数。
- 单击“确定”按钮，完成操作。

9.5.2 拟合平面

单击工具栏中的【点云】→【拟合平面】功能图标，系统弹出“拟合平面”对话框，如图 9-54 所示。通过该功能可创建平面，将从种子点出发，拟合所有在公差范围内的点生成平面，效果如图 9-55 所示（练习文件：配套素材\EX\CH9\9-7.Z3）。

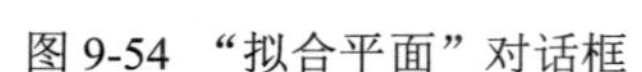
图 9-54 “拟合平面”对话框

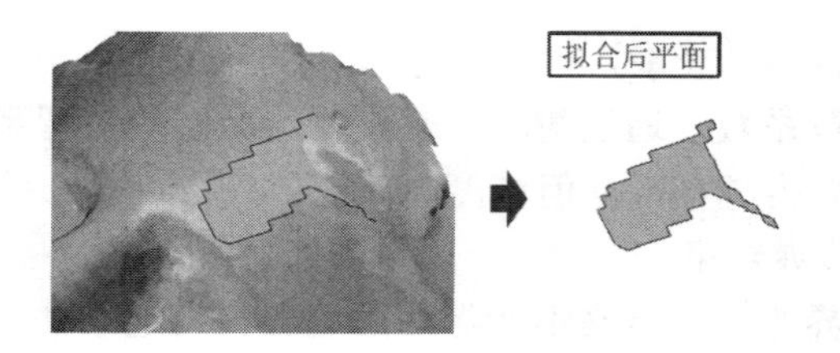

图 9-55 拟合平面

- **点块**：选择一个已经网格化的点块。
- **公差**：设置用于拟合平面的公差范围。
- **点**：在被选的点块上选择一个种子点。

9.5.3 曲面拟合

使用［曲面拟合］功能，分析一个点块内的点与通过该点块拟合的曲面间的距离。系统根据指定点与曲面的距离比，以及用户设定的最大范围，以不同颜色来显示。“完美拟合”（0.0 的比值）以绿色显示，“最大范围的 1/2”（0.5 的比值）以黄色显示，“最大范围外的距离”（大于 1.0 的比值）以红色显示。任何中间值将会影射在标准线性 RGB 颜色渐变区间：绿→黄→红。

执行该功能后，系统会在信息区显示出最大和平均距离值。

单击工具栏中的【点云】→【曲面拟合】功能图标，系统弹出“曲面拟合”对话框，如图 9-56 所示。用该功能分析点与曲面间的拟合示例如图 9-57 所示（练习文件：配套素材\EX\CH9\9-8.Z3）。

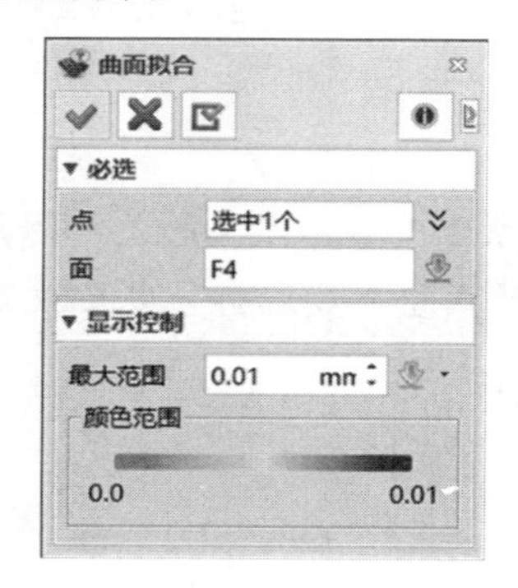

图 9-56 “曲面拟合”对话框

图 9-57 曲面拟合

（扫码获取素材）

9.6 点云设计实例

如图 9-58 所示为点云设计练习实例图。

（1）新建一个文件，文件名为 FACE.Z3。选择【文件】→【输入】命令，系统弹出“选择文件…”对话框，选择 IGES 文件格式，再选择配套素材练习文件\EX\CH9\face.igs，单击

“打开”按钮。系统弹出“IGES 文件输入”对话框，勾选“自动缝合几何体”和“自动激活零件”复选框，单击“确定”按钮，如图 9-59 所示。导入的点数据如图 9-60 所示。

（扫码获取素材）

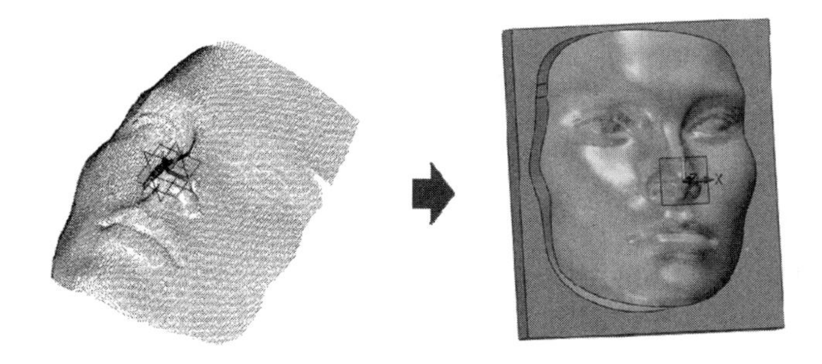

图 9-58　点云设计练习实例图

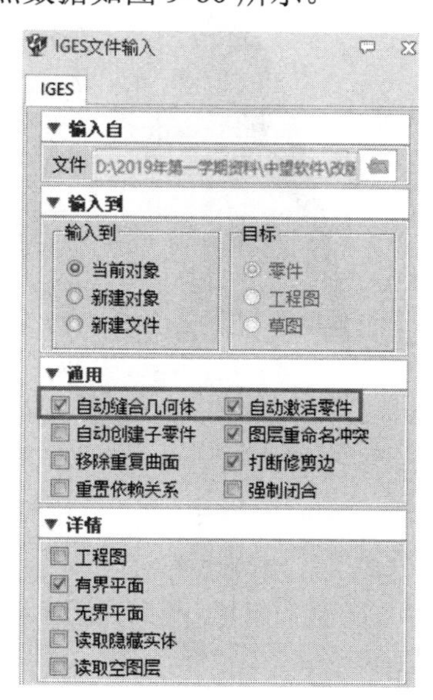

图 9-59　文件输入

（2）将点数据转换成一个点块。单击工具栏中的【点云】→【组】功能图标，系统弹出“将点集生成一个点块”对话框。将过滤器设置为“所有”，在绘图区利用鼠标左键框选所有的点，使用默认参数，单击“确定”按钮，完成效果如图 9-61 所示。

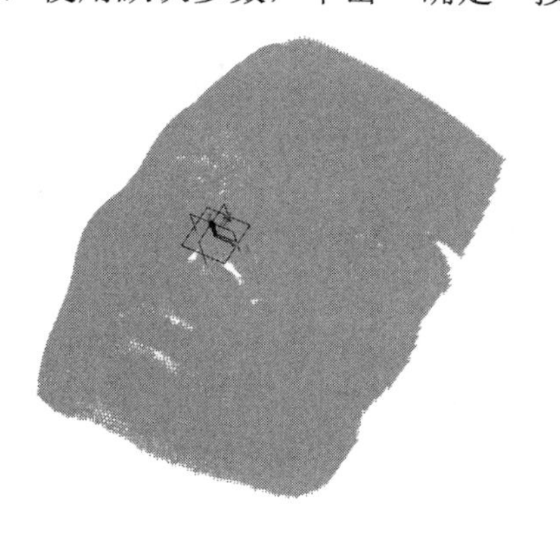

图 9-60　导入的点数据

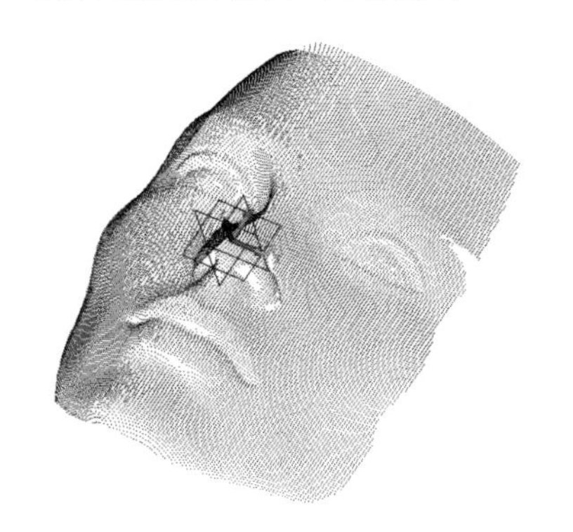

图 9-61　生成点块

（3）创建曲面。单击工具栏中的【点云】→【拟合面】功能图标，系统弹出“拟合面”对话框，在绘图区选择点块，使用默认参数，单击“确定”按钮，完成效果如图 9-62 所示。

（4）在 XY 平面创建草图。草图轮廓形状自行控制，分别用样条曲线和桥接曲线绘制，如图 9-63 所示。

（5）隐藏点块并拉伸草图。单击工具栏中的【造型】→【拉伸】功能图标，布尔操作选择“交运算”，起始点设置为 0，结束点设置为-80mm，拉伸类型选择“2 边”，单击“确定”按钮，如图 9-64 所示。完成效果如图 9-65 所示。

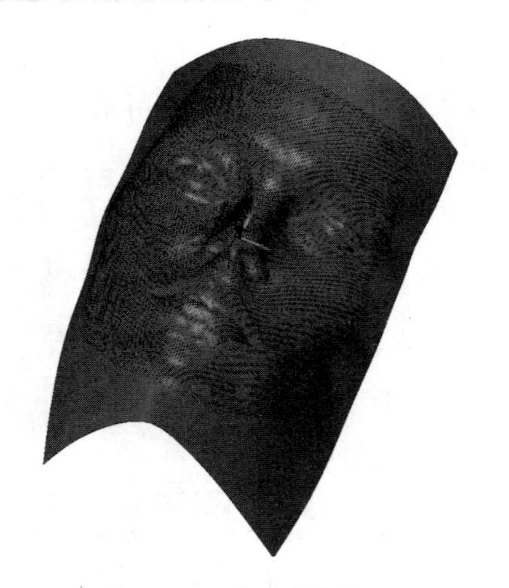

图 9-62　生成的曲面

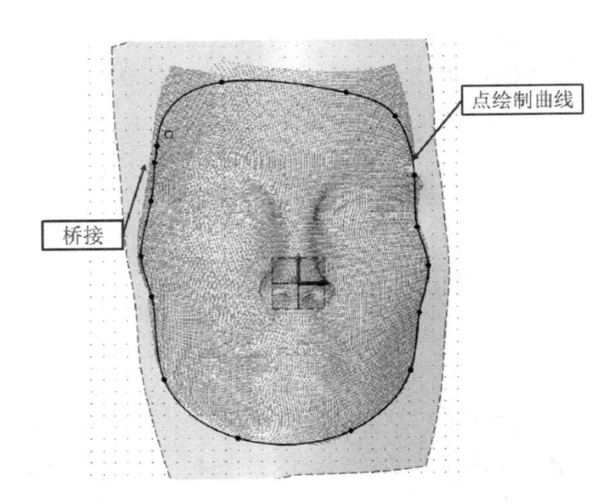

图 9-63　绘制草图轮廓

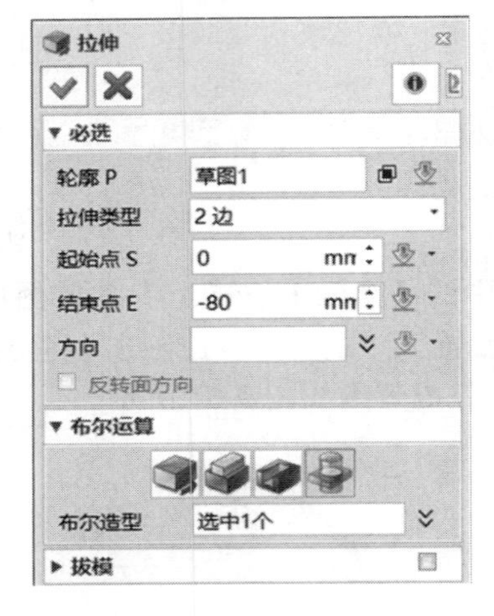

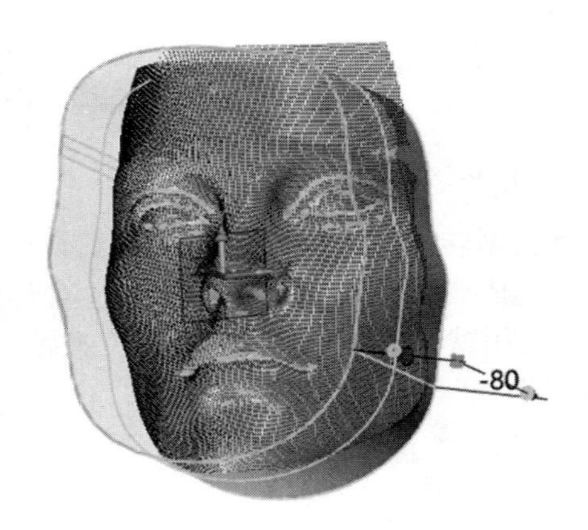

图 9-64　拉伸草图的参数设置以及预览

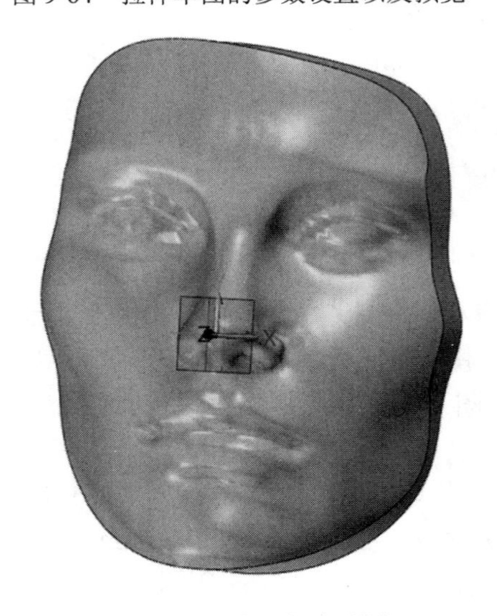

图 9-65　拉伸后的效果图

（6）在 XY 平面创建草图。草图轮廓如图 9-66 所示。

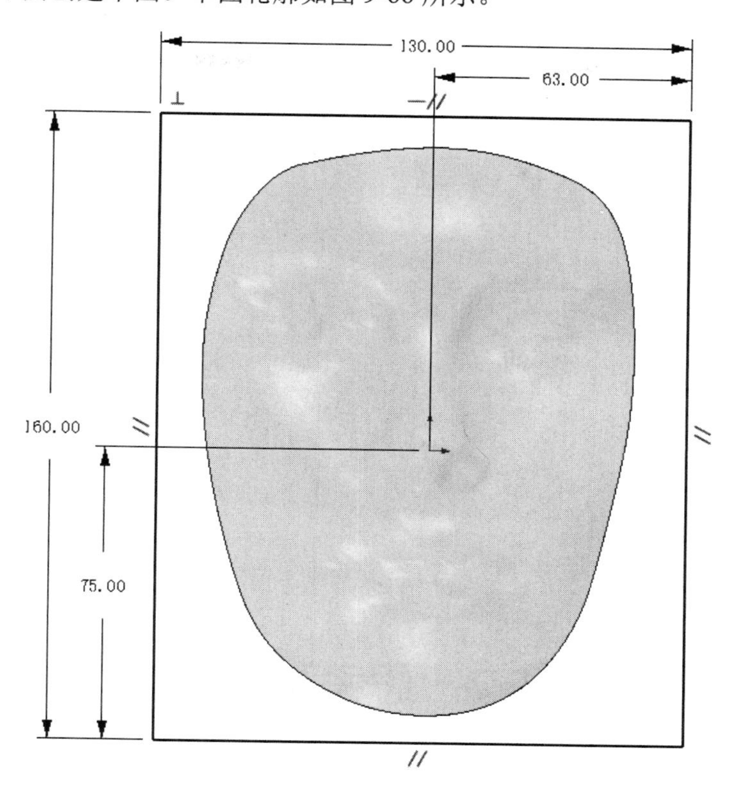

图 9-66　创建草图

（7）拉伸草图。单击工具栏中的【造型】→【拉伸】功能图标，布尔操作选择“加运算”，起始点设置为-80mm，结束点设置为-100mm，拉伸类型选择“2 边”，单击“确定”按钮，如图 9-67 所示。

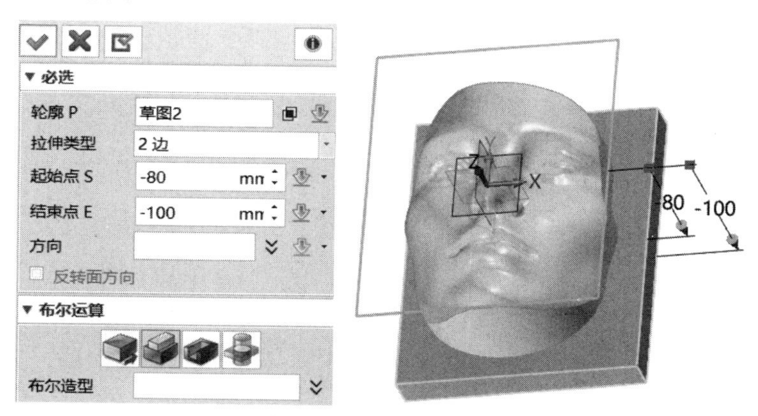

图 9-67　拉伸造型

（8）最终完成的效果图如图 9-68 所示（练习文件：配套素材\EX\CH9\9-9.Z3）。

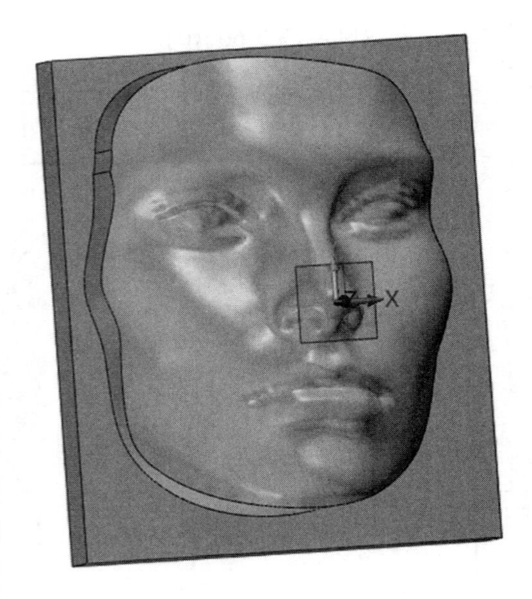

图 9-68　完成的效果图

9.7　思考与练习

9-1 中望 3D 支持哪些类型的点文件？

9-2 在中望 3D 中如何使用点云和点云文件生成曲面？

9-3 在中望 3D 中如何将点云转化为 STL 三角形数据？

9-4 在中望 3D 中如何判定曲面与点之间的拟合精度？

第 10 章　综合案例设计

10.1　环形弹簧设计

如图 10-1 所示为环形弹簧设计实例图。

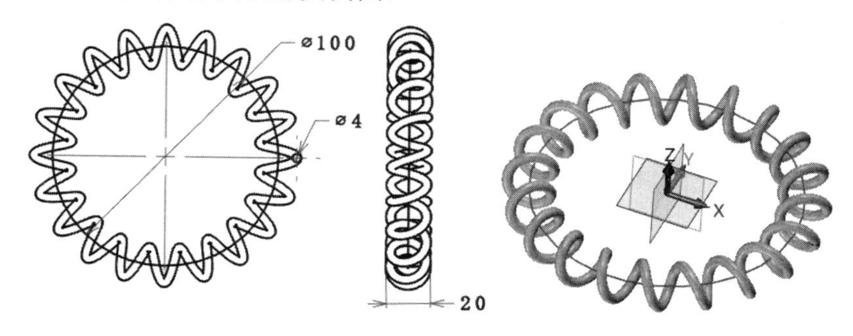

图 10-1　环形弹簧

下面介绍两种创建环形弹簧的方法，第 1 种建模方法的步骤如下。

1．建模流程

环形弹簧建模流程图，如图 10-2 所示。

（扫码获取素材）

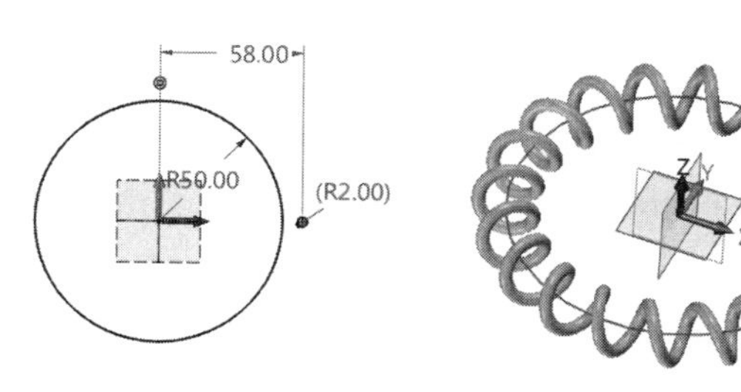

（扫码获取视频）

图 10-2　环形弹簧建模流程图一

练习文件：配套素材\EX\CH10\10-1.Z3。

2．建模过程

（1）新建文件。新建一个零件文件，命名为“环形弹簧设计 1”。

（2）创建草图。单击新建草图功能图标，选择 XY 平面。

（3）创建圆。单击工具栏中的【草图】→【圆】功能图标○，以原点为圆心绘制一个直径为 100mm 的大圆，如图 10-3 所示。

单击【圆】功能图标○，在大圆的右侧，并在其圆心水平位置绘制一个直径为 4mm 的小圆，如图 10-4 所示。

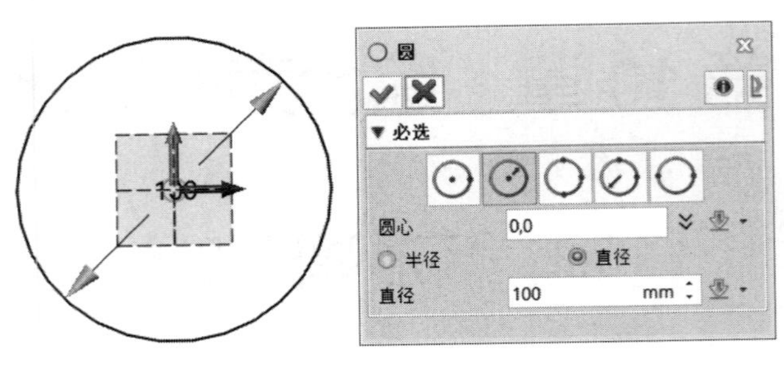

图 10-3　创建大圆

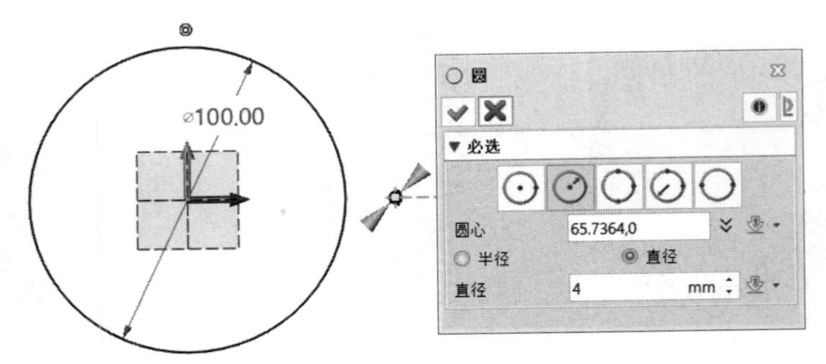

图 10-4　创建小圆

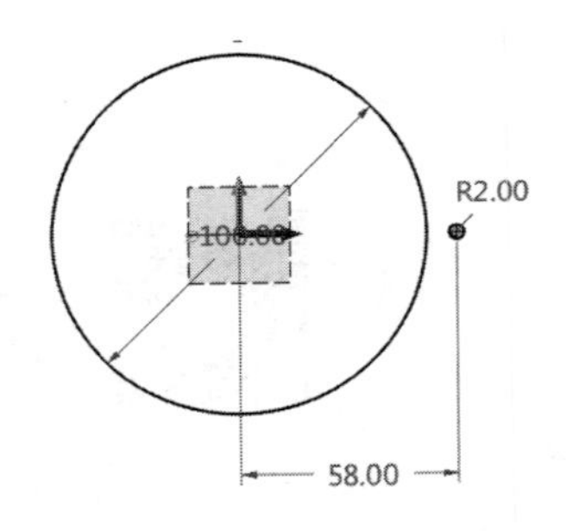

图 10-5　标注两圆心距

单击工具栏中的【约束】→【快速标注】功能图标，要求两圆的圆心距离为 58mm，如图 10-5 所示。再单击退出草图功能图标，完成草图绘制任务。

（4）创建环形弹簧。单击工具栏中的【造型】→【扫掠】功能图标，属性过滤器选择曲线，轮廓 P1 选择直径为 4mm 的小圆，路径 P2 选择直径为 100mm 的大圆，如图 10-6 所示。

单击【扫掠】中的转换，选择扭曲。扭曲为线性，线性输入 0 到 360*20，如图 10-7 所示。再单击确定功能图标。

第 2 种建模方法的步骤如下。

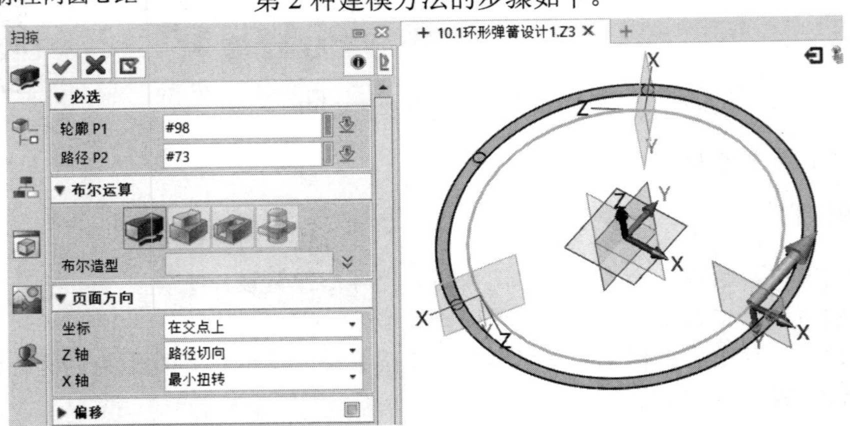

图 10-6　创建扫掠

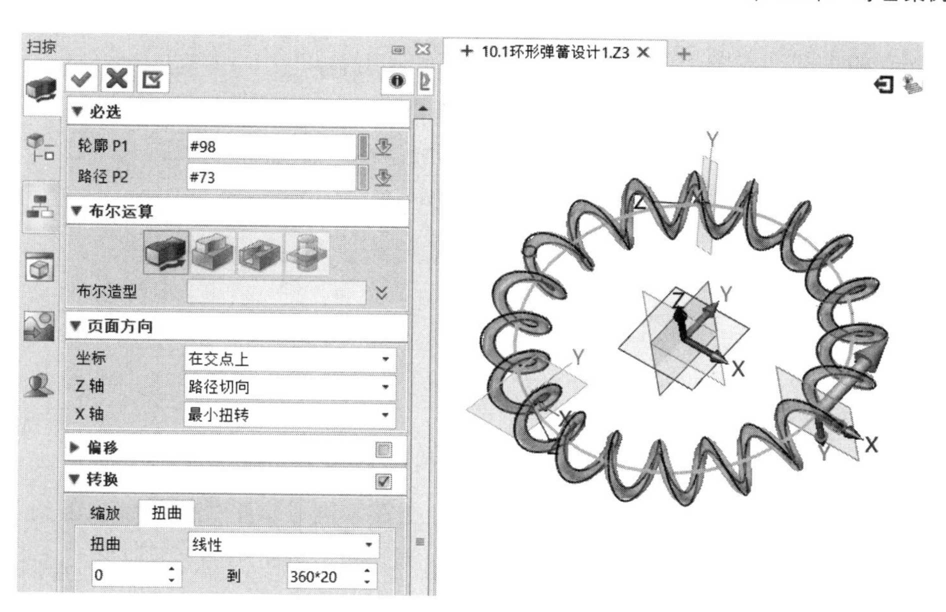

图 10-7　创建弹簧

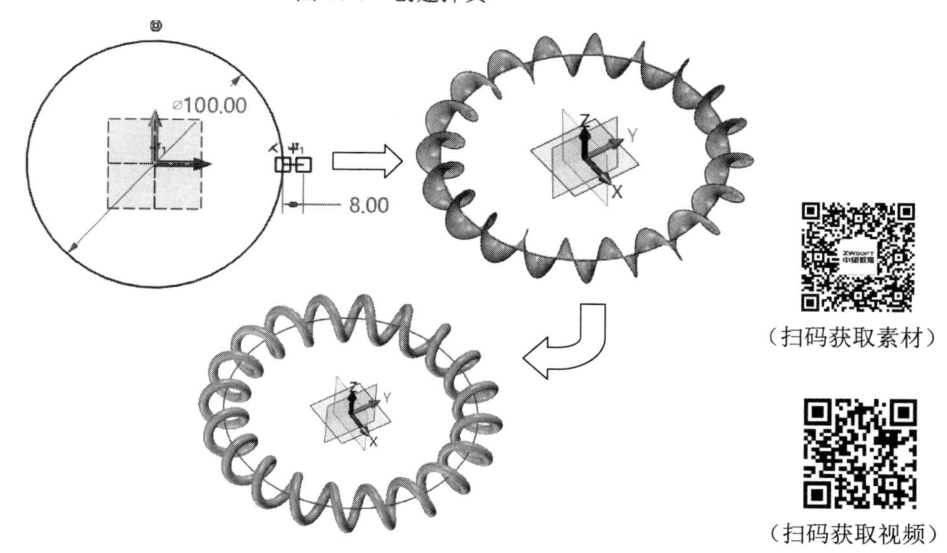

（扫码获取素材）

（扫码获取视频）

图 10-8　环形弹簧建模流程图二

1．建模流程

环形弹簧建模流程图，如图 10-8 所示。

练习文件：配套素材\EX\CH10\10-2.Z3。

2．建模过程

（1）新建文件。新建一个零件文件，命名为“环形弹簧设计 2”。

（2）创建草图。单击新建草图功能图标，选择 XY 平面。

（3）创建圆。单击工具栏中的【草图】→【圆】功能图标○，以原点为圆心绘制一个直径为100mm的大圆，如图10-9所示。

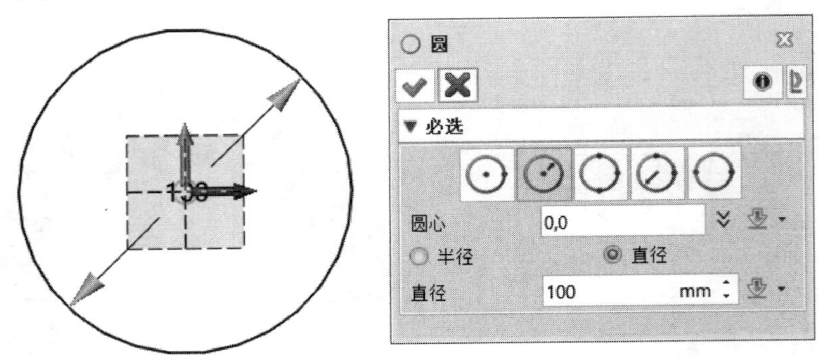

图10-9　建创大圆

单击【直线】功能图标，在大圆的左侧，并在其圆心水平位置绘制一条长度为8mm的直线，如图10-10所示。再单击退出草图功能图标，完成草图绘制任务。

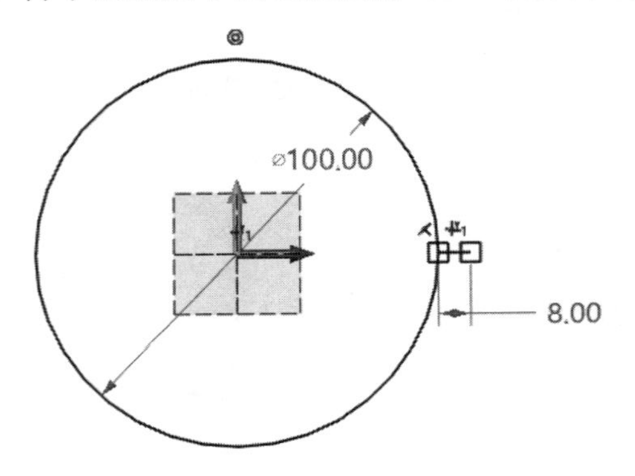

图10-10　绘制直线

（4）创建环形弹簧。单击工具栏中的【造型】→【扫掠】功能图标，属性过滤器选择曲线，轮廓P1选择8mm的直线，路径P2选择直径为100mm的大圆，再单击转换，选择扭曲。扭曲为线性，线性输入0到360*20，如图10-11所示，再单击确定功能图标。

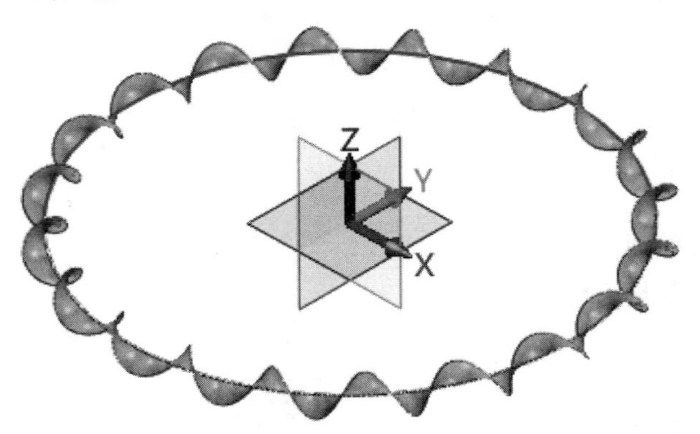

图10-11　创建扫掠

单击工具栏中的【造型】→【杆状扫掠】功能图标，属性过滤器选择全部，曲线

C 选择外轮廓，直径 D 输入 4mm，如图 10-12 所示。再单击确定功能图标 ✔ 。

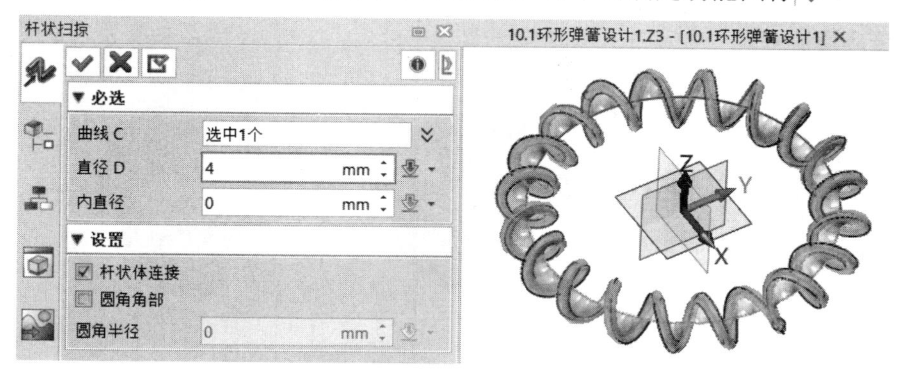

图 10-12　创建杆状扫掠

单击 ，选择可见性管理器中的隐藏曲面，效果如图 10-13 所示。

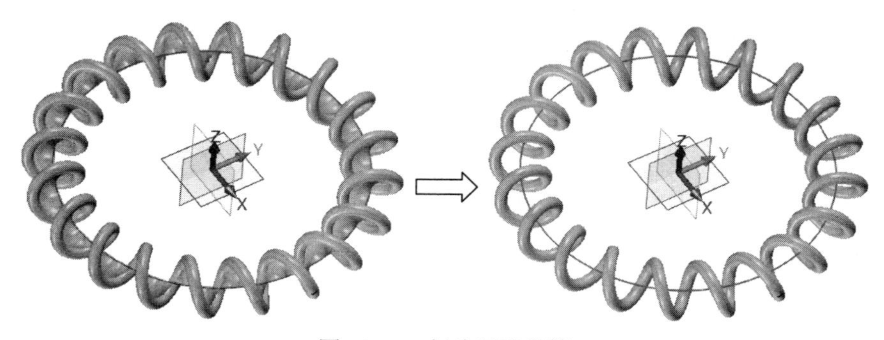

图 10-13　创建环形弹簧

10.2　涡轮箱体设计

涡轮箱体实例图如图 10-14 所示。

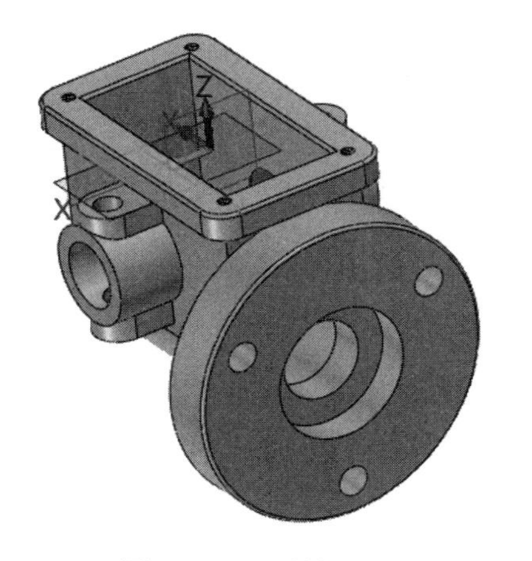

（扫码获取素材）

图 10-14　涡轮箱体

1．建模流程

涡轮箱建模流程图，如图 10-15 所示。

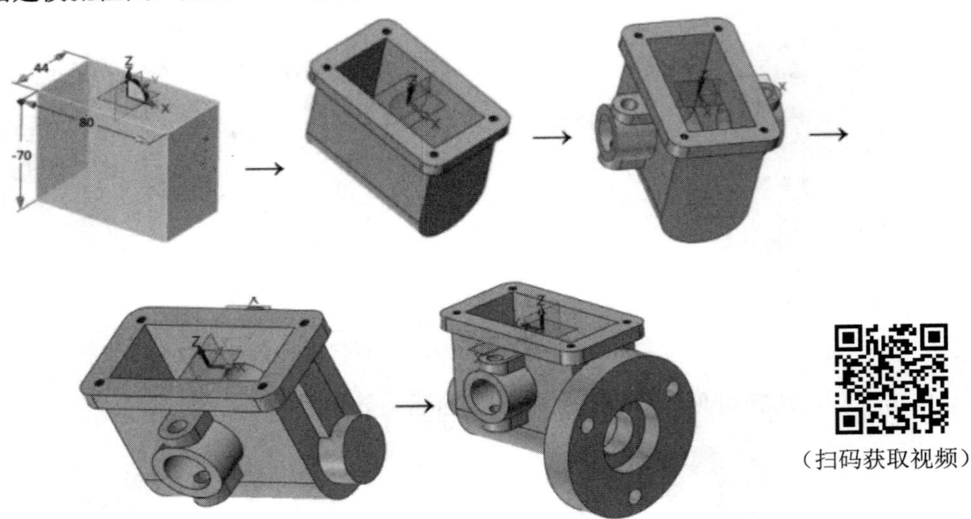

图 10-15　涡轮箱建模流程图

练习文件：配套素材\EX\CH10\10-3.Z3。

2．建模过程

（1）新建文件。新建一个零件文件，命名为“涡轮箱体”。

（2）创建基体。单击工具栏中的【造型】→【六面体】功能图标，选择 “中心-高度”创建方法，各项参数设置如图 10-16 所示。

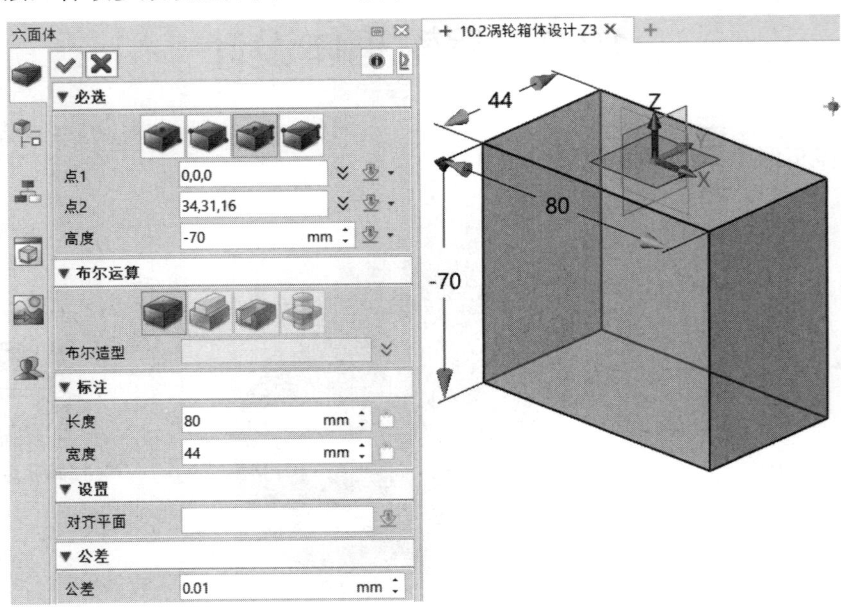

图 10-16　创建六面体

（3）对六面体的下边界进行倒圆角。单击工具栏中的【造型】→【圆角】功能图标，半径输入为 22mm，如图 10-17 所示。

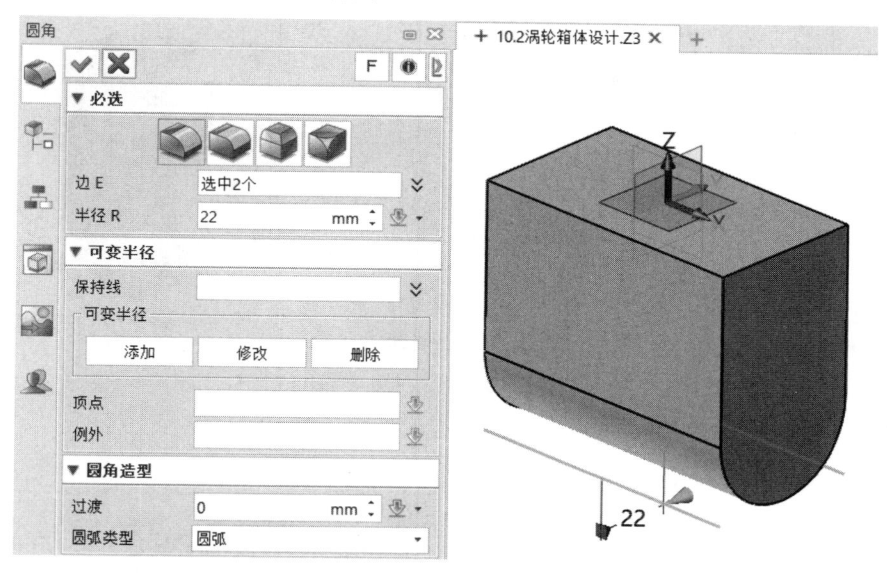

图 10-17　倒圆角

（4）对实体进行抽壳。单击工具栏中的【造型】→【抽壳】功能图标，厚度输入为-5mm，开放面输入为“选中 1 个”，如图 10-18 所示。

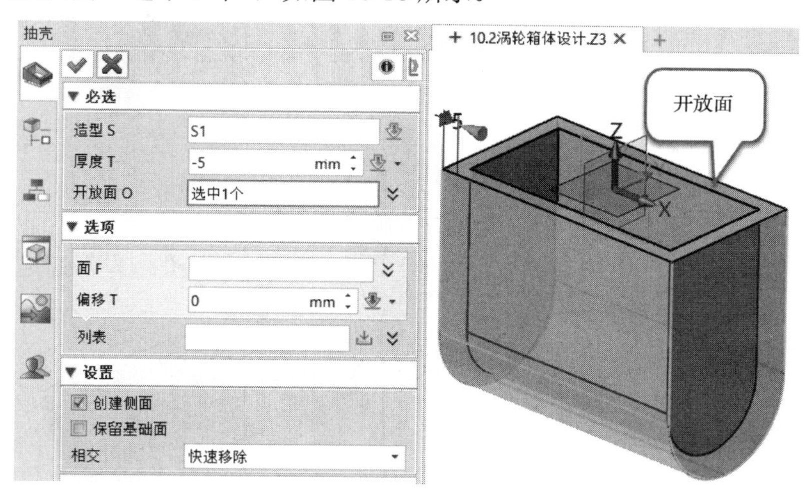

图 10-18　抽壳图

（5）拉伸实体。单击工具栏中的【造型】→【拉伸】功能图标，选轮廓 B 时，在绘图区域单击鼠标右键，插入曲线列表，曲线选择“选中 4 个”，如图 10-19 所示。

输入结束点 E 为-8mm，布尔运算选择“加运算”，偏移选择加厚，外部偏移输入 11mm，内部偏移输入 0，如图 10-20 所示。

（6）对实体的侧边添加圆角。单击工具栏中的【造型】→【圆角】功能图标，圆角半径输入 8mm，选择侧边，如图 10-21 所示。

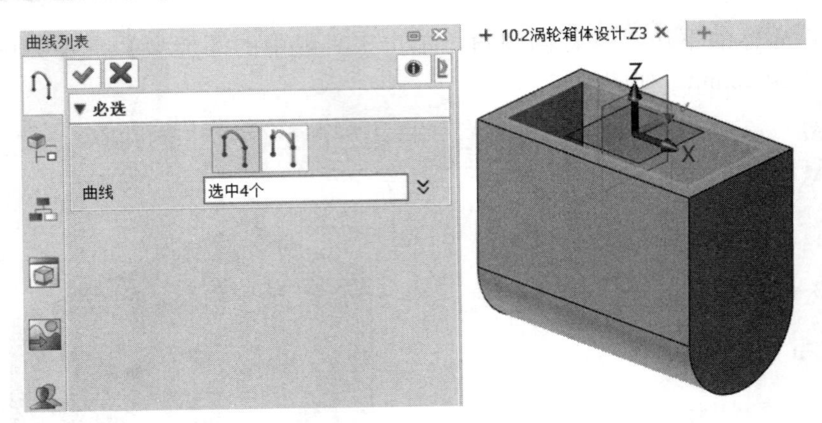

图 10-19　创建曲线列表

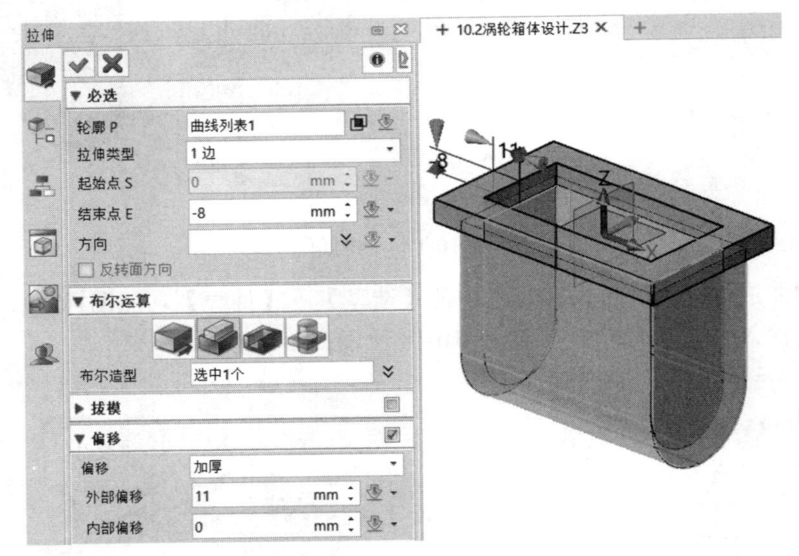

图 10-20　拉伸实体

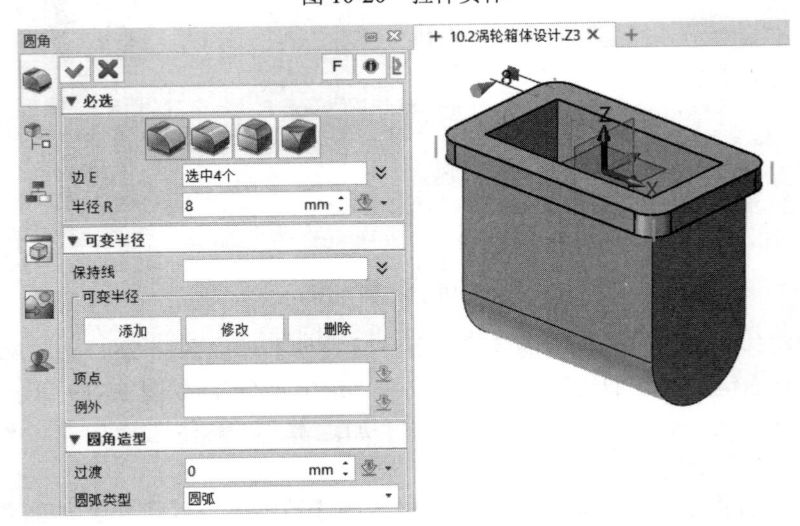

图 10-21　圆角

（7）在箱体顶面添加 4 个螺纹孔。单击工具栏中的【造型】→【孔】功能图标，选择基体顶面为孔面。通过单击鼠标右键来定义孔的位置，在弹出的快捷菜单中选择“曲率中心”，选择圆角边定义螺纹孔与圆角同心，螺纹孔参数设置如图 10-22 所示。

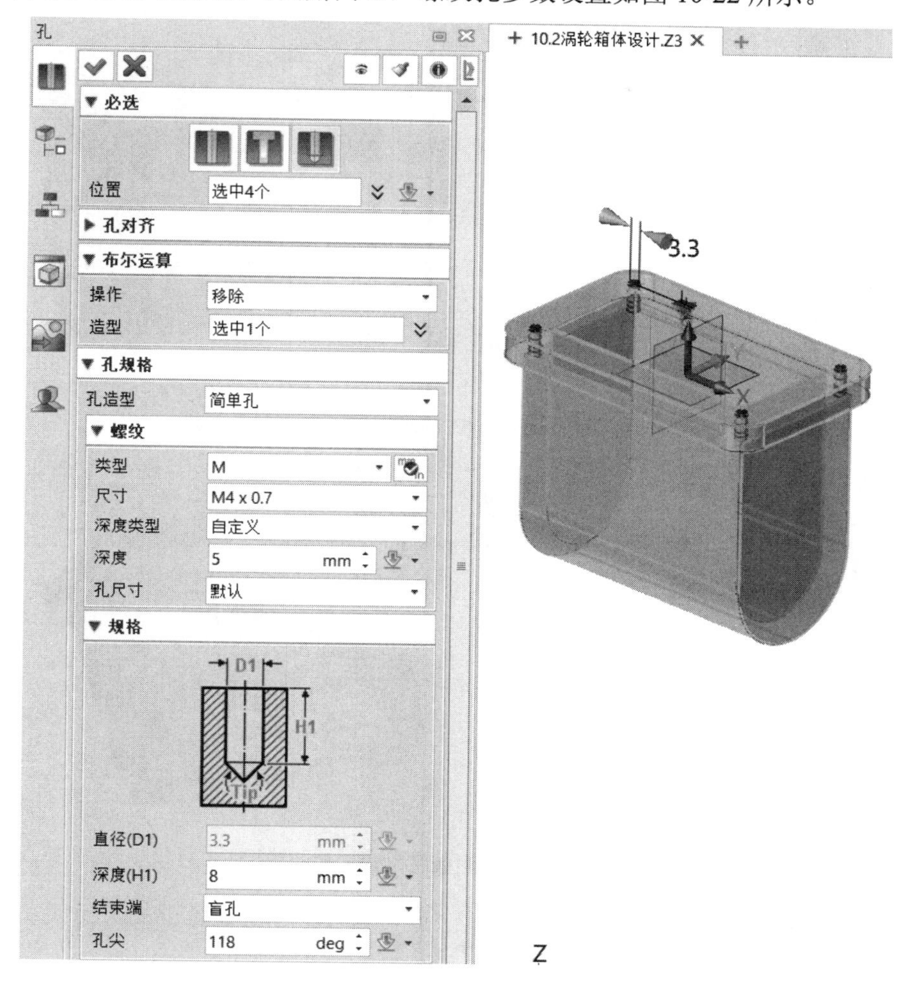

图 10-22　螺纹孔

（8）添加圆柱体。单击工具栏中的【造型】→【圆柱体】功能图标，输入圆台半径为 15mm，长度为 20mm，布尔运算选择“基体”，对齐平面选择放置圆柱位置的表面，如图 10-23 所示。定义圆台中心位置时，在绘图区单击鼠标右键打开快捷菜单，选择“从两条线”，对齐平面及参考线段的选择如图 10-24 所示，输入参考距离 1 为 24mm、参考距离 2 为 40mm。

（9）创建基准面 1。单击工具栏中的【造型】→【基准面】功能图标，几何体选择凸台边的中心（右键鼠标关键点），X 轴角度设为 90 度，其余参数使用默认值，如图 10-25 所示。

（10）在基准面 1 上创建草图 1。单击工具栏中的【造型】→【插入草图】功能图标，选择基准面 1 为草绘平面，单击“确定”按钮进入草图绘制界面。先绘制两条参考线，如图 10-26 所示。绘制的草图轮廓和标注如图 10-27 所示。

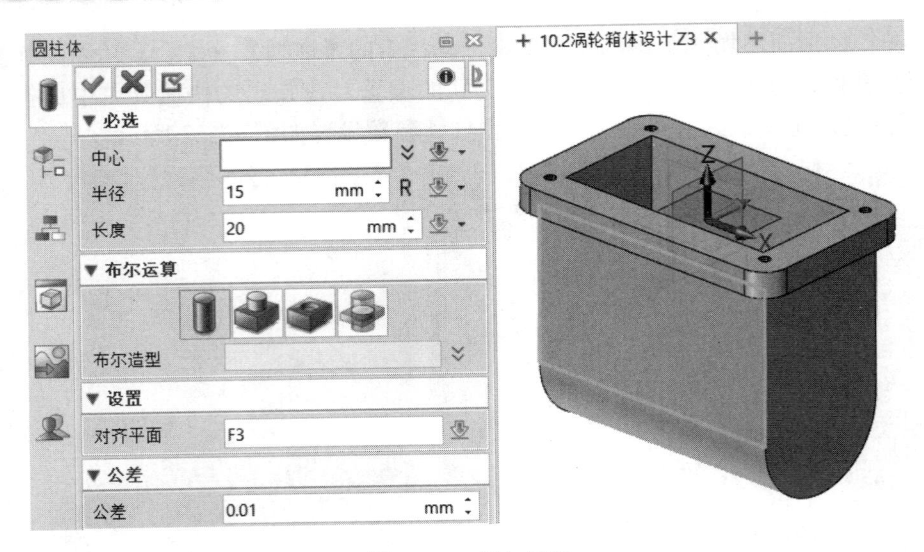

图 10-23 添加圆柱

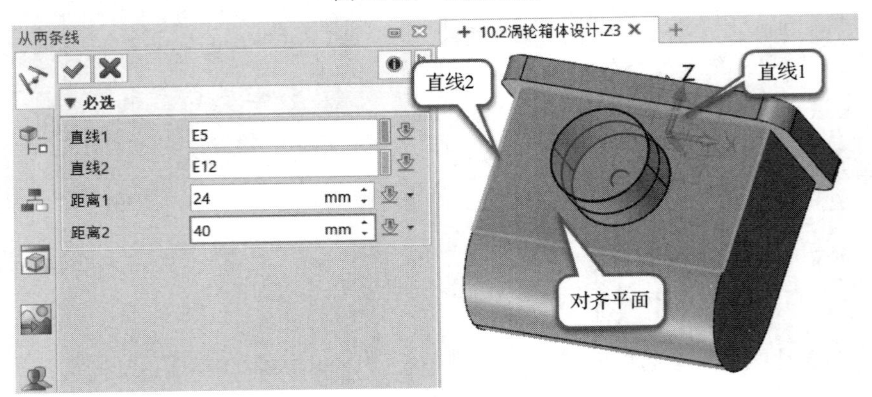

图 10-24 “从两条线”输入偏移值

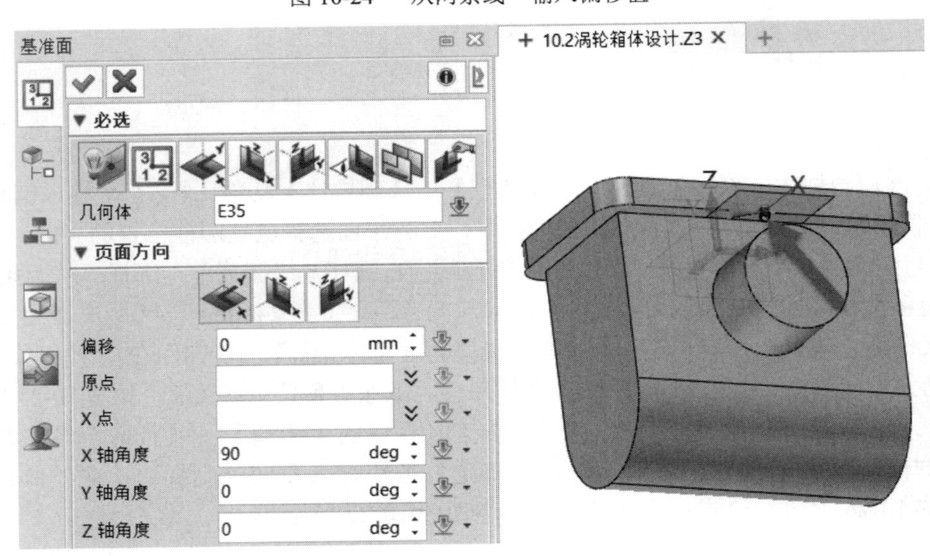

图 10-25 创建基准面

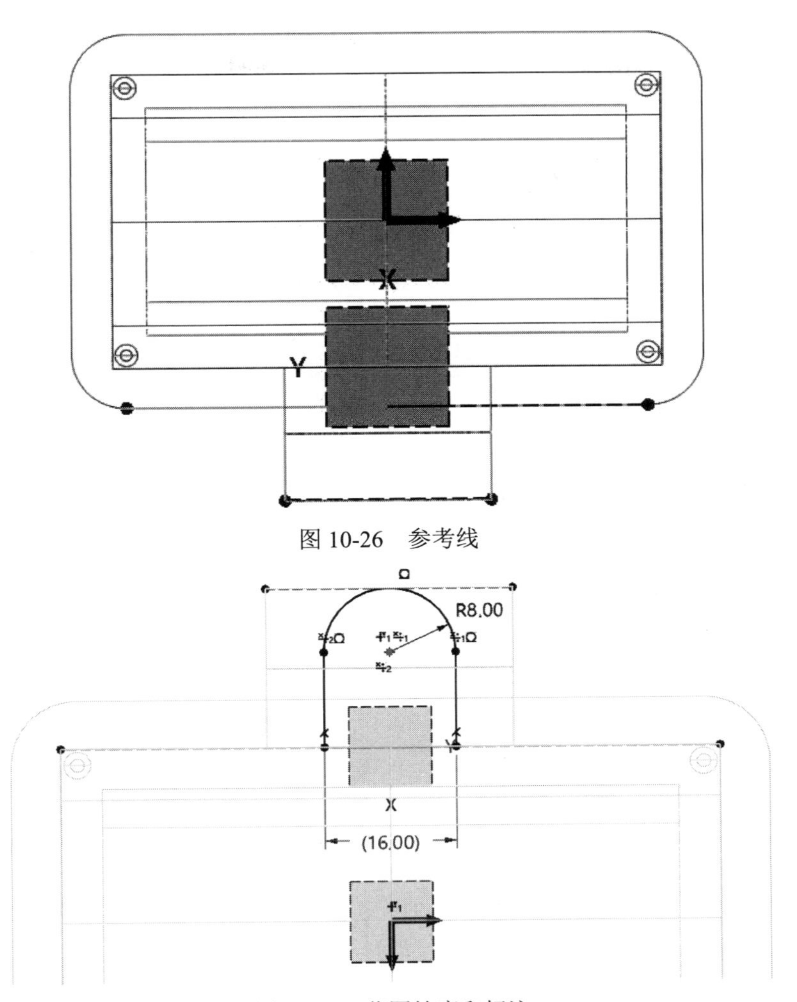

图 10-26　参考线

图 10-27　草图轮廓和标注

（11）拉伸草图 1。拉伸类型为“2 边”，起始点 S 为 4mm，结束点 E 为 44mm，布尔运算类型选择“加运算”，并选择圆凸台，如图 10-28 所示。

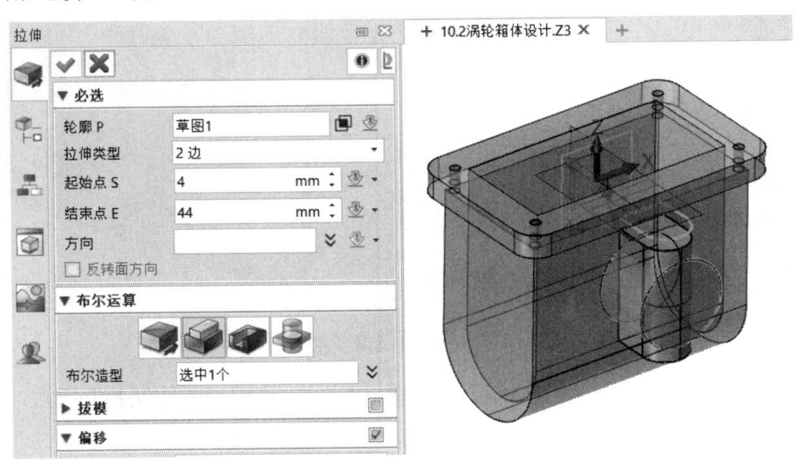

图 10-28　拉伸草图 1

（12）创建孔。单击工具栏中的【造型】→【孔】功能图标，孔与圆角面保持同心，孔造型为简单孔，直径为8mm，孔深贯穿整个拉伸体，如图10-29所示。

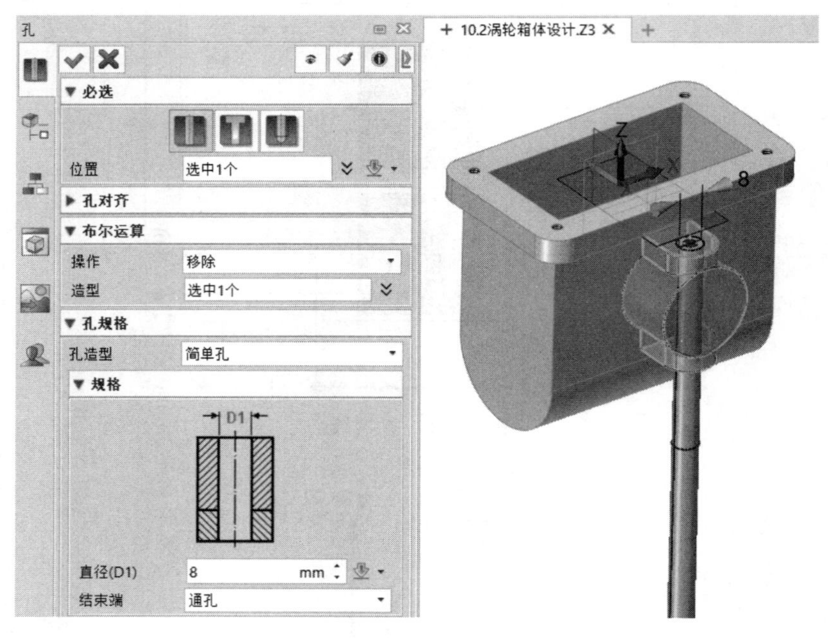

图10-29　创建孔

（13）镜像实体。单击工具栏中的【造型】→【镜像几何体】功能图标，属性过滤器选择造型，选择凸台为镜像实体，XZ 基准平面为镜像平面。完成镜像后，进行布尔加运算，添加选中实体，完成结果如图10-30所示。

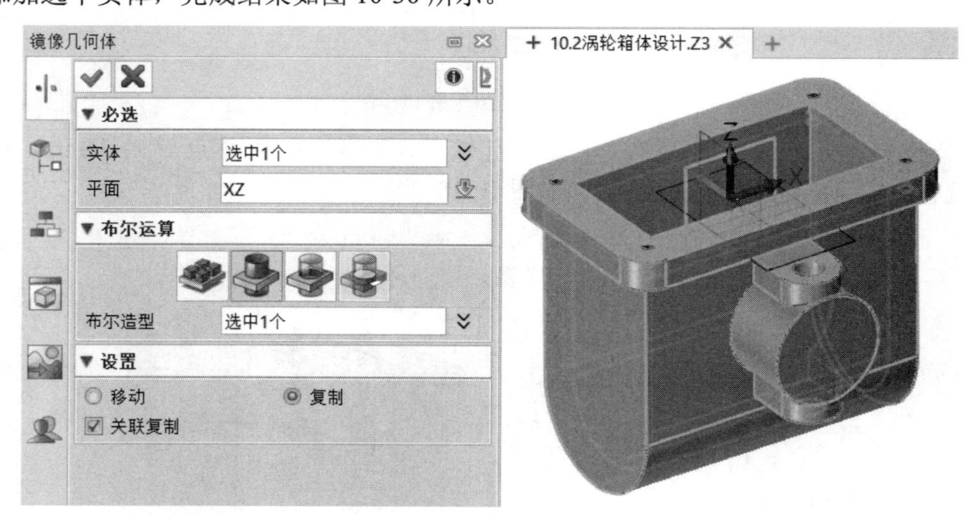

图10-30　镜像实体

（14）创建孔特征。在圆台的端平面上创建孔特征。孔与圆台保持同心，孔类型为简单孔，直径为20mm，孔深贯穿整个实体，结果如图10-31所示。

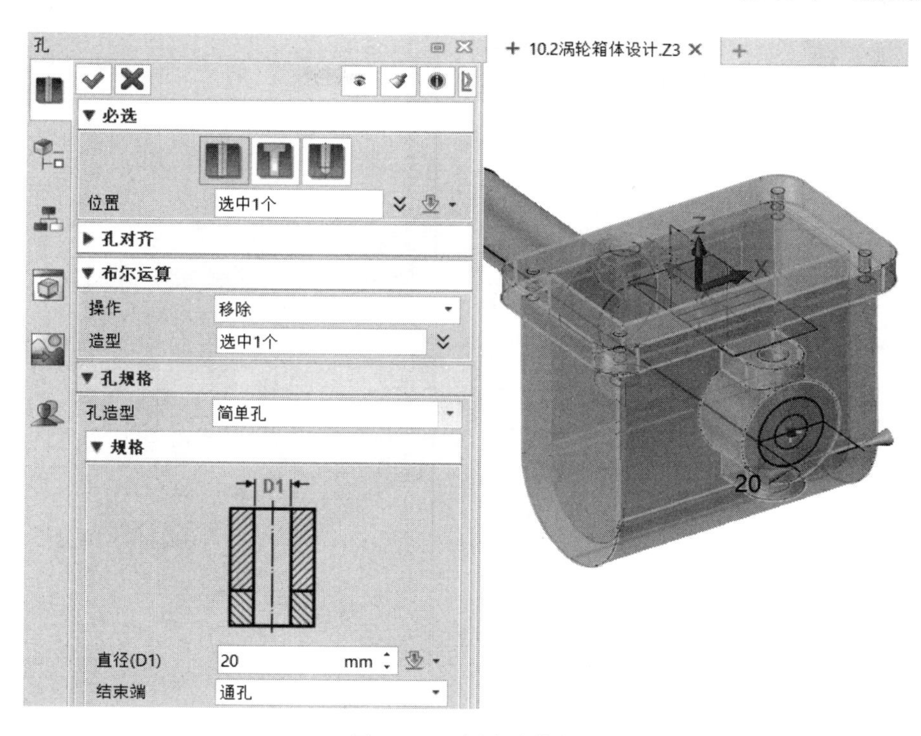

图 10-31　创建孔特征

（15）增加凸台。在箱体侧面创建一个圆形凸台。定位凸台中心与圆柱面同心，参数设置及效果如图 10-32 所示。

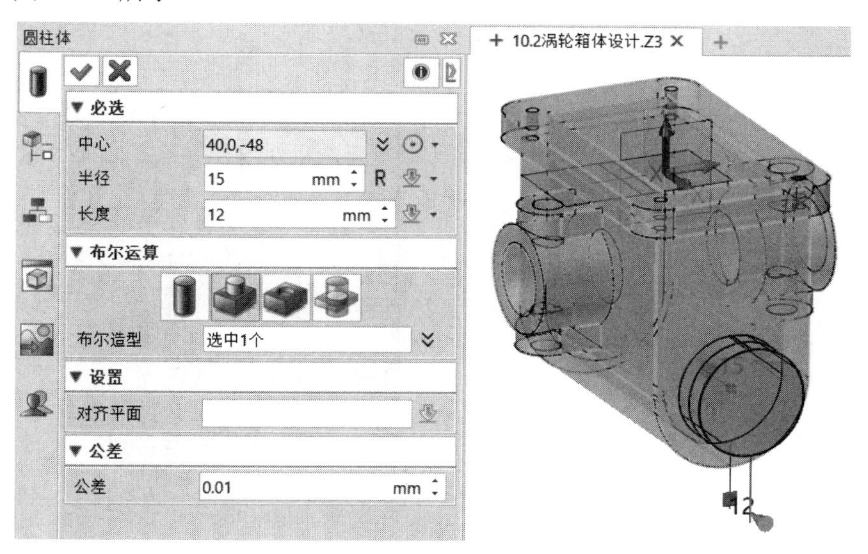

图 10-32　增加凸台

（16）在圆形凸台上添加孔特征。在创建的圆形凸台上添加孔特征，孔中心与圆柱面同心，孔直径为 16mm，结束端选择终止面，并选择壳体的内侧面为终止面，如图 10-33 所示。

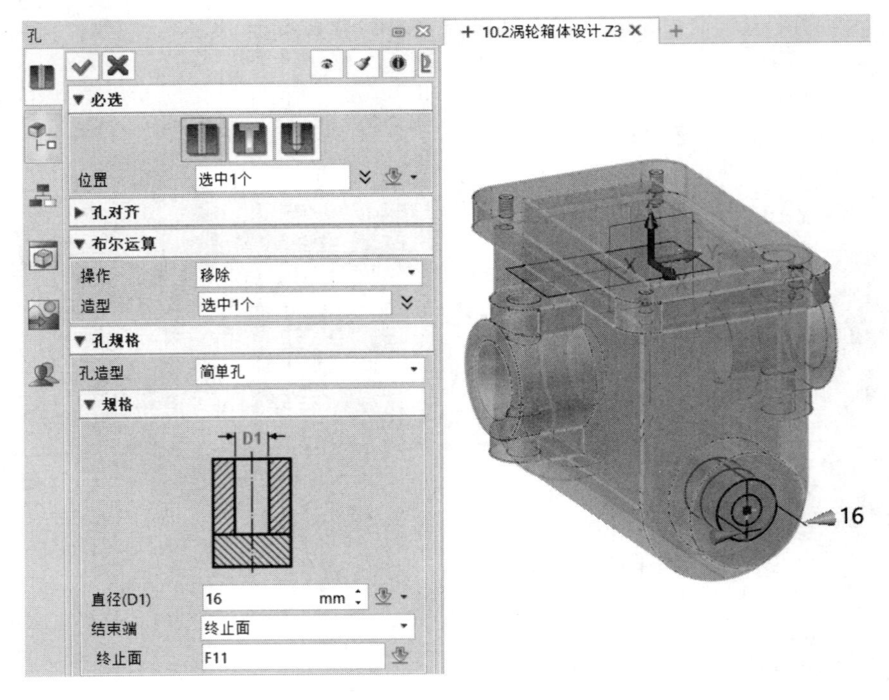

图 10-33　在圆形凸台上添加孔特征

（17）添加六面体特征。在箱体侧面添加一个方形凸台（六面体）。选择“中心-高度”创建方法，放置位置选择边线中点，选择凸台底面为对齐平面，参数设置如图 10-34 所示。

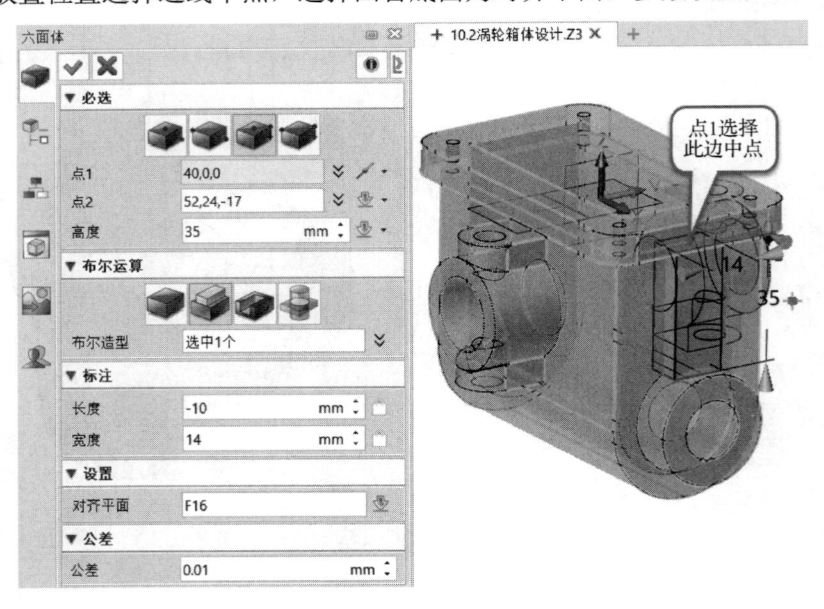

图 10-34　添加六面体特征

（18）添加圆台特征。在箱体的另一侧面上添加圆台特征，圆台的定位中心选择在圆弧中心，半径为 45mm，长度为 16mm，如图 10-35 所示。

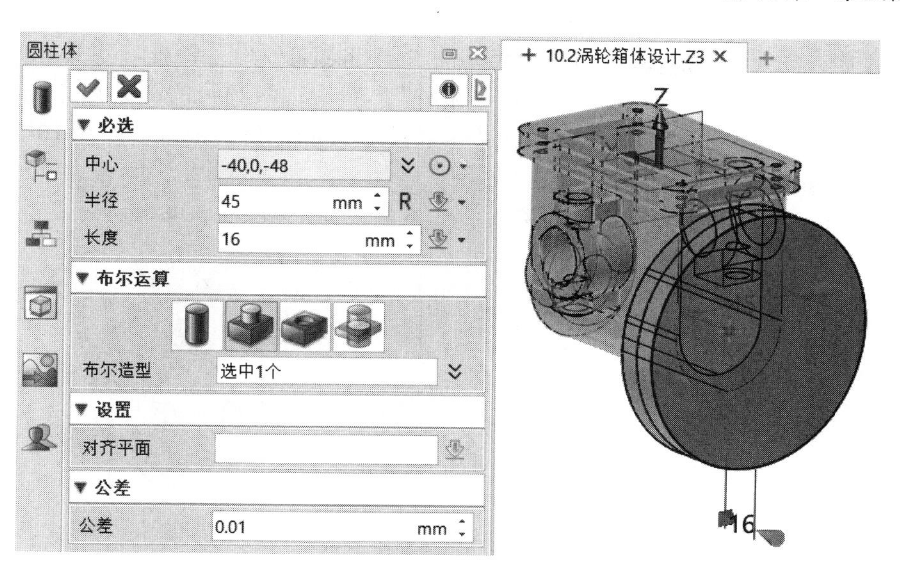

图 10-35　添加圆台特征

（19）添加台阶孔特征。在步骤（18）创建的圆台上添加台阶孔特征，孔的定位中心和圆台圆心同心，结束端选择终止面，并选择壳体的内侧面为终止面，参数设置如图 10-36 所示。

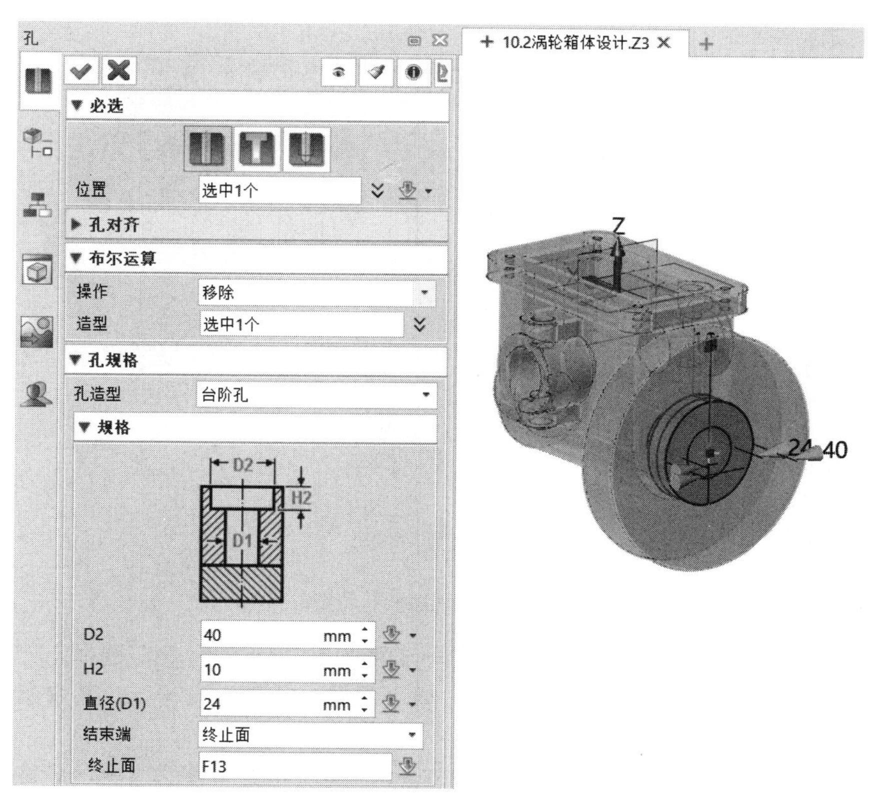

图 10-36　添加台阶孔特征

（20）再添孔特征。在步骤（18）创建的圆台上再添加一个孔特征，定义孔中心时，在绘图区单击鼠标右键打开快捷菜单，选择“偏移”，然后选取圆台的圆心点作为参考点，Z轴偏移设为-35mm（如图10-37所示）。定义孔直径为9mm，贯通圆台，如图10-38所示。

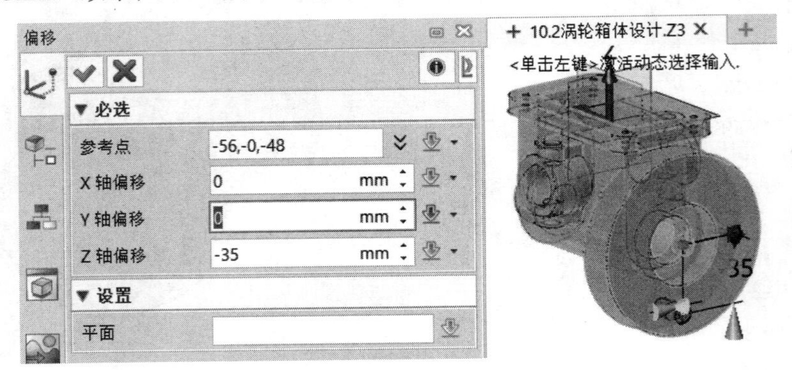

图10-37　定位孔中心点

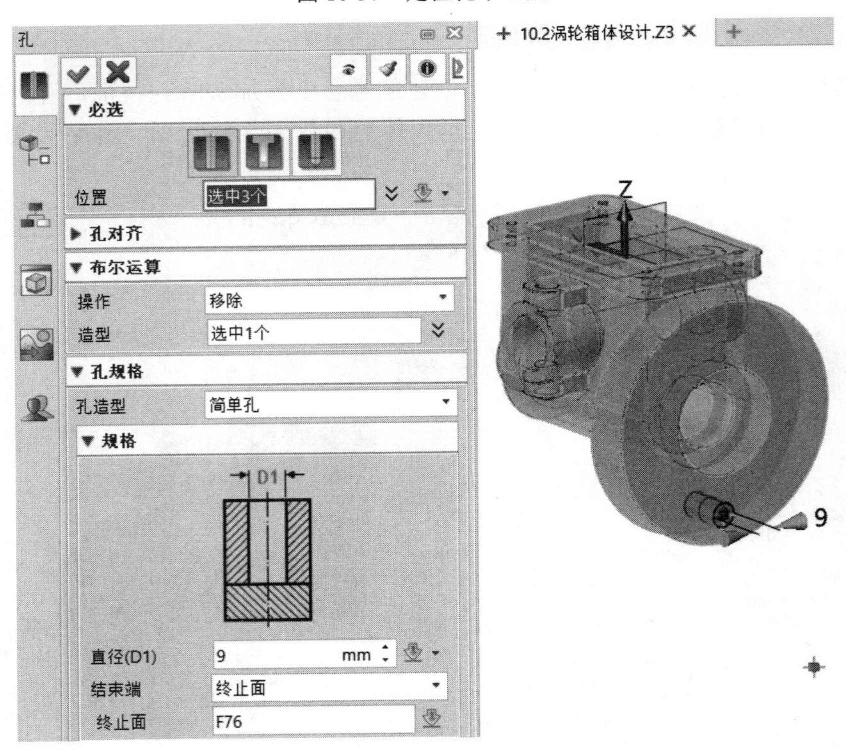

图10-38　再添加孔特征

（21）阵列孔。单击工具栏中的【造型】→【阵列】功能图标，选择上一步创建的孔特征为阵列特征，圆台中心轴为阵列旋转轴，数目为3，角度为120°，其余参数使用默认值，如图10-39所示。

（22）对箱体内侧边倒圆角。圆角半径为1mm，到此完成零件的建模，最终完成的涡轮箱体效果如图10-40所示，保存文件。

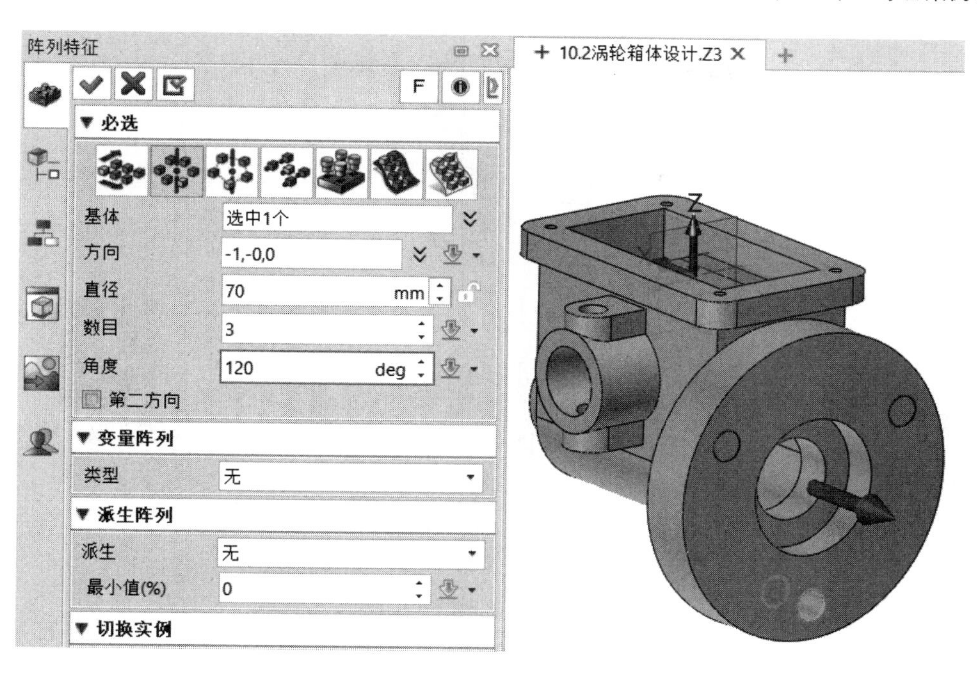

图 10-39　阵列孔

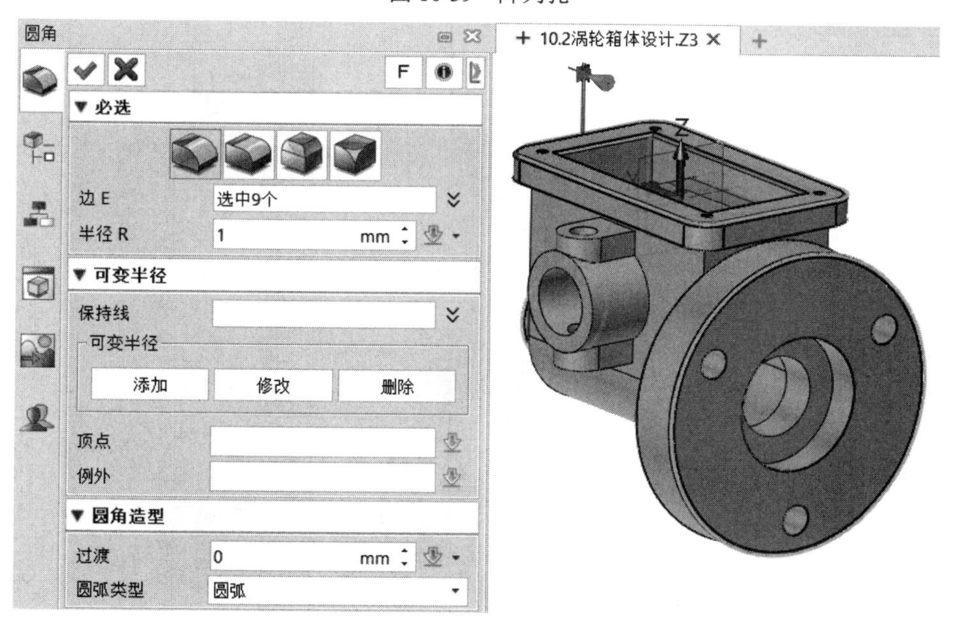

图 10-40　完成的效果图

10.3　落地扇设计

设计的落地扇实例图如图 10-41 所示。

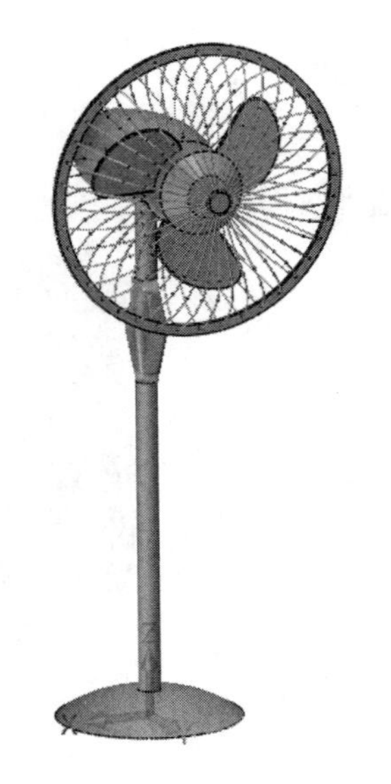

（扫码获取素材）

图 10-41　落地扇实例图

1．建模流程

落地扇建模流程图，如图 10-42 所示。

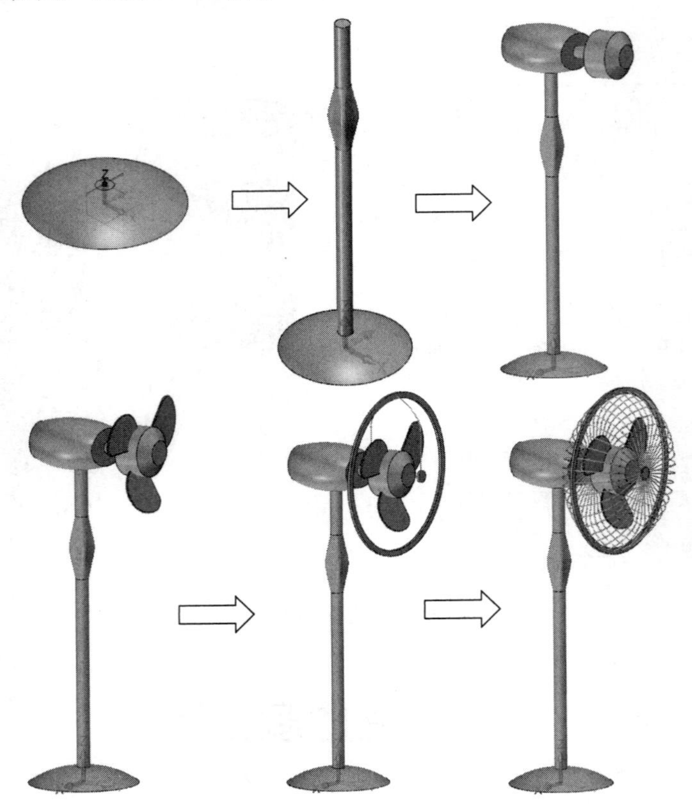

图 10-42　落地扇建模流程图

练习文件：配套素材\EX\CH10\10-4.Z3。

2．建模过程

（1）新建文件。新建一个零件文件，命名为“落地扇”。

（2）绘制草图 1。在 XZ 平面上绘制草图 1。单击工具栏中的【造型】→【插入草图】功能图标，选择 XZ 平面为草绘平面，草图轮廓及标注如图 10-43 所示。

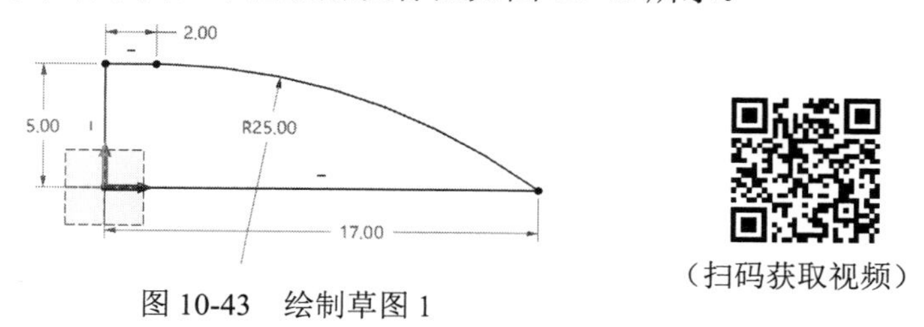

图 10-43　绘制草图 1

（3）创建旋转实体。单击工具栏中的【造型】→【旋转】功能图标，旋转轮廓选择草图 1 的曲线，旋转轴选择 Z 轴。起始角度 S 为 0 度，结束角度为 360 度，完成效果如图 10-44 所示。

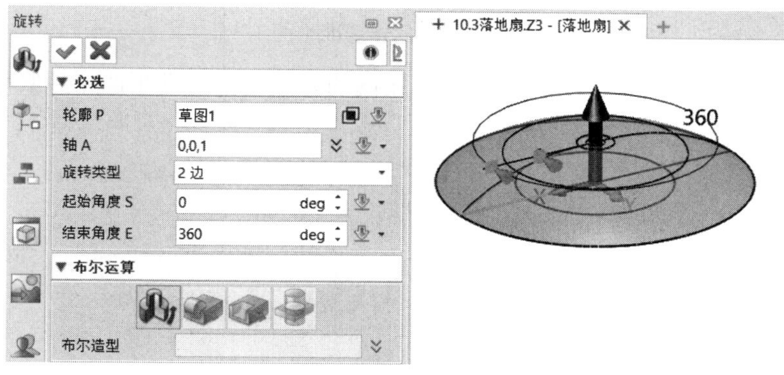

图 10-44　创建旋转实

（4）创建拉伸实体。单击工具栏中的【造型】→【拉伸】功能图标，选择如图 10-45 所示的拉伸轮廓，起始点 S 为 0，结束点 E 为 60mm。

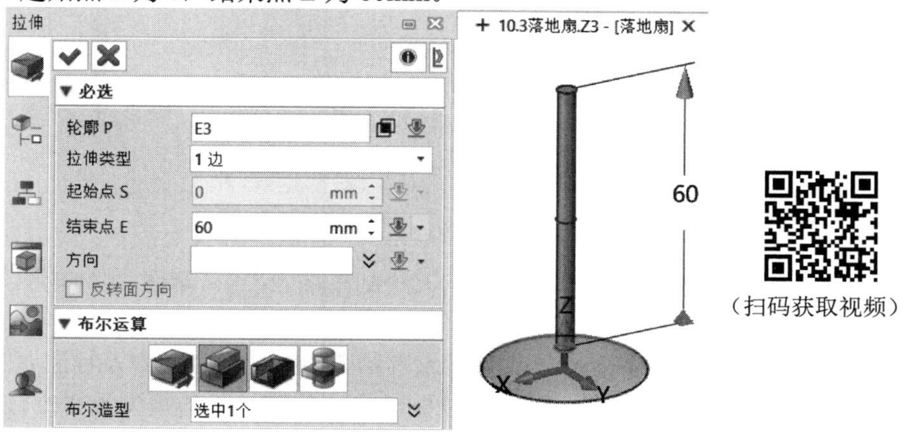

图 10-45　拉伸实体

（5）创建基准平面 1。单击工具栏中的【造型】→【基准面】功能图标，选择 XY 面，偏移值为 70mm，其余参数使用默认值，如图 10-46 所示。

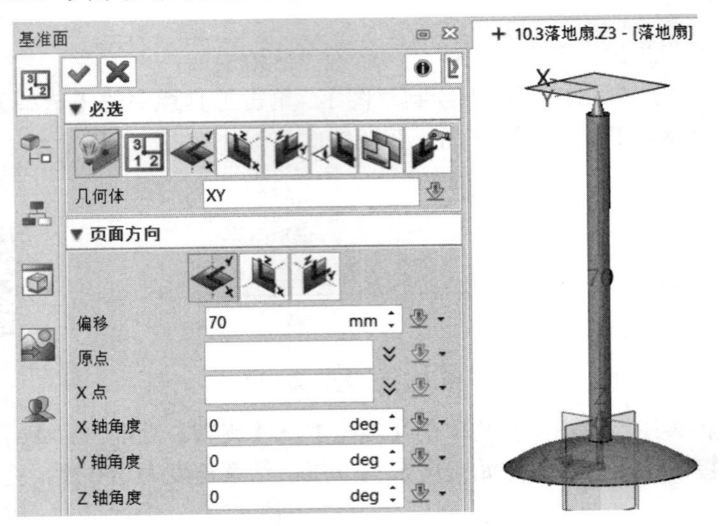

图 10-46　创建基准平面 1

（6）创建基准平面 2。使用与步骤（5）相同的方法创建基准平面 2，偏移值为 80mm，完成效果如图 10-47 所示。

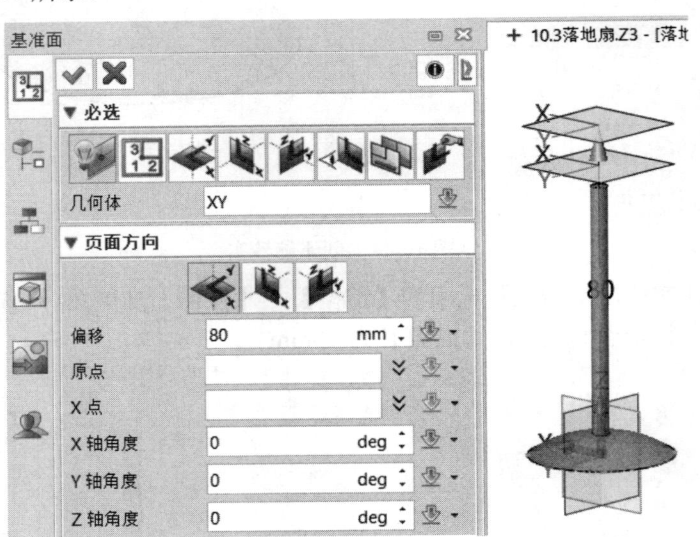

图 10-47　创建基准平面 2

（7）绘制草图 2。在基准平面 1 上绘制草图 2，草图 2 的轮廓及标注如图 10-48 所示。

（8）绘制草图 3。在基准平面 2 上绘制草图 3，草图轮廓及标注如图 10-49 所示。

（9）拉伸实体。选择步骤（8）绘制的高亮轮廓，拉伸类型为“2 边”，对其进行拉伸，起始点 S 为 20mm，结束点 E 为 40mm，效果如图 10-50 所示。

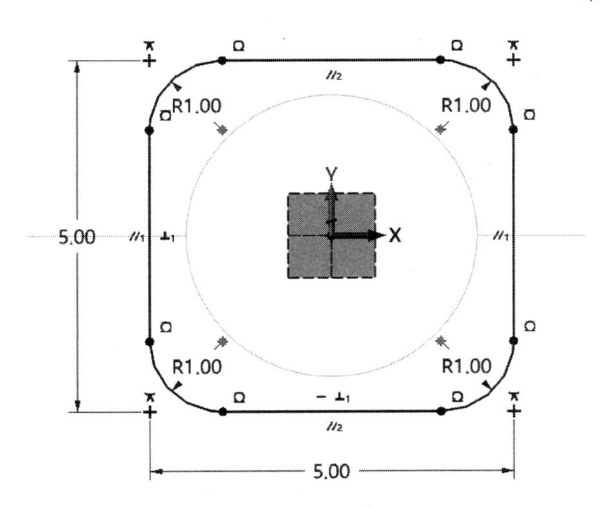

图 10-48　绘制草图 2

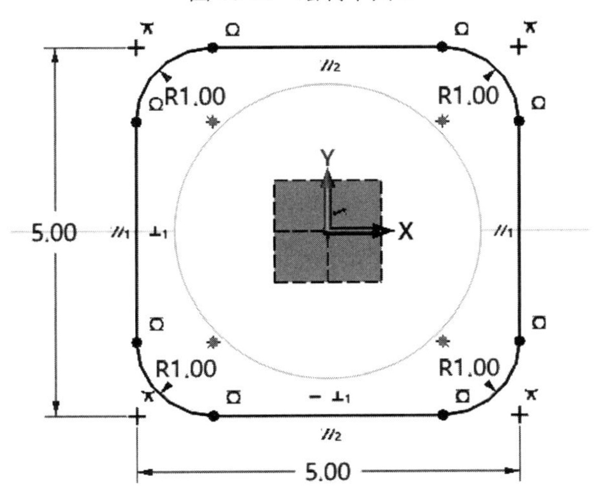

图 10-49　绘制草图 3

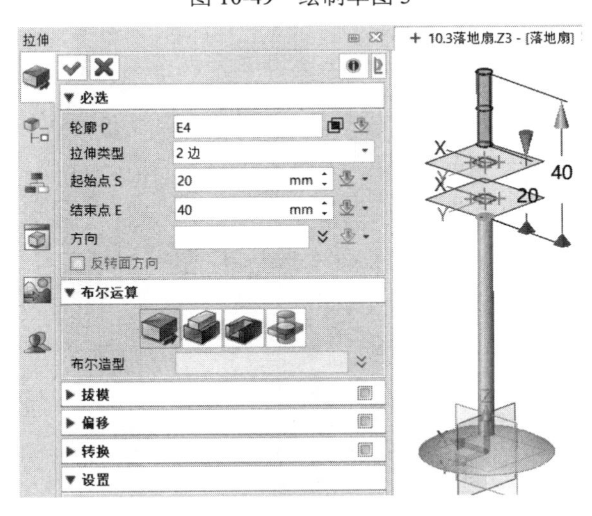

图 10-50　拉伸实体

（10）创建放样实体。单击工具栏中的【造型】→【放样】功能图标，从上至下依次选择 4 个轮廓，连续方式选择“相切”（可以通过单击边界约束“起始端”→“切换面”和“末端”→“切换面”更改相切面），如图 10-51 所示。

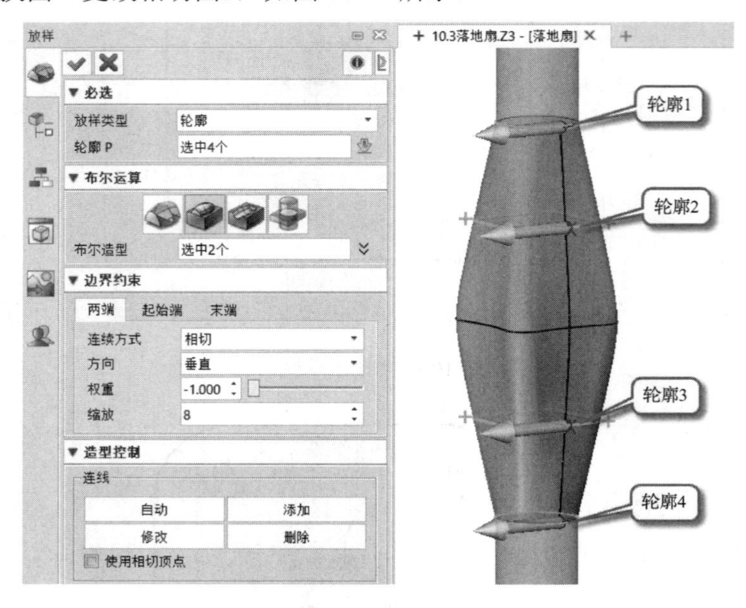

图 10-51　创建放样实体

若放样图形出现扭曲现象，是因为母线未对齐所致，此时可以切换到“高级”选项卡对母线进行调整。先单击“自动”按钮生成白色连接母线，如图 10-52 所示，再单击“修改”按钮，光标自动切换到弹出的线条处，将鼠标靠近需调整的轮廓箭头处选择白色母线，通过移动鼠标将母线拖到想放置的位置，直至每个轮廓的母线对齐，如图 10-53 所示。

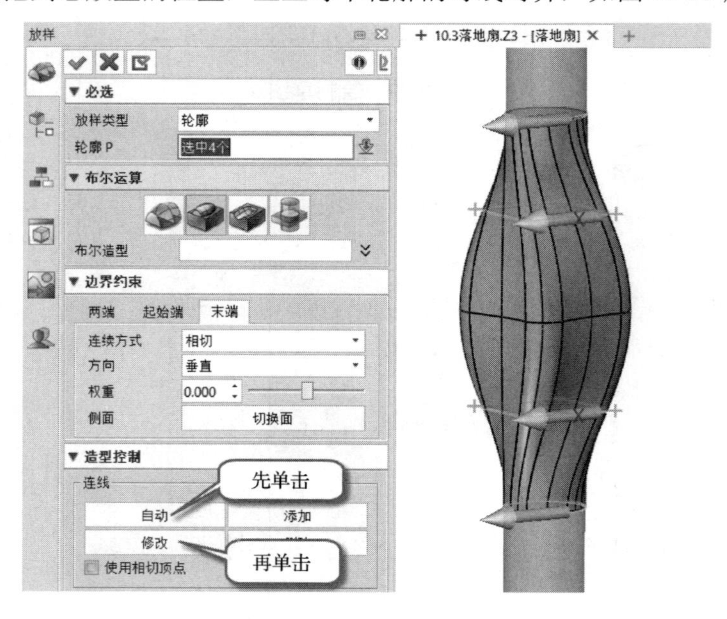

图 10-52　自动创建的母线

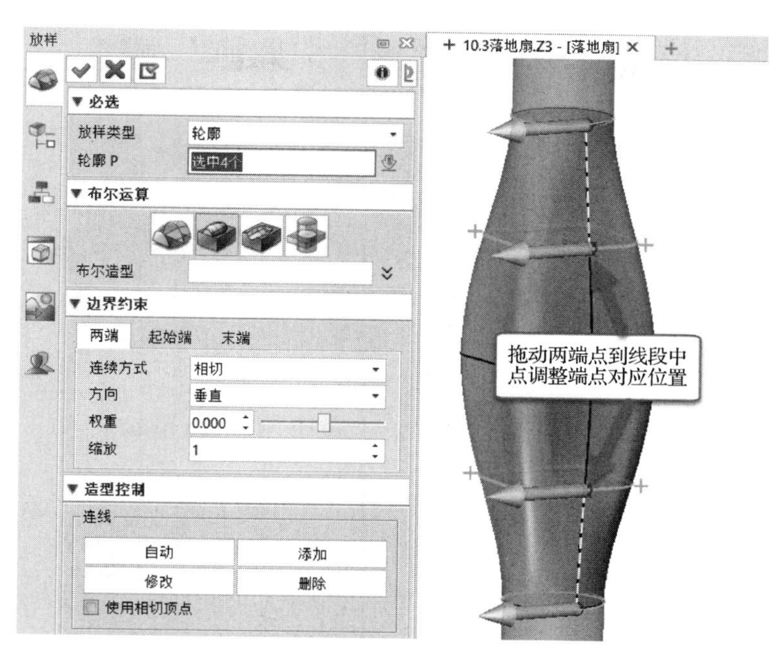

图 10-53　对齐母线

（11）复制基准面。单击工具栏中的【造型】→【复制】功能图标，选择“沿方向复制”方法，选择 XZ 基准平面为复制实体，方向为 Z 轴正向，距离为 108mm，如图 10-54 所示。

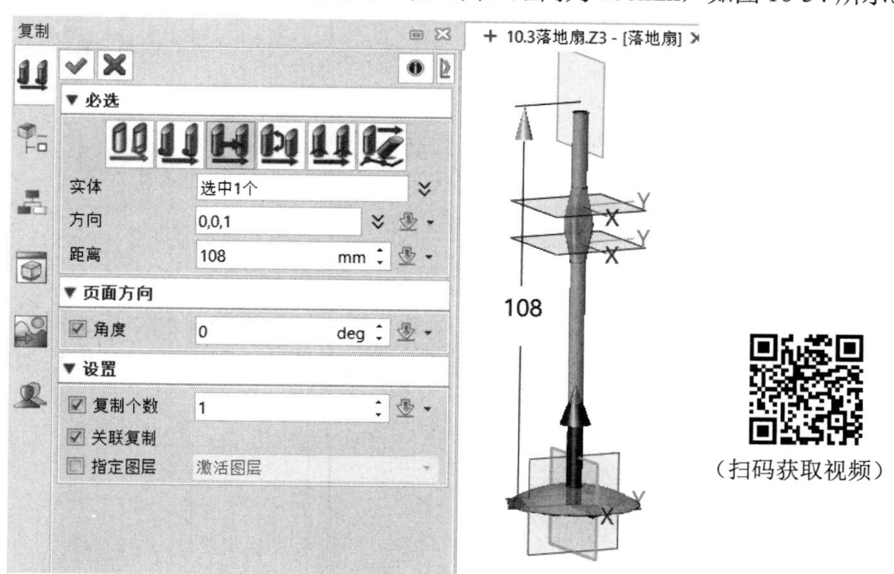

图 10-54　复制基准面

（12）创建基准面 3。选择步骤（11）创建的基准面，偏移距离设为 15mm，得到基准面 3，完成效果如图 10-55 所示。

（13）创建基准面 4。使用与步骤（12）相同的方法，再创建一个新基准平面，此时偏移距离为-10mm，得到基准面 4，完成效果如图 10-56 所示。

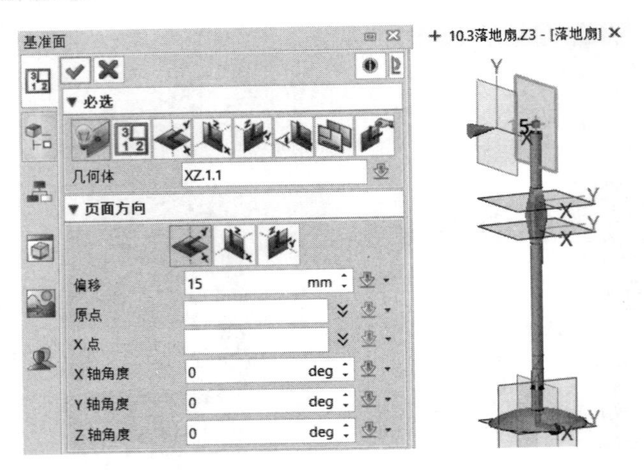

图 10-55　创建基准面 3

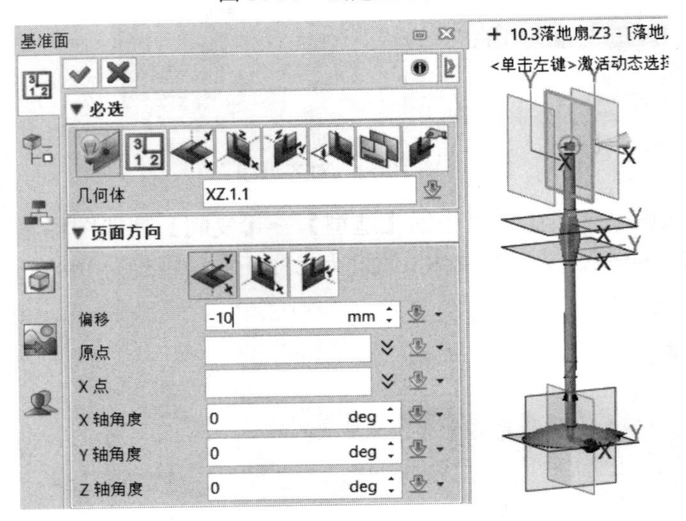

图 10-56　创建基准面 4

（14）绘制草图 4。在基准面 3 上绘制草图 4，草图轮廓及标注如图 10-57 所示。

（15）绘制草图 5。在复制的基准面上绘制草图 5，草图轮廓及标注如图 10-58 所示。

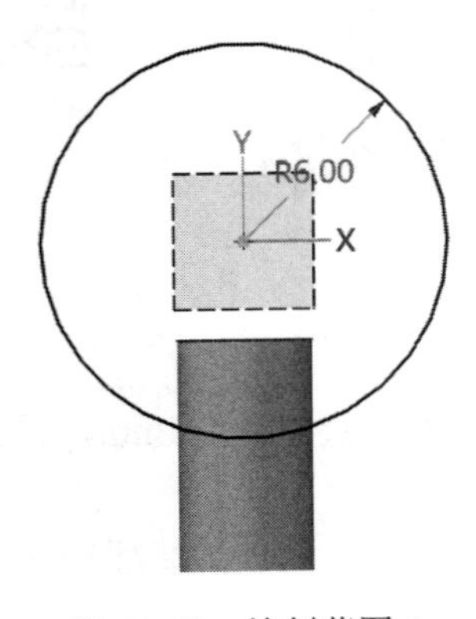

图 10-57　绘制草图 4

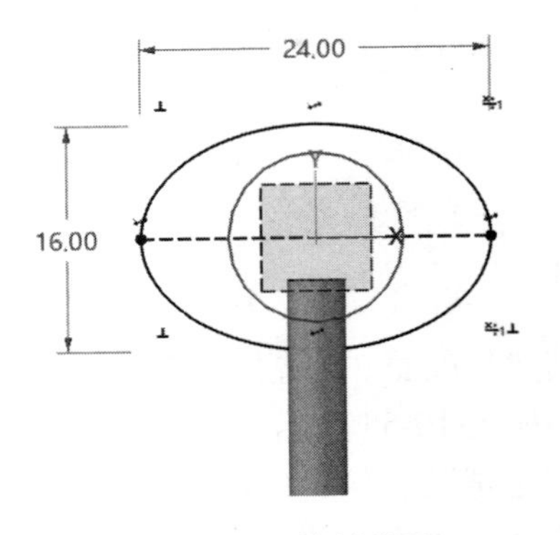

图 10-58　绘制草图 5

（16）绘制草图 6。在基准面 4 上绘制草图 6，草图轮廓及标注如图 10-59 所示。

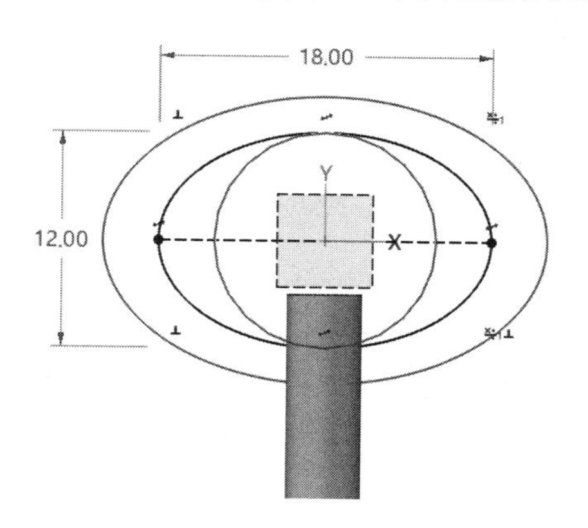

图 10-59　绘制草图 6

（17）创建放样实体。依次选择草图 4、草图 5 和草图 6 的轮廓（注意控制方向），如图 10-60 所示。

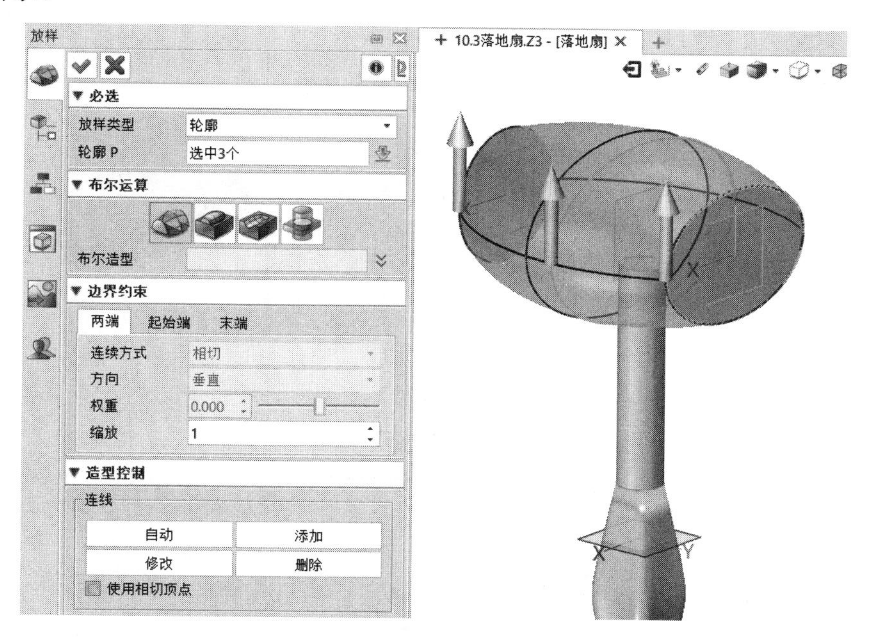

图 10-60　创建放样实体

（18）创建圆柱凸台。单击工具栏中的【造型】→【圆柱体】功能图标，圆台中心与草图 6 的原点重合，半径为 2mm，长度为-8mm，完成效果如图 10-61 所示。

（19）继续创建圆柱凸台。布尔运算类型选择“基体”，圆台中心与步骤（18）创建的圆柱同心，半径为 8mm，长度为 11mm，完成效果如图 10-62 所示。

（20）在圆柱基体上添加倒角。单击工具栏中的【造型】→【倒角】功能图标，倒角类型选择“不对称倒角”，“边 E”选择如图 10-63 所示的高亮边，点选“倒角距离”，第一侧面选择圆柱面。倒角距离 S1 为 4mm、倒角距离 S2 为 3mm。

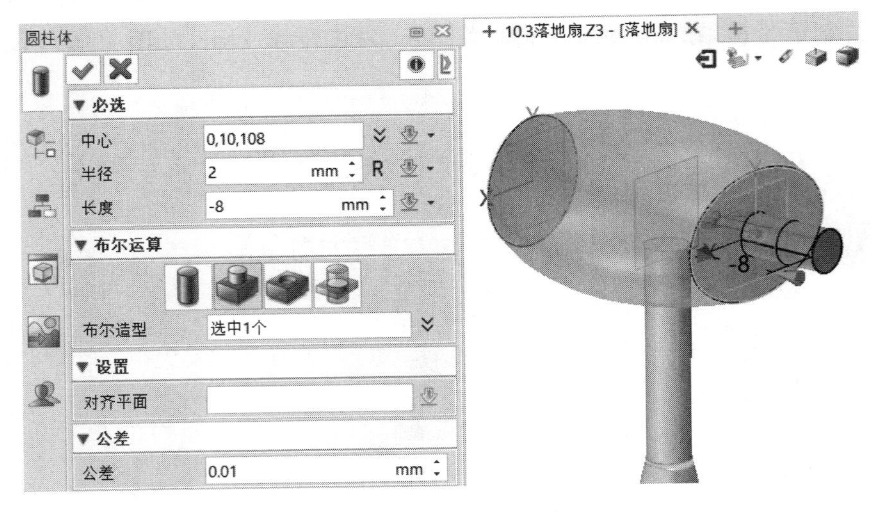

图 10-61　创建圆柱凸台

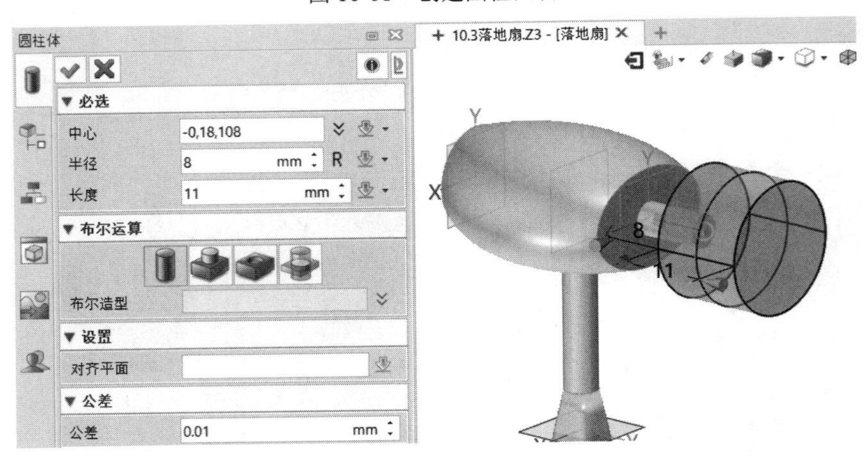

图 10-62　创建同心圆柱凸台

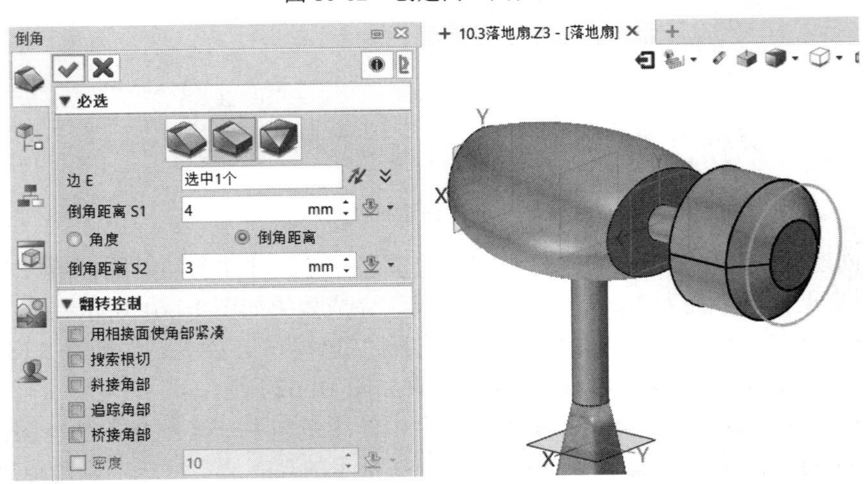

图 10-63　设置倒角参数

（21）对圆柱基体进行抽壳。单击工具栏中的【造型】→【抽壳】功能图标，厚度为-0.5mm，开放面选择如图 10-64 所示的面，完成的效果如图 10-65 所示。

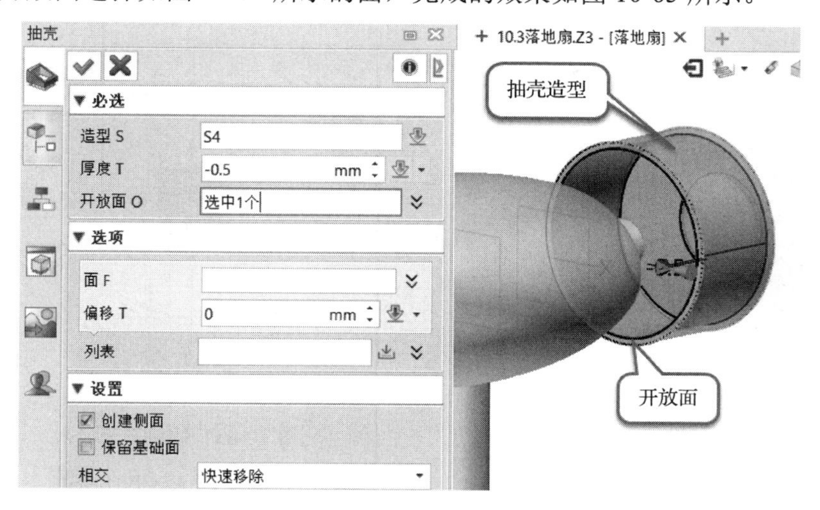

图 10-64　设置抽壳开放面

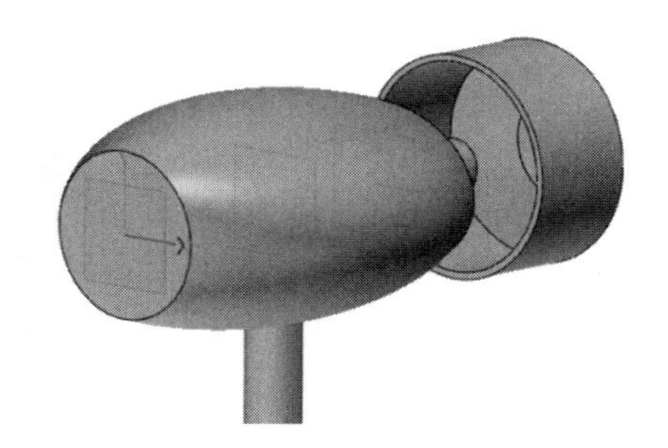

图 10-65　抽壳效果图

（22）创建圆柱凸台。圆台中心选择小圆柱的圆心（右键选择曲率中心），半径为 2.5mm，长度为 10.5mm，如图 10-66 所示。

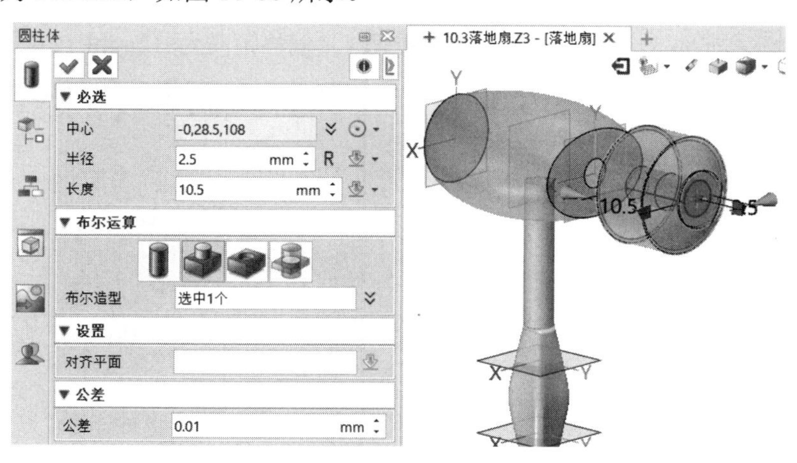

图 10-66　创建圆在凸台

（23）绘制草图 7。在图 10-67 所示的高亮平面上绘制草图 7，草图轮廓及标注如图 10-68 所示。

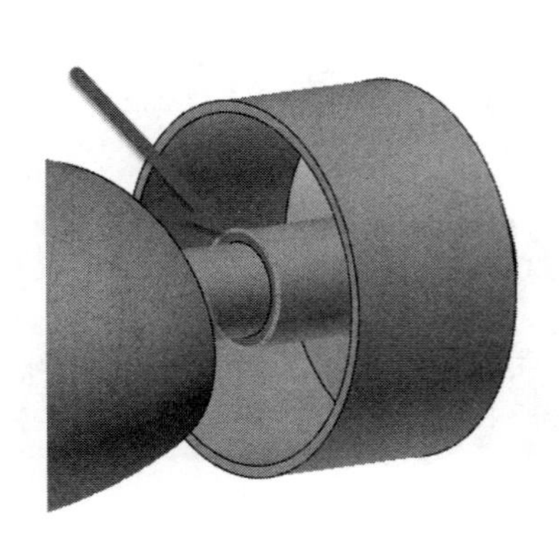

图 10-67　草绘面位置

15.60
7.80
7.80

图 10-68　绘制草图 7

（24）创建网状筋。单击工具栏中的【造型】→【网状筋】功能图标，轮廓选择草图 7 的曲线，厚度为 0.5mm，边界选择圆柱基体的内表面，如图 10-69 所示。

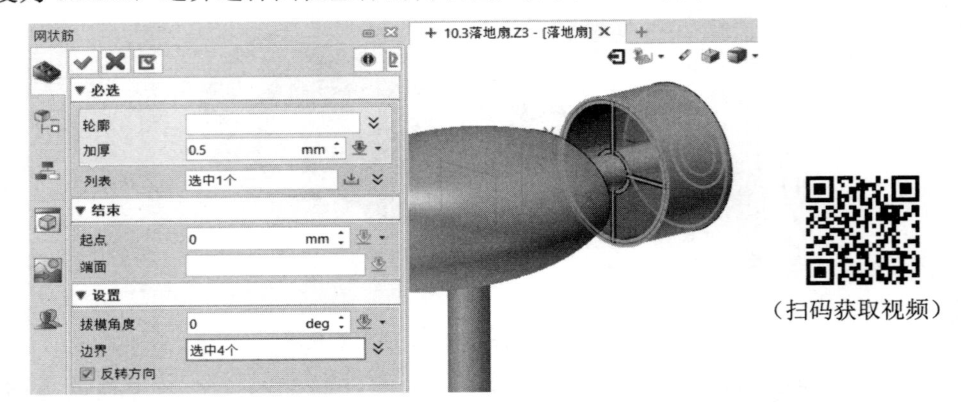

图 10-69　创建网状筋

（25）创建新基准面 5。“几何体”选择基准面 4，偏移距离为-12mm，如图 10-70 所示。

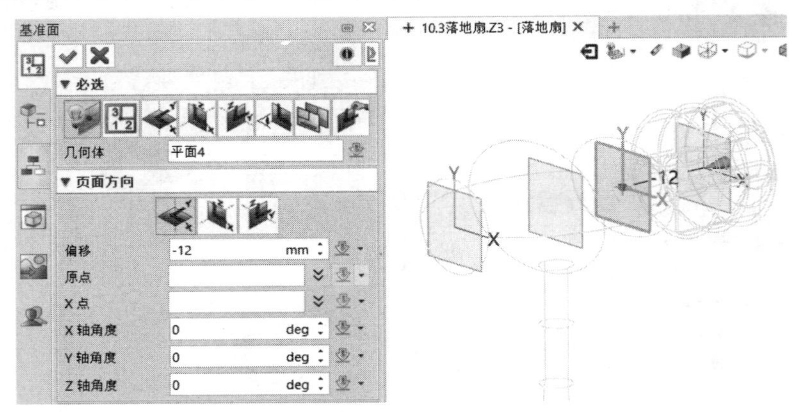

图 10-70　创建基准面 5

（26）绘制草图 8。在基准面 5 上绘制草图 8，草图轮廓及标注如图 10-71 所示。

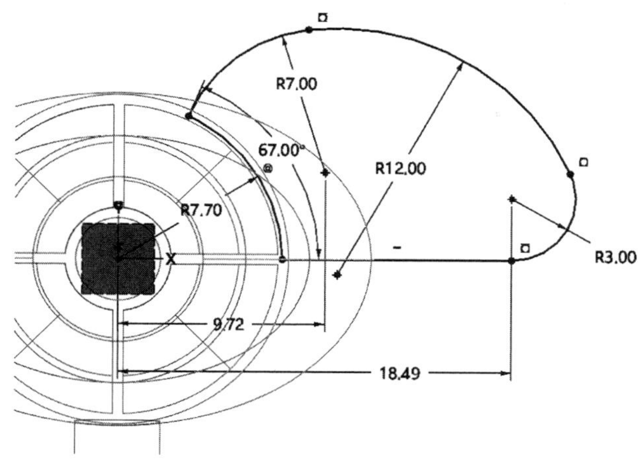

图 10-71　绘制草图 8

（27）旋转草图轮廓。将草图 8 做移动中的旋转，旋转角度为 5°，旋转轴选择如图 10-72 所示草图轮廓中的直线段。

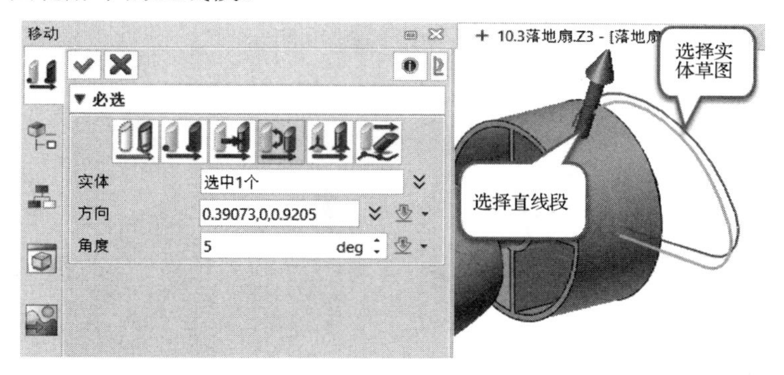

图 10-72　旋转草图轮廓

（28）拉伸叶片基体。布尔运算类型选择“基体”“轮廓”选择步骤（27）旋转得到的曲线，拉伸类型选择“对称”，结束点为 0.3mm，其余参数使用默认值，如图 10-73 所示。

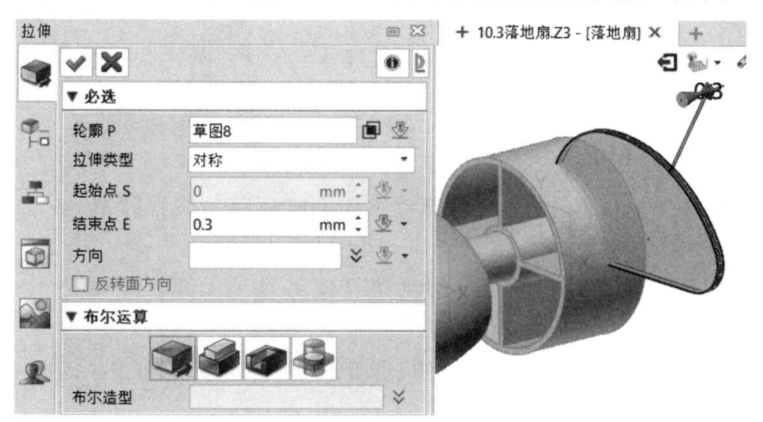

图 10-73　拉伸叶片基体

（29）叶片倒圆角。对叶片外部周边添加圆角，圆角半径为 0.2mm，完成效果如图 10-74 所示。

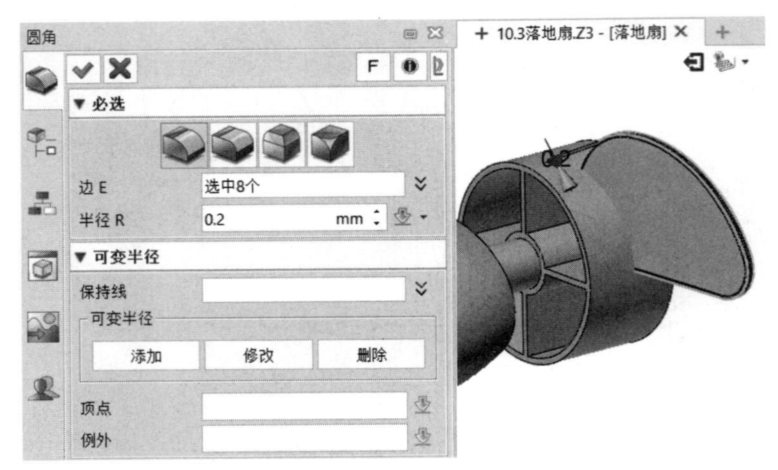

图 10-74　叶片倒圆角

（30）对叶片进行几何体阵列。阵列类型选择“圆形”“基体”选择叶片实体，“方向”选择圆台柱面，数目为 3，角度为 120°，如图 10-75 所示。

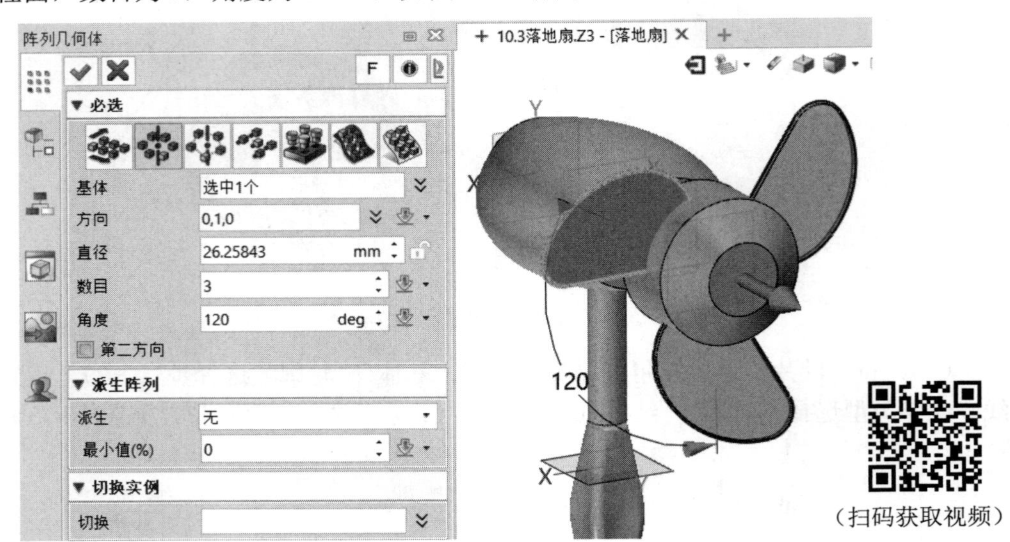

图 10-75　阵列叶片

（31）创建基准面 6。以基准面 5 为参考进行偏移复制，偏移距离为-12mm，如图 10-76 所示。

（32）创建基准面 7。以基准面 6 为参考进行偏移复制，偏移距离为 10mm，如图 10-77 所示。

（33）绘制草图 9。在步骤（31）创建的基准面 6 上绘制草图 9，绘制一个直径为 4mm 的圆，圆心位于原点，如图 10-78 所示。

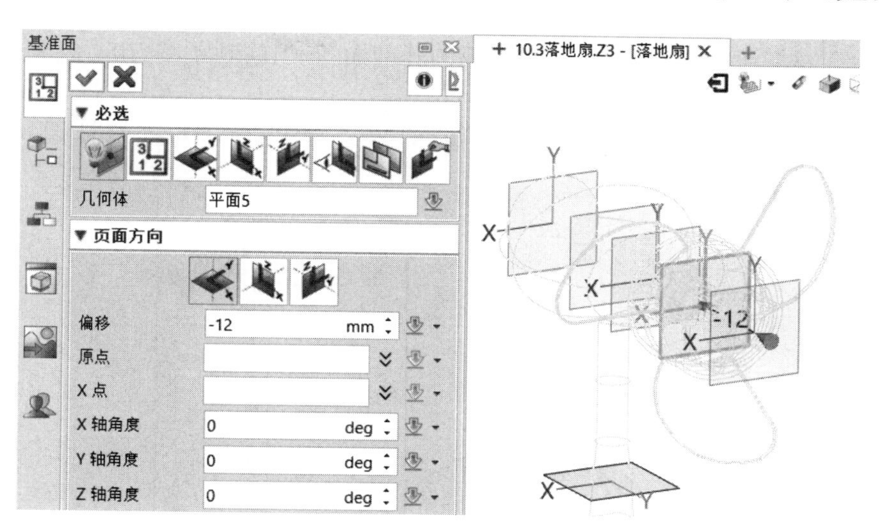

图 10-76　创建基准面 6

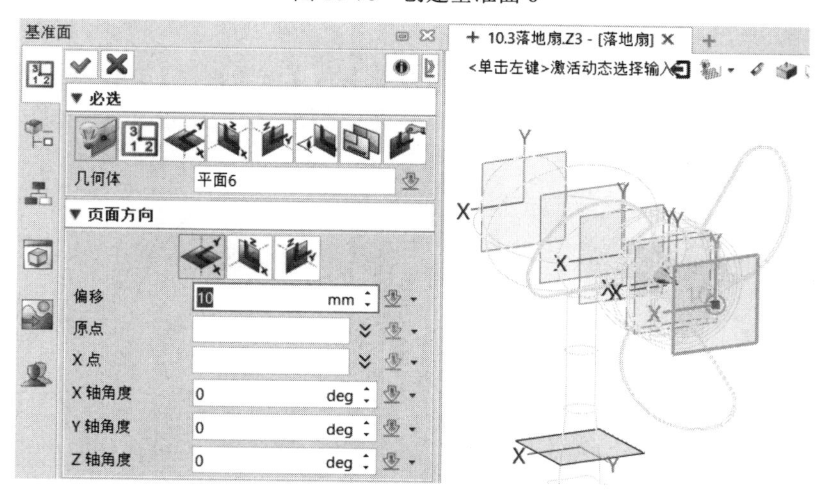

图 10-77　创建基准面 7

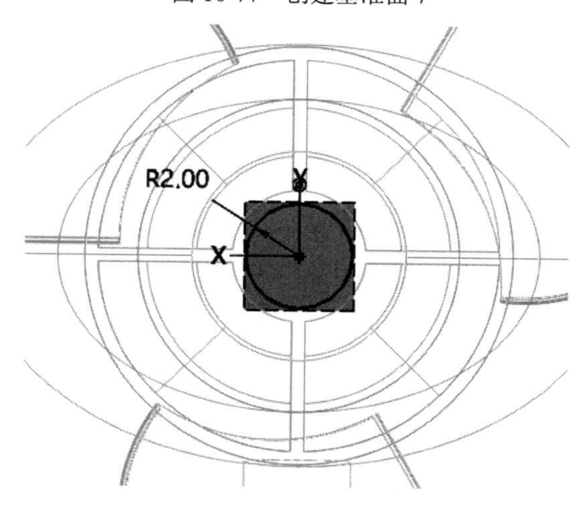

图 10-78　绘制草图 9

（34）绘制草图 10。在步骤（32）创建的基准面 7 上绘制草图 10，绘制一个直径为 54mm 的圆，圆心位于原点，如图 10-79 所示。

（35）绘制草图 11。在 YZ 平面上绘制草图 11，草图轮廓及标注如图 10-80 所示。

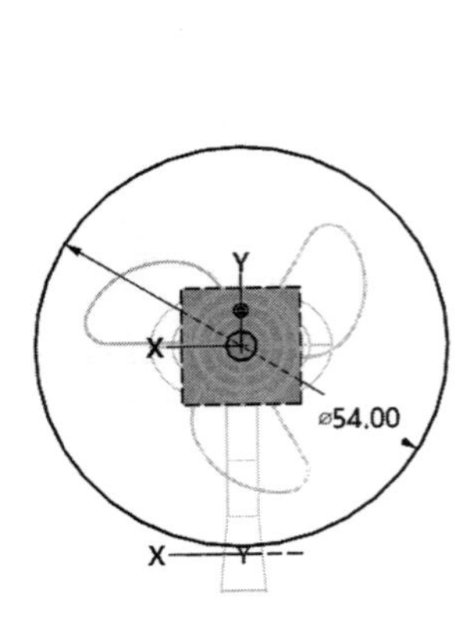

图 10-79　绘制草图 10

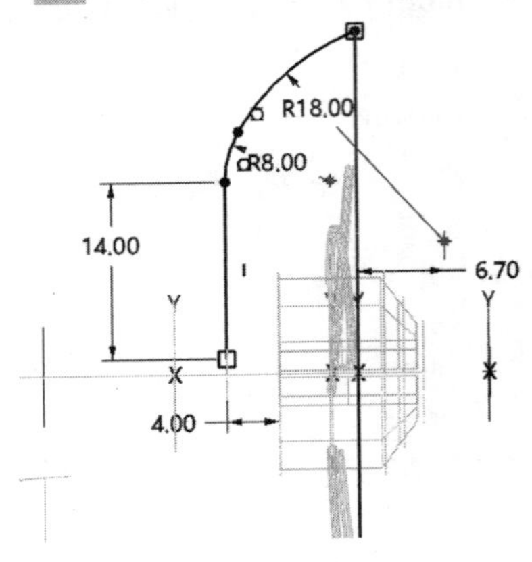

图 10-80　绘制草图 11

（36）创建杆状扫掠体。单击工具栏中的【造型】→【杆状扫掠】功能图标，“曲线”选择草图 11 绘制的曲线，直径为 0.4mm，勾选“杆状体连接”选项，完成效果如图 10-81 所示。

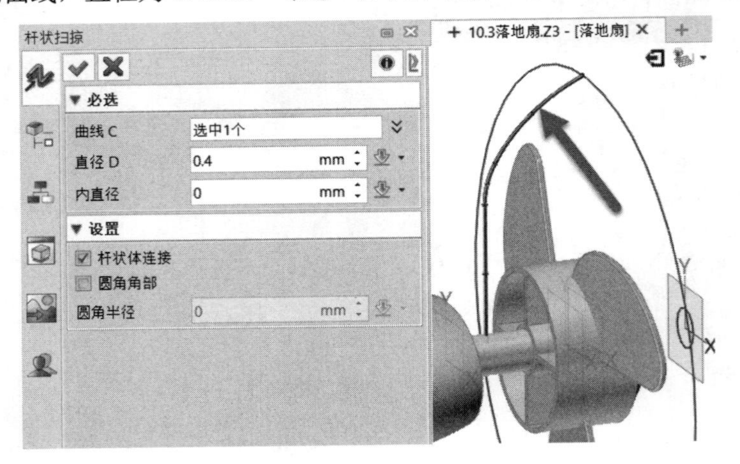

图 10-81　创建杆状扫掠体

（37）镜像扫掠体。镜像步骤（36）创建的扫掠体，镜像平面选择基准面 7，完成效果如图 10-82 所示。

（38）拉伸实体。“轮廓”选择草图 9 绘制的曲线，拉伸类型选择“对称”，结束点为 0.4mm，并对其外边添加半径为 0.5mm 的圆角，完成效果如图 10-83 所示。

（39）继续拉伸实体。“轮廓”选择草图 10 绘制的曲线，拉伸类型选择“对称”，结束点为 0.4mm。“偏移”选择“均匀加厚”，偏距 1（外部偏移）为 1mm，如图 10-84 所示。

（40）阵列实体。对步骤（36）创建的扫掠体及其镜像体进行阵列，阵列类型选择“圆形”，“方向”选择圆台的圆柱面，数目为 40，角度为 9 度，如图 10-85 所示。

（41）完成实体设计。对所有实体进行布尔加运算（组合），完成效果如图 10-86 所示，保存文件。

图 10-82　镜像效果图

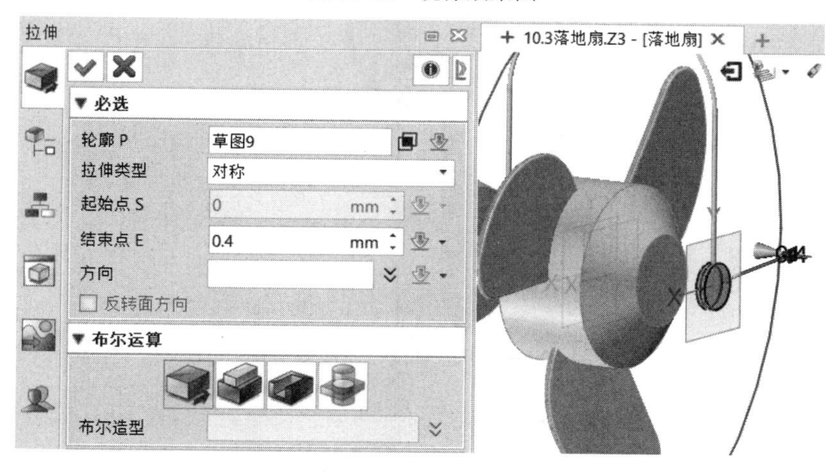

图 10-83　拉伸实体 1

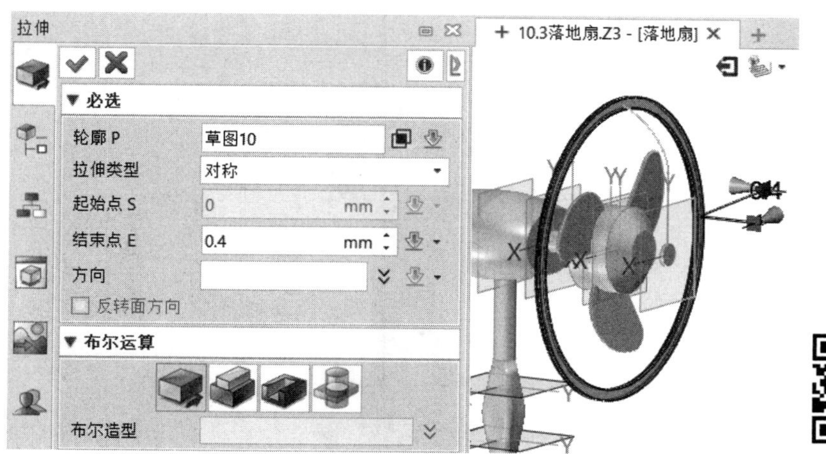

图 10-84　拉伸实体 2

（扫码获取视频）

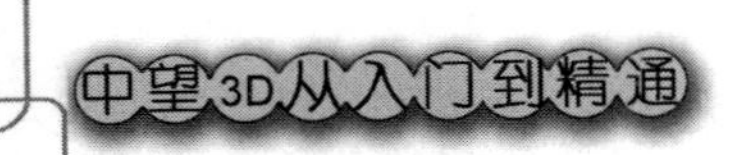

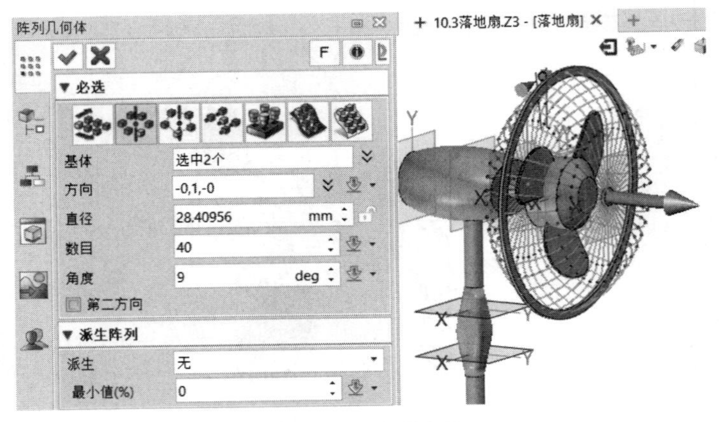

图 10-85　阵列实体

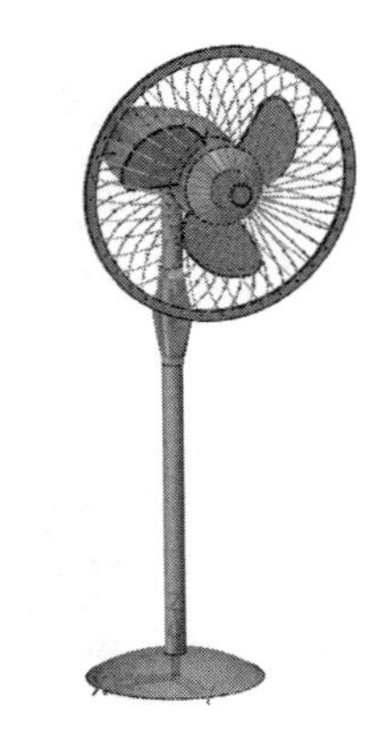

图 10-86　落地扇设计完成效果图

10.4　吊扇设计

设计的吊扇实例图如图 10-87 所示。

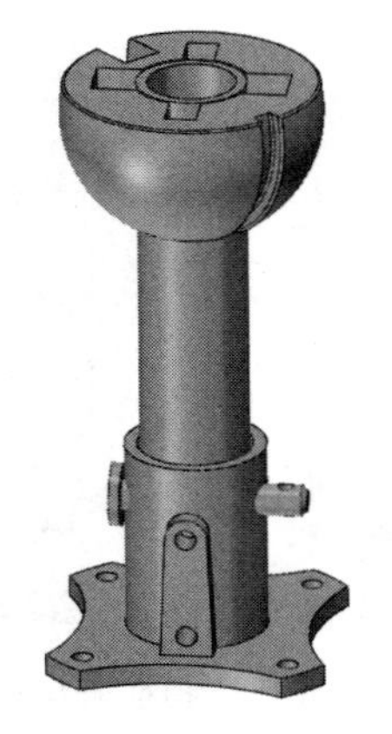

（扫码获取素材）

图 10-87　吊扇实例图

1．建模流程

吊扇建模流程图，如图 10-88 所示。

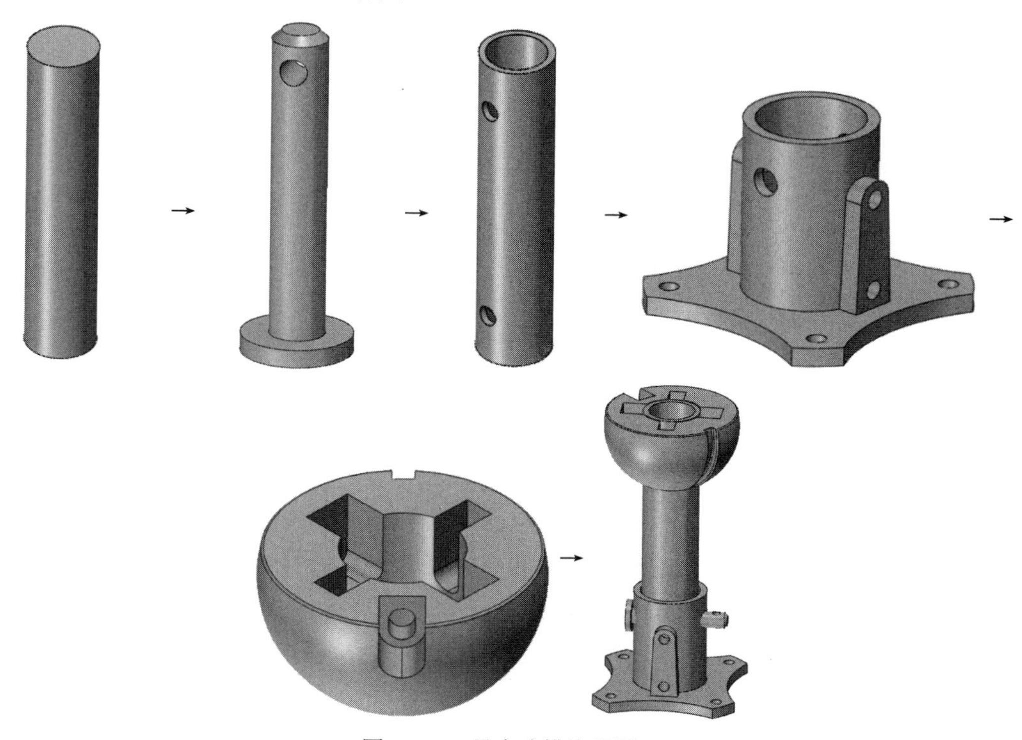

图 10-88 吊扇建模流程图

练习文件：配套素材\EX\CH10\10-5.Z3。

2．建模过程

（1）创建一个多对象文件，命名为“吊扇”，如图 10-89 所示，系统进入对象文件环境。

图 10-89 新建多对象文件

（2）在对象环境下创建一个新零件，命名为“法兰销”，如图 10-90 所示。

（扫码获取视频）

图 10-90　创建新零件

（3）创建圆柱体。单击工具栏中的【造型】→【圆柱体】功能图标，圆柱体中心为（0,0,0），半径为 3mm，长度为 30mm，如图 10-91 所示。

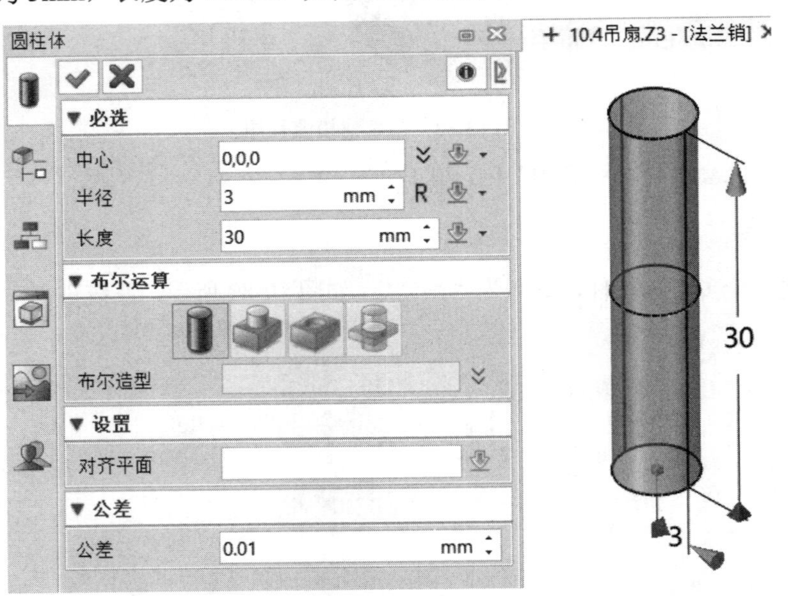

图 10-91　创建圆柱体 1

（4）完成该零件的建模。单击 DA 工具栏的“退出”按钮，退出当前零件建模环境，返回到对象环境。

（5）使用与步骤（2）相同的方法创建一个新零件，命名为“支撑销”，系统进入该零件的建模环境（注意：此时的工作零件是支撑销）。

（6）绘制草图 1。单击工具栏中的【造型】→【插入草图】功能图标，选择 YZ 平面为草绘平面，草图轮廓及标注如图 10-92 所示。

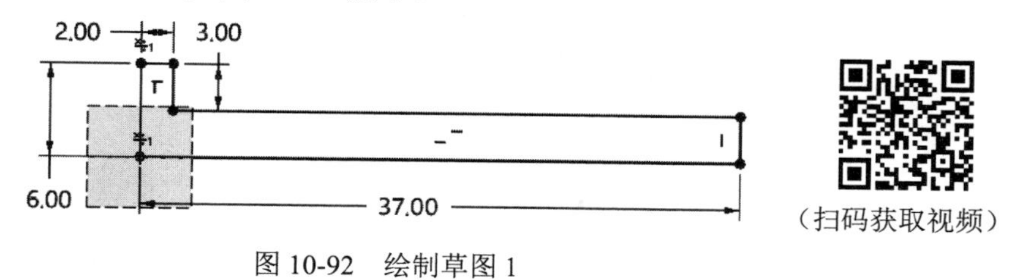

图 10-92　绘制草图 1

（7）创建旋转实体。单击工具栏中的【造型】→【旋转】功能图标，“轮廓”选择草图 1 创建的曲线，“轴”选择 Y 轴，“旋转类型”选择“1 边”，结束角度为 360 度，如图 10-93 所示。

（8）在 XY 平面上绘制草图 2，草图轮廓及标注如图 10-94 所示。

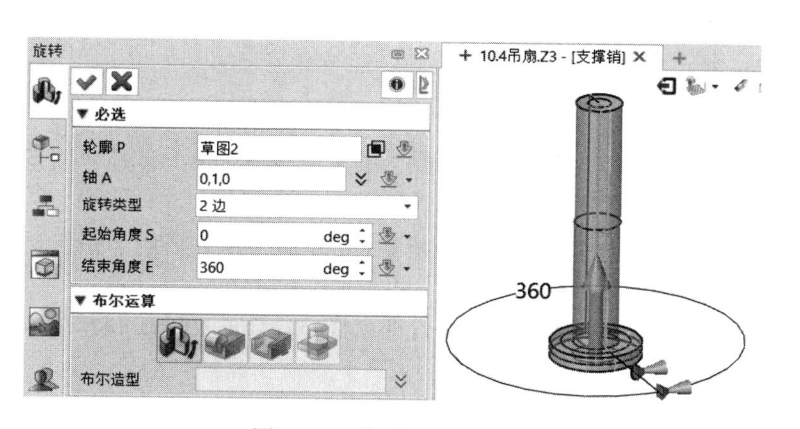

图 10-93　创建旋转实体

ø3.00
33.00

图 10-94　绘制草图 2

（9）拉伸草图。单击工具栏中的【造型】→【拉伸】功能图标，布尔运算类型选择“减运算”，“拉伸类型”选择“对称”，结束点为 5mm，其余参数使用默认值，如图 10-95 所示。

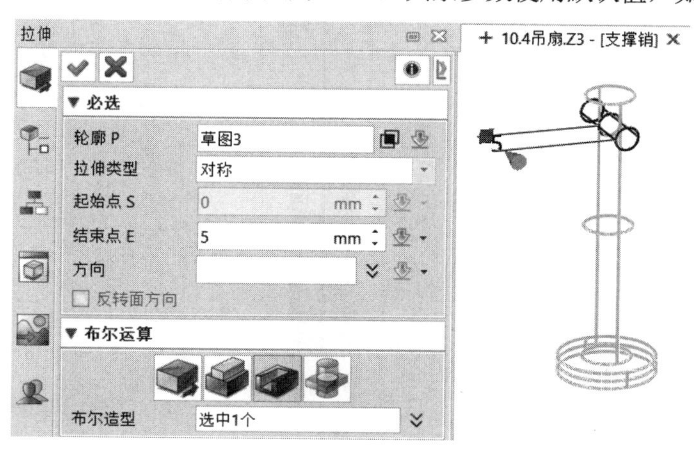

图 10-95　拉伸草图

（10）对实体顶部边倒角。单击工具栏中的【造型】→【倒角】功能图标，倒角距离

S 为 1mm，完成效果如图 10-96 所示。

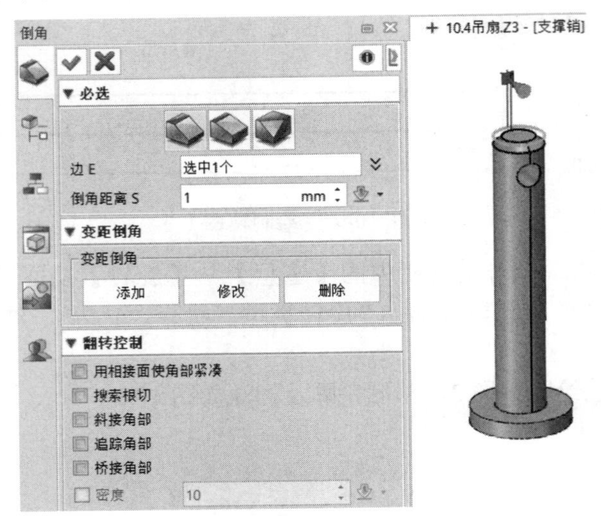

图 10-96　倒角效果图

（11）完成该零件的建模。单击 DA 工具栏的“退出”按钮，退出当前零件建模环境，系统返回到对象环境。

（12）在对象环境下创建一个新零件，命名为“内管”，系统进入该零件的建模环境。

（13）在 XY 平面上绘制该零件的草图 3，在原点处绘制一个直径为 21mm 的圆，如图 10-97 所示。

⌀21.00

图 10-97　绘制草图 3

（14）对步骤（13）绘制的草图 3 进行拉伸，“拉伸类型”选择“1 边”，结束点为 100mm，“偏移”选择“加厚”，外部偏移为 0mm，内部偏移为 2mm，如图 10-98 所示。

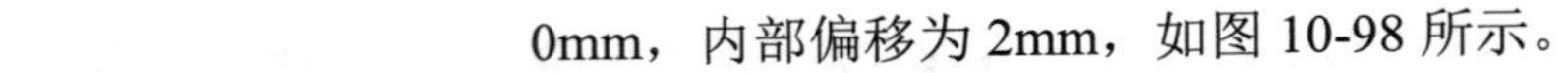

（15）在 XZ 平面上绘制该零件的草图 4，草图轮廓及标注如图 10-99 所示。

（扫码获取视频）

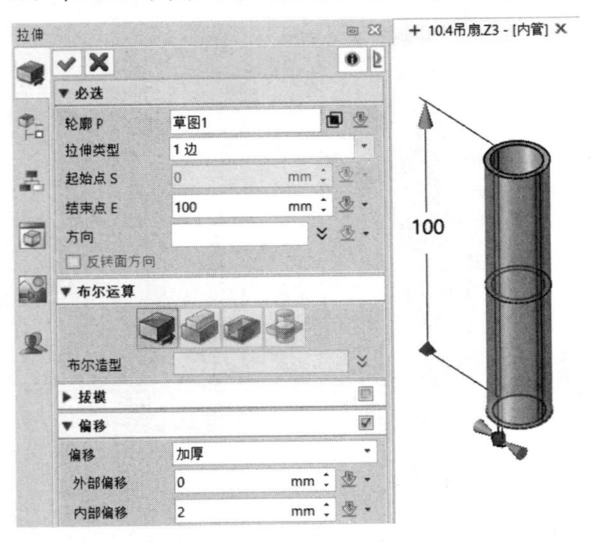

图 10-98　拉伸基体

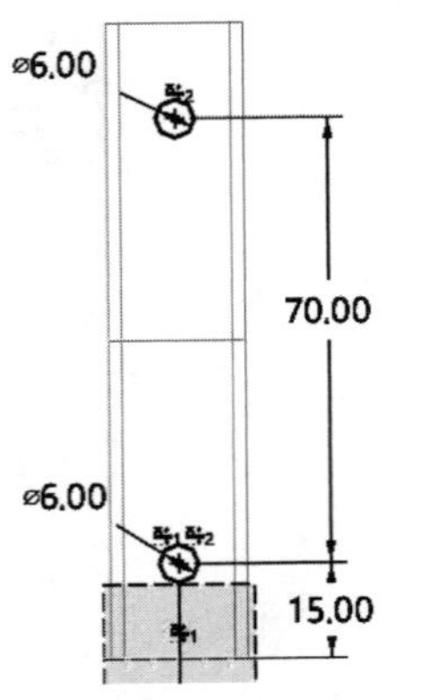

图 10-99　绘制草图 4

（16）对步骤（15）绘制的草图 4 进行拉伸，布尔运算类型选择“减运算”，“拉伸类型”选择“对称”，结束点为 15mm，完成效果如图 10-100 所示。

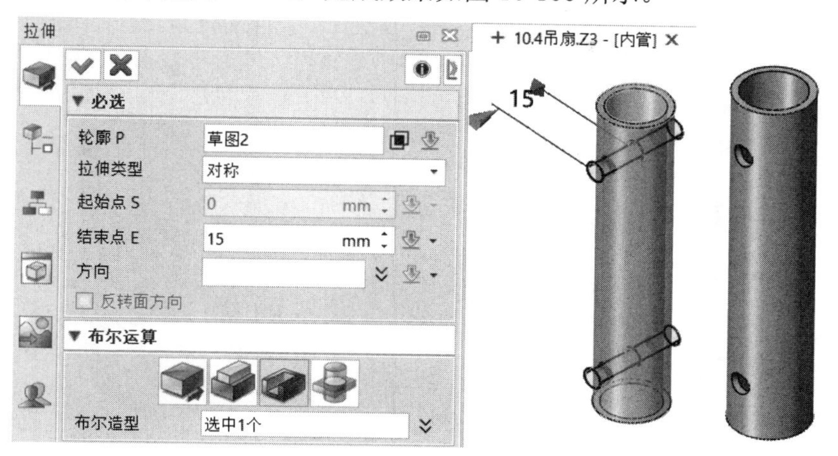

图 10-100　拉伸效果图

（17）完成该零件的建模。单击 DA 工具栏的“退出”按钮，退出当前零件建模环境，系统返回到对象环境。

（18）在对象环境下创建一个新零件，命名为“法兰”，系统进入该零件的建模环境。

（19）创建圆柱体，圆柱中心选取原点，半径为 13.5mm，长度为-37mm，如图 10-101 所示。

（20）在 XZ 平面上绘制该零件的草图 5，草图轮廓及标注如图 10-102 所示。

（扫码获取视频）

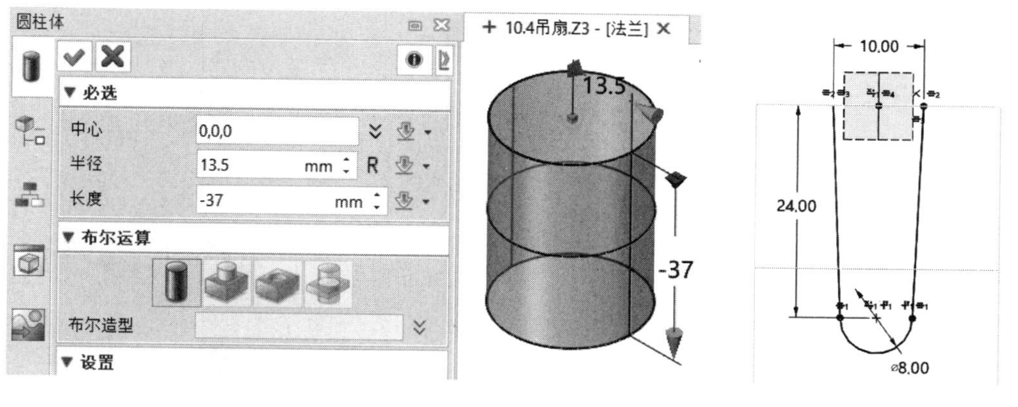

图 10-101　创建圆柱体 2

图 10-102　绘制草图 5

（21）对步骤（20）绘制的草图 5 进行拉伸，“拉伸类型”选择“对称”，结束点为 17mm，其余参数使用默认值，如图 10-103 所示。

（22）在 XY 平面上创建该零件的草图 6，草图轮廓及标注如图 10-104 所示。

（23）对步骤（22）创建的草图 6 进行拉伸，“拉伸类型”选择“1 边”，结束点为 4mm，其余参数使用默认值，完成效果如图 10-105 所示。

（24）在零件顶面添加孔特征。单击工具栏中的【造型】→【孔】功能图标，“孔造型”选择“台阶孔”“位置”选择圆柱边的圆心，直径为 13mm、D2 为 22mm、H2 为 26mm，“结束端”选择“通孔”，如图 10-106 所示。

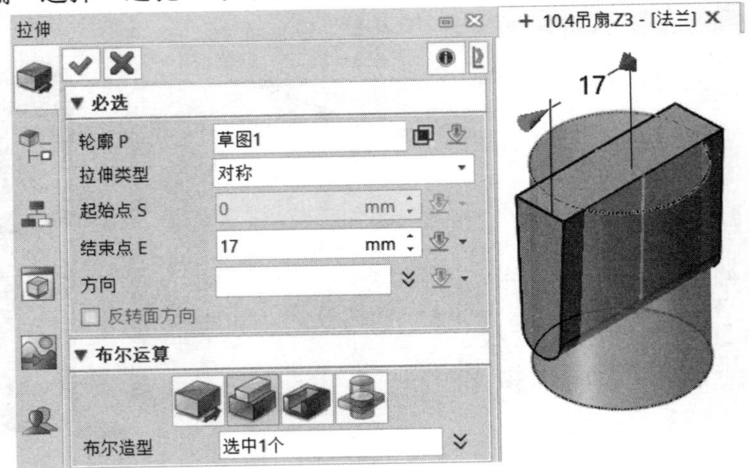

图 10-103　拉伸实体 1

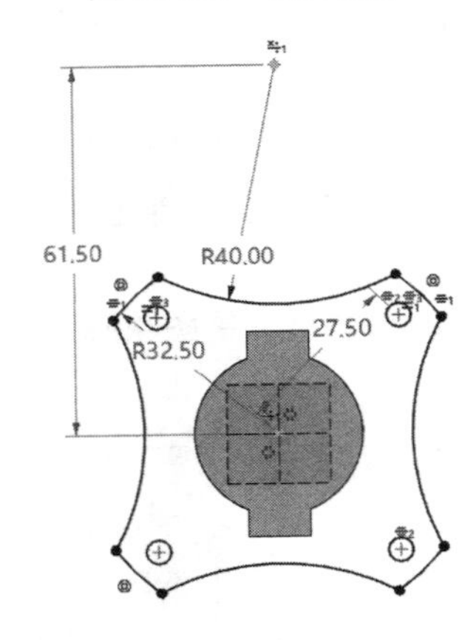

图 10-104　绘制草图 6

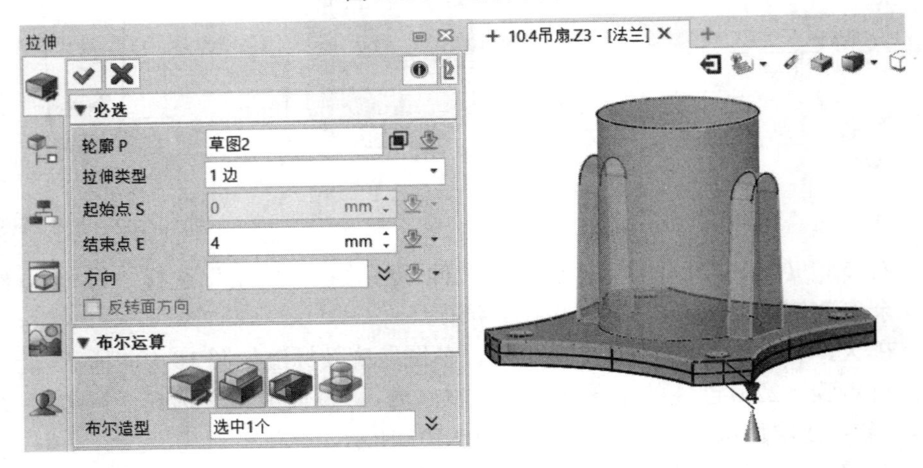

图 10-105　拉伸实体 2

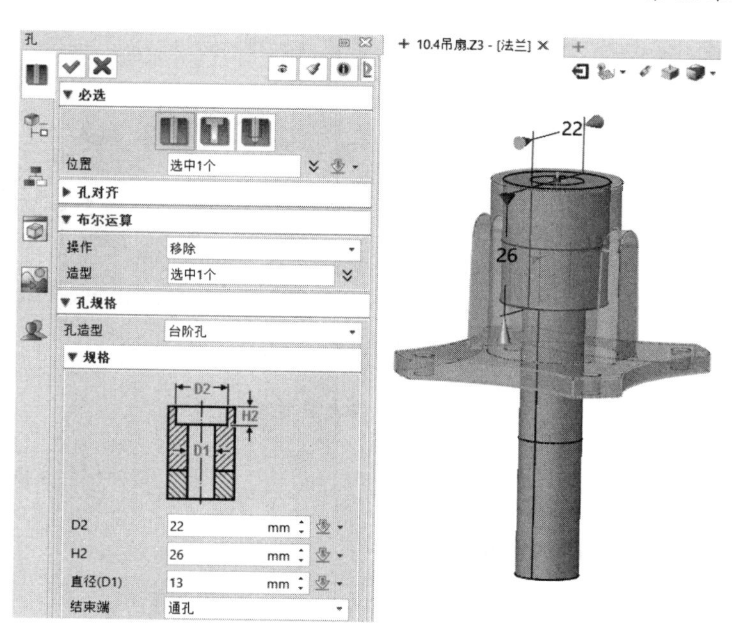

图 10-106　添加孔特征 1

（25）在法兰侧面添加孔特征，“孔造型”选择“简单孔”，“位置”选择圆弧中心点，D1 为 4mm，“结束端”选择“通孔”，如图 10-107 所示。

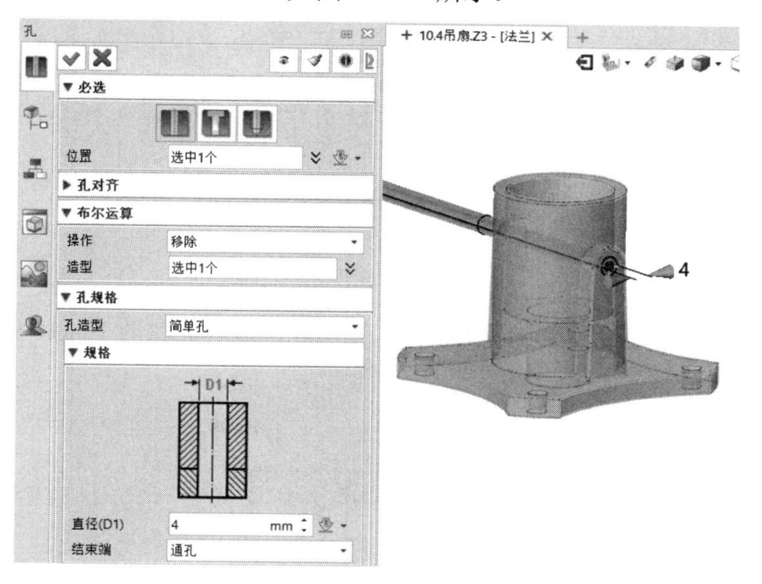

图 10-107　添加孔特征 2

（26）再次在法兰侧面上添加孔特征，“孔造型”选择“简单孔”，选择位置点时，在绘图区单击鼠标右键，在弹出的快捷菜单中选择“偏移”，在系统弹出的“偏移”对话框中，选择上一步创建的孔的中心点作为参考点，Z 轴偏移为 20mm，如图 10-108 所示，单击“确定”按钮返回“孔”对话框。D1 为 4mm，“结束端”选择“通孔”，如图 10-109 所示。

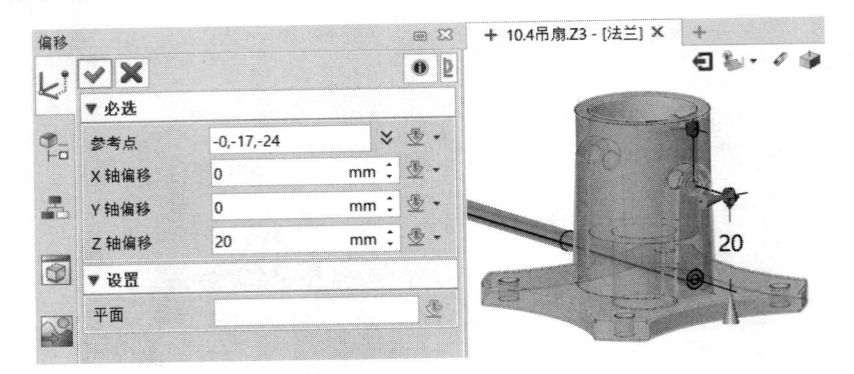

图 10-108　输入 Z 轴偏移

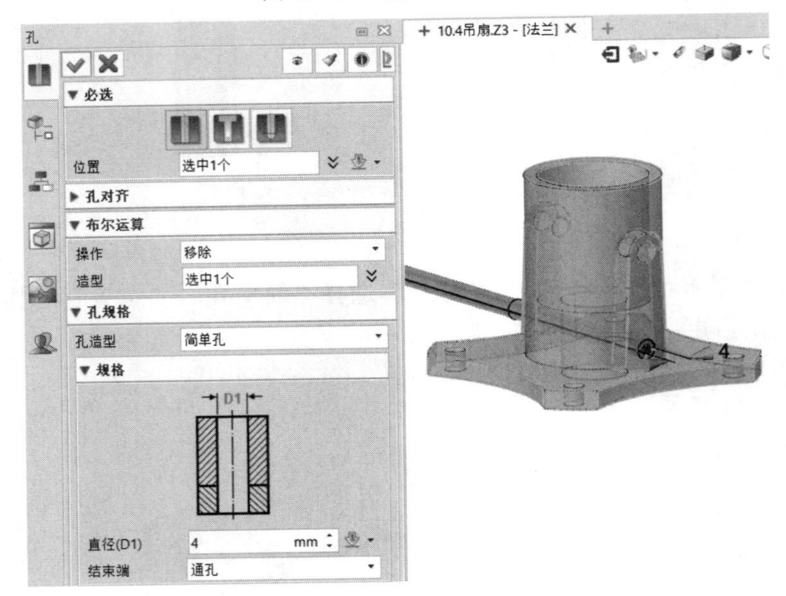

图 10-109　添加孔特征 3

（27）在 YZ 平面上绘制该零件的草图 8，草图轮廓及标注如图 10-110 所示。

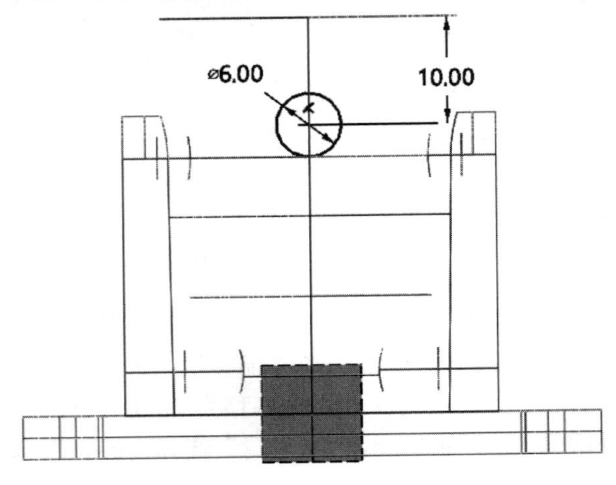

图 10-110　绘制草图 8

（28）对步骤（27）绘制的草图 8 进行拉伸切除实体，布尔运算类型选择“减运算”，“拉伸类型”选择“对称”，结束点为 20mm，其余参数使用默认值，完成效果如图 10-111 所示。

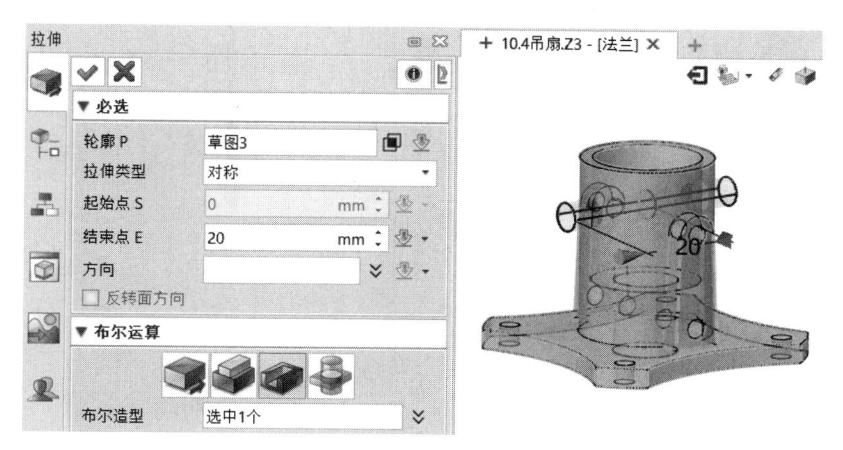

图 10-111　拉伸切除效果图 1

（29）完成该零件的建模。单击 DA 工具栏的“退出”按钮，退出当前零件建模环境，系统返回对象环境。

（30）在对象环境下创建一个新零件，命名为“上部零件”，系统进入该零件的建模环境。

（31）创建一个球体。单击工具栏中的【造型】→【球体】功能图标，球体中心为（0,0,-6），半径为 25mm，完成效果如图 10-112 所示。

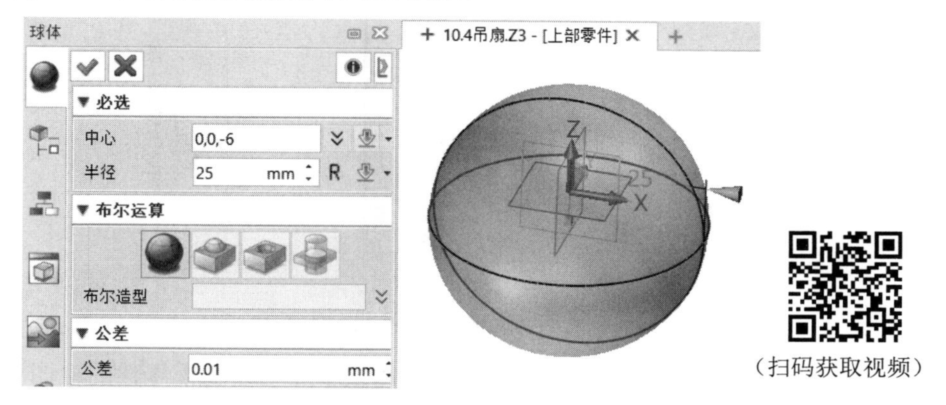

（扫码获取视频）

图 10-112　创建球体

（32）修剪球体。单击工具栏中的【造型】→【修剪】功能图标，选择球体为“基体”，XY 平面为“修剪面”，通过“保留相反侧”选项调整保留方向，保留 Z 轴负方向部分，如图 10-113 所示。

（33）在球体的顶平面上添加孔特征，“孔造型”选择“简单孔”，中心位置与圆心重合，孔直径为 22mm，“结束端”选择“通孔”，完成效果如图 10-114 所示。

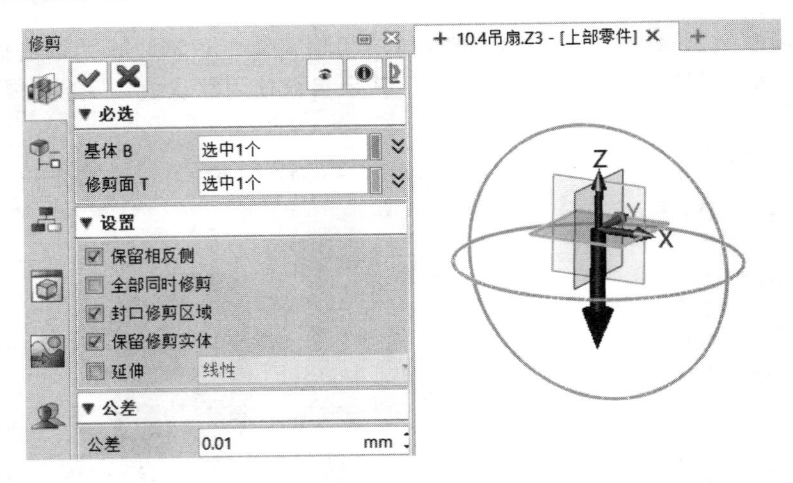

图 10-113　修剪球体

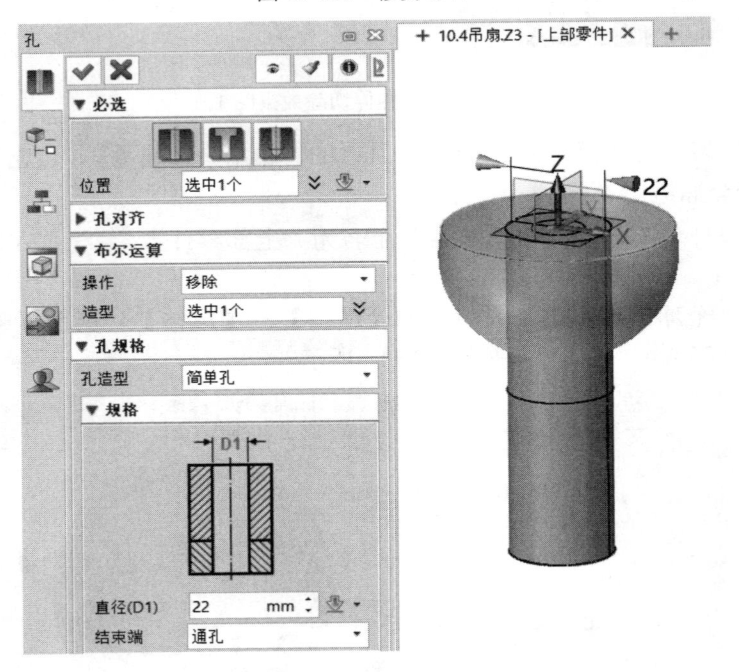

图 10-114　添加孔特征 4

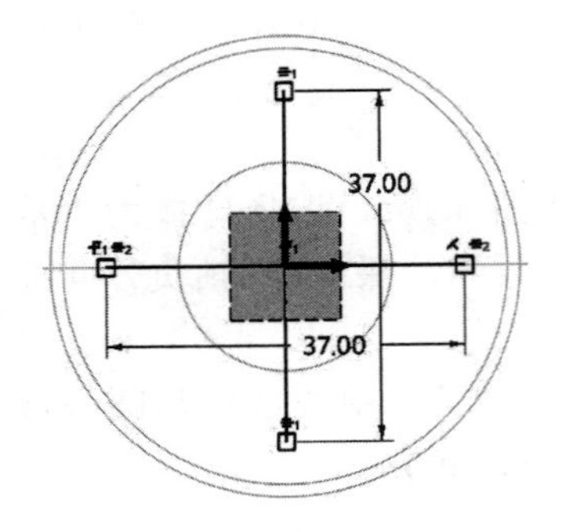

图 10-115　绘制草图 9

（34）在球体顶平面上绘制该零件的草图 9，草图轮廓及标注如图 10-115 所示。

（35）拉伸切除实体，布尔运算类型选择“减运算”，“轮廓”选择步骤（34）创建的草图 9 中与 Y 轴平行的一条线段（选择过滤器为“曲线”），“拉伸类型”选择“1 边”，结束点 E 为-15mm，“偏移”选择“均匀加厚”，“外部偏移”为 3mm，如图 10-116 所示。

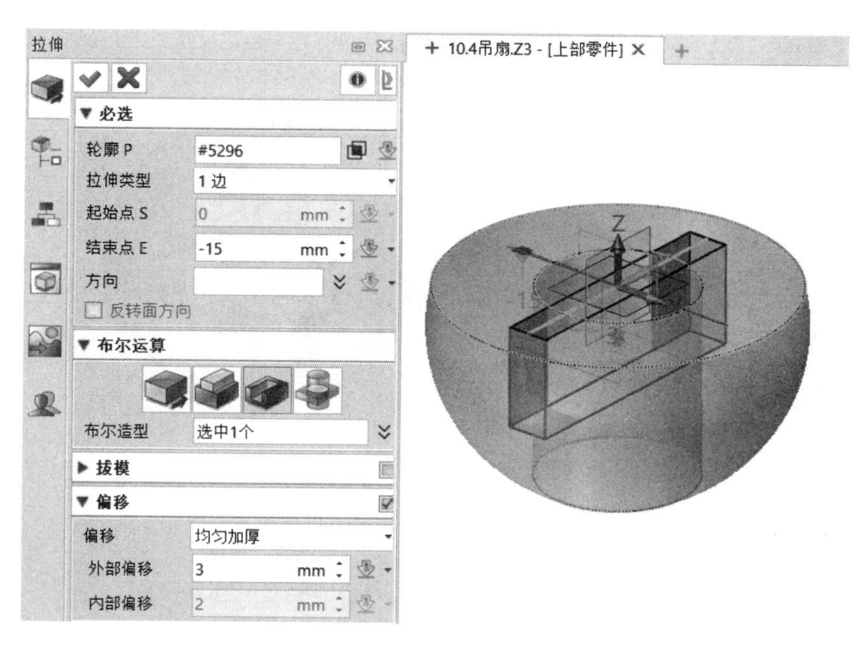

图 10-116　拉伸切除效果图 2

（36）用与步骤（35）相同的方法拉伸步骤（34）绘制的草图 9 中的另一条曲线，此处偏距距离为 5mm，其余参数相同，完成效果如图 10-117 所示。

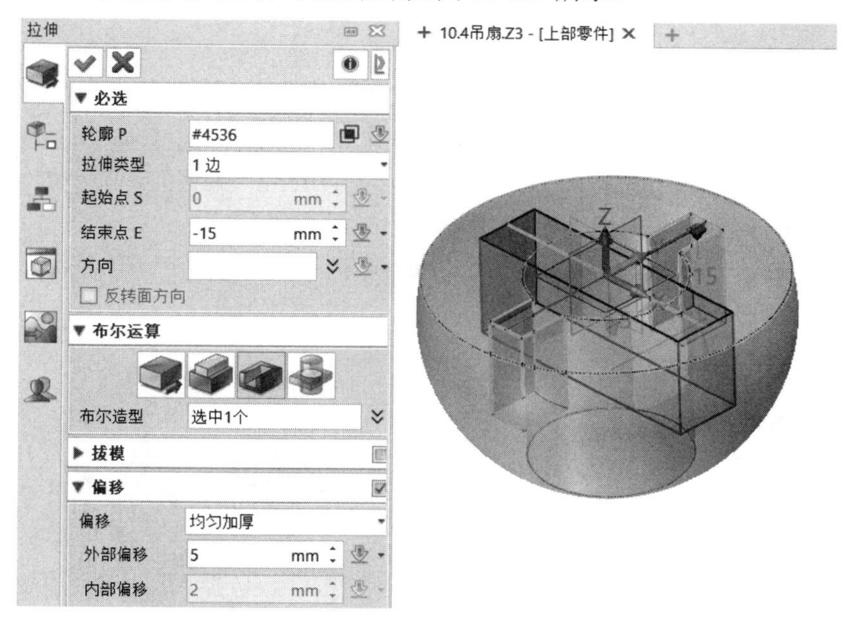

图 10-117　拉伸切除效果图 3

（37）在切除面的底部添加圆角。单击工具栏中的【造型】→【圆角】功能图标，圆角半径为 3mm，完成效果如图 10-118 所示。

（38）在零件顶平面上绘制该零件的草图 10，草图轮廓及标注如图 10-119 所示。

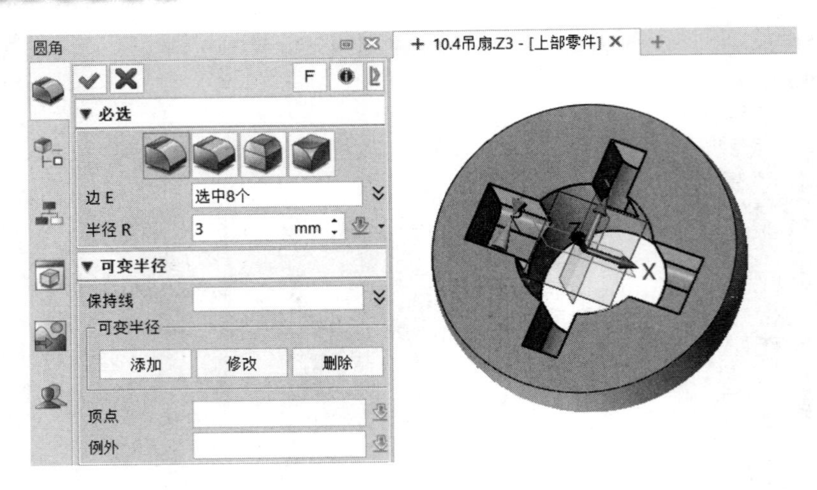

图 10-118　倒圆角 1

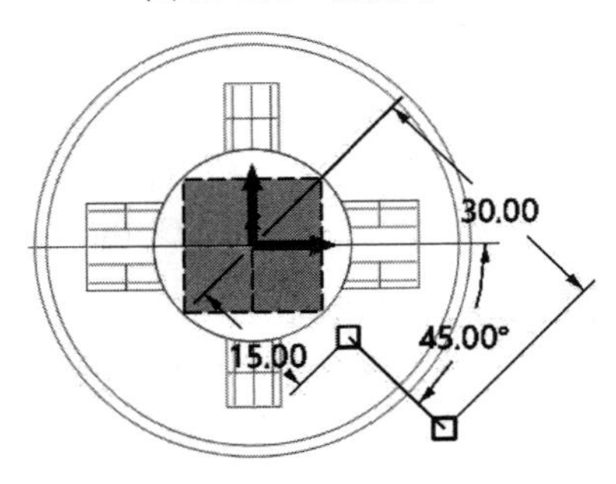

图 10-119　绘制草图 10

（39）拉伸切除实体，布尔运算类型选择“减运算”“轮廓”选择步骤（38）绘制的草图 10 中的曲线，“拉伸类型”选择“1 边”，结束点为-11mm，“偏移”选择“均匀加厚”，“外部偏移”为 4mm，完成效果如图 10-120 所示。

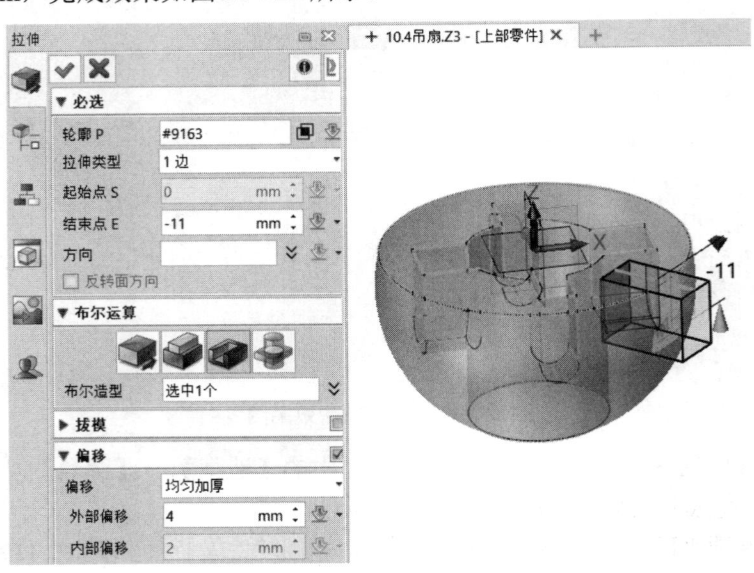

图 10-120　拉伸切除效果图 4

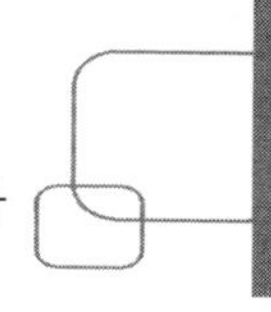

（40）对步骤（39）创建的切除特征底边倒圆角，圆角半径为 4mm，完成效果如图 10-121 所示。

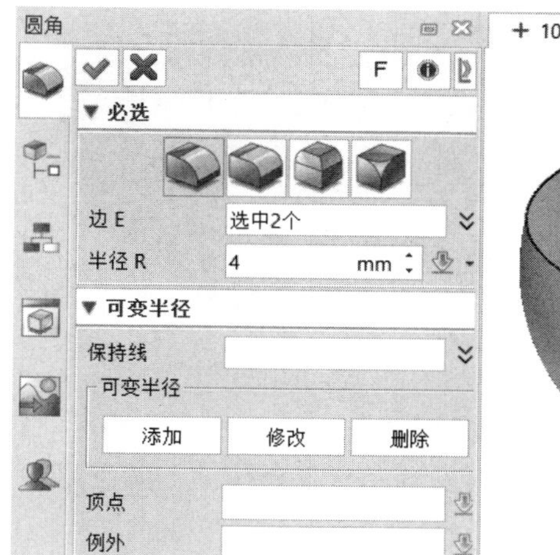

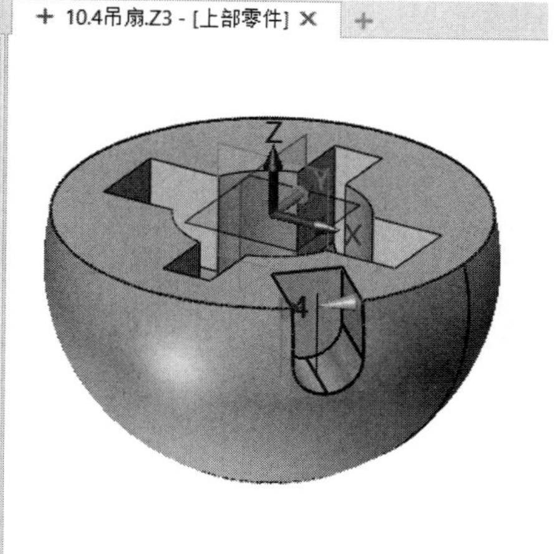

图 10-121　倒圆角 2

（41）在图 10-122 所示的高亮面上绘制该零件的草图 11，草图轮廓及标注如图 10-123 所示。

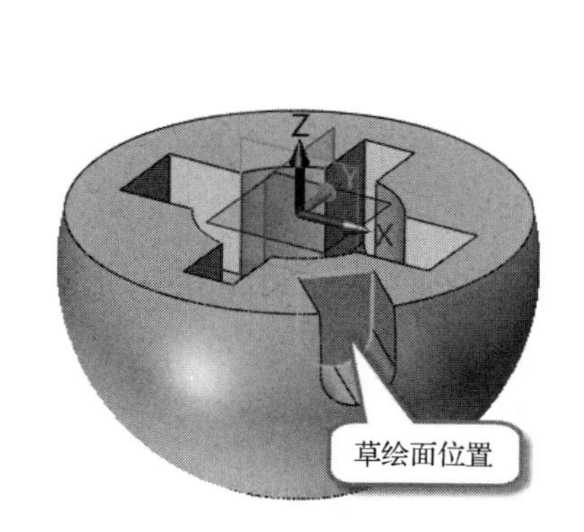

图 10-122　草绘面位置

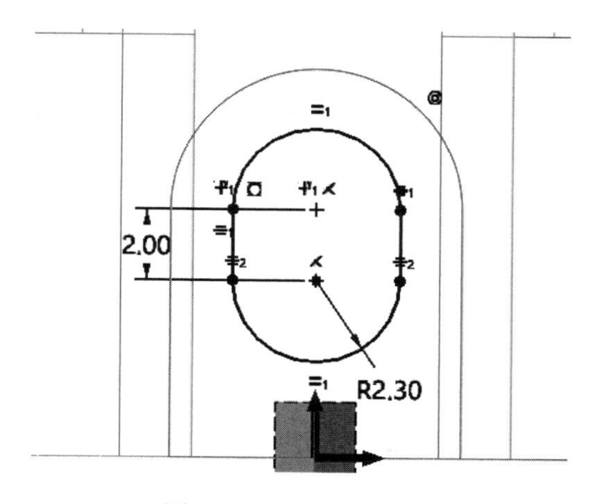

图 10-123　绘制草图 11

（42）拉伸切除实体，布尔运算类型选择“减运算”“轮廓”选择步骤（41）绘制的草图 11 中的曲线，“拉伸类型”选择“1 边”，结束点 E 为-6mm，其余参数采用默认值，完成效果如图 10-124 所示。

（43）抽取边界曲线。单击工具栏中的【线框】→【边界曲线】功能图标，将模型显示改为线框显示，选取球面上位于 X 轴正方向的分界线，如图 10-125 所示。

（44）旋转移动曲线。单击工具栏中的【造型】→【移动】功能图标，“实体”选择步骤（43）抽取的边界曲线，方向为 Z 轴正向，角度为 135°，如图 10-126 所示。

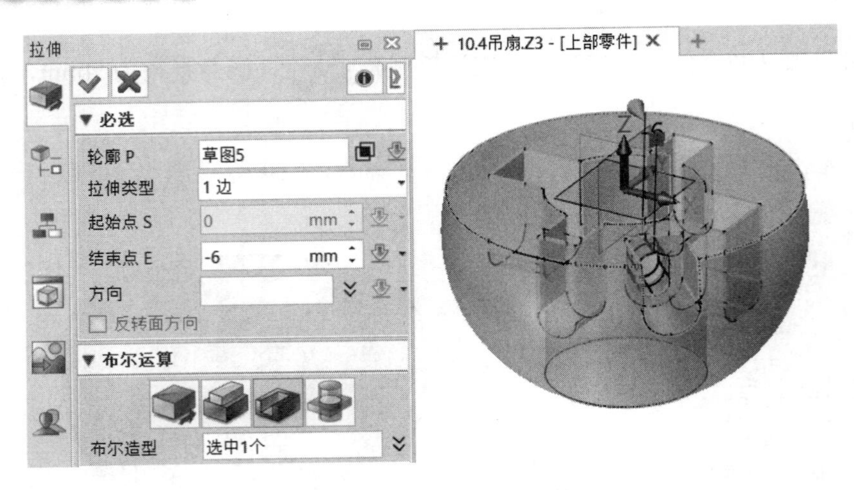

图 10-124　拉伸切除效果图 5

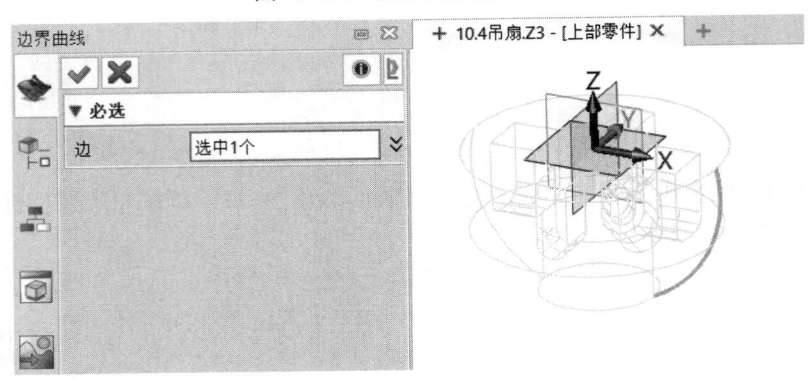

图 10-125　抽取边界曲线

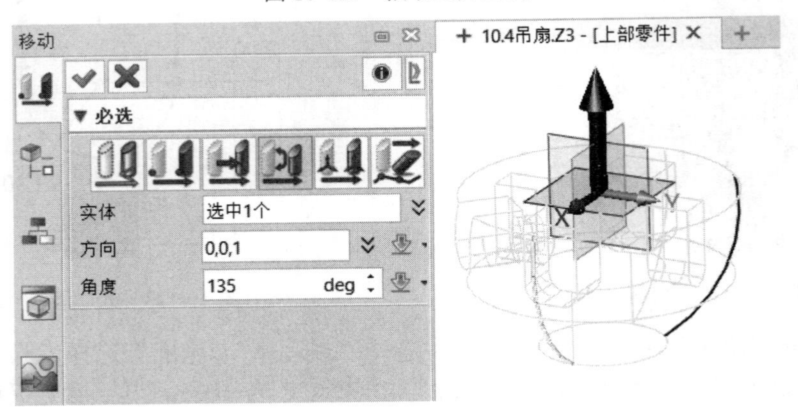

图 10-126　旋转移动曲线

（45）延伸曲线。单击工具栏中的【线框】→【修剪/延伸曲线】功能图标，将旋转后的曲线两端延长，延长距离为 10mm，完成效果如图 10-127 所示。

（46）在曲线的顶端创建基准面。单击工具栏中的【造型】→【基准面】功能图标，几何体选择曲线 1 的端点，Z 轴角度为 135°，其余参数采用默认值，如图 10-128 所示。

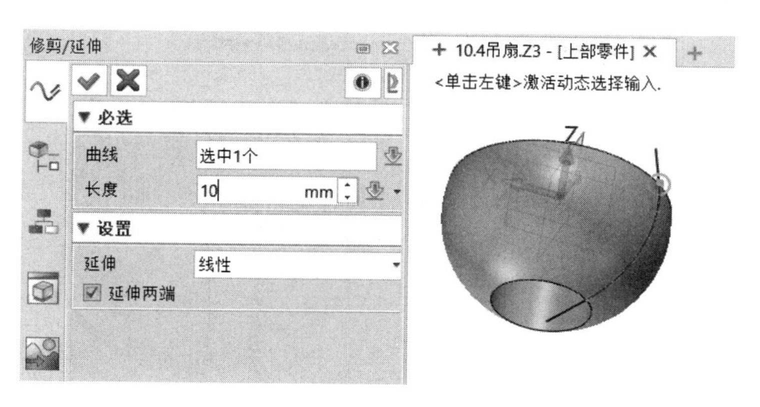

图 10-127　延长曲线

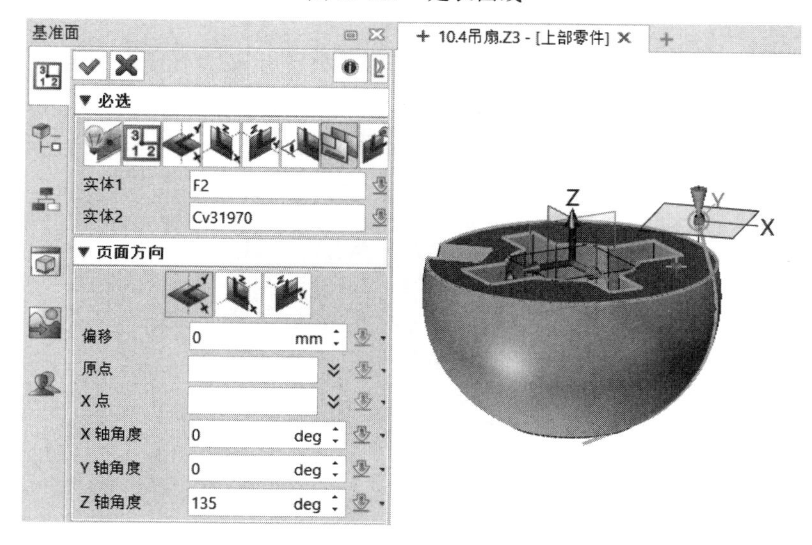

图 10-128　创建基准面

（47）在步骤（46）绘制的基准面上创建草图 12，草图轮廓及标注如图 10-129 所示。

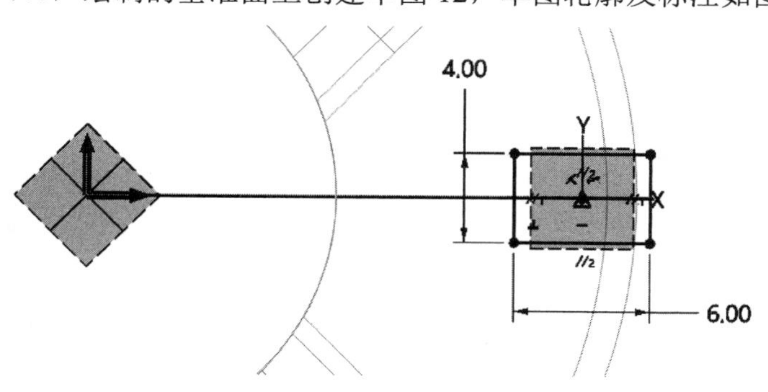

图 10-129　绘制草图 12

（48）扫掠切除。单击工具栏中的【造型】→【扫掠】功能图标，“轮廓”选择步骤（47）绘制的草图 12 的曲线，“路径”选择曲线 1，扫掠曲线如图 10-130 所示，完成效果如图 10-131 所示。

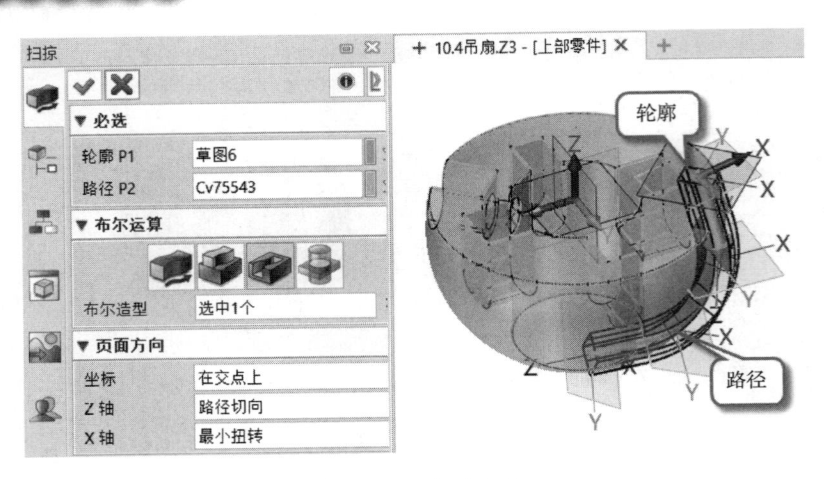

图 10-130　扫掠曲线

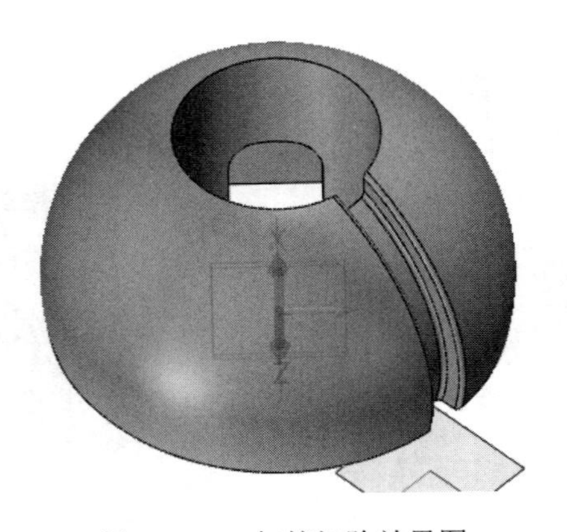

图 10-131　扫掠切除效果图

（49）对模型的所有尖锐边倒圆角，圆角半径为 0.5mm，完成效果如图 10-132 所示。

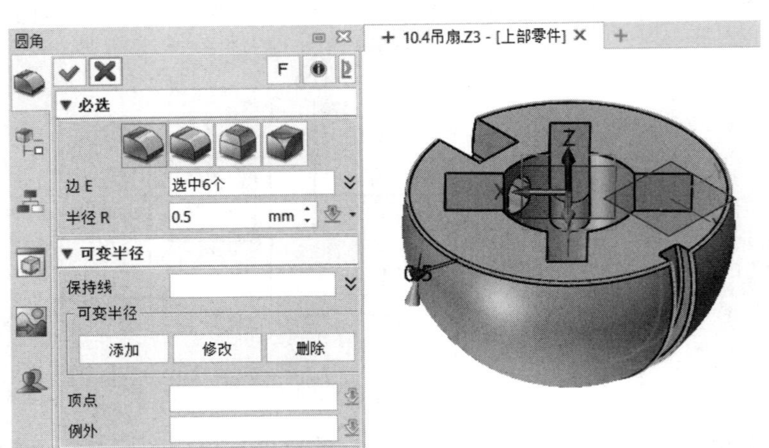

图 10-132　圆角效果图

（50）完成该零件的建模。单击 DA 工具栏的“退出”按钮，退出当前零件建模环

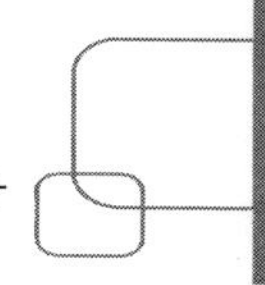

境，系统返回到对象环境。

3．零件装配

（1）在文件“吊扇”的对象环境中新建一个零件，命名为“吊扇装配”，系统进入该零件的建模环境。

（2）单击工具栏中的【装配】→【插入】功能图标，或在绘图区单击鼠标右键，选择“插入组件”命令，系统弹出“插入”对话框，从列表中选择“法兰”。在“位置”选项输入 0（表示将该零件建模的原点与当前工作原点重合），勾选“固定组件”复选框，如图 10-133 所示，单击“确定”按钮，即可将该零件插入到装配文件中。

图 10-133 “插入”对话框

（3）装配第二个组件。单击工具栏中的【装配】→【插入】功能图标，或在绘图区单击鼠标右键，选择“插入组件”命令，弹出“插入”对话框。从列表中选择“内管”。在“位置”一栏保持空白，不勾选“固定组件”复选框，“插入后”选择“插入后对齐”，在适当位置放置内管，单击“确定”按钮。系统切换到“约束”对话框，可以将组件进行约束。

增加第一个约束。“约束”对话框中的“实体 1”选择“内管”组件的外圆柱面，“实体 2”选择“法兰”组件的内圆柱面，使用系统默认的“同心”约束，不勾选“锁定角度”复选框，如图 10-134 所示。

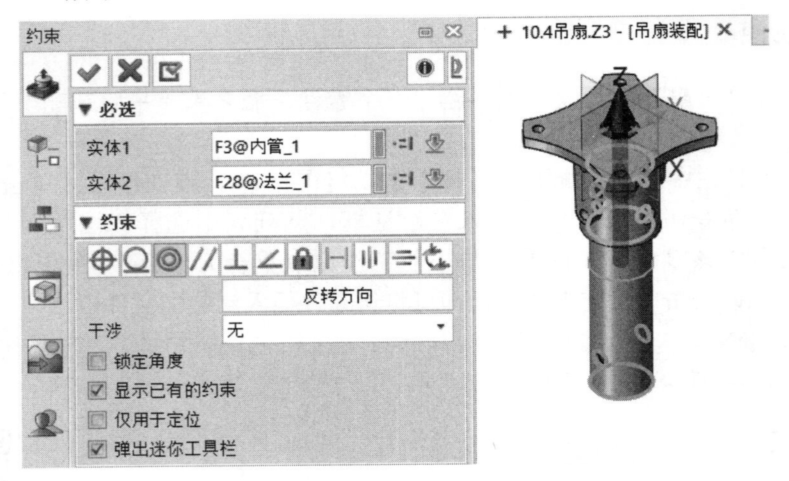

图 10-134 “约束”对话框

增加第二个约束。如果“约束”对话框已经不见，单击工具栏中的【装配】→【约束】功能图标。“实体 1”选择内管组件侧面的内孔柱面，“实体 2”选择法兰组件侧面的内孔柱面，如图 10-135 所示对齐面，使用系统默认的“同心”约束，效果如图 10-136 所示。由于已经增加了两个不同方向的柱面对齐，这两个组件的装配关系已经明确约束。平面对齐一般需要 3 个对齐约束才能完全约束。

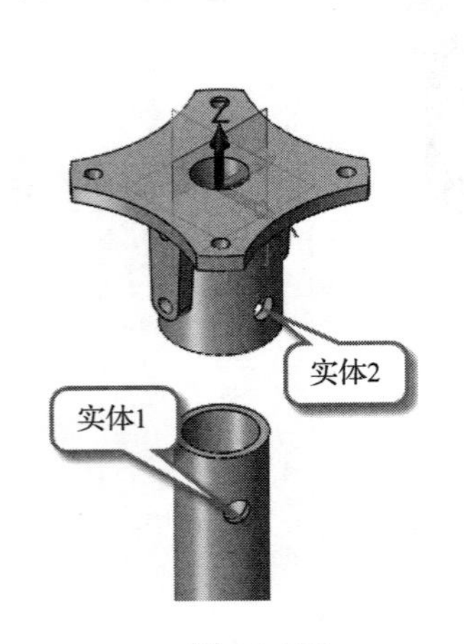

图 10-135

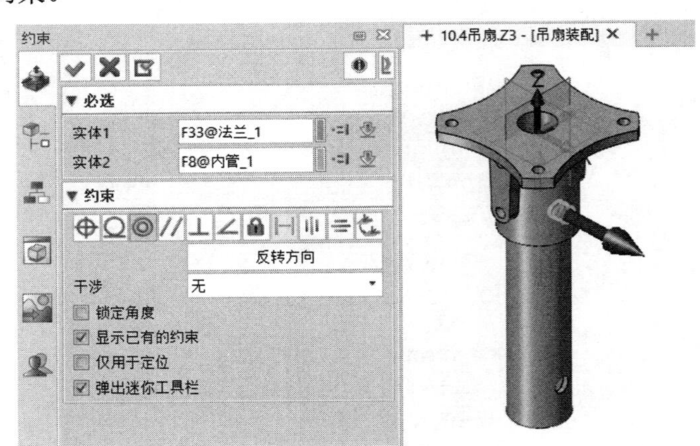

图 10-136 约束效果 1

（4）装配第三个组件。单击工具栏中的【装配】→【插入】功能图标，或在绘图区单击鼠标右键，选择“插入组件”命令，弹出“插入”对话框。从列表中选择“上部零件”。在“位置”一栏保持空白，“插入后”选择“插入后对齐”，在适当位置放置上部零件，单击“确定”按钮。系统切换到“对齐组件和造型”对话框，增加组件间的装配关系。

增加第一个约束。“实体 1”选择上部零件组件的内圆柱面，“实体 2”选择内管组件的外圆柱面，如图 10-137 所示对齐面，使用系统默认的“同心”约束，单击“反转方向”按钮，完成效果如图 10-138 所示。

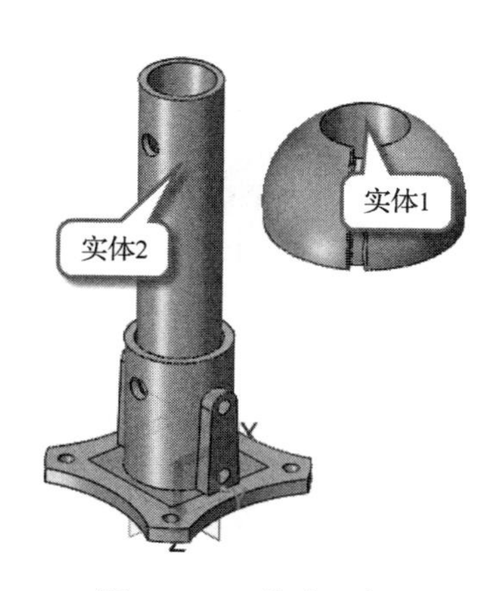

图 10-137　约束对象

图 10-138　同心约束效果

增加第二个约束。如果“约束”对话框已经不见，单击工具栏中的【装配】→【约束】功能图标。“实体 1”选择上部零件组件的顶平面，“实体 2”选择内管组件的顶平面，使用系统默认的“重合”约束，重合方向选择“共面”，如图 10-139 所示。完成效果如图 10-140 所示。

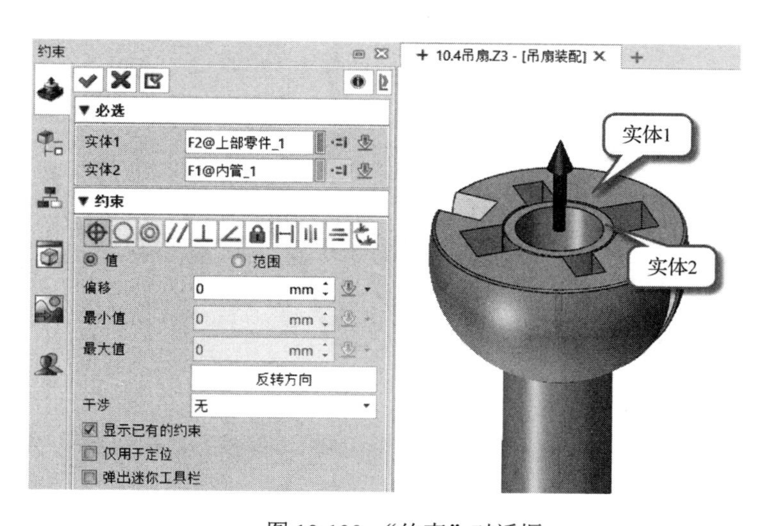

图 10-139 “约束”对话框

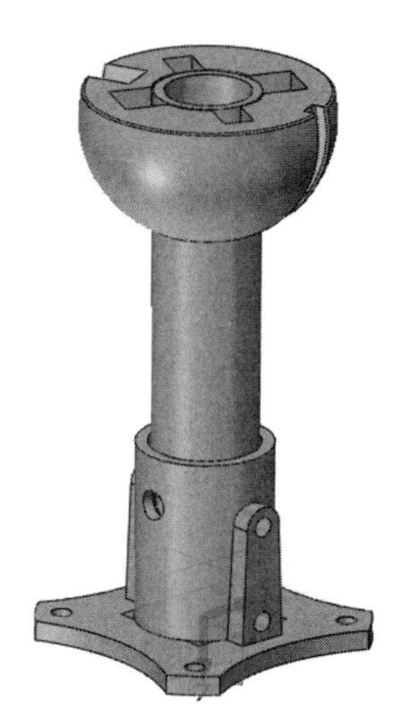
图 10-140　约束效果 2

（5）装配第四个组件。单击工具栏中的【装配】→【插入】功能图标，或在绘图区单击鼠标右键，选择“插入组件”命令，弹出“插入”对话框。从列表中选择“法兰销”。在“位置”一栏保持空白，“插入后”选择“插入后对齐”，在适当位置放置法兰销，单击“确定”按钮。切换到“约束”对话框，增加组件间的装配关系。

增加第一个约束。“实体 1”选择法兰销组件的外圆柱面，“实体 2”选择内管组件侧面的内孔圆柱面，使用系统默认的“同心”约束，约束效果如图 10-141 所示。

增加第二个约束。如果“约束”对话框已经不见，单击工具栏中的【装配】→【约束】功能图标。“实体 1”选择内管组件的顶平面，“实体 2”选择上部零件组件的内槽面，使用系统默认的“重合”约束，“偏移”值为 3mm，如图 10-142 所示。完成效果如图 10-143 所示。

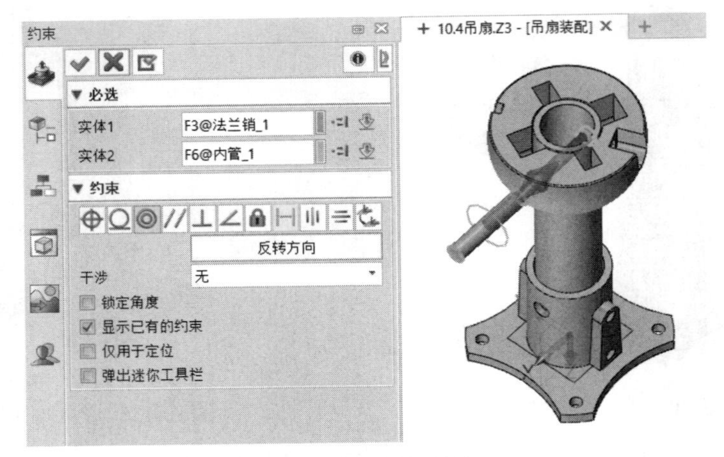

图 10-141　同心约束

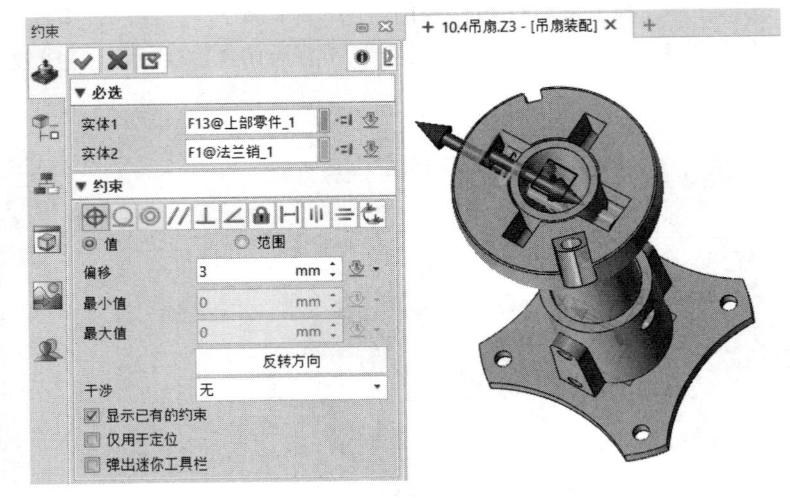

图 10-142　“约束”对话框

（6）装配第五个组件。单击工具栏中的【装配】→【插入】功能图标，或在绘图区单击鼠标右键，选择“插入组件”命令，弹出“插入”对话框。从列表中选择“支撑销”。在“位置”一栏保持空白，在适当位置放置支撑销，单击“确定”按钮。系统切换到“约束”对话框，增加组件间的装配关系。

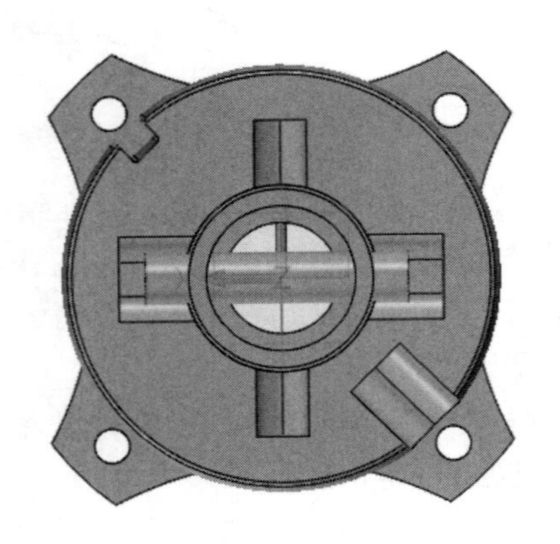

图 10-143　对齐效果

增加第一个约束。“实体 1”选择支撑销组件的外圆柱面，“实体 2”选择法兰组件侧面的内孔圆柱面，使用系统默认的“同心”约束，效果如图 10-144 所示。

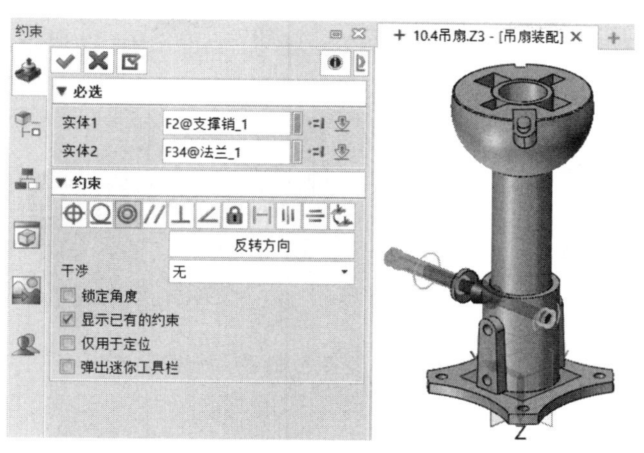

图 10-144　约束设置

增加第二个约束。如果“约束”对话框已经不见，单击工具栏中的【装配】→【约束】功能图标。“实体 1”选择支撑销组件的平面，“实体 2”选择法兰组件的外圆柱面，使用“相切”约束，完成效果如图 10-145 所示。

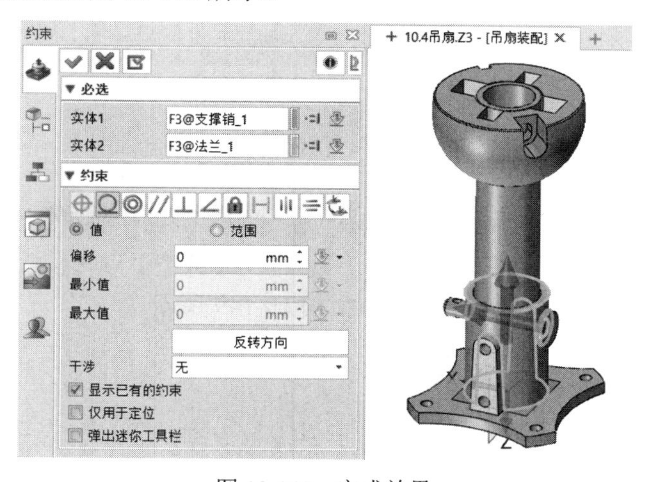

图 10-145　完成效果

10.5　矿泉水瓶设计

如图 10-146 所示为矿泉水瓶实例图。

图 10-146　矿泉水瓶实例图

（扫码获取素材）

1．建模流程

矿泉水瓶建模流程图，如图 10-147 所示。

练习文件：配套素材\EX\CH10\10-6.Z3。

2．建模过程

（1）创建一个多对象文件，命名为“矿泉水瓶”，单击“确定”按钮，系统进入多对象文件环境，如图 10-148 所示。

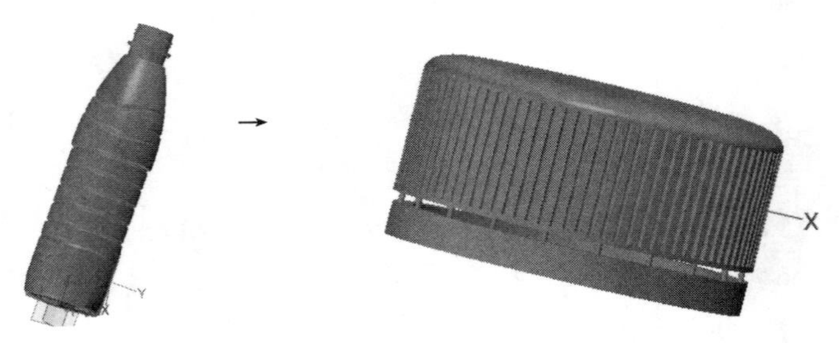

图 10-147　矿泉水瓶建模流程图

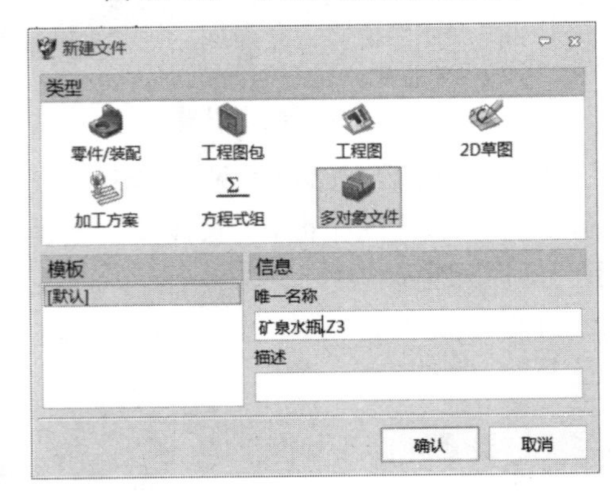

图 10-148　新建文件

（2）在对象环境下创建一个新零件，命名为“瓶身”，系统进入该零件的建模环境。

（3）在 XZ 平面上绘制草图 1。单击工具栏中的【造型】→【插入草图】功能图标，选择 XZ 平面为草绘平面，草图轮廓及标注如图 10-149 所示。

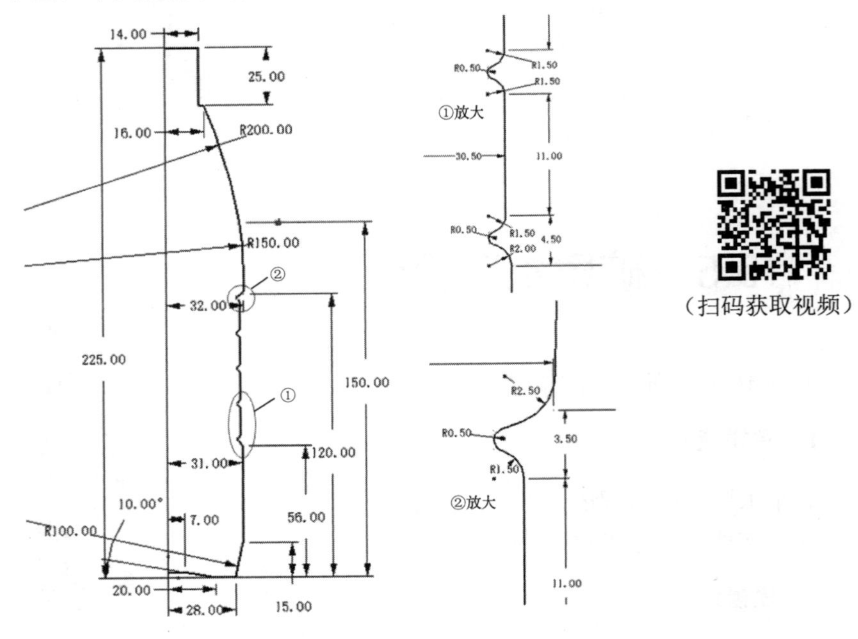

（扫码获取视频）

图 10-149　绘制草图 1

（4）旋转实体。单击工具栏中的【造型】→【旋转】功能图标，“轮廓”选择草图 1 的曲线，“轴”选择 Z 轴，“旋转类型”选择“1 边”，结束角度为 360 度，如图 10-150 所示。

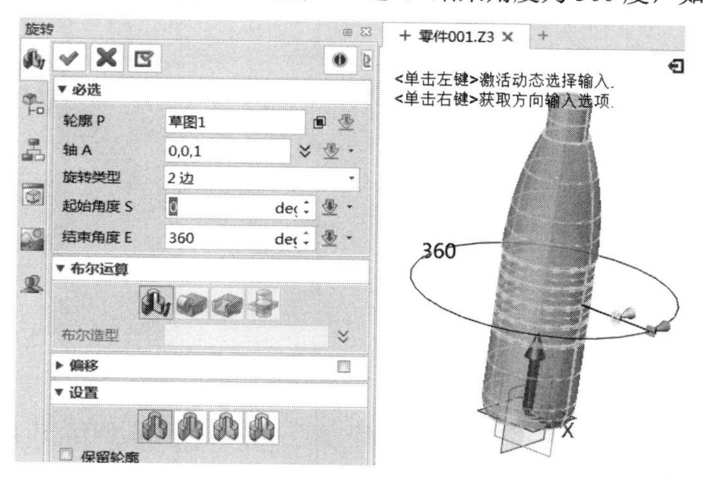

图 10-150　旋转基体

（5）对边倒圆角。单击工具栏中的【造型】→【圆角】功能图标，半径为 3mm 和 10mm，如图 10-151 所示。

（6）在 XZ 平面绘制草图 2，绘制如图 10-152 所示的样条曲线（先创建 4 个点，再根据点绘制样条曲线），尽量保持样条曲线的光滑连续性。草图轮廓及标注如图 10-152 所示。

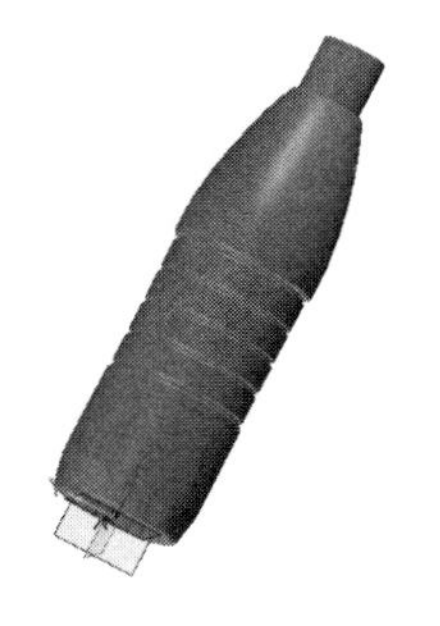

图 10-151　倒圆角

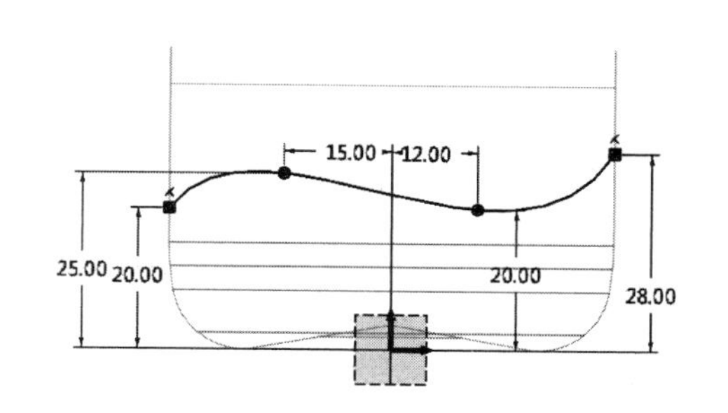

图 10-152　绘制草图 2

（7）在 XY 平面绘制草图 3，草图轮廓及标注如图 10-153 所示。

（8）拉伸投影面。单击工具栏中的【造型】→【拉伸】功能图标，布尔运算类型选择“基体”“轮廓”选择**步骤（7）**所绘制的草图，“拉伸类型”选择“1 边”，结束点为 51mm，如图 10-154 所示。

（9）投影轮廓到曲面。单击工具栏中的【线框】→【投影到面】功能图标，“曲线”选择步骤（6）绘制的草图，“面”选择步骤（8）创建的曲面，投影方向选择 Y 轴正方向，如图 10-155 所示。

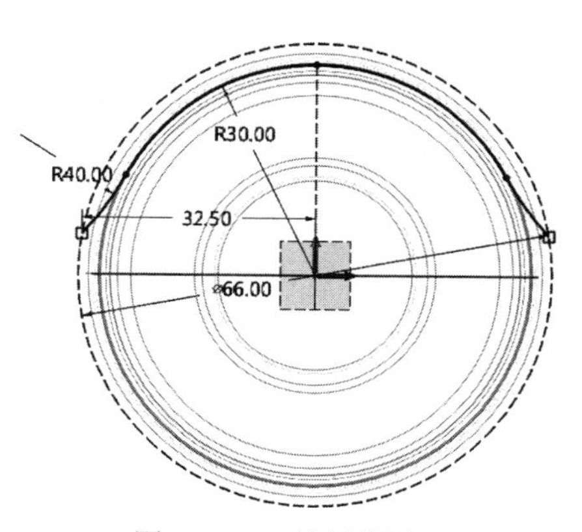

图 10-153　绘制草图 3

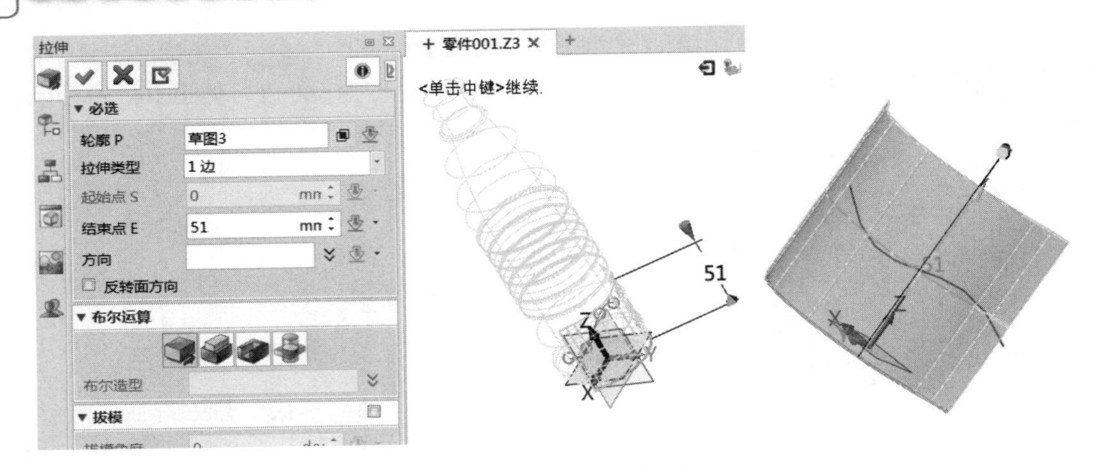

图 10-154 拉伸投影面

（10）在步骤（9）投影得到的曲线的两个端点及中点处分别创建 3 个基准面，完成结果如图 10-156 所示。

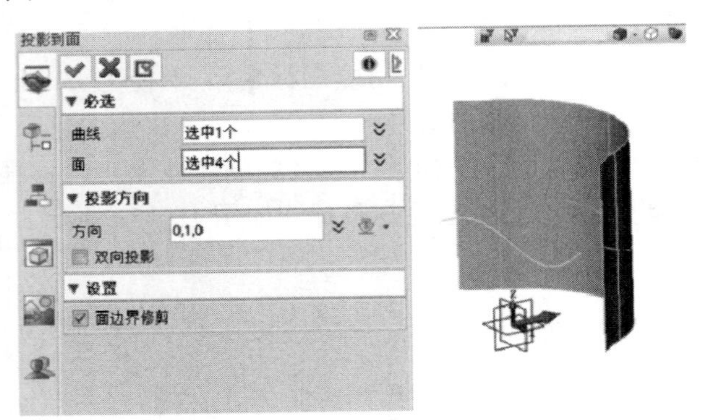

图 10-155 投影样条曲线

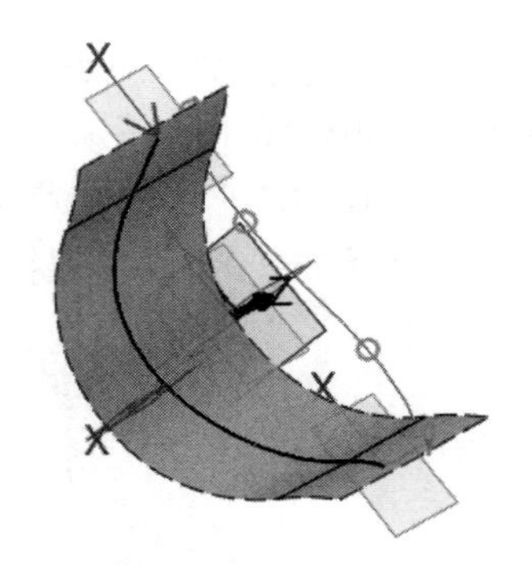

图 10-156 创建曲线上的基准面

（11）分别在步骤（10）创建的 3 个基准面上绘制草图 4，两端的草图如图 10-157（a）所示，中点处的草图如图 10-157（b）所示，完成效果如图 10-157（c）所示。

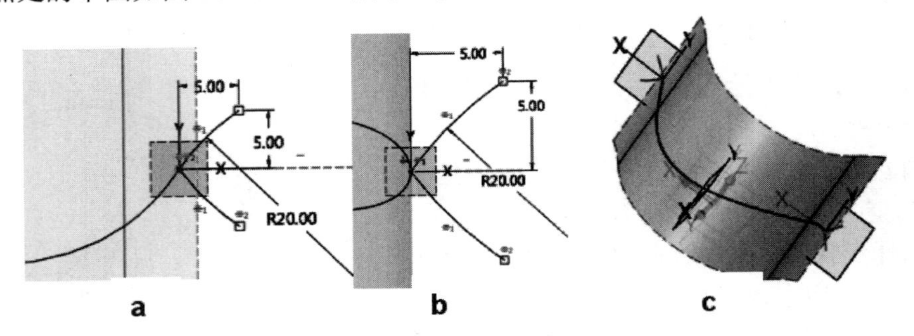

图 10-157 曲线上绘制的草图 4

（12）创建驱动曲线放样曲面。单击工具栏中的【造型】→【驱动曲线放样】功能图标，“驱动曲线”选择步骤（9）投影得到的曲线，“轮廓”分别选择步骤（11）创建的 3 个截面草图，如图 10-158 所示。

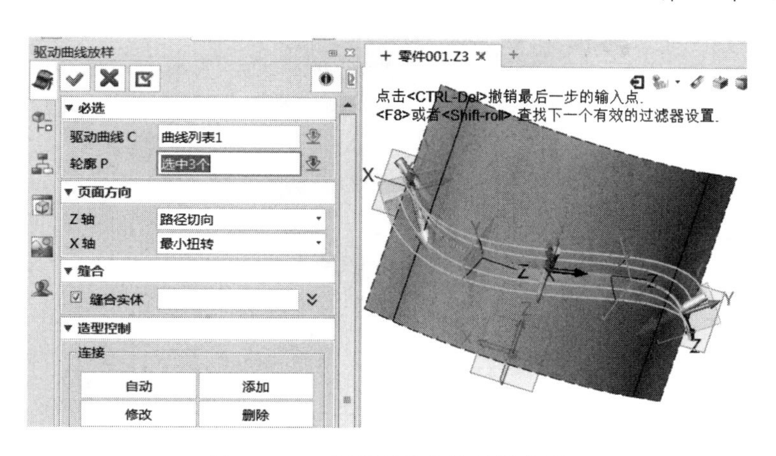

图 10-158 创建驱动曲线放样曲面

注意：选择顺序和控制起始方向。

（13）修剪实体。单击工具栏中的【造型】→【修剪】功能图标，“基体”选择瓶身，“修剪面”选择步骤（12）创建的放样曲面，通过“保留相反侧”选项控制保留方向（箭头指向为保留侧）。完成修剪后再倒圆角（两侧 R 为 2mm，底部 R 为 1mm)，完成效果如图 10-159 所示。

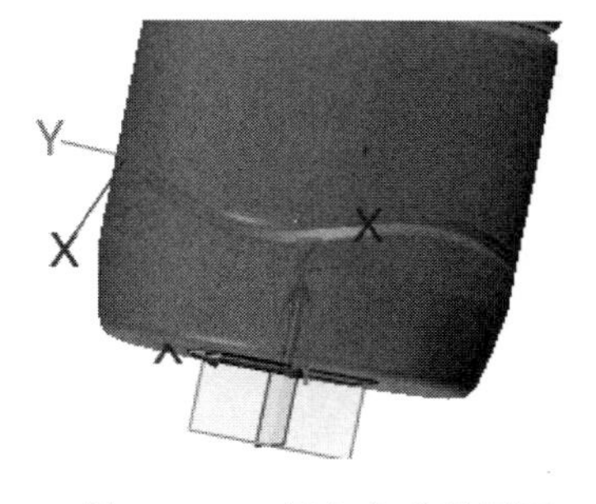

图 10-159 局部完成效果图

（14）单击工具栏中的【造型】→【阵列特征】功能图标，选择对象和阵列参数，其方向选择 Z 轴正方向如图 10-160 所示。

（15）单击工具栏中的【造型】→【镜像特征】功能图标，镜像效果如图 10-161 所示。

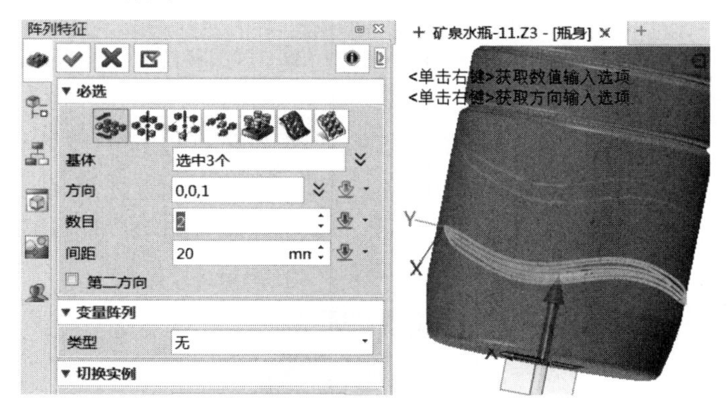

图 10-160 阵列对象及参数

（16）复制基准面。单击工具栏中的【造型】→【复制】功能图标，将 XZ 基准面复制移动到瓶身上部，“偏移”距离为 140mm，如图 10-162 所示。

（17）在步骤（16）复制的基准面上绘制草图，绘制样条曲线，草图轮廓及标注如图 10-163 所示。

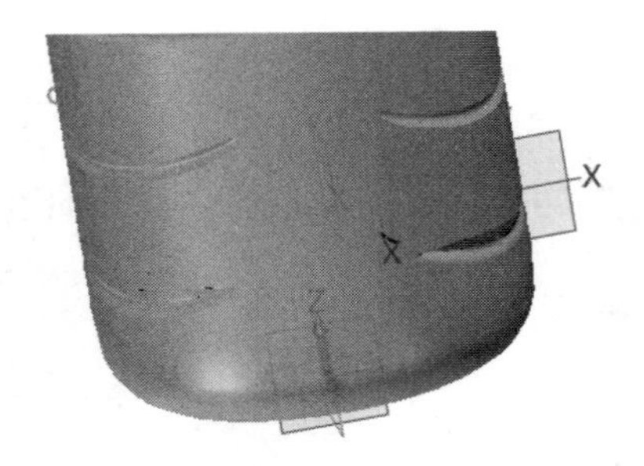

图 10-161　镜像效果

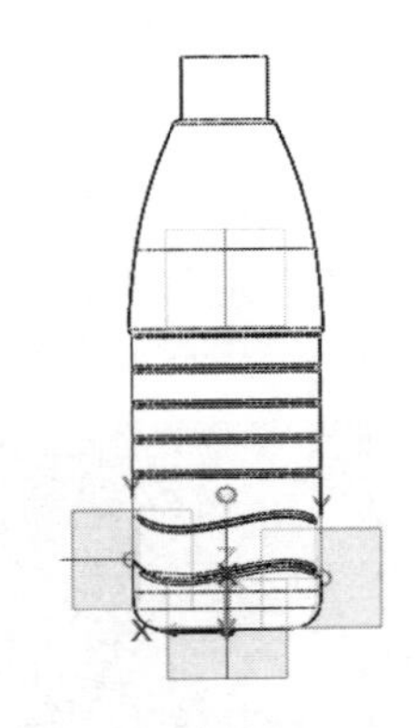

图 10-162　复制基准面 XZ

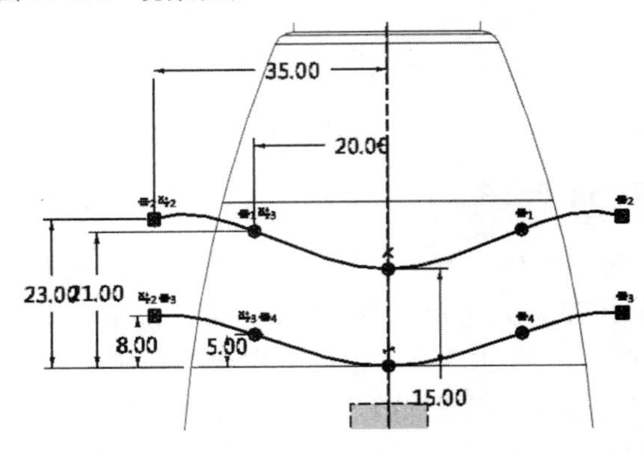

图 10-163　绘制草图 5

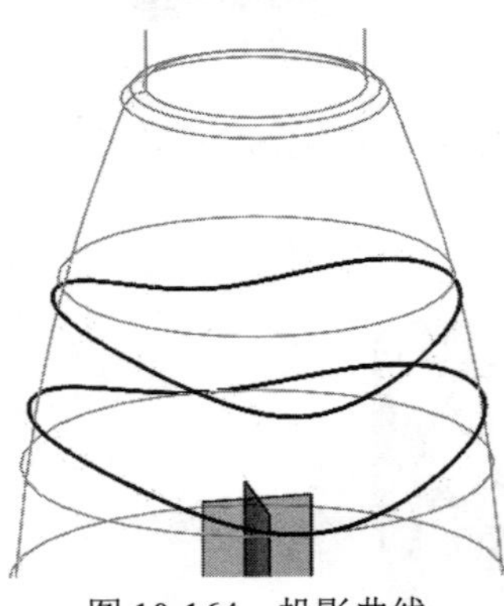

图 10-164　投影曲线

（18）将步骤（17）绘制的草图曲线投影到瓶身表面，【线框】→【投影到面】投影方向选择 Y 轴正方向，勾选“双向投影”复选框，完成结果如图 10-164 所示。

（19）修剪曲线。单击工具栏中的【线框】→【通过点分割/修剪曲线】功能图标，分别将瓶身表面的两条投影曲线进行修剪，自行控制修剪位置，如图 10-165 所示。完成的修剪效果如图 10-166 所示。

（20）在上部的曲线两端点处和中点处分别创建 3 个基准面，然后分别在 3 个基准面上绘制草图，两端的草图如图 10-167（a）所示，中点处草图如图 10-167（b）所示。完成效果如图 10-167（c）所示。

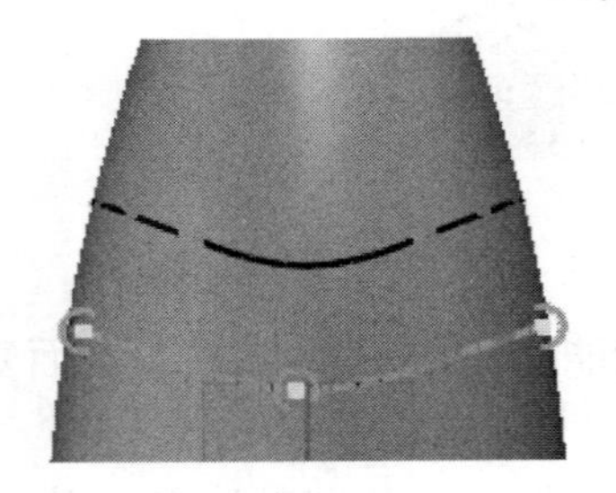

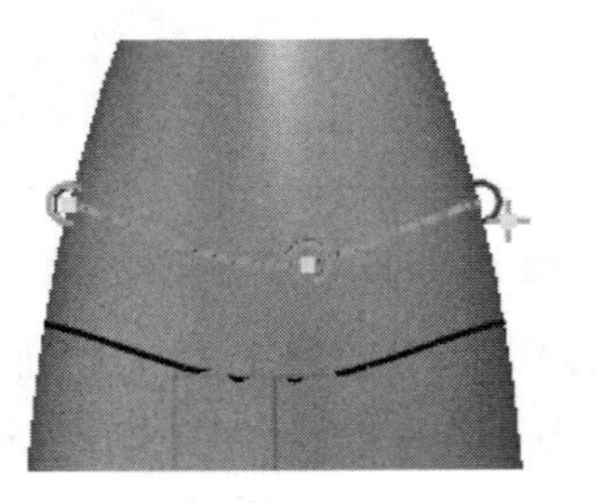

图 10-165　修剪曲线

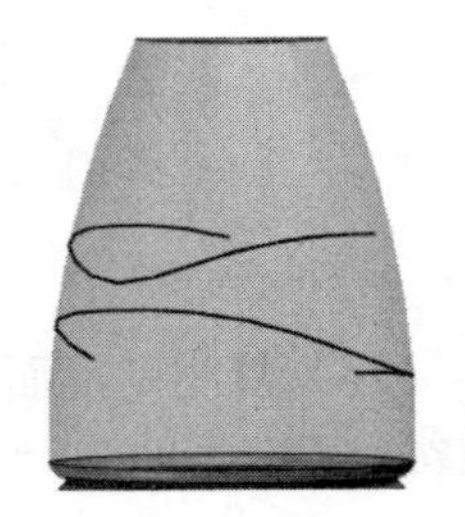

图 10-166　修剪效果图

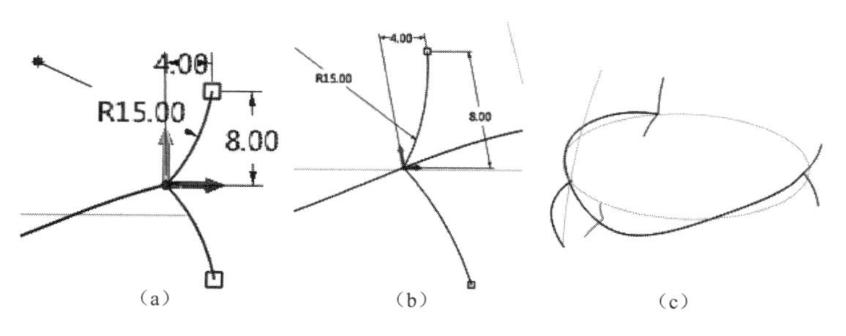

图 10-167　绘制草图 6

（21）创建驱动曲线放样曲面，完成效果如图 10-168 所示。

（22）修剪瓶身，并倒圆角（同步骤（13）），完成效果如图 10-169 所示。并用同样的方法创建另一个特征，完成效果如图 10-170 所示。

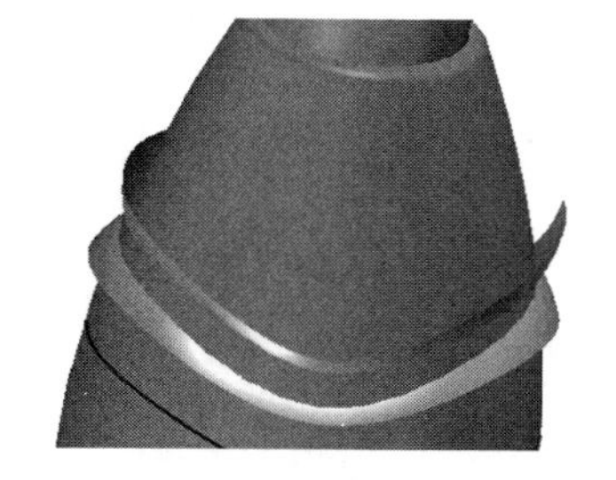

图 10-168　波纹剪切面

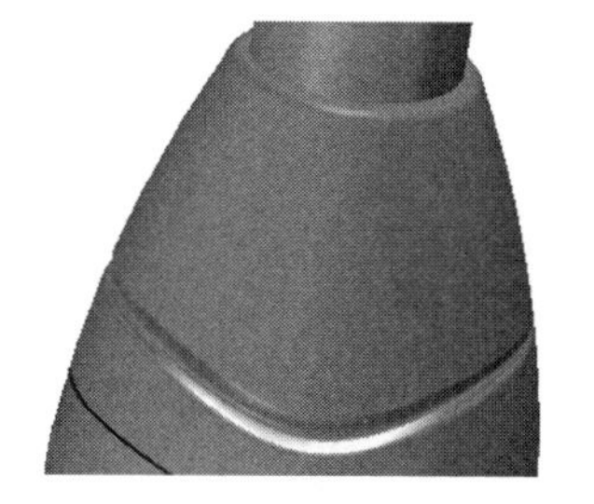

图 10-169　完成上部波纹曲面 1

图 10-170　完成上部波纹曲面 2

（23）用同样的方法在瓶身上部另一侧创建另一个波纹曲面，完成效果如图 10-171 所示。

（24）对瓶子进行抽壳。单击工具栏中的【造型】→【抽壳】功能图标，“开放面”为瓶身顶部平面，壁厚为-0.5mm，完成效果如图 10-172 所示。

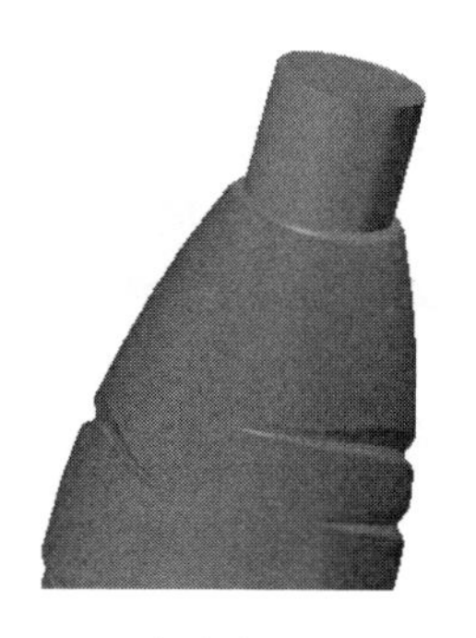

图 10-171　完成上部波纹曲面 3

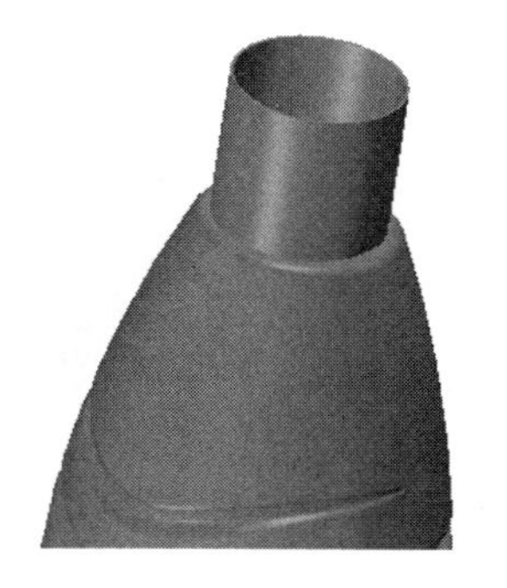

图 10-172　瓶身抽壳

（25）拉伸瓶盖限位特征，轮廓边的选择及参数如图 10-173 所示。

（26）在 XZ 平面绘制螺纹草图，草图轮廓及标注如图 10-174 所示。

（27）创建螺纹特征。单击工具栏中的【造型】→【螺纹】功能图标，此例中螺纹两端的尖角长度不同，因此分两次来做，先做一半。“匝数”为 0.25，“距离”为 8mm，“进刀/退刀”处指定为“终点”，半径为 5mm，并且勾选“保留轮廓”复选框，效果如图 10-175 所示。

（28）创建另一半螺纹特征。勾选“反螺旋方向”复选框，其余参数与上一步相同。完成螺纹后对螺纹尖角处倒圆角，R 为 0.3mm。完成效果如图 10-176 所示。

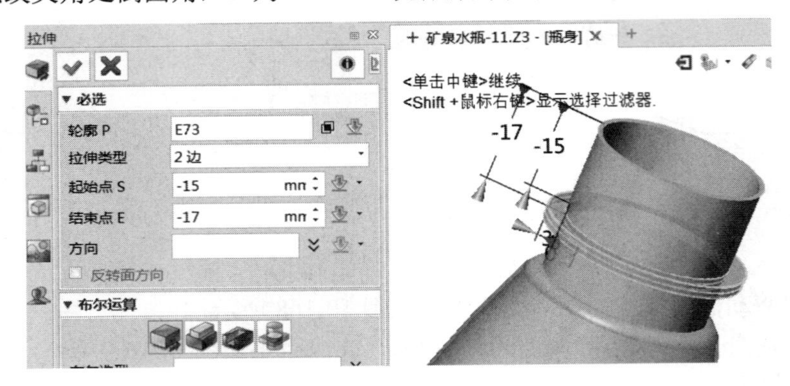

图 10-173　拉伸限位特征

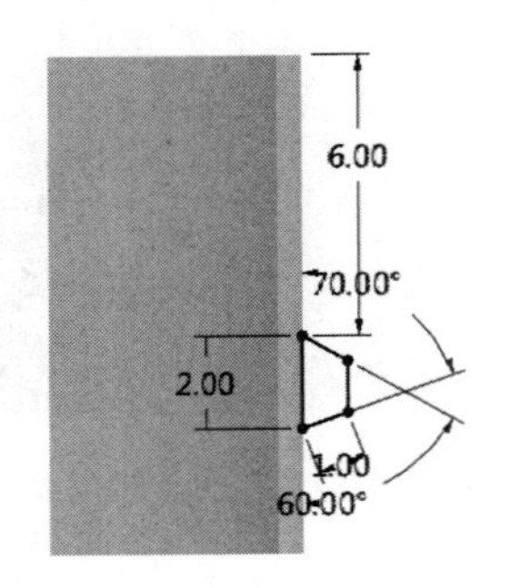

图 10-174　螺纹截面草图

图 10-175　创建螺纹

（29）阵列螺纹特征。单击工具栏中的【造型】→【阵列】功能图标，“基体”选择螺纹特征，“方向”选择 Z 轴正方向，数目为 3，角度为 120°，完成效果如图 10-177 所示。

图 10-176　创建另一半螺纹

图 10-177　阵列螺纹

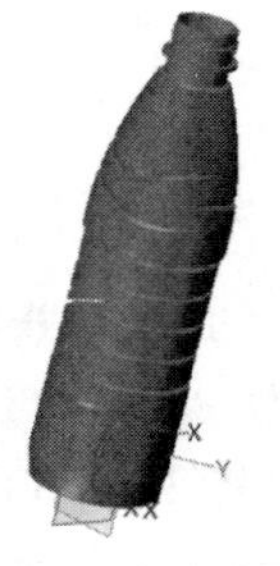

图 10-178　瓶身完成效果

（30）到此，完成瓶身的建模。单击下拉菜单【属性】→【面】，或者单击 DA 工具栏“面颜色”按钮，更改造型的显示样式，效果如图 10-178 所示。

（31）完成瓶身的建模。单击 DA 工具栏的“退出”按钮，退出当前零件建模环境，系统回到对象环境。在对象环境中新建一个零件，命名为“装配”，系统进入该零件的建模环境。

（32）在绘图区单击鼠标右键，在弹出的快捷菜单中选择“插入组件”，在列表中选择“瓶身”，定位为（0,0,0），并勾选“固定组件”复选框，将瓶身装配到“装配”零件中。

（33）再次选择“插入组件”命令，在弹出的“插入”对话框中选择“从新建文件插入”，输入零件名称为“瓶盖”，如图 10-179 所示，单击“确定”按钮，系统进入瓶盖零件建模环境。单击工具栏中的【装配】→【参考】功能图标，选择瓶身的限位凸台的内边界曲线，如图 10-180 所示。

图 10-179　“插入”对话框

（扫码获取视频）

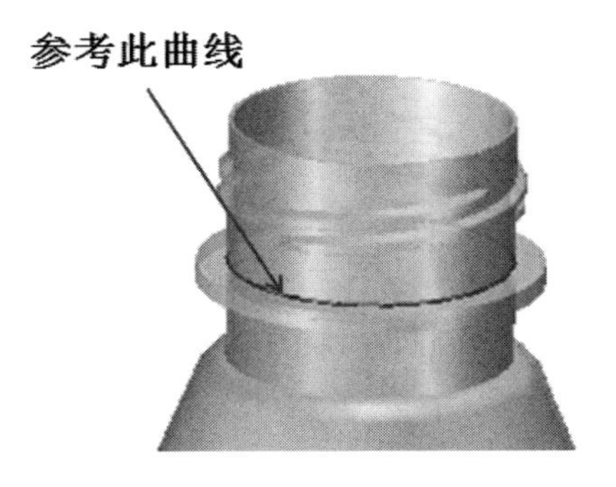

图 10-180　参考几何体

（34）拉伸实体。“轮廓”选择步骤（33）创建的参考曲线，“拉伸类型”选择“1 边”，结束点为-3mm，“偏移”选择“加厚”，“偏距 1”为 1.8mm，“偏距 2”为 0，如图 10-181 所示。

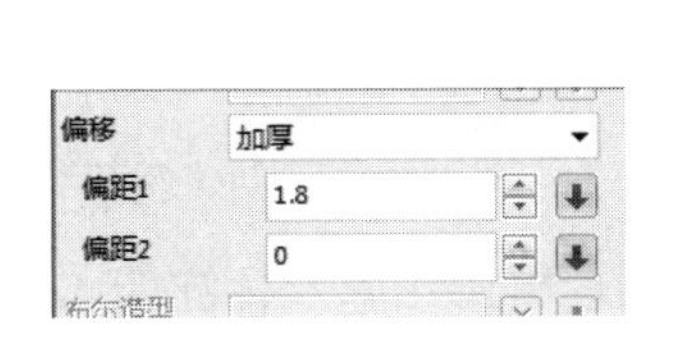

图 10-181　创建瓶盖锁紧块

（35）继续拉伸实体。布尔运算类型选择“基体”“轮廓”选择凸台上表面的外边界，“拉伸类型”选择“2 边”，起始点为-1mm，结束点为-12mm，“偏移”选择“加厚”，“偏距 1”为 0.2mm，“偏距 2”为 0.8mm，如图 10-182 所示。

（36）再次拉伸实体。布尔运算类型选择“加运算”，“轮廓”选择凸台上表面的外边界，“拉伸类型”选择“1 边”，结束点为 2mm，完成效果如图 10-183 所示。

（37）对瓶盖进行倒圆角，倒圆角类型选择“椭圆圆角”，“倒角距离 1”为 2mm，“倒角距离 2”为 5mm，效果如图 10-184 所示。

（38）抽取曲线。单击工具栏中的【线框】→【边界曲线】功能图标，选取瓶盖的边界线，如图 10-185 所示。在该曲线的中点处创建一个基准面，新基准面对齐 XZ 平面，完成效果如图 10-186 所示。

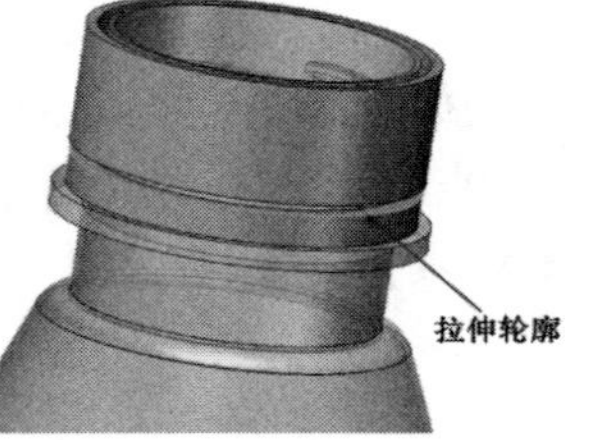

图 10-182　拉伸瓶盖基体

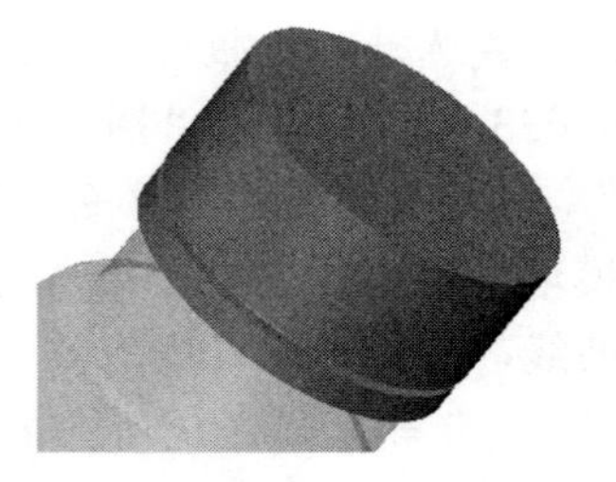

图 10-183　拉伸实体

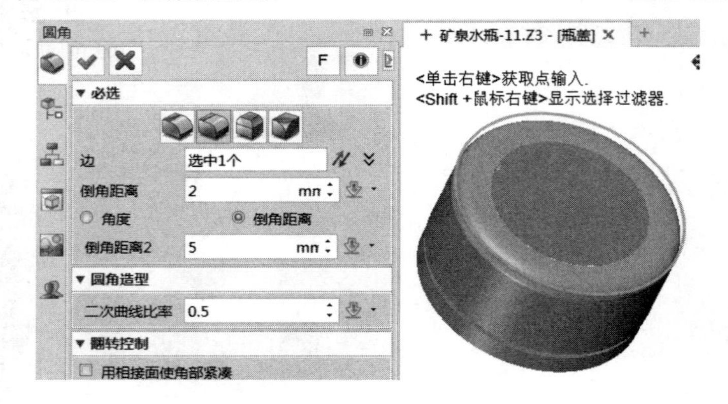

图 10-184　倒圆角

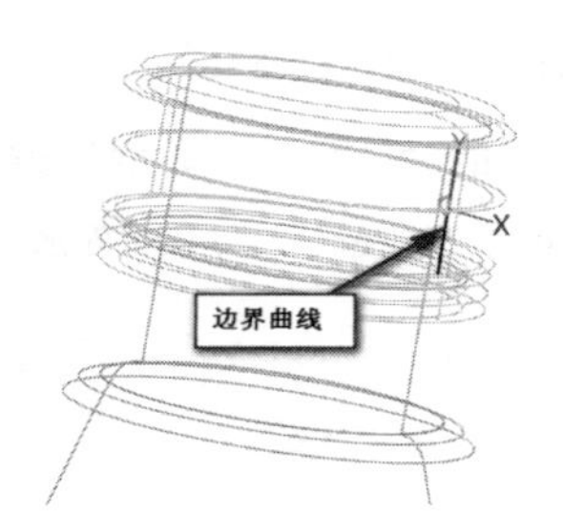

图 10-185　抽取边界曲线

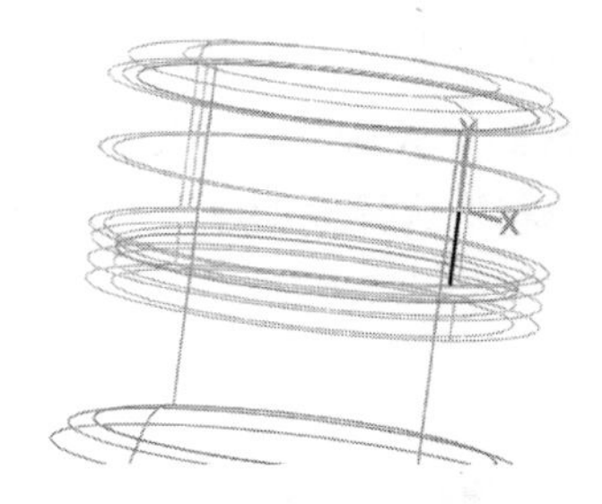

图 10-186　创建新基准面

（39）在步骤（38）创建的基准面上创建草图，草图轮廓及标注如图 10-187 所示。

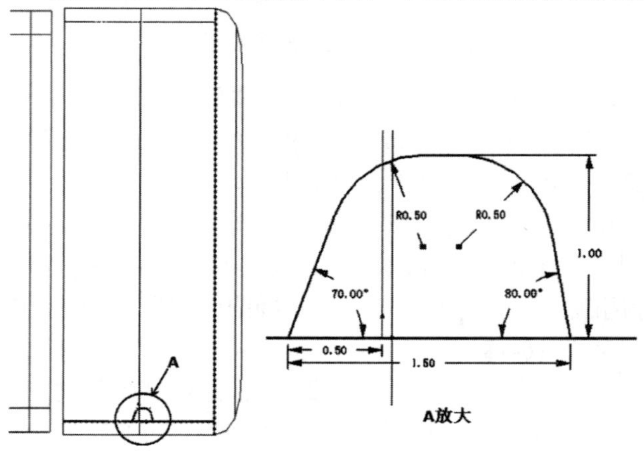

图 10-187　绘制螺纹截面草图

（40）用与步骤（27）至步骤（29）相同的方法创建 3 个螺纹特征，即瓶盖螺纹，此处不需倒圆角。完成效果如图 10-188 所示。

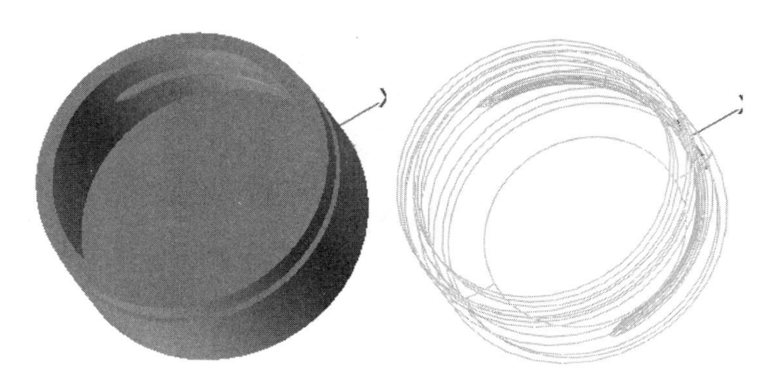

图 10-188　瓶盖螺纹

（41）在如图 10-189 所示的瓶盖面上绘制草图，草图轮廓及标注如图 10-190 所示。

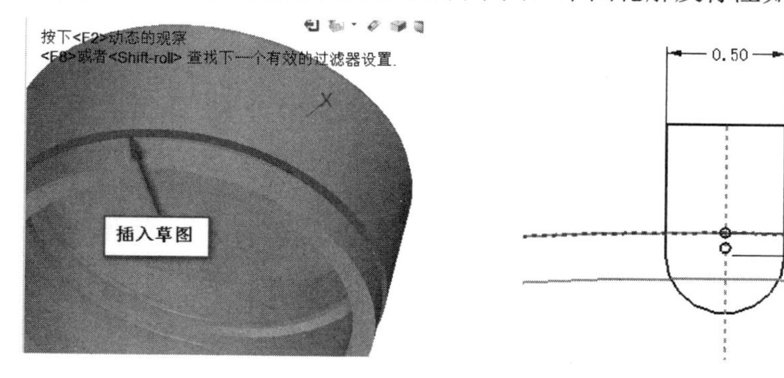

图 10-189　草绘面　　　　图 10-190　防滑纹截面草图

（42）拉伸切除。布尔运算类型选择“减运算”，“拉伸类型”选择“2 边”，起始点为-0.5mm，结束点为-11mm，如图 10-191 所示。再将该切除特征进行阵列，“方向”选择 Z 轴正方向，数目为 90，角度为 4 度，效果如图 10-192 所示。

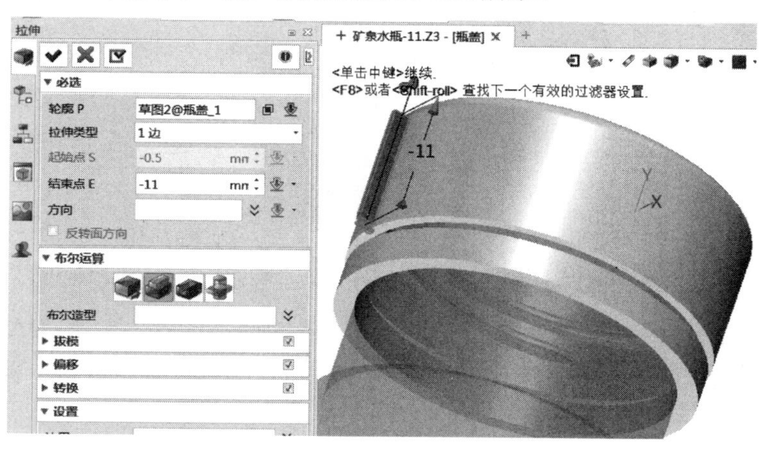

图 10-191　切除及阵列

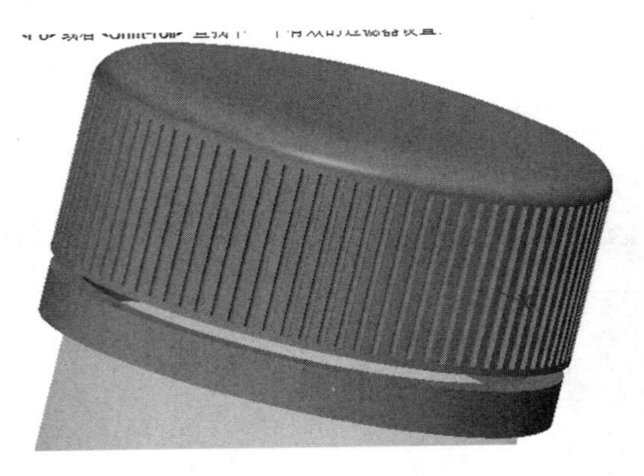

图 10-192　阵列特征效果

（43）在如图 10-193 所示的瓶盖面上创建草图，草图轮廓及标注如图 10-194 所示。

图 10-193　草图面

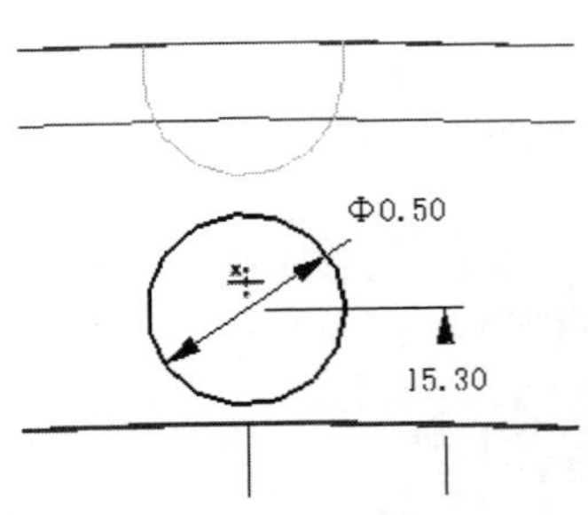

图 10-194　创建草图

（44）拉伸实体。布尔运算类型选择“加运算”，“拉伸类型”选择“1 边”，结束点为 1mm，如图 10-195 所示。再将该切除特征进行阵列，“方向”选择 Z 轴正方向，数目为 20，角度为 18 度，如图 10-196 所示。

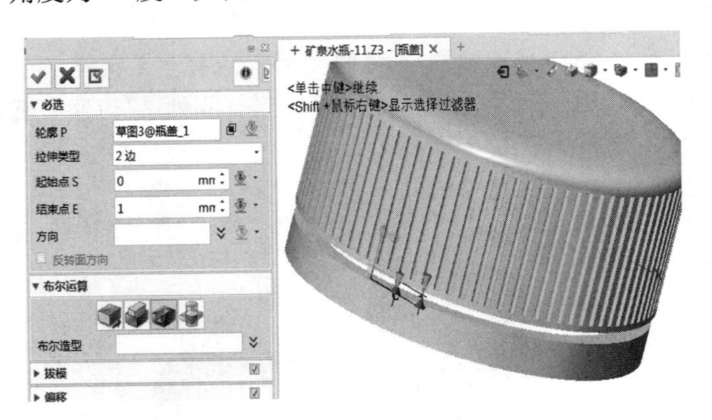

图 10-195　拉伸实体

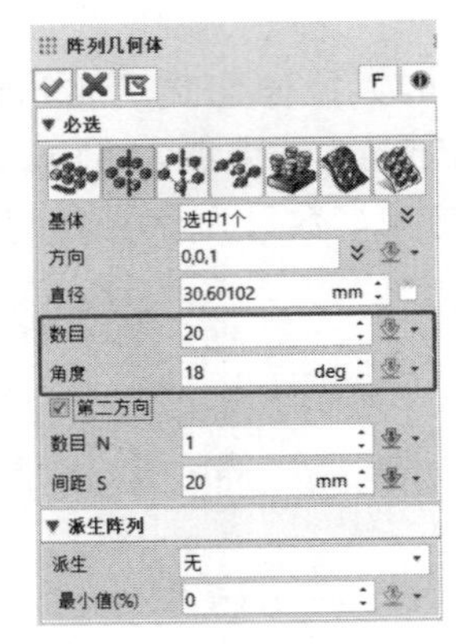

图 10-196　阵列特征

（45）完成瓶盖的建模，可通过面属性调整瓶盖的显示样式。单击 DA 工具栏的“退出”按钮 ，退出当前零件建模环境，系统返回到装配文件建模环境。最终完成效果如图 10-197 所示，保存文件。

图 10-197　矿泉水瓶完成效果图

10.6　洗发水瓶设计

如图 10-198 所示为洗发水瓶实例图。

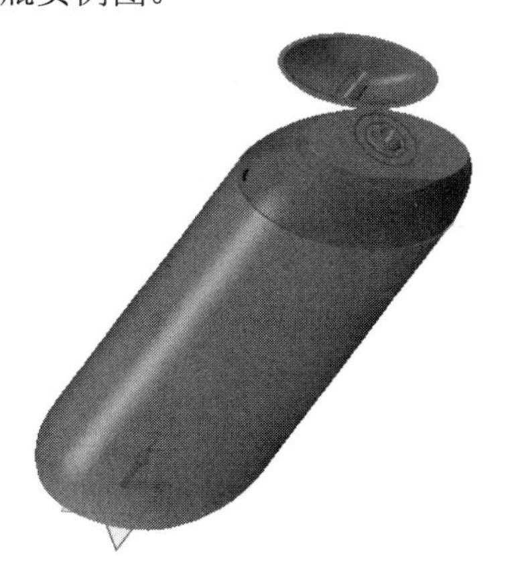

（扫码获取素材）

图 10-198　洗发水瓶实物图

1．建模流程

洗发水瓶建模流程图，如图 10-199 所示。
练习文件：配套素材\EX\CH10\10-7.Z3。

2．基础造型

（1）新建一个多对象文件，命名为“洗发水瓶”。系统进入文件对象环境。

（2）在根目录下创建四个新零件，分别命名为“基础造型”“瓶盖”“瓶身”和“洗发水瓶装配”，如图 10-200 所示。

注意： 在根目录初始创建上述空白文件的时候，没有装配文件，只有零件类型。插入组件之后，文件“洗发水瓶装配”就会自动将文件类型转换成装配类型。

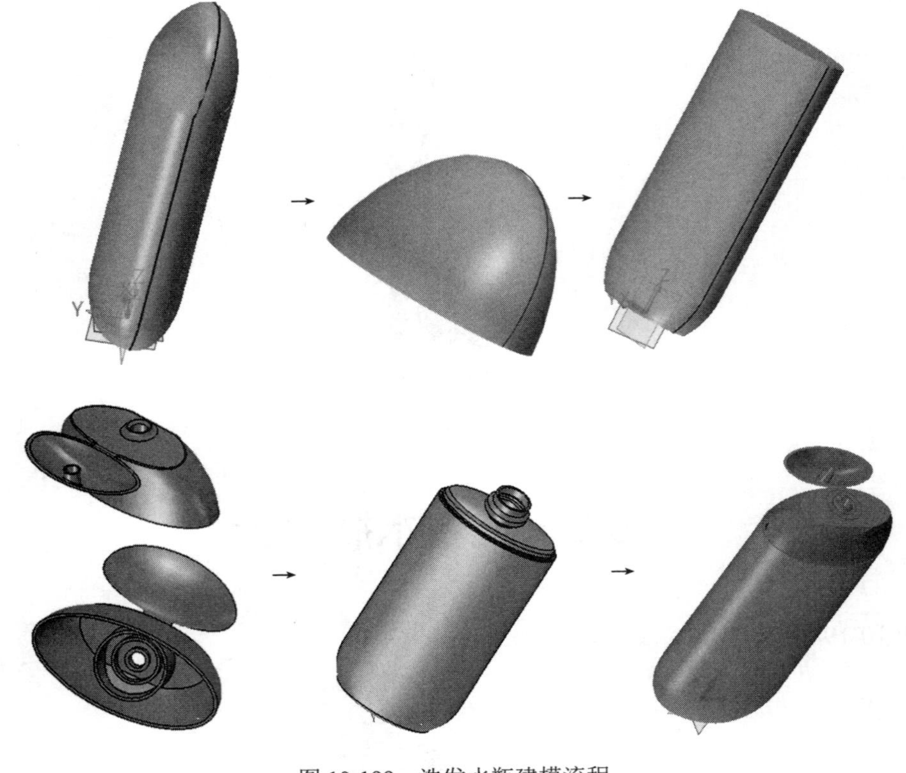

图 10-199　洗发水瓶建模流程

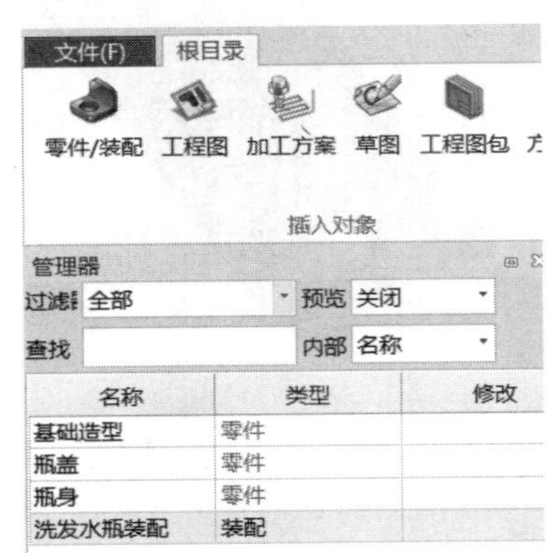

图 10-200　创建 4 个新零件

（扫码获取视频）

（3）在对象环境中双击零件“基础造型”，进入该零件的建模环境。在 XZ 平面上绘制草图 1，草图轮廓及标注如图 10-201 所示。

提示：使用镜像功能，可提高草图绘制效率。

（4）在 YZ 平面上绘制草图 2，草图轮廓及标注如图 10-202 所示。完成的草图效果如图 10-203 所示。

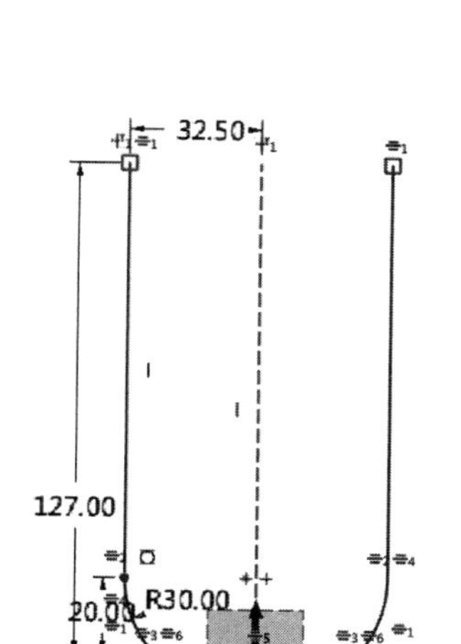

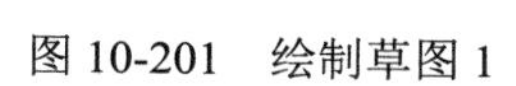
图 10-201　绘制草图 1

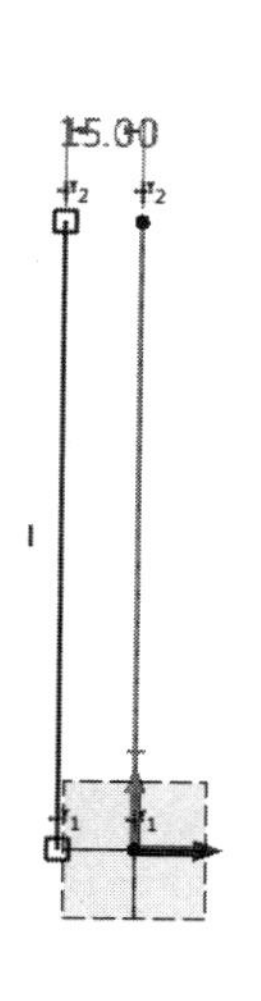

图 10-202　绘制草图 2

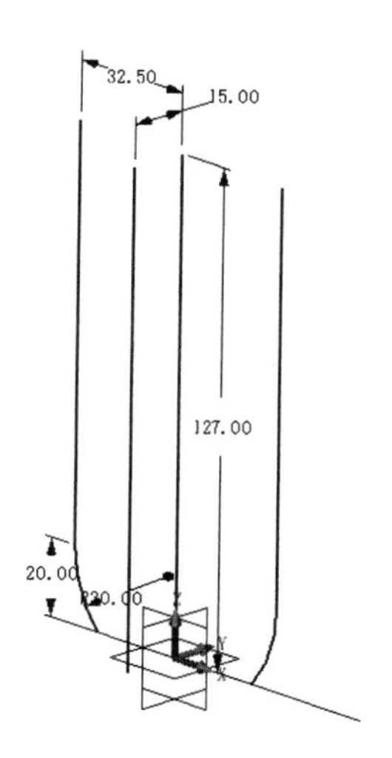

图 10-203　草图效果

（5）在 XY 平面上绘制草图 3，先创建 4 个参考点（单击工具栏中的【草图】→【参考】功能图标 ）。绘制一个椭圆，如图 10-204 所示。

（6）退出草图环境，在绘图区单击鼠标右键，在弹出的快捷菜单中选择“曲线列表”命令，分别选择草图 1 的两侧曲线创建 2 个曲线列表，完成效果如图 10-205 所示。

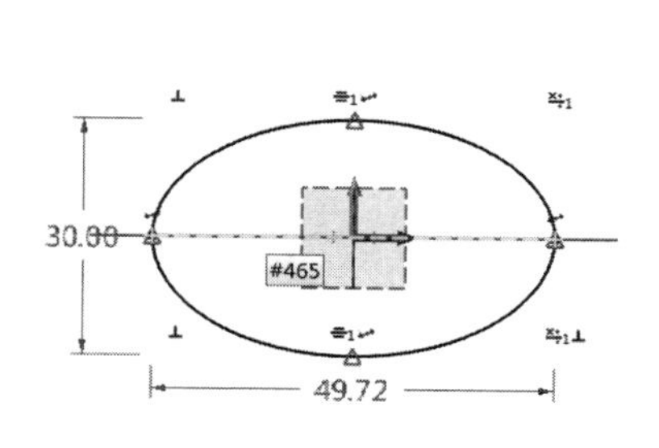

图 10-204　绘制草图 3

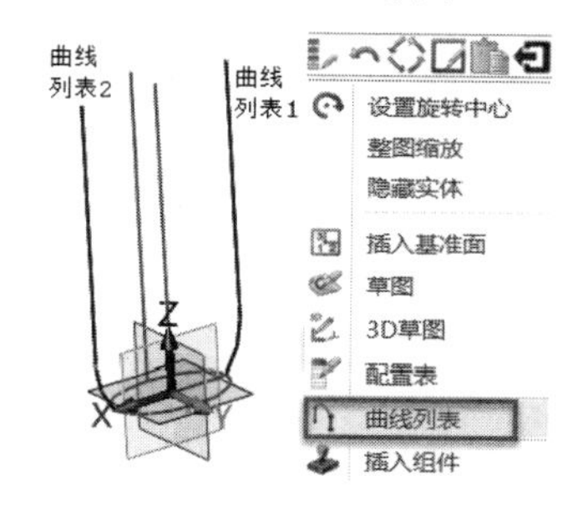

图 10-205　创建 2 个曲线列表

（7）创建双轨放样曲面。单击工具栏中的【造型】→【双轨放样】功能图标 ，分别选择上一步创建的 2 个曲线列表作为路径 1 和路径 2（保持路径 1 和路径 2 方向一致），“轮廓”选择草图 3 绘制的曲线，勾选“保持轮廓高度”复选框，如图 10-206 所示。

（8）在曲面顶部创建一个半圆弧。单击工具栏中的【线框】→【圆弧】功能图标 ，选择“圆心”绘制方法，“圆心”选择草图 1 中间曲线的端点，“点 1”和“点 2”分别选择两侧曲线的端点，如图 10-207 所示。

（9）旋转曲线。单击工具栏中的【造型】→【移动】功能图标 ，选择“绕方向旋转”方法，“实体”选择半圆弧。定义“方向”时，在绘图区单击鼠标右键，在弹出的快捷菜单中选择“两点”命令，并选取圆弧的两个端点。“角度”为 10 度，如图 10-208 所示。

（10）创建放样曲面。单击工具栏中的【造型】→【放样】功能图标 ，布尔运算类型选择“基体”，按顺序分别选取如图 10-209 所示的 3 个曲线轮廓，“连续方式”选择“相切”，生成一个瓶盖基体造型。

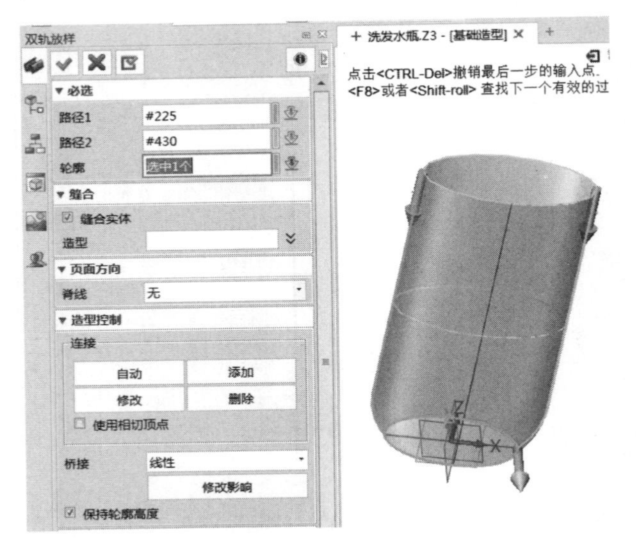

图 10-206　创建双轨放样曲面

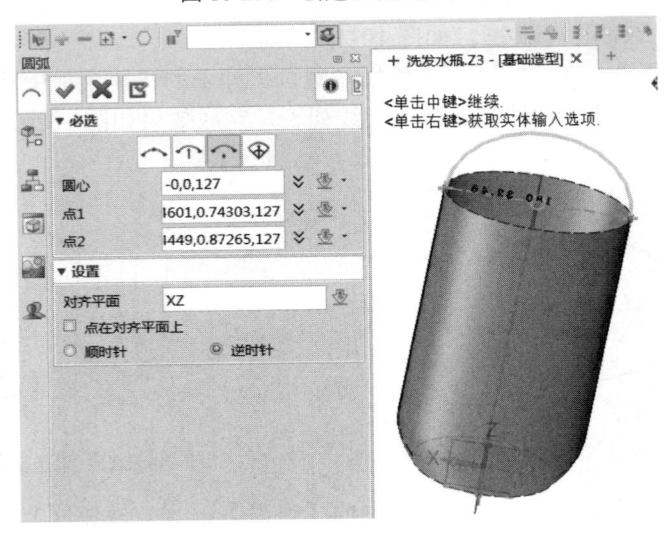

图 10-207　绘制圆弧

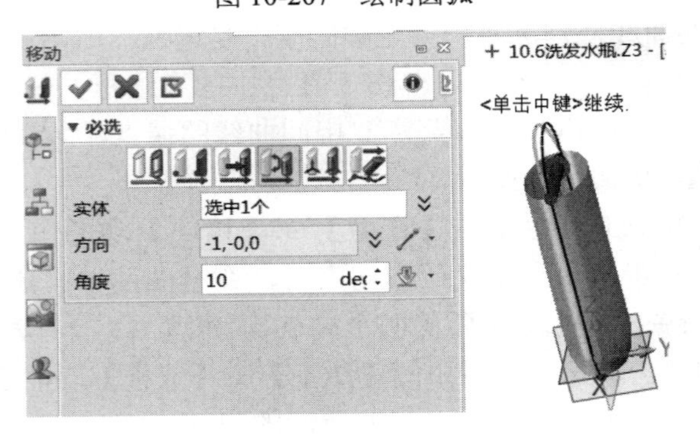

图 10-208　旋转曲线

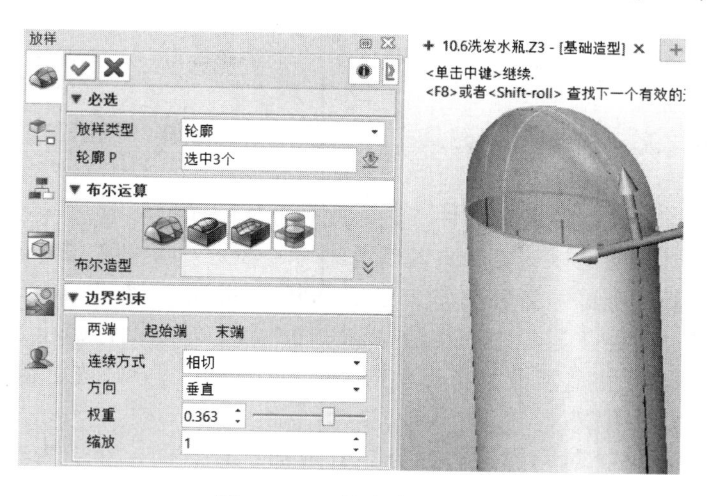

图 10-209　创建放样曲面

（11）在瓶身的顶部和底部、瓶盖底部分别创建 3 个修剪平面。单击工具栏中的【曲面】→【修剪平面】功能图标，完成效果如图 10-210 所示。到此，完成基础造型的建模，效果如图 10-211 所示。

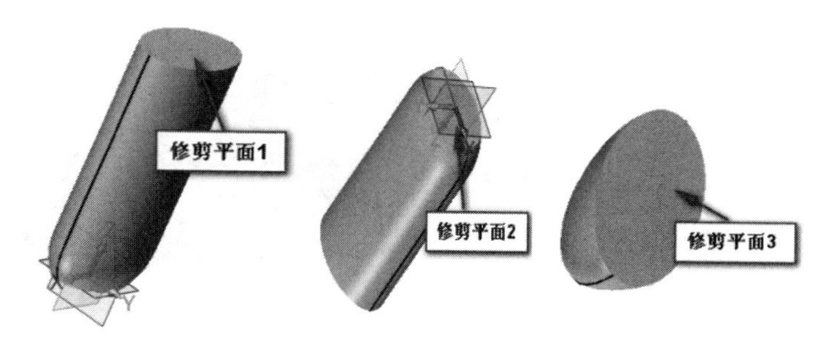

图 10-210　创建修剪平面

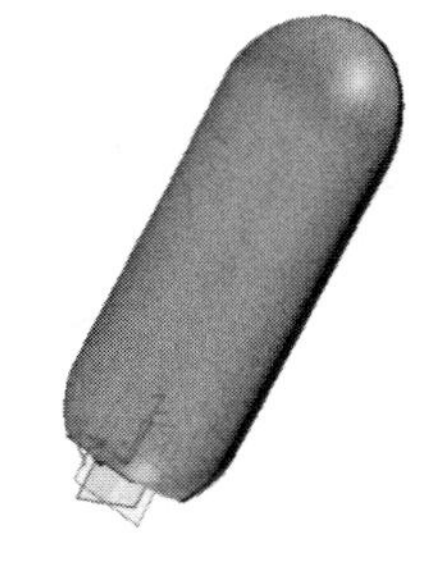

图 10-211　完成基础造型建模效果图

（12）将瓶盖和瓶身造型分别复制给相应的零件。选择下拉菜单命令【编辑】→【复制】→【几何体到零件】，在绘图区选取瓶盖部分造型，然后在列表中选择“瓶盖”零件，即可将该造型复制到零件中，如图 10-212 所示。重复该命令，将瓶身部分造型复制到“瓶身”零件。

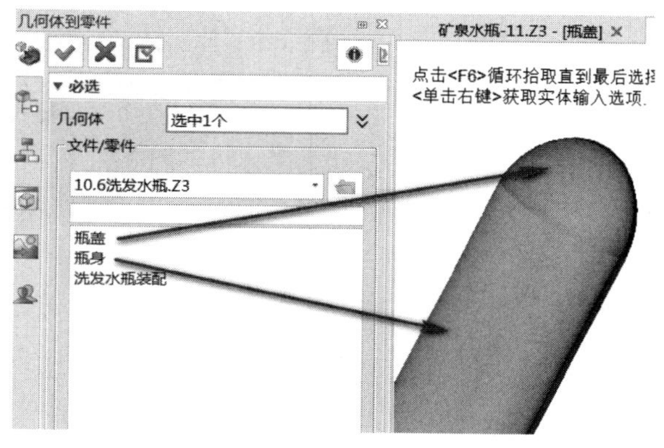

图 10-212　复制造型到零件

3. 瓶盖造型

完成复制操作之后，单击 DA 工具栏的“退出”按钮，退出当前对象的建模环境，返回到根目录环境。

（1）在根目录下双击“瓶盖”零件，进入瓶盖零件的建模环境。

（2）创建两个基准面。以 XY 平面为参考，向 Z 轴正方向偏移 124mm，创建基准面 1。然后在基准面 1 的基础上再往 Z 轴偏移 25mm，创建基准面 2，如图 10-213 所示。

（3）分割实体。单击工具栏中的【造型】→【分割】功能图标，“分割面”选择步骤（2）创建的基准面 2，将造型分为上下两部分。为了便于区分，这里将底部造型称为“瓶帽”，上部造型称为“帽檐”。

（4）隐藏瓶帽部分，对帽檐进行抽壳，开放面选择底面，厚度为-1mm，完成效果如图 10-214 所示。

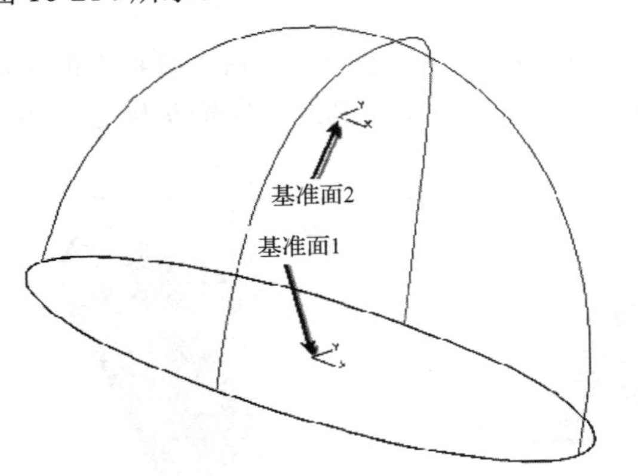

图 10-213　创建两个基准面

图 10-214　抽壳

（5）在基准面 2 上绘制草图 1，在原点位置绘制直径分别为 4.5mm 和 5.5mm 的两个圆，如图 10-215 所示。使用“拉伸”功能，对草图 1 进行拉伸，起始点为 0，结束点为到面，拔模角度为 2 度，完成效果如图 10-216 所示。

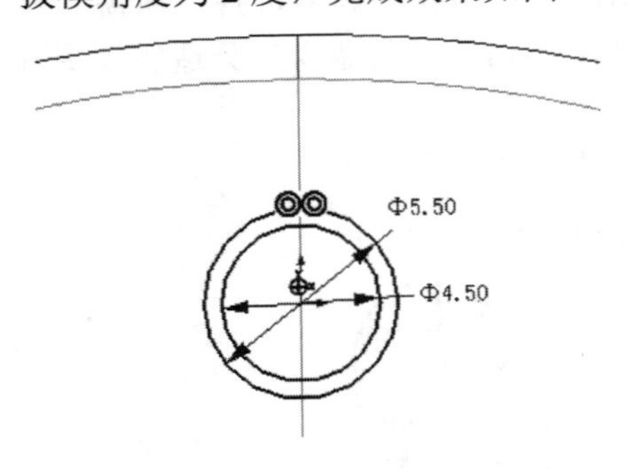

图 10-215　绘制草图 1

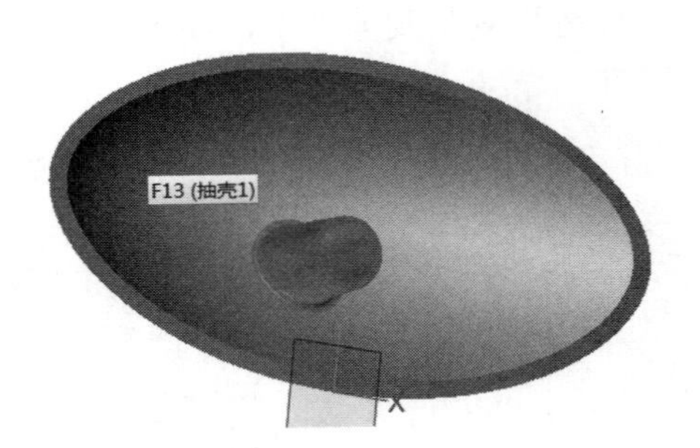

图 10-216　拉伸实体

（6）合并实体。单击工具栏中的【造型】→【添加实体】功能图标，布尔运算类型选择“加运算”，选择帽檐为基体，步骤（5）拉伸的造型为合并体，并选取帽檐的内表面作为“边界面”，如图 10-217 所示。在凸台和帽檐的相交处倒圆角，圆角半径为 0.5mm，完成效果如图 10-218 所示。

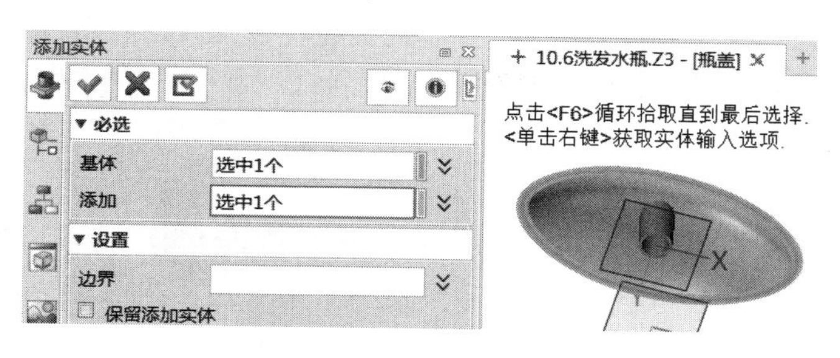

图 10-217　合并实体

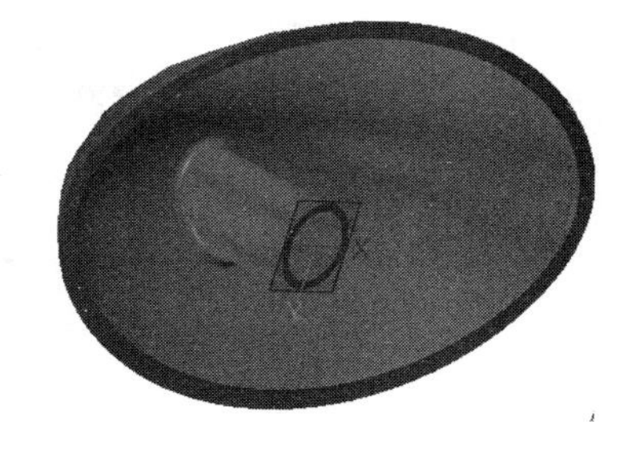

图 10-218　帽檐完成效果

（7）创建相交曲线。将瓶帽显示出来，将帽檐隐藏，单击工具栏中的【线框】→【相交曲线】功能图标，“第一实体”选择瓶帽顶面，“第二实体”选择 YZ 平面，效果如图 10-219 所示。

（8）创建基准面，“几何体”选择“平面 2”，定义原点时，在绘图区单击鼠标右键打开快捷菜单，选择“原点”命令，位置选择接近椭圆的象限点处。完成基准面的创建如图 10-220 所示。

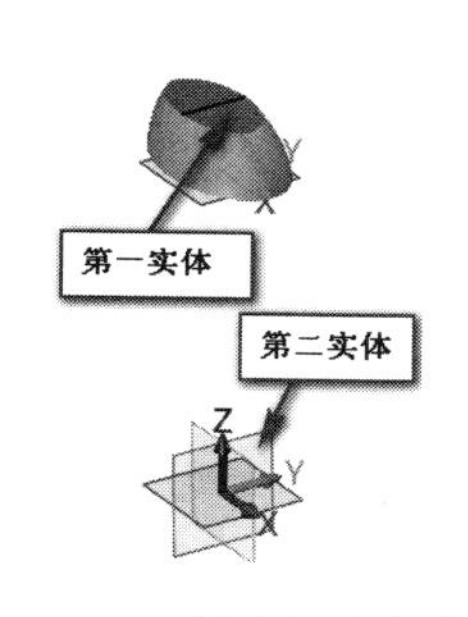

图 10-219　创建相交曲线

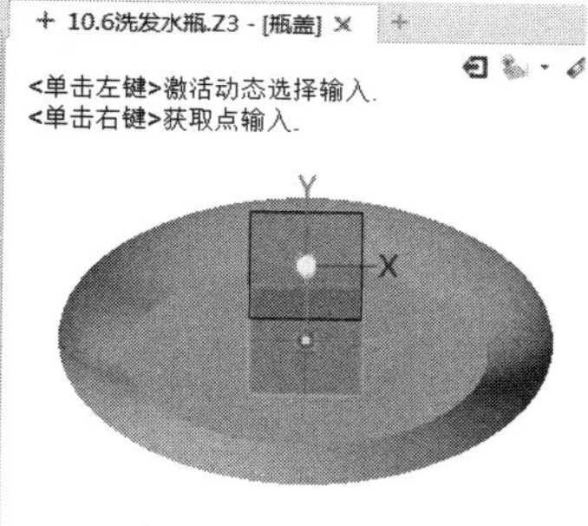

图 10-220　创建基准面 3

（9）旋转帽檐。单击工具栏中的【造型】→【移动】功能图标，选择“绕方向旋转”方法，“方向”选择步骤（8）创建的基准面的 X 轴，角度为 180 度，效果如图 10-221 所示。

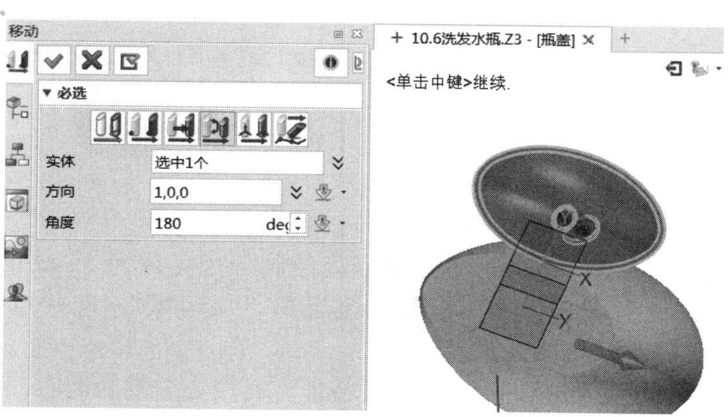

图 10-221　旋转帽檐

（10）显示瓶帽，并在 YZ 平面上绘制草图 2，草图轮廓和标注如图 10-222 所示。

（11）拉伸切除，“轮廓”选择上一步创建的草图曲线，“拉伸类型”选择“对称”，结束点为 20mm，布尔运算为“减运算”，完成结果如图 10-223 所示。

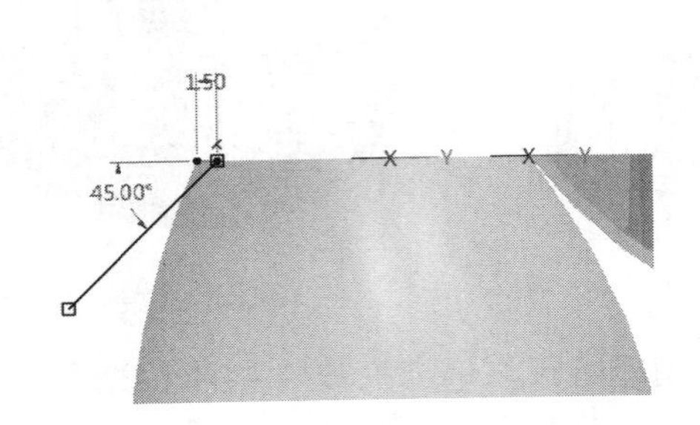

图 10-222　绘制草图 2

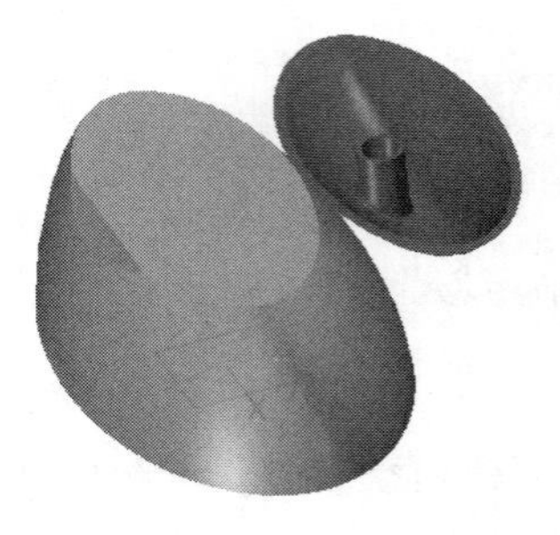

图 10-223　拉伸切除

（12）对瓶帽进行抽壳，开放面选择底面，抽壳厚度为-1mm。抽壳后，对瓶帽顶部边倒圆角，圆角半径为 0.5mm，如图 10-224 所示。

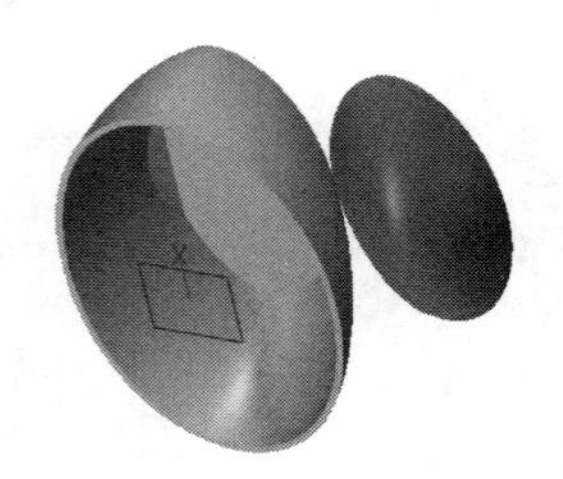

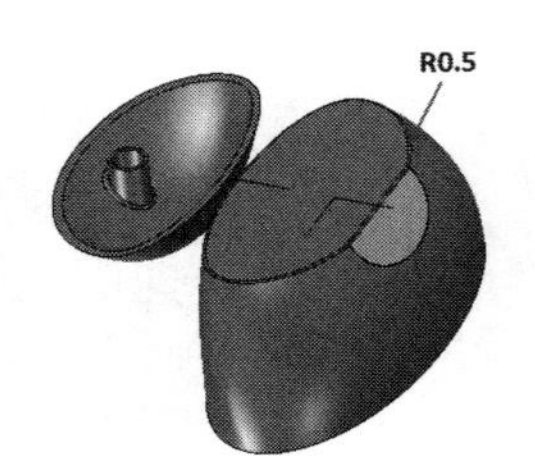

图 10-224　完成抽壳及倒圆角

（13）在基准面 3 上绘制草图 3，草图轮廓及标注如图 10-225 所示。

（14）拉伸实体，布尔运算类型选择“加运算“，“轮廓”选择草图 3 创建的曲线，拉伸起始点为 0，结束点为-0.2mm，完成结果如图 10-226 所示。

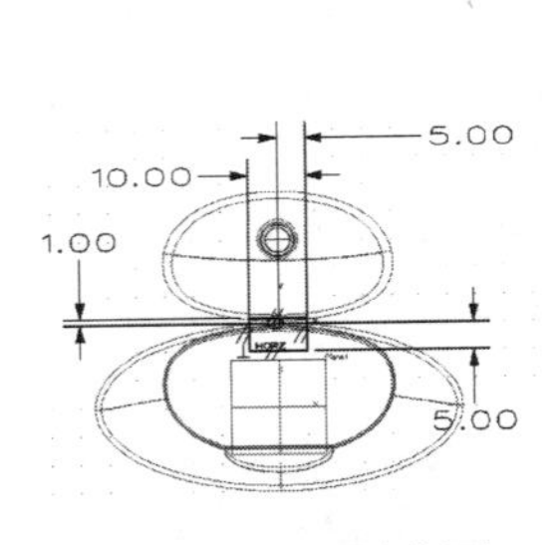

图 10-225　绘制草图 3

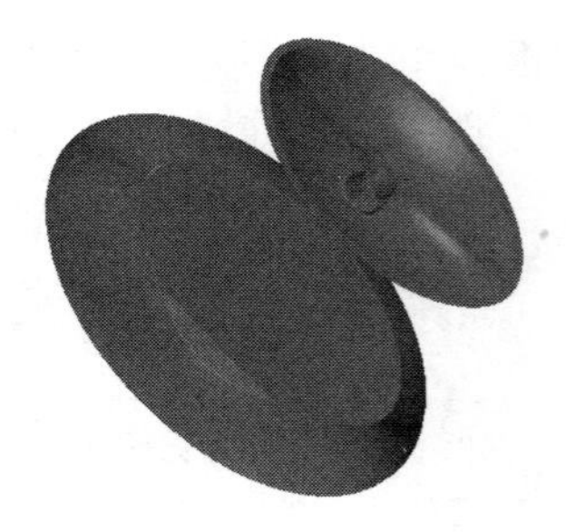

图 10-226　拉伸实体

（15）在基准面 2 上绘制草图 4，在原点处绘制一个直径为 8mm 的圆，如图 10-227 所示。并对草图 4 进行拉伸，布尔运算类型选择“加运算”，起始点为 2mm，结束点为-3mm，完成结果如图 10-228 所示。

（16）在步骤（15）拉伸的凸台上添加孔特征，孔中心与圆台同心，孔直径为 5.5mm，“结束端”选择“通孔”，完成效果如图 10-229 所示。对孔缘部分创建一个 C1 的倒角，对凸台底边倒半径为 2mm 的圆角，完成效果如图 10-230 所示。

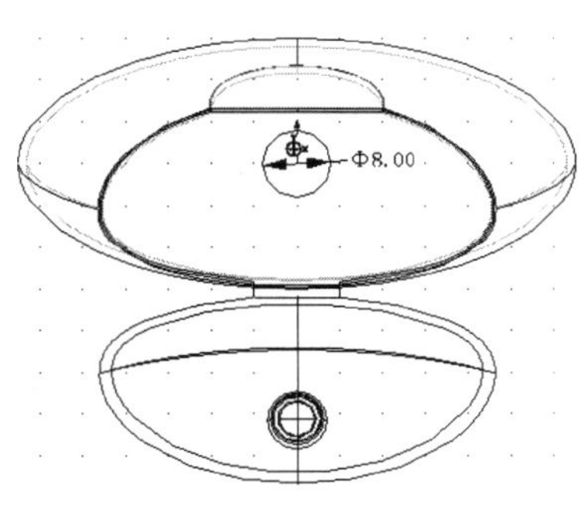

图 10-227　绘制草图 4

图 10-228　拉伸实体

图 10-229　添加孔特征

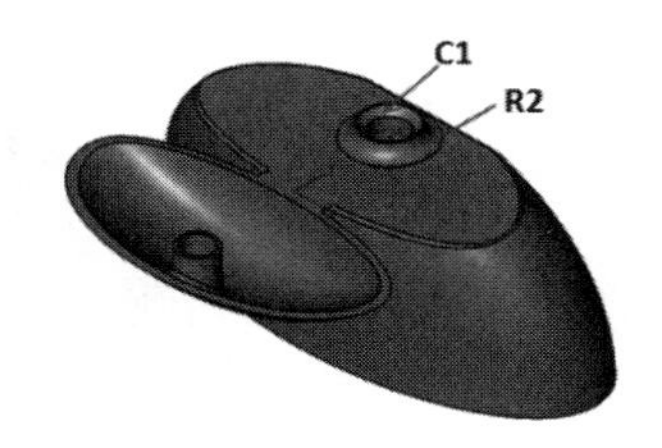

图 10-230　倒角和倒圆角

（17）在基准面 2 上绘制草图 5，在原点处分别绘制两个圆，直径为 12mm 和 18mm，如图 10-231 所示。

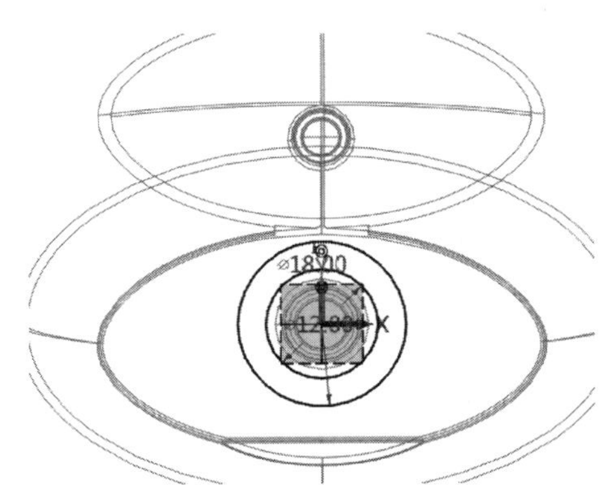

图 10-231　绘制草图 5

（18）拉伸实体，布尔运算类型选择“基体”“轮廓”选择草图 5 中直径为 18mm 的圆（选择过滤器为“曲线”），拉伸起始点为“到面”（内部底面），结束点为 15mm，“偏移”选择“加厚”，偏距 1 为 1mm，偏距 2 为 0，完成效果如图 10-232 所示。

（19）继续拉伸实体，此时选择草图 5 中直径为 12mm 的圆，拉伸起始点为“到面”（内部底面），结束点为 10mm，“偏移”选择“加厚”，偏距 1 为 1mm，偏距 2 为 0，完成效果如图 10-233 所示。

（20）合并造型，“基体”选择瓶盖造型，合并体选择两个圆管，“边界”选择瓶盖造型的内表面，如图 10-234 所示。到此完成该零件的造型，效果如图 10-235 所示。单击 DA 工具栏的“退出”按钮，退出当前零件建模环境，返回到对象环境。

图 10-232　拉伸实体

图 10-233　拉伸效果

图 10-234　合并造型

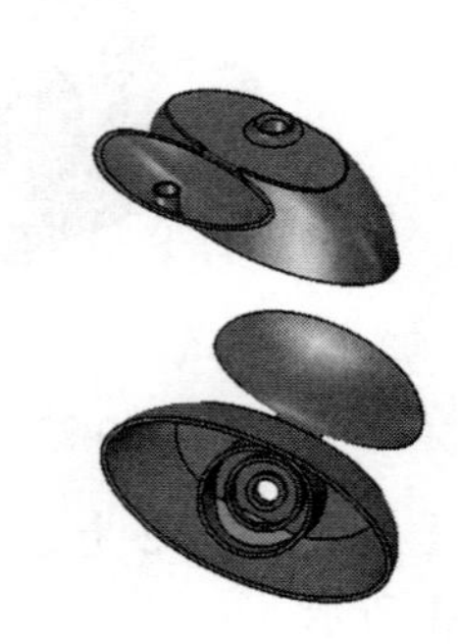

图 10-235　完成的瓶盖效果图

4．瓶身造型

（1）进入“洗发水瓶装配”零件的建模环境。在绘图区单击鼠标右键，在弹出的快捷菜单中选择“插入组件”命令，分别将 “瓶盖”和“瓶身”以坐标（0,0,0）定位装配进来（步骤可以参照前面章节，此处略）。完成效果如图 10-236 所示。

（2）在装配管理器中，双击组件“瓶身”，或右击组件“瓶身”，在弹出的快捷菜单中选择“编辑零件”命令，将瓶身零件激活，即进入瓶身零件建模环境，如图 10-237 所示。

（3）在瓶盖的内缘创建两条参考曲线。单击工具栏中的【装配】→【参考】功能图标，参考线选择瓶盖底面的内边，如图 10-238 所示。拉伸该曲线，布尔运算类型选择“加运算”，起始点为 0，结束点为 4mm，“偏移”选择“收缩/扩展”，偏距 1 设为-1mm，完成效果如图 10-239 所示（单击 DA 工具栏中“显示目标”按钮可将其他组件隐藏）。

（4）删除基体顶面，将实体转为片体，效果如图 10-240 所示。

（5）创建点。单击工具栏中的【线框】→【点】功能图标，在绘图区单击鼠标右键，在弹出的快捷菜单中选择“偏移”。系统要求输入参考点，再次单击鼠标右键，在弹出的快捷菜单中选择“两者之间”命令，然后选择如图 10-241 所示的两个端点，使用默认百分比（即 50），单击“确定”按钮，系统返回到“偏移”输入框，输入 Z 轴偏移为 4.5mm，如图 10-242 所示。完成效果如图 10-243 所示。

（6）创建三点圆弧，完成效果如图 10-244 所示。

（7）创建放样曲面，依次选择如图 10-245 所示的三条曲线（控制起始方向），在曲面中缝合，并在边缘处倒圆角，圆角半径为 2mm，完成效果如图 10-246 所示。

图 10-236 装配文件

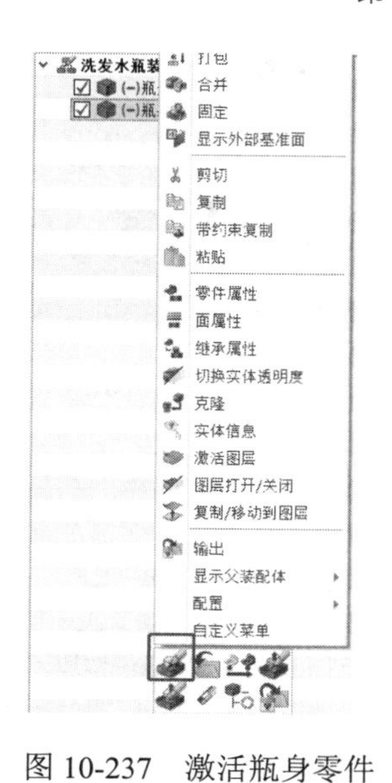

图 10-237 激活瓶身零件

（扫码获取视频）

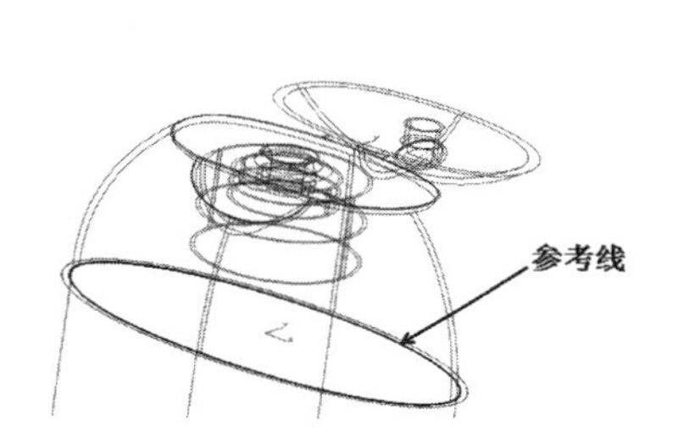

图 10-238 参考线

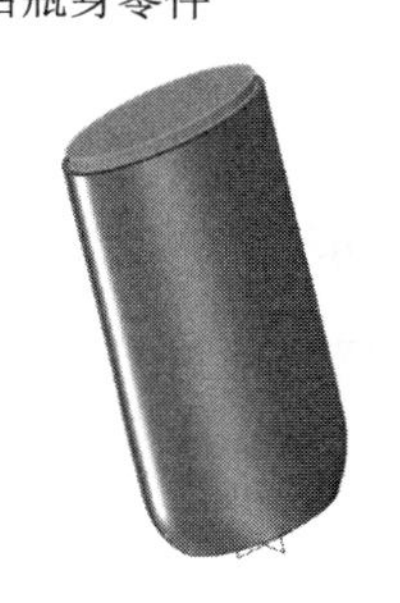

图 10-239 拉伸实体

图 10-240 实体转为片体

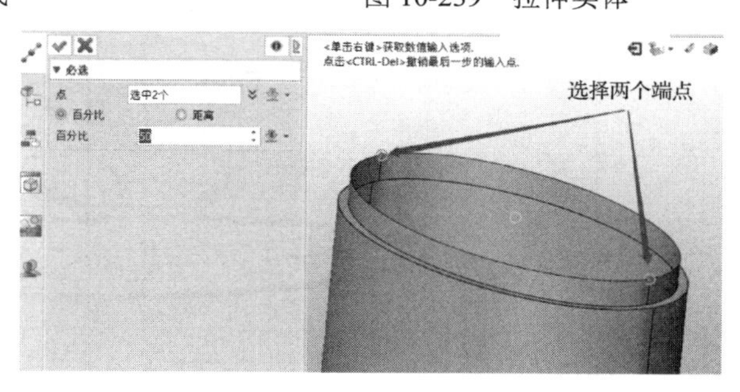

图 10-241 选择两个端点

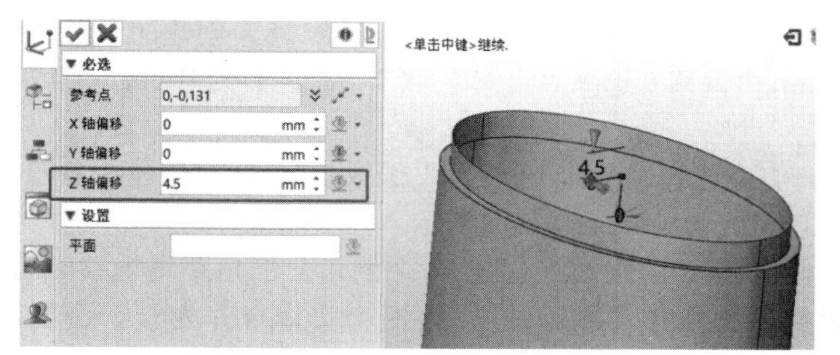

图 10-242 输入 Z 轴偏移

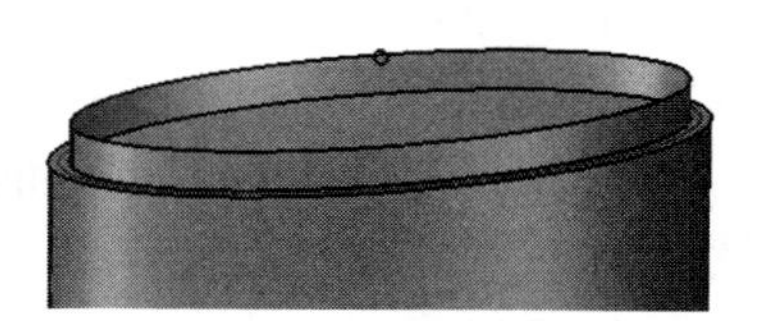

图 10-243 完成点输入

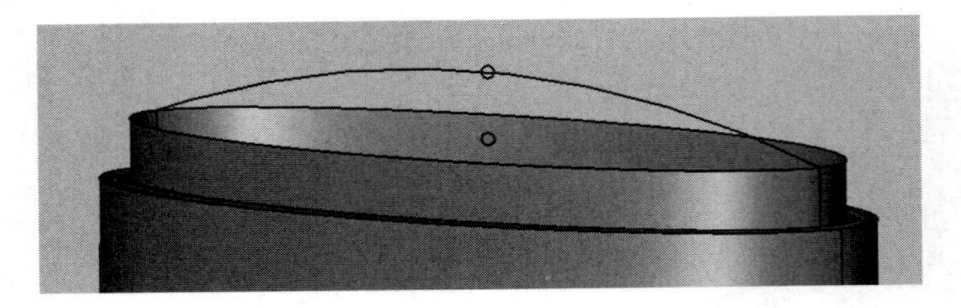

图 10-244　创建圆弧

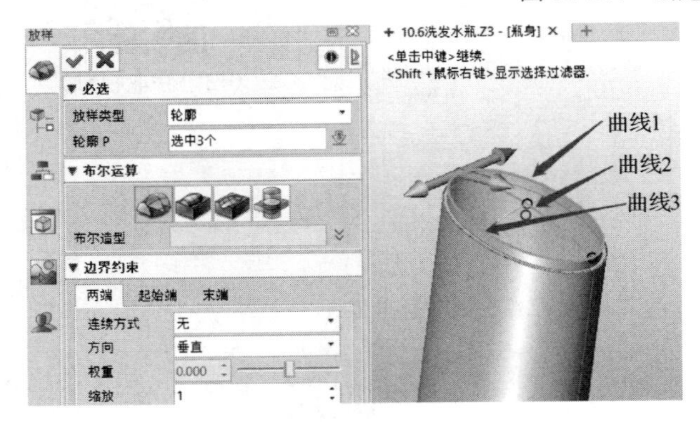

图 10-245　创建放样曲面

图 10-246　倒圆角

（8）单击 DA 工具栏的显示全部按钮，将瓶盖显示出来。在瓶盖上创建 2 条参考曲线，其中参考曲线 3 为小柱面的外边缘，参考曲线 4 为大柱面的内边缘，如图 10-247 所示。

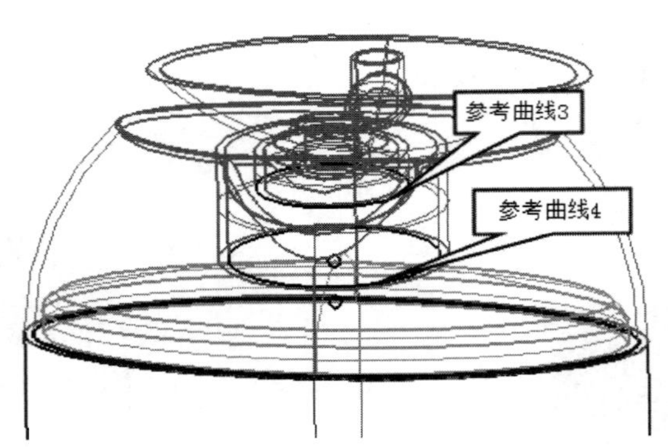

图 10-247　创建 2 条参考曲线

（9）拉伸实体，布尔运算类型选择“加运算”“轮廓”选取步骤（8）创建的参考曲线 3，起始点为 1mm，结束点为-15mm，“偏移”选择“收缩/扩张”，偏距 1 为 1mm，完成效果如图 10-248 所示。

（10）继续拉伸实体，布尔运算类型选择“基体”“轮廓”选取步骤（8）创建的参考曲线 4，起始点为 0，结束点为-6mm，完成效果如图 10-249 所示。

（11）在步骤（10）创建的拉伸实体 2 的顶边上创建 1 个倒角，倒角距离为 3mm。然后使用“组合”功能，布尔运算类型选择“加运算”，将两个实体合并为一个造型，如图 10-250 所示。

图 10-248　拉伸实体 1

图 10-249　拉伸实体 2

图 10-250　拉伸实体并倒角

（12）在瓶身上部和底部倒圆角，上部圆角半径为 0.5mm，底部圆角半径为 3mm，如图 10-251 所示。

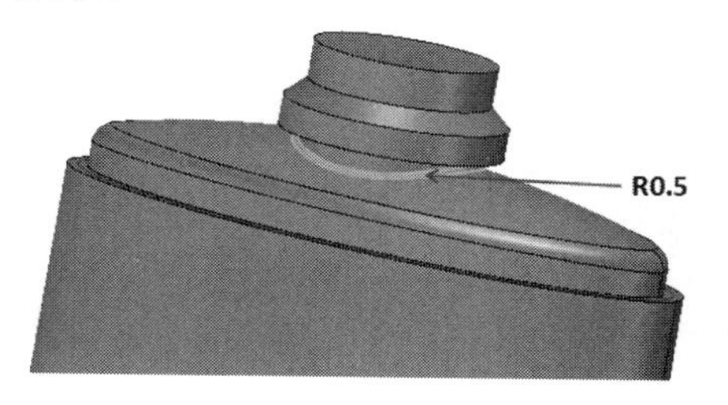

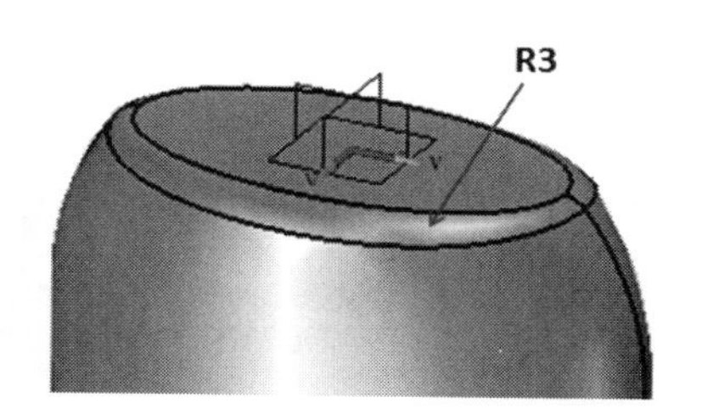

图 10-251　倒圆角

（13）对瓶身抽壳，“开放面”选择瓶身顶面，厚度为-1mm。完成效果如图 10-252 所示。

（14）在瓶身上部倒圆角，圆角半径为 0.5mm，如图 10-253 所示。

图 10-252　抽壳

图 10-253　倒圆角

（15）到此，完成瓶身的造型，可以通过面属性更改显示样式，效果如图 10-254 所示。单击 DA 工具栏中的退出按钮，退出当前零件建模环境，返回到装配文件环境，如图 10-255 所示，保存文件。

图 10-254　瓶身造型

图 10-255　洗发水瓶完成效果

10.7　电动剃须刀设计

如图 10-256 所示为电动剃须刀实例图。

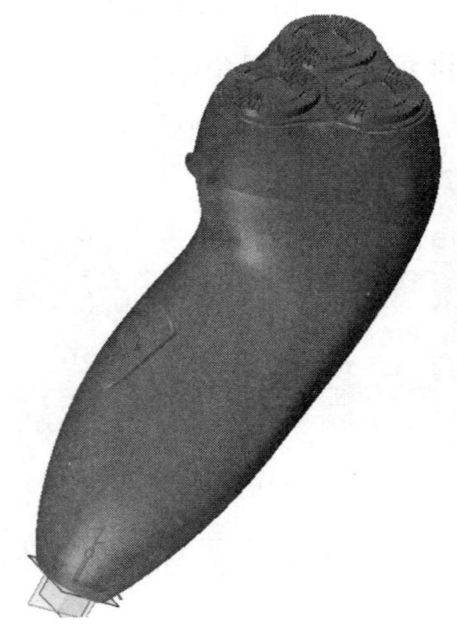

（扫码获取素材）

图 10-256　电动剃须刀实例图

1．建模流程

电动剃须刀的建模流程图，如图 10-257 所示。

图 10-257　电动剃须刀建模流程

练习文件：配套素材\EX\CH10\10-8.Z3。

1．刀柄造型

（1）新建一个多对象文件，命名为“电动剃须刀”，系统进入该文件的对象文件环境，并创建三个文件，命名为“刀柄”“刀头”“电动剃须刀装配”。

（2）在根目录下创建一个新零件，命名为“刀柄”，系统进入该零件的建模环境。

（3）在 XZ 平面上创建草图 1，该草图用于控制刀柄前后的 S 流线造型，此处分如下两

步讲解。

① 绘制第一条样条曲线。先绘制样条曲线穿过的 4 个点，如图 10-258（a）所示，单击工具栏中的【草图】→【通过点绘制样条曲线】功能图标，按顺序依次选择 4 个点，输入曲线阶次数为“2 次”，创建的样条曲线如图 10-258（c）所示。

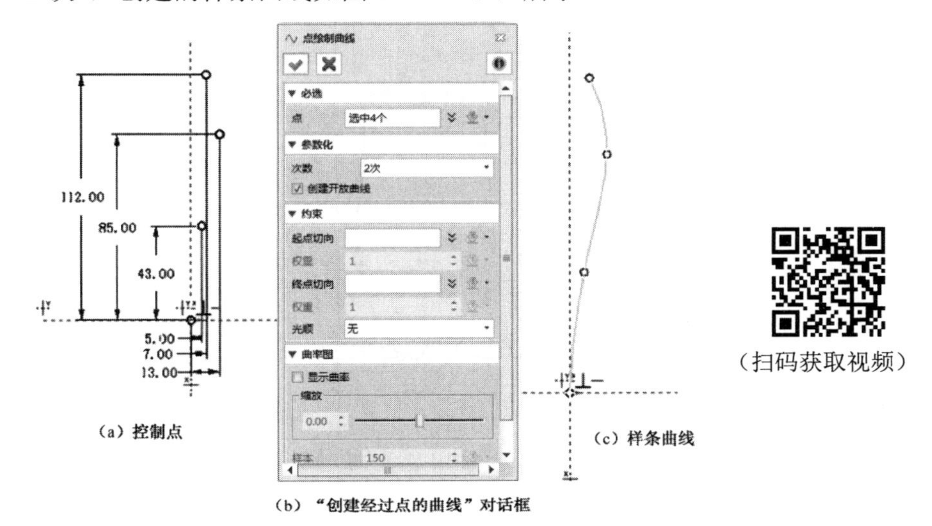

图 10-258 绘制第一条样条曲线

② 绘制刀柄的前后轮廓。使用与步骤①相同的方法继续绘制样条曲线，控制点坐标及绘制的样条曲线效果如图 10-259 所示。

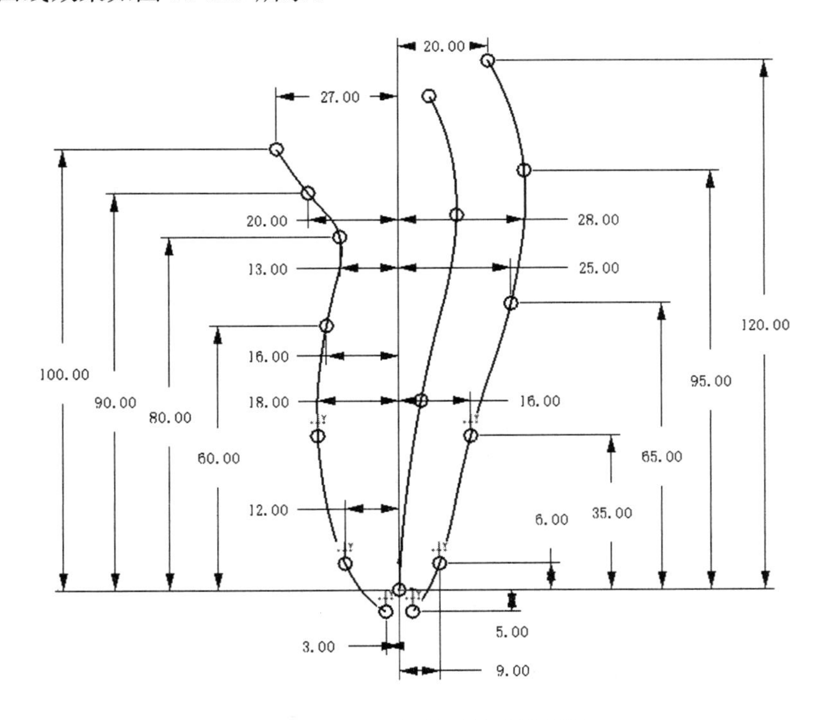

图 10-259 刀柄前后轮廓效果图

（4）在 YZ 平面上绘制草图 2，该草图用于控制刀柄两侧的造型。样条曲线的绘制方法与步骤①相同，控制点坐标及绘制的样条曲线效果如图 10-260 所示（左侧曲线以 Y 轴镜像得到）。

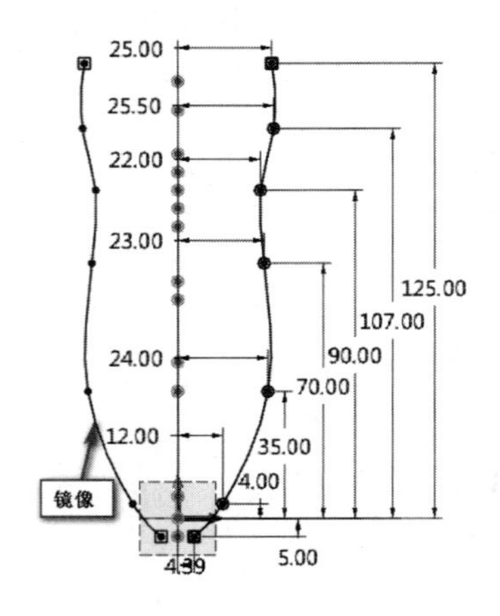

图 10-260 绘制草图 2

（5）拉伸投影曲面。选择轮廓时将“选择过滤器”为“曲线”，选择草图 1 中步骤①创建的曲线，拉伸类型选择“对称”，结束点为 50mm，如图 10-261 所示。

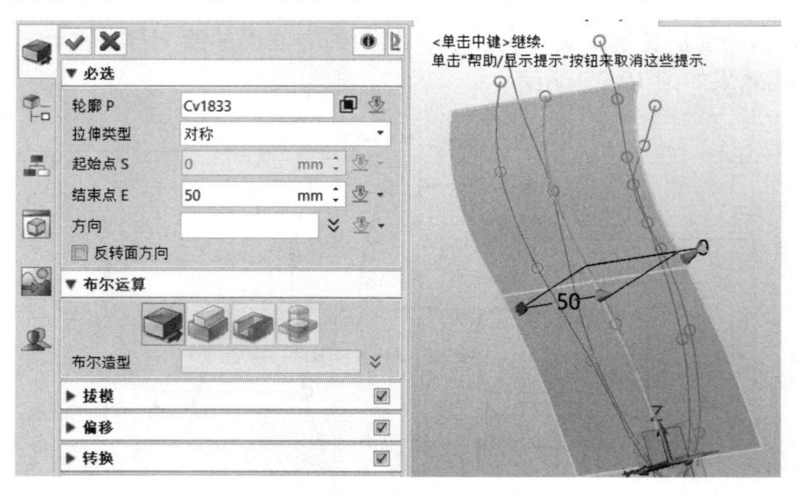

图 10-261 拉伸投影曲面

（6）延伸曲面。单击工具栏中的【曲面】→【延伸面】功能图标，“面”选择步骤（5）创建的曲面，“边”选择面的上、下两个边缘，延伸距离为 20mm，延伸类型选择“线性”，如图 10-262 所示。

（7）投影曲线。单击工具栏中的【线框】→【投影曲线】功能图标，“曲线”选择草图 2 的曲线，“面”选择步骤（6）完成的曲面，使用默认的投影方向，如图 10-263 所示。为了便于应用，分别以两条投影的曲线创建两个曲线列表，并命名为“左侧曲线”和“右侧曲线”。

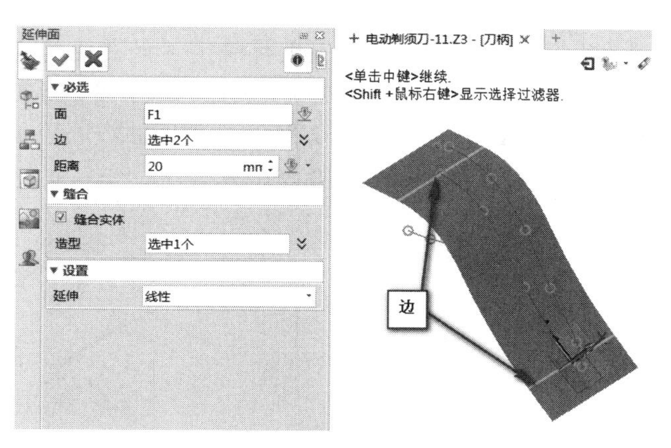

图 10-262　延伸曲面

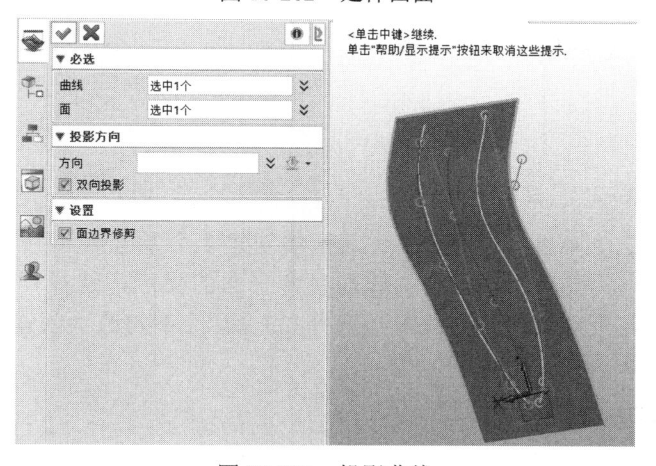

图 10-263　投影曲线

（8）隐藏曲面，显示草图 1 和草图 2。插入基准面 1，以 XY 平面偏移-5mm，Z 轴方向旋转-90°，如图 10-264 所示。

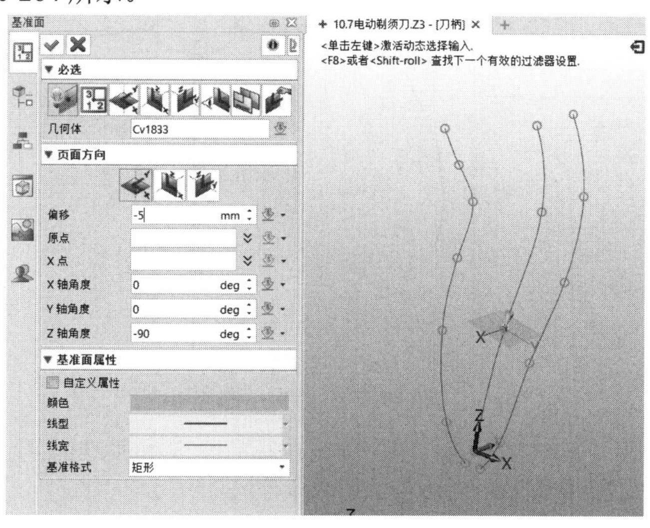

图 10-264　创建基准面 1

（9）在基准面 1 上绘制草图 3，通过参考几何体确定 4 条曲线的 4 个端点，绘制一个穿过这 4 个参考点（端点）的椭圆，椭圆圆心与原点重合，如图 10-265 所示。

（10）创建 3 个基准面。基准面原点均在草图 1 的中间曲线的控制点上，分别完成基准面 2、基准面 3、基准面 4 的创建，效果如图 10-266 所示。

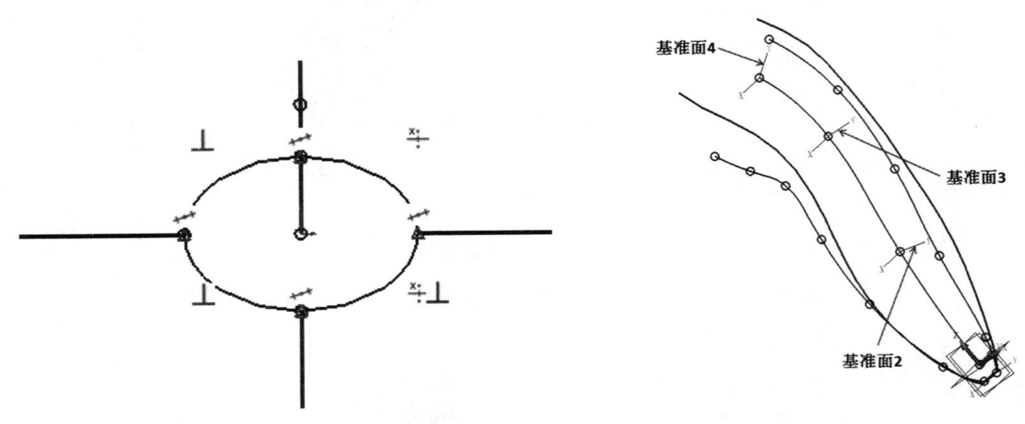

图 10-265　绘制草图 3　　　　图 10-266　创建 3 个基准面

（11）在基准面 2 上草图 4。通过参考几何体创建 4 个参考点（用“曲线相交”方法），这 4 个参考点即是上下左右 4 条轮廓线与草图平面的交点。选择“通过点绘制曲线”命令，再依次选择这 4 个参考点，曲线阶数选择“3 次”，不勾选“创建开放曲线”复选框，如图 10-267 所示。

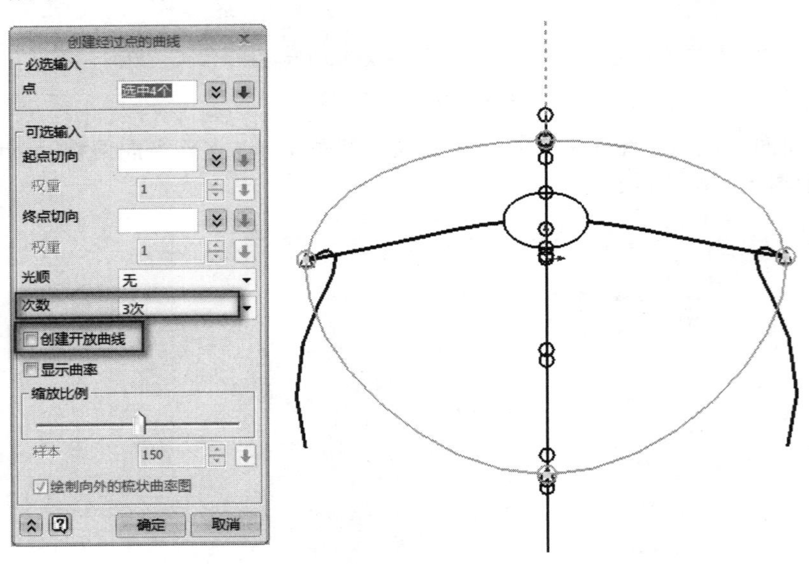

图 10-267　绘制草图 4

（12）使用与步骤（11）相同的方法，分别在基准面 3 和基准面 4 上绘制草图 5 和草图 6，完成结果如图 10-268 所示。

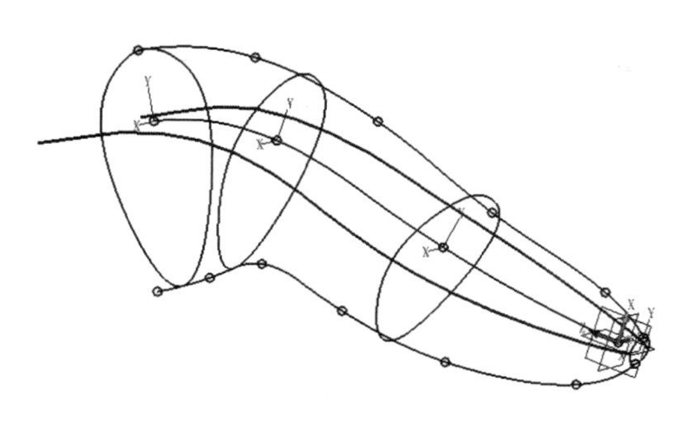

图 10-268　完成的截面轮廓

（13）创建 U/V 曲面。选择【曲面】→【U/V 曲面】功能图标，“U 曲线”依次选择前后左右 4 条轮廓线（“选择过滤器”为“曲线”），“V 曲线”依次选择 4 个截面轮廓，如图 10-269 所示。

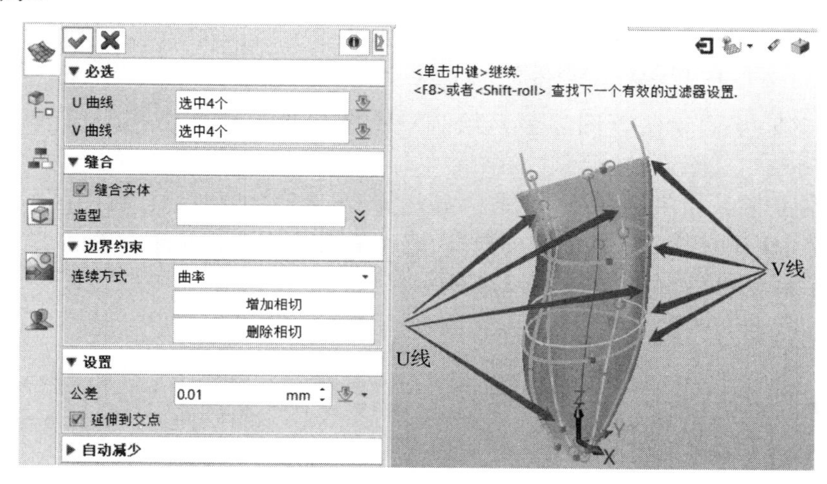

图 10-269　创建 U/V 曲面

（14）闭合造型。单击工具栏中的【曲面】→【N 边形面】功能图标，分别选择曲面上、下两个开放的边界，完成效果如图 10-270 所示。

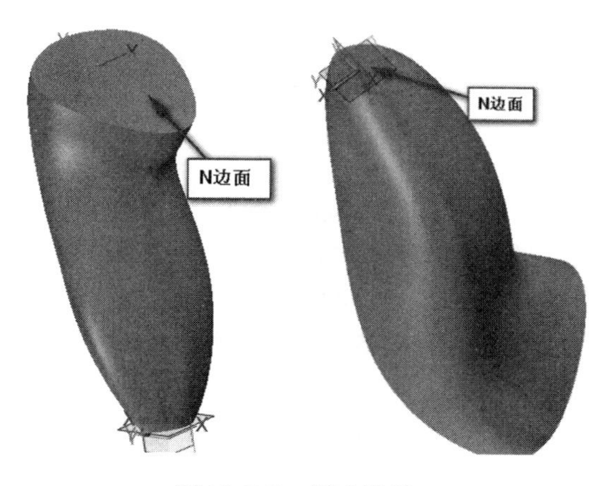

图 10-270　闭合造型

（15）修剪实体。单击工具栏中的【造型】→【修剪】功能图标，“基体”选择实体造型，修剪面选择 XY 平面，通过“保留相反侧”选项控制保留方向，保留 Z 轴正方向部分，如图 10-271 所示。完成的修剪效果如图 10-272 所示。

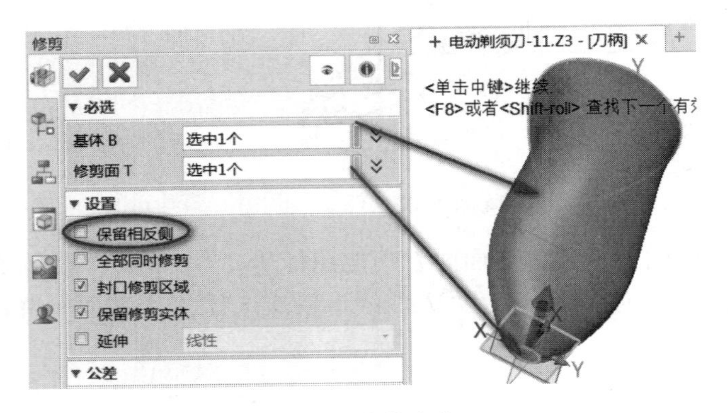

图 10-271　修剪实体

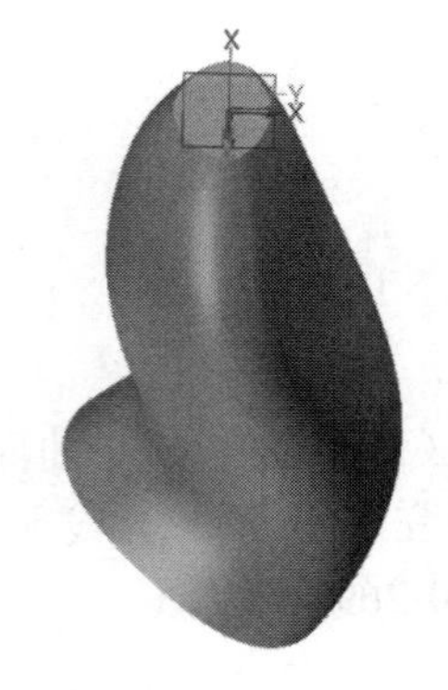

图 10-272　修剪结果图

（16）在 XY 平面绘制草图 7，绘制一个圆角矩形和两个孔，草图轮廓及标注如图 10-273 所示。

（17）拉伸切除。布尔运算类型选择“减运算”，选择轮廓时，在绘图区单击鼠标右键，在弹出的快捷菜单中选择“插入曲线列表”，选择草图 7 中的圆角矩形轮廓。“拉伸类型”选择“1 边”，结束点为-5mm，如图 10-274 所示。

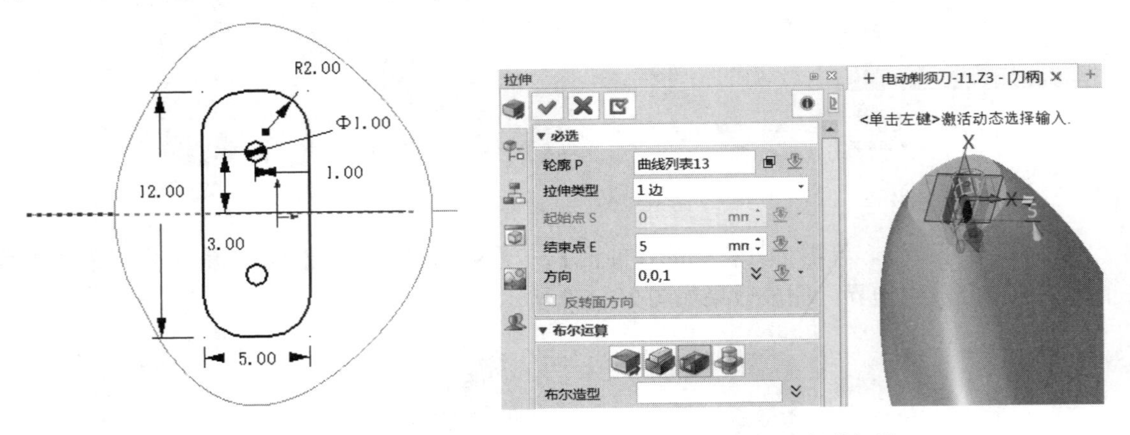

图 10-273　绘制草图 7　　　图 10-274　拉伸切除

（18）拉伸圆柱。布尔运算类型选择“加运算”，选择轮廓时，在绘图区单击鼠标右键，在弹出的快捷菜单中选择“插入曲线列表”，选择草图 7 中的两个圆。“拉伸类型”选择“2 边”，起始点为-1mm，结束点为-10mm，如图 10-275 所示。

（19）倒圆角。插头处圆角半径为 0.5mm，底座处圆角半径为 2mm，如图 10-276 所示。

（20）在 YZ 平面上绘制草图 8，草图轮廓及标注如图 10-277 所示。

（21）偏移曲面。单击工具栏中的【曲面】→【偏移】功能图标，将刀柄曲面向外偏移 1mm，完成效果如图 10-278 所示。将草图 8 的曲线投影到偏移面上，投影方向选择 X 轴负方向，完成效果如图 10-279 所示。

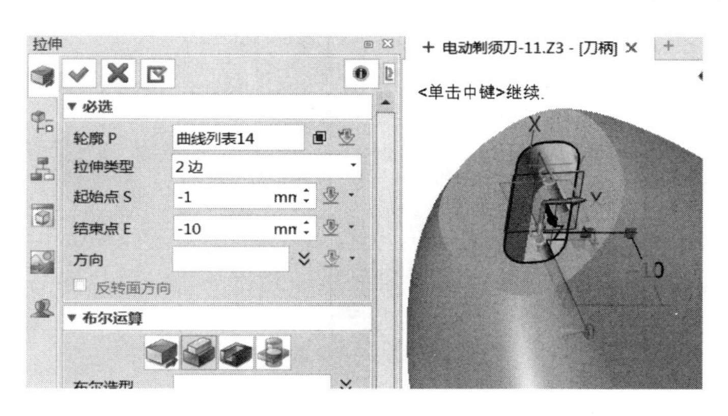

图 10-275　拉伸圆柱

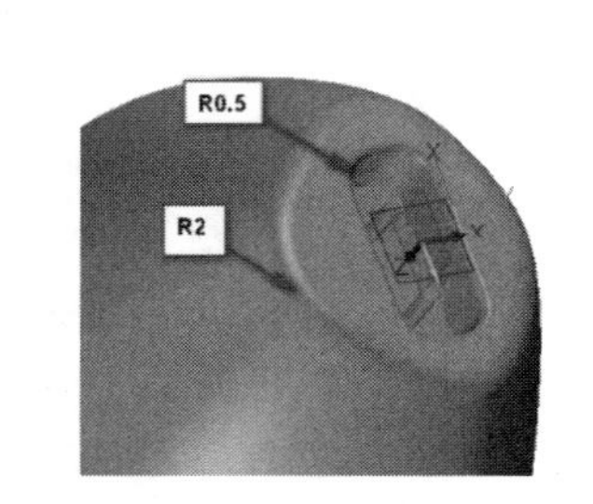

图 10-276　倒圆角

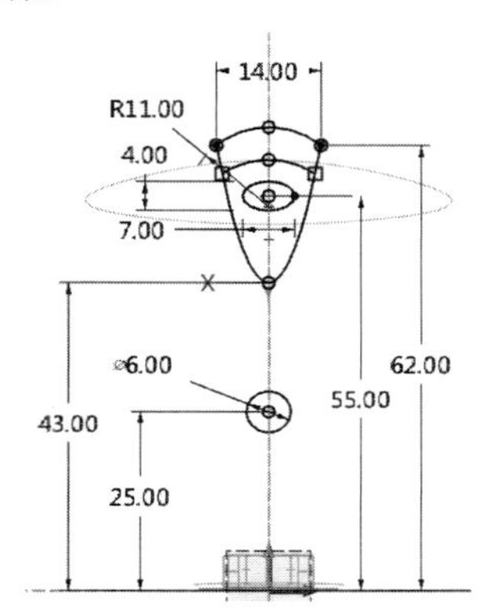

图 10-277　绘制草图 8

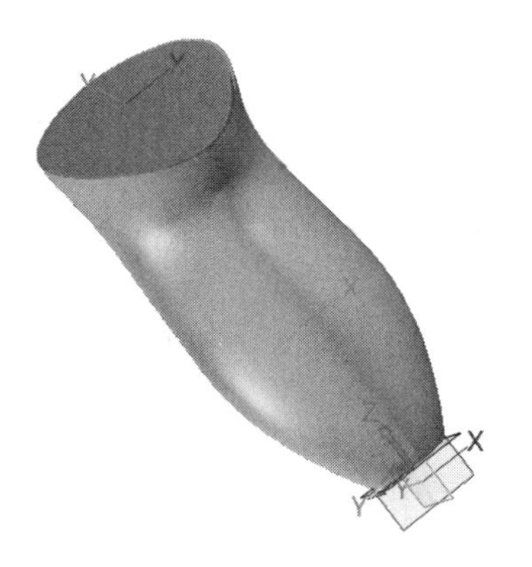

图 10-278　偏移曲面

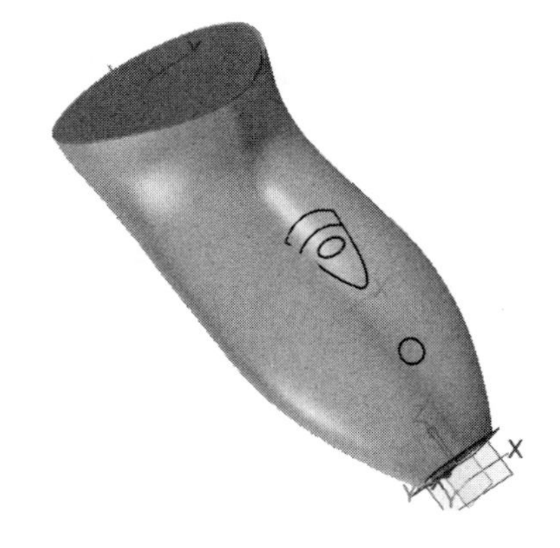

图 10-279　投影曲线效果图

（22）修剪曲面。单击工具栏中的【曲面】→【曲线修剪】功能图标，对步骤（21）创建的偏移面进行修剪，保留轮廓内部区域，如图 10-280 所示。完成的效果图如图 10-281 所示。

（23）拉伸开关实体。布尔运算类型选择“加运算”“轮廓”选择步骤（22）修剪保留的曲面，“拉伸类型”选择“1 边”，结束点为 10mm，如图 10-282 所示。

（24）对开关顶部边缘倒圆角。圆角半径为 1mm，完成效果如图 10-283 所示。

（25）分割曲面。单击工具栏中的【曲面】→【曲线分割】功能图标，选择如图 10-284

所示的曲面和曲线。

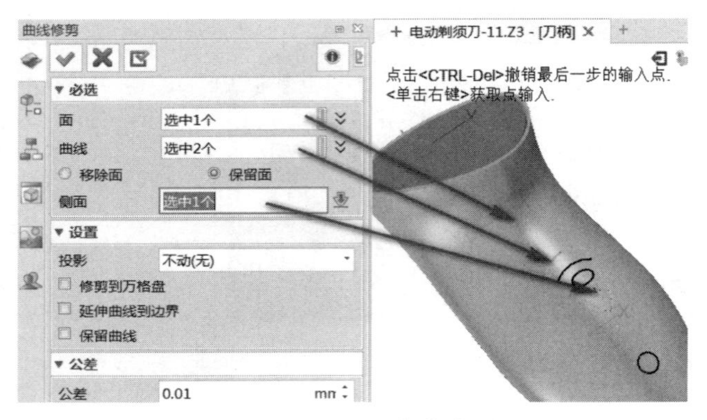

图 10-280　修剪曲面

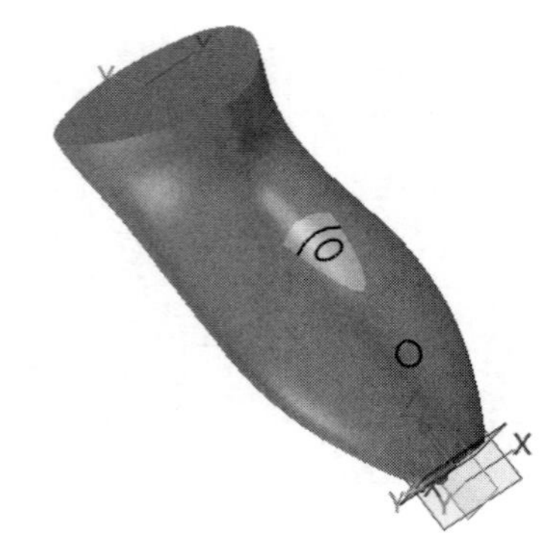

图 10-281　修剪面效果图

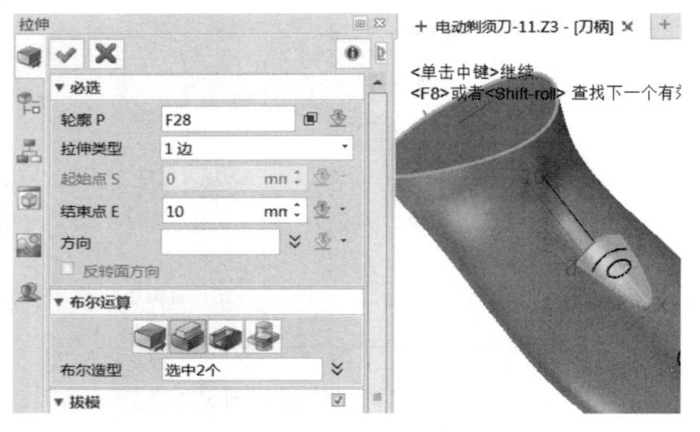

图 10-282　拉伸实体

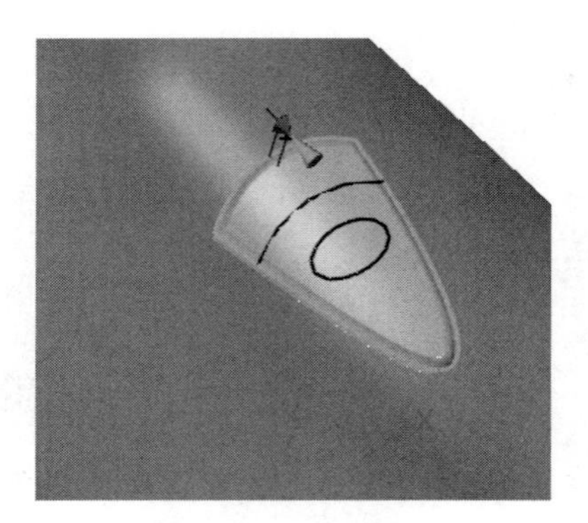

图 10-283　倒圆角

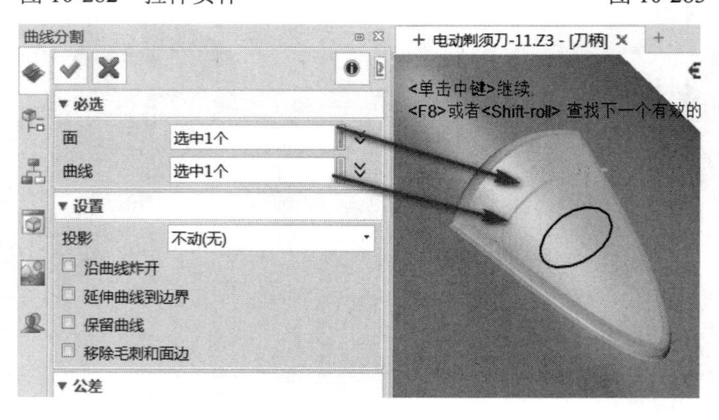

图 10-284　分割曲面

将分割出来上部分的面做拉伸切除，如图 10-285 所示。

（26）拉伸按钮实体。“轮廓”选择步骤（25）修剪保留的曲面，“拉伸类型”选择“1 边”，结束点为 1.5mm，如图 10-286 所示。

需要注意的是拉伸方向的选择。在绘图区单击鼠标右键选择“面法向”“面”选择开关顶面，“点”选择椭圆的中心（鼠标右键选择两者之间，分别选择椭圆的两端点，百分比为 50），如图 10-287 所示。完成效果如图 10-288 所示。

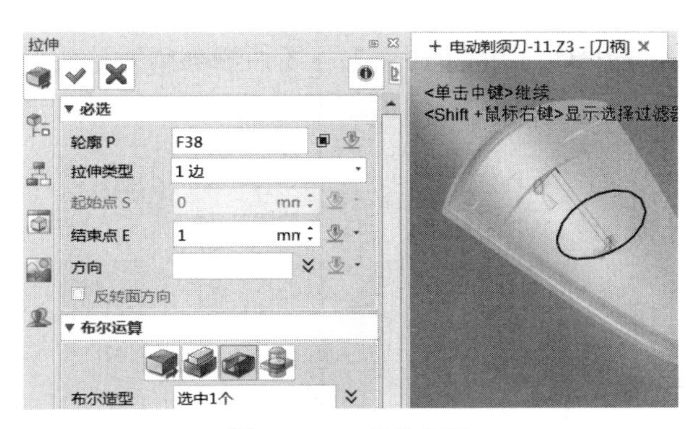

图 10-285　拉伸切除

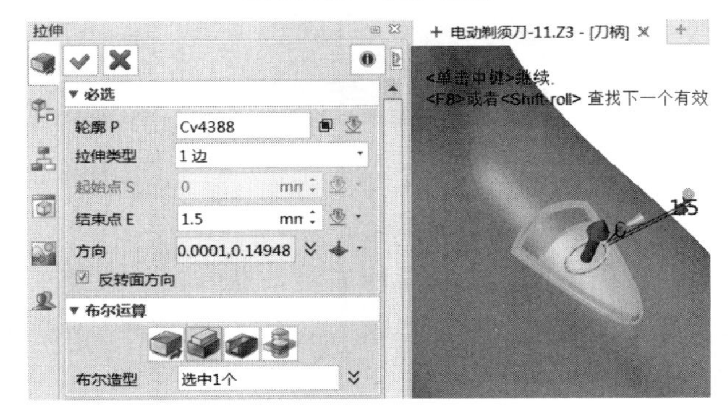

图 10-286　拉伸实体

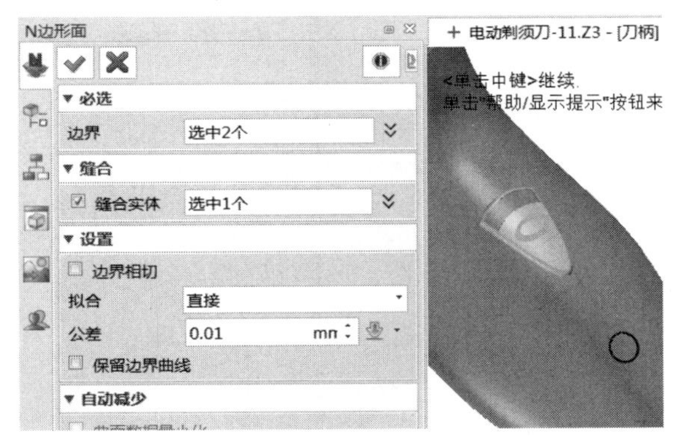

图 10-287　定义拉伸方向

（27）在按钮的顶部和底部创建 N 边形面。将按钮实体组合到主体中，完成效果如图 10-289 所示。

图 10-288　拉伸效果图

图 10-289　按钮完成效果图

（28）分割曲面。单击工具栏中的【曲面】→【曲线分割】功能图标 。选择如图 10-290 所示的曲面和分割线，投影方向为“面法向”，并用分割出来的面做拉伸切除，拉伸深度（公差）为 0.1mm，完成效果如图 10-291 所示。

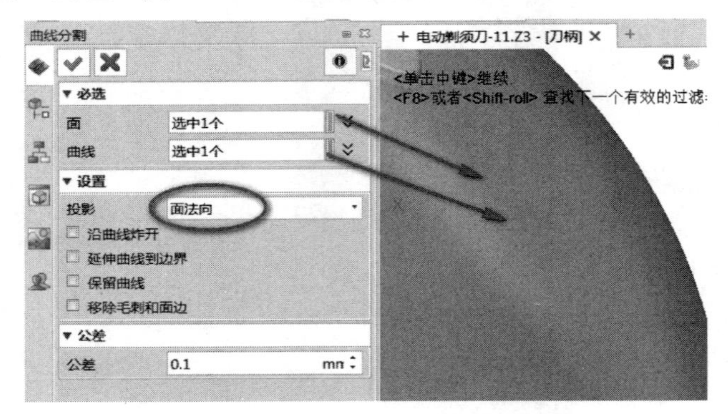

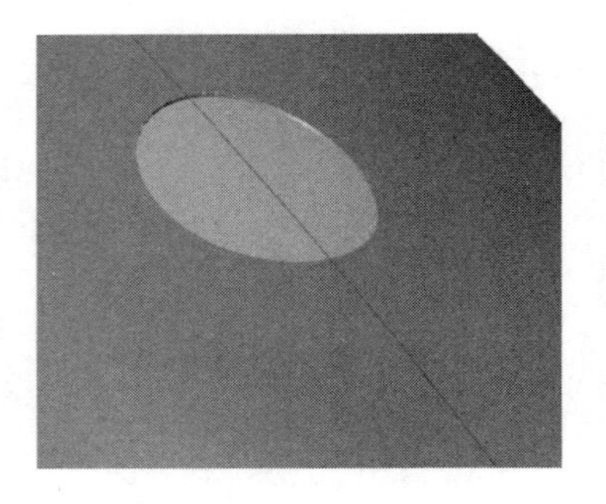

图 10-290　分割曲面　　　图 10-291　拉伸切除

（29）创建背面装配孔。

需要注意位置的选择，在绘图区单击鼠标右键，在弹出的快捷菜单中选择“沿着”命令，“曲线”选择如图 10-292 所示的高亮曲线（草图 1 的轮廓），输入百分比为 20，单击“确定”按钮。

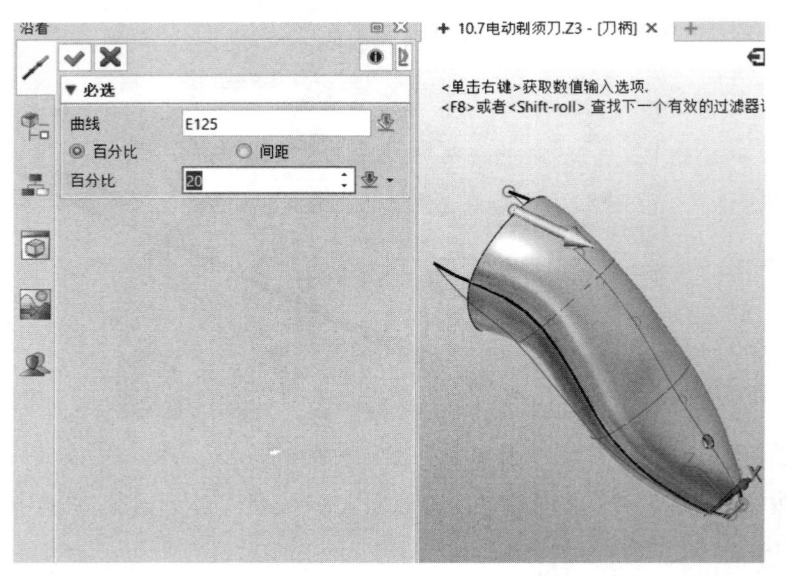

图 10-292　选择曲线

系统返回“孔”特征对话框，输入孔直径为 5mm，深度为 3mm，“结束端”选择“盲孔”，如图 10-293 所示。

（30）隐藏无关图素。通过面属性更改造型显示样式，效果如图 10-294 所示。

（31）到此，完成该零件的建模，单击 DA 工具栏的“退出”按钮 ，系统返回到对象环境。

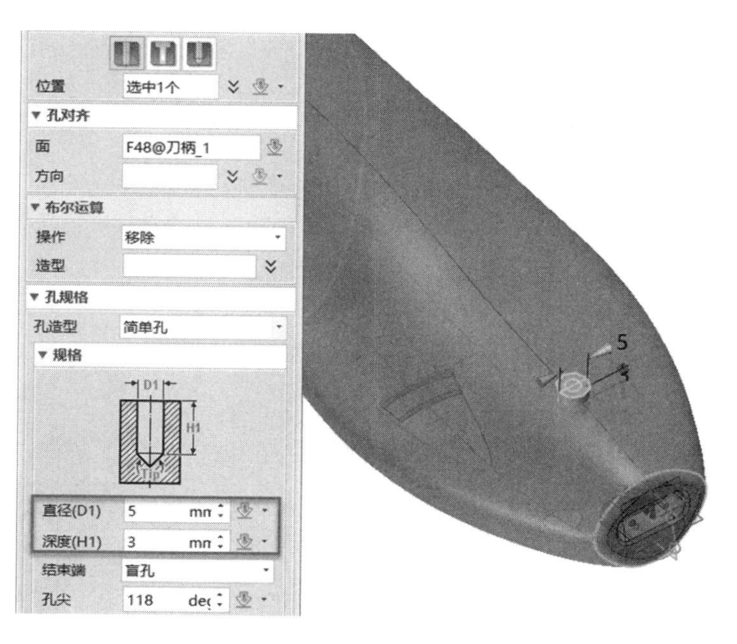

图 10-293　孔特征

2．刀头造型

（1）在根目录中创建新零件，并命名为“刀头”，系统自动进入该零件的建模环境。退出建模环境，系统返回到根目录对象环境。

（2）继续在根目录对象环境中创建新零件，命名为“剃须刀装配”，系统进入该零件的建模环境。

（3）在绘图区单击鼠标右键，在弹出的快捷菜单中选择“插入组件”命令，分别将零件“刀柄”和“刀头”以坐标（0,0,0）定位装配进来（步骤可以参照前面章节，此处略）。完成效果，在装配树上可以看到，如图 10-295 所示。

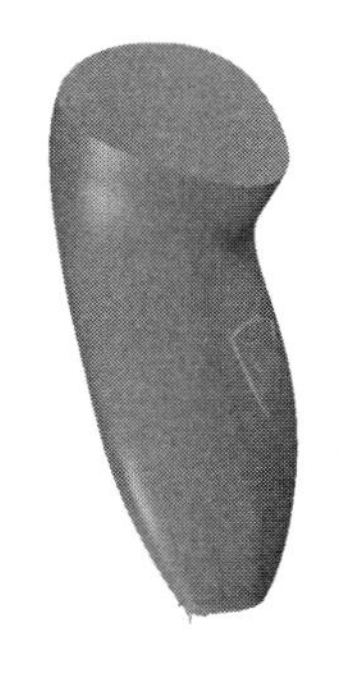

图 10-294　刀柄造型完成

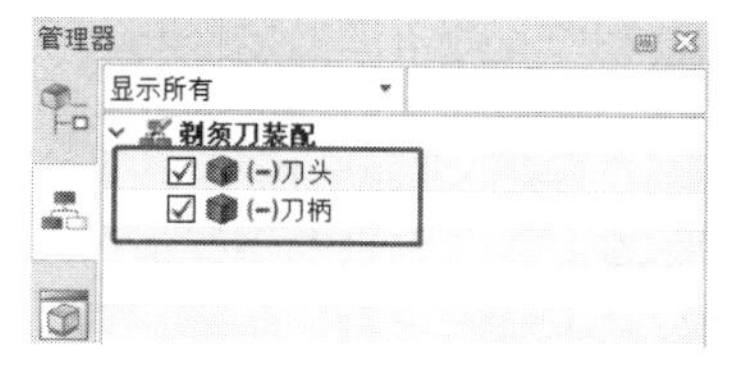

图 10-295　装配文件

（扫码获取视频）

（4）在“装配管理器”中，双击组件“刀头”，或右击组件“刀头”，在弹出的快捷菜单中选择“编辑零件”。如图 10-296 所示，刀头零件激活，即进入刀头零件建模环境。

（5）创建参考曲线。单击工具栏中的【装配】→【参考】功能图标（如果在绘图区看不到刀柄造型，单击 DA 工具栏中的“显示全部”按钮，将所有组件都显示出来），选择刀柄的顶面边缘，如图 10-297 所示。

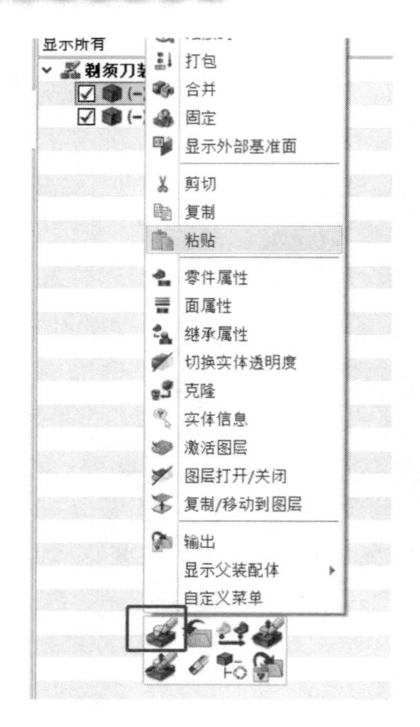

图 10-296　右键激活“刀头”组件

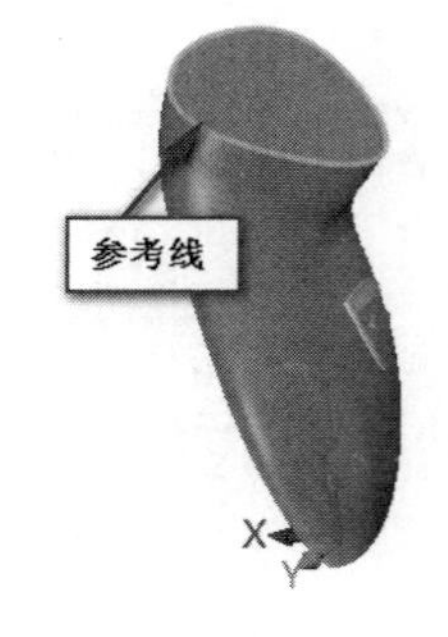

图 10-297　创建参考曲线

（6）拉伸实体。选择轮廓时，在绘图区单击鼠标右键，在弹出的快捷菜单中选择“插入曲线列表”命令，选择步骤（5）创建的参考曲线。“拉伸类型”选择“1 边”，结束点为-5mm，拔模斜度为 8，如图 10-298 所示。

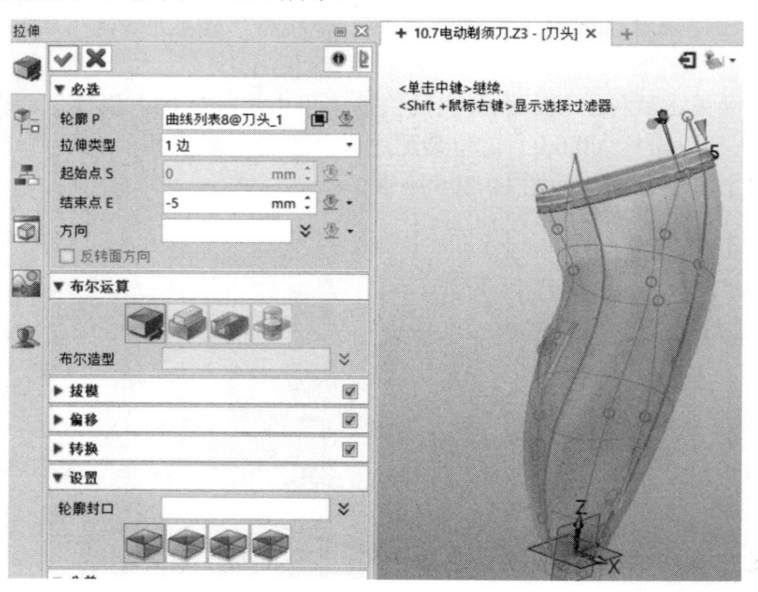

图 10-298　拉伸实体

（7）创建基准面 1。以步骤（6）创建的拉伸体的顶面为参考，偏移为 10mm，如图 10-299 所示。在基准面 1 上绘制草图 1，草图轮廓及标注如图 10-300 所示。

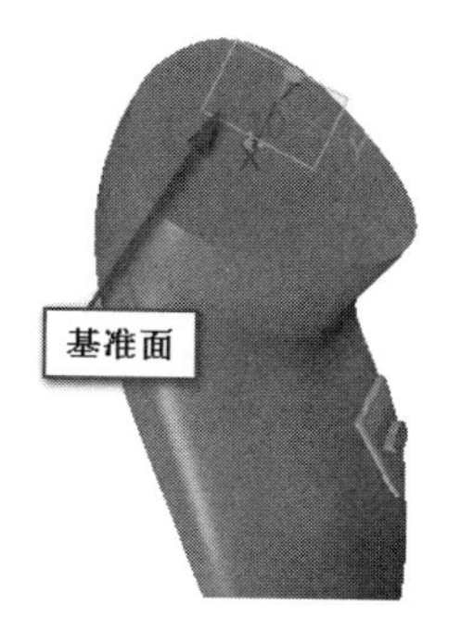

图 10-299　创建基准面 1

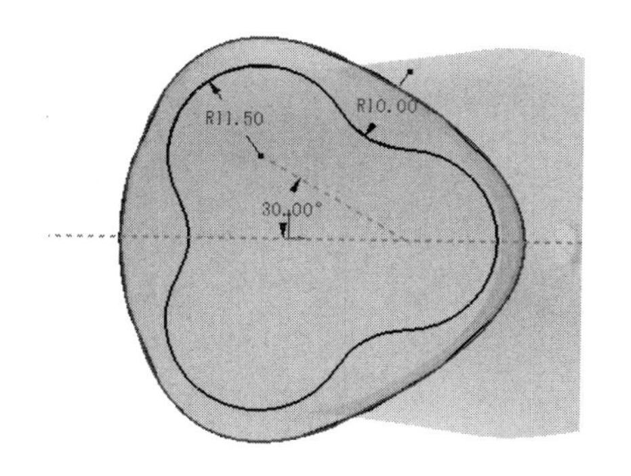

图 10-300　绘制草图 1

（8）创建放样实体。单击工具栏中的【造型】→【放样】功能图标，布尔运算类型选择“加运算”，轮廓选取“连接件”顶面轮廓和草图 1 轮廓。若放样图形出现扭曲，需调整放样曲线的起始位置使其对齐。选择“高级”选项卡，单击“自动”生成放样图线。然后单击“修改”，将放样线（白色虚线）调整到正确位置，如图 10-301 所示。

（9）拉伸实体。布尔运算类型选择“加运算”“轮廓”选择放样面的顶面边缘，“拉伸类型”选择“1 边”，结束点为 1mm，“偏移”选择“收缩/扩张”，偏距 1（外部偏移）为-0.5mm。效果如图 10-302 所示。

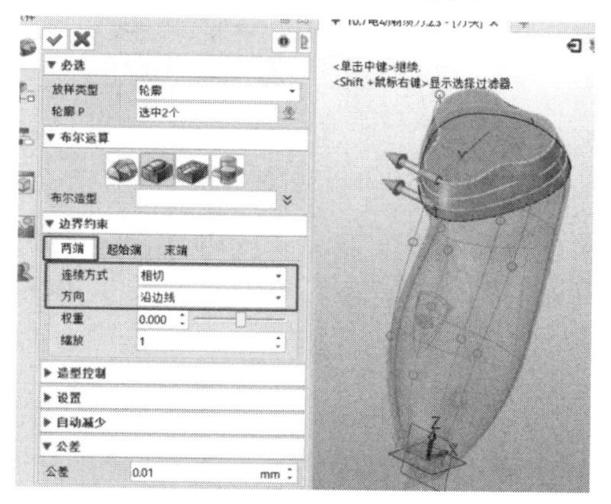

图 10-301　创建放样面

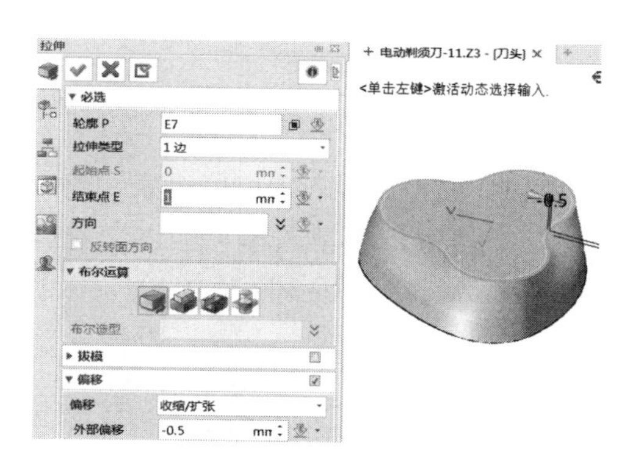

图 10-302　拉伸凸台

（10）在凸台顶面添加圆柱体。凸台半径为 10mm，长度为 3mm，中心点为圆柱体所处的位置曲线的曲率中心，如图 10-303 所示。

（11）在圆柱体顶面绘制草图 2，草图轮廓及标注如图 10-304 所示。

（12）拉伸切除。

①“轮廓”选择草图 2 中直径为 8mm 的圆，布尔运算类型选择“减运算”，拉伸高度为-1mm。

②“轮廓”选择草图 2 中直径为 14mm 的圆，拉伸高度为-1mm，“偏移”选择“均匀加厚”，偏距 1 为 0.2mm。完成后对凸台的内圆和外圆进行倒角，倒角距离为 0.3mm。

完成拉伸切除效果如图 10-305 所示。

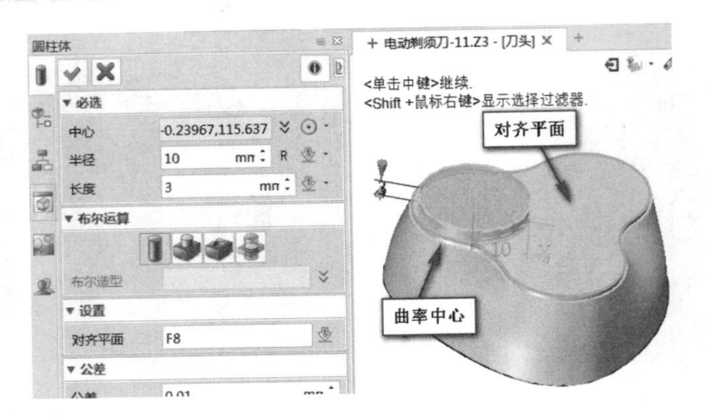

图 10-303　创建圆柱体

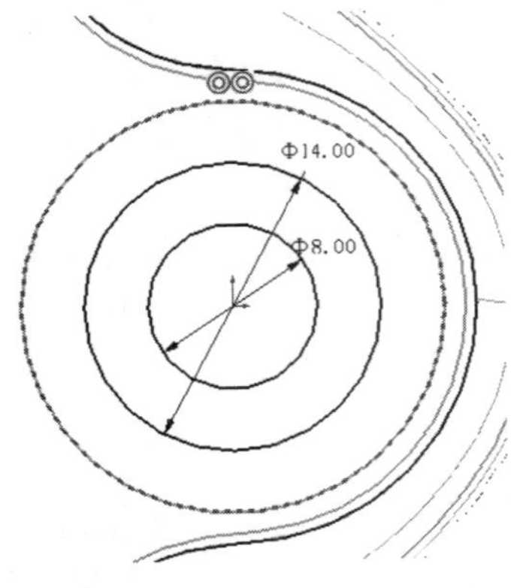

图 10-304　绘制草图 2

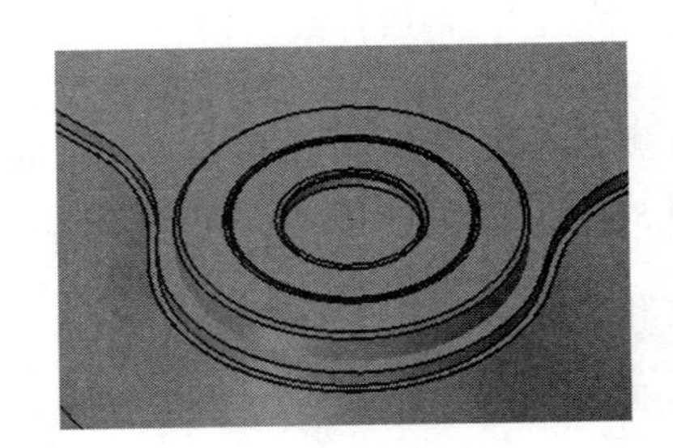

图 10-305　拉伸切除

（13）在“刀片”内凹圆台表面绘制草图 3，草图轮廓及标注如图 10-306 所示。拉伸草图 3，布尔运算类型选择“基体”，拉伸高度为 3mm，“偏移”选择“收缩/扩张”，偏距为 0.2mm，效果如图 10-307 所示。

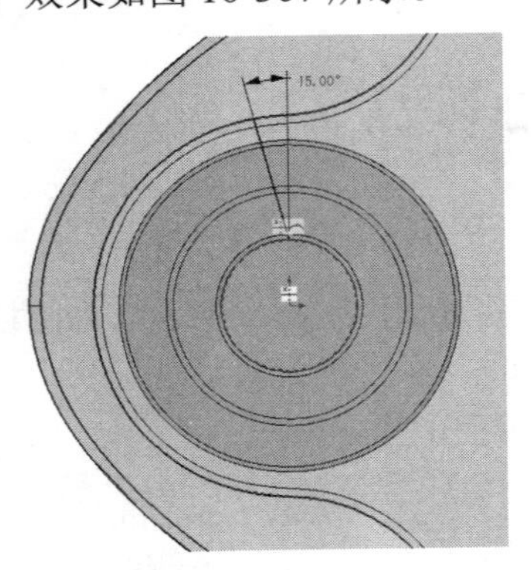

图 10-306　绘制草图 3

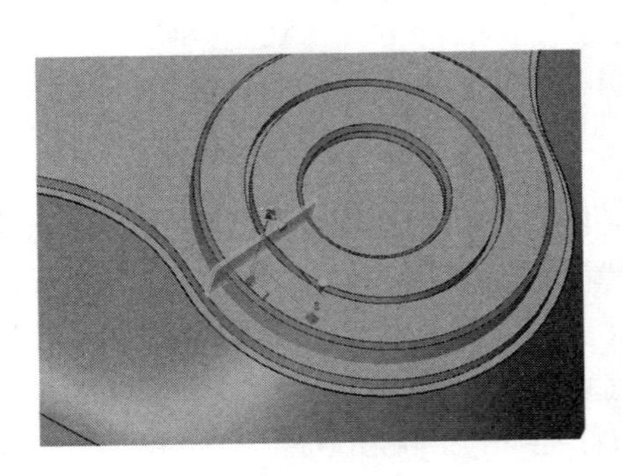

图 10-307　拉伸实体

（14）阵列实体。具体参数及阵列效果如图 10-308 所示。

（15）分割出刀片部分造型。定义“分割面”时，在绘图区单击鼠标右键，在弹出的快捷菜单中选择“插入基准面”命令，临时创建一个基准面，完成效果如图 10-309 所示。

（16）复制刀片实体。具体参数及复制效果如图 10-310 所示。

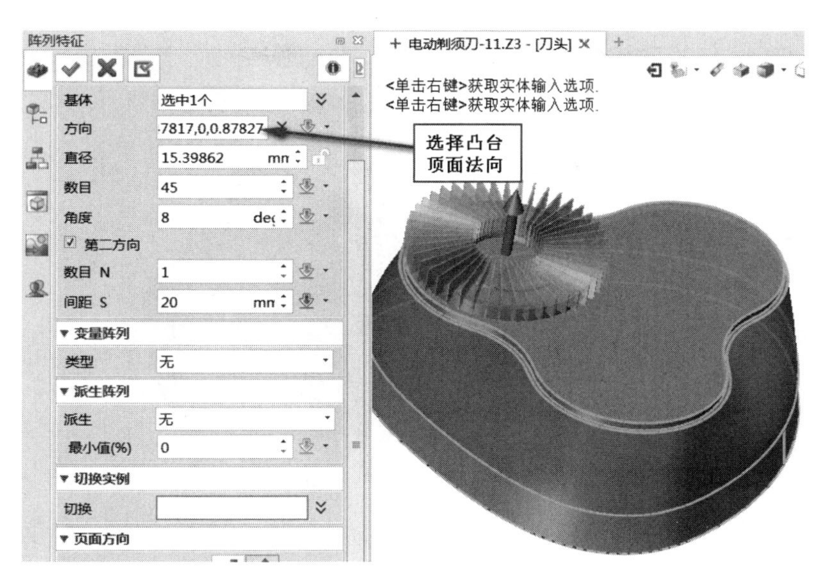

图 10-308　阵列实体

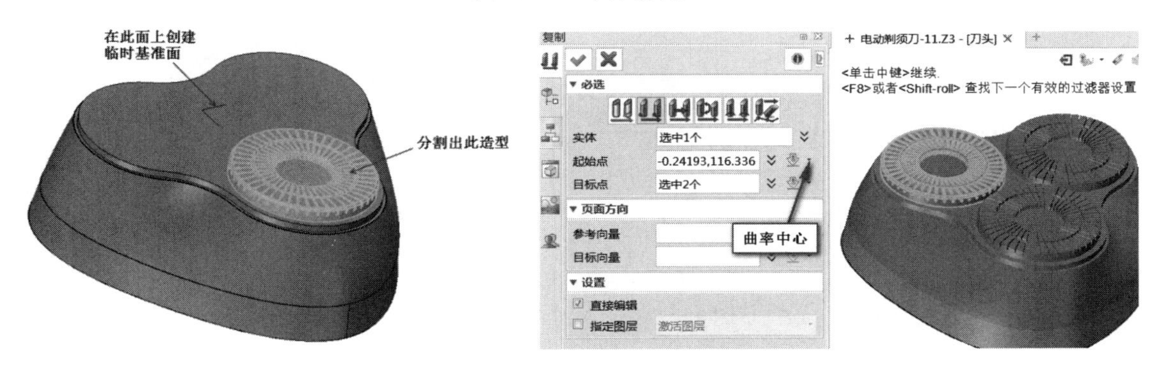

图 10-309　分割实体　　　　图 10-310　复制刀片实体

（17）对锐边进行倒圆角和倒角，具体位置及特征大小如图 10-311 所示。

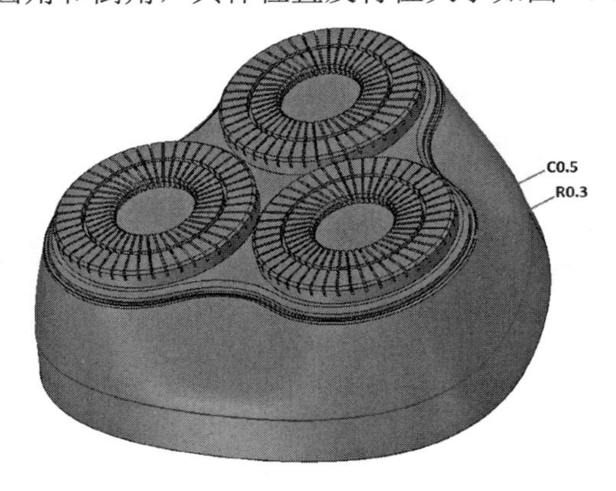

图 10-311　倒圆角和倒角

（18）创建基准面 2，具体参数及效果如图 10-312 所示。

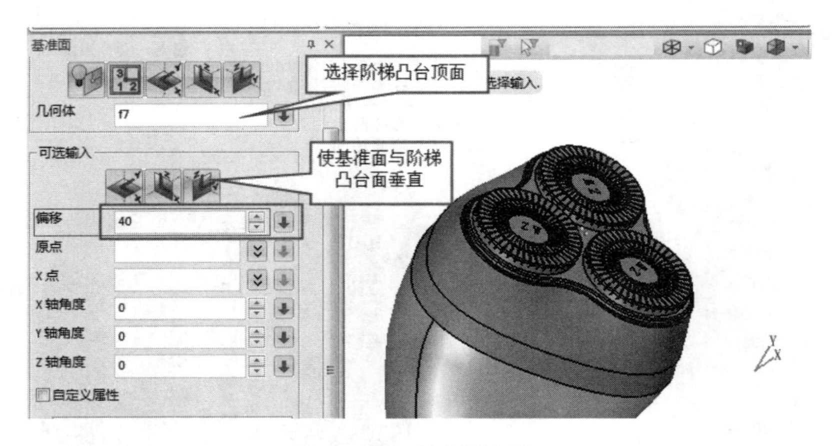

图 10-312　创建基准面 2

（19）在基准面 2 上绘制草图 4，草图轮廓及标注如图 10-313 所示。将草图轮廓投影到曲面上，效果如图 10-314 所示。

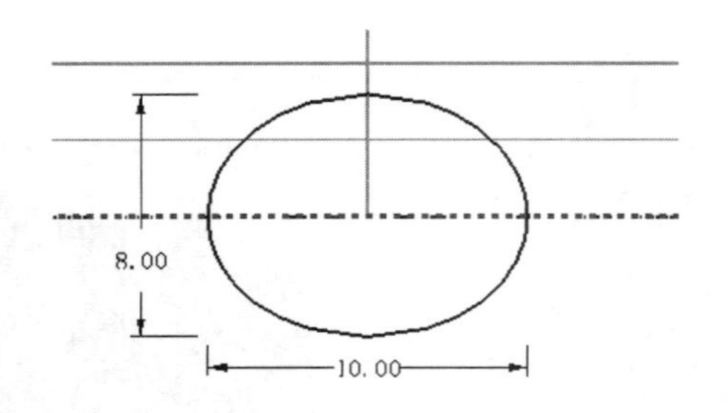

图 10-313　绘制草图 4

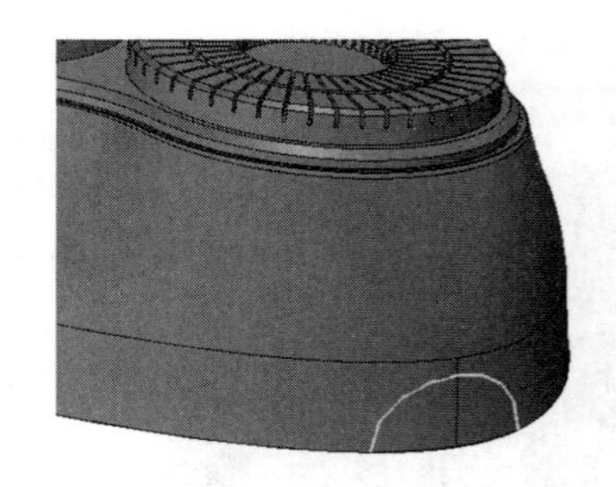

图 10-314　投影曲线

（20）使用步骤（19）投影的曲线将面分割，效果如图 10-315 所示。以分割出来的面边缘进行拉伸，拉伸高度为 2mm，拉伸方向为该面的法向方向。拉伸后对其顶部及底部创建 N 边曲面，效果如图 10-316 所示。

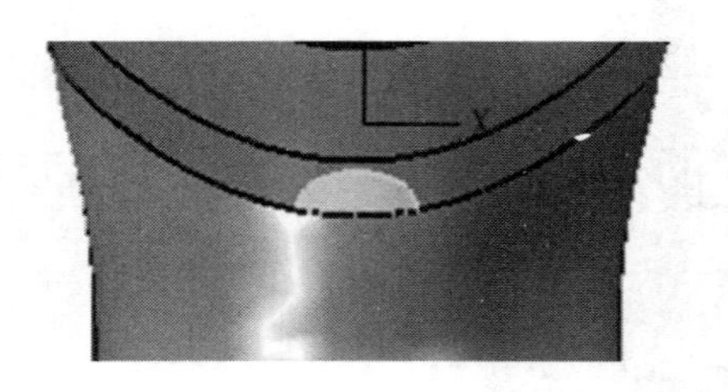

图 10-315　分割面

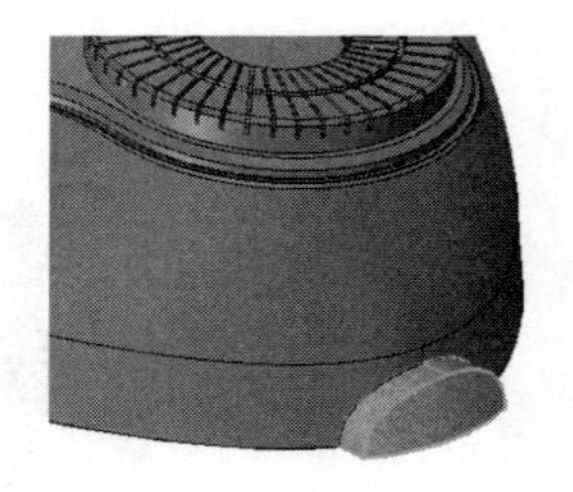

图 10-316　拉伸实体

（21）合并所有实体，如图 10-317 所示。

（22）到此，完成该零件的建模，单击 DA 工具栏的“退出”按钮，系统返回到装配文件环境，最终完成效果如图 10-318 所示，保存文件。

图 10-317　完成合并实体的效果图

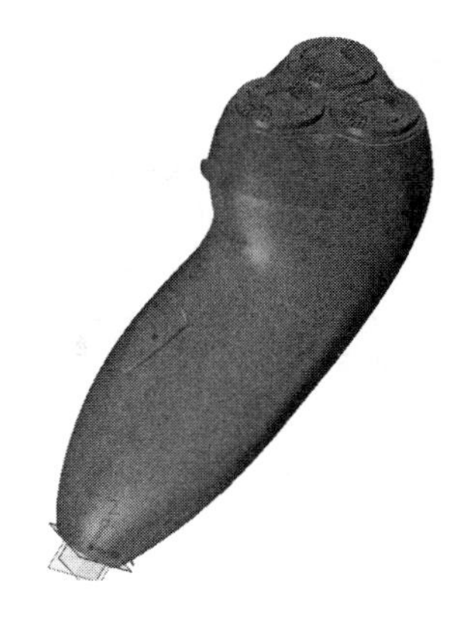

图 10-318　完成的剃须刀效果

10.8　切割机盖设计

设计的切割机盖如图 10-319 所示。

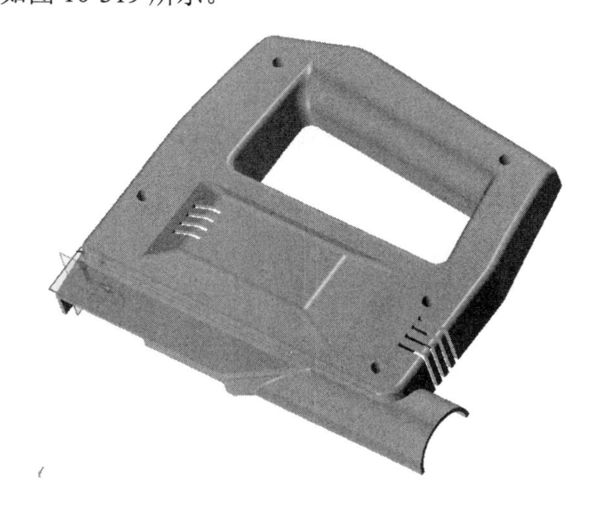

（扫码获取素材）

图 10-319　切割机盖实例图

1．建模流程

切割机盖建模流程图，如图 10-320 所示。

练习文件：配套素材\EX\CH10\10-9.Z3。

（扫码获取视频）

2．建模过程

（1）在 XY 平面绘制草图 1，草图轮廓及标注如图 10-321 所示。完成后将草图 1 沿 Z 轴正方向拉伸实体，拉伸高度为 25mm，效果如图 10-322 所示。

（2）在 YZ 平面绘制草图 2，草图轮廓及标注如图 10-323 所示。

完成后将草图 2 沿 X 轴正方向做拉伸切除，拉伸高度自行控制（超越实体边界即可），效果如图 10-324 所示。

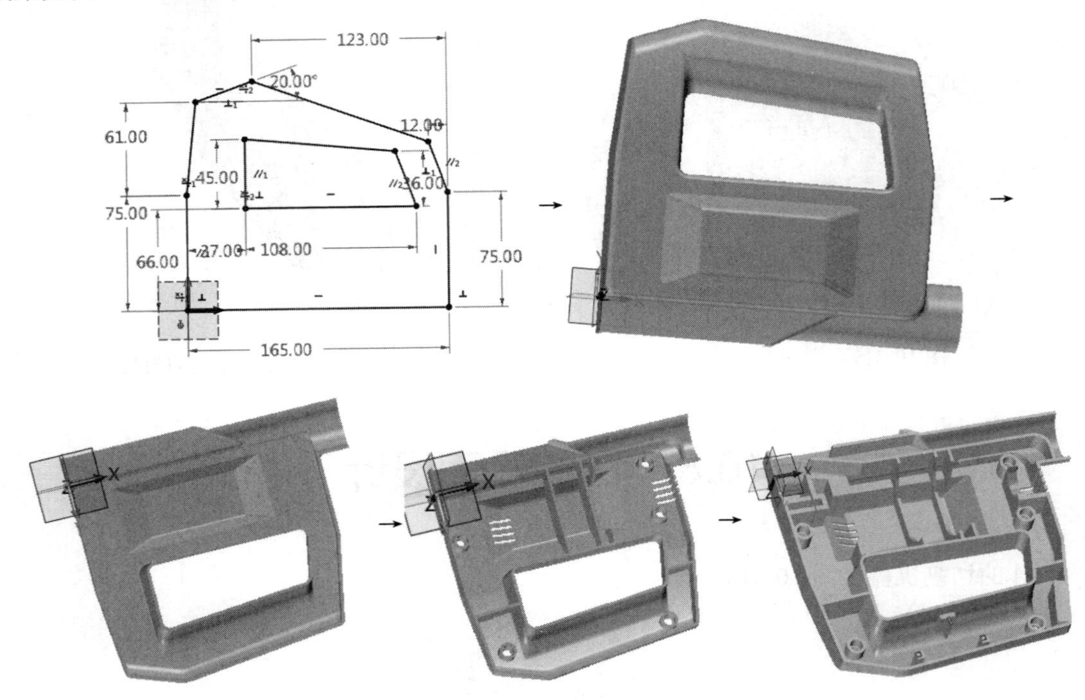

图 10-320　切割机盖建模流程

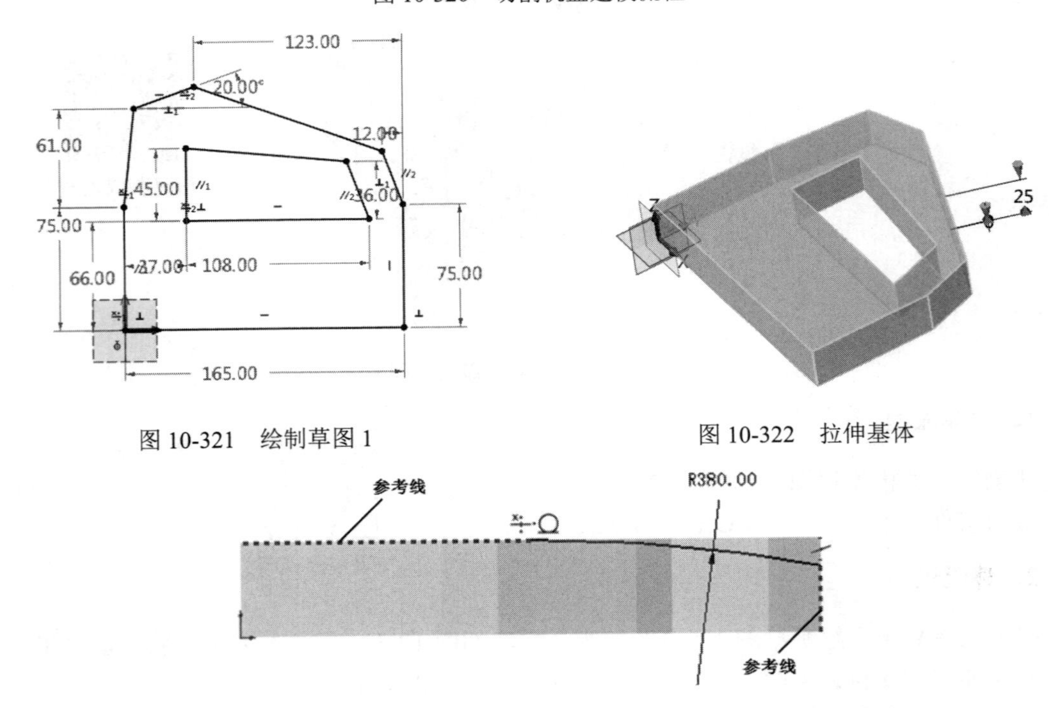

图 10-321　绘制草图 1

图 10-322　拉伸基体

图 10-323　绘制草图 2

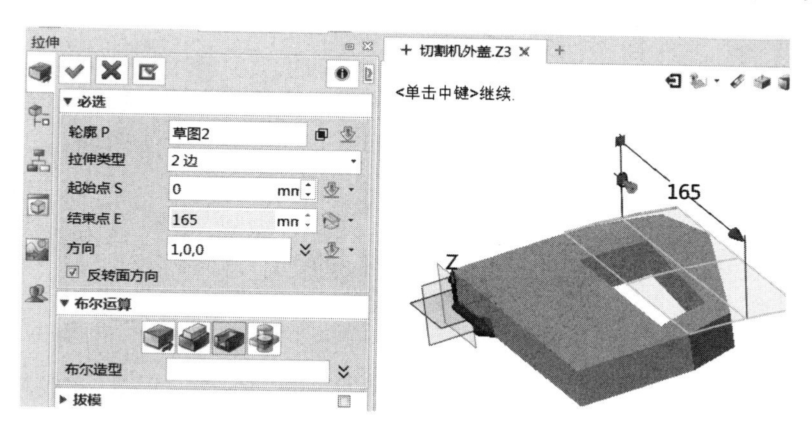

图 10-324　拉伸切除

（3）在 XY 平面绘制草图 3，草图轮廓及标注如图 10-325 所示。完成后将草图 3 沿 Z 轴正方向拉伸实体，布尔运算类型选择“加运算”，拉伸高度为 18mm，效果如图 10-326 所示。

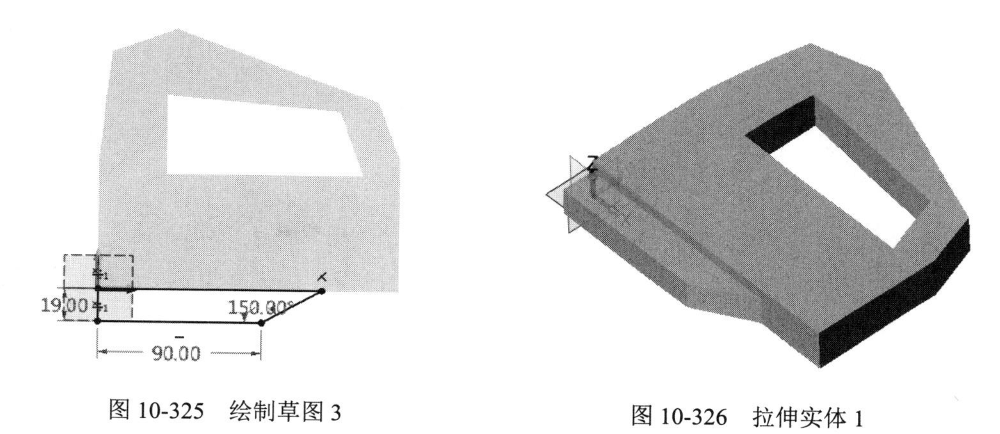

图 10-325　绘制草图 3

图 10-326　拉伸实体 1

（4）对实体面进行拔模，拔模角度为 10 度，拔模体和面的选择如图 10-327 所示。

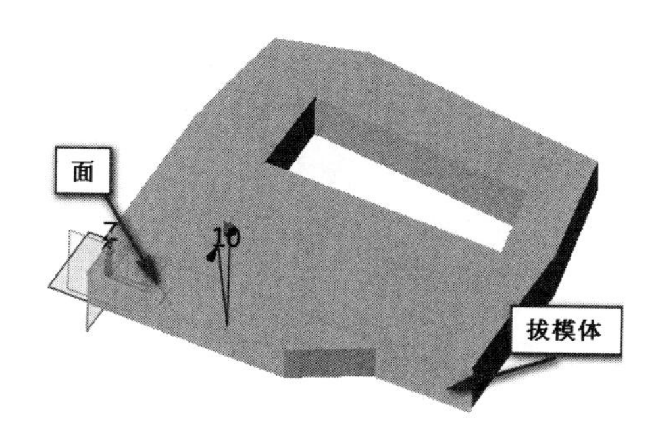

图 10-327　面拔模

（5）在 YZ 平面绘制草图 4，草图轮廓及标注如图 10-328 所示。完成后将草图 4 沿 X 轴正方向拉伸实体，布尔运算类型选择“基体”，拉伸高度为 185mm，效果如图 10-329 所示。

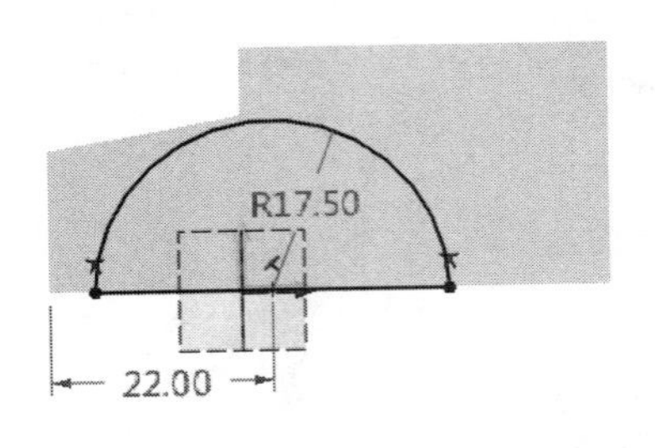

图 10-328　绘制草图 4

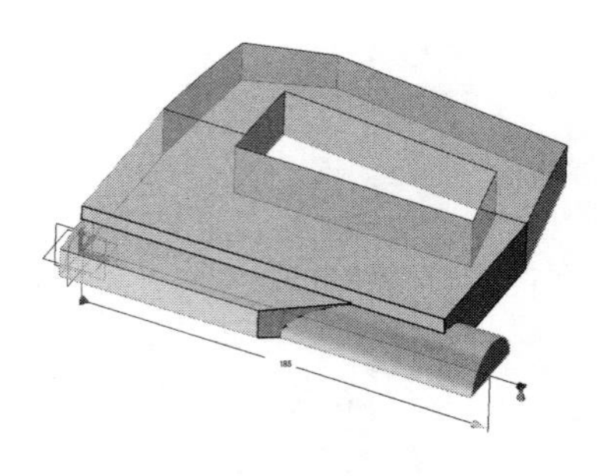

图 10-329　拉伸实体 2

（6）在基体的顶面绘制草图 5 ，草图轮廓及标注如图 10-330 所示。完成后将草图 5 沿 Z 轴正方向拉伸实体，布尔运算类型选择“加运算”，拉伸高度为 10mm，效果如图 10-331 所示。

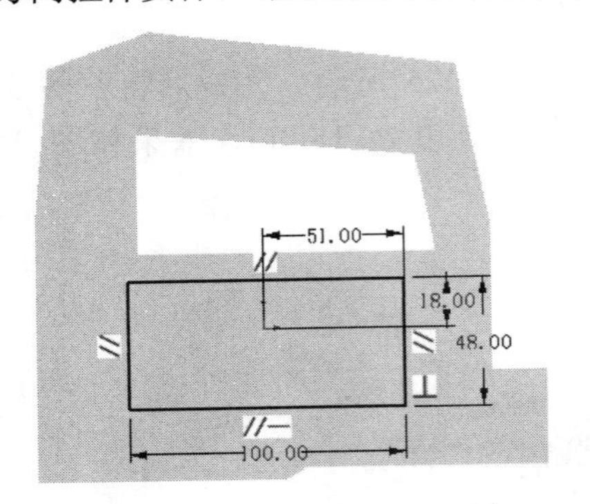

图 10-330　绘制草图 5

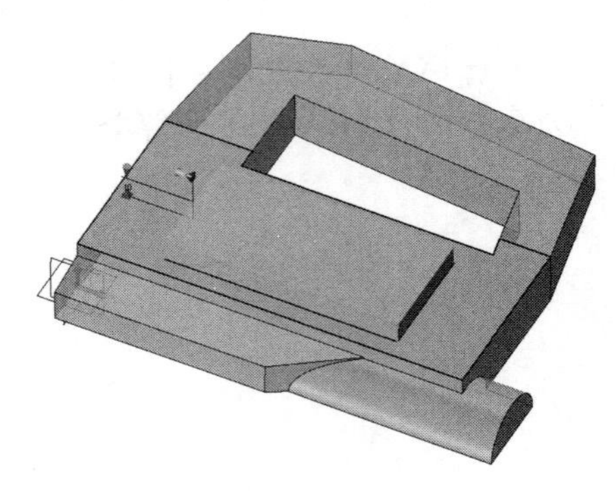

图 10-331　拉伸实体 3

（7）对步骤（6）中创建的拉伸凸台的前后两个面做拔模，拔模角度为 35 度，拔模体和面的选择如图 10-332 所示。

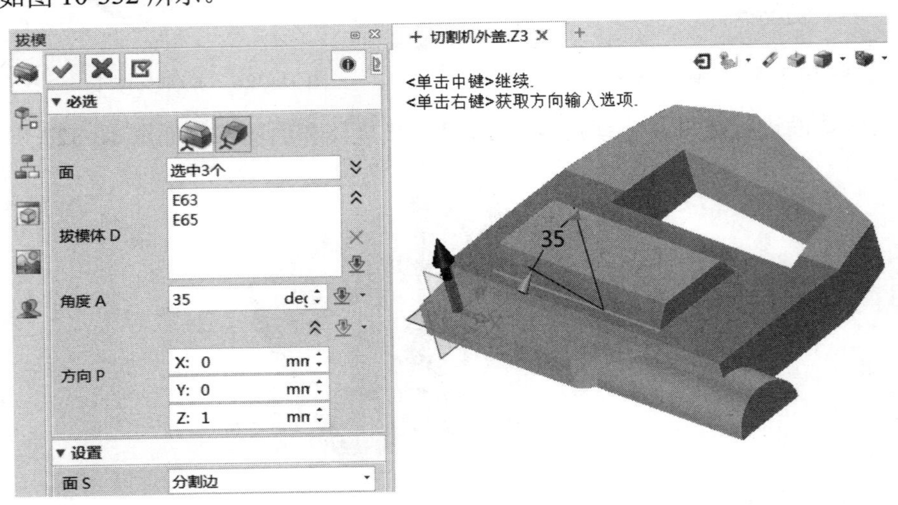

图 10-332　凸台前后面拔模

（8）使用同样的方法，对拉伸凸台的左右两个侧面进行拔模，拔模角度为 60 度，效果如图 10-333 所示。

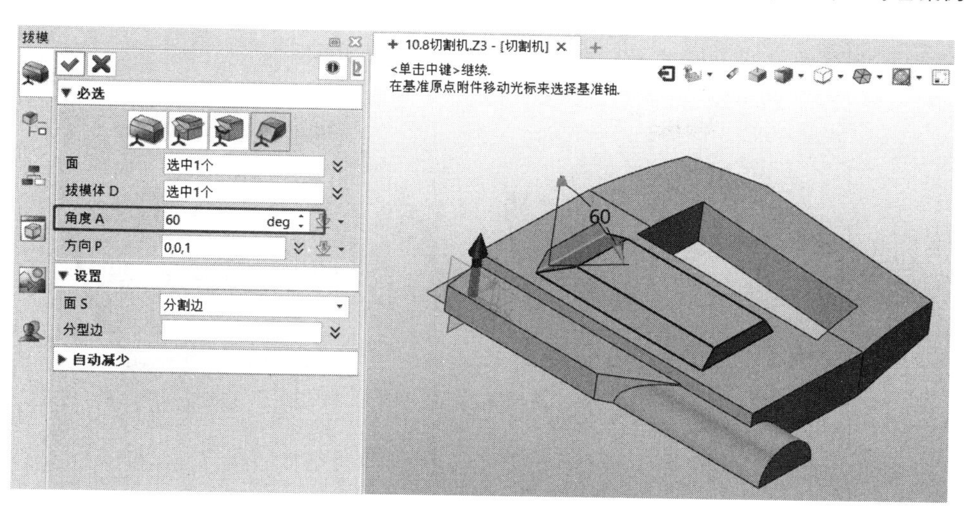

图 10-333　凸台左右面拔模

（9）对基体两个内侧面进行拔模，拔模角度为 10 度，“拔模体”选择 XY 平面，“面”选择两个需拔模的面，如图 10-334 所示。

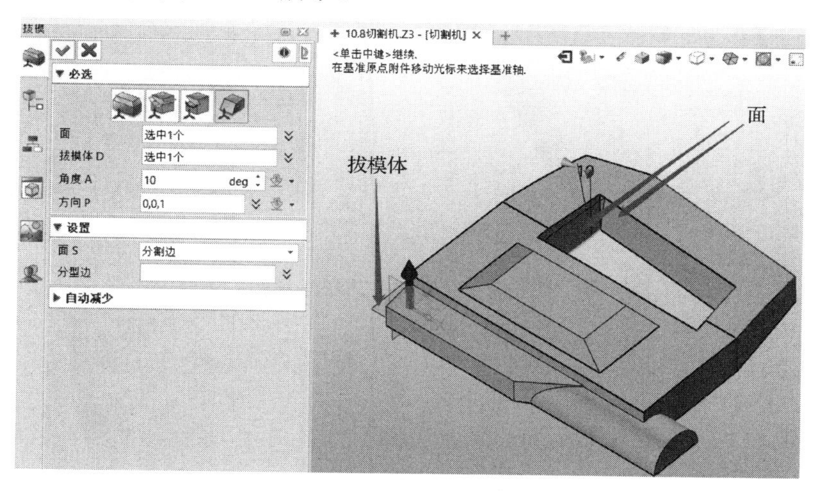

图 10-334　内侧面拔模

（10）对基体内侧边缘倒圆角，倒圆角顺序为：倒 R15 圆角、倒 R5 圆角、倒 R3 圆角。效果如图 10-335 所示。

（11）使用相同的方法，对顶部凸台边缘进行倒圆角，倒圆角位置、顺序及圆角大小如图 10-336 所示。

（12）使用相同的方法，对基体外边缘进行倒圆角，倒圆角位置、顺序及圆角大小如图 10-337 所示。

（13）使用相同的方法，对基体连接部位边缘

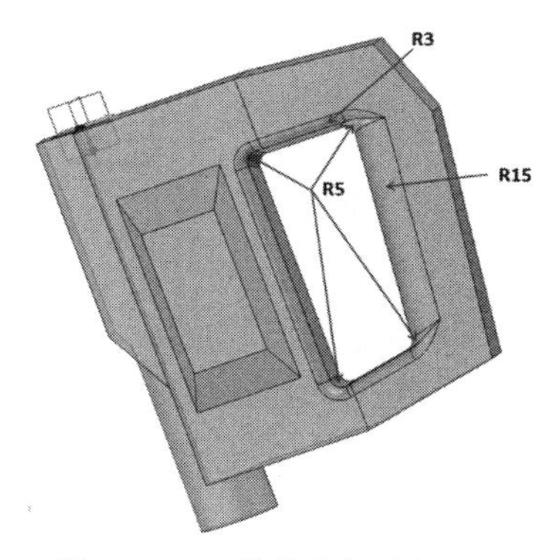

图 10-335　基体内侧边倒圆角

进行倒圆角，倒圆角位置、顺序及圆角大小如图 10-338 所示。

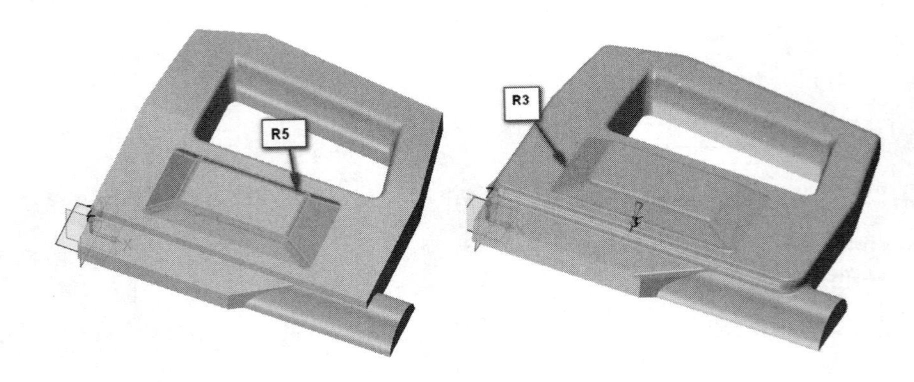

图 10-336　顶部凸台倒圆角

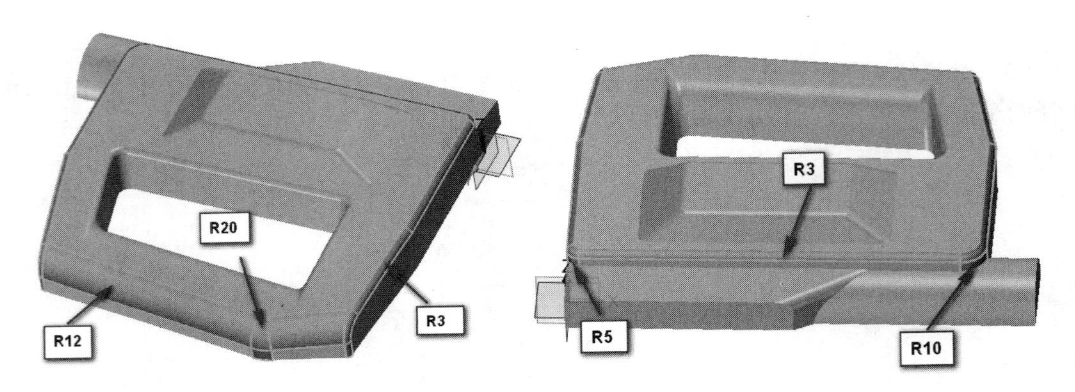

图 10-337　基体外边缘倒圆角

图 10-338　基体连接部位倒圆角

（14）基体抽壳，厚度为-2mm，开放面选择基体底面和两个侧面，如图 10-339 所示。抽壳后的效果如图 10-340 所示。

（15）在 XY 平面绘制草图 6，草图轮廓及标注如图 10-341 所示。

完成后将草图 6 沿 Z 轴正方向做拉伸切除，布尔运算类型选择“减运算”，拉伸高度为 50mm，效果如图 10-342 所示。

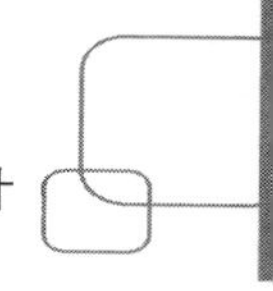

图 10-339　开放面选择

（扫码获取视频）

图 10-340　抽壳效果

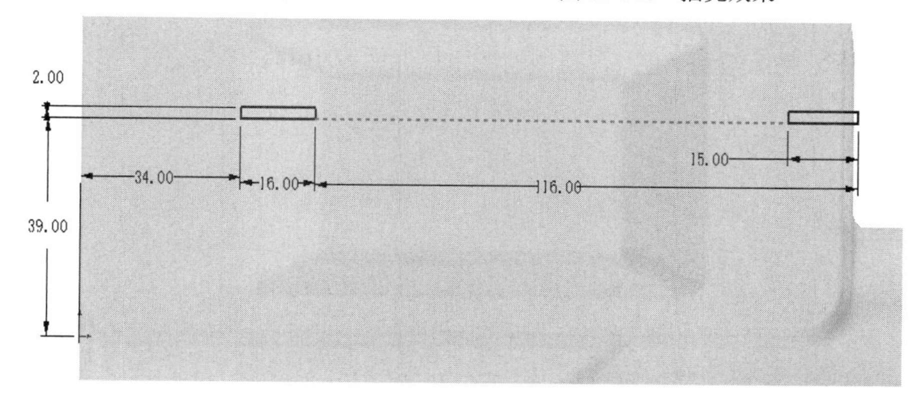

图 10-341　绘制草图 6

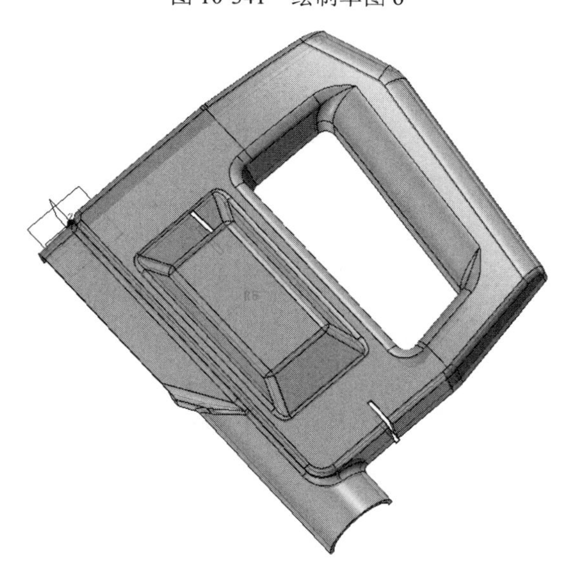

图 10-342　拉伸切除

（16）阵列步骤（15）创建的切除特征，选择“线性”阵列，阵列方向为 Y 轴负方向，数目为 4，间距为 5mm，如图 10-343 所示。

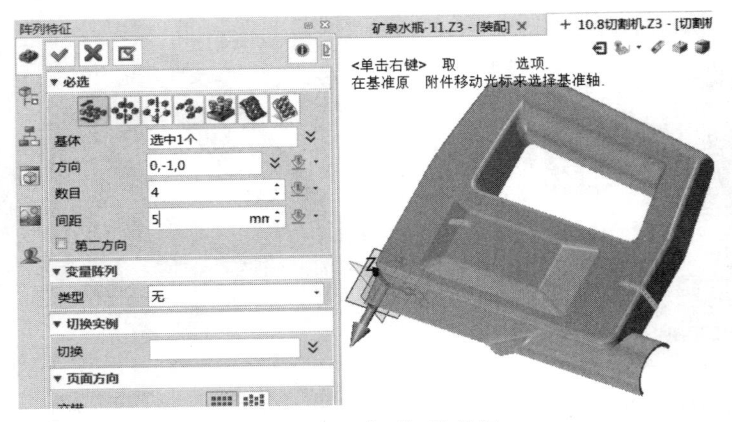

图 10-343　阵列切除特征

（17）在 XY 平面绘制草图 7，草图轮廓及标注如图 10-344 所示。

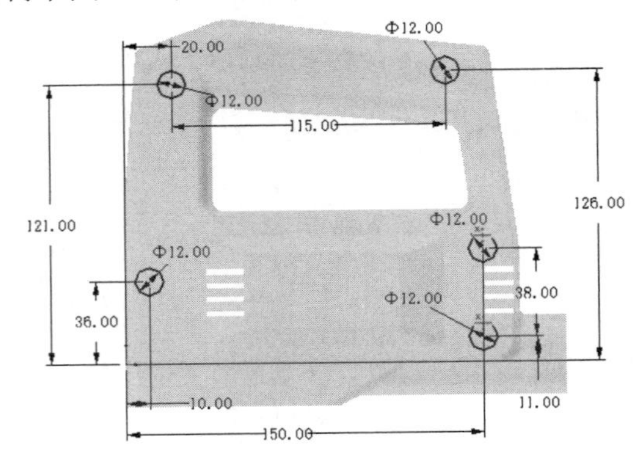

图 10-344　绘制草图 7

（18）拉伸圆柱体。布尔运算类型选择“加运算”“拉伸类型”选择“2 边”，起始点为 10mm，结束点为 30mm，拔模角度为 1 度，“边界”选择壳体的两个内表面，如图 10-345 所示。

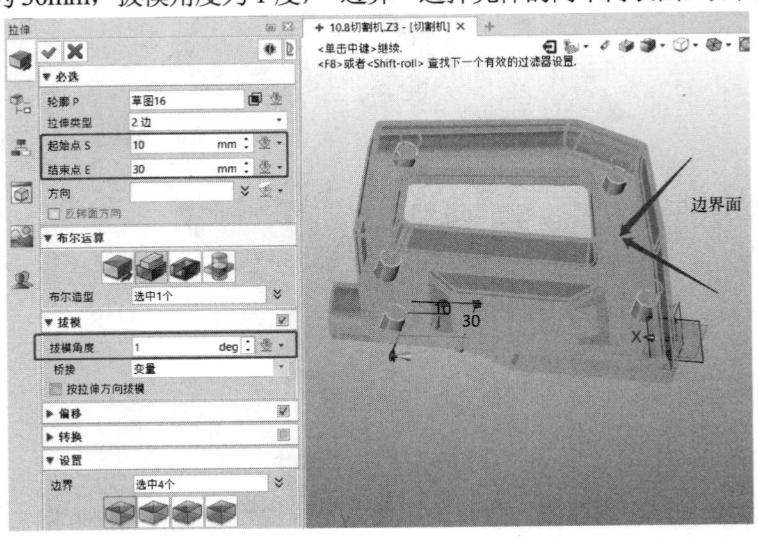

图 10-345　拉伸圆柱体

（19）创建台阶孔。台阶直径为 8mm，高度为 13mm，孔直径为 6mm，贯穿整个造型，如图 10-346 所示。

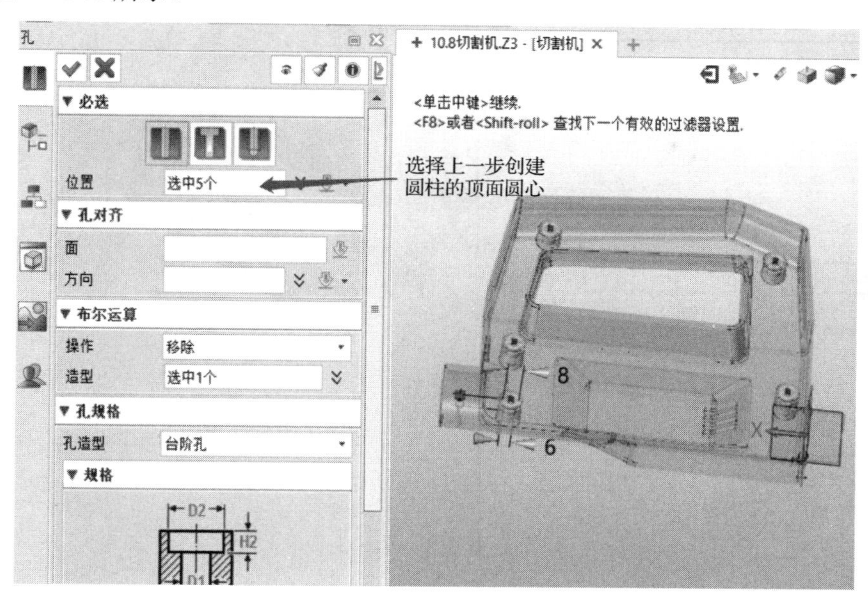

（扫码获取视频）

图 10-346　创建孔特征

（20）在 XY 平面绘制草图 8，草图轮廓及标注如图 10-347 所示。

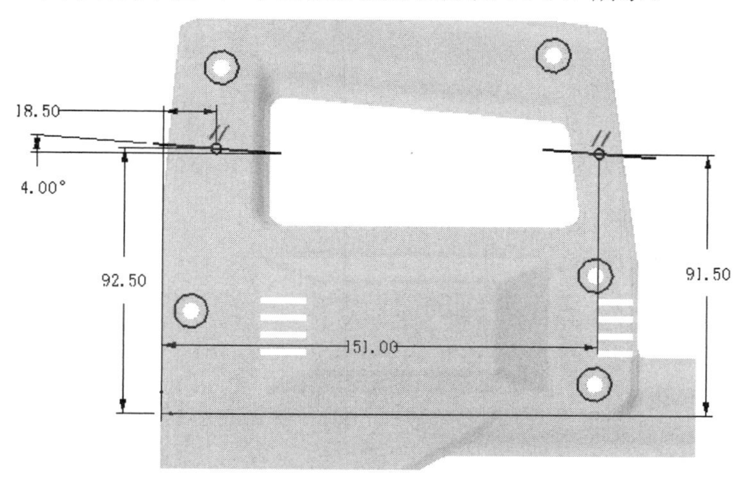

图 10-347　绘制草图 8

（21）创建网状筋。单击工具栏中的【造型】→【网状筋】功能图标，“轮廓”选取草图 8 创建的曲线，厚度为 2mm，拔模角度为 1 度，“边界”选取壳体的 4 个内侧面，将网状筋限制在空腔内，如图 10-348 所示。

完成效果如图 10-349 所示

（22）在 XY 平面绘制草图 9，草图轮廓及标注如图 10-350 所示。

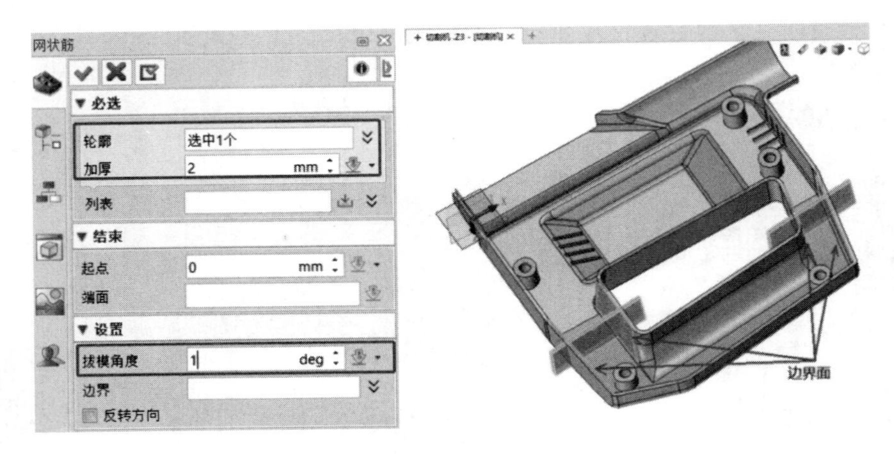

图 10-348　创建网状筋

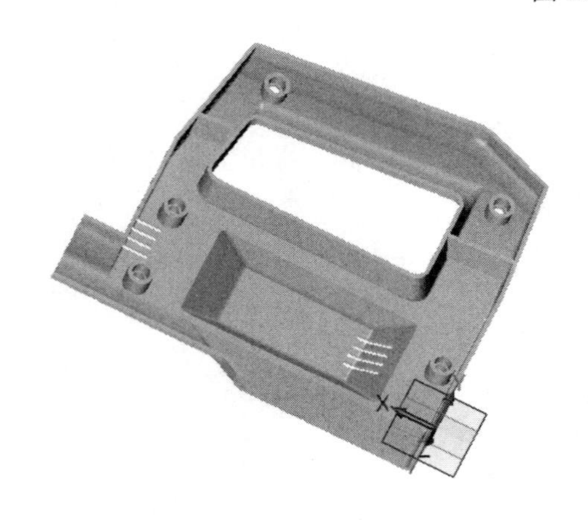

图 10-349　网状筋效果图

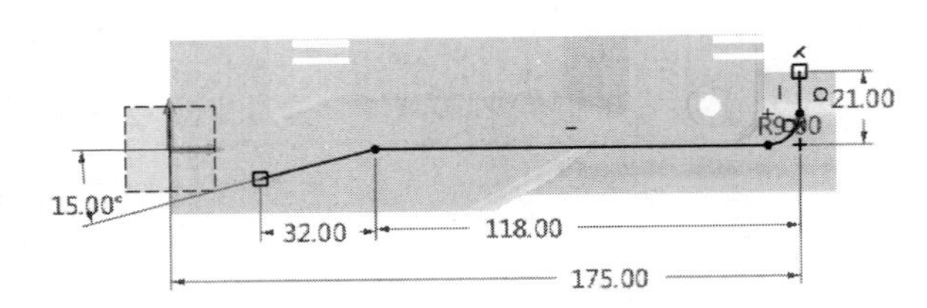

图 10-350　绘制草图 9

使用草图 9 创建网状筋，厚度为 2mm，拔模角度为 1 度，“边界”选择圆柱壳体的内表面，完成效果如图 10-351 所示。

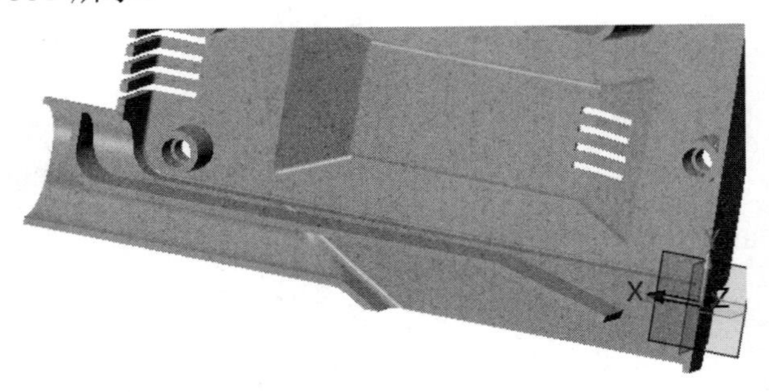

图 10-351　创建网状筋

（23）在 XY 平面绘制草图 10，草图轮廓及标注如图 10-352 所示。将草图向 Z 轴正方向拉伸 50mm，布尔运算类型选择“基体”“偏移”选择“收缩/扩张”，偏距 1 为 2mm，其他参数使用默认值，拉伸后的效果如图 10-353 所示。

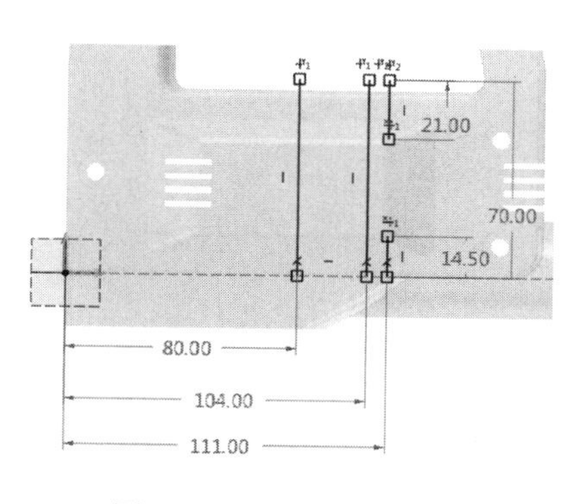

图 10-352　绘制草图 10

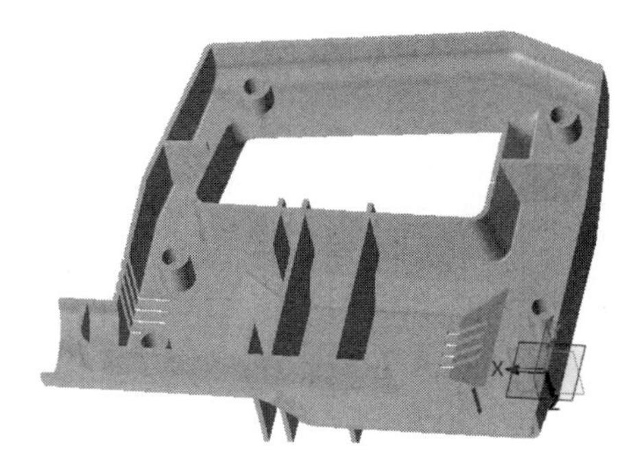

图 10-353　拉伸基体效果图

（24）对两侧筋板面进行拔模，拔模角度为 10 度，拔模位置及特征的选择如图 10-354 所示。

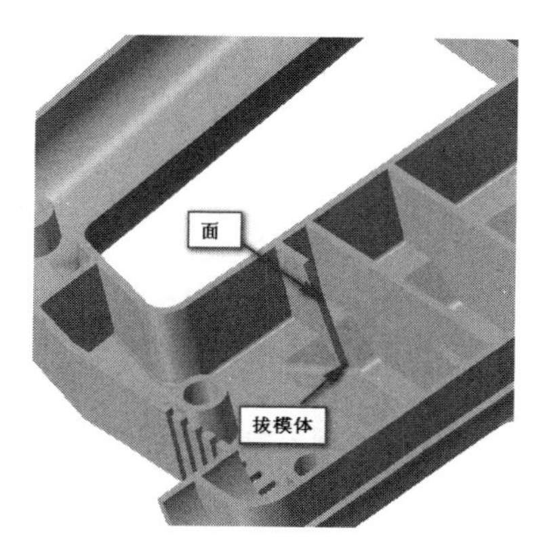

图 10-354　筋板面拔模

（25）合并造型。布尔运算类型选择“加运算”“边界”选择覆盖拉伸筋骨区域的壳体的内表面，如图 10-355 所示。

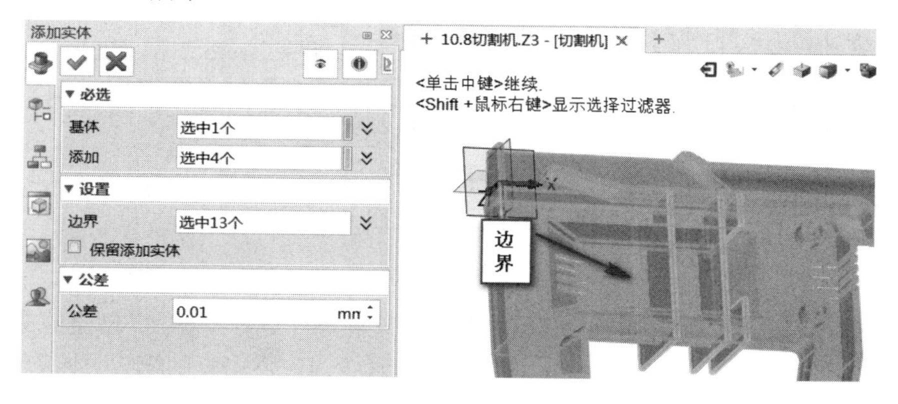

图 10-355　合并加强筋和基体

（26）在 YZ 平面绘制草图 11，草图轮廓及标注如图 10-356 所示。完成后将草图 11 沿 X 轴正方向做拉伸切除，布尔运算类型选择“减运算”，起始点为 70mm，结束点为 105mm，效果如图 10-357 所示。

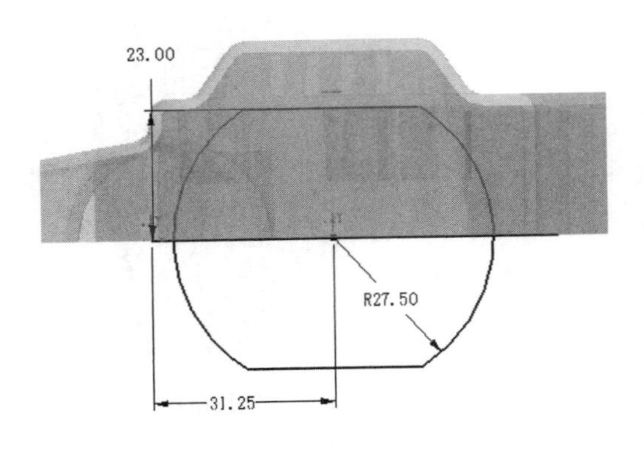

图 10-356　绘制草图 11

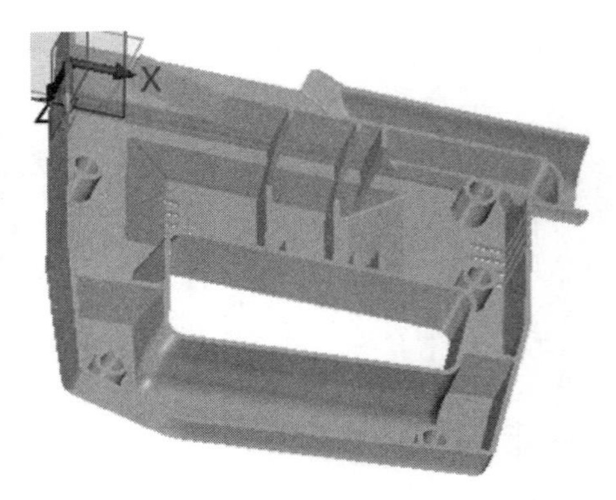

图 10-357　拉伸切除

（扫码获取视频）

（27）在 XY 平面（或者造型底平面）上绘制草图 12，草图轮廓及标注如图 10-358 所示。

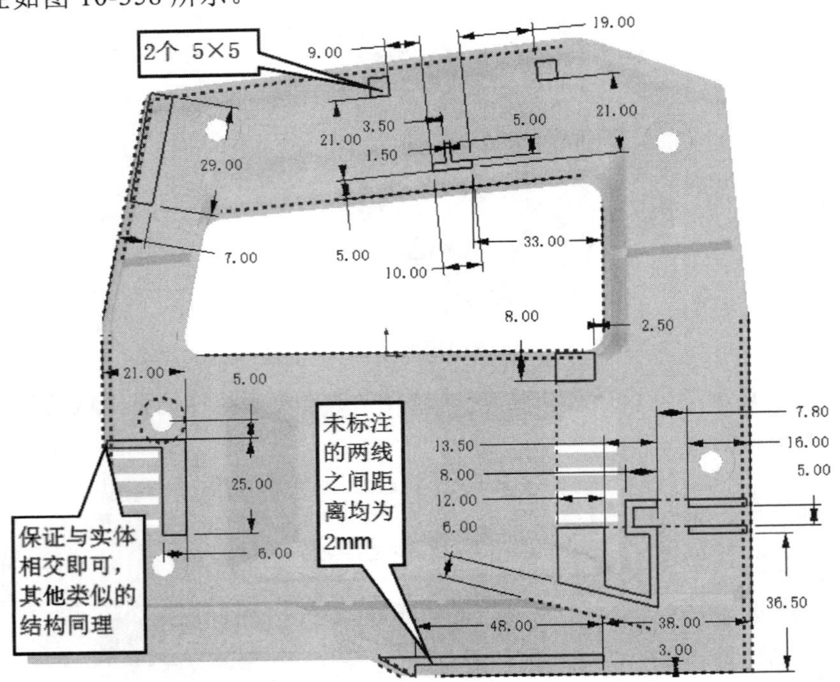

图 10-358　绘制草图 12

（28）拉伸筋骨，布尔运算类型选择“加运算”“轮廓”选择草图 12 创建的曲线，“拉伸类型”选择“1 边”，结束点为 50mm，“边界”选择覆盖拉伸筋骨区域的壳体的内表面，如图 10-359 所示。完成效果如图 10-360 所示。

（29）在 XY 平面绘制草图 13，草图轮廓及标注如图 10-361 所示。完成后将草图 13 沿 Z 轴正方向做拉伸切除，布尔运算类型选择“减运算”，拉伸高度为-12mm，完成效果如图 10-362 所示。

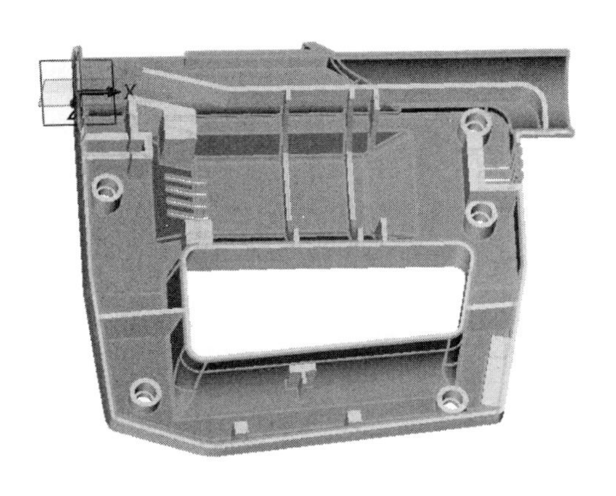

图 10-359　拉伸筋骨

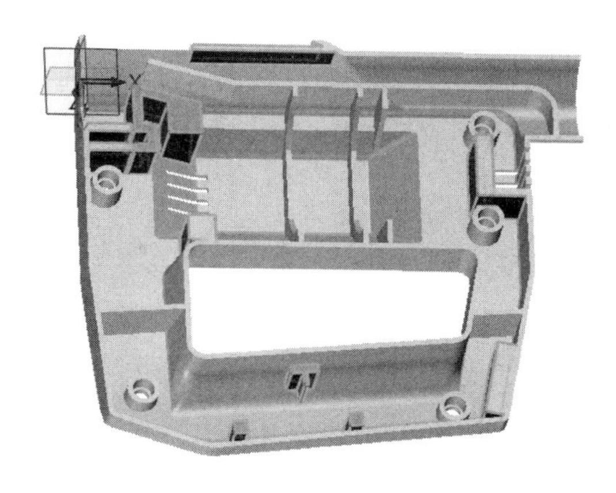

图 10-360　拉伸实体效果

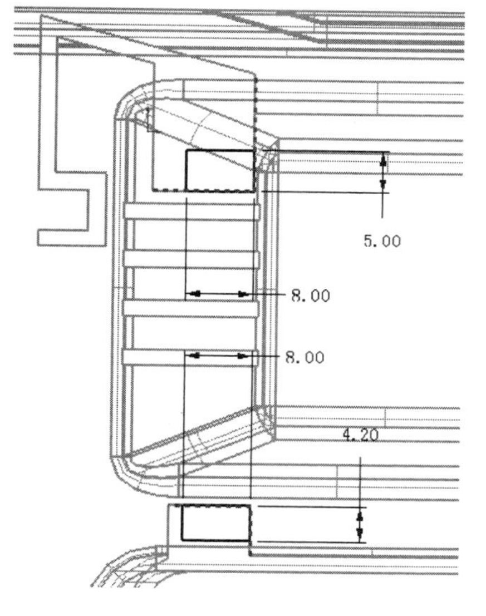

图 10-361　绘制草图 13

图 10-362　拉伸切除 1

（30）在 XY 平面绘制草图 14，草图轮廓及标注如图 10-363 所示。完成后将草图 14 沿 Z 轴正方向做拉伸切除，布尔运算类型选择“减运算”，拉伸高度为 8mm，完成效果如图 10-364 所示。

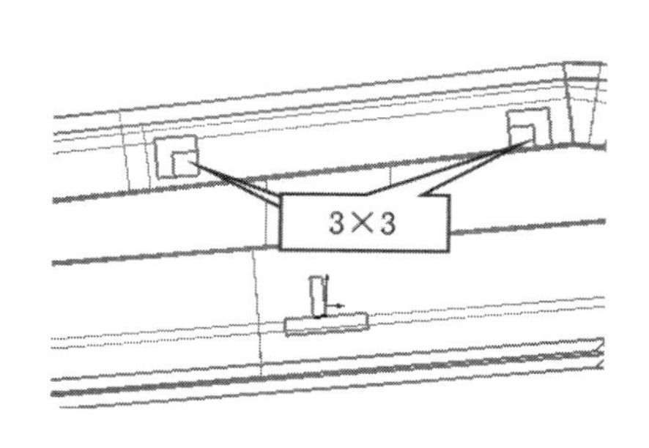

图 10-363　绘制草图 14

图 10-364　拉伸切除 2

（31）在壳体的底平面绘制草图 15，草图轮廓及标注如图 10-365 所示。完成后将草图 15 沿 Z 轴正方向拉伸，布尔运算类型选择“加运算”，拉伸高度为 30mm，“偏移”选择“加厚”，偏距 1 为 2mm，偏距 2 为 0，完成效果如图 10-366 所示。

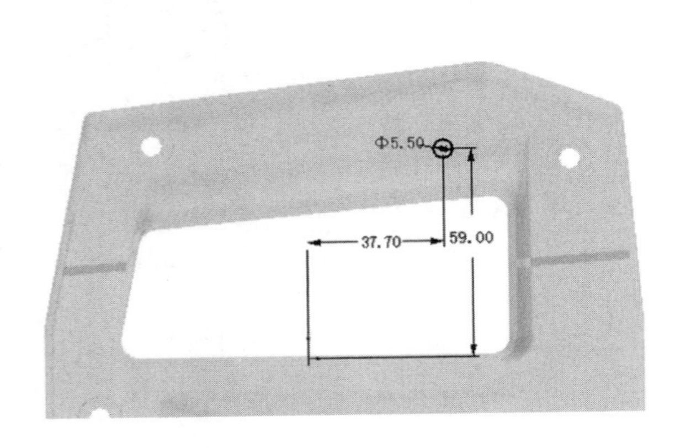

图 10-365　绘制草图 15

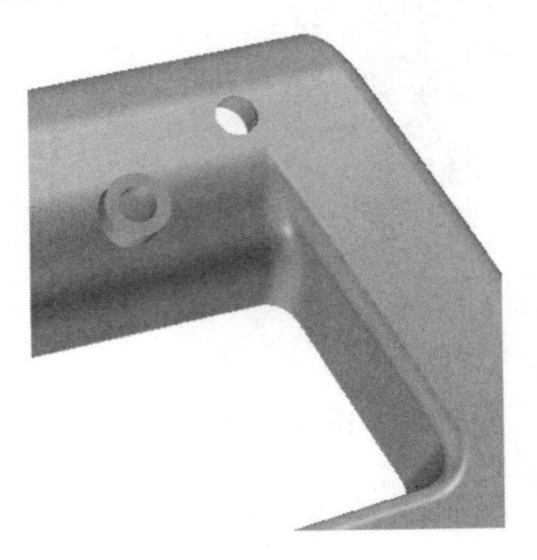

图 10-366　拉伸圆柱

（32）拉伸切除。布尔运算类型选择“减运算”“轮廓”选择上一步拉伸圆柱的内孔边缘，结束点为-10mm，效果如图 10-367 所示。对凸台顶面边缘倒圆角，圆角半径为 1mm，完成结果如图 10-368 所示。

图 10-367　拉伸切除贯穿孔

图 10-368　倒圆角

（33）创建圆柱体切除造型。圆柱体半径为 9.5mm，圆柱中心位于所选边缘的中点，长度为-10mm，如图 10-369 所示。

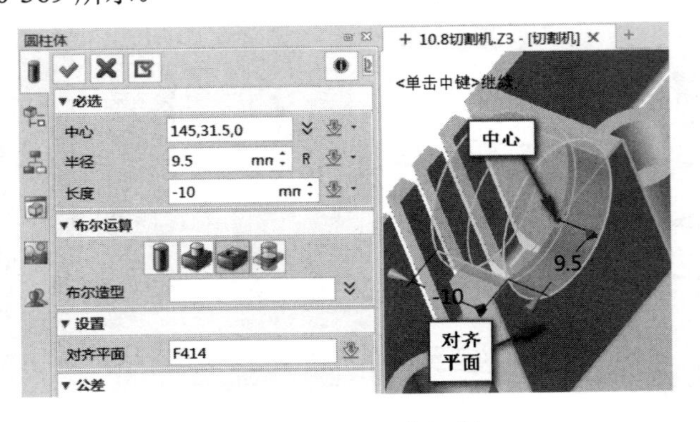

图 10-369　轴承位切割

（34）绘制草图 16，草绘面、草图轮廓及标注如图 10-370 所示。

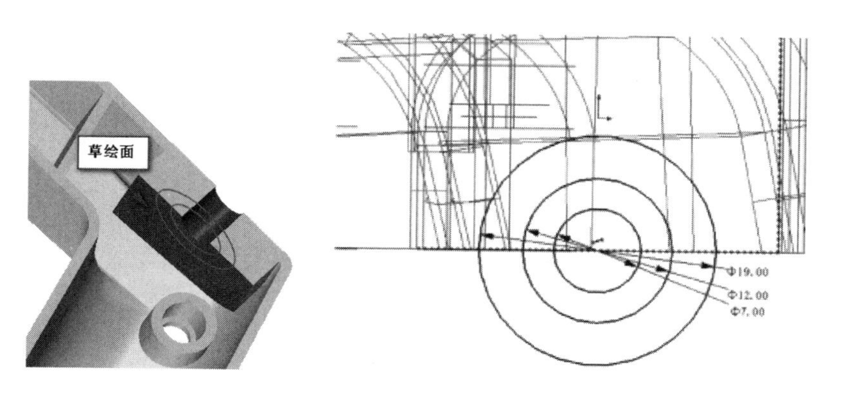

图 10-370　绘制草图 16

（35）拉伸切除。布尔运算类型选择“减运算”，选择轮廓时，选择“过滤器”为“曲线”，选择草图 16 中直径为 19mm 的圆，起始点为 1.6mm，结束点为 5.1mm，效果如图 10-371 所示。使用同样的方法拉伸另外两个圆，直径为 12mm 的圆贯穿外侧壁，直径为 7mm 的圆贯穿内侧壁，完成效果如图 10-372 所示。

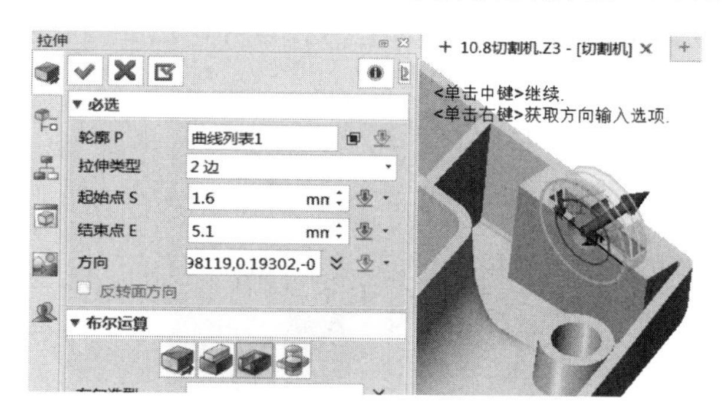

图 10-371　拉伸切除

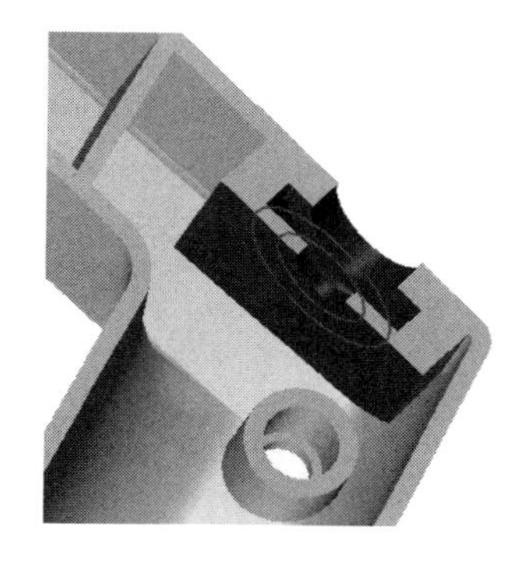

图 10-372　拉伸切除效果

（36）在 XZ 平面绘制草图 17，草图轮廓及标注如图 10-373 所示。完成后将草图 17 沿 Y 轴正方向做拉伸切除，布尔运算类型选择“减运算”，起始点为 100mm，结束点为 120mm，完成效果如图 10-374 所示。

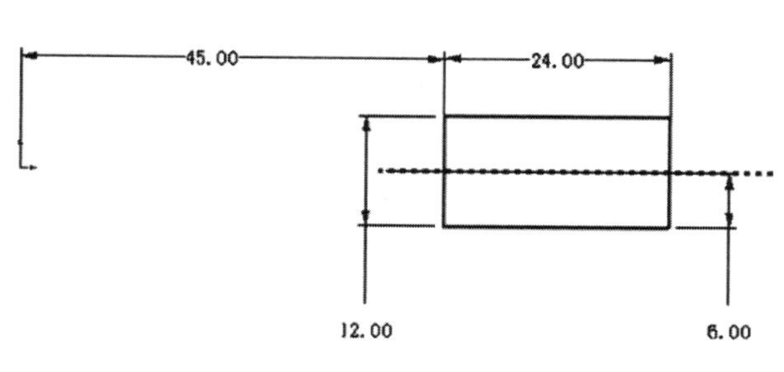

图 10-373　绘制草图 17

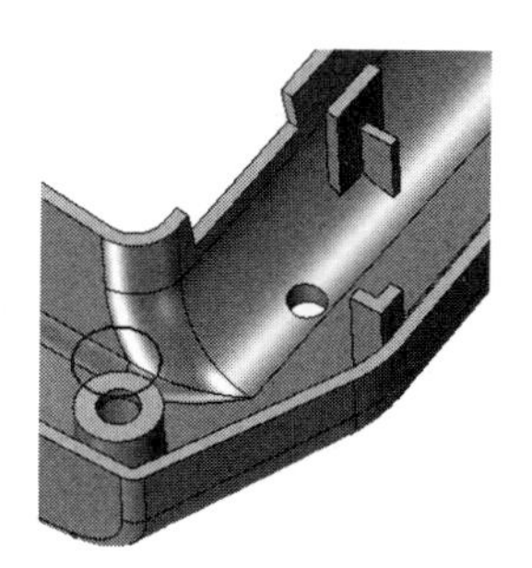

图 10-374　拉伸切除

（37）在如图 10-375 所示的面上绘制草图 18，绘制的草图轮廓及标注如图 10-376 所示。

图 10-375　草绘面

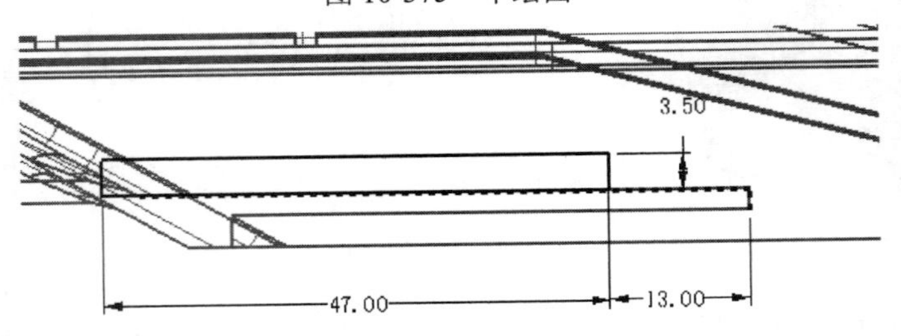

图 10-376　绘制草图 18

（38）拉伸实体。布尔运算类型选择“基体”“轮廓”选择草图 18 创建的曲线，拉伸方向为 Z 轴正方向，拉伸高度为 50mm，拔模角度为 2 度，如图 10-377 所示。完成后对其中一边进行倒圆角，圆角半径为 1mm，然后通过组合功能将基体和拉伸体合并，边界为壳体内侧面，效果如图 10-378 所示。

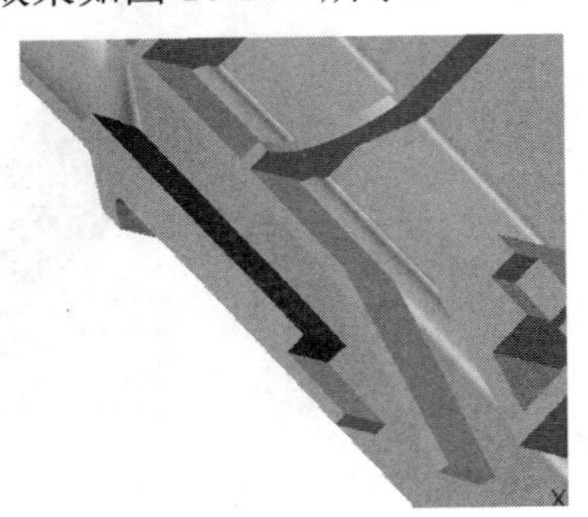

图 10-377　拉伸实体

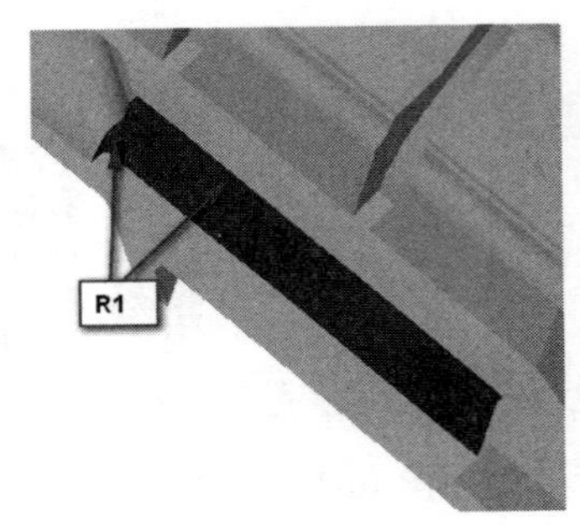

图 10-378　倒圆角及合并实体

（39）对侧边进行拔模，拔模角度为 5 度，效果如图 10-379 所示。

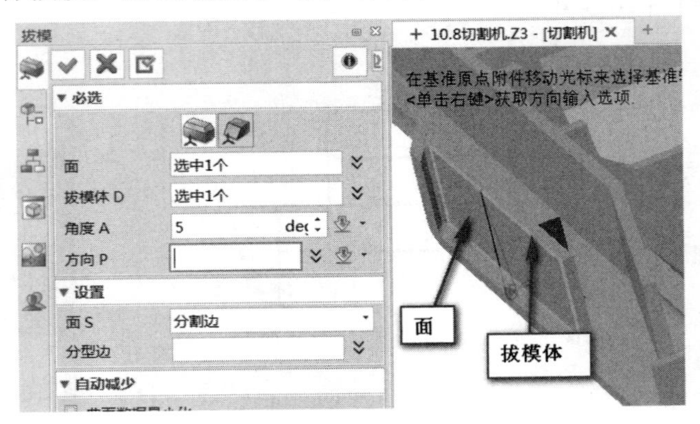

图 10-379　拔模

（40）在如图 10-380 所示的面上绘制草图 19，绘制的草图轮廓及标注如图 10-381 所示。

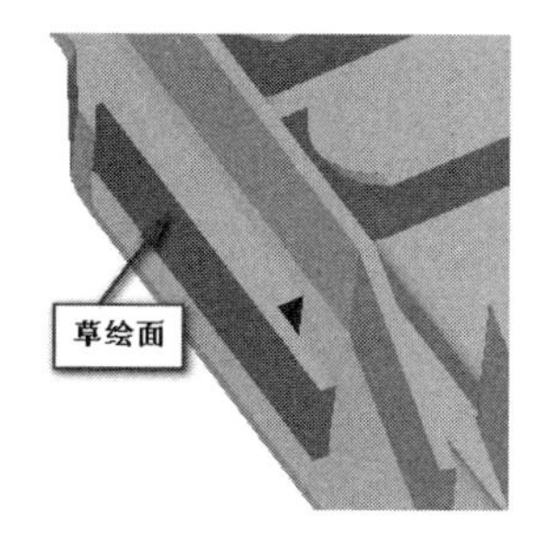

图 10-380　草绘面

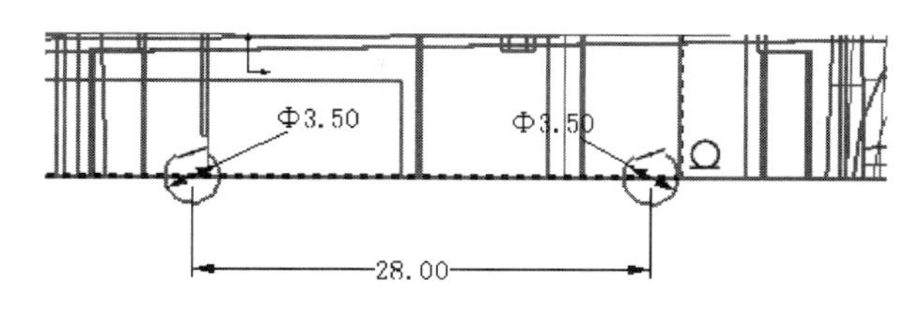

图 10-381　绘制草图 19

（41）拉伸切除。布尔运算类型选择“基体”“轮廓”选择草图 19 创建的曲线，拉伸高度贯穿侧壁，效果如图 10-382 所示。

（42）倒圆角。具体的倒圆角位置及圆角大小如图 10-383 所示。

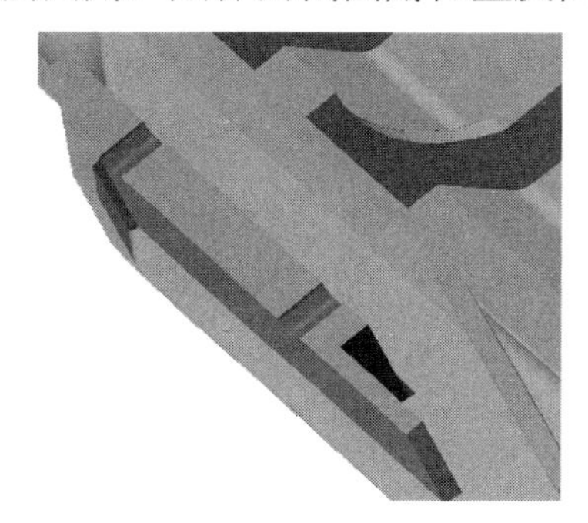

图 10-382　拉伸切除

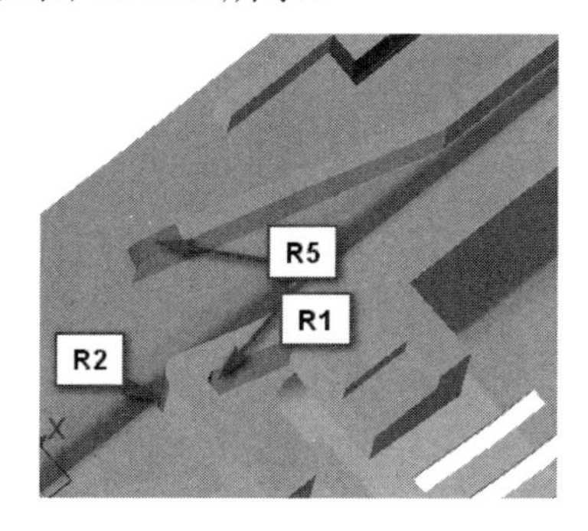

图 10-383　倒圆角

（43）到此，完成该产品的造型设计，最终效果如图 10-384 所示，保存文件。

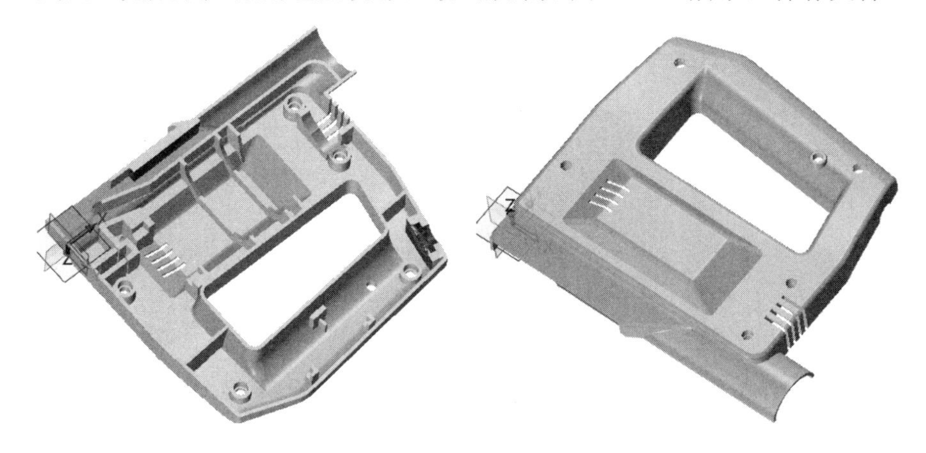

图 10-384　切割机盖的效果图